结构力学教程

杜正国　　　　主编

杜正国　蔺安林　　编
刘蓉华　黄慧萱

西南交通大学出版社
·成都·

图书在版编目（CIP）数据

结构力学教程 / 杜正国主编. —成都：西南交通大学出版社，2004.8（2021.7 重印）
ISBN 978-7-81057-817-2

Ⅰ. 结⋯ Ⅱ. 杜⋯ Ⅲ. 结构力学 – 高等学校 – 教材 Ⅳ. O342

中国版本图书馆 CIP 数据核字（2004）第 010863 号

结 构 力 学 教 程
杜正国　主编

责 任 编 辑	刘莉东
封 面 设 计	墨创文化
出 版 发 行	西南交通大学出版社 （四川省成都市二环路北一段 111 号 西南交通大学创新大厦 21 楼）
邮 政 编 码	610031
发行部电话	028-87600564　028-87600533
网　　　址	http://www.xnjdcbs.com
印　　　刷	四川森林印务有限责任公司
成 品 尺 寸	170 mm×230 mm
印　　　张	34.375
字　　　数	660 千字
版　　　次	2004 年 8 月第 1 版
印　　　次	2021 年 7 月第 7 次
书　　　号	ISBN 978-7-81057-817-2
定　　　价	69.00 元

图书如有印装问题　本社负责退换

版权所有　盗版必究　举报电话：028-87600562

序

本书是在本人所编《实用结构力学教程》（西南交通大学出版社，1992年）基础上，邀请教研室部分同仁，对全书进行了增订和修改，使其更适合于高等学校土木工程大类本科专业教学之用，并适当兼顾部分学生准备攻读相应研究生专业所需要的较深层次的结构力学有关知识（如结构动力学的部分扩充知识，结构稳定和极限荷载方面的有关内容等）。

全书共分十二章。除第一章绪论以外，各章均穿插较为丰富的算例，并在各章末附有一定数量的习题，供读者练习以逐步提高结构力学的计算能力。

本书结构动力学、结构稳定计算部分由蔺安林研究员执笔；力法、位移法、矩阵位移法和影响线及其应用等四章由刘蓉华副教授执笔；黄慧萱讲师负责编写第三章静定结构内力计算；杜正国教授负责编写第一、二、四、五和十二章的内容，并校阅了全部书稿。

作者诚挚地感谢西南交通大学教务处和出版社对本书编写工作和顺利出版所给予的极大支持。对于书中难免存在的不当及疏漏之处，希望使用本书的教师与读者指正。

主　编

2003年10月于成都

目 录

第一章 绪 论(1)
   第一节 结构力学与结构设计 ……………………………………………… 1
   第二节 结构的计算简图和分类 …………………………………………… 2
   第三节 荷载及其分类 ……………………………………………………… 7
   第四节 线性弹性和叠加原理 ……………………………………………… 8

第二章 体系的几何组成分析(10)
   第一节 概述与名词解释 …………………………………………………… 10
   第二节 体系的计算自由度 ………………………………………………… 12
   第三节 平面几何不变体系的基本组成规则 ……………………………… 15
   第四节 平面体系几何组成分析示例 ……………………………………… 17
   第五节 体系的几何构造与静定性 ………………………………………… 19
   习 题 ……………………………………………………………………… 20

第三章 静定结构的内力计算(22)
   第一节 单跨静定梁 ………………………………………………………… 22
   第二节 多跨静定梁 ………………………………………………………… 33
   第三节 静定平面刚架 ……………………………………………………… 37
   第四节 静定拱 ……………………………………………………………… 47
   第五节 静定平面桁架 ……………………………………………………… 62
   第六节 桁梁组合结构 ……………………………………………………… 76
   第七节 静定结构受力特性 ………………………………………………… 78
   习 题 ……………………………………………………………………… 80

第四章 结构的位移计算(87)
   第一节 概 述 ……………………………………………………………… 87
   第二节 实功原理 …………………………………………………………… 88
   第三节 虚功原理 …………………………………………………………… 92
   第四节 单位荷载法 ………………………………………………………… 98
   第五节 剪力与轴力对位移的影响 ………………………………………… 108

第 六 节　图乘法……………………………………………………… 110
　　第 七 节　温度变化和支座下沉情况下的位移计算…………………… 115
　　第 八 节　互等定理……………………………………………………… 121
　　习　　题…………………………………………………………………… 124

第五章　超静定结构计算引论(127)
　　第 一 节　概　　述……………………………………………………… 127
　　第 二 节　结构的超静定次数…………………………………………… 129
　　习　　题…………………………………………………………………… 135

第六章　力　法(137)
　　第 一 节　力法的基本原理……………………………………………… 137
　　第 二 节　荷载作用下超静定结构的力法计算………………………… 144
　　第 三 节　对称性的利用………………………………………………… 153
　　第 四 节　广义荷载作用下的力法计算………………………………… 164
　　第 五 节　超静定结构的位移计算……………………………………… 170
　　第 六 节　超静定结构最后内力图的校核……………………………… 175
　　第 七 节　交叉梁系的计算……………………………………………… 178
　　第 八 节　超静定拱的计算……………………………………………… 182
　　第 九 节　超静定结构的特性…………………………………………… 192
　　习　　题…………………………………………………………………… 194

第七章　位移法(203)
　　第 一 节　位移法的基本概念…………………………………………… 203
　　第 二 节　等截面直杆的转角位移方程………………………………… 207
　　第 三 节　基本未知量数目的确定和基本结构………………………… 211
　　第 四 节　位移法的基本方程及系数和自由项的计算………………… 215
　　第 五 节　位移法计算示例……………………………………………… 219
　　第 六 节　直接按平衡条件建立位移法基本方程的解法……………… 226
　　第 七 节　用位移法计算具有剪力静定杆的刚架……………………… 227
　　第 八 节　对称性的利用………………………………………………… 232
＊第 九 节　有侧移的斜柱刚架的计算…………………………………… 235
　　第 十 节　在支座位移作用下的位移法计算…………………………… 238
　　第十一节　力矩分配法的基本原理……………………………………… 241
　　第十二节　用力矩分配法计算连续梁和无侧移刚架…………………… 246
＊第十三节　力矩分配法与位移法的联合应用…………………………… 253

　　　　第十四节　无剪力分配法……………………………………256
　　　　习　题…………………………………………………………260

第八章　矩阵位移法(270)

　　　　第 一 节　概　述………………………………………………270
　　　　第 二 节　局部坐标系中的单元刚度方程和刚度矩阵…………277
　　　　第 三 节　局部坐标系向结构坐标系的变换……………………282
　　　　第 四 节　结构的整体分析………………………………………289
　　　　第 五 节　计算步骤和算例………………………………………304
　　　　习　题…………………………………………………………317

第九章　影响线及其应用(323)

　　　　第 一 节　移动荷载和影响线的概念……………………………323
　　　　第 二 节　静力法作单跨静定梁的影响线………………………325
　　　　第 三 节　间接荷载作用下的影响线……………………………336
　　　　第 四 节　机动法作静定梁影响线的概念………………………338
　　　　第 五 节　桁架内力影响线………………………………………343
　　　　第 六 节　利用影响线计算量值…………………………………350
　　　　第 七 节　铁路公路的标准荷载制………………………………353
　　　　第 八 节　最不利荷载位置………………………………………354
　　　　第 九 节　换算荷载………………………………………………363
　　　　第 十 节　简支梁的绝对最大弯矩和内力包络图………………367
　　　　第十一节　超静定结构影响线的概念……………………………372
　　　　习　题…………………………………………………………379

第十章　结构动力学(384)

　　　　第 一 节　概　述………………………………………………384
　　　　第 二 节　动力计算中体系的自由度……………………………386
　　　　第 三 节　单自由度体系无阻尼自由振动………………………389
　　　　第 四 节　单自由度体系有阻尼自由振动………………………395
　　　　第 五 节　单自由度体系在简谐荷载作用下的强迫振动………400
　　　　第 六 节　单自由度体系在一般荷载作用下的强迫振动………404
　　　　第 七 节　幅值方程………………………………………………410
　　　　第 八 节　多自由度体系的自由振动……………………………414
　　　　第 九 节　多自由度体系在简谐荷载下的强迫振动……………427
　　*　第 十 节　多自由度体系在一般荷载下的强迫振动……………433

*第十一节　多自由度体系运动方程的矩阵形式……………………445
　　　*第十二节　无限自由度体系的自由振动……………………………448
　　　　第十三节　计算频率的近似解………………………………………452
　　　　习　题……………………………………………………………………458

第十一章　结构稳定计算(464)

　　　　第一节　概　述……………………………………………………464
　　　　第二节　求临界力的基本方法………………………………………466
　　　　第三节　在刚性支承上等截面直杆的稳定…………………………476
　　　　第四节　在弹性支承上等截面直杆的稳定…………………………479
　　　　第五节　等截面直杆在自重作用下的稳定…………………………482
　　　　第六节　变截面压杆的稳定…………………………………………485
　　　　第七节　剪力对临界力数值的影响…………………………………488
　　　　第八节　组合压杆的稳定……………………………………………489
　　　*第九节　圆弧形曲杆的平衡微分方程式……………………………493
　　　*第十节　在均匀径向压力作用下圆拱的稳定………………………495
　　　*第十一节　圆环在均匀径向压力作用下的稳定……………………497
　　　*第十二节　在弹性介质上的杆件的稳定……………………………499
　　　　第十三节　刚架的稳定计算…………………………………………501
　　　　习　题……………………………………………………………………508

第十二章　梁与刚架的极限荷载(510)

　　　　第一节　概　述……………………………………………………510
　　　　第二节　塑性铰………………………………………………………514
　　　　第三节　塑性分析的最简单情形……………………………………516
　　　　第四节　连续梁的极限荷载…………………………………………518
　　　*第五节　比例加载时判定极限荷载的一般定理……………………521
　　　*第六节　刚架的极限荷载……………………………………………523
　　　　习　题……………………………………………………………………527

习题答案(530)

参考文献(540)

第一章 绪 论

第一节 结构力学与结构设计

在各种工程构筑物中用以支承或传递荷载的骨架部分称为结构。如房屋建筑中的梁柱体系，土木工程中的桥梁，各种地下洞室及支挡，以及水利工程中的水坝、闸门等，都是结构的典型例子。

结构力学主要是研究当结构遭遇某种外因（如荷载或广义荷载）作用时，对结构所产生的以内力和变形（位移）为主要量值的计算原理与方法。结构力学是工程力学的重要组成部分之一。

结构力学知识与结构设计工作具有非常密切的联系。结构工程师的主要任务是通过分析、计算，合理地选择结构各部分的材料和截面尺寸。在实现结构预期功能的同时，保证所设计的结构物能够安全地承受各种可预见的外因作用。根据结构力学的计算原理和方法进行结构分析，并取得有关的内力和位移等数据，为下一步对结构各部件（简称构件）进行截面设计提供依据。对于静定结构，情况比较简单。当荷载、结构外形尺寸和支座约束形式给定后，根据静力平衡方程，即可完全确定结构的内力，进而确定结构各构件的截面尺寸，求出各控制截面处的位移。然而，对于工程中大量采用的超静定结构，情况就不那么简单。在此情形下，结构内力分布除了需满足静力平衡条件外，还必须满足变形（协调）条件和物理条件，即结构的内力分布与各构件的刚度分布情况发生了关系。因此，超静定结构的设计计算，需要经历一个迭代和逐步修改的过程。工程师要先根据设计经验，拟订结构各构件的初始截面尺寸，然后通过结构分析，求得第一次的结构内力，据此算出经过第一次修正后的各构件截面尺寸，并以此替换初始截面尺寸。然后再进行结构分析，算得又一次的内力分布和相应的构件截面尺寸。在上述迭代与修改截面尺寸的过程中，工程技术人员不仅需要对结构内力、变形等量值反复计算（当然应该尽可能利用电脑及相应软件进行），而且要对取得的计算结果进行分析、对比，直至符合工程设计要求为止。由此可见，掌握和熟练运用结构力学知识，是顺利进行结构设计的重要基础。

第二节　结构的计算简图和分类

一、结构的计算简图

在结构分析中，完全按照结构的实际情况进行力学分析是不可能和不必要的，这是由于实际结构的复杂性和工程设计要求所决定的。因此，在对实际结构进行分析之前必须加以简化，略去相对次要的因素与作用，保留反映结构行为的基本特点，用一个简化的计算图形代替实际结构。这种图形称为结构计算简图。

例如，图 1-1(a) 所示两端支承于墙体上的梁，荷载通过上层立柱传递给梁。对于这样一个简单的结构，如果要完全按照实际情况进行分析，则首先遇到的问题是梁两端反力的作用位置和由立柱传来的荷载作用在梁上的位置难以确定，原因是梁与墙、梁与柱之间的作用力的分布规律难以准确掌握。现进行简化，假设上述两处受力为均匀分布，其合力分别作用于墙和立柱的中心线位置，于是得到如图 1-1(b) 所示用轴线表示的梁的计算简图。当然，这种简化的前提是墙与梁、柱与梁之间的 接触宽度应比梁的长度小很多，且梁的截面尺寸也比梁的长度小很多。

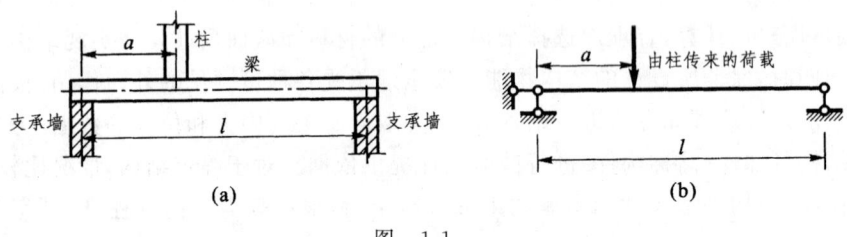

图　1-1

选择结构计算简图是结构分析的首要工作，极为重要。要正确地解决这个问题，需要有比较丰富的结构设计经验，对结构构造、施工等各方面具备较宽的知识面，并且对结构各部分的受力情况具有正确的定性判断能力。选取结构计算简图的原则，一方面要能反映实际结构的主要受力性能；另一方面又必须略去一些次要因素，使计算得到简化。对实际结构进行简化，通常包括对结构体系的简化、对实际支座的简化和对构件（杆件）与构件相互连接处（称为结点）的简化。

有时，同一结构在不同的计算阶段需要采用不同的计算简图。在初步设计中为了估算构件的截面尺寸，采用一个比较粗略而计算简单的计算简图，而在最终设计阶段,则采用较为精确的计算简图。特别是在具备计算机的条件下,就可以采用较精确的计算简图进行结构分析。

把结构与基础或其他支承物(如墩台)连接起来用以固定结构的位置,并将结构上的荷载传至支承物或地基的装置称为支座。支座对结构的反作用力称为支座反力。

平面结构常用的支座有如下四种:

(1) 滚轴支座(也称滑动铰支座)

图 1-2(a) 表示这种支座的构造示意图。上部结构(如桥跨)与支座的上摆 B 一起,可以绕柱形铰 A 转动,其下摆 C 与支承面 m-n 之间装有滚轴,因而可以沿支承面水平移动,但不允许 A 点发生垂直于支承面方向的位移。这种支座的反力一定通过铰 A 中心,并与支承面 m-n 互相垂直,因此支座反力 F_{Ay} 的方向和作用点是确定的。图 1-2(b) 表示用一根支座链杆(简称支杆)表示的滚轴支座计算简图。支杆中的内力等于该支座反力 F_{Ay} 的大小。图 1-2(c) 为这种支座的相应示力图。

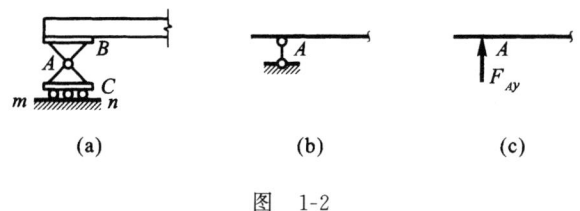

图　1-2

(2) 铰支座(也称固定铰支座)

图 1-3(a) 表示这种支座的构造示意图。它的上部 B 能绕 A 点转动,但因其下摆 C 与支承物固定在一起,故这种支座 A 点的水平位移和竖向位移都被阻止。相应的水平反力为 F_{Ax},竖向反力为 F_{Ay},在略去摩擦力的情况下,显然都应该通过铰 A 的中心。图 1-3(b) 代表用两根支杆表示的铰支座的计算简图。图 1-3(c) 为其相应的示力图。

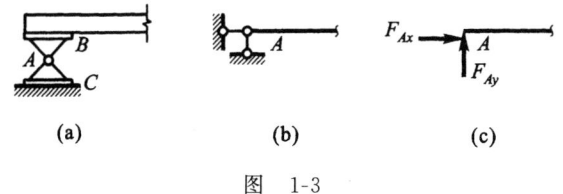

图　1-3

(3) 固定支座

当结构的一端被插入基础或地基,并通过构造保证使二者结合成一个整体,如地基的变形极小,则结构可视作被完全固定于基础顶面,此处不发生任何移动和转动,这种支座称为固定支座,如图 1-4(a) 所示。图 1-4(b)、(c) 代表两种不同表示方式的固定支座计算简图。图 1-4(d) 为相应的示力图。

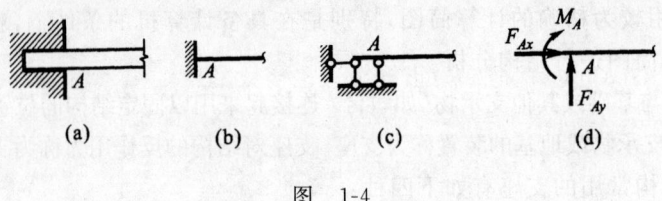

图 1-4

(4) 定向支座

图 1-5(a) 表示定向支座的构造示意图。这种支座允许结构沿滚轴方向有水平移动,但竖向移动和转动受阻。图 1-5(b) 代表用两根平行支杆表示的定向支座计算简图。图 1-5(c) 为相应的示力图。

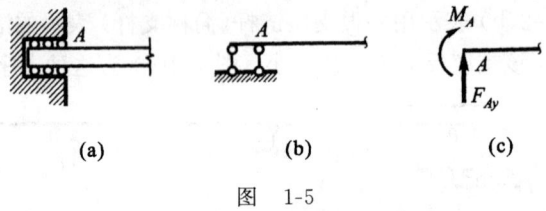

图 1-5

上述各种支座都假定其本身无变形,故都属于刚性支座范畴。如果在某些情况下需要考虑支座本身的变形,则应视为弹性支座。本书涉及弹性支座时,将作出特别说明。

对于空间结构,常用的支座有可动球铰支座、可动圆柱铰支座、固定球铰支座和空间固定支座。它们各自的计算简图及相应的示力图,本章从略。

结构中杆件与杆件之间的连接处称为结点。钢、木或钢筋混凝土结构的结点有很多种构造形式。在计算简图中常将实际的结点简化为理想铰结点、刚结点和二者的组合——组合结点三种。

(1) 铰结点

理想铰结点的特征是被连接的各杆可以绕结点中心自由转动。实际上,工程结构中难以做到无摩擦的理想铰,多少具有一定的刚性。钢桥中的枢接结点、木屋架的结点比较接近于铰结点。图 1-6(a) 表示图 1-6(b) 所示木屋架的结点 D 的构造示意图。理想铰结点在计算简图上用一个小圆圈表示,如图 1-6(b) 中所示。

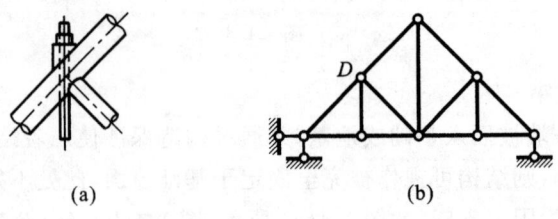

图 1-6

(2) 刚结点

图 1-7(a) 表示一钢筋混凝土框架边柱与梁的交汇结点的构造示意图。上柱、下柱和梁用混凝土浇筑成整体,钢筋的布置使各杆端能抵抗弯矩。刚结点的特征是当结构发生变形后,交汇于该结点的各杆端之间的夹角保持与变形前的相同,如图 1-7(b) 所示。该结点在计算简图上如图 1-7(c) 所示。

(3) 组合结点

若在同一结点处,出现上述两种结点组合的情况,则该结点称为组合结点。图 1-8 为某组合结点 D 的计算简图。其中左、右两杆之间为刚结,而竖杆与横杆之间为铰接。

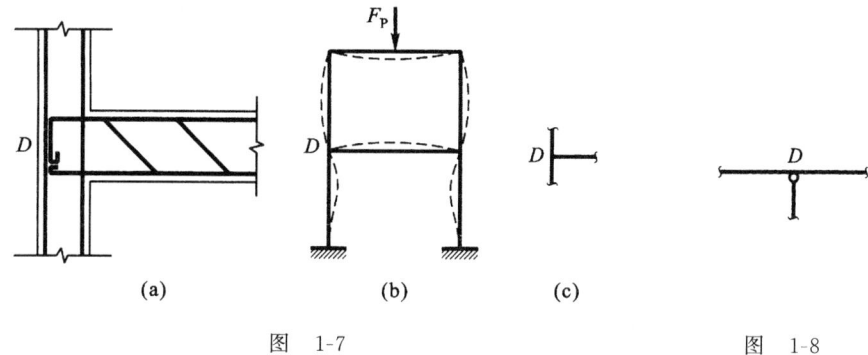

图 1-7　　　　　　　　图 1-8

二、结构的分类

结构计算简图按几何尺寸特征可以分成三类。

(一) 杆件结构

这类结构由直线或曲线形杆件组成。所谓杆件即其截面尺寸要比长度小得多的构件。杆件结构是由杆件按照一定方式连接而成,且能承受荷载作用的体系(见图 1-9),其中图 1-9(a) 为梁,图 1-9(b) 为桁架,图 1-9(c) 为刚架,图 1-9(d) 为拱。当杆件的轴线与荷载位于同一平面之内时,称为平面结构(图 1-9a~1-9d),否则称为空间结构。图 1-9(e) 为空间刚架,图 1-9(f) 为空间桁架。图 1-9 所示各种结构都属于工程中常用的杆件结构形式。

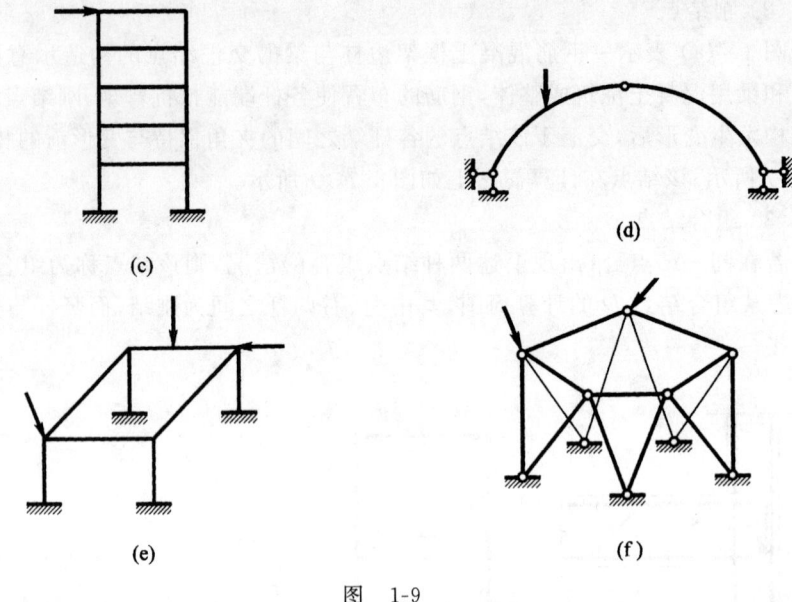

图　1-9

（二）薄壁结构

这类结构的厚度要比长度和宽度小得多。典型的薄壁结构为建筑中采用的平板与壳体结构（图 1-10a、b），前者多用于楼板，后者根据建筑要求，筑成具有一定曲面形状（如双曲抛物面）的屋盖。

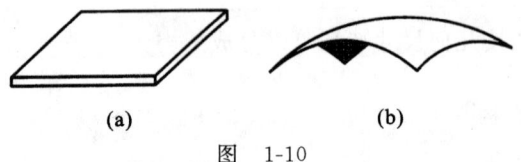

图　1-10

（三）实体结构

这类结构的长度、宽度与厚度尺寸相近。重力坝和挡土墙属于实体结构（图1-11）。

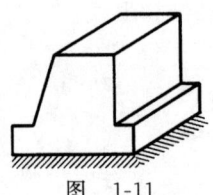

图　1-11

杆件结构是结构工程领域中应用最多的一种结构。本书讨论的重点是杆件结构。

第三节 荷载及其分类

荷载是主动作用于结构上的外力，例如结构的自重、结构上设备的重力、施加于结构的水压力和土压力等。除外力以外，还有一些因素可以使结构产生内力或变形，如温度变化、基础沉陷、材料的收缩与徐变等。这些因素也可以称为广义荷载。

众所周知，任何一个工程结构在其施工过程中或其使用期间都必须是安全的。结构设计者一定要周密和谨慎地估计到结构可能遇到的各种荷载。

作用在结构上的荷载，根据荷载作用时间的久暂，分为恒载和活载两类。恒载是指永久作用在结构上的不变荷载，如结构自身和固定在结构上的设备的重力等。房屋建筑中的梁、柱和墙体重量，铁路桥梁上的轨、枕重等都属于此类荷载。恒载的大小、方向和作用位置都是固定不变的。活载是指那些非永久性的，有多种来源的暂时性作用的荷载。例如房屋结构中的屋面与楼面荷载，由于风对建筑物的作用产生的压力和吸力，工业厂房中的吊车荷载，通过桥梁的车辆荷载及其制动或加速时产生的惯性力等。

有些活载，如风荷载、雪荷载，它们在结构上的作用位置可以认为是固定不变的，这种荷载称为固定荷载（恒载都属于固定荷载）。另一类活载如车辆荷载、吊车荷载等，它们在结构上的位置是移动的，这种荷载称为移动荷载。解决移动荷载作用下的结构分析问题自然要比固定荷载作用时复杂一些，本书将有专门章节讨论此类问题。

在进行结构设计时，设计者应该对恒载与活载的各种组合结果进行比较，以确定对结构说来最为不利的荷载情况。荷载的组合方法及规定，在国家颁布的荷载规范中有明示。

如果从荷载是否显著地引起结构冲击和振动来分类的话，荷载尚可分为静力荷载和动力荷载两类。静力荷载是指其数值、方向和位置几乎不随时间变化，从而不使结构产生显著的运动。动力荷载则随时间迅速变化，其施加过程将引起结构运动状态的改变，产生加速度，从而出现了惯性力。动力机械运转时产生的荷载或冲击波的压力都是动力荷载的例子。车辆荷载、风荷载和地震力通常在结构设计中被视作静力荷载，但在特殊情况下应按动力荷载考虑。

第四节 线性弹性和叠加原理

工程结构所采用的大部分材料,如建筑钢、木材和混凝土具有如下特性:在应力 — 应变曲线(σ-ε 图)的初始阶段,材料特性表现为线性弹性,即反映在 σ-ε 图上 σ 与 ε 成线性关系,且材料被加载时发生变形,卸载完毕该变形消失,材料恢复原形。图 1-12(a)、(b)分别为结构钢和混凝土的 σ-ε 曲线示意图。图中显示在 OA 区段内,结构钢表现为线性弹性,混凝土在应力应变初始阶段表现为近似的线性弹性,也就是基础力学中通常所称的材料在 OA 段服从胡克定律。

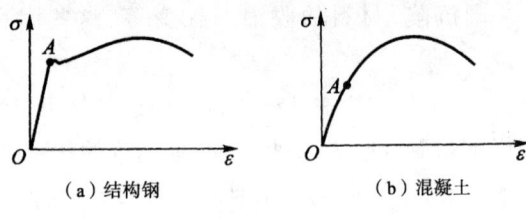

（a）结构钢　　　　　（b）混凝土

图　1-12

在线性弹性结构计算中,叠加原理是适用的。它叙述为:结构中由一组荷载所产生的某效应等于其中每一荷载单独作用所产生的该效应之和,这个原理使计算得到简化,并且在许多情况下,计算结果是足够精确的。

应该强调,应用叠加原理是有条件的。其一,结构由线性弹性材料构成(服从胡克定律);其二是结构的变形与结构本身尺寸比较,小很多(小变形)。大多数情况下,结构能满足这两个条件。

图 1-13 所示简支梁 AB,受荷载 F_{P1} 和 F_{P2} 作用。如果由于梁轴的挠曲变形引起的跨度缩短量 Δl 比跨长 l 小得多,则荷载位置 a_1 和 a_2 的改变可以忽略不计,从而可以按结构变形前的尺寸建立平衡方程。根据平衡方程 $\Sigma M_A = 0$,得

$$F_{By} = \frac{F_{P1}a_1 + F_{P2}a_2}{l} = \frac{F_{P1}a_1}{l} + \frac{F_{P2}a_2}{l}$$

上式表明,F_{P1} 和 F_{P2} 共同作用产生的反力 F_{By} 等于 F_{P1} 和 F_{P2} 单独作用时产生的该反力之和。当叠加原理适用时,静力平衡方程是未知力和荷载的线性方程。

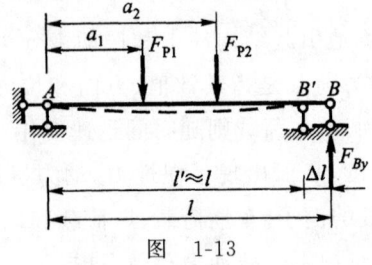

图　1-13

当材料服从胡克定律且结构的变形是微小的情况下,计算结构的变形,一般也可以应用叠加原理。

但是在另外一些情况下,结构虽然变形很小,然而这种变形已经影响到外力对结构作用性质的改变,或者由于结构变形很大,已经显著影响到外力作用点位置或方向的改变。此时,结构的一切计算都应在结构变形后的计算简图上进行,而且荷载与内力或荷载与变形之间已呈非线性关系,叠加原理就不适用了。

本书除第十二章外,仅限于讨论线性弹性结构的计算问题。

第二章 体系的几何组成分析

在土木或水利工程中,结构是用来支承或传递荷载的,因此它的几何形状和位置必须是稳固的。具有稳固几何形状和位置的体系称为几何不变体系。反之,如体系的几何形状或位置可以或可能发生改变的,则称为几何可变体系。只有几何不变体系才能用于工程结构。

第一节 概述与名词解释

学习本章内容首先要明确的基本概念是体系几何形状的改变与结构变形是两个性质不同的概念。前者是指体系的材料在不发生应变的情况下,其几何构形发生改变;后者则是指当结构受外因(如荷载)作用,杆件截面上产生应力,同时材料发生应变,从而引起结构变形。结构的变形通常是微小的。在体系的几何组成分析中,不涉及材料应变和结构变形问题。

杆件体系按几何组成方式分类,可分为几何可变体系和几何不变体系两类。图2-1(a)所示铰接四边形 $ABCD$ 是一个四链杆机构,其几何形状和位置是不稳固的,随时处在可变状态,甚至倾倒,这样的体系称为几何可变体系。图 2-1(b)所示

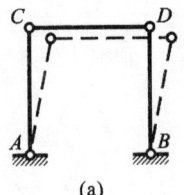
(a)

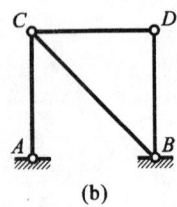
(b)

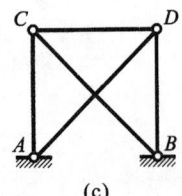
(c)

图 2-1

体系与图 2-1(a)相比，多了一根斜撑杆件 CB，成为由两个铰接三角形（ABC 与 BCD）构成的体系。显然，它在任意荷载作用下，在不考虑材料发生应变的条件下，其几何形状和位置能稳固地保持不变，这样的体系称为几何不变体系。如果在图 2-1(b)所示体系上再增加斜杆 AD，便形成图 2-1(c)所示具有一个多余杆件的几何不变体系。显然，多余是相对于形成几何不变体系的最少约束数而言的。严格地说，图 2-1(b)所示体系应称为无多余约束的几何不变体系，即图中四根链杆中的每一根都是构成几何不变体系所必不可少的。它们称为必要约束。至于图 2-1(c)所示体系中究竟哪一根链杆属于多余约束，则可以有多种观察方式。实际上，图中五根链杆中的任一根都可以视作多余约束，而并非一定是斜杆 AD。因此，我们开始研究体系几何组成分析问题时，还应该明确，在具有多余约束的几何不变体系上，将多余约束拆除，原体系即变成无多余约束的几何不变体系。图 2-2 示出将图 2-1(c)所具有一个多余约束的几何不变体系的多余约束拆除后形成的另外四种无多余约束几何不变体系。如其中图 2-2(a)为将链杆 CD 视作多余约束并拆除之后的体系，图 2-2(b)为将 AC 视作多余约束并拆除之后的体系，它们都成为无多余约束的几何不变体系。图 2-2(c)、(d) 两种体系，兹不赘述。在体系中拆除一根链杆相当于去除一个约束，这是得到的另一个认识。图 2-2 所示四种无多余约束几何不变体系（因为它们都是由两个铰接三角形所构成）中的任一个，其中每一根链杆都是必要约束。显然，在无多余约束几何不变体系中拆除一个必要约束，体系即成为几何可变（即体系变成机构)，稍受外力作用，体系会发生倾倒。

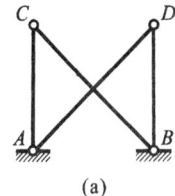 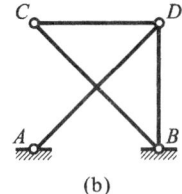 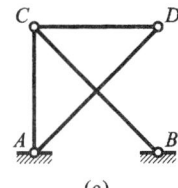 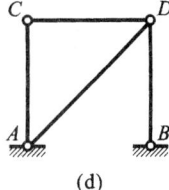

(a) (b) (c) (d)

图 2-2

现在进一步讨论，在铰接四边形 ABCD（图 2-3a）上，增加一根链杆（相当于增添一个约束）后，形成的体系是否一定为几何不变的呢？现观察两种情形，图 2-3(b)是从 AB 的中点 E 出发，增加一根与 AC、BD 等长且平行的竖向链杆 EF 后形成的体系。显然，新增链杆 EF（一个约束）并不能阻止该体系的横向运动。因此，图 2-3(b)仍然是几何可变体系。图 2-3(c)是将图 2-3(b)所示体系中的链杆 EF 的长度缩减 1/2 而形成的体系。该体系在发生微小的横向移动 δ 后，由于三根链杆 AC、BD 和 EF 不再保持平行，从而使体系的几何形状不再继续改变。在体系的几何组成分析中，类似图 2-3(c)所示体系称为几何瞬变体系。相对而言，图 2-3(b)所示体系也可称为几何常变体系。瞬变体系与常变体系都属于几何可变体系范畴。通过上述讨论，也使我们认识到：为了使几何可变体系成为几何不变体系，可以通过增添约束的方法实现（如图 2-1b），但增添何种约束必须有的放矢，一定要避免盲目性。

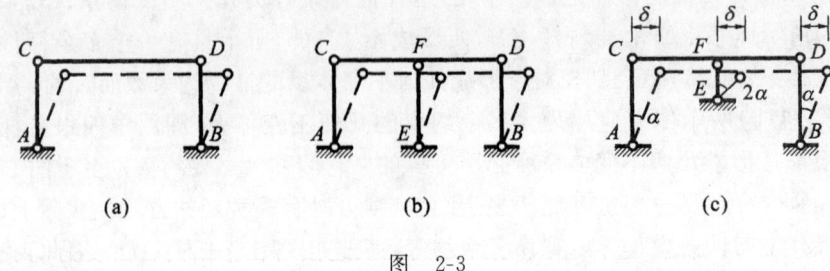

图 2-3

作为一个承重结构，在结构选型和选定计算简图时都必须是几何不变体系，而不能采用几何可变体系（包括瞬变体系）。体系几何组成分析的主要目的就是保证结构几何图形的不变性，也有助于确定内力分析的顺序和选择计算方法。

在体系的几何组成分析中，由于不考虑杆件本身的变形，分析时可以把一根链杆、一根梁或已知的无多余约束的几何不变部分看作一个刚体。平面内的刚体可称为刚片。

第二节 体系的计算自由度

为了分析体系是否几何不变，可首先计算其自由度。所谓体系的自由度，是指该体系运动时用以完全确定其位置所需的独立几何参数的数目。例如，一个点 A 在平面内运动时，用以完全确定其位置的独立参数，是该点的两个独立的坐标变量 x 和 y（图 2-4a），所以一个点在平面内有两个自由度。一个刚片在平面内运动则有三个自由度，即刚片上任意一点 A 的坐标 x 和 y，以及刚片上任一直线 AB 的倾角 φ（图 2-4b）。

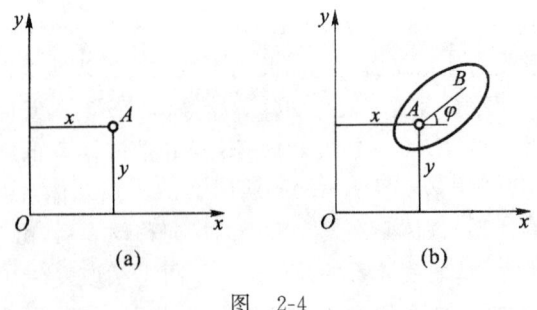

图 2-4

体系的自由度将因加入限制运动的约束装置而减少。凡能减少一个自由度的装置称为一个约束。体系常用的约束有链杆和铰。在体系几何组成分析中,链杆本身可以视为一个刚片且只在两个端铰处与其他物体相连。图 2-5(a)所示用一根链杆 AC 将一个刚片与地基相连,因 A 点不能沿链杆方向移动,故刚片在平面内只有两种运动方式,即 A 点绕 C 点转动和刚片绕 A 点转动。刚片的位置只需两个参数(如图中倾角 φ_1 和 φ_2)即可确定。没有链杆 AC 时,刚片在平面内有三个自由度。加上链杆 AC 后,自由度由 3 减为 2,因此一根链杆装置,相当于一个约束。图 2-5(b)所示用一个铰 A 将刚片 I 和刚片 II 连接起来,如前所述,刚片 I 的位置由点 A 的坐标 x 和 y 及倾角 φ_1 共三个参数确定,刚片 II 相对于刚片 I 而言,其位置需通过倾角 φ_2 确定。这样,两个刚片之间无铰连接时在平面内自由度为 6,用一个铰相连后自由度即减为 4。因此,一个连接两个刚片的铰(称为单铰)相当于两个约束。图 2-5(c)所示是用一个铰连接三个刚片时的情形,读者不难得知其自由度为 5。因此,一个连接三个刚片的铰(称为复铰)减少 4 个自由度,即这样的铰相当于两个单铰的约束作用。推广至一般,连接 n 个刚片的复铰,相当于 $(n-1)$ 个单铰的约束作用。

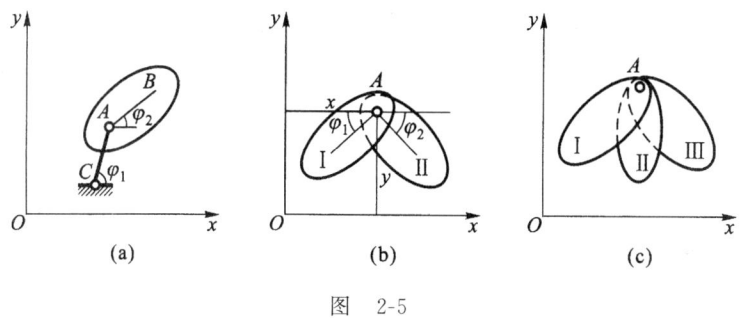

图　2-5

对于一个平面体系,设其刚片数为 m,换算单铰数为 h,支承链杆数为 r,则体系自由度 W 的计算公式为

$$W=3m-(2h+r) \qquad (2\text{-}1)$$

正如前面图 2-3 所讨论的,不是每一个约束都一定能使体系减少一个自由度的,它与约束的具体设置情况有关。因此,由式(2-1)算得的 W 不一定能反映体系实际的自由度,故这里将 W 称为体系的计算自由度。然而,根据计算自由度 W,有助于判断体系中约束的数目是否足够。例如,图 2-1(a)所示体系,其刚片数为 3,单铰数为 2,支杆数为 4(与地基相连的铰 A 和 B,各相当于两根支杆的作用),故 $W=3\times3-(2\times2+4)=1$,即可断定该体系缺少 1 个约束。因此,该体系是几何可变的。

例如,图 2-6 所示体系,刚片数 $m=5$,连接刚片之间的换算单铰数 $h=4$,支杆数 $r=7$,故该体系的计算自由度为

$$W=3\times5-(2\times4+7)=0$$

上式表明该体系具有必需的约束数目，尚不能肯定体系是几何不变的，需作进一步分析。

又如，图 2-7 所示体系，刚片数 $m=3$，连接刚片之间的单铰数 $h=2$，支杆数 $r=6$，故

$$W=3\times3-(2\times2+6)=-1$$

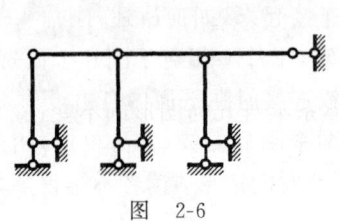
图 2-6

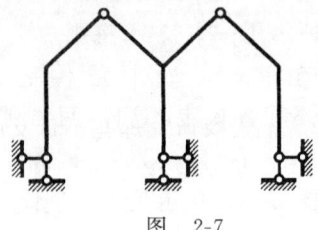
图 2-7

上式表明，该体系具有的约束数目比组成几何不变体系所需的最少约束数目多一个，但尚不能肯定体系是几何不变的，也需作进一步分析。

对于如图 2-8(a)所示铰接链杆体系，如用式(2-1)计算自由度，则刚片数 $m=9$，换算单铰数 $h=12$，支杆数 $r=3$，故

$$W=3\times9-(2\times12+3)=0$$

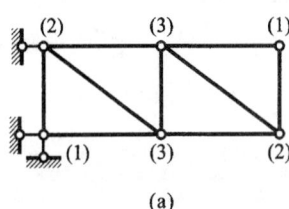
(a)

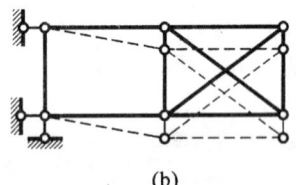
(b)

图 2-8

图中铰结点处圆括号内的数字，分别表示该处约束的换算单铰数。对于这类体系的计算自由度，除可用式(2-1)计算外，还可用更简便的公式计算。设 j 代表铰结点数，b 表示杆件数，r 为支杆数。如为平面铰接体系，每个铰结点有两个自由度，共为 $2j$ 个自由度，由于连接各结点的每一根杆件都能起到一个约束的作用，因此平面铰接体系的计算自由度也可使用下式计算

$$W=2j-(b+r) \tag{2-2}$$

对于图 2-8(a)所示体系，$j=6, b=9, r=3$，故

$$W=2\times6-(9+3)=0$$

与按式(2-1)算得的结果相同。必须注意，式(2-2)只能用于计算平面铰接体系的计算自由度。由于避开了各结点处的换算单铰数，故使用该式时比较简便。式(2-2)不难推广至空间铰接体系，有

$$W = 3j - (b+r) \tag{2-3}$$

式中，j 为空间铰结点总数，$(b+r)$ 为空间铰接体系中链杆与支杆的总数。例如，求图 1-9(f) 所示空间桁架的计算自由度时，$j=5$，$(b+r)=5+10=15$，所以该空间体系的计算自由度 $W=3\times 5-15=0$。

按照公式 (2-1)、(2-2)、(2-3) 计算的结果，将有以下三种情况：
① $W>0$　表明体系缺少足够约束，因此是几何可变的。
② $W=0$　表明体系具有成为几何不变所必需的最少约束数目。
③ $W<0$　表明体系具有多余约束。

有时我们需要研究那些不带支座链杆的体系本身几何图形的不变性。此时，由于体系几何图形本身作为一个刚片（或刚体）在平面内有 3 个自由度（或在空间内有 6 个自由度），因此，体系本身几何图形为不变时，必须满足 $W\leqslant 3$（或空间 $W\leqslant 6$）的条件。

必须强调，一个平面体系满足了 $W\leqslant 0$（或无支杆体系几何图形 $W\leqslant 3$）的条件，不一定就是几何不变的。因为虽然体系总的约束数目足够甚至还有多余，但若布置不当，则体系仍有可能成为几何可变。如图 2-8(b) 所示体系，虽然 $W=0$，但由于杆件（约束）布置不当，造成右方多一根杆件而左方却缺少一根杆件，因而体系仍然是几何可变的。图 2-8(b) 中的虚线，表示其几何图形可变的趋势。

第三节　平面几何不变体系的基本组成规则

无多余约束的平面几何不变体系的基本组成规则，可归纳为如下三种情形：

规则 1　从一个点出发，用两根链杆与一个刚片（或基础）相连接，且两根链杆不在同一直线上，形成的体系为几何不变且无多余约束（见图 2-9a）。

这种两根不在同一直线上的链杆连接一个新结点的构造称为二元体。此规则也可阐述为：在一个刚片（或一已知几何不变部分）上增加二元体形成的体系为几何不变且无多余约束。

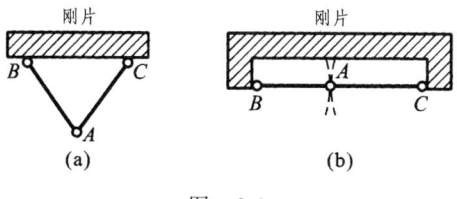

图　2-9

图 2-9(b) 示出两根链杆共线时的情况。A 点可以沿图中两个圆弧的公切线方向作微小运动。显然，从微小运动的角度看，它是一个几何可变体系。但当该体

发生微小运动之后,链杆 AB 和 AC 就不再共线,体系又成为几何不变。这种体系称为瞬变体系。

规则 2 两个刚片以一铰及不通过该铰的一根链杆相连(图 2-10a);或用三根既不平行又不相交于一点的链杆相连(图 2-10b),形成的体系为几何不变且无多余约束。

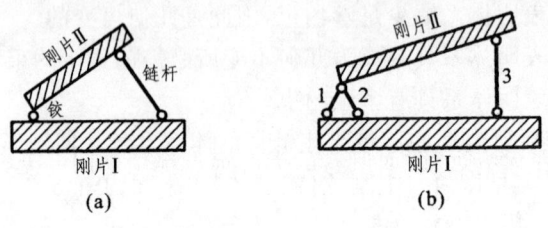

图 2-10

当链杆与铰共线时,如图 2-11(a)所示,将形成瞬变体系。当连接两个刚片的三根链杆之延长线交于一点时(图 2-11b),交点 O 为刚片Ⅰ、Ⅱ的相对转动瞬心,故此情况下将形成瞬变体系。若三根链杆本身而非延长线交于一点,则形成常变体系。两个刚片用三根等长且平行的链杆相连(图 2-11c),形成常变体系;用三根互相平行但不等长的链杆相连(图 2-11d),则形成瞬变体系(参阅图 2-3 的说明)。

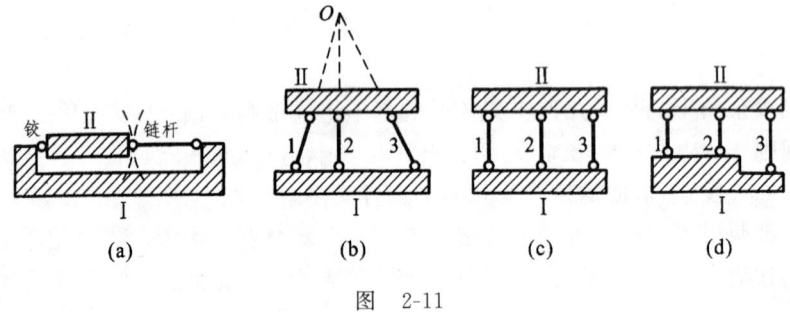

图 2-11

规则 3 三个刚片用不在一直线上的三个铰两两相连(图 2-12a),形成的体系为几何不变且无多余约束。

实际上,当三个铰不共线时,体系为铰接三角形,其几何形状肯定是不变的,而且没有多余约束。这也就是人们从生活中掌握的三角形规则。显然,规则 3 中的三个铰,可以分别用两根链杆来代替(图 2-12b),因为一个单铰的约束作用与两根链杆的约束作用相当。注意,在图 2-12(b)中,连接刚片Ⅰ、Ⅲ的两根链杆之延长线交点在 B',连接刚片Ⅱ、Ⅲ的两根链杆之延长线交点在 C',此两点在几何组成分析中称为虚铰。

第二章 体系的几何组成分析

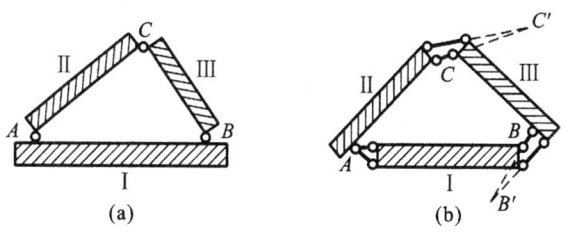

图 2-12

注意:两根平行链杆形成的虚铰在无穷远处。由于图 2-13 所示体系的三个虚铰 A'、B'、C' 都在无穷远处,而所有的无穷远点都位于同一无穷远直线上,因此该体系为瞬变体系。

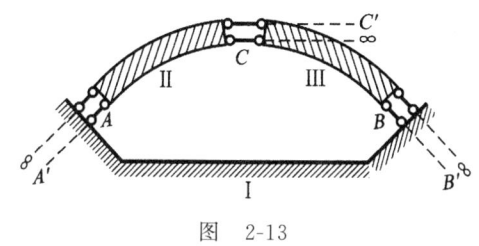

图 2-13

第四节 平面体系几何组成分析示例

例 2-1 试对图 2-14 所示体系作几何组成分析。

解 图示体系可以视作从基础 AB 出发,按规则 1 先形成结点 1,而后重复此规则,逐次扩大,形成结点 2、3 和 4。因此,图示体系为几何不变且无多余约束。

例 2-2 试对图 2-15(a)所示体系作几何组成分析。

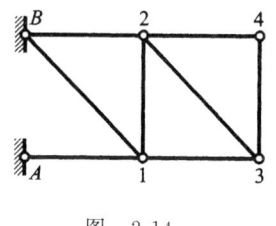

图 2-14

解 先观察图中 1-2-3-8-7-6-1 的部分铰接体系,它的组成方式与图 2-14 类似,属于无多余约束的几何不变部分。按照规则 2,它又与基础构成稳固的三支杆连接,因此 1-2-3-8-7-6-1 部分与基础可合成一个大刚片 I。再看右边 4-5-10-9-4 部分,也是一个无多余约束的几何不变部分,可画作刚片 II。于是,图 2-15(a)所示原体系可改造成几何构造上等价的体系,如图 2-15(b)所示。刚片 I 与 II 又按规则 2 用既不互相平行又不交于一点的三根链杆(89、34 和支杆 5)相连,因此,体系为几何不变且无多余约束。必须注意,在分析过程中,图 2-15(b)中的三根链杆(89、

34 和支杆 5)的相对位置必须保持与图 2-15(a)中所示的完全相同。

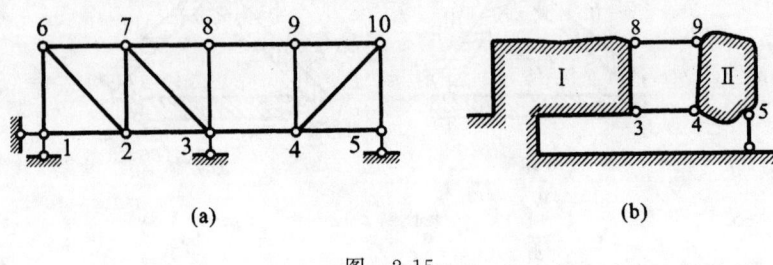

图　2-15

例 2-3　试对图 2-16(a)所示体系作几何组成分析。

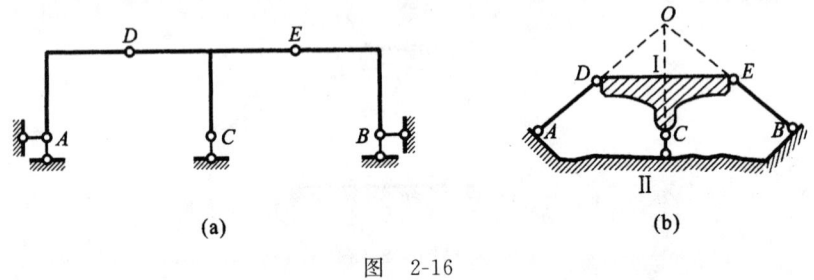

图　2-16

解　图 2-16(a)中折杆 AD 和 BE 从几何构造上讲可视作链杆，它们分别使 A、D 和 B、E 两点之间的距离保持不变。将 A、B 支座处各有的两根支杆用铰代替，如图 2-16(b)所示。将图 2-16(a)中的 T 形杆件部分视作刚片 I，基础视作刚片 II，两刚片之间的几何构造示意图如图 2-16(b)所示。由于三根链杆(AD、BE 和支杆 C)的延长线交于 O 点，故原体系为几何瞬变。

例 2-4　试对图 2-17(a)所示体系作几何组成分析。

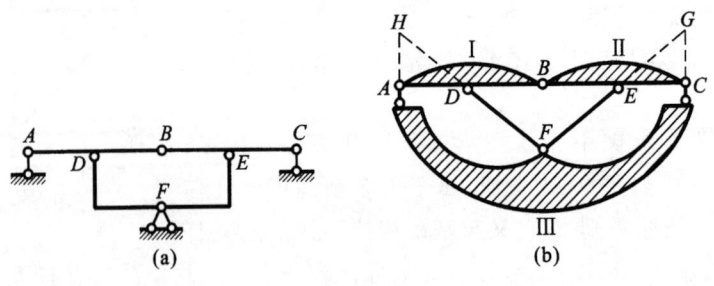

图　2-17

解　该体系较难分析，可先按公式(2-1)将计算自由度求得。计有刚片 AB、BC、DF、FE 共 4 个，单铰 B、D、E、F 共 4 个，支杆共 4 根(图 2-17a)，故

$$W = 3m - (2h + r) = 3 \times 4 - (2 \times 4 + 4) = 0$$

满足体系为几何不变的必要条件(注意：尚不能确定体系一定为几何不变)。现进行组成分析如下：

体系与基础之间有四根支杆，故应把基础作为一个大刚片处理。F 处的两根支杆，可以归入基础这个刚片 Ⅲ 内，但必须用铰 F 代替(图 2-17b)。然后，把 AB 看作刚片 Ⅰ，BC 看作刚片 Ⅱ，而把刚片 DF、FE 各用等价的链杆代替(类似于例 2-3 中的处理方法)，这样就得到了如图 2-17(b)所示的三个刚片用一个实铰(B)和两个虚铰(H 和 G)两两相连的分析示意图。由于三个铰 H、B、G 不在一直线上，故原体系是几何不变的且无多余约束。

第五节　体系的几何构造与静定性

体系的几何组成分析除了判别体系是否几何不变外，还可以鉴别与体系对应的结构的静定性。

体系可以分为几何可变的和几何不变的两类，其中几何可变的又包括常变和瞬变两种，几何不变的又包括无多余约束和有多余约束两种情况。

如果体系是常变的，则在任意荷载作用下一般不能维持平衡，即平衡条件不能满足，因而平衡方程无解。所谓瞬变体系是指，原为几何可变，但经微小位移后即转化为几何不变体系。如前所述，瞬变体系是一种特殊的可变体系，工程结构中不能采用这种体系。现分析图 2-18 所示体系的内力。由平衡条件，可求得链杆 AC' 和 BC' 的轴力为

$$F_N = \frac{F_P}{2\sin\theta}$$

当 $\theta=0$ 时，体系为瞬变(如图中虚线所示)，此时若 $F_P=0$(称为零荷载)，则 F_N 为不定值；若 $F_P \neq 0$，则 $F_N = \infty$。由此表明，瞬变体系即使在很小的荷载作用下也会产生非常大的内力，甚至导致体系的破坏。图 2-18 虚线所示的瞬变体系，当 C 点产生微小竖向位移 δ 时，AC(或 BC)杆的伸长量为

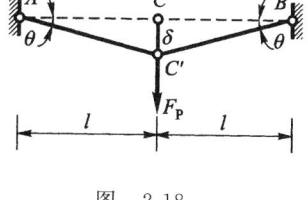

图 2-18

$$\lambda = \sqrt{l^2+\delta^2}-l = l\left[1+\frac{1}{2}\left(\frac{\delta}{l}\right)^2 - \frac{1}{8}\left(\frac{\delta}{l}\right)^4 + \cdots\right] - l \approx \frac{\delta^2}{2l}$$

可见，当 δ 为微量时，λ 为二阶微量，因而当杆件稍有变形时，C 点的位移会很显著的。因此，从上述两个角度来看，工程结构中是不能采用瞬变体系的，即使对于接近瞬变的体系，也要避免采用。

对于几何不变体系，设它由 m 个刚片用 h 个单铰及 r 根支杆连接而组成，将每一个刚片视作隔离体，可建立 3 个平衡方程，因而可建立的平衡方程总数为 $3m$

个,每一个单铰处有两个约束力,故铰处与支座处的未知力总数为$(2h+r)$个。当体系为几何不变且无多余约束时,计算自由度$W=3m-(2h+r)=0$,即$3m=2h+r$,表明平衡方程数目与未知力数目相等,此时用平衡方程求解只有一组确定的解答,故体系为静定结构;当体系为几何不变且有多余约束时,$W=3m-(2h+r)<0$,即$3m<2h+r$,表明平衡方程数目小于未知力数目,此时可有无穷多组解答,显然仅依靠静力平衡方程已不能求得唯一确定解答,故体系为超静定结构。

综上可知,静定结构的几何构造特征是几何不变且无多余约束。符合本节所述基本组成规则的体系,都是几何不变且无多余约束的,因而都属静定结构。而在此前提下还有多余约束的体系,则属超静定结构。

习 题

2-1~2-4 试求出图示体系的计算自由度。

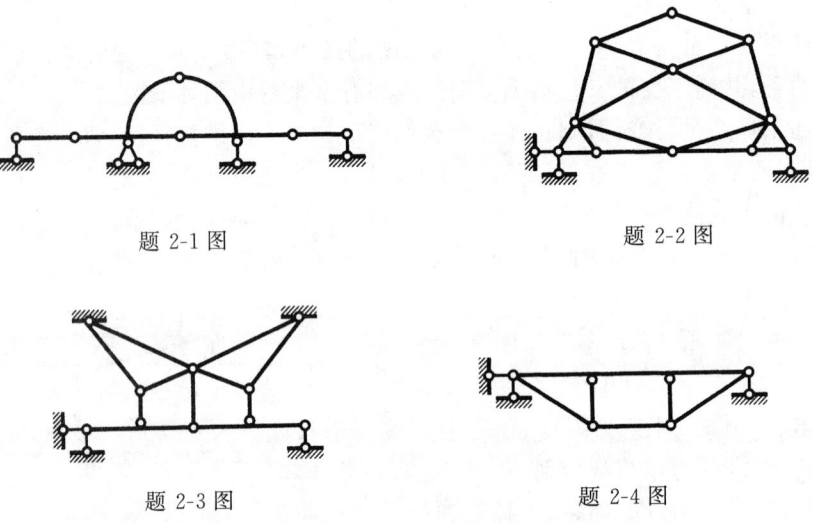

题 2-1 图　　　　题 2-2 图

题 2-3 图　　　　题 2-4 图

2-5~2-12 试对图示体系作几何组成分析(其中题 2-5~题 2-10 为铰接体系)。

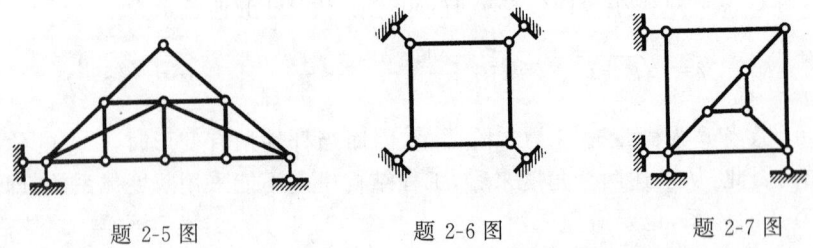

题 2-5 图　　　题 2-6 图　　　题 2-7 图

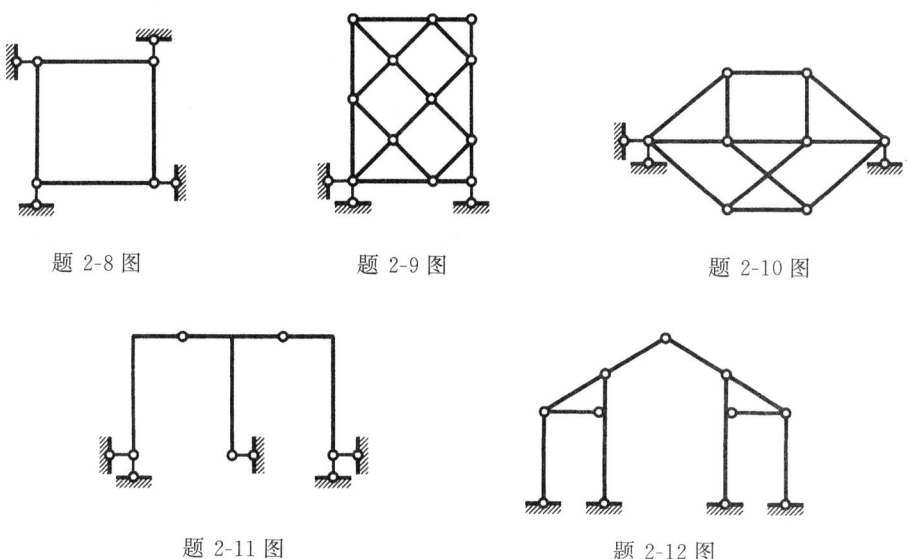

题 2-8 图　　　　题 2-9 图　　　　题 2-10 图

题 2-11 图　　　　题 2-12 图

2-13 试判断题 2-1～题 2-12 图所示体系,其中哪些是静定结构,哪些是超静定结构?

第三章　静定结构的内力计算

静定结构是工程中常用的结构，其受力分析是结构分析的基础。从几何组成上看，静定结构是没有多余约束的几何不变体系。从受力分析上看，在荷载作用下，静定结构的反力和内力分布可以由静力平衡条件求出，而无需考虑结构的变形条件，即满足静力平衡方程的内力和反力解答是唯一确定的解。本章通过工程中几种常见的静定结构——静定梁、静定平面刚架、静定平面桁架、静定拱以及静定组合结构等，系统地讨论静定结构的受力分析方法，包括反力、内力的计算和内力图的绘制等内容。

第一节　单跨静定梁

静定梁是工程结构中广泛采用的一种结构形式。由于它设计简单、施工方便，目前，在一般土建工程中，梁多用于短跨结构，如预制楼板、门窗、过梁、吊车梁、短跨桥等。它也是组成各种结构的基本构件之一，其受力分析是各种结构受力分析的基础。因此，读者应对本章内容熟练掌握。

静定梁包括单跨静定梁和多跨静定梁，本节先讨论单跨静定梁的受力分析方法。

常见的单跨静定梁有简支梁、伸臂梁和悬臂梁三种（见图 3-1），它们都是由梁和地基按两刚片规则组成的静定结构，因而其支座反力都只有三个，取全梁为隔离体，根据平面一般力系的三个平衡方程

$$\left.\begin{array}{l}\sum F_x=0\\ \sum F_y=0\\ \sum M=0\end{array}\right\} \quad (3\text{-}1)$$

即可求出全部反力。

第三章 静定结构的内力计算   23

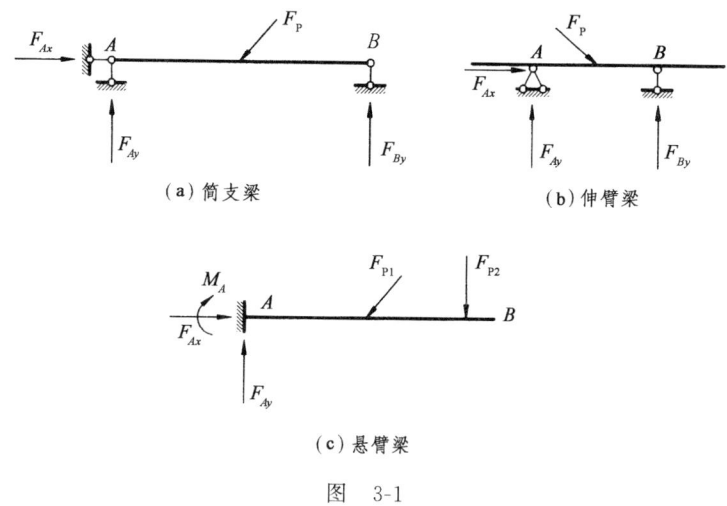

（a）简支梁
（b）伸臂梁
（c）悬臂梁
图　3-1

一、截面内力的计算及内力图

（一）内力的计算方法

平面结构在任意荷载作用下,其杆件横截面(如截面 K)上一般有三个内力分量,即轴力 F_N、剪力 F_Q 和弯矩 M(见图 3-2)。内力计算的基本方法是截面法。首先将结构沿拟求内力的截面截开,取截面任一侧为隔离体,利用平衡条件式(3-1),计算所求内力。

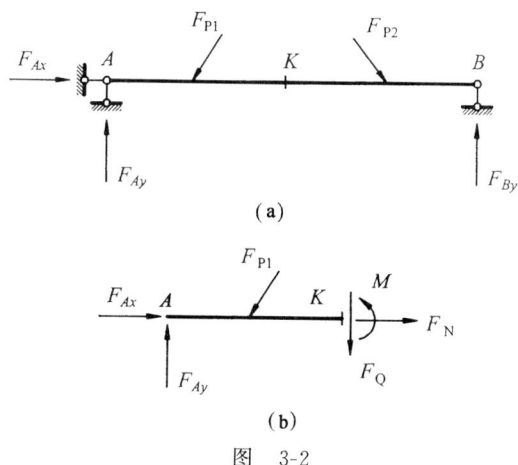

(a)

(b)
图　3-2

为了建立平衡方程,通常要事先对内力的正负号作一规定。习惯上,轴力 F_N 以拉力为正(压力为负);剪力 F_Q 以绕隔离体顺时针方向转动者为正(反时针方向

为负);弯矩 M 以使梁的下侧纤维受拉者为正(上侧纤维受拉者为负),如图 3-3 所示。由截面法的运算可以得知:

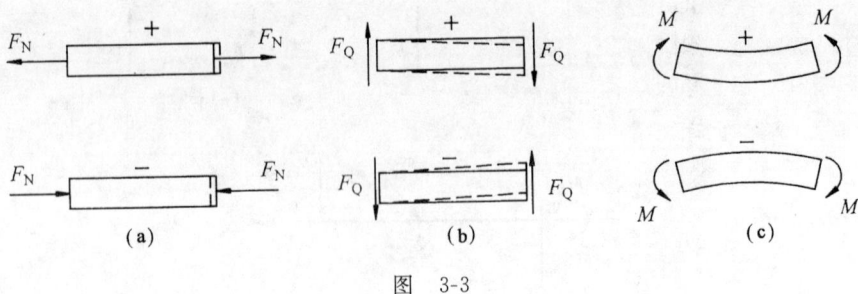

图 3-3

轴力 F_N 的数值等于截面一侧所有外力(包括荷载和反力)沿截面法线方向的投影代数和。

剪力 F_Q 的数值等于截面一侧所有外力沿截面方向的投影代数和。

弯矩 M 的数值等于截面一侧所有外力对截面形心的力矩代数和。

(二) 内力图

表示结构上各截面内力分布状况的图形称为内力图。内力图上通常以平行于杆轴线的坐标表示截面的位置,而以垂直于杆轴线的坐标表示内力的大小,通常称为内力图的竖标或纵距。

绘制内力图的基本方法是:首先用截面法写出所求内力与截面位置坐标 x 之间的函数关系,称为内力方程式;然后根据方程作出内力图。对于结构或外荷载较为复杂的情况,常需要利用多个不同的内力方程才能表达整个结构的内力分布状况。在内力图的绘制过程中,还需要利用叠加法进行绘制(见后)。

作内力图时,应标明图名、单位、数值。对于轴力图和剪力图,还必须注明正、负号。作弯矩图时,不需注明正、负号,但一律规定弯矩图必须画在杆件的受拉一侧。

二、荷载与内力之间的微分关系

在直梁中,如图 3-4(1)a,现取出一微段 $\mathrm{d}x$ 作为隔离体,如图 3-4(1)b,由平衡条件并略去高阶微量,可得出荷载集度与内力之间的微分关系,如式(3-2)所示。

$$\left.\begin{array}{l} \text{由} \sum F_x = 0, \text{有} \quad \dfrac{\mathrm{d}F_N}{\mathrm{d}x} = -q_x \\[6pt] \text{由} \sum F_y = 0, \text{有} \quad \dfrac{\mathrm{d}F_Q}{\mathrm{d}x} = -q_y \\[6pt] \text{由} \sum M = 0, \text{有} \quad \dfrac{\mathrm{d}M}{\mathrm{d}x} = F_Q \end{array}\right\} \qquad (3\text{-}2)$$

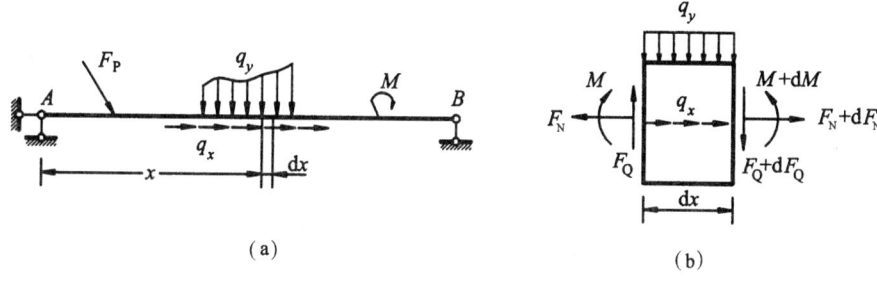

图 3-4(1)

这些关系式的几何意义是:轴力图上某点处切线斜率等于该点处的轴向荷载集度,但符号相反;剪力图上某点处切线斜率等于该点处的横向荷载集度,但符号相反;弯矩图上某点处的切线斜率等于该点处的剪力。据此,可以推知荷载情况与内力图形状之间的一些对应关系,如表 3-1 所列。掌握内力图形状上的这些特征,利用这些微分关系以及这些形状特征,有利于正确和迅速地绘制内力图。

表 3-1 内 力 图 的 形 状 特 征

梁上区段荷载情况		剪 力 图	弯 矩 图
无横向荷载区段		水平线	一般为斜直线
横向均布荷载 q_y 作用区段		斜直线	二次抛物线,凸向与 q 指向一致
		剪力为零处	弯矩图的极值点
横向集中力 F_P 作用处		有突变,突变值$=F_P$	有尖角,尖角方向与 F_P 方向相同
集中力偶 M 作用处		无变化	有突变,突变值$=M$
铰的一侧或自由端处	无力偶	连 续	弯矩为零
	有力偶 M	连 续	弯矩值$=M$

绘制内力图的一般步骤是:

① 求反力(悬臂结构可不先求反力)。

② 分段 一般将外力不连续处作为分段点。如集中力及力偶作用处,均布荷载两端点等。这样,根据外力情况就可以判断各段梁上的内力图形状。

③ 定点 根据各段梁的内力图形状,选定所需的控制截面。例如集中力及力偶作用点两侧的截面、均布荷载的起点和终点及中间某点等。用截面法求出这些截面的内力值,这样就首先确定了内力图上的各控制点处的纵距。

④ 连线 根据各段梁内力图的形状,分别用直线或曲线将各控制点纵距依次相连,即得全梁的内力图。

三、叠加法作梁的弯矩图和剪力图

在线弹性范围内,当梁承受多个荷载作用时,用叠加法作弯矩图是很方便的,下面介绍采用叠加法绘制梁的弯矩图与剪力图的方法。

图 3-4(2)a 所示一简支梁 ab,除全跨受均布荷载外,两端分别受集中力偶 M_a 和 M_b 作用。欲绘此梁 M 图可以利用叠加原理,首先将该梁的受载情形分解成图 3-4(2)b 和 3-4(2)c 两种情形,这两种情形对应的简支梁弯矩图是我们所熟悉的,如图 3-4(2)d、e 所示。然后把这两个弯矩图的对应截面上的纵距分别叠加,便得到两种荷载情形共同作用时的弯矩图,如图 3-4(2)f 所示。我们规定弯矩图一律画在梁的受拉纤维一侧。

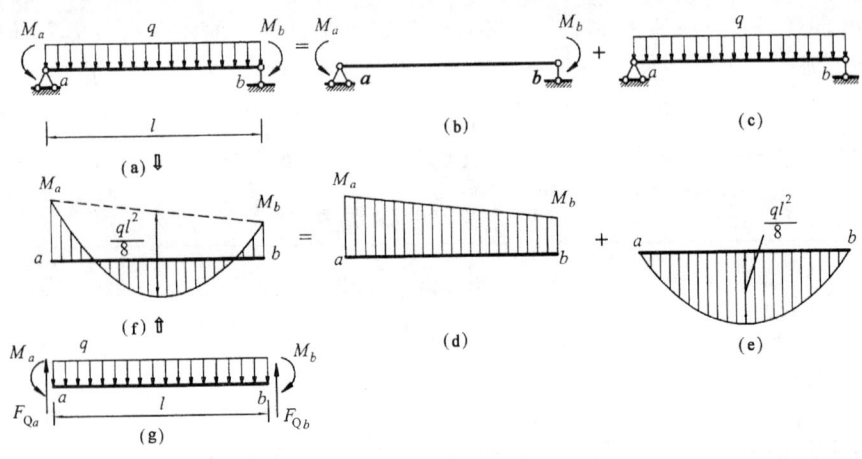

图 3-4(2)

利用叠加法作 M 图的具体步骤如下:先在 a、b 两点垂直杆轴的方向分别画出 M_a 和 M_b,并连成直线(图 3-4(2)f 中虚线所示),然后以此直线为基线,往下同样垂直于杆轴的方向,叠加一个均布荷载作用的简支梁弯矩图,最后消去上述两个图形纵距的重叠部分,即得叠加后的总弯矩图(图 3-4(2)f 中竖直阴影线部分)。

应该注意,这里所说的 M 图的叠加,是指两个弯矩图纵距的叠加,因此叠加时两图纵距的方向必须一致。

上述叠加法作 M 图,适用于从结构中取出的任意直杆部分。这是因为任意直杆两端截面上的剪力 F_{Qa} 与 F_{Qb} 是和同跨度简支梁的两个支座反力 R_a 和 R_b 完全相等的,所以图 3-4(2)g 和图 3-4(2)a 的受力情况也完全相同,故两个弯矩图完全相同。因此,叠加法作图技巧在理论上是正确的且作法也十分方便,它在结构力学中得到广泛应用。

根据同样理由,剪力图也可用叠加法作出。为了作图方便,一般是先画出与均布荷载(或其他跨中荷载)相应的剪力图,即左端为$+ql/2$,右端为$-ql/2$,如图 3-5 中虚线所示。然后以这根虚线为基线,并在竖直方向叠加一个由于杆端力偶 M_a 与 M_b 作用下的剪力图。根据式(3-2),$F_Q = dM/dx$,知道该剪力图为一常数,其值等于图 3-4(2)d 所示 M 图的斜率 $+(M_a - M_b)/l$。我们在虚线的左端往上叠加一个等于 $(M_a - M_b)/l$ 的纵距,从而得到 c 点,然后过 c 点作虚线的平行线,它于右端的纵距上截得 d 点,由 ab 与 cd 构成的图形,即为 ab 杆件的总剪力图(竖直阴影部分)。由图 3-5 可知

$$F_{Qa} = \frac{1}{2}ql + \frac{M_a - M_b}{l}$$

$$F_{Qb} = -\frac{1}{2}ql + \frac{M_a - M_b}{l}$$

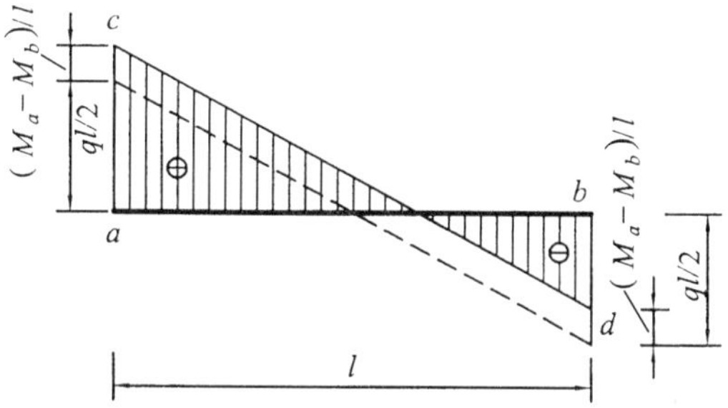

图 3-5

这个结果与按静力平衡条件求得的两端剪力是一致的。

例 3-1 试用叠加法作图 3-6(a)所示伸臂梁的 M、F_Q 图。

解 先作悬臂部分 BC 的弯矩图,该部分受均布荷载作用,弯矩图为下凸的二次抛物线。

B 截面弯矩

$$M_B = -\frac{1}{2}ql^2 = -\frac{1}{2} \times 4 \times 3^2 = -18 \text{ kN·m}$$

C 端弯矩

$$M_C = 0$$

于是绘得图 3-6(b)中的二次曲线 bc。

再作 AB 部分的弯矩图,A 端铰处截面无外力偶作用,故

$$M_A = 0$$

在图 3-6(b)上连虚线 ab,并以它为基线,向下叠加一个相应简支梁的荷载弯矩图(该图 1/3 跨度处的弯矩均为 16 kN·m),消去正、负重叠部分,最后结果 $M_D = 10$ kN·m, $M_E = 4$ kN·m。AB 部分的弯矩图为 $adeb$。全梁弯矩图如图 3-6(b)中竖直阴影线部分所示。

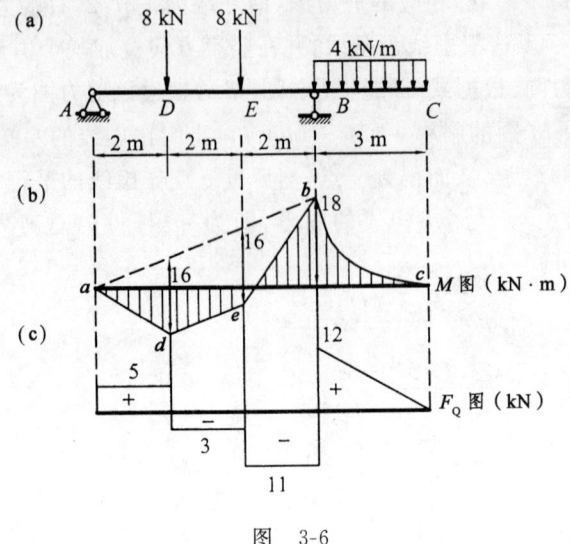

图 3-6

剪力图可由左端 A 开始逐段画出。如利用关系式 $F_Q = \mathrm{d}M/\mathrm{d}x$,可以无需计算支座反力,比较迅速地画出 F_Q 图。

AD 段

$$F_Q = \frac{\mathrm{d}M}{\mathrm{d}x} = +\frac{10}{2} = +5 \text{ kN}$$

DE 段

$$F_Q = \frac{\mathrm{d}M}{\mathrm{d}x} = -\frac{(10-4)}{2} = -3 \text{ kN}$$

EB 段

$$F_Q = \frac{\mathrm{d}M}{\mathrm{d}x} = -\frac{(18+4)}{2} = -11 \text{ kN}$$

BC 段为悬臂梁部分,我们熟悉它的剪力图,即在自由端处 $F_Q = 0$,在悬臂梁根部 B 处,$F_Q = +ql = +(4 \times 3) = +12$ kN。

全梁的剪力图如图 3-6(c)所示。

根据微分关系 $F_Q = \mathrm{d}M/\mathrm{d}x$,由弯矩图上某点的斜率求该点的剪力,其正、负号判定按图 3-7 所示规定进行。这是因为在本章开始时,我们曾假定梁的下部纤维受拉的弯矩为正,弯矩图又一律画在受拉一侧的缘故。本题由图 3-6(b)所示弯矩图的切线斜率看出:AD 与 BC 段的剪力应为正;DE 与 EB 段剪力应为负。

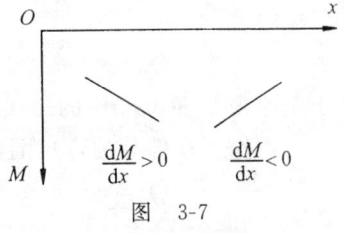

图 3-7

例 3-2 试用叠加法作出图 3-8(a)所示双伸臂梁的 M、F_Q 图,并示出梁内最大弯矩 $M_{\max}$ 及其所在截面位置。

第三章 静定结构的内力计算

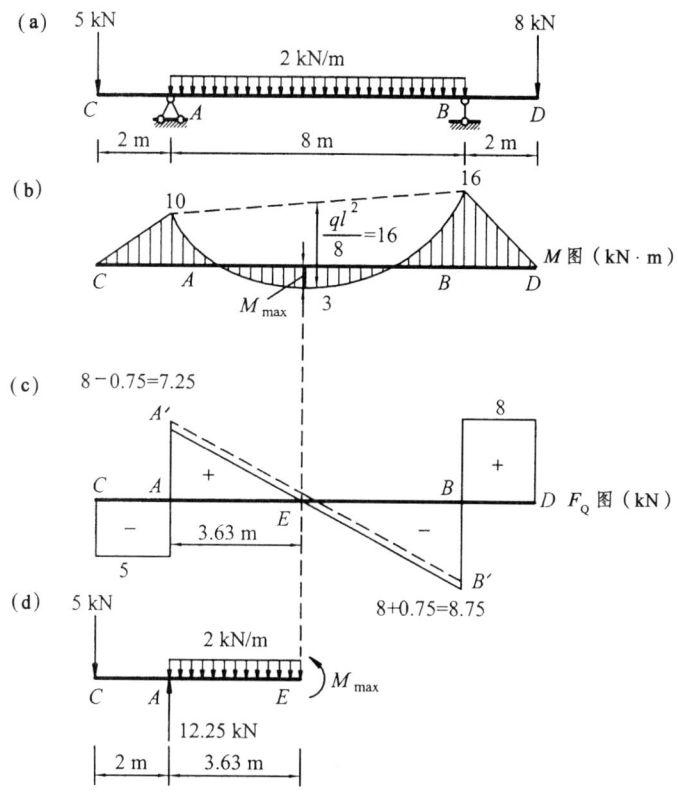

图 3-8

解 先画两个伸臂段的 M 图,它们为直线形,且

$$M_A = -10 \text{ kN} \cdot \text{m}$$
$$M_B = -16 \text{ kN} \cdot \text{m}$$

然后在截面 A、B 之间将 M_A 与 M_B 连以直虚线,并叠加一个相应简支梁受均布荷载作用的弯矩图。叠加后,AB 跨中央截面的最终弯矩

$$M_{\text{中}} = \frac{1}{8} \times 2 \times 8^2 - \frac{1}{2}(10+16) = 3 \text{ kN} \cdot \text{m}$$

全梁 M 图如图 3-8(b)所示。

剪力图可分段画出

CA 段

$$F_Q = \frac{\mathrm{d}M}{\mathrm{d}x} = -\frac{10}{2} = -5 \text{ kN}$$

BD 段

$$F_Q = \frac{dM}{dx} = +\frac{16}{2} = +8 \text{ kN}$$

AB 段：先决定其两端剪力

$$F_{QA} = +\frac{1}{2} \times 2 \times 8 - \frac{16-10}{8} = 7.25 \text{ kN}$$

$$F_{QB} = -\frac{1}{2} \times 2 \times 8 - \frac{16-10}{8} = -8.75 \text{ kN}$$

然后将 F_{QA} 与 F_{QB} 连成直线即为 AB 段剪力图。全梁剪力图示于图 3-8(c)。

计算 M_{max}，由荷载与内力之间的微分关系可知，M_{max} 必定发生在剪力 $F_Q=0$ 处的截面上。由图 3-8(c)看到，本题 $F_Q=0$ 的截面只有一处，故该截面位置即为发生 M_{max} 的截面位置。设该处离 A 支座的距离为 AE，AE 段剪力图的斜率 $dF_Q/dx = -AA'/AE = -7.25/AE$，由公式(3-2)$dF_Q/dx = -q_y$，即 $-7.25/AE = -2$，于是求得

$$AE = 3.63 \text{ m}$$

M_{max} 的值不难由图 3-8(d)所示隔离体，按平衡条件求出

$$M_{max} = 12.25 \times 3.63 - 5 \times 5.63 - \frac{1}{2} \times 2 \times (3.63)^2 = 3.1 \text{ kN} \cdot \text{m}$$

四、单跨斜梁的内力图

当简支梁的两个支承顶面的标高不相等时，即形成斜梁（见图 3-9a）。

斜梁计算与水平简支梁的计算基本相同。斜梁的特点主要是梁轴线和横截面都是倾斜的。由于梁的纵轴成为斜轴，因而横截面上的轴力应顺着斜轴方向，剪力应与斜轴成垂直来定义（图 3-9b）。然而，截面上的弯矩并不因为梁轴倾斜而受到影响。

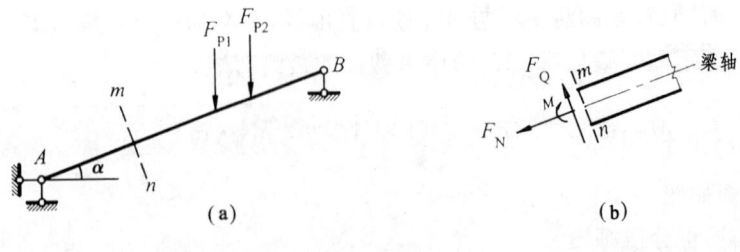

图 3-9

图 3-10(a)表示倾角为 α 的斜梁，全跨承受沿水平方向单位长度的均布荷载 q 作用。现分别讨论其反力和内力的计算方法。

第三章 静定结构的内力计算

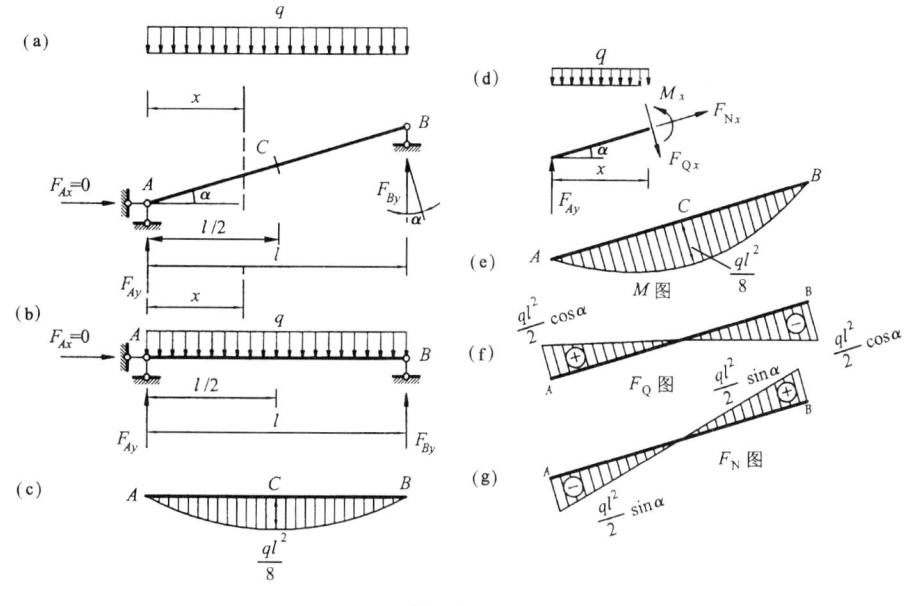

图 3-10

（一）反 力

由斜梁的整体平衡条件,得

$$F_{Ay}=F_{By}=\frac{1}{2}ql$$

$$F_{Ax}=0$$

对照相同跨度、相同荷载的水平简支梁（下称相应简支梁）的反力（图 3-10b）,它们是完全相同的。

（二）内 力

斜梁任一截面的弯矩,可截取相应的隔离体（图 3-10d）考察,将隔离体上所有外力对该截面形心取矩,根据平衡条件,得

$$M_x=\frac{1}{2}qlx-\frac{1}{2}qx^2 \tag{3-3a}$$

它与同跨度水平简支梁相应截面的弯矩表达式完全一样,只需注意在画斜梁的 M 图时,应把各纵距画在垂直于斜轴方向上（图 3-10e）,而各纵距的大小与相应水平简支梁的对应截面的弯矩值相等（图 3-10c）。

绘制剪力图时,可先求斜梁两端 A 和 B 的剪力。由 A、B 两点在垂直于斜轴方向的平衡条件,得

$$F_{QA} = +F_{Ay} \cdot \cos \alpha = +\frac{ql}{2}\cos \alpha$$

$$F_{QB} = -F_{By} \cdot \cos \alpha = -\frac{ql}{2}\cos \alpha$$

于是,再由图 3-10(d)所示隔离体,求得梁内任一截面的剪力表达式

$$F_{Qx} = \frac{ql}{2}\cos \alpha - qx\cos \alpha \tag{3-3b}$$

上式是 x 的一次式,故剪力为一斜直线(图 3-10f)。

按类似方法,可求得任一截面的轴向力表达式

$$F_{Nx} = -\frac{ql}{2}\sin \alpha + qx\sin \alpha \tag{3-3c}$$

斜梁轴力如图 3-10(g)所示。

通过上例看到,由于斜梁的轴线和横截面为倾斜的,因此在竖直荷载作用下,截面上不仅有弯矩和剪力,而且还有轴向力作用,这是斜梁与水平梁受力情况的不同之处。由于这个原因,前述关于荷载、剪力与弯矩的关系式(3-2)欲用于斜梁,其形式应略作修改。

图 3-11 为由斜梁截取的微段 du,微段所受竖直分布荷载可分解为垂直于斜轴方向的分量 q_v 和顺着斜轴方向的分量 q_u,q_v 和 q_u 都是沿斜轴线单位长度内的荷载数量。由平衡方程 $\Sigma F_v = 0$ 和 $\Sigma M = 0$,得下列微分关系

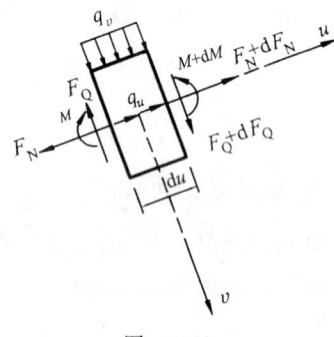

图 3-11

$$\frac{dF_Q}{du} = -q_v \tag{3-4}$$

$$\frac{dM}{du} = F_Q \tag{3-5}$$

将式(3-5)代入式(3-4),得

$$\frac{d^2 M}{du^2} = -q_v \tag{3-6}$$

由平衡方程 $\Sigma F_u = 0$,得

$$(F_N + dF_N) - F_N + q_u \cdot du = 0$$

即

$$\frac{dF_N}{du} = -q_u \tag{3-7}$$

当 q_u 等于常数时,轴力 F_N 是 u 的一次函数,因而轴力图为斜直线(图 3-10g)。当 $q_u = 0$ 时,N 为常数。

此外,在作斜梁的弯矩图时,同样可以应用前述所介绍的叠加法。斜杆的弯矩图可通过先作由杆端弯矩所产生之直线形弯矩图,然后再在其上面叠加一个由跨中荷载所产生的简支斜梁的弯矩图而形成。

第二节 多跨静定梁

多跨静定梁是由若干个单跨静定梁组合而成的静定结构。由于它能跨越几个相连的跨度,且其受力特性又优于一连串简支梁,所以在公路桥梁中常被采用。

实用多跨静定梁有两种常用形式(图 3-12a、c),它们相应的支承关系图分别示于图 3-12(b)及图 3-12(d),这种图形又称层叠图。

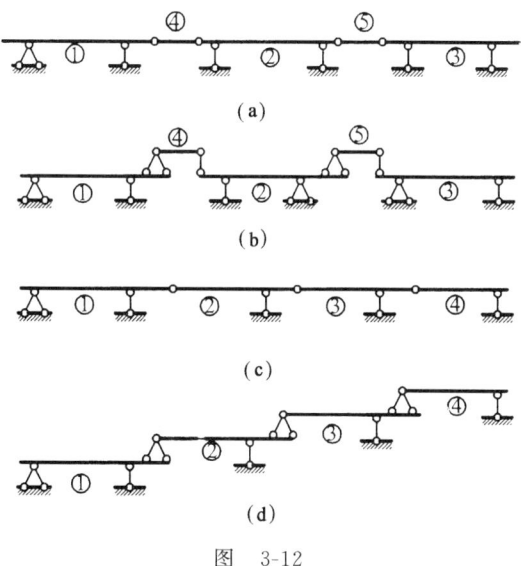

图 3-12

第一种形式的多跨静定梁,由层叠图 3-12(b)知:其中 ①、②、③ 三个伸臂梁都是由地基而不是由其他梁来支承的,因此称为基本部分;而 ④、⑤ 两根短梁分别由 ①、② 和 ②、③ 梁支承的,故称为附属部分。第二种形式的多跨静定梁由层叠图 3-12(d)知:其中只有伸臂梁 ① 为基本部分,而其余各梁均为附属部分。

分清多跨静定梁各部分之间的支承关系,显然是计算的首要工作。在此基础上,可以将多跨静定梁拆成各单跨梁,并按照先计算附属部分,后计算基本部分的顺序(注意计算基本部分时必须包括由它的附属部分传来的作用力)逐一进行计算,最后便得到多跨静定梁的全部内力图。

例 3-3 试作出图 3-13(a)所示多跨静定梁的内力图。

解 由层叠图(图 3-13b)知:梁 AB 是基本部分,BD 和 DF 是附属部分。此梁的组成次序是先固定梁 AB 再固定 BD,最后固定 DF。

计算内力时,应按照与上述组成次序相反的顺序,即先算 FD 再算 DB,最后算 BA,如图 3-13(c)所示。

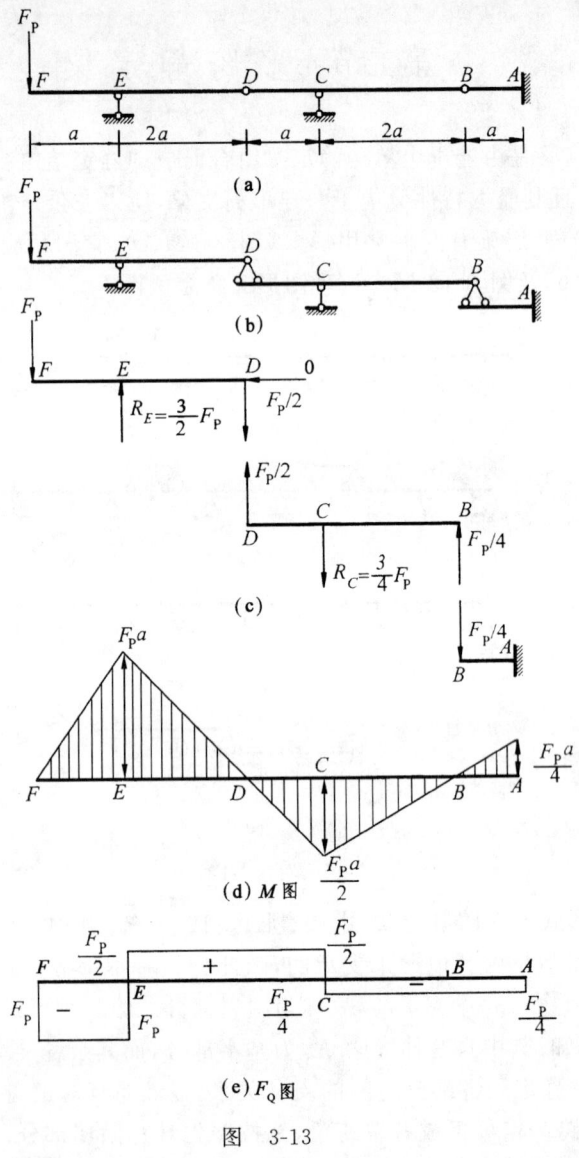

图 3-13

由于梁上只受竖直荷载作用,由整体平衡条件 $\Sigma F_x = 0$ 知,A 端水平反力等于零,故全梁无轴力,各铰处的水平约束力也为零。

作 M 图时,可先分别作出各单跨梁 M 图,然后将其拼合在同一水平基线上,结果如图 3-13(d)所示。

作 F_Q 图也可采取类似的顺序,结果如图 3-13(e)所示。

最后应对内力图进行校核,校核可利用荷载、剪力和弯矩之间的微分关系式(3-2)进行。以 ED 段为例。

由图 3-13(e),该段

$$\frac{dF_Q}{dx} = \frac{\frac{F_P}{2} - \frac{F_P}{2}}{2a} = 0 \qquad 满足 \qquad \frac{dF_Q}{dx} = -q_y = 0$$

由图 3-13(d),该段

$$\frac{dM}{dx} = \frac{0 - (-F_P a)}{2a} = \frac{F_P}{2} \qquad 满足 \qquad \frac{dM}{dx} = F_Q = \frac{F_P}{2}$$

另外,因本题在铰 D 和铰 B 处均无集中力作用,故 M 图上在该两点处都不出现尖角,因而 EC 段、CA 段的 M 图均为一直线,图 3-13(d)的结果无误。

例 3-4 试计算图 3-14(a)所示多跨静定梁。

解 本题的计算顺序应该是先算附属部分 FG,然后分别计算基本部分 EF 与 GH。

应该注意,在计算基本部分 EF 和 GH 两个双伸臂梁时,除了其本身承受的荷载外,还应包括铰 F 和铰 G 处的竖直约束力 8 kN(↓)对各梁的分别作用(见图 3-14b)。绘制 EF 和 GH 两个梁的 M 图,宜采用前述介绍的叠加法,显得十分方便。

全梁的 M 图如图 3-14(c)所示。

M 图作出后,可根据 $F_Q = dM/dx$ 的关系作 F_Q 图。如 EA 段,M 图为二次抛物线,故相应的剪力图为斜直线。在 E 处,$F_Q = 0$;在 A 左侧处,$F_Q = -4 \times 2 = -8$ kN。又如 AB 段,因该段的弯矩图可看作是两个图形的叠加,因此该段剪力图也可由相应的两个 F_Q 图叠加而得。图 3-14(d)中该段剪力图上虚线所示的为跨中均布荷载作用下相应简支梁的剪力图,最后的剪力图应从虚线开始往下叠加一个因杆端弯矩作用所产生的剪力图,故 AB 杆 A 端的剪力为

$$F_Q = +\frac{1}{2}ql + \left(-\frac{24-8}{4}\right) = +8 - 4 = +4 \text{ kN}$$

AB 杆 B 端的剪力为

$$F_Q = -\frac{1}{2}ql + \left(-\frac{24-8}{4}\right) = -8 - 4 = -12 \text{ kN}$$

再如 CD 段,虽然该段的弯矩图在力偶作用处有突变,但该段除中点作用力偶外,没有其他荷载作用,所以该段剪力仍保持为常数

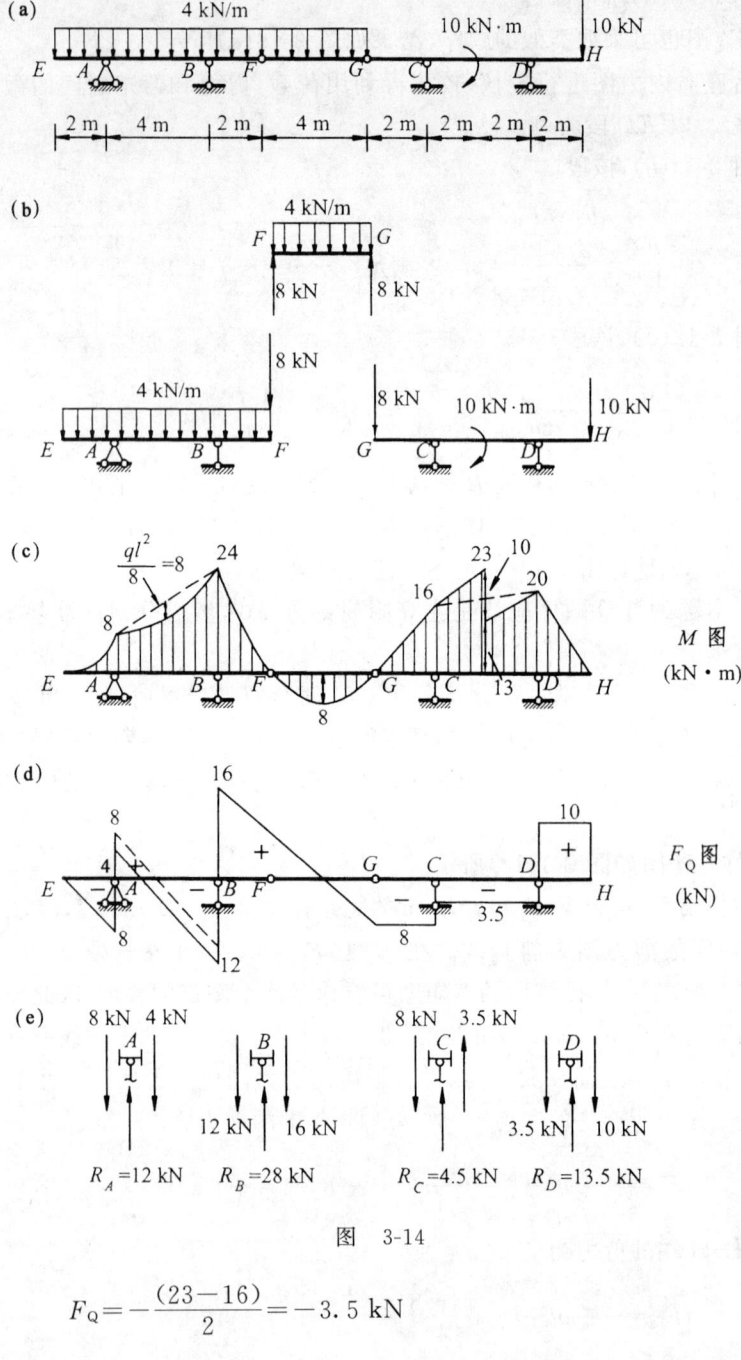

图 3-14

$$F_Q = -\frac{(23-16)}{2} = -3.5 \text{ kN}$$

全梁剪力图(3-14d)作出后,可进一步计算各支座反力。取四个支座结点为隔离体(图 3-14e),由各结点处平衡条件 $\Sigma F_y = 0$,即可求得各支座反力的大小和实际方向,如图 3-14(e)所示。

最后利用求得的各支座反力,对结构进行一次整体平衡校核。

全梁竖直荷载总重　　$4\times 12+10=58$ kN (↓)

四个支座反力总和　　$12+28+4.5+13.5=58$ kN (↑)

故满足 $\Sigma F_y=0$。

因为本题的计算步骤是先作 M 图,然后利用 M 图作 F_Q 图,最后利用 F_Q 图求出各支座的反力,因此以上的校核工作是重要的,它不仅校核了支座反力,实际上也校核了 M、F_Q 图的正确性。

图 3-15(a)表示多跨静定梁受间接荷载的情况。所谓间接荷载是指荷载直接加于纵梁(一般当作简支梁),然后通过横梁将它传至主梁(这里是多跨静定梁),因此对主梁来说是承受间接荷载。在此情况下,计算应先从简支纵梁开始,算得横梁的反力后(图 3-15b)再反其方向并作用于主梁,最后再计算主梁(图 3-15c)。

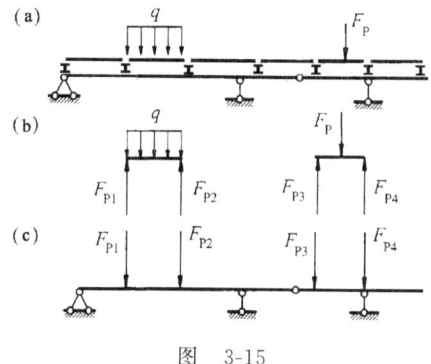

图 3-15

第三节　静定平面刚架

一般而言,刚架是由直杆组成的具有刚性结点的结构。图 3-16 示出了几种铁路、公路桥梁工程中采用的刚架结构计算简图,其中图(a)为刚架桥;图(b)为刚架式柔性墩;图(c)为公路桥梁中使用的由 T 形刚架和悬挂梁构成的多跨静定刚架。

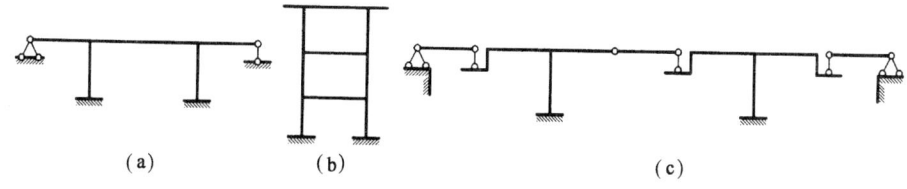

图 3-16

具有刚性结点是刚架的主要特征。在刚结点处,各汇交杆端连成一个整体,彼此不发生相对移动和相对转动,即荷载作用后,刚结点处各汇交杆件之间的夹角仍保持不变。图 3-17 示出刚架结构之刚性结点的上述变形特征。

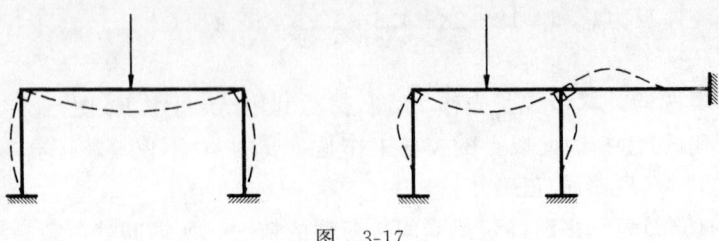

图　3-17

平面刚架的杆件截面上一般有弯矩、剪力和轴向力三种内力。然而,在线性弹性范围内,它们比较而言,弯矩影响是起主要作用的。由于刚结点能够承受负弯矩作用,从而削减了结构中的最大正弯矩值,因此刚架的受力情况较简支梁合理(图 3-18)。工程实际中使用的刚架大多为超静定刚架,静定刚架只在比较简单及受荷载较小的情况下采用。但是,静定刚架内力分析对于后面的超静定刚架计算来说,却是十分重要的基础。

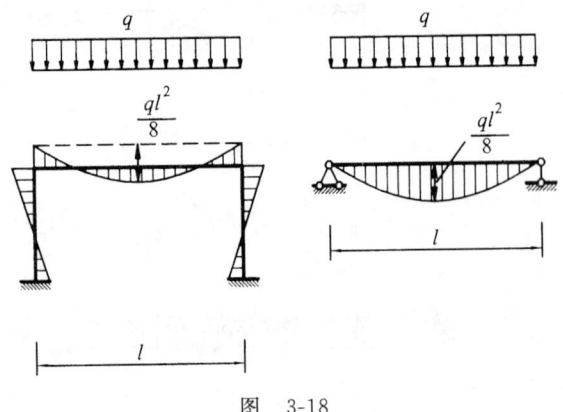

图　3-18

静定平面刚架的形式大致分为：悬臂刚架、简支刚架、三铰刚架及多跨或多层静定刚架(见图 3-19)。它们的内力计算方法,原则上与静定梁相同。通常应先由整体或某些部分的平衡条件求出支座反力或连接铰处的约束力,然后根据荷载情况将刚架分解为若干杆段,由静力平衡条件先求出各杆端内力,再绘制内力图。详细计算方法与步骤,将在稍后的例题中说明。

在运算过程中,内力正、负号规定如下：弯矩规定以刚架的内侧纤维受拉为正,反之为负(弯矩图一律绘在杆件的受拉纤维一侧,图中无需表明正、负号);剪力的符号规定与静定梁相同,轴力规定以受拉为正,受压为负(剪力和轴力图可以画在杆件的任一侧,但必须注明正、负号)。

第三章 静定结构的内力计算 39

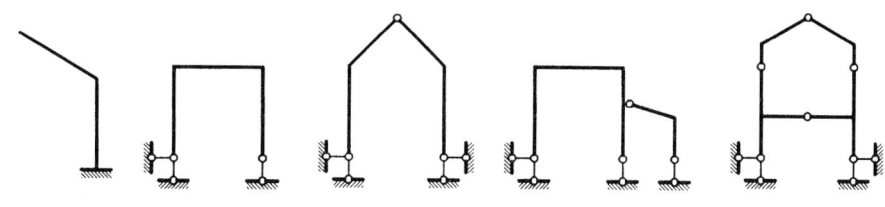

图 3-19

为了明确地表示各杆端内力,规定在内力字母下用两个脚标,第一脚标表示该内力所属杆端,第二脚标表示该杆段的另一端。如 AB 杆的 A 端弯矩写作 M_{AB},B 端弯矩写作 M_{BA};CD 杆的 C 端剪力为 F_{QCD},D 端剪力为 F_{QDC} 等。

例 3-5 试作图 3-20(a)所示悬臂刚架的内力图。

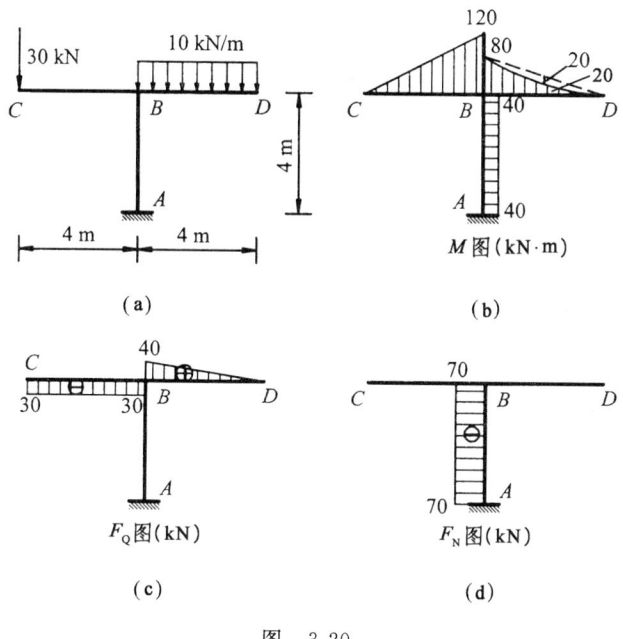

图 3-20

解 悬臂刚架的内力计算和悬臂梁基本相同,一般可以从自由端开始,截取隔离体计算各杆段的杆端内力,在计算内力前一般可不必求出支座反力。

① 作 M 图 首先用截面法计算各杆端弯矩。从自由端 C 开始,取 CB 段为隔离体,按力矩平衡方程求得

$$M_{CB}=0$$
$$M_{BC}=120 \text{ kN} \cdot \text{m}（上侧受拉）$$

从自由端 D 开始,取 DB 段为隔离体,得

$M_{DB}=0$

$M_{BD}=80 \text{ kN}\cdot\text{m}$（上侧受拉）

切断立柱 AB 之上端，取 CBD 部分为隔离体，可求得作用在该隔离体上

$M_{BA}=30\times4-\dfrac{1}{2}\times10\times4^2=40 \text{ kN}\cdot\text{m}$（右侧受拉）

切断立柱 AB 之下端，取 $CDBA$ 部分为隔离体，得

$M_{AB}=40 \text{ kN}\cdot\text{m}$（右侧受拉）

杆端弯矩求得之后，即可仿照静定梁作 M 图的基本方法，先将刚架的各杆端弯矩画在受拉一侧。对于两杆端之间无荷载的杆件（如 CB 和 BA），将两个杆端弯矩连以直线，即为弯矩图。对于两杆端之间有荷载的杆件（如 DB），一般可以先将两杆端弯矩连以虚直线，然后再在连线上叠加一个相应的简支梁（同跨度同荷载）的弯矩图，即构成此杆件的弯矩图，这样，DB 杆件的中点弯矩为

$+\dfrac{1}{2}\times80-\dfrac{1}{8}\times10\times4^2=+20 \text{ kN}\cdot\text{m}$

这个结果与按照截面法求得的 DB 杆中点弯矩结果 $+(1/2)\times10\times2^2=+20 \text{ kN}\cdot\text{m}$ 是一致的。

② 作 F_Q 图 从刚架的自由端 C、D 算起，按截面法先求得各杆端剪力

$F_{QCB}=F_{QBC}=-30 \text{ kN}$

$F_{QDB}=0, \quad F_{QBD}=+40 \text{ kN}$

$F_{QBA}=F_{QAB}=0$

根据各杆端剪力，即可作出 F_Q 图，如图 3-20(c) 所示。因为 CB 杆件两端之间无荷载作用，故剪力为常数，DB 杆因有均布荷载 q 作用，故剪力图呈斜直线。

③ 作 F_N 图 按截面法先求得各杆端轴力

$F_{NCB}=F_{NBC}=0$

$F_{NDB}=F_{NBD}=0$

$F_{NBA}=F_{NAB}=-(30+10\times4)=-70 \text{ kN}$（压）

该刚架的轴力图如图 3-20(d) 所示。因 BA 杆件上没有沿着轴线方向的轴向外力作用，故其轴力为常数。

④ 校核 全部内力图作出后，可截取刚架的任一部分，校核其是否满足静力平衡条件。例如取出刚结点 B（图 3-21a、b），可校核其 3 个静力平衡方程：$\Sigma M=0$，$\Sigma F_x=0$，$\Sigma F_y=0$ 是否被满足。因为在结点 B 上

$\sum M=+80+40-120=0$

$\sum F_x=0+0+0=0$

$$\sum F_y = +70 - 30 - 40 = 0$$

故平衡条件满足。

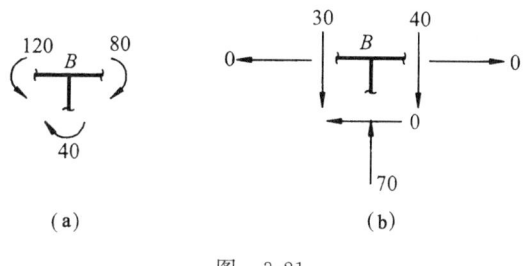

图 3-21

此外尚可取刚架的其他部分来进行类似的校核。

例 3-6 试作图 3-22(a) 所示简支刚架的内力图。

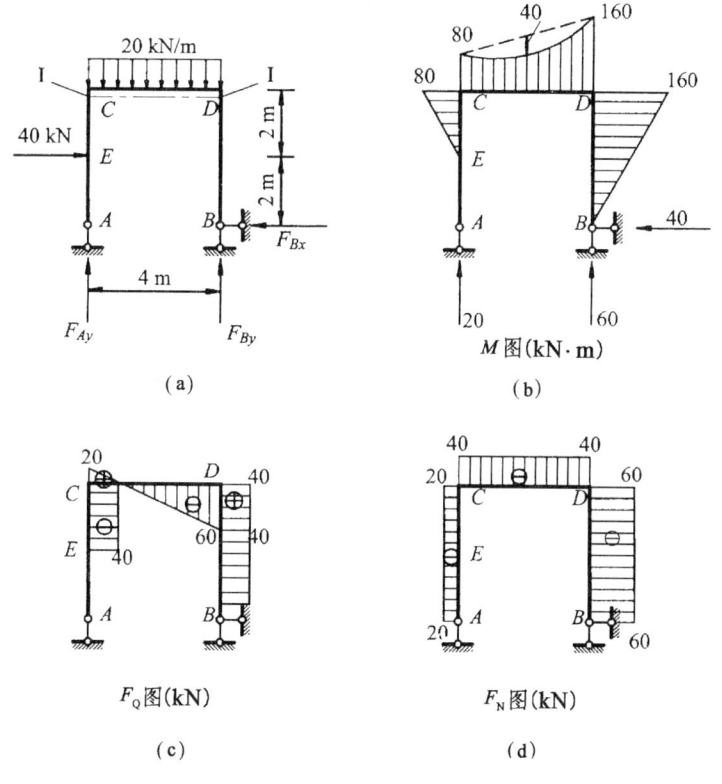

图 3-22

解 简支刚架内力分析方法与简支梁类似,必须先计算支座反力,然后才能计算内力。

① 支座反力计算 以支座反力取代各支座链杆后,考虑刚架的整体平衡。

由 $\Sigma F_x=0$

$$40-F_{Bx}=0 \qquad F_{Bx}=40 \text{ kN }(\leftarrow)$$

由 $\Sigma M_B=0$

$$4F_{Ay}+40\times 2-\frac{1}{2}\times 20\times 4^2=0 \qquad F_{Ay}=20 \text{ kN }(\uparrow)$$

由 $\Sigma F_y=0$

$$F_{By}+20-20\times 4=0 \qquad F_{By}=60 \text{ kN }(\uparrow)$$

计算结果示于图 3-22(b)。

② 作 M 图 支座反力求得后,即可计算各杆端弯矩。由左支座 A 算起,求得

$$M_{AE}=M_{EA}=M_{EC}=0$$
$$M_{CE}=-40\times 2=-80 \text{ kN·m}(外侧受拉)$$

因结点 C 是由两根杆件连接在一起的刚结点,且其上又无外力矩作用,故

$$M_{CD}=M_{CE}=-80 \text{ kN·m}(上侧受拉)$$

其他各杆端弯矩可从右支座 B 算起比较简便,得

$$M_{BD}=0$$
$$M_{DB}=-F_{Bx}\times 4=-40\times 4=-160 \text{ kN·m}(外侧受拉)$$
$$M_{DC}=M_{DB}=-160 \text{ kN·m}(上侧受拉)$$

根据已得的各杆端弯矩,仿例 3-5 作 M 图的方法,即可绘出本题的 M 图,如图 3-22(b)所示。

③ 作 F_Q 图 利用微分关系 $F_Q=\mathrm{d}M/\mathrm{d}x$,由已知的 M 图作相应的 F_Q 图

AE 段:因 AE 段无弯矩图,则该段 $\mathrm{d}M/\mathrm{d}x=0$,即 $F_Q=0$。

EC 段:由图 3-22(b),将该段按顺时针方向转 90°,则 $\mathrm{d}M/\mathrm{d}x=-80/2=-40$,故该段剪力 $F_Q=-40$ kN。

CD 段:剪力图可用叠加法画出,先计算杆端弯矩连线的斜率

$$\frac{\mathrm{d}M}{\mathrm{d}x}=-\frac{160-80}{4}=-20$$

则相应剪力值为

$$F_Q=-20 \text{ kN}$$

先用虚线在剪力图上标出此值,然后再以此虚线为基线,叠加一个相应简支梁在均布荷载 20 kN/m 作用下的剪力图,最后直线与杆轴所包含的图形即为 CD 段的剪力图(图 3-23)。

该刚架剪力图如图 3-22(c)所示。

④ 作 F_N 图　现利用已求得的各杆端剪力(图 3-22c),把刚结点 C、D 分别取出为隔离体,如图 3-24 所示。即可求得各杆端轴力。

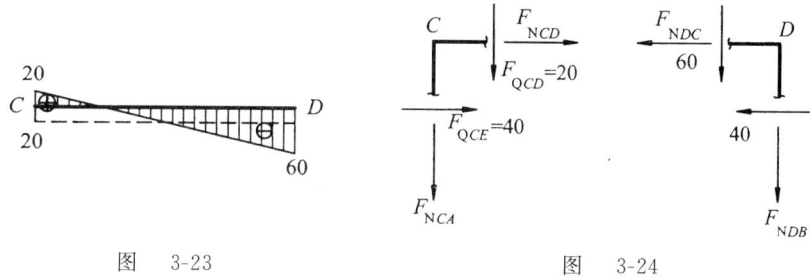

图　3-23　　　　　　　　　　图　3-24

由结点 C 的平衡条件

$$\sum F_x = 0 \quad F_{NCD} + F_{QCE} = 0 \quad 则 \quad F_{NCD} = -40 \text{ kN}$$

$$\sum F_y = 0 \quad F_{NCA} + F_{QCD} = 0 \quad 则 \quad F_{NCA} = -20 \text{ kN}$$

同理,由结点 D 的平衡条件

$$F_{NDC} = -40 \text{ kN}$$

$$F_{NDB} = -60 \text{ kN}$$

该刚架之轴力图如图 3-22(d)所示。

⑤ 内力图校核　作截面Ⅰ-Ⅰ(图 3-22a),取截面以上 CD 部分为隔离体,其受力情形如图 3-25 所示。检查该隔离体是否满足平衡条件

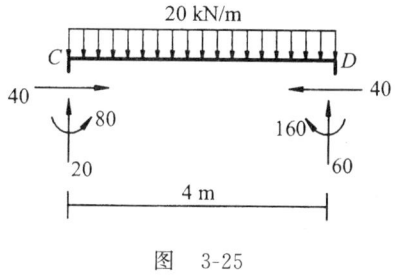

图　3-25

$$\sum F_x = 40 - 40 = 0$$

$$\sum F_y = 20 + 60 - 20 \times 4 = 0$$

$$\sum M_C = 80 - 160 + 60 \times 4 - \frac{1}{2} \times 20 \times 4^2 = 0$$

故内力计算无误。

例 3-7　试作图 3-26(a)所示三铰刚架内力图。

三铰刚架是以不在同一直线上的三个铰 A、B 和 C 将折线形杆件 $ADEC$ 和

BGFC 与地基相连。因而,这种结构的支座反力有四个(每个支座通常分解成一个水平反力 F_x 和一个竖直反力 F_y)。按整体考虑,平衡条件只有三个独立方程式,但注意中间铰 C 处提供了静力条件 $M_C=0$,因此全部支座反力可解。

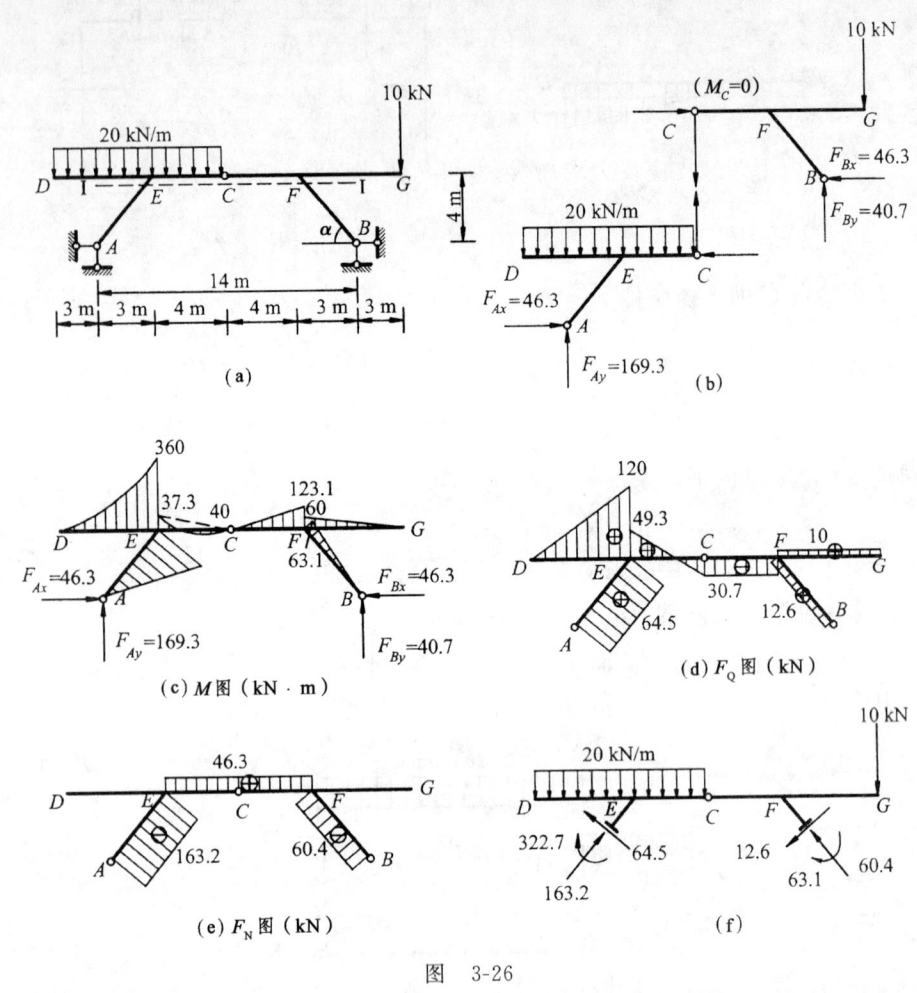

图 3-26

解

① 求反力　先以整个刚架为隔离体,由 $\Sigma M_B=0$,得

$$F_{Ay}\times 14-20\times 10\times 12+10\times 3=0$$

则　　　$F_{Ay}=169.3 \text{ kN}(\uparrow)$

由 $\Sigma M_A=0$,得

$$F_{By}\times 14-20\times 10\times 2-10\times 17=0$$

则　　　$F_{By}=40.7 \text{ kN}(\uparrow)$

由 $\Sigma F_x=0$,得

第三章　静定结构的内力计算

$$F_{Ax} = F_{Bx}$$

再从铰 C 处截取 $BGFC$（或 $ADEC$）为隔离体（图 3-26b），由静力方程 $M_C = 0$，得

$$F_{Bx} \times 4 + 10 \times 10 - 40.7 \times 7 = 0$$

则　　　　　$F_{Bx} = 46.3 \text{ kN}（\leftarrow）$

因此　　　　$F_{Ax} = 46.3 \text{ kN}（\rightarrow）$

② 作内力图　支座反力求出后，即可仿照前面两个例题，先求杆端弯矩，然后再作 M 图（图 3-26c）。利用微分关系 $F_Q = dM/dx$，即可由 M 图求得 F_Q 图（图 3-26d）。

作 F_N 图时，先求斜杆 AE 和 BF 的轴力。因为该两斜杆上不受荷载作用，故其轴力沿杆轴都为常数

$$F_{NAE} = -F_{Ax} \times \cos \alpha - F_{Ay} \times \sin \alpha$$
$$= -46.3 \times \frac{3}{5} - 169.3 \times \frac{4}{5} = -163.2 \text{ kN}（压）$$

$$F_{NBF} = -F_{Bx} \cos \alpha - F_{By} \sin \alpha$$
$$= -46.3 \times \frac{3}{5} - 40.7 \times \frac{4}{5} = -60.4 \text{ kN}（压）$$

横杆 EC 及 CF，因沿杆轴方向并无荷载作用，故其轴力为常数。显然

$$F_{NEC} = F_{NFC} = F_{Bx} = -46.3 \text{ kN}（压）$$

悬臂部分 DE 及 FG 由图 3-26(a)知，它们的轴力均为零。

该刚架之轴力图示于图 3-26(e)。

③ 校核　由图 3-26(a)中之 I-I 截面，取其以上部分为隔离体，受力图如图 3-26(f)所示。检查该隔离体静力平衡条件

$$\sum F_x = 163.2 \times \frac{3}{5} - 64.5 \times \frac{4}{5} - 12.6 \times \frac{4}{5} - 60.4 \times \frac{3}{5} = 0$$

$$\sum F_y = 163.2 \times \frac{4}{5} + 64.5 \times \frac{3}{5} + 60.4 \times \frac{4}{5} - 12.6 \times \frac{3}{5} - 20 \times 10 - 10 = 0$$

$$\sum M_E = 322.7 + 63.1 + 10 \times 14 - 40.7 \times 8 - 200 \times 1 = 0$$

故图 3-26 中的 M、F_Q 和 F_N 图正确。

例 3-8　试作图 3-27(a)所示多跨静定刚架的内力图。

多跨静定刚架的内力分析与多跨静定梁类似，必须先分清其各部分之间的支承关系，即哪些是基本部分，哪些是附属部分；计算应从附属部分开始，然后再算至基本部分，基本部分上应包括作用在本部分上的荷载和由附属部分传来的作用力。

解

① 计算各部分支座反力 该多跨静定刚架由三部分组成:三铰刚架 ABC 为基本部分;简支刚架 EDF 为 ABC 的附属部分,同时它又是悬挂其上的简支刚架 FG 的基本部分;FG 为附属部分。

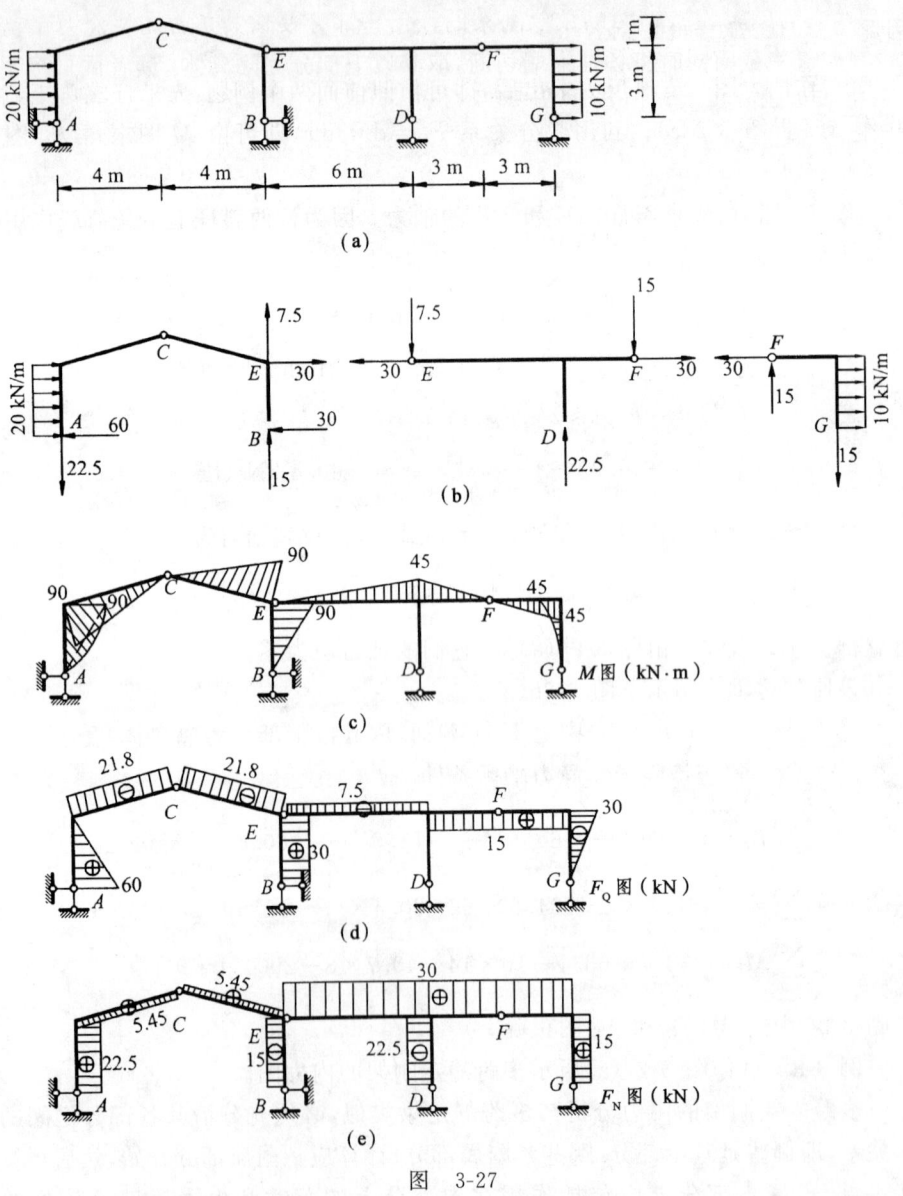

图 3-27

计算各部分反力,应从附属部分 FG 开始,然后算至 EDF 部分,最后计算

ABC 部分。各部分的支座反力及连接铰处的相互作用力如图 3-27(b)所示。

② 作内力图 在上步工作完成之后(获得图 3-27b),即可按上述三个组成部分(FG、EDF 及 ABC)分别作出各自的 M、F_Q 及 F_N 图。如欲得整个刚架的 M 图,可将各部分的 M 图合并在一起,即图 3-27(c)所示。图 3-27(d)及 3-27(e)为整个刚架的 F_Q 图及 F_N 图。

③ 内力图的校核 可以截取刚架的任何一部分校核其是否满足静力平衡条件。例如作一截面同时将各柱上端切断,取其以上部分为隔离体。读者试自行练习画出该隔离体的受力图,并校核之。

第四节 静 定 拱

一、概 述

拱是杆轴线为曲线并且在竖向荷载作用下会产生水平反力的结构。通常,拱是一种用于跨越较大跨度的结构。图 3-28 所示几种结构中,图 3-28(a)为无铰拱,图 3-28(b)为两铰拱,它们都属于超静定结构。图 3-28(c)为三铰拱,它是一种静定结构。本节只讨论三铰拱的计算方法及有关问题。

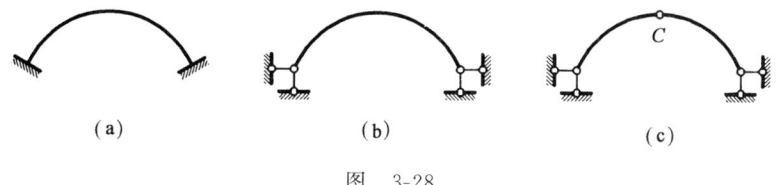

图 3-28

实体截面的三铰拱是用两根由中间铰 C 互相连接的曲杆,它们各自又通过支承铰 A、B 与地基相连接,这样形成的结构称为三铰拱。显然,三铰拱的几何形状是稳定的。

从受力特征上讲,三铰拱与简支梁的主要区别是,在竖直荷载作用下,三铰拱不仅产生竖向反力,而且还能产生水平反力。关于这一点,不难由图 3-29(a)所示三铰拱得到证明。设该三铰拱的左半拱有一个竖向力 F_P 作用,由于 C 处是中间铰,不能承受弯矩,所以反力 F_{RB} 的作用方向一定在 B、C 两点的连线上。由于荷载 F_P 和 R_{RA},F_{RB} 三者组成一平衡力系,所以反力 F_{RA} 的作用方向一定在图中 A、D 两点的连线上。这就证明了在竖直荷载作用下,三铰拱的两个支座反力 F_{RA} 和 R_{RB} 都在倾斜方向上,故两支座处的反力不仅有竖向分量 F_{AV} 和 F_{BV},而且有水平分量 F_{AH} 和 F_{BH}。然而,在竖直荷载作用下,相应简支梁的反力总是在竖直方向上的(图 3-29b)。

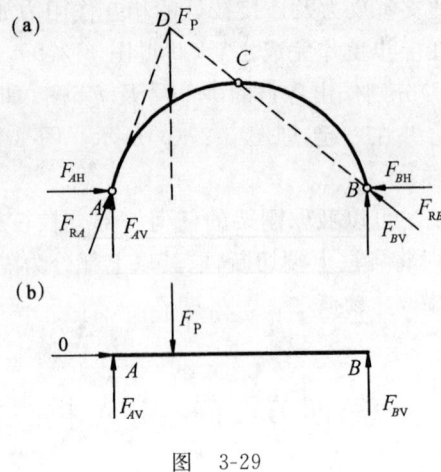

图 3-29

结构在竖直荷载作用下能产生水平反力,这是拱的特征。这种反力,习惯上称为推力,故拱式结构又名推力结构。拱内由于推力的存在,一方面增加了截面的压应力,从而使截面上的弯矩比相应简支梁的弯矩小得多。因此人们就可以采用受压性能好而受拉性能较差的材料,如砖、石或混凝土来筑拱。

二、三铰拱的数解法

在讨论三铰拱的计算方法时,我们先以在竖向荷载作用下,两拱趾(即图 3-30a 中的 A、B 两点)在同一水平线上的情形为例,推导其反力和内力的计算公式。

(一) 支座反力

图 3-30(a)所示三铰拱的每一个支座处的反力可以用竖向分量 F_V 和水平分量 F_H 作为未知数,即 F_{AV}、F_{AH} 和 F_{BV}、F_{BH}。欲解出四个未知数,除了利用三个整体平衡方程外,还必须引入附加条件,即中间铰 C 处的弯矩 $M_C=0$ 以建立一个补充方程。

首先考虑拱的整体平衡,由 $\Sigma M_B=0$ 及 $\Sigma M_A=0$ 可以求出两支座处竖向反力

$$\left. \begin{array}{l} F_{AV}=\dfrac{\sum F_{Pi}(l-a_i)}{l} \\[2mm] F_{BV}=\dfrac{\sum F_{Pi}a_i}{l} \end{array} \right\} \tag{3-8}$$

由 $\Sigma F_x=0$,可求得两支座处的水平反力的关系

$$F_{AH}=F_{BH}=F_H$$

再由附加条件 $M_C=0$,取左半拱上所有外力对 C 点的力矩代数和等于零,得

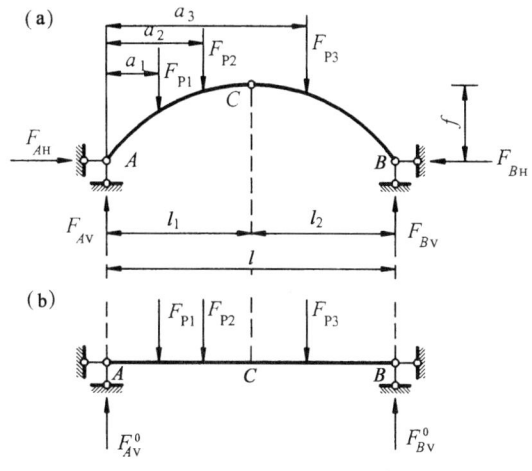

图 3-30

$$F_{AH} \cdot f - F_{AV} \cdot l_1 + F_{P1} \cdot (l_1 - a_1) + F_{P2} \cdot (l_1 - a_2) = 0$$

故
$$F_{AH} = F_{BH} = F_H = \frac{F_{AV} \cdot l_1 - F_{P1} \cdot (l_1 - a_1) - F_{P2} \cdot (l_1 - a_2)}{f} \quad (3-9)$$

将式(3-8)中的 F_{AV}、F_{BV} 值与相应简支梁(图 3-30b)两支座反力 F_{AV}^0 与 F_{BV}^0 对比,显然有

$$F_{AV} = F_{AV}^0, \quad F_{BV} = F_{BV}^0 \quad (3-10)$$

将式(3-9)右边的分子项与相应简支梁截面 C(与中间铰 C 位置对应)的弯矩 M_C^0 比较,显然式(3-9)可写为

$$F_{AH} = F_{BH} = F_H = \frac{M_C^0}{f} \quad (3-11)$$

于是,我们得出如下结论:两拱趾位于同一水平线上的三铰拱在竖向荷载作用下,两个竖向反力分别等于相应简支梁的反力,两个水平反力等值而反向(荷载向下时,它们均指向拱内侧),而且等于相应简支梁截面 C 的弯矩 M_C^0 除以拱高 f。

另外,由式(3-11)看到,反映三铰拱特征的水平推力 F_H 只与拱的三个铰 A、B 和 C 的相对位置有关,而与各铰间的拱轴线形状无关;当荷载与拱跨 l 不变时,推力 F_H 将与拱高 f 成反比,即平拱比陡拱的推力大。

例 3-9 求图 3-31 所示三铰拱的支座反力。

解 根据式(3-10)

$$F_{AV} = F_{AV}^0 = \frac{10 \times 15 \times 22.5 + 200 \times 10}{30} = 179.2 \text{ kN}$$

$$F_{BV} = F_{BV}^0 = \frac{10 \times 15 \times 7.5 + 200 \times 20}{30} = 170.8 \text{ kN}$$

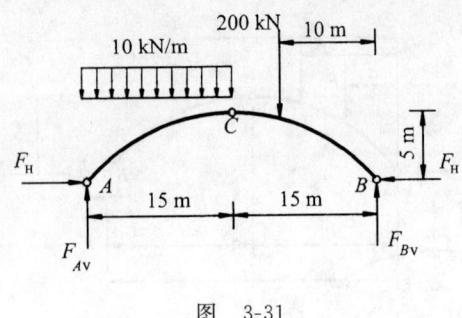

图 3-31

根据式(3-11)

$$F_H = \frac{M_C^0}{f} = \frac{170.8 \times 15 - 200 \times 5}{5} = 312.4 \text{ kN}$$

以上计算并没有涉及到拱轴线的形状,而只是与荷载 F_P、拱跨 l 和拱高 f 有关。

(二) 截面内力

计算拱的内力时,所取截面是与拱轴线成正交的(图 3-32)。三个几何参数决定了拱内任一截面 K 的位置,它们是:该截面形心的坐标 x_K 和 y_K,以及该处拱轴线切线的倾角 φ_K。截面 K 的内力可以分解为弯矩 M_K、沿截面方向的剪力 F_{QK} 和沿截面法线方向的轴向力 F_{NK}。

1. 弯矩的计算

弯矩的正、负号规定沿用直梁中的规定,使拱内侧纤维受拉的弯矩为正,反之为负。取截面 K 以左部分为隔离体,如图 3-32(c)所示。由 $\Sigma M_K = 0$,得

$$M_K = [F_{AV} \cdot x_K - F_{P1} \cdot (x_K - a_1)] - F_H \cdot y_K$$

上式适用于当 $a_1 < x_K < a_2$ 时的情形。由于 $F_{AV} = F_{AV}^0$,故上式方括号内之值等于相应简支梁截面 K 的弯矩。于是上式可改写为

$$M_K = M_K^0 - F_H \cdot y_K \tag{3-12}$$

即拱内任一截面的弯矩,等于相应简支梁对应截面的弯矩减去由于拱的推力 F_H 对该截面所引起的弯矩 $F_H \cdot y_K$。

2. 剪力的计算

任一截面 K 的剪力 F_{QK} 等于该截面一侧所有各力在该截面上投影的代数和。拱内剪力的正、负号,同样沿用直梁中的规定,即该截面的剪力 F_{QK} 使截面两侧隔离体有顺时针转动趋势时为正,反之为负。在图 3-32(c)所示情形下,将该隔离体上的各力投影至 F_{QK} 方向,并由该方向上力的平衡条件,得

$$F_{QK} = F_{AV}\cos\varphi_K - F_{P1}\cos\varphi_K - F_H\sin\varphi_K$$
$$= (F_{AV} - F_{P1})\cos\varphi_K - F_H\sin\varphi_K$$

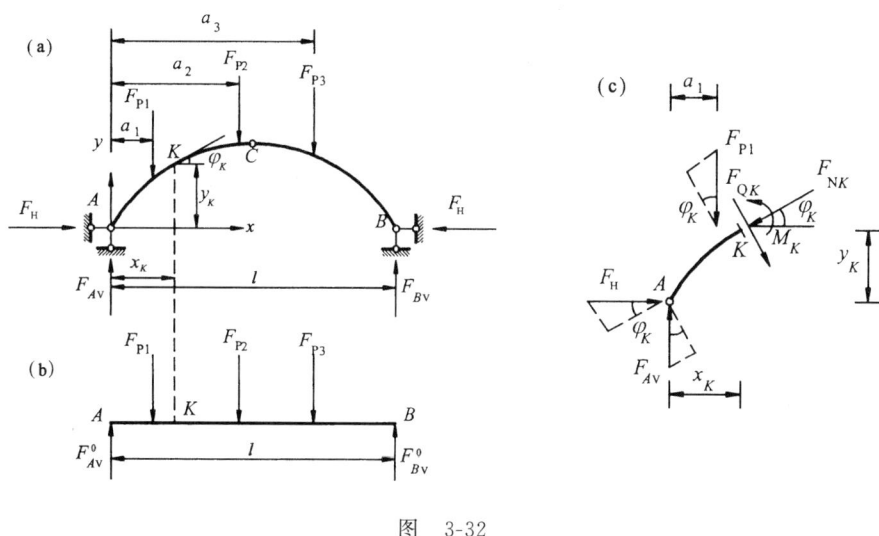

图 3-32

不难看出,上式中的$(F_{AV}-F_{P1})$等于相应简支梁截面K的剪力F_{QK}^0,于是上式可改写为

$$F_{QK} = F_{QK}^0 \cos\varphi_K - F_H\sin\varphi_K \tag{3-13}$$

式中,φ_K为截面K处拱轴线的切线与水平线之间的倾角。由于式(3-13)是当K截面在左半拱的情形下推得的,如果K截面在右半拱,则使用该公式时φ_K应以负角代入。

3. 轴向力的计算

任一截面K的轴力F_{NK}等于该截面一侧所有各力在该截面法线上投影的代数和。我们规定拱轴向力以受压为正,受拉为负。由图 3-32(c),将该隔离体上各力投影至F_{NK}方向,并由该方向上力的平衡条件,得

$$F_{NK} = (F_{AV} - F_{P1})\sin\varphi_K + F_H\cos\varphi_K$$
$$= Q_K^0 \sin\varphi_K + H\cos\varphi_K \tag{3-14}$$

注意:当K截面在右半拱时,φ_K应以负角代入上式。

例 3-10 试求图 3-33 所示三铰拱截面K和D的内力值。

解 由例 3-9 已求得各支座反力为

$$F_{AV} = 179.2 \text{ kN}, \quad F_{BV} = 170.8 \text{ kN}, \quad F_H = 312.4 \text{ kN}$$

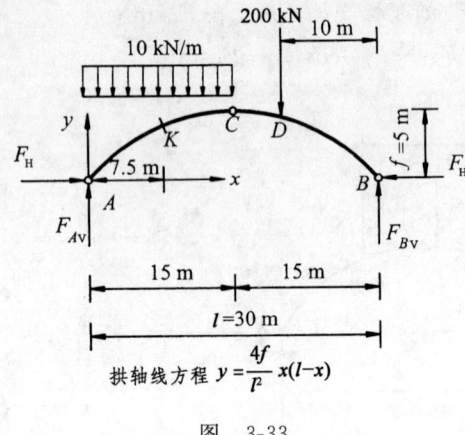

图 3-33

根据已给拱轴线方程,分别计算 K、D 截面的纵坐标及拱轴线的切线倾角

$$y_K = \frac{4f}{l^2}x(l-x)$$

$$= \frac{4\times 5}{30^2} \times 7.5 \times (30-7.5) = 3.75 \text{ m}$$

$$y_D = \frac{4\times 5}{30^2} \times 20 \times (30-20) = 4.44 \text{ m}$$

因为 $\quad \dfrac{\mathrm{d}y}{\mathrm{d}x} = \dfrac{4f}{l^2}(l-2x)$

所以 $\quad \tan \varphi_K = \dfrac{\mathrm{d}y}{\mathrm{d}x}\bigg|_{x=7.5} = \dfrac{4\times 5}{30^2}(30-2\times 7.5) = \dfrac{1}{3}$

$\varphi_K = 18°26'$

故 $\quad \sin \varphi_K = 0.3162 \quad \cos \varphi_K = 0.9487$

同理得

$\tan \varphi_D = \dfrac{\mathrm{d}y}{\mathrm{d}x}\bigg|_{x=20} = \dfrac{4\times 5}{30^2}(30-2\times 20) = -0.222$

$\varphi_D = -12°31'$

故 $\quad \sin \varphi_D = -0.2167 \quad \cos \varphi_D = 0.9762$

由式(3-12)~(3-14)及以上数据,计算 K、D 截面的内力值

$$M_K = M_K^0 - F_H y_K$$

$$= \left(179.2 \times 7.5 - \frac{1}{2} \times 10 \times 7.5^2\right) - 312.4 \times 3.75$$

$$= -108.75 \text{ kN} \cdot \text{m}$$

$$F_{QK} = F_{QK}^0 \cos \varphi_K - F_H \sin \varphi_K$$

第三章 静定结构的内力计算

$$= (179.2-10\times 7.5)\times 0.948\ 7 - 312.4\times 0.316\ 2 = +0.07\ \text{kN}$$

$$F_{NK} = F_{QK}^0 \sin \varphi_K + F_H \cos \varphi_K$$

$$= (179.2-10\times 7.5)\times 0.316\ 2 + 312.4\times 0.948\ 7 = 329.32\ \text{kN}$$

同理得

$$M_D = M_D^0 - F_H \cdot y_D$$

$$= 170.8\times 10 - 312.4\times 4.44 = 320.94\ \text{kN}\cdot\text{m}$$

因为截面 D 恰位于集中力作用点,所以计算该截面的剪力和轴力时,应该分别计算该截面稍左及稍右两个截面的剪力和轴力值,即 $F_{QD左}$、$F_{QD右}$ 和 $F_{ND左}$、$F_{ND右}$。

$$F_{QD左} = F_{QD左}^0 \cos \varphi_D - F_H \sin \varphi_D$$

$$= +(200-170.8)\times 0.976\ 2 - 312.4\times (-0.216\ 7)$$

$$= +96.2\ \text{kN}$$

$$F_{QD右} = F_{QD右}^0 \cos \varphi_D - F_H \sin \varphi_D$$

$$= -170.8\times 0.976\ 2 - 312.4\times (-0.216\ 7) = -99\ \text{kN}$$

$$F_{ND左} = F_{QD左}^0 \sin \varphi_D + F_H \cos \varphi_D$$

$$= 29.2\times (-0.216\ 7) + 312.4\times 0.976\ 2 = 298.6\ \text{kN}$$

$$F_{ND右} = F_{QD右}^0 \sin \varphi_D + F_H \cos \varphi_D$$

$$= -170.8\times (-0.216\ 7) + 312.4\times 0.976\ 2 = 342.0\ \text{kN}$$

以上讨论是以三铰拱两拱趾位于同一水平线上的情形为例进行的。下面对起拱线(两拱趾的连线称为起拱线)倾斜的三铰拱的计算方法作些说明。

图 3-34 示一起拱线倾斜的三铰拱(起拱线倾角为 α)。在竖直荷载作用下,我们可以把 A、B 两支座的反力各分解为两个相互斜交的分力,其中一个为竖向分力 F_V,另一个为作用在起拱线方向的分力 F_R,如图中 A 支座 F_{AV}、F_{RA},B 支座处 F_{BV}、F_{RB}。于是,采用与前面类似的方法,可以得到如下反力计算公式

$$F_{AV} = F_{AV}^0 \quad F_{BV} = F_{BV}^0 \tag{3-15}$$

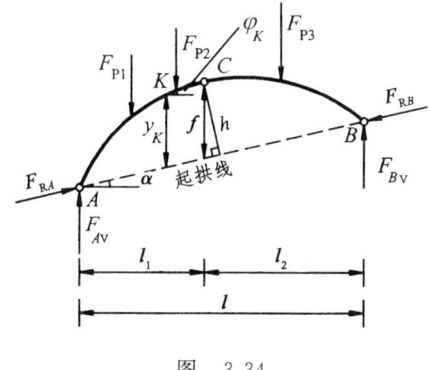

图 3-34

$$F_{RA}=F_{RB}=F_R=\frac{M_C^0}{h} \tag{3-16}$$

如果将斜向反力 F_R 投影至水平方向,即可求得支座处的水平推力 F_H

$$F_H=F_R\cos\alpha=\frac{M_C^0}{h}\cdot\cos\alpha=\frac{M_C^0}{f}$$

应该注意到三铰拱支座处反力的合力 F_A 为 F_{AV} 与 F_{RA} 的合成,F_B 为 F_{BV} 与 F_{RB} 的合成。如果要将反力分解为水平与竖直方向的两个分力,则 F_A 的分量应为 F_H 和 $(F_{AV}+F_H\tan\alpha)$,F_B 的分量应为 F_H 和 $(F_{BV}-F_H\tan\alpha)$。图 3-35 画出了 R_A 的两种分解法。

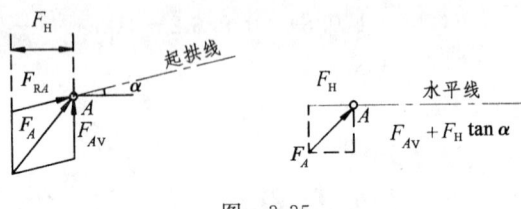

图 3-35

如果在图 3-34 中截取 K 以左部分为隔离体,并利用三个静力平衡条件,可写出如下内力计算公式

$$M_K=M_K^0-F_H y_K \tag{3-17}$$

$$\begin{aligned}F_{QK}&=F_{QK}^0\cos\varphi_K-F_R\sin(\varphi_K-\alpha)\\&=F_{QK}^0\cos\varphi_K-F_H(\sin\varphi_K-\tan\alpha\cos\varphi_K)\end{aligned} \tag{3-18}$$

$$\begin{aligned}F_{NK}&=F_{QK}^0\sin\varphi_K+F_R\cos(\varphi_K-\alpha)\\&=F_{QK}^0\sin\varphi_K+F_H(\cos\varphi_K+\tan\alpha\sin\varphi_K)\end{aligned} \tag{3-19}$$

三、三铰拱的图解法

对于拱轴线为任意形状且承受任意一组荷载的三铰拱,如用上节所述的数解法进行计算,将是十分麻烦的。如果采用图解法,则比较方便。

(一) 反　力

根据图解静力学原理,当三铰拱的左半拱(或右半拱)上只有一个集中力作用时,两个支座反力的大小和方向是容易按作图方法确定的。图 3-36(a) 表示通过作图确定反力 F_A 和 F_B 的方向,图 3-36(b) 表示确定 F_A 和 F_B 大小的力多边形。

当三铰拱的左、右两个半拱上作用多个集中力时,如图 3-37(a) 中 ABC 表示

第三章 静定结构的内力计算

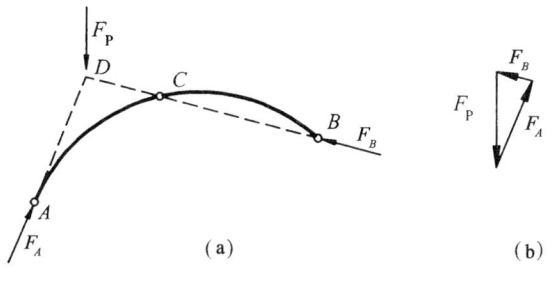

图 3-36

一任意的三铰拱,承受任意一组荷载 F_{P1}、F_{P2}、F_{P3}、F_{P4},现用图解法求其支座反力。首先应把作用于左、右两个部分的荷载分别以图解法合并成两个合力 F_1 和 F_2。这就需要在图 3-37(b)中按力的比例尺画出两个闭合力多边形 1、2、3、1 和 3、4、5、3,从而得到合力的大小与方向。为了求得合力作用线在拱上的正确位置,可先在力多边形上取任意极点 O',并由此画出各射线,然后在三铰拱的图上分别画出与极点 O' 对应的两个索多边形 1、2、3 与 3、4、5(图 3-37a);索线 1 与 3 的交点以及 3 与 5 的交点分别定出了 F_1 和 F_2 作用线上的一点。

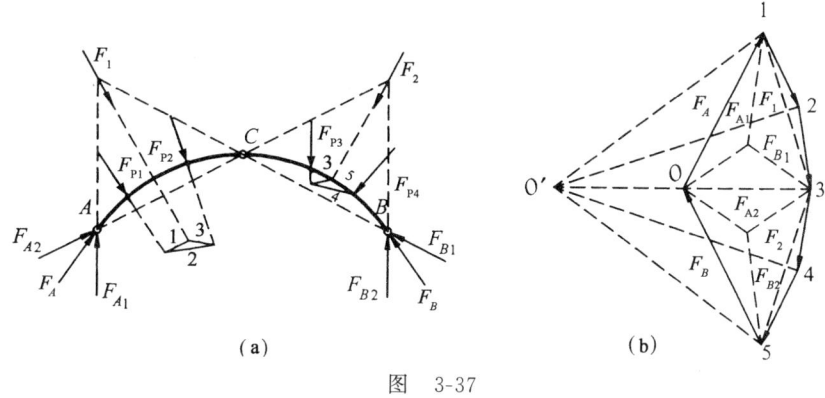

图 3-37

按叠加原理,三铰拱的反力是等于 F_1 和 F_2 分别作用时所产生的反力之矢量和。因此,先令 F_1 单独作用,并在此情形下,仿图 3-36 所示的方法求出反力 F_{A1} 与 F_{B1} 的方向和大小;然后令 F_2 单独作用,同理可求出反力 F_{A2} 与 F_{B2} 的方向和大小。最后矢量合成 F_{A1} 和 F_{A2}、F_{B1} 和 F_{B2},得到 A 端总反力 F_A 和 B 端总反力 F_B,如图 3-37(b)所示,图中 O、1、2、3、4、5、O 形成一闭合力多边形。

(二)压力多边形与内力

图 3-38(a)所示三铰拱,它在荷载 F_{P1},F_{P2},…,F_{P6} 与反力 F_A、F_B 作用下维持静力平衡,图 3-38(b)为相应的力多边形。在该力多边形中,我们以反力 F_A 与 F_B

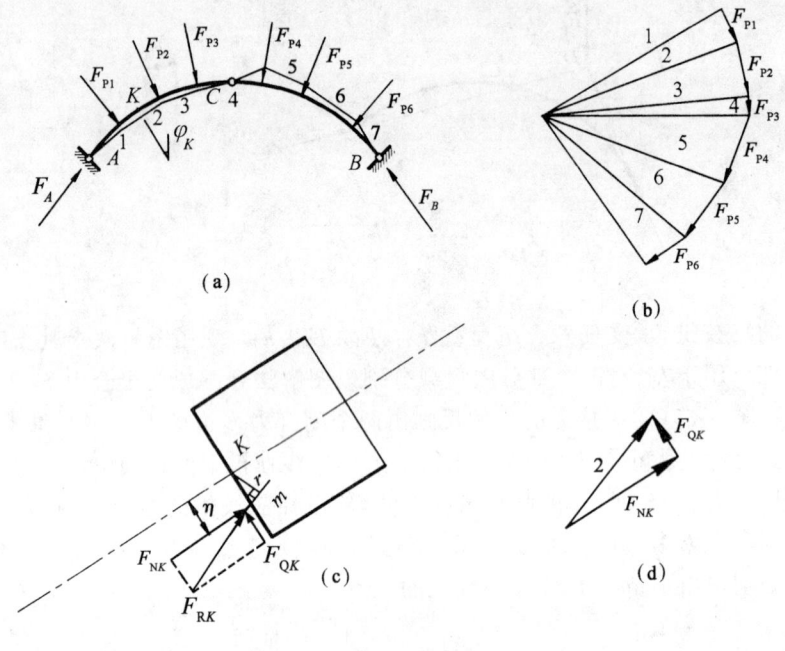

图 3-38

的交点为极点,并由该点画出射线,则射线 1 就是反力 F_A,射线 2 是反力 F_A 与荷载 F_{P1} 的合力,射线 3 是反力 F_A 与 F_{P1}、F_{P2} 三者的合力,其余类推。在图 3-38(a) 中,我们从铰 A 出发画出极点 O 对应的索多边形 1、2、3、4、5、6、7,其中每一条索线代表它以左的全部外力的合力的正确位置,至于这些合力的大小,在力多边形(图 3-38b)中相应的射线上量得。观察索多边形中之索线 4,因为它代表中间铰以左部分全部外力 F_A、F_{P1}、F_{P2} 和 F_{P3} 的合力的正确位置,由于中间铰 C 处不能承受弯矩,即该合力对于 C 点的力矩为零,因此索线 4 必须通过中间铰 C。另外,索线 7 必须与反力 F_B 的作用线重合,这样才能维持整个力系的平衡。由此可见,与极点 O 对应的索多边形必须通过三铰拱的三个铰。由于这样作出的索多边形能够反映拱内各截面上的合力作用点位置及其方向,且因拱内各截面所受的力通常都为压力,故这样的索多边形称为压力多边形。显然,当拱在分布荷载作用下,压力多边形就变为压力曲线了。

有了压力多边形,我们就不难得到拱内任一截面的内力。例如截面 K,它切断压力多边形上的索线 2,因此索线 2 就是截面 K 上的合力 F_{RK} 的作用线,它与截面 K 的交点 m(图 3-38c)就是 F_{RK} 在截面 K 上的作用点。将合力 F_{RK} 分解为与截面垂直的轴向力 F_{NK},以及与截面平行的剪力 F_{QK},由图 3-38(c) 知,截面上的弯矩为

$$M_K = F_{RK} \cdot r = F_{NK} \cdot \eta \tag{3-20}$$

式中,r 为截面形心 K 至索线 2(也即 F_{RK} 作用线)的垂直距离,而 η 则为合力作用点 m 至截面形心 K 的距离。η 可按长度比例尺在压力多边形上量取,但 F_{NK} 与 F_{QK} 可将索线 2(即代表 F_{RK} 的大小)沿截面的法线和截面方向分解成两个分量而得到(图 3-38c),并用力比例尺量之。

在竖直荷载作用时(图 3-39a),力多边形的极距 F_H 为一常数(见图 3-39b),这就是说,拱内各截面上合力的水平分力都等于支承铰处的水平推力 F_H。设拱轴上任一点 K 至压力多边形之间的竖距为 b(见图 3-39c),则 K 截面的弯矩可表示为

$$M_K = F_H \cdot b \tag{3-21}$$

因为 F_H 是一个常数,所以压力多边形与拱轴线之间图形的竖直纵距可以反映拱内各截面的弯矩大小,而只需将 b 的比例尺放大 F_H 倍就行了。

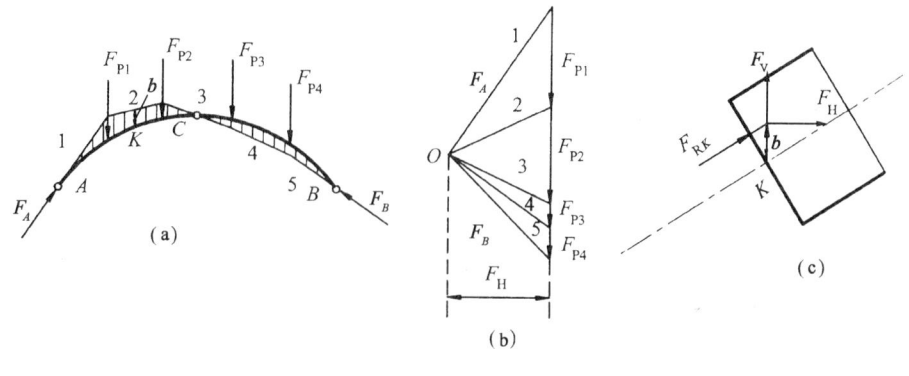

图 3-39

压力多边形(压力曲线)所具有的上述特性,决定了它在拱结构设计中的重要地位。尤其在砖石及混凝土拱的设计中,由于这些材料抗拉强度低,通常要求各个截面不出现拉应力,因此,压力多边形不应超出截面核心的范围。如拱截面为矩形,其截面核心的高度为截面高度的 1/3,故压力多边形在各处都不应超出截面高度三等分的中段范围。

四、三铰拱的合理拱轴线

由上节可知,构成拱压力曲线之索多边形的每一根索线,能够代表该索线线段内拱的各截面上的合力作用点位置及其方向。另外,我们也知道三铰拱压力曲线在已知三个铰的位置和荷载情况下即能作出。如果我们把绘得的压力曲线作为拱的轴线,那么此时三铰拱在该荷载作用下,拱内各个截面将不产生弯矩和剪力,而只受轴向力;即拱内各截面处于均匀受压状态。这种应力状态,能使筑拱材料得到充

分利用,相应的截面尺寸是最小的。从理论上讲,选择压力曲线作为拱轴线将是最经济合理的,因此称这样的拱轴线为合理拱轴。

对于某些特殊荷载作用下的三铰拱,尚可用数解法来确定其合理拱轴,现分别介绍。

(一) 在已知竖向荷载作用下

根据式(3-12)

$$M_K = M_K^0 - F_H \cdot y_K$$

当拱轴取合理拱轴时,按定义应该有拱内任一截面的弯矩

$$M = M^0 - F_H y = 0$$

因此,拱轴线方程

$$y = \frac{M^0}{F_H} \tag{3-22}$$

上式表明:合理拱轴的纵坐标 y 与相应简支梁弯矩图的纵距 M^0 成正比。当拱上荷载已知时,只需求出相应简支梁的弯矩方程,然后除以 F_H,即可得合理拱轴方程。

例 3-11 试求图 3-40(a)所示对称三铰拱在均布荷载作用下的合理拱轴。

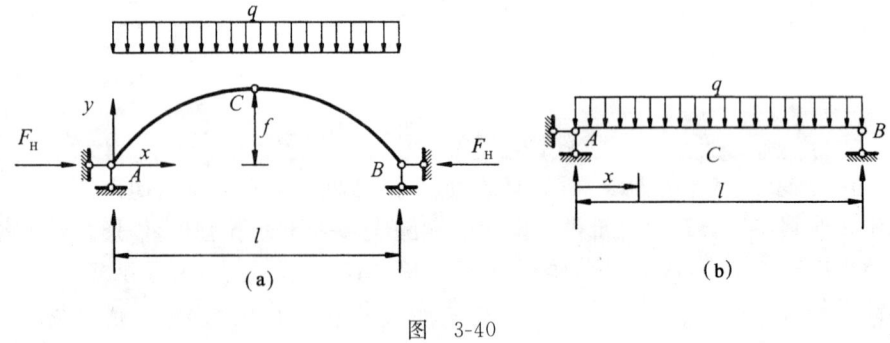

图 3-40

解 作出相应简支梁,如图 3-40(b)所示,弯矩方程为

$$M^0 = \frac{1}{2}qlx - \frac{1}{2}qx^2 = \frac{1}{2}qx(l-x)$$

推力 F_H 由式(3-11)求得

$$F_H = \frac{M_C^0}{f} = \frac{ql^2}{8} \times \frac{1}{f} = \frac{ql^2}{8f}$$

将已得 M^0 及 F_H 代入式(3-22),得合理拱轴方程

第三章 静定结构的内力计算

$$y = \frac{\frac{1}{2}qx(l-x)}{\frac{ql^2}{8f}} = \frac{4f}{l^2}x(l-x)$$

由此可见，在竖向均布荷载作用下，三铰拱的合理拱轴是一条抛物线。

（二）在荷载集度随拱轴线纵坐标变化的竖向荷载作用下

在此种情况下，由于式(3-22)中的 M^0 又与拱轴线纵坐标 y 有关，因此 M^0 方程式无法事先求得。为此将式(3-22)两边对 x 微分两次，得

$$\frac{d^2y}{dx^2} = \frac{1}{F_H} \cdot \frac{d^2M^0}{dx^2}$$

由式(3-2)知

$$\frac{d^2M^0}{dx^2} = \frac{dF_Q^0}{dx} = -q(x)$$

于是得到合理拱轴微分方程

$$y'' = -\frac{q(x)}{F_H} \tag{3-23a}$$

例 3-12 试求图 3-41 所示对称三铰拱在分布荷载 $q = q_C + \gamma y$（q_C 为拱顶处的荷载集度，γ 为填料容重）作用下的合理拱轴。

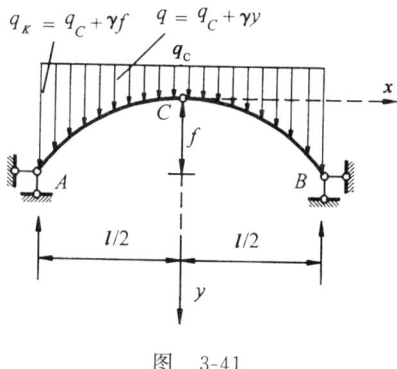

图 3-41

解 将坐标原点设在拱顶 C，并取 y 轴向下为正，于是式(3-23)应改作

$$y'' = +\frac{q(x)}{F_H} \tag{3-23b}$$

将 $q(x) = q_C + \gamma y$ 代入上式，得

$$y'' = \frac{q_C + \gamma y}{F_H}$$

令 $K_1=\sqrt{\gamma/F_H}$，则上式可改写为

$$y''-K_1^2\cdot y=\frac{q_C}{F_H}$$

解微分方程，得

$$y=A_1\cdot\text{sh}(K_1 x)+A_2\cdot\text{ch}(K_1 x)-\frac{q_C}{F_H K_1^2}$$

代入边界条件

当 $x=0$ 时，$y=0$；得 $A_2=q_C/(F_H K_1^2)$

当 $x=0$ 时，$y'=0$；得 $A_1=0$

得拱轴线方程

$$y=\frac{q_C}{F_H K_1^2}[\text{ch}(K_1 x)-1]=\frac{q_C}{\gamma}\left[\text{ch}\left(\sqrt{\frac{\gamma}{F_H}}\cdot x\right)-1\right] \qquad(3\text{-}24)$$

由此可见，在填料荷载作用下，三铰拱的合理拱轴是一条悬链线。

在实用计算中，为避免计算推力 F_H，可以引入比值 $m=q_K/q_C$，这里 q_K 代表拱趾处的荷载集度。因为

$$\frac{q_K}{q_C}=\frac{q_C+\gamma f}{q_C}$$

所以

$$\frac{q_C}{\gamma}=\frac{f}{m-1}$$

再引入新的变量 $\xi=x/(l/2)$，及新的常数 $k=\sqrt{\gamma/F_H}\times(l/2)$，式(3-24)可改写为

$$y=\frac{f}{m-1}[\text{ch}(k\xi)-1] \qquad(3\text{-}25)$$

式(3-25)即为设计手册中引用的列格氏悬链线公式。式中 k 值与 m 值的关系可由边界条件求得。

当 $\xi=1$ 时，$y=f$，因而 $\text{ch}\,k=m$，即

$$k=\ln(m+\sqrt{m^2+1}) \qquad(3\text{-}26)$$

上式中只含一个参数 m。如果 $m=q_K/q_C$ 被指定，则拱轴线上任一点的坐标就被确定。

(三) 在径向均布荷载作用下

在非竖向荷载作用下，应首先假定拱内各截面处于无弯矩状态，然后根据平衡方程，推算拱轴线方程即为合理拱轴。

例 3-13 试求图 3-42(a)所示三铰拱在径向均布荷载(如水压力)作用下的合理拱轴。

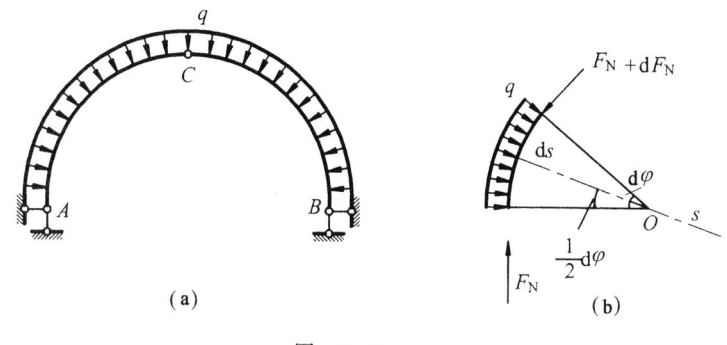

图 3-42

解 从拱中取出微段 ds 为隔离体(图 3-42b),如该拱轴为合理拱轴,则 ds 隔离体的两个截面上的弯矩和剪力均为零,而只有轴向力 F_N 和 F_N+dF_N,现由平衡条件 $\Sigma F_s=0$,得

$$F_N\sin\frac{d\varphi}{2}+(F_N+dF_N)\cdot\sin\frac{d\varphi}{2}-qds=0$$

因 $d\varphi$ 角微小,故 $\sin(d\varphi/2)\approx d\varphi/2$,略去微量的乘积后,上式可改写为

$$F_N d\varphi=qds$$

或

$$\frac{d\varphi}{ds}=\frac{q}{F_N}$$

因 $\rho d\varphi=ds$,故

$$\frac{1}{\rho}=\frac{d\varphi}{ds}=\frac{q}{F_N}$$

或

$$F_N=\rho q$$

在图 3-42(b)所示隔离体上,由 $\Sigma M_O=0$,得

$$F_N\cdot\rho=(F_N+dF_N)\cdot\rho$$

故

$$dF_N=0$$

即

$$F_N=\text{常数}$$

由于荷载 q 也为常数,因此曲率半径

$$\rho=\frac{F_N}{q}=\text{常数}$$

由此可见,在径向均布荷载作用下,三铰拱的合理拱轴为圆曲线,拱内各截面的压力 $F_N=q\cdot\rho$。

第五节 静定平面桁架

一、平面桁架的计算假定

图 3-43 示一铁路下承式桁架桥主桁架计算简图。这种由三角形组成的结构是由若干根钢杆拼装而成的。从主桁架的结点构造上看,每一根杆件都是由结点板栓接或者铆接在一起的。因此,就实际而言图中各结点具有一定程度的刚性。为了使计算简化,通常假定桁架的各结点为光滑而无摩擦阻力的理想铰,即认为该处不能传递力矩。另外,计算时还假定各杆件的轴线都是直线且位于同一平面内,汇交于同一结点的各杆件的轴线相交于铰的中心;荷载只作用在结点上且位于桁架的平面内。

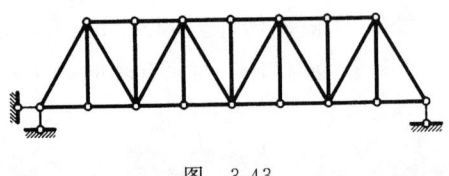

图 3-43

按照上述假定算得的桁架内力只有轴向力,相应的杆内应力,称为主应力。由于实际情况与上述假定不符而产生的附加应力称为次应力。桁架次应力的大小与桁架的形式,杆件截面形状及荷载大小等因素有关,一般只在某些特殊情况下,才对桁架作次应力验算。本章只讨论理想铰接桁架的计算问题。

二、静定平面桁架的组成方式

图 3-44 示出三种简单铰接体系。显然,仅图(a)所示三角形在力的作用下,它的几何形状是稳定的。而另外两种四杆体系,则可变动成不同的几何形状,故它们属机构。

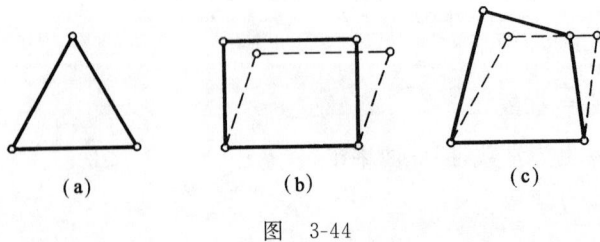

图 3-44

如果我们从一个铰接三角形的两个铰开始,用两根不在一直线上的杆件连接成一个新结点,显然,由此而形成的铰接体系仍然是稳定的。仿此继续下去,就可以得到如同 3-43 所示静定平面桁架。按照这种方式组成的桁架,叫做简单桁架。简单桁架再用三根既不相交于一点又不互相平行的链杆与地基相连,仍属静定稳定的结构。它的支座反力可以由静力平衡条件解得。

如果把两个或更多个简单桁架,相互间用三根既不汇交于同一点又不全平行的链杆连接在一起,由此而形成的桁架叫做联合桁架。为了求得各简单桁架之间的联系杆件内力(即相互作用力),可将联合桁架拆成若干个简单桁架,而其中每个简单桁架在荷载及其他简单桁架对它的反作用力共同作用下,都将维持平衡。于是可利用平衡条件将这些联系杆件的内力求出。进一步尚可求得各简单桁架的全部内力。因此联合桁架是静定稳定的。图 3-45 示出几种联合桁架的例子。图中用阴影线表示被连接的不同的简单桁架,用 1、2 和 3 表示简单桁架之间的联系杆件(图 c 中的铰 1、2 相当于两根链杆的作用)。

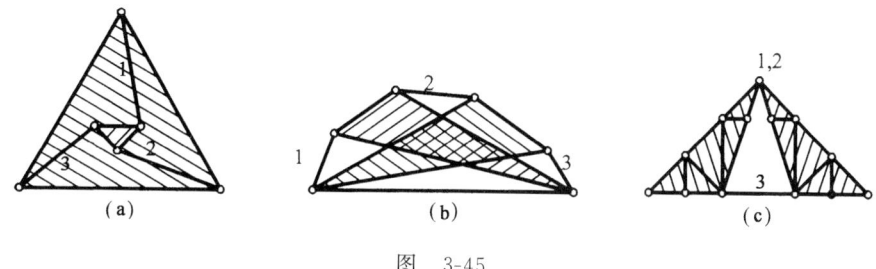

图 3-45

对于由铰接三角形开始,用依次增加两根杆而形成一新结点的方式组成的桁架,其杆件数 m 与结点数 j 之间满足如下关系

$$m=3+2(j-3)=2j-3 \tag{3-27}$$

式(3-27)中的 m 表示组成静定稳定桁架所需的最少杆件数。当杆件数少于该 m 时,将成几何不稳定体系(图 3-44b、c)。

应该注意,式(3-27)只反映组成静定稳定桁架的必要条件,而非充分条件。有时虽然杆件数满足式(3-27)的要求,但是某些杆件的布置不合理,结果形成的体系仍为不稳定。图 3-46 所示体系就是一例。因图中 1 2 3 4 部分为机构,故体系为不稳定。如果把图中斜杆 02 换至 24 位置,体系将成为几何稳定。

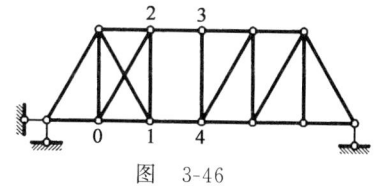

图 3-46

当杆件数 m 大于 $2j-3$ 且体系为稳定时,即为超静定桁架。

三、静定平面桁架的内力计算

凡静定稳定三铰接桁架,在荷载及支座反力作用下,皆处于平衡状态。桁架内部的每个结点、每根杆件或者桁架的某一部分,当然也处于平衡。因此,在计算桁架中的某杆件或某些杆件的内力时,可以根据具体情况,截取桁架中的某一结点或者某一部分为隔离体,根据隔离体必须维持平衡的道理,建立静力平衡方程式,从而解出欲求杆件的内力值。从桁架中截取隔离体的方法有两种:其一是截取一个结点为隔离体,得到一平面汇交力系,此种方法称为结点法;其二是作一适当截面,将桁架截为两个部分(计算时视需要,选取其中一个部分),得到一个平面一般力系,此种方法称为截面法。计算时通常先假设杆件的未知轴力为拉力(力的指向背离作用截面),计算结果如得正值,表示轴力确是拉力;如得负值,表示压力(即该力的实际指向应指向截面)。

(一) 结点法

就一般而言,任何静定稳定桁架的内力都可以用结点法解出。因为作用于任一结点的各力(包括荷载、反力和杆件内力)组成一平面汇交力系,每一结点处可以列出两个平衡方程式($\Sigma F_x=0, \Sigma F_y=0$),各结点由杆件连成桁架整体后,它在平面内的整体平衡方程数为3个,因此,求解各杆内力的独立方程式个数为$2j-3$(j为结点数)。又由式(3-27)知,静定稳定桁架的杆件数$m=2j-3$,因此未知数数目恰好等于方程式个数,桁架全部杆件内力均可用结点法解出。

但是,在实际计算中,只有当所取结点隔离体上的未知力不超过两个而可以独立解算时,应用结点法才是简便的。因为简单桁架是从一个基本三角形出发,依次增加二杆一结点所组成的,其最后一个结点只包含两根杆件,所以分析这类桁架时,可以先由整体平衡条件求出反力,然后从最后的结点开始,依次倒算回去,直至第一个结点,即可顺利地用各结点上的平衡方程求得各杆内力。

在建立平衡方程时,把斜杆的轴力F_N分解为水平分力F_{Nx}和竖向分力F_{Ny},能给计算带来方便。图3-47(a)示桁架中的某杆AB,杆长为L,相应的水平投影为

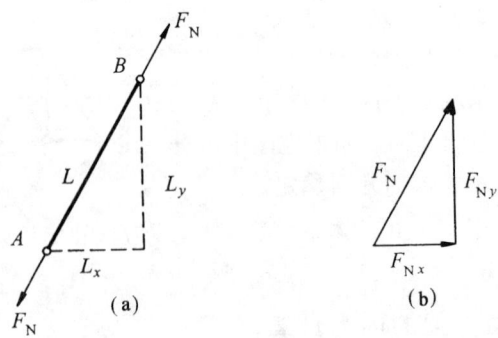

图 3-47

L_x,竖向投影为 L_y,三者组成几何三角形如图虚线所示。在图 3-47(b)中,杆 AB 的轴力为 F_N,相应的水平分力为 F_{Nx},竖直分力为 F_{Ny},并组成力三角形。因为几何三角形与力三角形相似,所以下列关系成立

$$\frac{F_N}{L} = \frac{F_{Nx}}{L_x} = \frac{F_{Ny}}{L_y} \tag{3-28}$$

利用式(3-28),可以简便地由 F_N 算出其分力 F_{Nx} 和 F_{Ny},或者反过来由 F_{Nx} 推算 F_N 和 F_{Ny},由 F_{Ny} 推算 F_N 和 F_{Nx}。这样的算法可以避免使用三角函数。

例 3-14 试用结点法计算图 3-48 所示桁架的各杆内力。

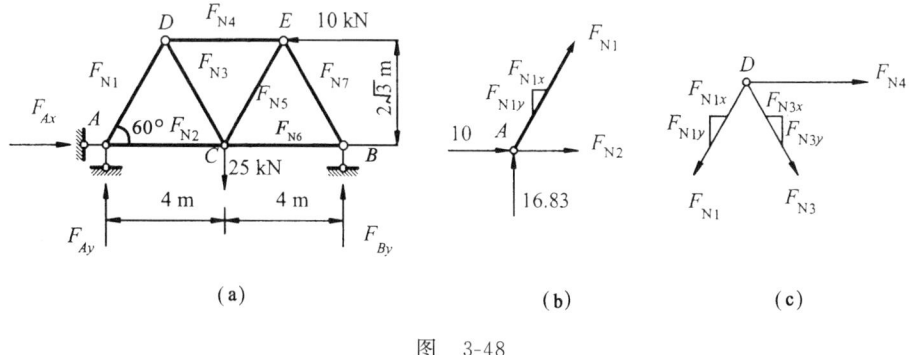

图 3-48

解 首先计算支座反力。以整个桁架为隔离体,由

$$\sum F_x = 0, \quad F_{Ax} - 10 = 0, \quad F_{Ax} = 10 \text{ kN}(\rightarrow)$$
$$\sum F_y = 0, \quad F_{Ay} + F_{By} - 25 = 0$$
$$\sum M_A = 0, \quad F_{By} \times 8 - 25 \times 4 + 10 \times 2\sqrt{3} = 0$$

得 $\quad F_{By} = 8.17 \text{ kN}(\uparrow), \quad F_{Ay} = 16.83 \text{ kN}(\uparrow)$

反力求出后,开始截取结点计算内力。最初遇到的只包含两个未知力的结点有 A 和 B,现从结点 A 开始,然后依次分析其他各结点。

结点 A(图 3-48b),采用 F_{N1} 的水平与竖直分力 F_{N1x} 与 F_{N1y} 作未知数。
由 $\sum F_y = 0$,得

$$F_{N1y} + 16.83 = 0, \quad F_{N1y} = -16.83 \text{ kN}$$

根据式(3-28)

$$F_{N1} = F_{N1y} \times \frac{4}{2\sqrt{3}} = -16.83 \times \frac{4}{2\sqrt{3}} = -19.43 \text{ kN}$$

$$F_{N1x} = F_{N1y} \times \frac{2}{2\sqrt{3}} = -16.83 \times \frac{2}{2\sqrt{3}} = -9.72 \text{ kN}$$

由 $\sum F_x = 0$,得

$$10 + F_{N1x} + F_{N2} = 0$$

故 $\quad F_{N2} = -10 - F_{N1x} = -10 + 9.72 = -0.28 \text{ kN}$

结点 D(图 3-48c),以 F_{N3x} 与 F_{N3y} 代替 F_{N3}。

由 $\Sigma F_y = 0$,得

$$F_{N1y} + F_{N3y} = 0 \qquad F_{N3y} = -F_{N1y} = +16.83 \text{ kN}$$

由式(3-28),得

$$F_{N3} = F_{N3y} \times \frac{4}{2\sqrt{3}} = 16.83 \times \frac{4}{2\sqrt{3}} = +19.43 \text{ kN}$$

$$F_{N3x} = F_{N3y} \times \frac{2}{2\sqrt{3}} = +16.83 \times \frac{2}{2\sqrt{3}} = 9.72 \text{ kN}$$

由 $\Sigma F_x = 0$,得

$$F_{N4} + F_{N3x} - F_{N1x} = 0$$

故 $\quad F_{N4} = F_{N1x} - F_{N3x} = -9.72 - 9.72 = -19.44 \text{ kN}$

结点 C,由 $\Sigma F_y = 0$,得

$$F_{N3y} + F_{N5y} - 25 = 0 \qquad F_{N5y} = -16.83 + 25 = +8.17 \text{ kN}$$

由式(3-28),得

$$F_{N5} = F_{N5y} \times \frac{4}{2\sqrt{3}} = 8.17 \times \frac{4}{2\sqrt{3}} = +9.43 \text{ kN}$$

$$F_{N5x} = F_{N5y} \times \frac{2}{2\sqrt{3}} = 8.17 \times \frac{2}{2\sqrt{3}} = +4.72 \text{ kN}$$

由 $\Sigma F_x = 0$,得

$$F_{N6} + F_{N5x} - F_{N3x} - F_{N2} = 0$$

故 $\quad F_{N6} = -0.28 - 4.72 + 9.72 = +4.72 \text{ kN}$

结点 E,由 $\Sigma F_y = 0$,得

$$F_{N7y} + F_{N5y} = 0 \qquad F_{N7y} = -F_{N5y} = -8.17 \text{ kN}$$

因此

$$F_{N7} = F_{N7y} \times \frac{4}{2\sqrt{3}} = -8.17 \times \frac{4}{2\sqrt{3}} = -9.43 \text{ kN}$$

$$F_{N7x} = F_{N7y} \times \frac{2}{2\sqrt{3}} = -8.17 \times \frac{2}{2\sqrt{3}} = -4.72 \text{ kN}$$

结点 B(校核)

$$\sum F_x = F_{N7x} + F_{N6} = -4.72 + 4.72 = 0$$

$$\sum F_y = F_{N7y} + F_{By} = -8.17 + 8.17 = 0$$

当计算比较熟练后,我们可不必绘出结点隔离体图,而直接在桁架上进行计算。

例 3-15 试用结点法计算图 3-49 所示 N 式桁架各杆内力。

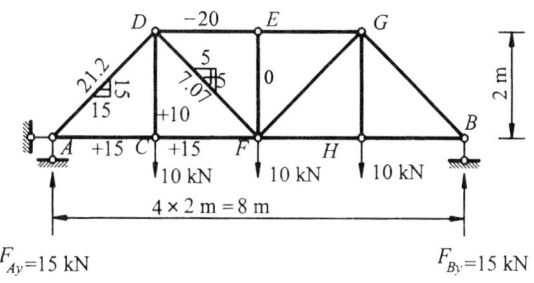

图 3-49

解 先求支座反力

$$F_{Ay}=F_{By}=15 \text{ kN} (\uparrow)$$

由于桁架与荷载对称于中心线,因此只计算左半桁架的轴力。计算次序按 A、C、D、E、F(校核)进行。

全部计算可直接在图 3-49 桁架图上进行。

应用结点法解题时,掌握一些特殊结点的平衡规律,可以使计算简便。下面对常用的特殊结点的受力特点进行分析(见图 3-50)。

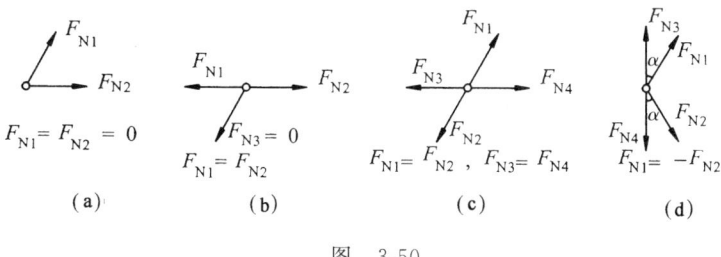

图 3-50

① L 形结点(图 3-50a),即由不在一条直线上的两链杆组成的结点。当该结点上无荷载作用时,该两杆的内力均为零。桁架中内力为零的杆件称为零杆。

② T 形结点(图 3-50b),即由三根链杆组成的结点,其中有两根链杆共线。当该结点上无外荷载时,共线的两杆内力相等且性质相同,而第三杆内力为零。

③ X 形结点(图 3-50c),即由四根链杆组成的结点,且汇交于该结点的四根链杆两两共线。当结点上无外荷载作用时,共线的两杆内力相等且性质相同。

④ K 形结点(图 3-50d),即由四根链杆汇交的结点,其中两根链杆共线,另外两根斜杆位于共线链杆的同一侧并与其形成相等的夹角的结点。当结点上无外荷载时,两根斜杆的内力大小相等,性质相反。

上述四条结论,都可以根据适当的平衡方程证得。例如对于情况 ②,可取垂直

于 F_{N1} 和 F_{N2} 的轴作为投影轴,即可证得 F_{N3} 必为零,进而可证得 $F_{N1}=F_{N2}$。

根据以上结论,可知图 3-51(a)、(b)中用虚线表示的杆件都为零杆。

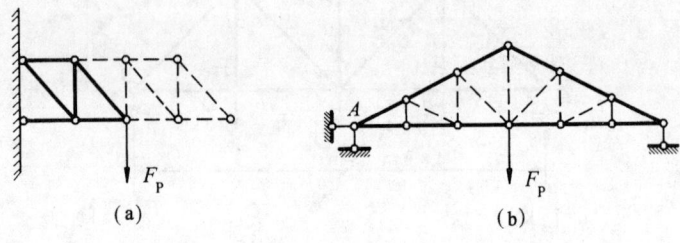

图 3-51

(二) 截面法

除结点法外,另一种分析桁架内力的常用方法是截面法。这种方法是作一适当的截面,将桁架分割成两部分,取其中任一部分为隔离体。显然,该隔离体在荷载及被切断杆件内力的共同作用下构成一平面一般力系,且该力系一定维持平衡。因此,只要隔离体上的未知力数目不超过 3 个,即可根据所建立的静力平衡方程将此截面上的各未知力求得。

按照所选平衡方程的不同形式,截面法又可分为力矩法和投影法两种,现分述如下:

1. 力矩法

如图 3-52(a)所示桁架,欲求截面 I-I 所切断的 3 根杆件的内力。现取该截

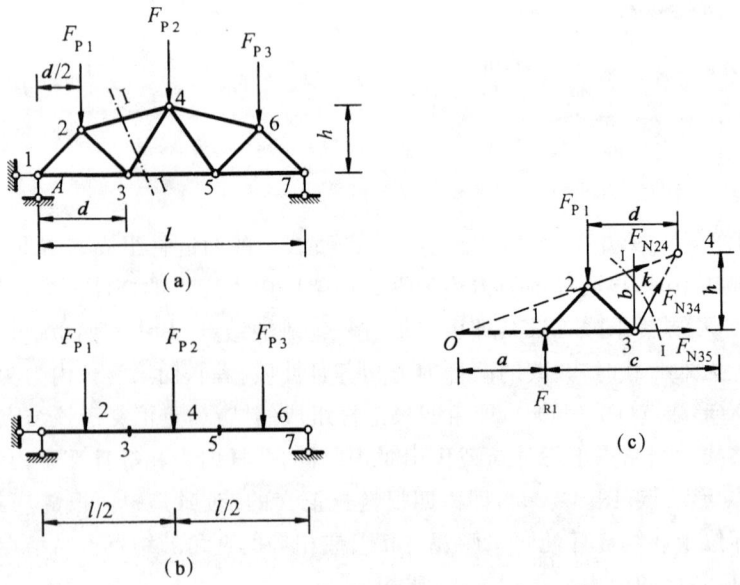

图 3-52

面以左部分为隔离体(图 3-52c)并考虑其平衡条件,为方便计算,在建立平衡方程时力求使每一方程中只包含一个未知数。如求下弦杆 3—5 的内力 F_{N35} 时,应取被切断的其他两根杆件的交点 4 为力矩中心,由 $\Sigma M_4=0$,得

$$F_{R1}\cdot c-F_{P1}\cdot d-F_{N35}\cdot h=0$$

故

$$F_{N35}=\frac{F_{R1}\cdot c-F_{P1}\cdot d}{h}=+\frac{M_4}{h}$$

式中,h 表示 F_{N35} 的力臂;M_4 表示该隔离体上 F_{N35} 以外所有外力(包括荷载及反力)对于点 4 的力矩的代数和,它恰好等于与桁架相同跨度的简支梁在相同荷载作用下(图 3-52b)点 4 的弯矩值。因为 M_4 为正值,故 F_{N35} 为拉力。

按类似方法,在求上弦杆内力 F_{N24} 时,可取 3—4 杆与 3—5 杆交点 3 为力矩中心。不过,这时必须算出 F_{N24} 的力臂。为使计算简便,将 F_{N24} 沿其作用线移至适当的位置,且以其分力作为未知数。现将 F_{N24} 移至与竖线 3—k 相交 k 点(见图 3-52c),并在 k 点将其分解为水平和竖直两个分力,这样就使竖直分力 F_{N24y} 通过力矩中心 3,而水平分力 F_{N24x} 的力臂即为 3—k 的长度 b,b 是容易从桁架的几何图形上求出的。由 $\Sigma M_3=0$,得

$$F_{R1}\cdot d-F_{P1}\cdot\frac{d}{2}+F_{N24x}\cdot b=0$$

故

$$F_{N24x}=-\frac{F_{R1}\cdot d-F_{P1}\cdot\frac{d}{2}}{b}=-\frac{M_3}{b}$$

即求得分力 F_{N24x},即可按式(3-28)的比例关系求出 F_{N24}。因为 M_3 为正值,故 F_{N24} 为压力。

根据上述方法可以证明,在竖直向下荷载作用下,梁式桁架的全部上弦杆都受压力,下弦杆都受拉力。这种受力特征是与简支梁在竖向荷载作用下其上纤维受压,下纤维受拉的性质相一致的。

最后,为了求得斜杆内力 F_{N34},应以杆 2—4 与杆 3—5 的交点 O 为力矩中心,并将 F_{N34} 在结点 3 分解为水平和竖向分力,由 $\Sigma M_O=0$,得

$$-F_{R1}\cdot a+F_{P1}\cdot\left(a+\frac{d}{2}\right)-F_{N34y}\cdot(a+d)=0$$

故

$$F_{N34y}=\frac{F_{P1}\cdot\left(a+\frac{d}{2}\right)-F_{R1}\cdot a}{a+d}$$

至于斜杆 3—4 究竟为受拉还是受压,需看上式右边分子为正还是为负才能确定。

在其他比较复杂的桁架中,所作截面常切断四根或四根以上的杆件。在此情形下,只要被切断的各杆中,除一根外,其余各杆均汇交于一点,则取该点为力矩中心,即可按力矩法求出不交于力矩中心那根杆件的内力。另外,根据计算需要,所作

截面可为任何形状,直的或弯曲的,闭合的或不闭合的。图 3-53 示出几个比较复杂的桁架,介绍运用力矩法如何作适当的截面和选择力矩中心的方法,图中 K 表示所选力矩中心,F_N 表示所求内力。图 3-53(a)、(b)无需多作解释即可明白。下面对图 3-53(c)进一步作些说明。

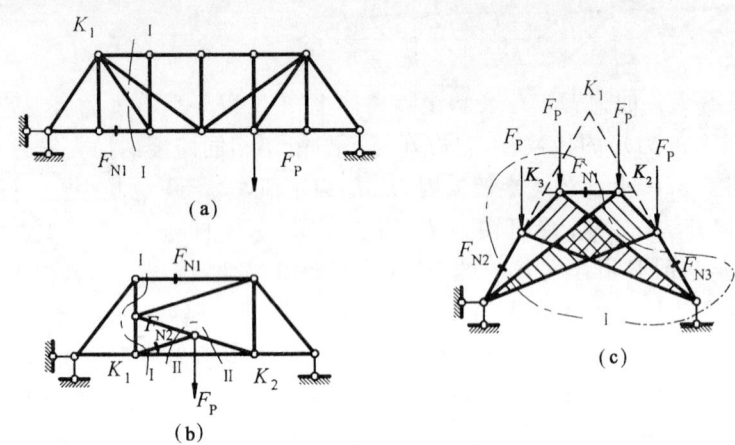

图　3-53

图 3-53(c)所示桁架为一联合桁架,它由两个简单桁架(图中有阴影线部分)用三根链杆 F_{N1}、F_{N2} 和 F_{N3} 连接而成。要解这个联合桁架,首先应求出三根链杆的内力。现作闭合截面Ⅰ把这些链杆切断,该闭合截面同时还切断了其他两根杆件。然而这两根杆件的每一根都被该闭合截面切断了两次,因为每杆两端切断点处的成对内力对于任何一点的力矩互相抵消,故在力矩平衡方程中,这两根杆件的内力未知数并不出现。如以闭合截面Ⅰ取内部分为隔离体,并以 K_1 为力矩中心,则可由 $\Sigma M_{K_1}=0$ 求得 F_{N1}。如分别以图中 K_2 及 K_3 为力矩中心,则可以求得 F_{N2} 及 F_{N3}。

2.投影法

如果在截面法中,利用力的投影方程来计算某杆内力,则称为投影法。如图 3-54(a)所示桁架,欲求竖杆 a 的内力 F_{Na}。作截面Ⅰ-Ⅰ并取其左部为隔离体(图 3-54b),由力的投影方程 $\Sigma F_y=0$,得

$$F_{Ay}-2F_P+F_{Na}=0$$

故
$$F_{Na}=-(F_{Ay}-2F_P)$$

如求斜杆 b 内力 F_{Nb},可作截面Ⅱ-Ⅱ并取左部为隔离体(图 3-54c),由 $\Sigma F_y=0$,得

$$F_{Ay}-3F_P-F_{Nby}=0$$

则
$$F_{Nby}=F_{Ay}-3F_P, \quad F_{Nb}=\frac{\sqrt{d^2+h^2}}{h}(F_{Ay}-3F_P)$$

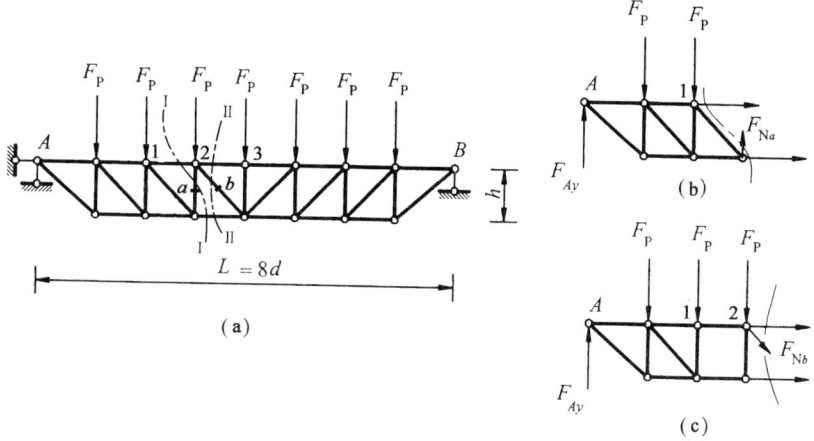

图 3-54

投影法常用来计算平行弦桁架中腹杆的内力。由于在梁式桁架中,隔离体上所有外力的投影之和恰等于相应简支梁上该截面的剪力,因此有时把平行弦桁架竖杆或斜杆的竖向分力表达成相应简支梁内被截面所切断的载重弦节间的剪力。如

$$F_{Na}=-F^0_{Q12}, \quad F_{Nby}=+F^0_{Q23}$$

这里 F^0_{Q12} 表示相应简支梁 1—2 节间的剪力;F^0_{Q23} 表示 2—3 节间的剪力。

与力矩法类似,在投影法中,所作截面也可以各种各样,既可挺直也可弯曲,既可竖直或倾斜也可水平;并且一个截面如切断了四根或更多根杆件,只要除一根杆件以外其他各杆均互相平行的话,那么这根杆件的内力就可以用投影法求出。图 3-55 就是这样一个例子,如取截面 I - I 以上作为隔离体,并用 $\Sigma F_x=0$,即可求得内力 F_{Na}。

结点法和截面法是计算桁架内力的两种通用方法。实际计算时,这两种方法常常是混合使用的。如图 3-56 所示联合桁架,一般宜先用截面法将联合处的内力求出(作 I - I 截面,按 $\Sigma M_C=0$ 求出 F_{NDE}),然后,其左、右两个简单桁架就可用结点法来计算。

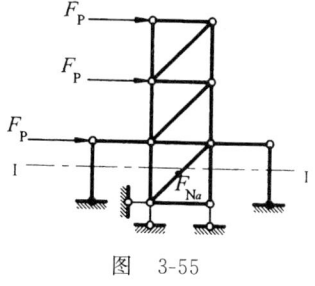

图 3-55

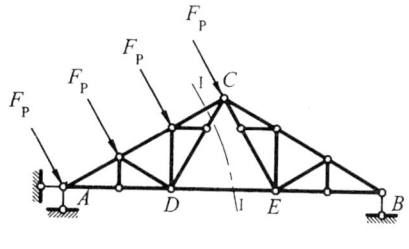

图 3-56

例 3-16 试求图 3-57 所示桁架各标出杆件的内力。

解 首先按结点法观察支承点 B，知 BD 杆为零杆。再由结点 D 知

$$F_{Nc}=0$$

且 EF 也为零杆。作 I-I 截面并取以上部分为隔离体，由 $\Sigma F_x=0$，得

$$F_{Nbx}=30 \text{ kN}$$

所以

$$F_{Nb}=30\sqrt{2}=42.4 \text{ kN}$$

$$F_{Nby}=30 \text{ kN}$$

由 $\Sigma F_y=0$，得

$$F_{Nby}+F_{Nd}+F_{Na}=0$$

故

$$F_{Nd}=-(F_{Nby}+F_{Na}) \qquad (a)$$

作 II-II 截面，取其以上部分为隔离体，并由 $\Sigma M_F=0$，得

$$F_{Na}\times 2+10\times 4+10\times 2=0$$

故

$$F_{Na}=-30 \text{ kN}$$

将结果代入式 (a)，得

$$F_{Nd}=-(30-30)=0$$

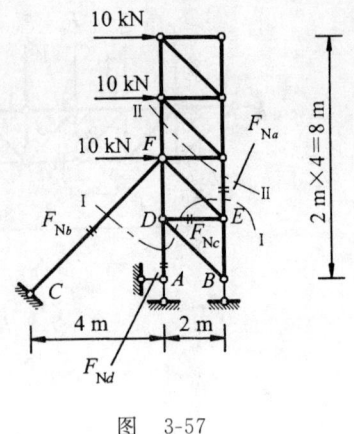

图 3-57

四、K 式桁架

K 式桁架常在大跨度桥跨（或屋盖）结构中采用。图 3-58 表示 K 式桁架。K 式桁架是静定的。由前面的力矩法讨论中可知，桁架弦杆的内力可写作如下表达式

$$F_N=\pm\frac{M}{h}$$

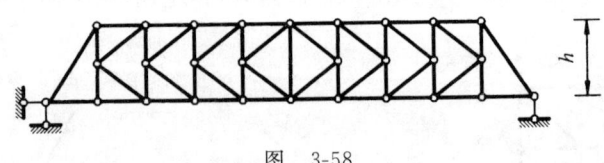

图 3-58

在平行弦桁架情况下，h 即桁高。显然，在荷载已定时，增大桁高 h 可以减小弦杆内力。当 h 加大后，为了能做到在不加大节间长度的情况下使斜杆倾度仍保持在合适的范围（大约 45°）内，可采用 K 式桁架。

K 式桁架的内力计算，只需注意将截面法和结点法并用，即可求出其全部杆件

内力。现通过例题说明其中一个节间的弦杆、竖杆和斜杆的内力计算方法。

图 3-59(a)示一个六节间 K 式桁架,现计算 a、b、c、d、e 各杆内力。

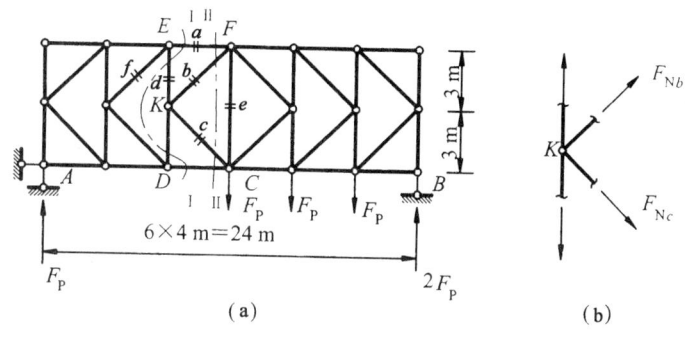

图 3-59

该桁架的支座反力如图 3-59(a)所示。求桁架 a 杆内力时,作如图所示 I - I 截面,并取其左部分为隔离体,由 $\Sigma M_D=0$,得

$$F_{Na} \times 6 + F_P \times 8 = 0$$

$$F_{Na} = -\frac{4}{3}F_P$$

求 b 杆内力,作 II-II 截面,并取其左部分为隔离体,由 $\Sigma F_y=0$,得

$$F_{Nby} - F_{Ncy} + F_P = 0 \qquad (a)$$

取结点 K 为隔离体(图 3-59b),由 $\Sigma F_x=0$,得

$$F_{Nbx} + F_{Ncx} = 0$$

即

$$F_{Nb} = -F_{Nc}$$

故

$$F_{Nby} = -F_{Ncy} \qquad (b)$$

将式(b)代入式(a),得

$$2F_{Nby} + F_P = 0$$

故

$$F_{Nby} = -\frac{F_P}{2}$$

所以

$$F_{Nb} = F_{Nby} \times \frac{5}{3} = -\frac{F_P}{2} \times \frac{5}{3} = -\frac{5}{6}F_P$$

$$F_{Nc} = +\frac{5}{6}F_P$$

由结点 E 的平衡,按 $\Sigma F_y=0$,得

$$F_{Nd} + F_{Nfy} = 0$$

因为与 F_{Nby} 同样的计算,可得 $F_{Nfy} = -\frac{F_P}{2}$

故 $\quad F_{Nd} = -F_{Nfy} = +\dfrac{F_P}{2}$

由上述对 F_{Nb} 的计算,我们曾得到

$$F_{Nby} = -\dfrac{F_P}{2}$$

$$F_{Ncy} = -F_{Nby} = +\dfrac{F_P}{2}$$

而 F_{Nb} 和 F_{Nc} 这两根半斜杆所在的节间剪力恰为 F_P,因此,我们得到一个结论是:如图 3-59 这类斜杆等倾度,且荷载只作用于弦杆上的 K 式桁架,同一节间中的两根半斜杆的竖向分力各承担其节间剪力的 1/2,方向同节间剪力。

根据这一结论,我们看到本例左起第四节间的剪力为零,故该节间的两根半斜杆内力也为零。于是,由结点 F 的平衡,按 $\Sigma F_y = 0$,得

$$F_{Ne} + F_{Nby} = 0$$

故 $\quad F_{Ne} = -F_{Nby} = +\dfrac{F_P}{2}$

五、三铰拱式桁架

如果把实体三铰拱顶铰左右两根曲杆,换成两个静定稳定的桁架,即形成三铰拱式桁架,如图 3-60 所示。三铰拱式桁架在竖向荷载作用时的计算原理和实体三铰拱比较,并没有多大差别。从受力情况来说,二者所不同的是:实体三铰拱的两根曲杆中除有轴向力外,一般还有弯矩和剪力,而三铰拱式桁架中各杆只有轴力。

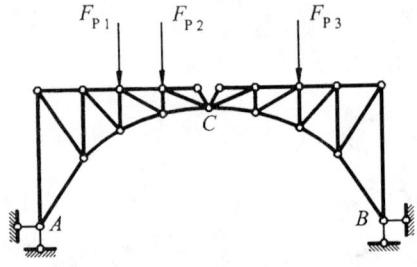

图 3-60

本节拟通过一个算例介绍三铰拱式桁架的内力计算方法。

例 3-17 试计算图 3-61(a)所示三铰拱式桁架的支座反力和各指定杆件的内力。

解 本例为起拱线倾斜的三铰拱式桁架。根据图 3-61(a)所给的几何尺寸,不宜将支座反力分解为两个互相斜交的分力,而应以水平及竖直反力 F_{Ax}、F_{Bx}、F_{Ay}

和 F_{By} 作为未知数,列出静力平衡方程,并联立求解,具体计算如下:

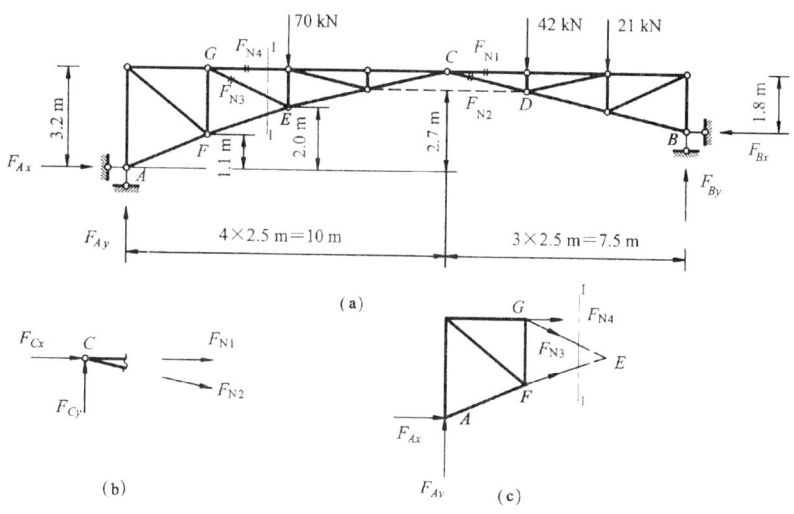

图 3-61

由结构整体平衡,按 $\Sigma F_y=0$,得

$$F_{Ay}+F_{By}-70-42-21=0$$

即　　　　$F_{Ay}+F_{By}=133 \text{ kN}$ （a）

按 $\Sigma F_x=0$,得

$$F_{Ax}-F_{Bx}=0 \qquad (b)$$

按 $\Sigma M_A=0$,得

$$70\times5.0+42\times12.5+21\times15.0-17.5F_{By}-1.4F_{Bx}=0$$

即　　　　$1\,190-17.5F_{By}-1.4F_{Bx}=0$ （c）

取铰 C 的右半部分为隔离体,由力矩平衡条件 $\Sigma M_C=0$,得

$$42\times2.5+21\times5.0-7.5F_{By}+1.8F_{Bx}=0$$

即　　　　$210-7.5F_{By}+1.8F_{Bx}=0$ （d）

由式(c)和式(d)两式联立求解,得

$$F_{By}=58 \text{ kN}, \quad F_{Bx}=125 \text{ kN}$$

将结果代回式(a),得

$$F_{Ay}=133-58=75 \text{ kN}$$

代回式(b),得

$$F_{Ax}=F_{Bx}=125 \text{ kN}$$

计算内力时,应先求出顶铰 C 处的约束力 F_{Cx} 及 F_{Cy}。取 C 的右半部分为隔离体,由 $\Sigma F_x=0$,得

$$F_{Cx}-125=0, \quad F_{Cx}=125 \text{ kN}$$

由 $\Sigma F_y=0$,得

$$F_{Cy}+58-42-21=0$$

即

$$F_{Cy}=5 \text{ kN}$$

当两支座处的反力和顶铰处的约束力求出后,三铰拱式桁架的各杆内力即可按照一般桁架内力的求解方法进行计算。如求 F_{N1} 及 F_{N2}:

由结点 C 的平衡条件 $\Sigma F_y=0$(图 3-61b),得

$$F_{N2y}=F_{Cy}=5 \text{ kN}$$

$$F_{N2x}=F_{N2y}\times\frac{2.5}{0.5}=5\times 5=25 \text{ kN}$$

所以

$$F_{N2}=\sqrt{F_{N2x}^2+F_{N2y}^2}=\sqrt{25^2+5^2}=25.5 \text{ kN}$$

由该结点 $\Sigma F_x=0$,得$\quad F_{N1}+F_{Cx}+F_{N2x}=0$

所以

$$F_{N1}=-(F_{Cx}+F_{N2x})=-(125+25)=-150 \text{ kN}$$

对于 F_{N3} 及 F_{N4},可用截面法进行计算,作截面 I-I,取其左部分为隔离体,并以 E 点为力矩中心(图 3-61c),由 $\Sigma M_E=0$,得

$$1.2F_{N4}+75\times 5.0-125\times 2.0=0$$

$$F_{N4}=-104.2 \text{ kN}$$

将 F_{N3} 在 G 点分解为水平分力 F_{N3x} 和竖直分力 F_{N3y},并以 F 点为力矩中心,由 $\Sigma M_F=0$,得

$$(F_{N4}+F_{N3x})\times 2.1+F_{Ay}\times 2.5-F_{Ax}\times 1.1=0$$

$$2.1F_{N3x}-2.1\times 104.2+75\times 2.5-125\times 1.1=0$$

$$F_{N3x}=80.4 \text{ kN}$$

$$F_{N3}=\frac{\sqrt{(2.5)^2+(1.2)^2}}{2.5}\times 80.4=89.2 \text{ kN}$$

第六节　桁梁组合结构

如将桁架与梁这两种不同类型的结构有效地组合在一起,共同承受荷载,这种结构称为桁梁组合结构。由于这种结构充分发挥了桁架与梁各自的优点,故常能承受较大的荷载。

第三章 静定结构的内力计算

图 3-62 为桁梁组合结构的一些例子。图 3-62(a)为一根刚度较大的梁与桁架的组合,俗称双柱式桁架;图 3-62(b)为组合式桁梁拱桥的计算简图;二者都是超静定一次的结构。如果在图 3-62(a)所示结构的大梁中央切断并在该处插入一个铰,即变成图 3-62(c)所示静定的桁梁组合结构。

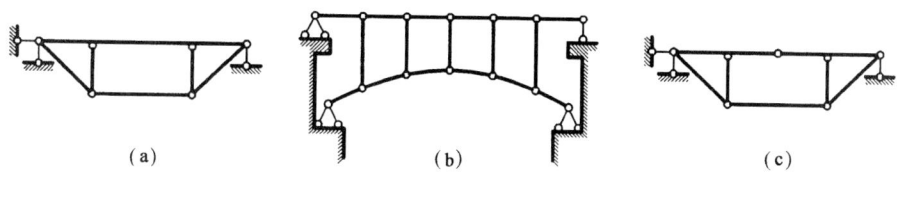

图 3-62

应用截面法计算组合结构,应注意被截的杆件是链杆还是梁式杆件。对于链杆,截面上只作用有轴向力;对于梁式杆,截面上一般作用有弯矩、剪力和轴向力。

例 3-18 试对图 3-63(a)所示桁梁组合结构进行内力分析。

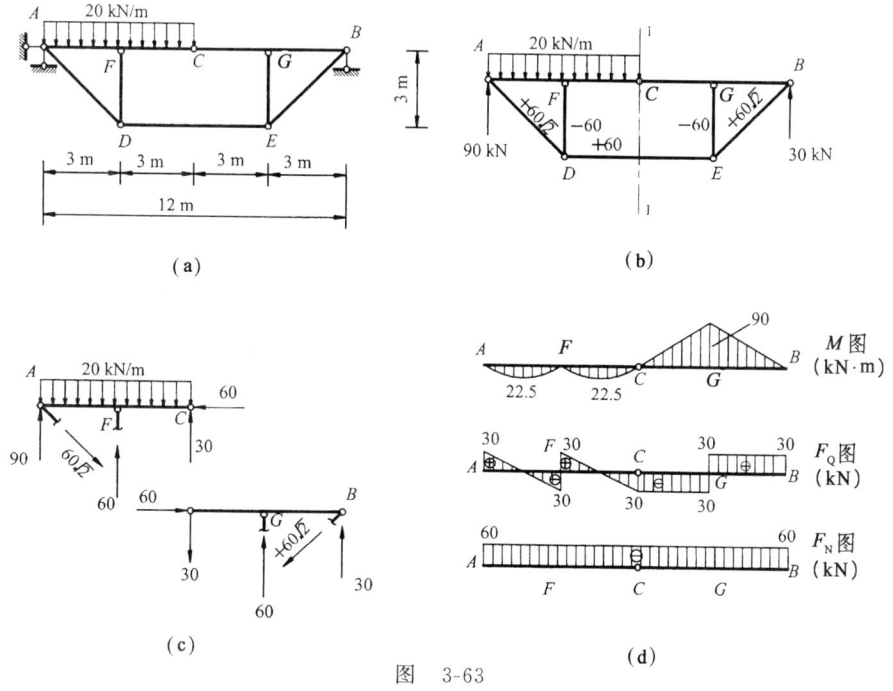

图 3-63

解

① 计算链杆轴力 作截面 Ⅰ-Ⅰ,截开铰 C 和链杆 DE(图 3-63b),取其右半部分为隔离体,由 $\Sigma M_C=0$,得

$$F_{NDE} \times 3 - 30 \times 6 = 0$$

故 $F_{NDE} = +60 \text{ kN}$

再由结点 D 及 E 的平衡，可求得所有链杆的轴力，如图 3-63(b)所示。

② 作梁式杆件的内力图　杆件 AFC 和杆件 CGB 的受力情况如图 3-63(c)所示。根据该隔离体的平衡条件，可作杆 AFC 和杆 CGB 的 M、F_Q 及 F_N 图，如图 3-63(d)所示。

第七节　静定结构受力特性

从几何组成上讲，静定结构是没有多余约束的几何不变体系。从受力分析上讲，静定结构仅用平衡条件，就可以唯一求出全部内力和反力，而无需考虑结构的变形条件。系统地掌握用静力平衡方程求解各种静定结构，达到熟练运用的程度，是学习结构力学的基本要求。

一、静定结构受力分析回顾

静定结构受力分析方法是选取适当的隔离体应用平衡条件求解未知力。对于平面静定结构的受力分析，就是应用三个平衡方程进行求解。在具体应用时，根据所求结构与荷载的特点，按所求内容选择结构整体或结构中一部分为隔离体，应用平衡条件。取不同的隔离体，就可以建立不同的方程；对不同的静定结构形式，也有不同的建立平衡方程的方法。静定结构的平衡方程很简单，但在求解不同的结构时，要选取不同的隔离体，隔离体选择的好坏，直接关系到求解的正误和难易程度。求解静定结构时，应注意以下几点：

① 取隔离体时，应注意与静力平衡方程配合，尽量避免求解联立方程。隔离体上的未知数不宜超过 3 个。如果超过 3 个，则除了所要求的未知力外，其余的未知力均交于一点或相互平行，才能避免求解联立方程。

② 在隔离体上应将所有的力标齐全。除结构原来受到的外力外，被切断处的内力也是隔离体上的外力，不能漏掉。

③ 注意灵活应用内力图的形状特征来简化计算。

④ 对于多跨、多层结构，要分清基本部分和附属部分，按先分析附属部分，后分析基本部分的顺序进行分析。

⑤ 对于组合结构，应避免切断梁式杆，以减少隔离体上未知力的数目。

⑥ 要利用对称性简化计算。对于对称结构，若荷载对称，则结构受力对称，对

称位置截面上受力相同；若荷载反对称，则结构受力反对称，对称位置截面上受力相反。

二、静定结构受力特性

① 静定结构的内力和反力，只用静力平衡条件就可以全部唯一确定，仅与结构的形式、几何尺寸及荷载有关，而与构成结构的材料和杆件的断面尺寸无关。对于静定结构，只要结构形式和几何尺寸对称，就可以用对称结构的受力特点进行简化分析。而超静定结构，除要考虑以上因素外，还必须考虑材料的变形特性，相同结构的形式、几何尺寸及荷载，如果材料弹性模量和断面尺寸不同，就会有不同的内力和反力解答。

② 除荷载外，其他因素如温度变化、支座沉降、材料收缩、制造误差等，均不影响静定结构的内力。

③ 静定结构的某一几何不变部分上受到平衡力系作用时，仅该部分受力，其他部分的内力为零。例如，图 3-64(a)所示结构，平衡力系作用在几何不变部分 BCDE 上，则只有该局部有内力；而图 3-64(b)所示结构，平衡力系作用在 BCD 部分，该部分自身几何可变，所以其他部分仍然有内力。

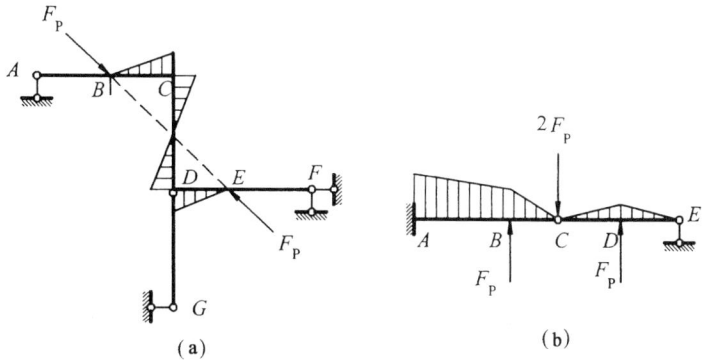

图 3-64

④ 在静定结构的某一几何不变部分上作荷载的等效变换，只有该部分的内力发生变化，其余部分的内力和反力保持不变。这里荷载的等效变换指分布不同、合力相同的荷载。图 3-65(a)所示结构，在自身几何不变部分 CD 上将荷载作等效变换，变为图 3-65(b)只有 CD 部分内力发生变化。实际上，图 3-65(a)荷载可以分解为图 3-65(b)和图 3-65(c)的荷载，而图 3-65(c)为结构某一几何不变部分受到平衡力系作用，除 CD 部分外，其余部分内力为零。所以图 3-65(a)荷载作等效变换为图 3-65(b)时，仅 CD 部分内力不同，其余部分内力均不改变。

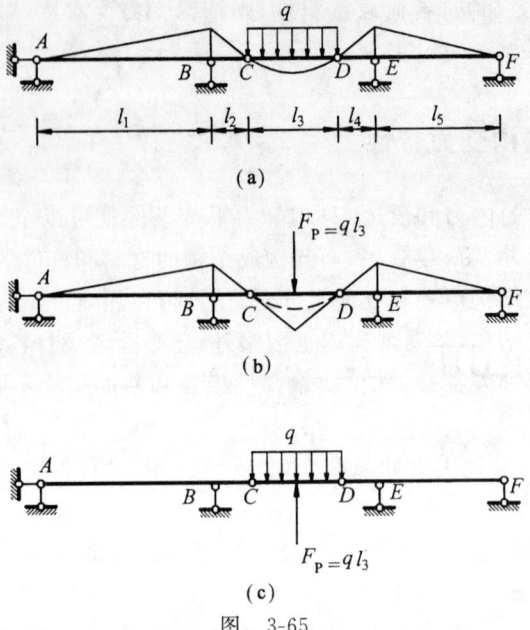

图 3-65

⑤ 静定结构的某一几何不变部分作构造变换时,其余部分受力不变。如图 3-66(a)所示结构,将 DE 杆改为一小桁架(图 3-66b)。改变后,仅 DE 部分内力发生变化,其余部分内力不变。

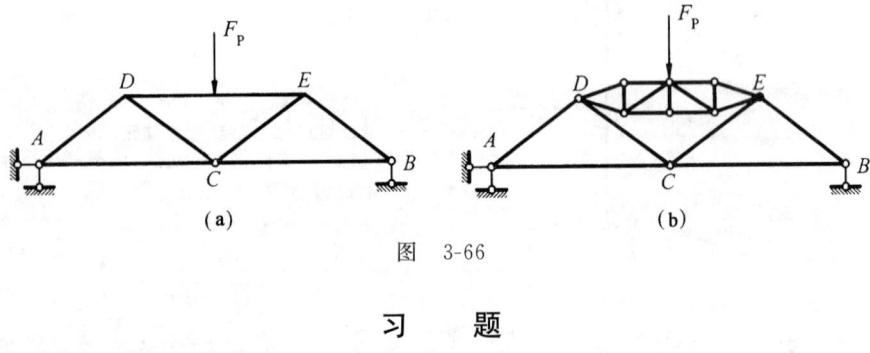

图 3-66

习 题

3-1~3-2 试作图示单跨梁的 M 图和 F_Q 图。

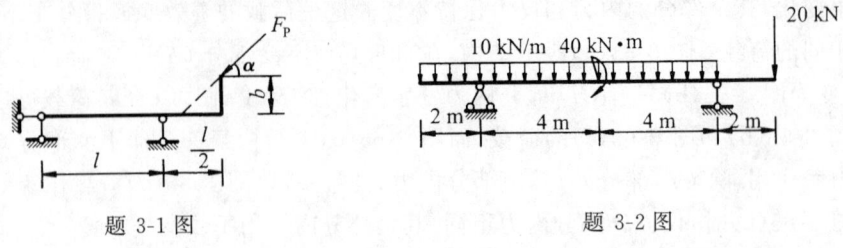

题 3-1 图　　　　　题 3-2 图

3-3～3-4 试作图示单跨梁的 M 图。

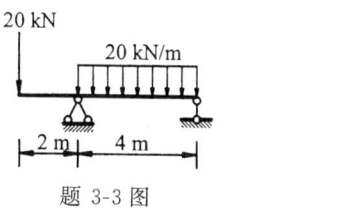

题 3-3 图

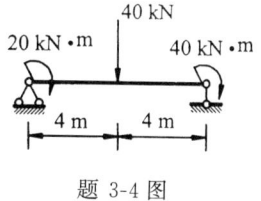

题 3-4 图

3-5～3-7 试作图示多跨静定梁的 M、F_Q 图。

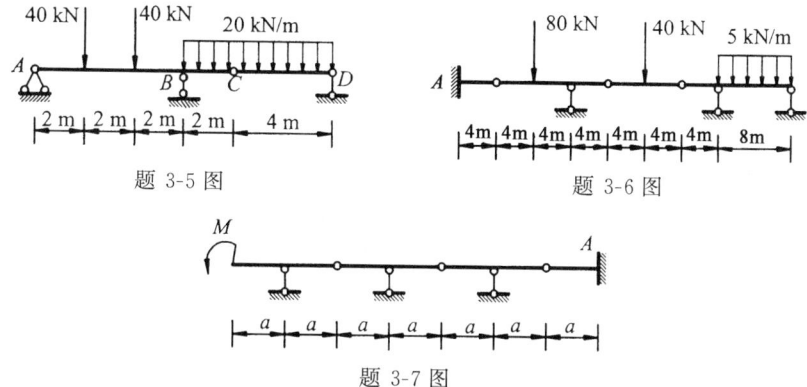

题 3-5 图　　题 3-6 图

题 3-7 图

3-8 试作图示各斜梁的 M、F_Q、F_N 图。图(a)沿水平方向每单位长度上作用有竖向荷载 q。图(b)沿杆轴方向每单位长度上作用有竖向荷载 q_1。

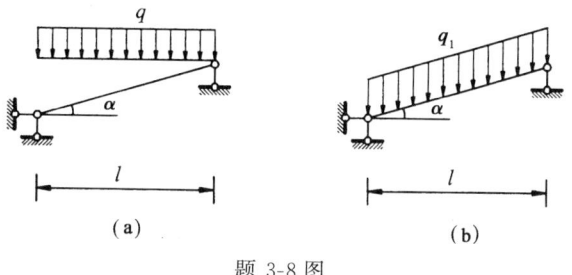

题 3-8 图

3-9～3-11 试作图示刚架的 M、F_Q、F_N 图。

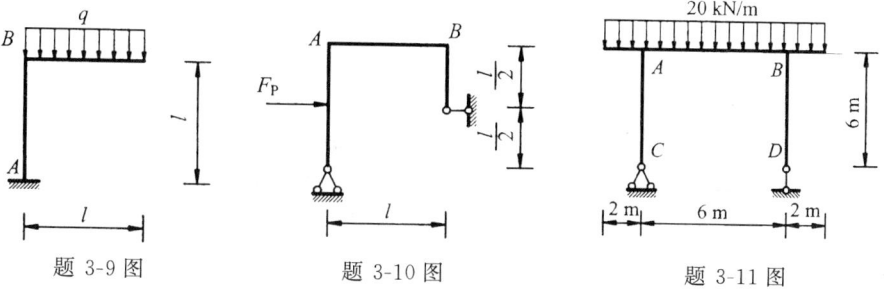

题 3-9 图　　题 3-10 图　　题 3-11 图

3-12～3-18 试绘出图示各结构的 M 图。

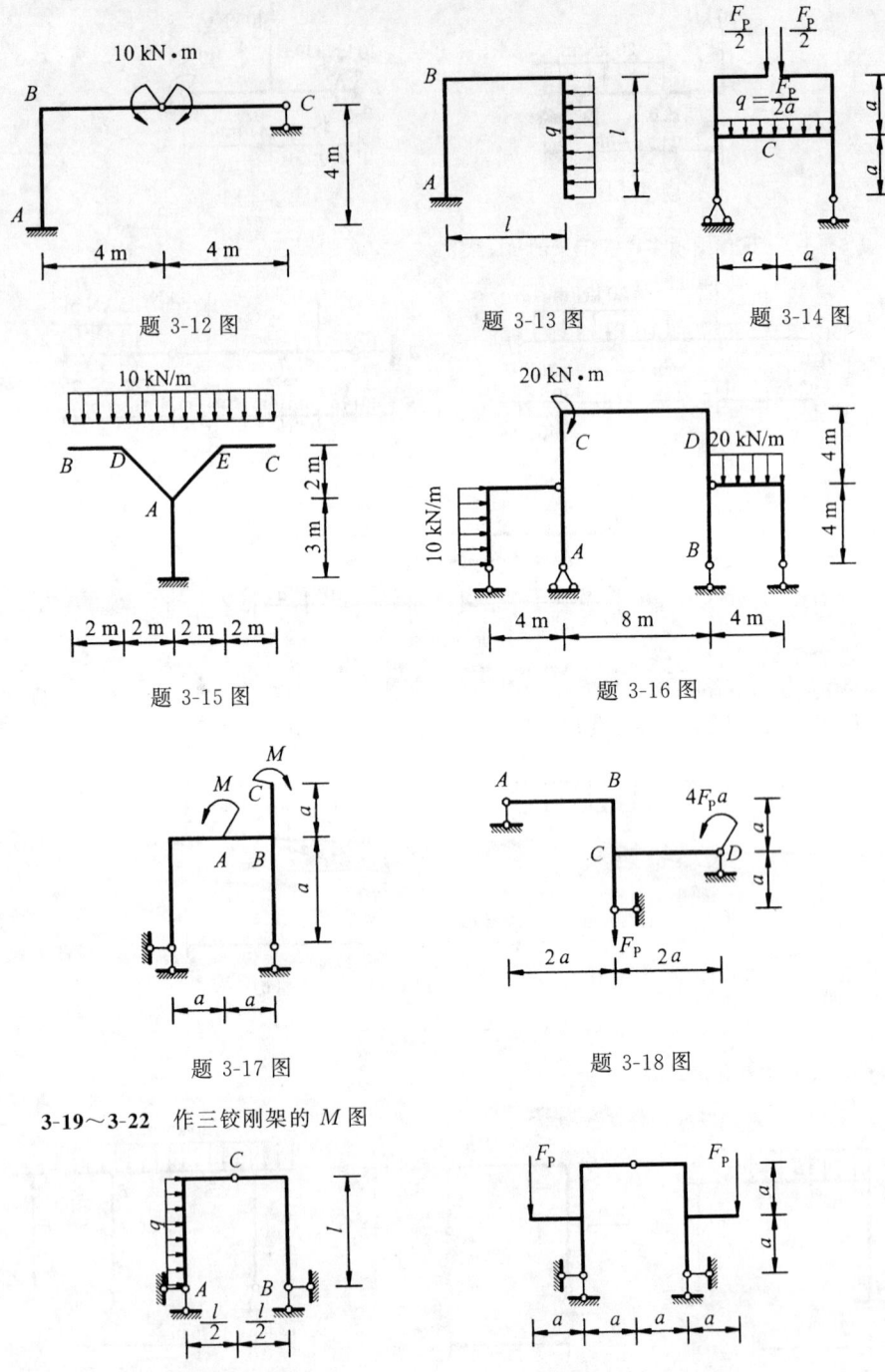

题 3-12 图　　题 3-13 图　　题 3-14 图

题 3-15 图　　题 3-16 图

题 3-17 图　　题 3-18 图

3-19～3-22 作三铰刚架的 M 图

题 3-19 图　　题 3-20 图

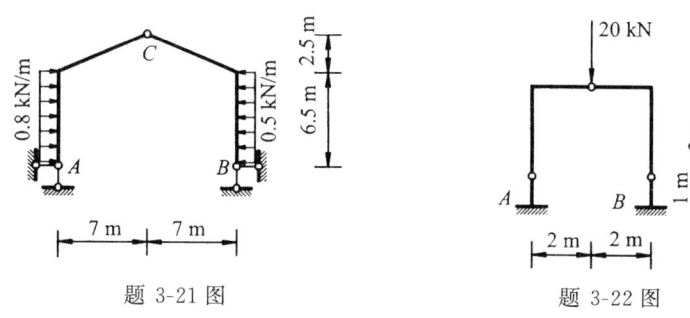

题 3-21 图   题 3-22 图

3-23 作三铰刚架的 M、F_Q、F_N 图。

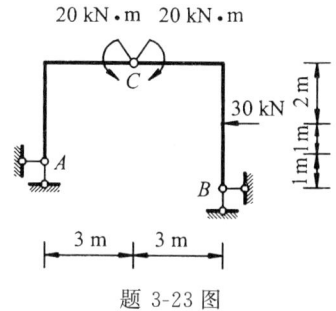

题 3-23 图

3-24～3-25 求图示各三铰拱的支座反力。

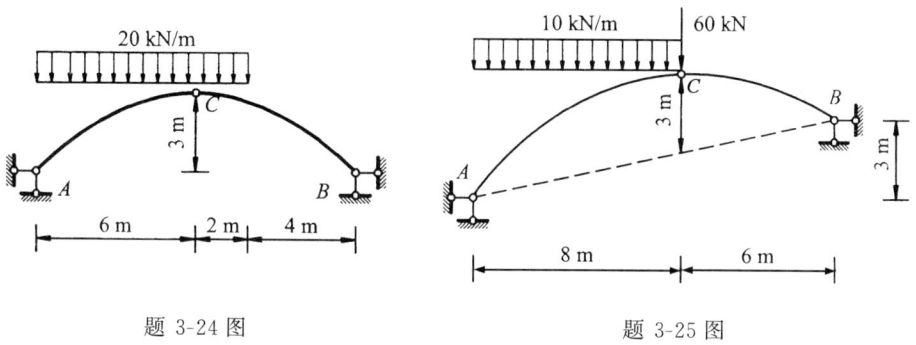

题 3-24 图   题 3-25 图

3-26 求图示带拉杆的静定拱的支座反力及拉杆 DE 的内力。

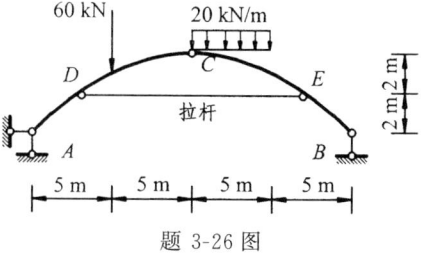

题 3-26 图

3-27 试求图示静定半圆系杆拱截面 K 的内力。

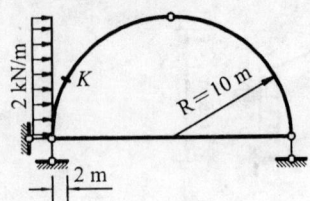

题 3-27 图

3-28～3-29 试指出图示桁架中的零杆。

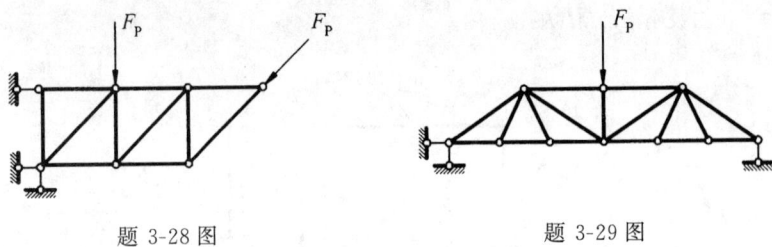

题 3-28 图　　　　　　　　题 3-29 图

3-30 用结点法计算图示桁架各杆的内力。

3-31 用截面法计算图示桁架中指定杆件的内力。

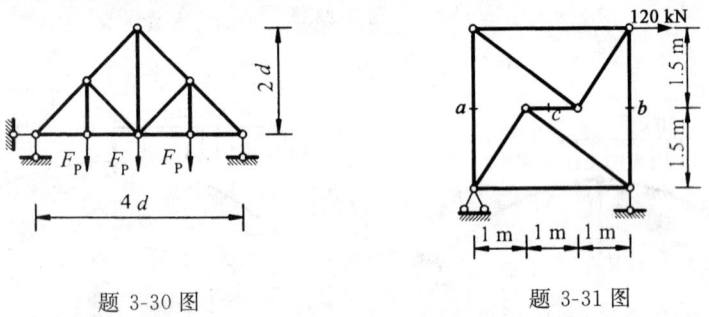

题 3-30 图　　　　　　　　题 3-31 图

3-32～3-38 试用较简便方法求图示桁架中指定杆件的内力。

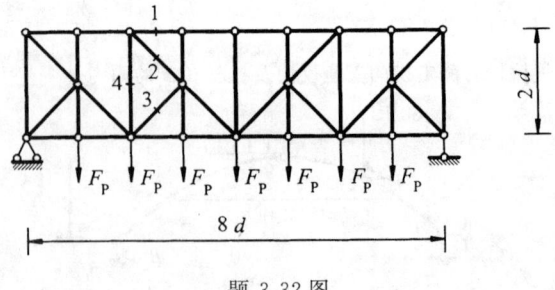

题 3-32 图

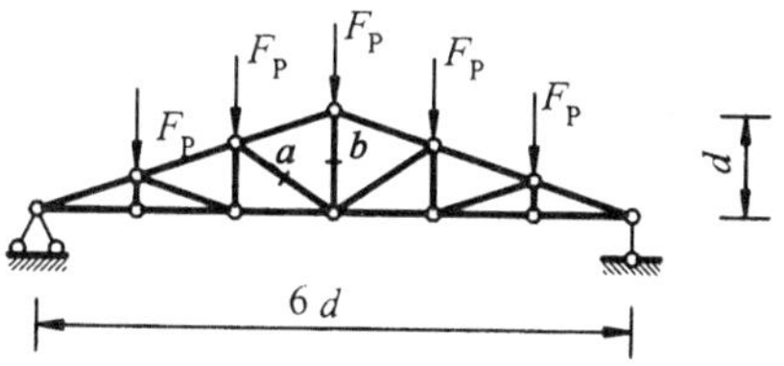

题 3-33 图

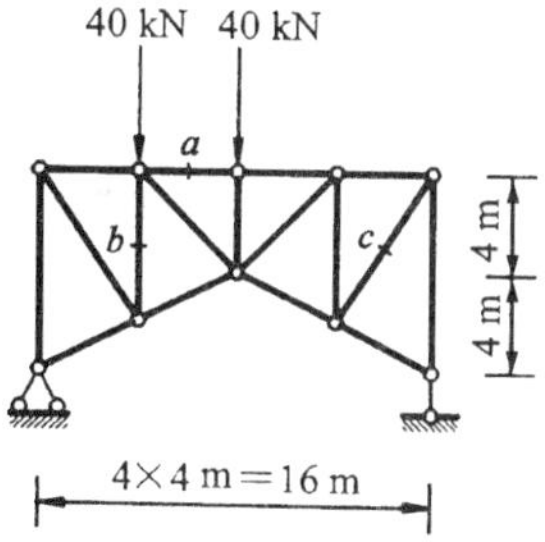

题 3-34 图

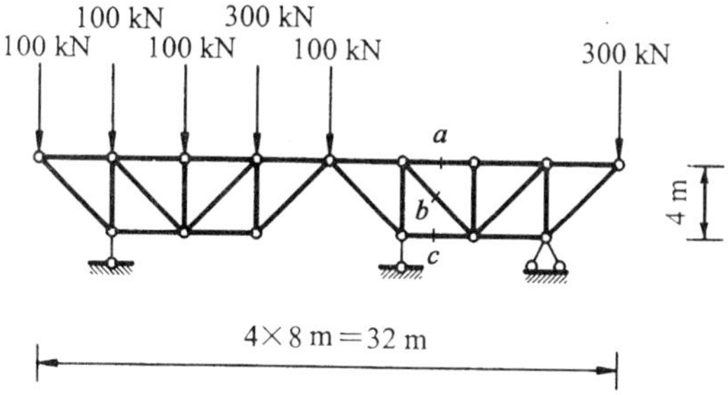

题 3-35 图

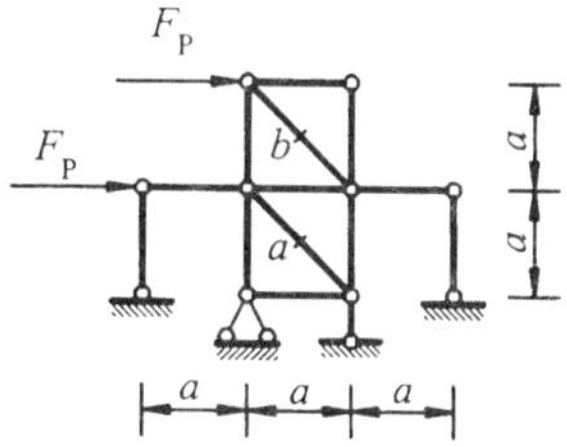

题 3-36 图

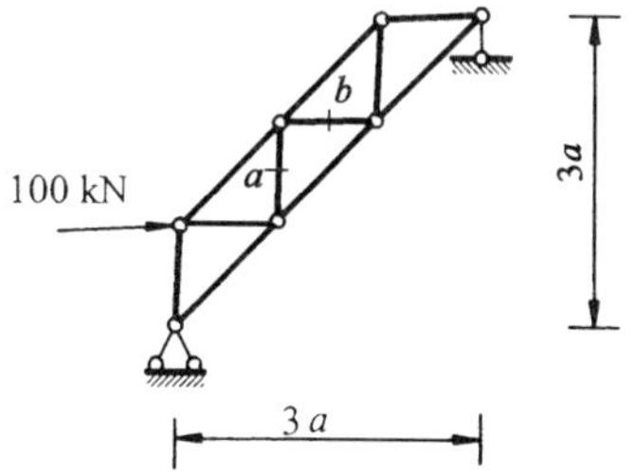

题 3-37 图

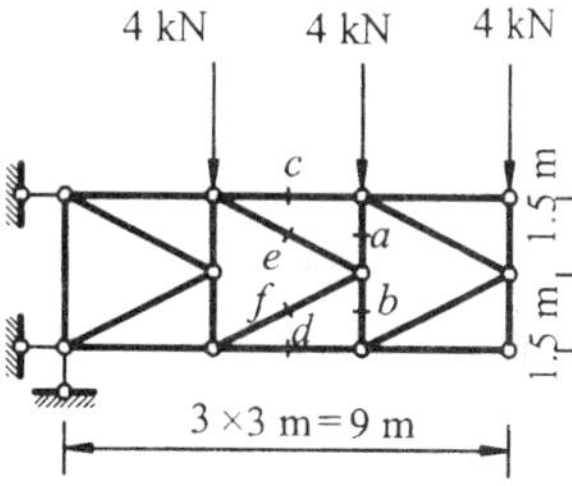

题 3-38 图

3-39～3-42 试求图示组合结构中各链杆的轴力并绘出受弯杆件的内力图。

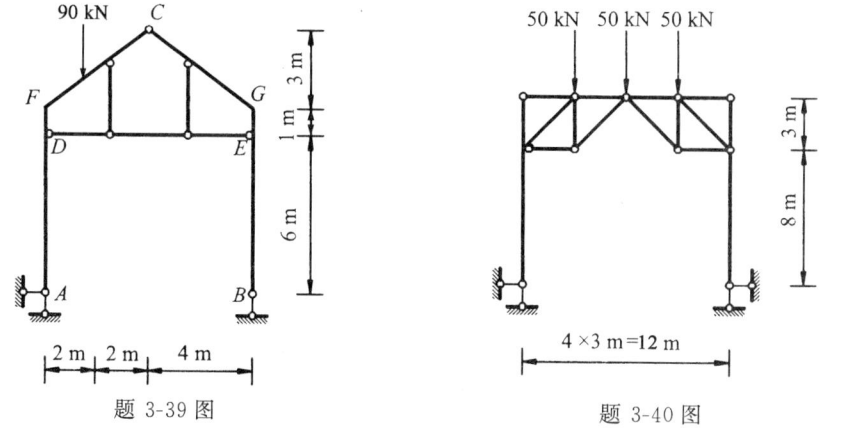

题 3-39 图

题 3-40 图

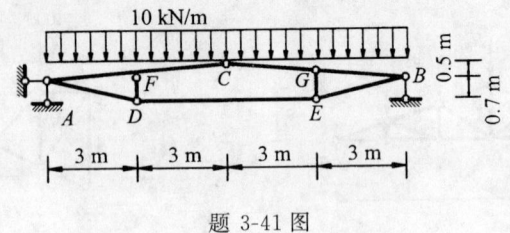

题 3-41 图

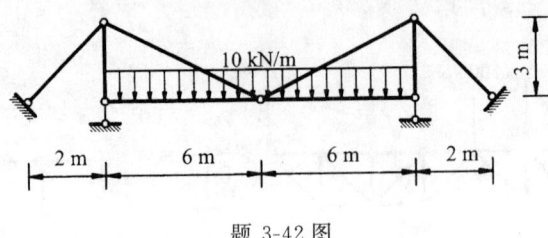

题 3-42 图

第四章 结构的位移计算

第一节 概 述

在外部因素(如荷载、温度变化及支座沉降等)作用下,结构的各个截面往往要发生位移。虽然这种位移与结构的几何尺寸相比是极为微小的,但是对于工程设计人员来说,熟悉结构位移的计算方法是十分重要的。因为,① 结构设计必须经过刚度校核,而这种校核必须进行位移计算。② 在结构的施工阶段,常常需要预先估算出结构的可能变形位置,以便作出相应的施工措施。③ 结构的位移计算方法乃是分析超静定结构的基础知识。

应该指出,结构的"位移"是一种广义的提法。通常,它可以是指某截面发生的沿某方向的线位移,如图 4-1 所示简支梁截面 C 在荷载作用下,沿竖直方向移动到 C',则 CC' 称为截面 C 的线位移;它也可以指某截面(或某杆件)发生的角位移,如图 4-1 中所示的 θ_C 角,表示截面 C 的角位移;另外,位移也可以指结构中某两点发生的相对线位移,或者某两个截面发生的相对角位移。因此,本章将要讨论的结构位移计算方法,应该是能够适合于计算这种广义位移的普遍方法。

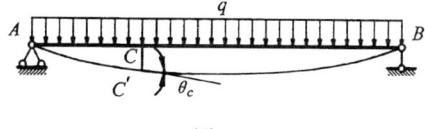

图 4-1

由于本书的讨论仅限于线性弹性结构,故本章经过推导获得的计算位移的实用公式,只适用于材料服从胡克定律,且结构发生的位移与其几何尺寸相比是极其微小的结构。线弹性结构的位移计算同样可以应用叠加原理。

第二节 实功原理

这里先回忆关于功和能的概念。

一个物体,其上作用着不变力 F_P,如该物体发生位移 d(图 4-2a),则该物体上的力 F_P 所做的功,定义为 F_P 和沿该力作用线上的位移分量的乘积;当然,它是与位移 d 和作用在位移方向上的力的分量的乘积相等的。设所做功为 W,则有

$$W = F_P \cdot d\cos\theta \quad \text{或} \quad W = F_P\cos\theta \cdot d$$

式中,θ 为力的作用线与位移 d 方向间的夹角。当 F_P 的作用线与 d 一致时,即 $\theta=0$,则 $W=F_P \cdot d$;当作用线与 d 成直角时,即 $\theta=\pi/2$,则 $W=0$,即不做功;当 F_P 与位移方向相反时,即 $\theta=\pi$,则 $W=-F_P \cdot d$。

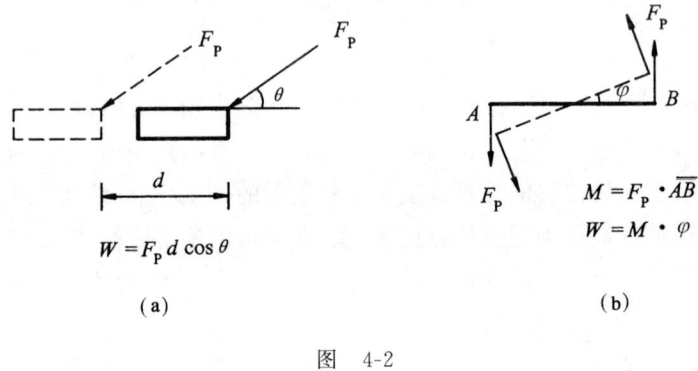

图 4-2

按类似方法可知,一个不变力偶矩 M 所做的功,等于该力偶矩 M 和发生在力偶矩作用平面内的旋转角 φ 的乘积(图 4-2b)。由于力偶矩是由两个不在一直线上的等值且反向的平行集中力所构成,因此,力偶矩在线位移上是不做功的。

因为功是一个标量,所以一个力系所做的功可以由其中每个力所做功的代数和求得。

和功的概念密切相关的另一物理量是能,它是描述物体做功本领大小的一个量。自然界里具有各种形式的能量,它们常常由一种形式转换成为另一种形式,但能的总量仍保持不变,这就是能量守恒与转换定律。在能量转换过程中,能量是通过物体做功而显示出来的,因此功就是能量变化的度量。

现在我们开始讨论实功原理中的两个概念。

一、外力实功

设一线性弹性结构,静力荷载由零逐渐增加到 F_{PK} 时,作用点 K 在荷载方向

上的位移 Δ 也从零逐渐增加至 Δ_K（图 4-3a）。F_P-Δ 之间为直线关系，如图 4-3(b) 所示。

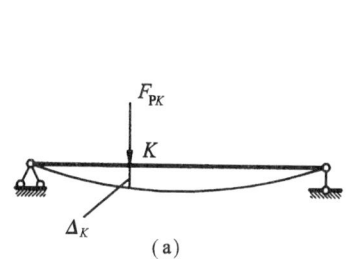
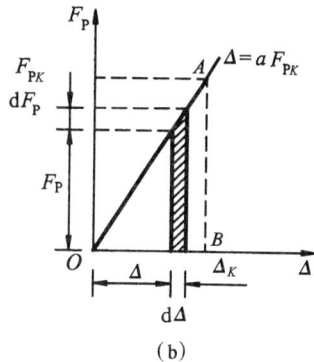

图　4-3

设 F_P-Δ 之间的线性弹性关系如下式

$$\Delta = \alpha F_P$$

式中，α 为比例常数。

由图 4-3(b) 可知，在加载过程中，当荷载抵达某中间值 F_P 后再给予一微小增量 dF_P，相应的位移也产生增量 $d\Delta$。在这小过程中，荷载 F_P 所做的功为图中的阴影微面积，即

$$dW = F_P \cdot d\Delta$$

因此，当荷载由零增加到 F_{PK} 的全过程中，荷载所做总功可由积分求得

$$W = \int_0^{\Delta_K} F_P d\Delta = \frac{1}{2} F_{PK} \Delta_K \tag{4-1}$$

即为图 4-3(b) 中三角形 OAB 的面积。

注意上式中的位移 Δ_K 是由荷载 F_{PK} 本身引起的，因而荷载所做总功 W 也是 F_{PK} 在本身所引起的位移 Δ_K 上所做的功，人们称它为外力实功。由于做功过程中，荷载 F_P 是由零逐渐增大至最后值 F_{PK} 的，所以它和常力做功不同，在计算式前含系数 1/2。且因为 Δ_K 方向恒与 F_{PK} 一致，所以外力实功恒为正值。

式(4-1)中的 F_{PK} 应看作是一种广义的力，它可以是集中力、力矩或力系，相应的 Δ_K 即为广义位移，它可以是线位移、角位移或一组位移。因此，外力实功的普遍公式应写为

$$W = \frac{1}{2} \sum F_{PK} \Delta_K \tag{4-2}$$

二、变形位能

我们知道,对于线性变形结构,外力与内力、结构的位移与材料的应变都是相应的。当外力做实功的同时,结构就处于变形状态。如果不计加载过程中的能量损失,则外力所做的功应全部转化成某种能量而储于结构之中。当外载逐渐卸去,所储能量便逐步释放直至结构恢复到原来的无变形状态。因为这种能量与结构的变形密切相关,故称它为变形位能。

为了计算变形位能,从图 4-4(a)所示结构中取出一微段 ds 来研究(图 4-4b)。设外力作用后,该微段的左侧面上有内力 F_N、M 和 F_Q,右侧面上有 F_N+dF_N、$M+dM$ 和 F_Q+dF_Q(它们和外力一样,都是由零逐渐增加至最终值的)。与此同时产生的该微段左右两个侧面的相对轴向变形为 du,弯曲变形为 $d\theta$ 和剪切变形为 $d\lambda$(它们也是由零逐渐增加的),如图 4-4(c)所示。

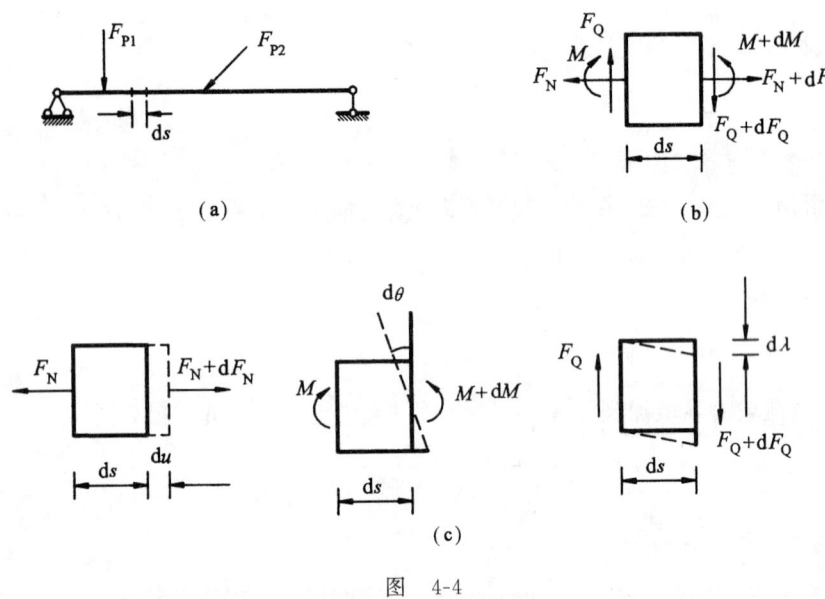

图 4-4

我们注意到,微段在 F_N、M 和 F_Q 作用下(微量 dF_N、dM 和 dF_Q 相对于 F_N、M 和 F_Q 可略去),最终变形为 du、$d\theta$ 和 $d\lambda$。于是,我们可以写出微段的三项变形能为:

① 轴向变形能 dU_N,由材料力学可知,微段的轴向变形 $du=F_N ds/(EA)$,所以

$$dU_N = \frac{1}{2} F_N \cdot du = \frac{1}{2} F_N \cdot \frac{F_N ds}{EA} = \frac{1}{2} \cdot \frac{F_N^2 ds}{EA}$$

式中,E 为弹性模量;A 为横截面积。

② 弯曲变形能 dU_M,因微段的弯曲变形 $d\theta=Mds/(EI)$,所以

第四章　结构的位移计算

$$dU_M = \frac{1}{2}M \cdot d\theta = \frac{1}{2}M \cdot \frac{Mds}{EI} = \frac{1}{2} \cdot \frac{M^2ds}{EI}$$

式中,I 为截面惯性矩。

③ 剪切变形能 dU_Q,因微段的剪切变形(当剪应力沿截面高度均匀分布时) $d\lambda = F_Q ds/(GA)$,所以

$$dU_Q = \frac{1}{2}F_Q \cdot d\lambda = \frac{1}{2}F_Q \cdot \frac{F_Q ds}{GA} = \frac{1}{2} \cdot \frac{F_Q^2 ds}{GA}$$

式中,G 为截面抗剪模量。当截面上的剪应力为非均匀分布时,上式应乘以截面系数 k[①]

$$dU_Q = k \cdot \frac{1}{2} \cdot \frac{F_Q^2 ds}{GA}$$

对于矩形截面 $k=1.2$;圆形截面 $k=10/9$;工字形截面 $k=A/A_\omega$(A_ω 为腹板截面积,A 为截面总面积)。

微段 ds 的总变形位能

$$dU = dU_N + dU_M + dU_Q = \frac{F_N^2 ds}{2EA} + \frac{M^2 ds}{2EI} + k\frac{F_Q^2 ds}{2GA}$$

一个杆件的变形位能为上式各项沿杆长积分

故
$$U = \int \frac{F_N^2 ds}{2EA} + \int \frac{M^2 ds}{2EI} + \int k\frac{F_Q^2 ds}{2GA} \tag{4-3}$$

结构的变形位能为

$$U = \sum \int \frac{F_N^2 ds}{2EA} + \sum \int \frac{M^2 ds}{2EI} + \sum \int k\frac{F_Q^2 ds}{2GA} \tag{4-4}$$

式中,Σ 表示对全体杆件求和。

根据能量守恒原理,加载过程中外力所做实功 W 全部转化为变形位能 U,因此有

$$\frac{1}{2}\sum F_{PK}\Delta_K = \sum \int \frac{F_N^2 ds}{2EA} + \sum \int \frac{M^2 ds}{2EI} + \sum \int k\frac{F_Q^2 ds}{2GA} \tag{4-5}$$

上式为线性弹性结构的实功原理表达式,它叙述为:外力在线弹性结构上所做实功等于结构内储存的变形位能。另外,由式(4-5)看到,变形位能 U 与内力 F_N、M、F_Q 成二次方关系,因此,计算结构变形位能时,不能用叠加原理。

例 4-1　试利用实功公式(4-5)计算图 4-5 所示矩形截面悬臂梁端点的竖直位移 Δ_K。($A=bh$;$I=bh^3/12$;$k=1.2$;$G\approx 0.4E$)。

[①] 关于截面系数 k 的推导可参阅杨耀乾、唐昌荣编:《结构力学》(第三版上册),高等教育出版社,1987年,第 201~202 页。

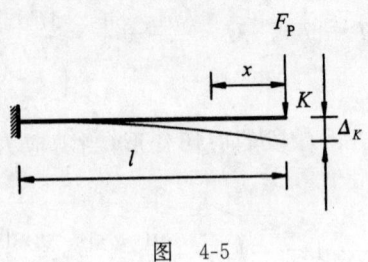

图 4-5

解 当只有一个竖直荷载作用在梁上时,式(4-5)为

$$\frac{1}{2}F_P\Delta_K=\int_0^l\frac{M^2\mathrm{d}x}{2EI}+k\int_0^l\frac{F_Q^2\mathrm{d}x}{2GA}$$

因 $M=-F_Px, F_Q=+F_P$,故上式成为

$$\frac{1}{2}F_P\Delta_K=\int_0^l\frac{F_P^2x^2\mathrm{d}x}{2EI}+k\int_0^l\frac{F_P^2\mathrm{d}x}{2GA}$$

代入 k,并积分,得

$$F_P\Delta_K=\frac{F_P^2x^3}{3EI}\bigg|_0^l+1.2\times\frac{F_P^2x}{GA}\bigg|_0^l=\frac{F_P^2l^3}{3EI}+\frac{1.2F_P^2l}{GA}$$

即

$$\Delta_K=\frac{F_Pl^3}{3EI}+\frac{1.2F_Pl}{GA}$$

式中,第一项是弯矩对位移的影响;第二项是剪力的影响。代入有关数据后,得

$$\Delta_K=\frac{4F_Pl^3}{Ebh^3}\left[1+\frac{3}{4}\left(\frac{h}{l}\right)^2\right]$$

设 $h/l=1/5$,则

$$\Delta_K=\frac{4F_Pl^3}{Ebh^3}(1+0.03)$$

即剪力对位移的影响仅为弯矩影响的 3%。

从本例看到,如用实功公式(4-5)计算结构位移是有很大局限性的,即它只能计算在荷载作用下,荷载作用点沿该荷载方向内的位移。另外,由本例也看到,剪力对位移的影响甚小,因而通常都略去该项的影响(详见第四节)。

第三节 虚功原理

本节首先回顾理论力学中的质点和刚体虚位移原理,目的是建立关于虚功和虚功原理的概念,以便在此基础上进一步讨论弹性体虚功原理。

一、质点虚位移原理

如图 4-6(a)所示,质点 A 在力 $F_{P1},F_{P2},F_{P3},\cdots,F_{Pn}$ 作用下处于平衡状态。如果使该质点沿任意方向 AX 发生一虚位移 δ(虚位移是极其微小的,以致不影响诸力的作用方向),则作用于质点上的各力在虚位移 δ 上所做功之总和必等于零。即

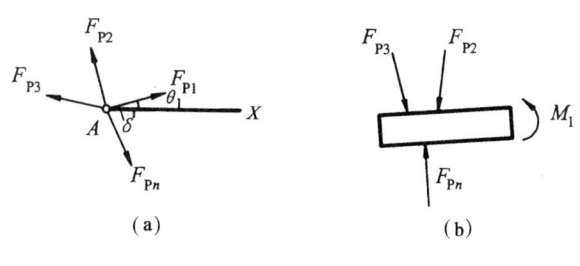

图 4-6

$$\sum_{i=1}^{n} F_{Pi}\delta\cos\theta_i = 0 \tag{4-6}$$

式中,θ_i 为各力与 AX 轴之间的夹角。式(4-6)即质点虚位移原理的数学表达式,该式的证明见理论力学教科书。

二、刚体虚位移原理

如图 4-6(b)所示,刚体在力系(可以由集中力、力矩等组成)作用下处于平衡状态。如给刚体一个虚位移(为约束条件所允许),则作用于刚体上的诸力在虚位移上所做功之总和等于零。

刚体虚位移原理从本质上讲,就是以功的形式表达的静力平衡条件。关于这一点,不妨以一个在荷载作用下的多跨静定梁(图 4-7a)为例,按刚体虚位移原理来计算其反力 F_{RB} 和截面 D 的弯矩 M_D。

如求反力 F_{RB},先将反力 F_{RB} 的相应约束撤除(即撤除 B 处支承链杆),但保留反力 F_{RB} 以保持平衡,这样,原来的多跨静定梁变成具有一个自由度的机构(图 4-7b)。然后使该机构在 F_{RB} 方向发生一虚位移 δ(为简单起见,设 $\delta=1$),这样整个机构发生为其约束条件允许的虚位移。现观察上述虚位移过程中,该机构上所有外力的做功情况。凡是外力在与其本身原因无关的位移上所做的功,且做功过程中,外力大小保持不变。我们称这种功为虚功,以此作为与上节所讨论的实功的基本区别。由图 4-7(b),外力所做总虚功 W 为

$$W = F_{RB}\times 1 - F_P\times 1.5 - F_P\times 0.75$$

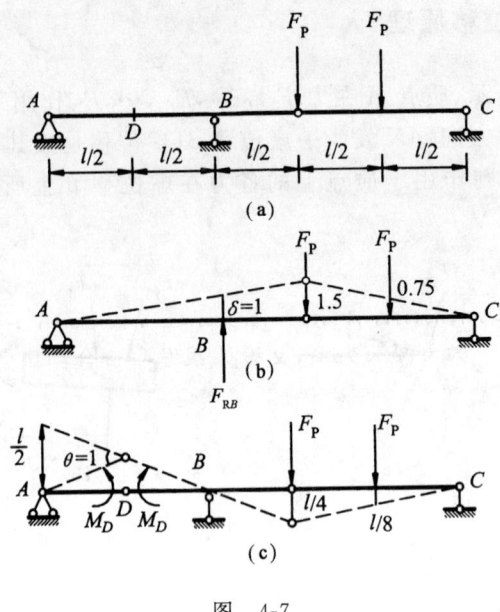

图 4-7

因该机构在 F_P 及 F_{RB} 作用下处于平衡,根据刚体虚位移原理,总虚功 W 应等于零,即

$$F_{RB}-1.5F_P-0.75F_P=0$$

于是,得

$$F_{RB}=2.25F_P$$

计算结果 F_{RB} 为正值,表示其实际方向与图 4-7(b)所示假设方向一致。

如求截面 D 的弯矩 M_D,则撤除与内力 M_D 相应的约束(即在 D 处插入一铰),但保留 M_D 以维持平衡,然后使机构在 M_D 的正方向发生一虚位移(与 M_D 相应的虚位移是铰 D 左右截面的相对微小转角 θ),为简单起见,令 $\theta=1$,如图 4-7(c)所示。此过程中,外力所做总虚功为

$$W=M_D\times 1+F_P\times\frac{l}{4}+F_P\times\frac{l}{8}$$

由刚体虚位移原理,上式必须等于零,即

$$M_D+\frac{F_P l}{4}+\frac{F_P l}{8}=0$$

于是,得

$$M_D=-\frac{3}{8}F_P l$$

负号表示 M_D 的实际方向应与图 4-7(c)中的假设方向相反。

事实上，读者如用第三章介绍的方法，根据静力平衡方程去计算本例的 F_{RB} 和 M_D 值，结果应该和上述按刚体虚位移原理求得的结果完全一致。

以上我们讨论了刚体虚位移原理及其在静定结构内力计算中的应用。在具体应用中，我们应特别注意到位移与力系是彼此独立无关的。

既然位移与力系无关，因此，不仅可以把位移看作是虚设的，而且也可以把力系看作是虚设的。在这样的理解下，刚体虚位移原理可以表述为更加具有普遍性的原理，称为刚体虚功原理。

对于具有理想约束的刚体体系，其虚功原理可表述如下：

设体系上作用任意的平衡力系，又设体系发生符合约束条件的无限小刚体体系位移，则主动力在位移上所做的虚功总和恒等于零。

根据虚设对象的不同选择，虚功原理主要有两种应用形式，分别解决两类问题。

第一类问题是虚设位移，求静定结构的反力或内力。图 4-7 所示例子就是这类问题。此类问题是在虚设位移（图 4-7b 或图 4-7c）与给定力系（图 4-7a）之间应用虚功原理，这种形式的虚功原理即虚位移原理。关键步骤是在拟求未知力方向上先撤除相应的约束，并虚设单位位移（如 $\delta=1$ 或 $\theta=1$），利用几何关系求出沿实际荷载方向的各相应位移，这种方法的特点是用几何方法求解静力平衡问题。

第二类问题是虚设力系，求刚体体系的位移。

如图 4-8(a) 所示静定梁，支座 B 向上移动一已知的微小距离 ν，现设法求出 C 点的位移 Δ。

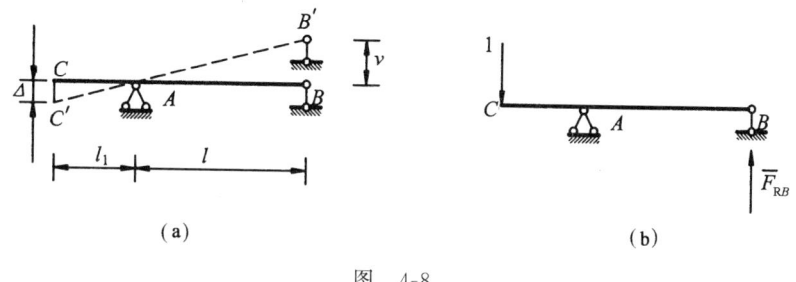

图 4-8

为此，我们对图 4-8(a) 的位移状态（给定的）应用虚功原理。为了便于求出 Δ，可建立虚设力系状态如图 4-8(b) 所示，即只在拟求位移 Δ 方向设置相应的单位荷载，这样做可使虚功方程中除了拟求位移 Δ 外，不再包括其他未知位移。根据平衡条件求出图 4-8(b) 中支座反力 $\overline{F}_{RB}=-l_1/l$，然后令图 4-8(b) 中虚设的平衡力系在图 4-8(a) 中的实际位移上做虚功，根据刚体系虚功原理，有

$$\Delta \cdot 1 + \nu \cdot \overline{F}_{RB} = 0$$

由于 $\overline{F}_{RB}=-l_1/l$，故得

$$\Delta = -\nu \cdot \overline{F}_{RB} = \frac{l_1}{l} \cdot \nu$$

求得 Δ 为正值,表示 Δ 的实际指向与图 4-8(b)中虚设单位荷载的指向一致。

在虚设力系(图 4-8b)与给定位移(图 4-8a)之间应用虚功原理,这种形式的虚功原理叫做虚力原理。关键步骤是在拟求位移方向上虚设一单位荷载,利用平衡条件求出与 ν 相应的支座反力 $\overline{F}_{RB}$,从而求得相应的虚设平衡力系,这种方法的特点是用静力平衡条件求解几何问题。

通过上述对刚体虚功原理两类问题(即虚位移原理和虚力原理)的讨论,明确了虚功与实功是两个完全不同的概念,前者强调做功的力与位移是彼此独立无关的。做虚功时,力不随位移变化而变化,且始终保持常量,故计算式中没有系数 1/2,但虚功可以为正值,也可以为负值,这要根据两个彼此独立无关的量——力与位移的方向是否一致而定。

三、弹性体虚功原理

图 4-9(a)所示,设 AB 为一变形体结构,该结构在荷载 F_{PK}(也可以是一组力)作用下,变形至位置 I,并在该位置维持平衡,此时结构微段 ds 上的两侧内力分别为 F_{NK}、M_K、F_{QK} 和 $F_{NK}+dF_{NK}$、M_K+dM_K、$F_{QK}+dF_{QK}$。现因某种与 F_{PK} 无关的其他原因(为易于理解,设该原因为另一种荷载 F_{Pm} 作用),使 AB 变形体结构发生一个微小的且为约束条件允许的变形,结构就由原来的变形形状 I 进一步变形至新的形状 II,如图 4-9(b)所示。与此相应,微段 ds 产生的三项相对变形为 du_m、$d\theta_m$ 和 $d\lambda_m$,如图 4-9(c)所示。由 I 至 II 这种微小变形并非 F_{PK} 所引起的,而是由另一种与 F_{PK} 无关的非规定的原因所引起的,所以可以称这种变形为虚变形。

现在来研究结构在虚变形过程中(由 I 至 II)荷载所做的功以及结构内部所储能量的变化情况。

设荷载所做的功为 W,它包括虚变形过程中(由 I 至 II)F_{PK} 和 F_{Pm} 所做功之和。因虚变形过程中荷载 F_{PK} 维持不变,故 F_{PK} 所做功等于 F_{PK} 与 F_{PK} 作用方向上的位移 Δ_{Km}(表示由 F_{Pm} 作用引起的沿 F_{PK} 方向的位移)的乘积,即 $F_{PK} \cdot \Delta_{Km}$。由于 F_{PK} 与 Δ_{Km} 彼此独立无关,故这部分功应称为外力虚功。另外,荷载 F_{Pm} 在沿其本身的原因引起的位移 Δ_{mm} 上也要做功,显然,这部分功应属于外力实功。对于线性变形体结构,F_{Pm} 所做实功等于 $(1/2)F_{Pm}\Delta_{mm}$。于是,虚变形过程中,荷载所做总功为

$$W = F_{PK}\Delta_{Km} + \frac{1}{2}F_{Pm}\Delta_{mm} \tag{a}$$

现在我们再研究由于结构发生虚变形(由 I 至 II),结构内部所增加的能量 U。它应该包括以下两部分:

第四章 结构的位移计算

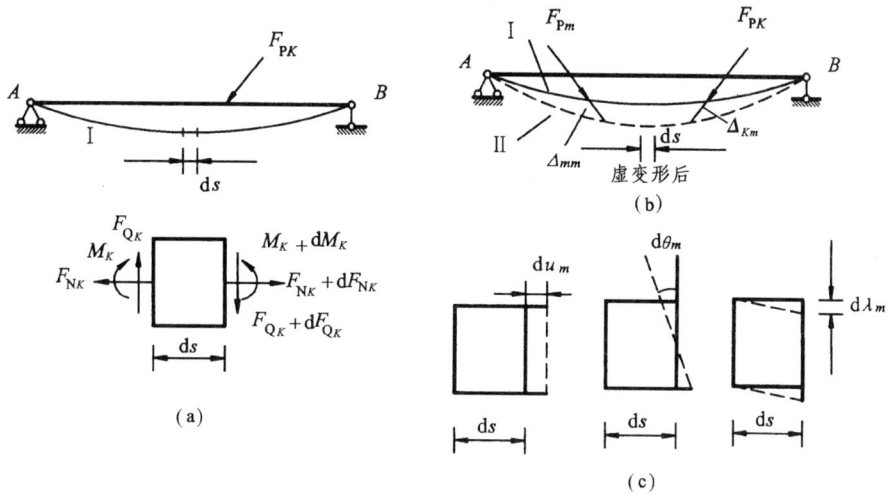

图 4-9

① F_{PK} 所引起的内力 F_{NK}、M_K、F_{QK} 在 F_{Pm} 所引起的相应变形上做功,其值为

$$U_{Km} = \sum \int F_{NK} du_m + \sum \int M_K d\theta_m + \sum \int F_{QK} d\lambda_m \qquad (b)$$

由于三项内力(F_{NK}、M_K 和 F_{QK})与相应变形(du_m、$d\theta_m$ 和 $d\lambda_m$)并非同一原因所引起,故一般习惯称它为内力虚功,与其对应的在结构内所储能量的增量在数值上等于内力虚功,但为了与本章第二节中所述内力实功所产生的变形位能加以区别,对于式(b)所示的这部分能量的增量,特别称它为虚变形能。

② F_{Pm} 所引起的内力 F_{Nm}、M_m、F_{Qm} 在其本身所引起相应变形上做内力实功,亦即变形能,对于线性变形体,其值为

$$U_{mm} = \sum \frac{1}{2} \int F_{Nm} du_m + \sum \frac{1}{2} \int M_m d\theta_m + \sum \frac{1}{2} \int F_{Qm} d\lambda_m \qquad (c)$$

因此,结构在虚变形过程中(由Ⅰ至Ⅱ),结构内部新增加的能量为

$$U = U_{Km} + U_{mm}$$

在弹性范围内,根据能量守恒定律,应该有

$$W = U = U_{Km} + U_{mm} \qquad (d)$$

将式(a)、(b)、(c)代入式(d),由实功原理已知其中 $U_{mm} = (1/2) F_{Pm} \Delta_{mm}$,于是,得

$$F_{PK} \Delta_{Km} = \sum \int F_{NK} du_m + \sum \int M_K d\theta_m + \sum \int F_{QK} d\lambda_m \qquad (4-7)$$

这就是变形体虚功原理表达式。它可以表述为:设一个变形体结构在某种荷载作用下处于平衡,又设该结构由于受别的原因产生符合约束条件的微小虚变形,则外力在

位移上所做的虚功等于内力在变形上所做的虚变形功(即结构获得的虚变形能)。

应该强调指出,结构发生的虚变形是和原来作用在结构上的荷载 F_{PK} 完全无关的。对于虚变形的唯一限制是它必须符合结构的约束条件,代表结构实际可能发生的变形形状,而且这种变形在结构各处必须保持变形连续。另外,虚变形必须是微小的,以不改变原来荷载的作用方向。在此前提下,产生虚变形的原因可以是任意给定的,它既可以是另一组荷载所产生,也可以是由其他原因(如温度变化、支座沉降等)所产生。因本书讨论的是弹性范围的小变形问题,故各种原因产生的变形都满足上述对虚变形的要求。

既然荷载 F_{PK} 与产生虚变形的外因 F_{Pm} 彼此独立无关,为清楚起见,我们可以把这两种情况分别表达成两个独立状态,一个是在 F_{PK} 作用下的平衡的力状态(图 4-10a),另一个是在 F_{Pm} 作用下的协调的变形状态(图 4-10b)。如设 F_{PK} 作用下平衡状态为第一状态,而把 F_{Pm} 作用下的变形状态设为第二状态,这样,虚功原理也可以叙述为:第一状态的外力在第二状态所对应的位移上所做的虚功,等于第一状态的内力在第二状态所对应的变形上所做的虚功。

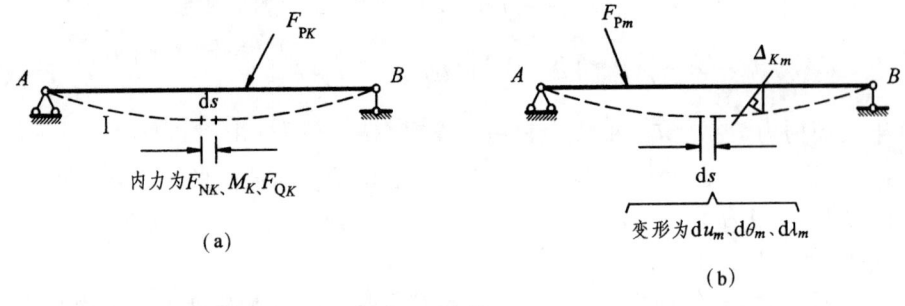

图 4-10

第四节 单位荷载法

虚功原理是计算变形体结构位移的理论基础。根据这一原理可以导出重要的且具有实用意义的单位荷载法。该法可以用来计算各种类型的杆件结构在各种外因(如荷载、温度变化等)作用下的各种形式的位移(如线位移、角位移、两点间的相对位移等)。

图 4-11(a)所示结构,在给定荷载 F_{Pm} 作用下产生变形,现研究如何计算结构上任意一点 K 沿任意指定方向的位移,例如 K 点的竖向位移 Δ_{Km}。

如上节所述,应用虚功原理必定涉及到两个独立无关的状态,即一个力状态和另一个变形状态。现在我们把实际的给定荷载 F_{Pm} 作用状态视作变形状态,因实

际所求的位移 Δ_{Km} 发生在此状态下,故称该状态为实际状态。设该状态下微段 ds 两侧面产生的三种相对变形为 du_m、$d\theta_m$ 和 $d\lambda_m$,如图 4-11(a)所示。另外,我们还必须建立一个力状态。由于力状态与实际状态独立无关,因此我们可以根据当前的计算需要来择定。因为所求位移 Δ_{Km} 是线位移,所以力状态应该是在 K 点并在所求位移方向内加一个任意的假想集中力 F_{PK},为计算简单起见,可令 $F_{PK}=1$,如图 4-11(b)所示。由于此状态纯属为了应用虚功原理和计算需要而引入的,故称之为虚拟状态。今设与该状态对应的微段 ds 中的三项内力为 $\overline{F}_{NK}$、$\overline{M}_K$ 和 $\overline{F}_{QK}$。

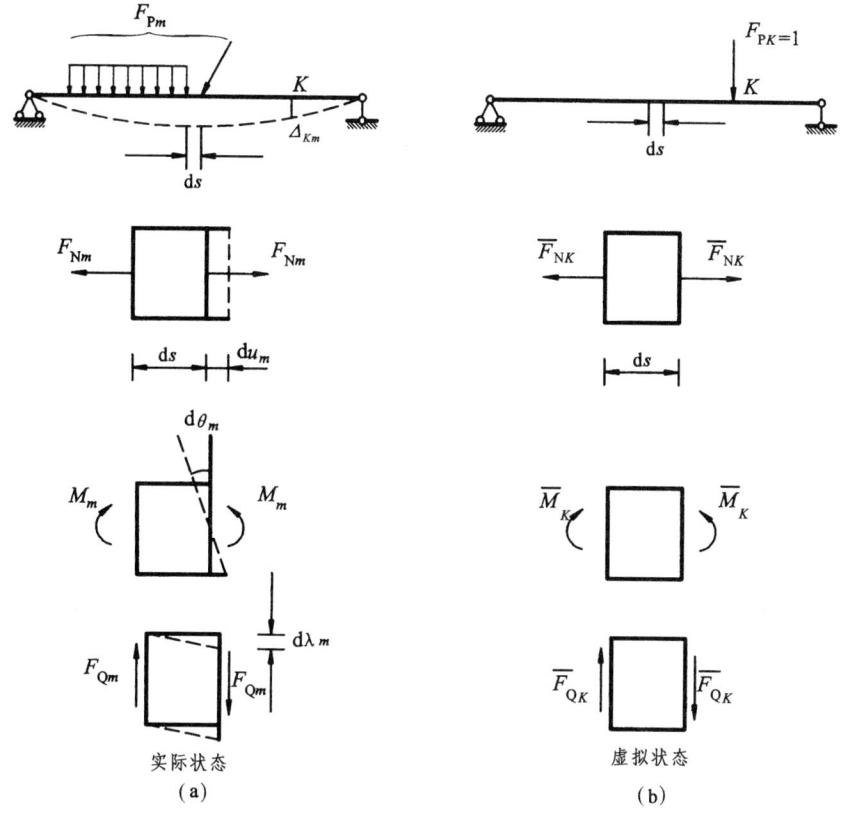

图 4-11

现在写出虚拟状态(即力状态)的外力在实际状态(即变形状态)的相应位移上所做外力虚功,为

$$W_{Km}=F_{PK} \cdot \Delta_{Km}=1 \cdot \Delta_{Km}$$

虚拟状态(力状态)的内力在实际状态(变形状态)的相应变形上所做虚变形功,为

$$U_{Km}=\sum\int \overline{F}_{NK}du_m+\sum\int \overline{M}_K d\theta_m+\sum\int \overline{F}_{QK}d\lambda_m$$

根据虚功原理 $W_{Km}=U_{Km}$，得单位荷载法计算结构位移基本方程

$$\Delta_{Km}=\sum\int\overline{F}_{NK}\mathrm{d}u_m+\sum\int\overline{M}_K\mathrm{d}\theta_m+\sum\int\overline{F}_{QK}\mathrm{d}\lambda_m \qquad (4\text{-}8)$$

对于线性弹性结构，在荷载 F_{Pm} 作用下，有

$$\mathrm{d}u_m=\frac{F_{Nm}\mathrm{d}s}{EA}$$

$$\mathrm{d}\theta_m=\frac{M_m\mathrm{d}s}{EI}$$

$$\mathrm{d}\lambda_m=\frac{kF_{Qm}\mathrm{d}s}{GA}$$

将它们代入式(4-8)，得

$$\Delta_{Km}=\sum\int\overline{F}_{NK}\frac{F_{Nm}\mathrm{d}s}{EA}+\sum\int\overline{M}_K\frac{M_m\mathrm{d}s}{EI}+\sum\int k\,\overline{F}_{QK}\frac{F_{Qm}\mathrm{d}s}{GA} \qquad (4\text{-}9)$$

上式可用来计算线性弹性结构在荷载作用下结构任一点的位移。式中 $\overline{F}_{NK}$、$\overline{M}_K$、$\overline{F}_{QK}$ 为虚拟单位荷载引起的结构内力；F_{Nm}、M_m、F_{Qm} 为实际荷载作用引起的结构内力，两者应采用相同的正、负号规定和相同的坐标系。显然，式中右边第一项积分结果为轴力对位移 Δ_{Km} 的影响，第二、三项分别为弯矩和剪力对位移 Δ_{Km} 的影响。

应该指出：位移 Δ_{Km} 应理解为广义位移，它可以是线位移，也可以是角位移、相对线位移、相对角位移等。因此，相应地加在结构上的单位荷载也应理解为广义单位力，它的性质必须与所求位移的性质相适应。

当要求某点沿某方向的线位移时，应该在该点沿所求位移方向加一个单位集中力。如图 4-12(a)即为求 A 点水平位移时的虚拟状态。

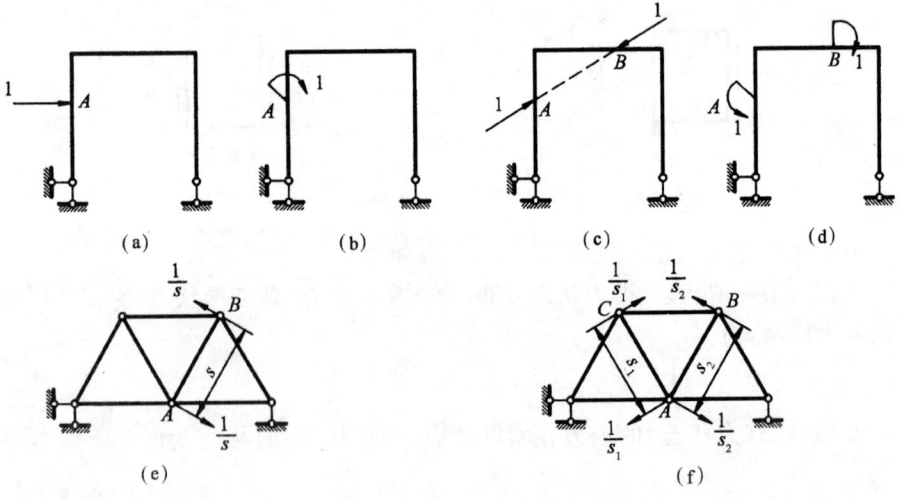

图 4-12

当要求梁或刚架某截面的角位移时,应在该截面处加一个单位力矩,如图 4-12(b)所示。但求桁架某杆件的角位移时,应以单位力偶代替单位力矩。构成单位力偶的每一集中力为 $1/s$,作用于该杆两端,且垂直于该杆轴线,s 为该杆的长度。图 4-12(e)即为求桁架 AB 杆角位移的虚拟状态。

当要求结构中某两点之间的相对线位移(即两点间的距离变化)时,应在该两点处沿其连线方向上加一对指向相反的单位力,如图 4-12(c)所示。

有时,需要计算梁或刚架某两截面的相对角位移,则在该两截面处加一对方向相反的单位力矩,如图 4-12(d)所示。但求桁架中某两杆的相对角位移时,应以两个方向相反的单位力偶代替一对单位力矩。图 4-12(f)即为求桁架 AB 与 AC 杆的相对角位移(即 $\angle CAB$ 的大小变化)的虚拟状态。

读者应注意,对于单位荷载的要求,只限制它必须与所求位移 Δ_{Km} 的性质相适应,而并没有规定它所施加的指向。换言之,虚拟的广义单位荷载的指向是可以任意假定的。根据式(4-9)算得的结果若为正号,表示位移的实际指向与虚拟的单位荷载设定的指向一致;若为负号,则表示两者指向相反。

在梁和刚架结构中,位移主要是由弯曲变形所引起,故式(4-9)中的第一、三项一般可略去。于是

$$\Delta_{Km}=\sum\int\frac{\overline{M}_K M_m}{EI}\mathrm{d}s \tag{4-9a}$$

在桁架中,因各杆只受到轴力的作用,且各杆的截面均匀,同一杆内的轴力为常量,如设 l 为杆件长度,则式(4-9)简化为

$$\Delta_{Km}=\sum\frac{\overline{F}_{NK}F_{Nm}}{EA}l \tag{4-9b}$$

式中,Σ 表示对桁架全体杆件求和。

对于桁梁组合结构,位移计算公式为

$$\Delta_{Km}=\sum\int\frac{\overline{M}_K M_m}{EI}\mathrm{d}s+\sum\frac{\overline{F}_{NK}F_{Nm}}{EA}l \tag{4-9c}$$

对于拱结构,一般考虑弯矩和轴力这两项的影响,故位移计算公式为

$$\Delta_{Km}=\sum\int\frac{\overline{M}_K M_m}{EI}\mathrm{d}s+\sum\int\frac{\overline{F}_{NK}F_{Nm}}{EA}\mathrm{d}s \tag{4-9d}$$

根据式(4-9),结构在荷载作用下的位移计算,按如下步骤进行:

① 建立实际状态 结构在实际荷载作用下,按适当的坐标系分别写出内力 F_{Nm}、M_m、F_{Qm} 的方程。

② 建立虚拟状态 根据所求位移的性质,在所求位移点并在所求位移方向上(但指向可任意假设)加一个单位荷载,按已规定的坐标系分别写出 $\overline{F}_{NK}$、$\overline{M}_K$、$\overline{F}_{QK}$

的方程。

③ 将由 ①、② 两步骤获得的内力方程式代入式(4-9),经积分并求和算得所求位移 Δ_{Km}。

计算结果若为正值,表示位移 Δ_{Km} 的实际指向与假设的单位荷载指向相同;若为负值,表示两者指向相反。计算所得的线位移与长度同单位而角位移则以弧度为单位。

例 4-2 图 4-13(a)为等截面简支梁,试计算在全跨均布荷载作用下,跨度中点 C 的竖向位移与 A 端的角位移。

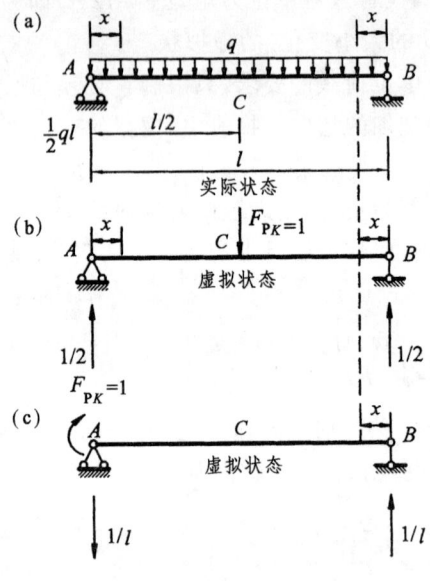

图 4-13

解 计算梁的位移一般不计剪力影响,故采用公式(4-9a)

$$\Delta_{Km} = \sum \int \frac{\overline{M}_K M_m}{EI} ds$$

实际状态如图 4-13(a)所示。相应的弯矩方程(坐标原点在 A 或 B 点)

$$M_m = \frac{1}{2}qlx - \frac{1}{2}qx^2 \tag{a}$$

① 计算跨度中点竖向位移的虚拟状态如图 4-13(b)所示。弯矩方程为

$$\overline{M}_K = \frac{1}{2}x \tag{b}$$

该方程适用范围为 AC 段。如再设坐标原点在 B 点,并规定 x 的正方向向左,则上式同样适用于 BC 段。

将以上 M_m 及 $\overline{M}_K$ 代入式(4-9a),由于对称,沿杆件全长积分可改为沿半长积分的 2 倍,于是

$$\Delta_{Km} = 2 \times \int_0^{\frac{l}{2}} \frac{1}{2} x \cdot \left(\frac{1}{2} qlx - \frac{1}{2} qx^2 \right) \frac{\mathrm{d}x}{EI}$$

$$= \frac{q}{2EI} \left[l \int_0^{\frac{l}{2}} x^2 \mathrm{d}x - \int_0^{\frac{l}{2}} x^3 \mathrm{d}x \right]$$

$$= \frac{q}{2EI} \left[\frac{l^4}{24} - \frac{l^4}{64} \right] = \frac{5ql^4}{384EI} (\downarrow)$$

计算结果得正值,表示 C 点的竖向位移的真实方向与假设的 F_{PK} 方向相同,即括号中的指向($\downarrow$)。

② 计算 A 端的角位移　相应的虚拟状态如图 4-13(c)所示。弯矩方程为

$$\overline{M}_K = \frac{x}{l}$$

上式适用于梁全长范围。M_m 方程如前所示。根据式(4-9a)得 A 端角位移

$$\Delta_{Km} = \theta_A = \int_0^l \frac{x}{l} \left(\frac{1}{2} qlx - \frac{1}{2} qx^2 \right) \mathrm{d}x \cdot \frac{1}{EI}$$

$$= \frac{q}{2EI} \left(\frac{l^3}{3} - \frac{l^3}{4} \right) = \frac{ql^3}{24EI} (顺时针)$$

例 4-3　试计算图 4-14(a)所示 T 形刚架 A 点的竖向位移(设 $EI = 150 \times 10^8 \mathrm{~N \cdot m^2}, l = 4 \mathrm{~m}$)。

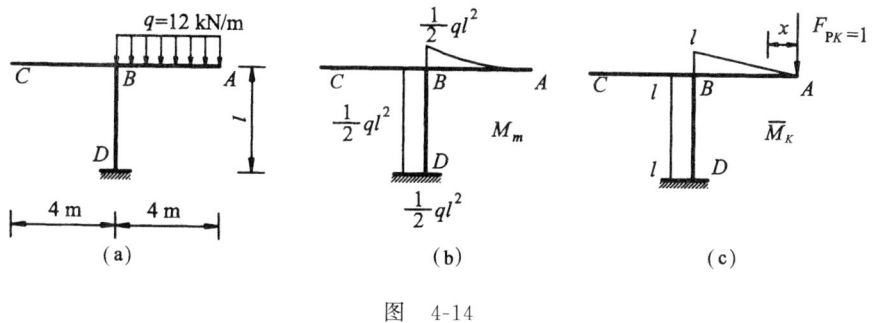

图 4-14

解　实际状态的弯矩图如图 4-14(b)所示。

AB 段：$M_m = -\frac{1}{2} qx^2$

BD 段：$M_m = -\frac{1}{2} ql^2$

虚拟状态如图 4-14(c)所示。弯矩方程

AB 段：$\overline{M}_K = -1 \cdot x$

BD 段：$\overline{M}_K = -l$

代入公式(4-9a)并积分，得 A 点竖向位移为

$$\Delta_{Km} = \sum \int \frac{\overline{M}_K M_m}{EI} ds = \int_0^l (-x)\left(-\frac{1}{2}qx^2\right)\frac{dx}{EI} + \int_0^l (-l)\left(-\frac{1}{2}ql^2\right)\frac{dx}{EI}$$

$$= \frac{1}{EI}\left(\frac{1}{8}ql^4 + \frac{1}{2}ql^4\right) = \frac{5ql^4}{8EI}(\downarrow)$$

将已知数据代入，得

$$\Delta_{Km} = \frac{5ql^4}{8EI} = \frac{5 \times 12 \times 10^3 \times 4^4}{8 \times 150 \times 10^8} = \left(\frac{60 \times 4^4}{8 \times 150 \times 10^5}\right)\text{m} = 0.000\,13\text{ m}(\downarrow)$$

读者试自行计算本例截面 C 的角位移，以资练习。

例 4-4 试计算图 4-15(a)所示桁架 C 点的水平位移。设材料弹性模量 $E = 2 \times 10^8$ kN/m^2，各杆截面积已列于本题表格内(见表 4-1)。

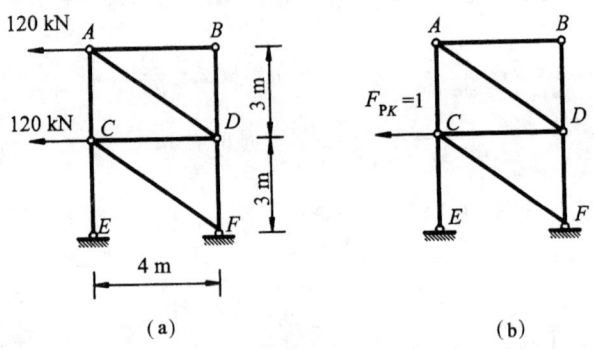

图 4-15

表 4-1

杆件	截面积 A (m^2)	杆长 l (m)	$\overline{F}_{NK}$	F_{Nm} (kN)	$\dfrac{\overline{F}_{NK}F_{Nm}l}{A}$
AB	3×10^{-3}	4	0	0	0
AC	4×10^{-3}	3	0	-90	0
AD	3×10^{-3}	5	0	$+150$	0
BD	3×10^{-3}	3	0	0	0
CD	3×10^{-3}	4	0	-120	0
CE	3×10^{-3}	3	-0.75	-270	$+202.5 \times 10^3$
CF	4×10^{-3}	5	$+1.25$	$+300$	$+468.75 \times 10^3$
DF	3×10^{-3}	3	0	$+90$	0
					$\Sigma = +671.25 \times 10^3$

解 桁架的位移计算公式为式(4-9b)

$$\Delta_{Km}=\sum\frac{\overline{F}_{NK}F_{Nm}l}{EA}$$

虚拟状态如图 4-15(b)所示。计算过程可列表进行,如表 4-1 所示。

C 点水平位移

$$\Delta_{Km}=\sum\frac{\overline{F}_{NK}F_{Nm}}{EA}l=+\frac{671.25\times10^3}{2\times10^8}=0.00336\text{m}=3.36\text{ mm}(\leftarrow)$$

例 4-5 试求图 4-16(a)所示(1/4 圆)曲梁 B 点的竖向位移(设曲梁截面均匀,其厚度与半径相比要小得多,故仍可沿用直梁的位移计算公式)。计算时略去剪力影响。

解 首先分别写出曲梁在实际状态(图 4-16a)和虚拟状态(图 4-16b)的弯矩和轴力方程。

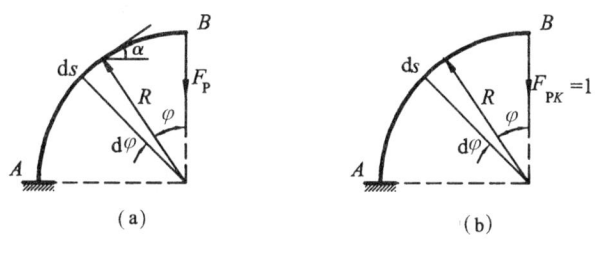

图 4-16

由 B 至 A

$$M_m=-F_PR\sin\varphi;\quad \overline{M}_K=-R\sin\varphi$$
$$F_{Nm}=-F_P\cos\varphi;\quad \overline{F}_{NK}=-\sin\varphi$$

根据式(4-9d)并注意到 $ds=Rd\varphi$,得

$$\Delta_{Km}=\frac{1}{EI}\left[\int_0^{\frac{\pi}{2}}(-R\sin\varphi)(-F_PR\sin\varphi)Rd\varphi+\frac{I}{A}\int_0^{\frac{\pi}{2}}(-\sin\varphi)(-F_P\sin\varphi)Rd\varphi\right]$$

$$=\frac{F_PR^3}{EI}\int_0^{\frac{\pi}{2}}\left(1+\frac{I}{AR^2}\right)\sin^2\varphi d\varphi$$

$$=\frac{F_PR^3}{EI}\left[1+\left(\frac{r}{R}\right)^2\right]\left[\frac{\varphi}{2}-\frac{\sin(2\varphi)}{4}\right]_0^{\frac{\pi}{2}}=\frac{\pi F_PR^3}{4EI}\left[1+\left(\frac{r}{R}\right)^2\right]$$

式中,r 为截面的回转半径,$r=\sqrt{I/A}$;方括号中的第一项为弯矩对位移的影响,第二项为轴力的影响。当 $r\ll R$ 时,可略去括号中的第二项。则

$$\Delta_{Km}=\frac{\pi F_PR^3}{4EI}$$

例 4-6 试求图 4-17(a)所示阶形柱柱顶的水平位移。计算时略去剪力的影响。

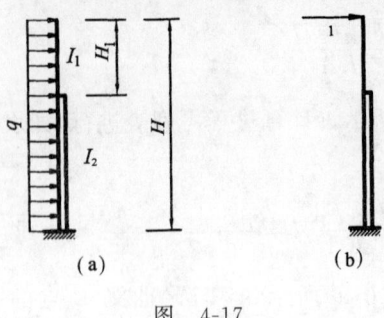

图 4-17

解 首先分别写出阶形柱在实际荷载及单位荷载作用下的弯矩方程式。取柱顶为坐标原点，则

$$M_m = \frac{1}{2}qx^2$$

$$\overline{M}_K = 1 \cdot x \qquad (0 \leqslant x \leqslant H)$$

因阶形柱的上柱与下柱的惯性矩不同(上柱为 I_1，下柱为 I_2)，故积分时应分成两段进行

$$\begin{aligned}
\Delta_{Km} &= \int_0^H \frac{\overline{M}_K M_m}{EI} dx = \int_0^{H_1} \frac{\overline{M}_K M_m}{EI_1} dx + \int_{H_1}^H \frac{\overline{M}_K M_m}{EI_2} dx \\
&= \int_0^{H_1} x \cdot \frac{qx^2}{2EI_1} dx + \int_{H_1}^H x \cdot \frac{qx^2}{2EI_2} dx \\
&= \frac{qH_1^4}{8EI_1} + \frac{q}{8EI_2}(H^4 - H_1^4) \\
&= \frac{qH^4}{8EI_2}\left(\frac{I_2}{I_1} \cdot \frac{H_1^4}{H^4} + 1 - \frac{H_1^4}{H^4}\right) (\rightarrow)
\end{aligned}$$

如设 $\lambda = H_1/H$，$n = I_1/I_2$，则以上结果可简写为

$$\Delta_{Km} = \frac{qH^4}{8EI_2}\left(1 - \lambda^4 + \frac{\lambda^4}{n}\right)$$

例 4-7 图 4-18(a)及 4-18(b)为一组合桁架及其计算简图，设 $q = 13$ kN/m，$L = 12$ m，试计算结点 D 的竖向位移 Δ_{DP}。设钢筋混凝土压杆：$E_h = 3 \times 10^7$ kN/m^2，$A_h = 0.18 \times 0.24 = 0.0432$ m^2；钢拉杆：$E_g = 2 \times 10^8$ kN/m^2，$A_g = 0.00038$ m^2。

解 将均布荷载 q 化作结点荷载 $F_P = 0.25qL = 39$ kN。桁架在所有结点都受到单位结点荷载时的各杆轴力示于图 4-18(c)，将该图的数字乘以 F_P 值即得轴力 F_{Nm}。

因为结构与荷载都对称，故结点 D 和 F 的竖向位移相等。可以先计算 D 点与

F 点的竖向位移之和,折半即得欲求位移 Δ_{DP}

$$\Delta_{DP} = \frac{1}{2} \sum \frac{\overline{F}_{NK} F_{Nm}}{EA} l$$

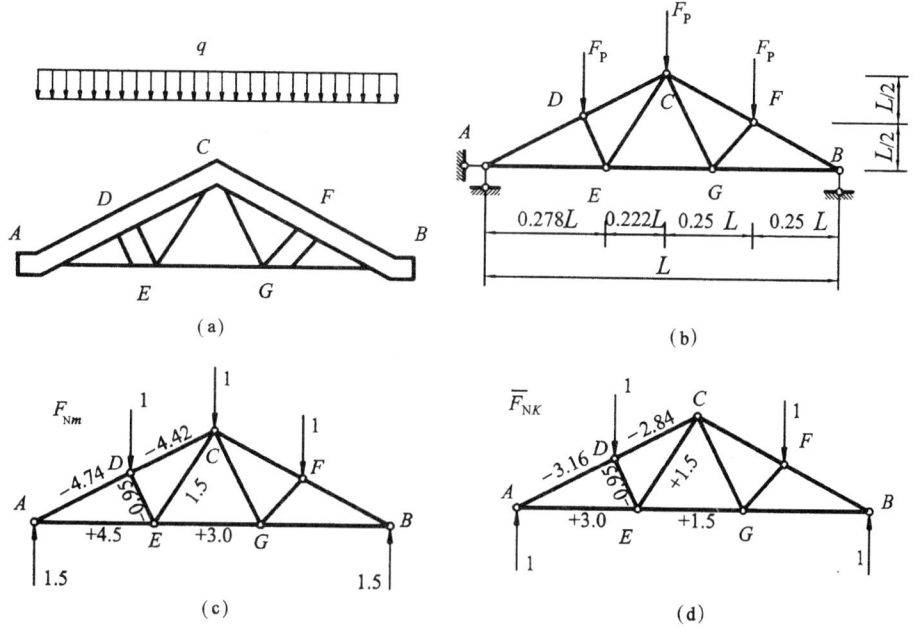

图 4-18

也可利用对称性,使计算限于半个桁架上进行,直接求得 Δ_{DP}。具体计算见表 4-2 所示。

表 4-2

材 料	杆 件	F_{Nm}	l	A	$\overline{F}_{NK}$	$\overline{F}_{NK} F_{Nm} l/(EA)$
钢筋混凝土	AD	$-4.74 F_P$	$0.263L$	A_h	-3.16	$3.93 F_P L/(E_h A_h)$
	DC	$-4.42 F_P$	$0.263L$	A_h	-2.84	$3.30 F_P L/(E_h A_h)$
	DE	$-0.95 F_P$	$0.0877L$	$0.75 A_h$	-0.95	$0.106 F_P L/(E_h A_h)$
						$\Sigma = 7.34 F_P L/(E_h A_h)$
钢筋	CE	$1.50 F_P$	$0.278L$	A_g	1.50	$0.63 F_P L/(E_g A_g)$
	AE	$4.50 F_P$	$0.278L$	$3 A_g$	3.00	$1.25 F_P L/(E_g A_g)$
	EG/2	$3.00 F_P$	$0.222L$	$2 A_g$	1.50	$0.50 F_P L/(E_g A_g)$
						$\Sigma = 2.38 F_P L/(E_g A_g)$

$$\Delta_{DP} = \frac{7.34 F_P L}{E_h A_h} + \frac{2.38 F_P L}{E_g A_g}$$
$$= 39 \times 12\,000 \times \left(\frac{7.34}{30 \times 43\,200} + \frac{2.38}{200 \times 380} \right) = 17.3 \text{ mm}(\downarrow)$$

第五节 剪力与轴力对位移的影响

对于梁和刚架结构,计算位移时一般只计弯矩一项的影响,即

$$\Delta_{Km} = \sum \int \frac{M_m \overline{M}_K}{EI} ds$$

本节就剪力和轴力对梁和刚架结构位移的影响作一些讨论。

简支梁受均布荷载作用时跨度中点的挠度,当只计弯矩影响时为

$$\Delta^M = \frac{5ql^4}{384EI}$$

现进一步计算剪力对 Δ 的影响,并以 Δ^Q 表示。由图 4-19 知

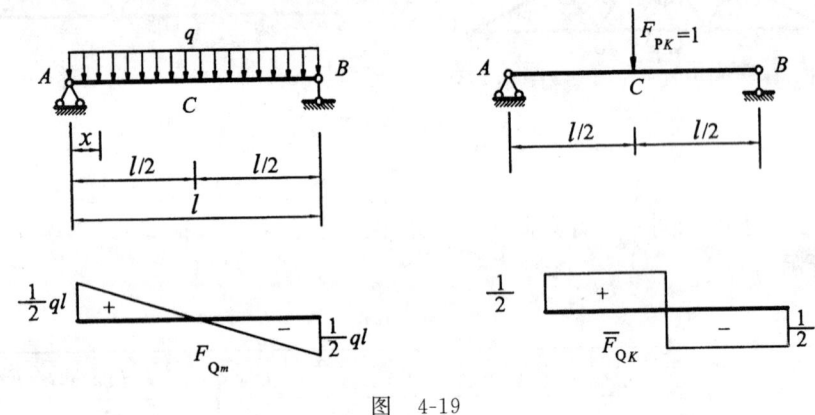

图　4-19

$$F_{Qm} = \frac{1}{2}ql - qx \qquad \left(0 \leqslant x \leqslant \frac{l}{2}\right)$$
$$\overline{F}_{QK} = \frac{1}{2}$$

于是
$$\Delta^Q = \sum \int k \frac{\overline{F}_{QK} F_{Qm}}{GA} dx = \frac{2k}{GA} \int_0^{\frac{l}{2}} \frac{1}{2}\left(\frac{1}{2}ql - qx\right) dx = \frac{kql^2}{8GA}$$

因此
$$\Delta = \Delta^M + \Delta^Q = \frac{5ql^4}{384EI} + \frac{kql^2}{8GA} = \frac{5ql^4}{384EI}\left(1 + \frac{48kEI}{5GAl^2}\right)$$

上式括号内第二项即为剪力的影响。如设 $E/G = 2.5$,梁的横截面为矩形 $b \times h$($k = 1.5, I/A = h^2/12$),上式可简化成

$$\Delta = \frac{5ql^4}{384EI}\left(1 + 3\frac{h^2}{l^2}\right)$$

当 l/h 等于 10、15、20 时，括号中第二项分别等于 0.03、0.013、0.008，即剪力对挠度的影响分别是弯矩的 3%、1.3%、0.8%。因此在梁的位移计算中，略去剪力的影响是允许的。当然，对于 l/h 值为较小的梁，如短梁、深梁，这个结论是不适用的。

又如，例 4-3 的 T 形刚架，在只计弯矩影响时，A 点的竖向位移为

$$\Delta^M = \frac{5ql^4}{8EI}$$

现进一步计算轴力和剪力对 Δ 的影响。由图 4-20 知

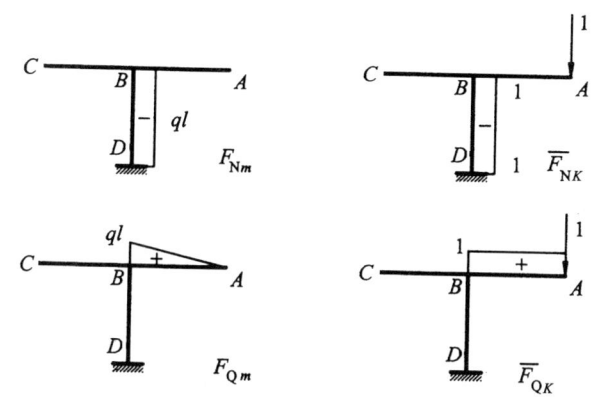

图 4-20

AB 段　　$F_{Nm} = 0$,　　$F_{Qm} = qx$
　　　　　$\overline{F}_{NK} = 0$,　　$\overline{F}_{QK} = 1$

BD 段　　$F_{Nm} = -ql$,　$F_{Qm} = 0$
　　　　　$\overline{F}_{NK} = -1$,　$\overline{F}_{QK} = 0$

于是

$$\Delta^N = \sum \int \frac{\overline{F}_{NK} F_{Nm}}{EA} ds = \int_0^l \frac{(-1)(-ql)}{EA} dx = \frac{ql^2}{EA}$$

$$\Delta^Q = \sum \int \frac{k \overline{F}_{QK} F_{Qm}}{GA} ds = \int_0^l \frac{k(1)(qx)}{GA} dx = \frac{kql^2}{2GA}$$

$$\Delta = \Delta^M + \Delta^N + \Delta^Q = \frac{5ql^4}{8EI}\left(1 + \frac{8I}{5Al^2} + \frac{4kEI}{5GAl^2}\right)$$

上式括号内第二、三两项分别为轴力和剪力对位移的影响。仍设 $E/G = 2.5$, $k = 1.5$, $I/A = h^2/12$，上式可简化成

$$\Delta = \frac{5ql^4}{8EI}\left(1 + \frac{2}{15} \cdot \frac{h^2}{l^2} + \frac{1}{4} \cdot \frac{h^2}{l^2}\right)$$

当 l/h 等于 10 时，括号内第二、三项分别为 0.001 3 和 0.002 5，即轴力影响

仅为弯矩影响的 0.13%,剪力影响为 0.25%。由此可见,刚架在荷载作用下位移计算只计弯矩一项的影响是足够精确的。

第六节 图 乘 法

对于梁和刚架,通常按下列积分公式计算位移

$$\Delta = \int \frac{\overline{M}_K M_m}{EI} dx$$

如上式积分号内的 $\overline{M}_K$ 和 M_m 中至少有一个呈直线图形时,且在该积分区段内杆件的 EI 为常数,则积分运算可按图乘方法进行,从而使计算得到简化。

设某 AB 段的 $\overline{M}_K$ 图为直线,M_m 图为任意形状(图 4-21)。今延长 $\overline{M}_K$ 图上的直线,使其与水平基线相交于 O 点,则

$$\overline{M}_K = x \tan \alpha$$

设该段截面均匀,故 EI 可提到积分号之外。于是,位移计算公式可写为

$$\Delta = \int_A^B \frac{\overline{M}_K M_m}{EI} dx$$
$$= \frac{\tan \alpha}{EI} \int_A^B x M_m dx$$

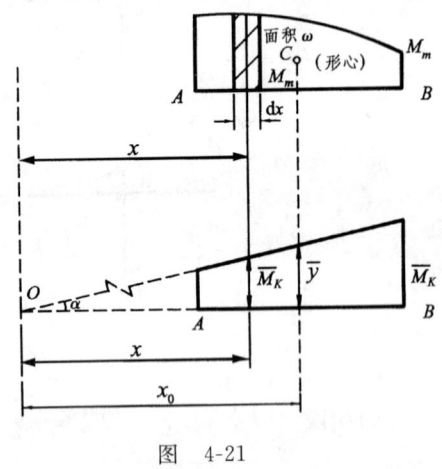

图 4-21

式中,积分 $\int_A^B x M_m dx$ 表示 M_m 图的面积 ω 对通过 O 点之垂直轴的静矩,今设 M_m 图的形心位于 C 点,该点至垂直轴的距离为 x_0,而 $x_0 \tan \alpha = \overline{y}$,故

$$\Delta = \frac{\tan \alpha}{EI} \int_A^B x M_m dx = \frac{1}{EI} \tan \alpha \cdot \omega \cdot x_0 = \frac{\omega \overline{y}}{EI} \tag{4-10}$$

式中,$\overline{y}$ 为 M_m 图形心 C 对应于直线图形 $\overline{M}_K$ 上的纵距。

因此,当 $\overline{M}_K$ 与 M_m 图形之一为直线形时,计算位移的积分运算可改换成一个图形的面积与该图形心之下对应至另一直线图形上的纵距的乘积,再除以刚度 EI。

在计算位移时,若结构中所有杆件都符合上述图乘条件,则式(4-10)可改写为

$$\Delta = \sum \frac{\omega \overline{y}}{EI} \tag{4-11}$$

应该注意:公式(4-10)或公式(4-11)中的 $\overline{y}$ 必须是直线图形上的纵距。当然,当

$\overline{M}_K$ 与 M_m 图都是直线形时,那么 $\overline{y}$ 在哪个图形上量取都可以,计算结果必然相同。

按式(4-10)和式(4-11)计算位移,其正、负号应由 ω 与 $\overline{y}$ 的乘积来决定,当 ω 与 $\overline{y}$ 在基线同侧时,相乘为正;反之,相乘为负。

例 4-8 试按图乘法计算图 4-22(a)所示等截面简支梁中点的挠度。

解 图 4-22(b)为 M_m 图,图 4-22(c)为 $\overline{M}_K$ 图。$\overline{M}_K$ 图为由两段直线组成的三角形,因此必须将 M_m 图按相应的 $\overline{M}_K$ 图的直线要求分成两部分,各部分分别与 $\overline{M}_K$ 图的相应部分图形相乘,并求其代数和。

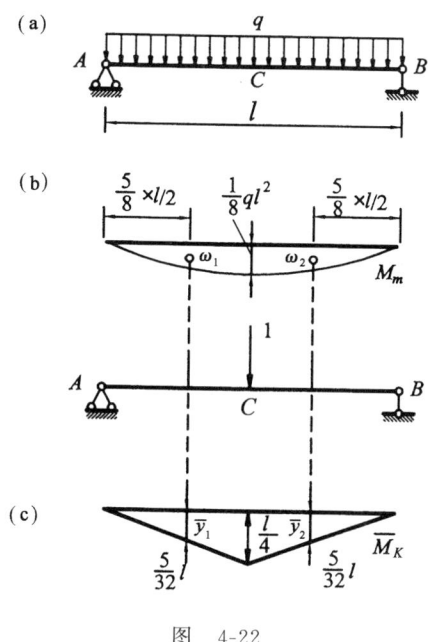

图 4-22

$$\Delta_{Km}=\sum\frac{\omega\,\overline{y}}{EI}=\frac{1}{EI}(\omega_1\,\overline{y}_1+\omega_2\,\overline{y}_2)$$
$$=2\left(\frac{2}{3}\times\frac{l}{2}\times\frac{ql^2}{8}\right)\left(\frac{5l}{32}\right)\cdot\frac{1}{EI}=\frac{5ql^4}{384EI}(\downarrow)$$

读者注意:如以梁全长范围(即 AB)观察,本题 M_m 与 $\overline{M}_K$ 图都不成直线形,因此计算时绝对不能用 M_m 图的全面积$[(2/3)(ql^2/8)l]$与其形心之下的 $\overline{M}_K$ 图的纵距($l/4$)相乘,这样算得的结果肯定是错误的。

下面进一步讨论图乘法中的一些计算技巧。

① 两个梯形相乘时,可把其中一个梯形分为两个三角形(图 4-23a),再分别与另一梯形相乘,并取其代数和。即

$$\sum\omega\,\overline{y}=\frac{al}{2}y_a+\frac{bl}{2}y_b$$

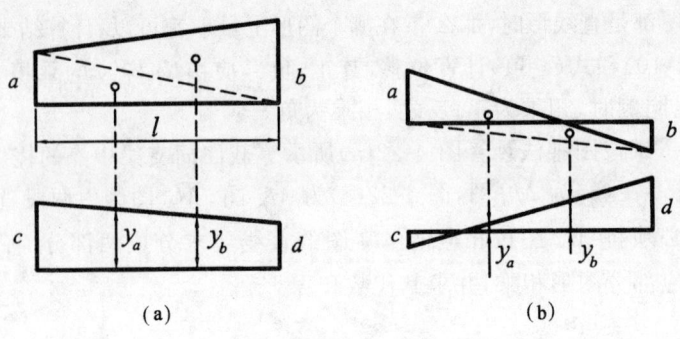

图 4-23

② 如果两个图形均为直线形,且面积均有正、负(图 4-23b),则可在一图形上添作辅助线(见图中虚线),成为一个正三角形;另一个负三角形,再分别与另一图形相乘后叠加。但应注意图乘时的正、负号,即当面积与纵距在基线同侧时,相乘为正;反之则为负。图 4-23(b)所示情形

$$\sum \omega \bar{y} = \frac{al}{2} y_a - \frac{bl}{2} y_b$$

③ 如果两图形之一为二次抛物线,且其两端纵距值不为零时(图 4-24),可作辅助线将其分成一个中点纵距为 h 的抛物线形和两个端纵距各为 a、b 的三角形。抛物线图形的面积为 $2lh/3$,于是,在此例情形下

$$\sum \omega \bar{y} = \frac{al}{2} y_a - \frac{bl}{2} y_b - \frac{2}{3} lh y_c$$

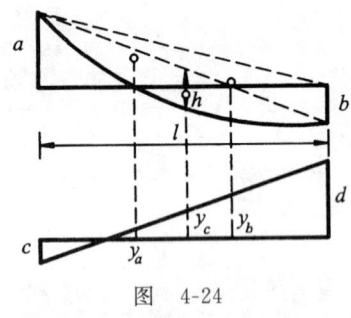

图 4-24

对于标准二次抛物线的面积及形心位置,如图 4-25(a)、(b)所示。

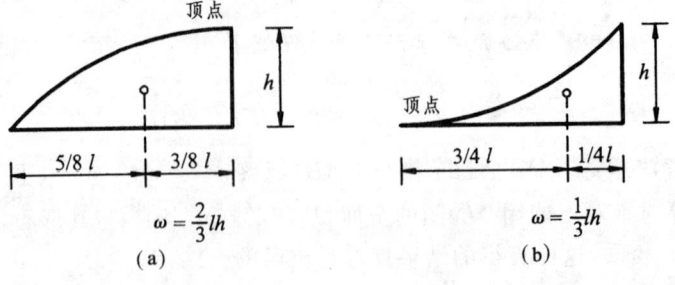

图 4-25

④ 当两个图形之一为曲线形,另一个为折线形时(图 4-26a、b),则可在折线图形的各直线转折处,将曲线图形分割成若干块,然后分别相乘后叠加。即对应于图 4-26(a)为

$$\sum \omega \bar{y} = \omega_1 y_1 + \omega_2 y_2 + \omega_3 y_3$$

对应于图 4-26(b)为

$$\sum \omega \bar{y} = \omega_1 y_1 + \omega_2 \cdot 0 = \omega_1 y_1$$

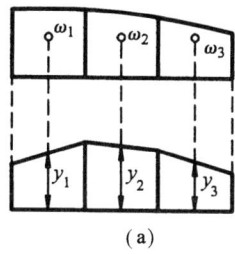
(a)

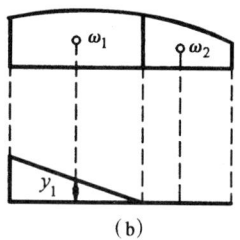
(b)

图 4-26

为了计算方便，几种常见图形相乘结果列于表 4-3，以备查用。更完备的图乘表，读者可参阅《建筑结构静力计算手册》[①]。

表 4-3 积分 $\int_0^l M_1 M_2 \mathrm{d}x$

M_1 \ M_2	![h1 h2 trapezoid with length l]	![triangle with height h, base c+d, length l]
![rectangle k, k, length l]	$\dfrac{k}{2}(h_1+h_2)l$	$\dfrac{k}{2}lh$
![triangle k_1, length l]	$\dfrac{k_1}{6}(2h_1+h_2)l$	$\dfrac{k_1}{6}h(c+2d)$
![triangle k_2, length l]	$\dfrac{k_2}{6}(2h_2+h_1)l$	$\dfrac{k_2}{6}h(d+2c)$
![trapezoid k_1, k_2, length l]	$\dfrac{l}{6}(2k_1h_1+2k_2h_2+2k_1h_2+k_1h_2)$	$\dfrac{h}{6}(k_1c+k_2d+2k_1d+2k_2c)$
![triangle k, base a+b]	$\dfrac{k}{6}(h_1a+h_2b+2h_1b+2h_2a)$	$\dfrac{k}{6}lh\left[2-\dfrac{(c-a)^2}{cb}\right]\ (c\geqslant a)$ $\dfrac{k}{6}lh\left[2-\dfrac{(d-b)^2}{ad}\right]\ (c\leqslant a)$

[①] 《建筑结构静力计算手册》，中国建筑工业出版社。

续表 4-3

M_1 \ M_2	![梯形 h_1, h_2, 长l]	![三角形 高h, c, d, l]
二次抛物线 k, $l/2$, $l/2$	$\dfrac{l}{3}k(h_1+h_2)$	$\dfrac{k}{6}lh\left[1+\dfrac{c}{l}\left(1-\dfrac{c}{l}\right)\right]$
二次抛物线 k_2, l	$\dfrac{l}{12}k_2(3h_2+h_1)$	$\dfrac{k_2}{12}lh\left[1+\dfrac{c}{l}\left(1+\dfrac{c}{l}\right)\right]$
k_1 二次抛物线, l	$\dfrac{l}{12}k_1(3h_1+h_2)$	$\dfrac{k_1}{12}lh\left[1+\dfrac{d}{l}\left(1+\dfrac{d}{l}\right)\right]$

例 4-9 图示等截面简支梁 AB（图 4-27a），试求跨度中点 C 的竖向位移（用图乘法）。

解 实际状态的弯矩图 M_m 如图 4-27(b)所示；虚拟状态及其弯矩图 $\overline{M}_K$ 如图 4-27(c)及图 4-27(d)所示。

$$\Delta_C = \frac{1}{EI}\int_A^B \overline{M}_K M_m \mathrm{d}x = \frac{1}{EI}\sum \omega \overline{y}$$

$$= -\frac{1}{EI}\left[\left(\frac{1}{2}\times l \times 4F_P l \times \frac{l}{3}\right) + \left(4F_P l \times l \times \frac{3}{4}l\right) + \left(\frac{2}{3}\times 2l \times 4F_P l \times \frac{5}{8}l\right)\right]$$

$$= -\frac{7F_P l^3}{EI}\ (\downarrow)$$

图乘结果的负号，是由于 M_m 与 $\overline{M}_K$ 图不在杆轴同侧的缘故。C 点的实际竖向位移方向应向下。

例 4-10 试求图 4-28(a)所示刚架在水平力 F_P 作用下 B 点的水平位移。柱与横梁的截面惯性矩如图中所示。

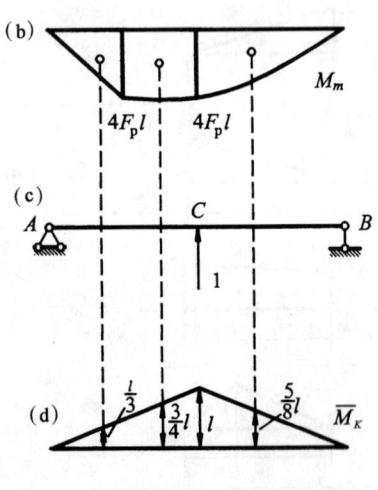

图 4-27

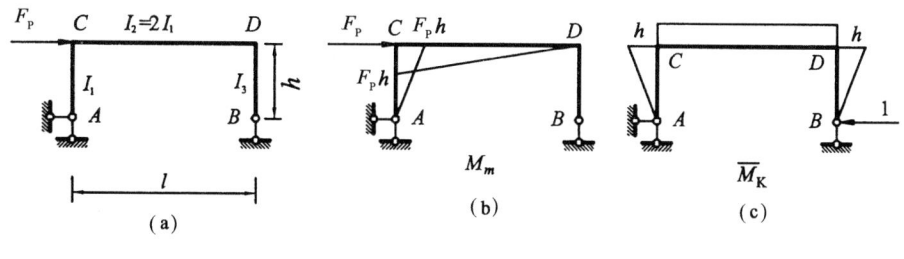

图 4-28

解 M_m 与 $\overline{M}_K$ 图如图 4-28(b)及(c)所示。

$$\Delta_B = -\frac{1}{EI_1}\left[\frac{1}{2}\times h\times F_Ph\times \frac{2}{3}h\right]-\frac{1}{2EI_1}\left[\frac{1}{2}\times F_Ph\times l\times h\right]$$

$$= -\frac{F_Ph^3}{3EI_1}-\frac{F_Ph^2l}{4EI_1}$$

$$= -\frac{F_Ph^2}{12EI_1}(4h+3l)\ (\rightarrow)$$

例 4-11 试求图 4-29(a)所示刚架截面 D 的角位移。

解 M_m 及 $\overline{M}_K$ 图各示于图 4-29(b)及图 4-29(c)(CB 柱无弯矩)。

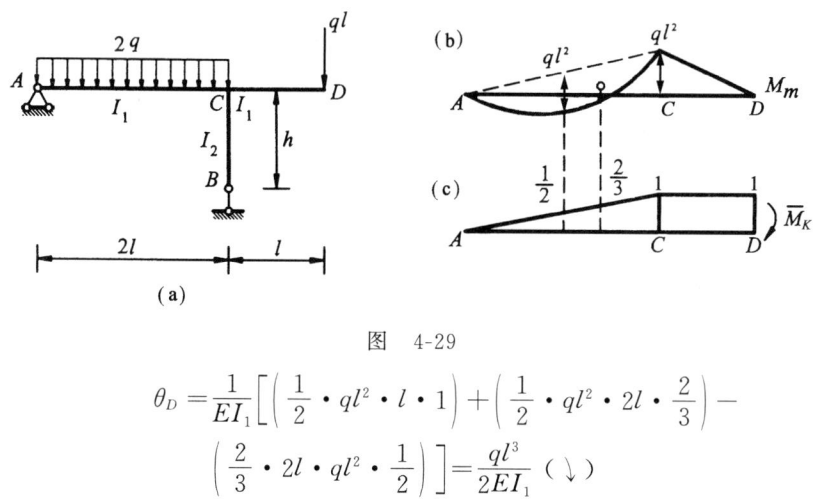

图 4-29

$$\theta_D = \frac{1}{EI_1}\left[\left(\frac{1}{2}\cdot ql^2\cdot l\cdot 1\right)+\left(\frac{1}{2}\cdot ql^2\cdot 2l\cdot \frac{2}{3}\right)-\left(\frac{2}{3}\cdot 2l\cdot ql^2\cdot \frac{1}{2}\right)\right]=\frac{ql^3}{2EI_1}\ (\downarrow)$$

第七节 温度变化和支座下沉情况下的位移计算

本书前面曾提到:除了荷载作用下结构会发生变形,从而引起位移外,温度变化及支座下沉都能导致结构发生位移。本书将分别讨论这两种外因作用下,结构位移的计算方法。

一、温度位移

任何结构，因其周围温度的变化而产生的变形，称为温度变形。相应于这种变形状态下的某处位移即为温度位移。设结构中某杆件因其周围温度的改变，使其内部的温度均匀上升或下降，则该杆只发生轴向伸长或缩短；如果温度的改变沿截面高度并非均匀，则除了发生轴向变形外，杆件还发生弯曲变形。整个结构的温度变形，是由于结构内若干杆件因温度变化发生的轴向变形和弯曲变形而产生的。

由单位荷载法基本公式(4-8)

$$\Delta_{Km} = \sum\int \overline{F}_{NK}du_m + \sum\int \overline{M}_K d\theta_m + \sum\int \overline{F}_{QK}d\lambda_m$$

现将外因"F_{Pm}"改为温度变化作用，并用脚标字母"t"代替上式中各"m"，且考虑到温度变化不产生剪切变形，即 $d\lambda_t = 0$，于是上式改写为

$$\Delta_{Kt} = \sum\int \overline{F}_{NK}du_t + \sum\int \overline{M}_K d\theta_t \tag{4-12}$$

以下研究微段 ds 因温度变化产生的轴向变形 du_t 和弯曲变形 $d\theta_t$。

如图 4-30(a)所示结构，其上部纤维温度上升 t_2，下部纤维温度上升 t_1（设 $t_1 > t_2$）。从结构中取出微段 ds，它将产生轴向变形与弯曲变形。今设杆件截面对称于杆轴，并认为杆件内部的温度变化沿截面高度 h 呈线性变化。于是，由于各纤维因温度改变发生不同的伸长，使 ds 段的 mn 变形至 m_1n_1，但仍保持为平面。这种变形可视作轴向变形 du_t 和截面转动 $d\theta_t$ 的组合。由图 4-30(b)知，轴线处的温度升高为上、下纤维温度升高的平均值，即

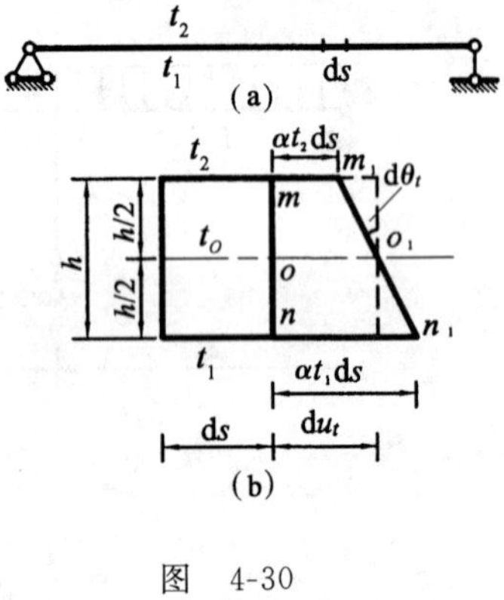

$$t_0 = \frac{1}{2}(t_1 + t_2)$$

图 4-30

因此，微段轴向变形

$$du_t = \alpha t_0 ds \tag{a}$$

式中，α 为材料的线膨胀系数。同样，由图 4-30(b)，截面的转动角 $d\theta_t$（即微段的弯曲变形）为

$$d\theta_t = \alpha \cdot \frac{(t_1 - t_2)}{h} ds = \alpha \frac{\Delta t}{h} ds \tag{b}$$

式中，Δt 为上、下纤维温度变化之差。

现将式(a)和式(b)代入式(4-12)，并设结构的每一杆件沿其长度方向的温度变化情况相同。于是，得到温度位移计算公式为

$$\Delta_{Kt} = \sum \alpha t_0 \int \overline{F}_{NK} \mathrm{d}s + \sum \alpha \frac{\Delta t}{h} \int \overline{M}_K \mathrm{d}s \qquad (4\text{-}13)$$

式中,等号右边的 Σ 表示应对涉及温度变化的所有杆件求和。如设虚拟状态在单位荷载作用下的轴力图和弯矩图的面积为 $\omega_{\overline{N}}$ 和 $\omega_{\overline{M}}$,并分别替换上式中的两个积分,得

$$\Delta_{Kt} = \sum \alpha t_0 \omega_{\overline{N}} + \sum \alpha \frac{\Delta t}{h} \omega_{\overline{M}} \qquad (4\text{-}14)$$

式(4-14)为梁与平面刚架温度位移的计算公式。

对于桁架,温度位移将只包含轴向变形一项的影响,即

$$\Delta_{Kt} = \sum \alpha t_0 \int \overline{F}_{NK} \mathrm{d}s = \sum \overline{F}_{NK} \alpha t_0 l \qquad (4\text{-}15)$$

关于使用式(4-13)或(4-14)时等号右边各项正、负号的确定,取决于该杆件由于温度变化产生的变形与由于单位荷载作用产生的内力,两者乘积(即所做虚功)是正抑或负而定。

对于图 4-31(a),所示截面不对称于杆轴的情形(即轴线不在截面高度的 1/2 处),可以由图 4-31(b)求出杆轴处的温度变化大小 $t_{轴}$ 为

$$t_{轴} = \frac{h_1}{h} t_2 + \frac{h_2}{h} t_1$$

并用它替换式(4-14)中的 t_0 即可。

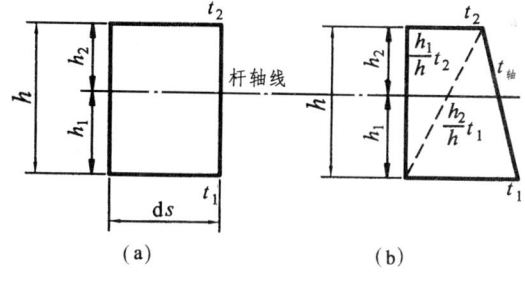

图 4-31

例 4-12 图 4-32(a)所示简支刚架,内侧温度升高 20℃,外侧温度升高 10℃,各杆截面为矩形,$h = 0.60$ m,$l = H = 6$ m,$\alpha = 0.00001 \mathrm{K}^{-1}$,试求横梁中点的竖向位移 Δ_{Dt}。

解 欲求 D 点竖向温度位移,应在 D 点的竖直方向上加单位力,相应的 $\overline{M}_K$ 和 $\overline{F}_{NK}$ 图如图 4-32(b)和图 4-32(c)所示。

杆 AC 及 CB 之轴线处温度变化为

$$t_0 = \frac{1}{2}(20 + 10) = 15℃ \text{(升高)}$$

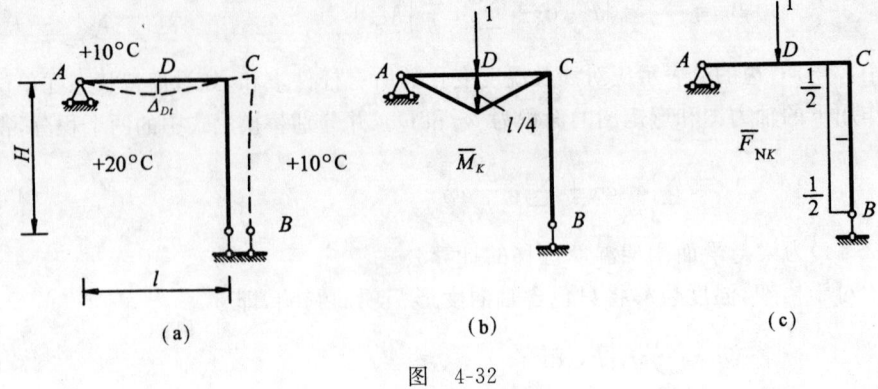

图 4-32

刚架各杆内外侧温差为

$$\Delta t = 20 - 10 = 10°C$$

根据式(4-14),得

$$\Delta_{Dt} = \sum \alpha t_0 \omega_{\overline{N}} + \sum \alpha \frac{\Delta t}{h} \omega_{\overline{M}}$$

$$= -15\alpha \left(\frac{1}{2}H\right) + \frac{10\alpha}{h}\left(\frac{1}{8} \cdot H^2\right)$$

$$= 5\alpha H \left(-\frac{3}{2} + \frac{H}{4h}\right)$$

$$= 5 \times 0.00001 \times 6 \left(-1.5 + \frac{6}{4 \times 0.6}\right) = 0.0003 \text{ m}(\downarrow)$$

上式第一步的第一项取负,是因为温度变化作用下,BC 杆为伸长,而单位力作用下,该杆为受压,两者变形不一致;第二项取正,因为对 AC 杆而言,两者弯曲变形一致。

例 4-13 图 4-33(a)所示桁架,下弦各杆温度上升 10°C,试求由此产生的桁架下弦中点 C 的挠度。设 $\alpha = 0.000012 \text{K}^{-1}$。

解 在中点 C 竖直方向加单位力,虚拟状态及各下弦杆的内力(其他各杆的内力不必求出)$\overline{F}_{NK}$如图 4-33(b)所示。根据式(4-15),得

$$\Delta_{Ct} = \sum \overline{F}_{NK} \alpha t_0 l$$

$$= 4 \left(\frac{1}{2} \times 0.000012 \times 10 \times 2\right)$$

$$= 0.00048 \text{ m}(\downarrow)$$

顺便指出,由式(4-15)可推得由于杆件制造误差而产生的桁架位移的计算公式。设某杆件的制造误差量为 λ(制造过长或过短的偏差量),现将 λ 替换式(4-15)中由于温度变化产生的杆件伸长或缩短量($\alpha t_0 l$),于是

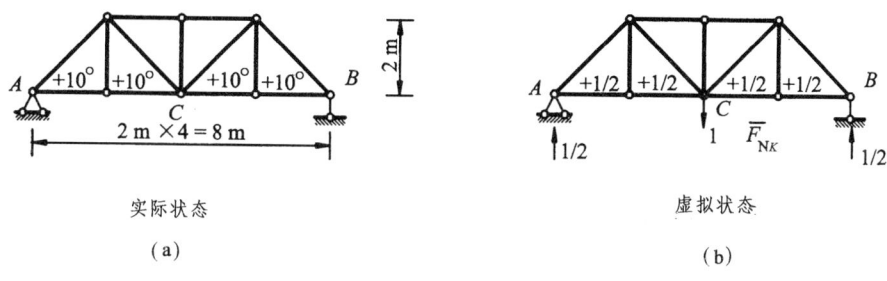

图 4-33

$$\Delta_{K\lambda} = \sum \overline{F}_{NK} \cdot \lambda \tag{4-16}$$

式中，Σ 应包括所有含制造误差的杆件。各项正、负号的规定应视该杆的 $\overline{F}_{NK}$ 与其制造误差 λ 的性质是否一致而定。如 $\overline{F}_{NK}$ 为拉力且该杆的 λ 为过长，则两者乘积取正号；如不一致时则取负号。

例 4-14 图 4-34(a)所示桁架，下弦 CD、DE 和 EB 三杆件制造时各被做长了 0.03 m，试求该桁架装配后，竖杆 CC_1 的倾斜角。

解 欲求竖杆 CC_1 的转动角，应在该杆两端垂直于杆轴方向，加一对构成单位力偶的方向相反的力偶（各为 1/8），如图 4-34(b)所示虚拟状态，CD、DE 和 EB 三杆的内力示于同一图中（其他各杆内力不必求出）。

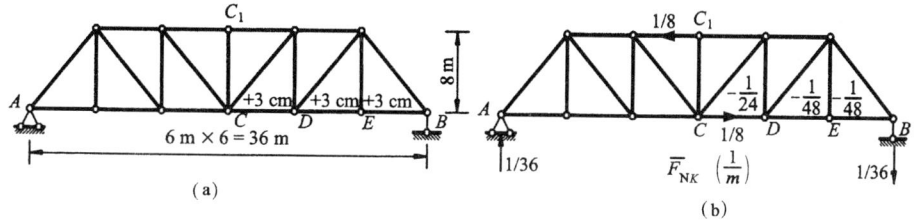

图 4-34

根据式(4-16)，得

$$\theta_{\overline{CC_1}} = \sum \overline{F}_{NK} \lambda = -\left[3 \times \frac{1}{48} + 3 \times \frac{1}{48} + 3 \times \frac{1}{24}\right] \times 10^{-2}$$
$$= -0.0025 \text{ rad （顺时针）}$$

二、支座下沉产生的结构位移

对于静定结构，支座下沉不引起结构内力，因此结构不产生弹性变形而只发生刚体位移。

现以图 4-35(a)所示刚架为例，作一说明。设刚架支座 B 沿竖直方向的下沉量

为 c,试计算点 K 沿给定方向 i-i 的位移 Δ_{Kc}。为此,应在 K 点沿 i-i 方向加单位力,并以此作为虚拟状态,如图 4-35(b)所示。

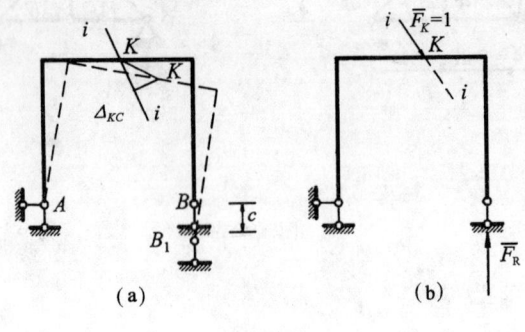

图 4-35

根据虚功原理

$$W=U$$

因支座下沉不引起结构内力,实际状态中微段 $\mathrm{d}s$ 也无变形,故虚变形功 U 等于零。外力虚功 T 应包括单位力和有关反力 $\overline{R}$ 所做虚功,即

$$W=1\times\Delta_{Kc}+\overline{F}_R\cdot c=0$$

故

$$\Delta_{Kc}=-\overline{F}_R\cdot c$$

如果同时有几处支座发生下沉(包括支座抬升或转动),则上式应写成一般形式

$$\Delta_{Kc}=-\sum\overline{F}_R\cdot c \tag{4-17}$$

式中,Σ 应包括所有发生下沉的支座;$\overline{F}_R$ 为虚拟状态中于各支座下沉方向的支座反力;c 为相应支座的下沉量。

例 4-15 三铰刚架的支座 B 发生水平位移 c,如图 4-36(a)所示。试求由此引起的该刚架 D 点处的水平位移。

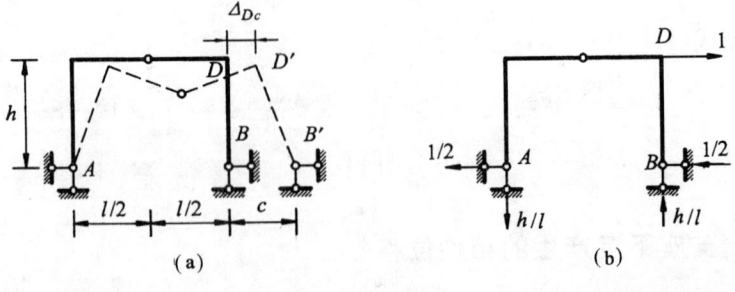

图 4-36

解 于刚架之 D 点沿水平方向加单位力,并求出支座 B 的水平反力,如图 4-36(b)所示。根据式(4-17)

$$\Delta_{Dc} = -\sum \overline{F}_R \cdot c = -\left(-\frac{1}{2} \cdot c\right) = \frac{c}{2} \ (\rightarrow)$$

上式括号内乘积前的负号是由于 $\overline{F}_R$ 与 B 支座的水平位移 c 两者方向相反的缘故。计算结果得正值,表示所求位移 Δ_{Dc} 的实际方向与假想单位力的指向一致,即向右。

第八节 互等定理

在本章第四节讨论弹性体虚功原理及推导式(4-9)时,曾假设第一组荷载 F_{PK} 先作用于结构,并使结构变形到第Ⅰ位置,然后再作用第二组荷载 F_{Pm},使结构从位置Ⅰ变形到位置Ⅱ,从而在 F_{PK} 方向上产生了新的位移 Δ_{Km},如图 4-37(a)所示。现对于同一结构,把上述加载次序颠倒,即先作用 F_{Pm},使结构变形至Ⅰ′位置,然后再作用 F_{PK},从而使结构变形至位置Ⅱ′,在此过程中,沿 F_{Pm} 方向产生了新的位移 Δ_{mK},如图 4-37(b)所示。

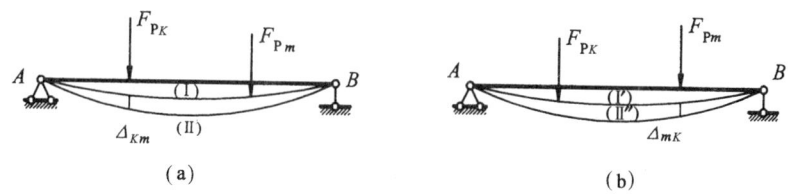

图 4-37

设 AB 为线性弹性结构,根据式(4-9),第一种加载方式下,结构从位置Ⅰ至Ⅱ,内力所做虚变形功 U_1 为

$$U_1 = \sum \int F_{NK} \cdot \frac{F_{Nm} ds}{EA} + \sum \int M_K \cdot \frac{M_m ds}{EI} + \sum \int F_{QK} \cdot \frac{k F_{Qm} ds}{GA}$$
$$= W_1 = F_{PK} \Delta_{Km}$$

式中,W_1 为相应的外力虚功。第二种加载方式下,结构从位置Ⅰ′至Ⅱ′,内力所做虚变形功 U_2 为

$$U_2 = \sum \int F_{Nm} \cdot \frac{F_{NK} ds}{EA} + \sum \int M_m \cdot \frac{M_K ds}{EI} + \sum \int F_{Qm} \cdot \frac{k F_{QK} ds}{GA}$$
$$= W_2 = F_{Pm} \Delta_{mK}$$

式中,W_2 为相应的外力虚功。

比较上面两式,得 $W_1 = W_2$,即

$$F_{PK} \Delta_{Km} = F_{Pm} \Delta_{mK} \tag{4-18}$$

式(4-18)等号两边均为虚功,即著名的功的互等定理表达式。它叙述为:第一状态的力 F_{PK} 在第二状态产生的相应位移 Δ_{Km} 上所做的虚功,等于第二状态的力 F_{Pm} 在第一状态产生的相应位移 Δ_{mK} 上所做的虚功。此定理对于任何线性弹性结构都适用。

如进一步取 F_{PK} 与 F_{Pm} 两者数值相等(单位可以不同),则式(4-18)变成

$$\Delta_{Km}=\Delta_{mK} \tag{4-19}$$

式(4-19)即为位移互等定理的表达式。它叙述为:当两种状态的外力数值相等时,第一状态的力产生在第二状态的力的作用方向上的位移,等于第二状态的力产生在第一状态的力的作用方向上的位移。

当两个状态的力都是单位力时,即 $F_{PK}=F_{Pm}=1$ 时,位移互等定理写成如下形式

$$\delta_{Km}=\delta_{mK} \tag{4-20}$$

应该指出:力 F_{PK} 及 F_{Pm} 两者可以都是集中力或都是力偶,也可以一个是集中力,另一个是力偶。相应的 Δ_{Km} 和 Δ_{mK} 都是线位移或都是角位移,或者,一个是线位移,另一个是角位移。总之,力和位移应该看作广义力和与其相应的广义位移。

图 4-38 示出一个例子。其中 F_{Pm} 为单位集中力,作用于梁中点 C;F_{PK} 为单位力偶,作用于端点 B。这样,相应的 δ_{Km} 为角位移(见图 4-38a),而相应的 δ_{mK} 则应为线位移(见图 4-38b)。

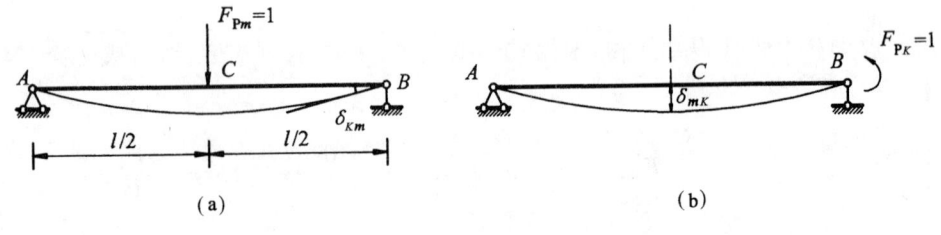

图 4-38

在此情形下,$\delta_{Km}=\delta_{mK}$ 仍然成立。且

$$\delta_{Km}=\delta_{mK}=\frac{l^2}{16EI}$$

读者不妨用图乘法证明这个互等结果。

图 4-39 画出几个位移互等的例子。读者阅读后可以进一步理解位移互等定理。

位移互等定理,尤其是式(4-20),将在以后的超静定结构计算中得到广泛应用。

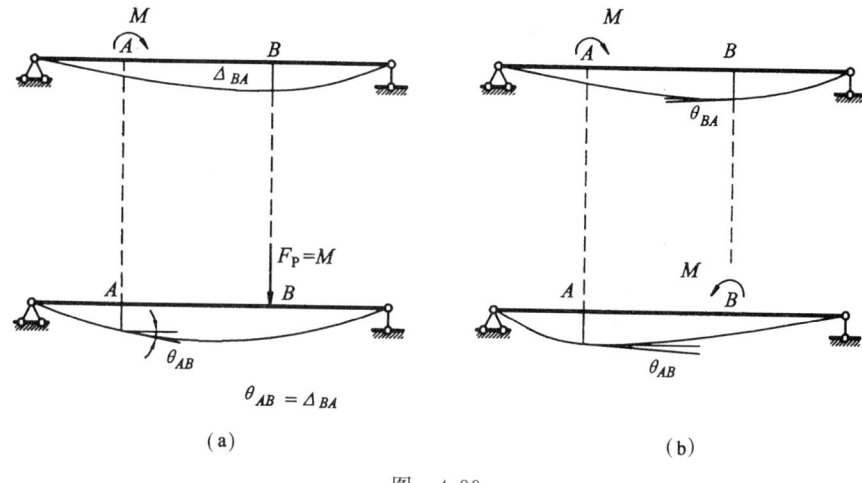

图 4-39

由功的互等定理,尚可推导出反力互等定理(它将在第七章位移法中得到广泛应用)。图 4-40(a)表示支座 1 沿竖直方向发生单位位移 $\Delta_1=1$,由此引起支座 1 处的反力为 r_{11},在支座 2 处的反力为 r_{21}。图 4-40(b)表示同一结构支座 2 沿竖直方

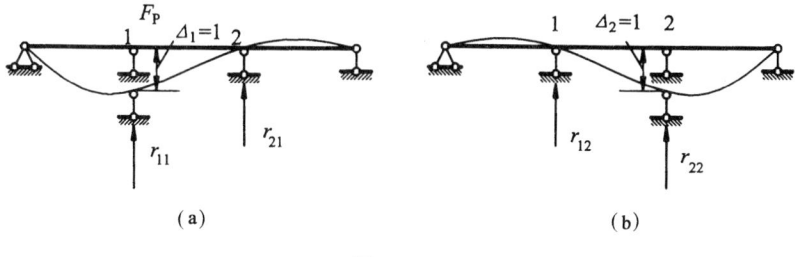

图 4-40

向发生单位位移 Δ_2,由此引起支座 2 处的反力为 r_{22},在支座 1 处的反力为 r_{12}。根据功的互等定理 $W_1=W_2$,即

$$-r_{21} \cdot 1 + r_{11} \cdot 0 = r_{22} \cdot 0 - r_{12} \cdot 1$$

于是 $\qquad r_{12}=r_{21}$ \hfill (4-21)

此即为反力互等定理表达式。它叙述为:支座(或联系)1 由于支座(联系)2 的单位位移所引起的反力 r_{12},等于支座(联系)2 由于支座(联系)1 的单位位移所引起的反力 r_{21}。

另外,反力和位移之间也存在互等关系。图 4-41(a)表示在 2 处有单位荷载作用,由此产生在支座 1 上的反力偶矩写作 r_{1P}。图 4-41(b)表示同一结构在支座 1 处发生单位转角时。沿荷载 F_P(等于 1)作用方向发生的位移写作 δ_{P1}。根据功的互等定理,得

$$r_{1P} \cdot 1 + 1 \cdot \delta_{P1} = r_{11} \cdot 0$$

于是 $$r_{1P}=-\delta_{P1} \tag{4-22}$$

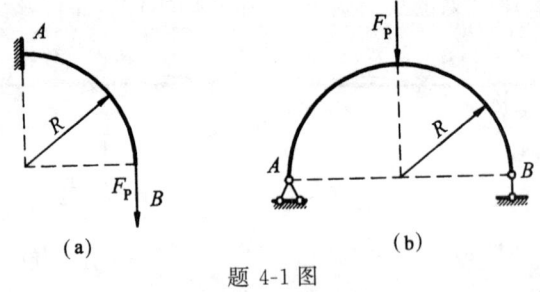

图 4-41

此即为反力位移互等定理的表达式。它叙述为:结构在单位荷载作用下,产生在某支座内的反力,等于该支座发生单位位移时,产生在单位荷载方向内的位移,但两者符号相反。

习　题

4-1　图示曲梁为圆弧形,$EI=$常数,略去轴力和剪力对位移的影响,试求图(a)结构 B 点的水平位移;求图(b)结构 B 截面的角位移。

4-2　下列各图乘是否正确？如不正确应如何改正？

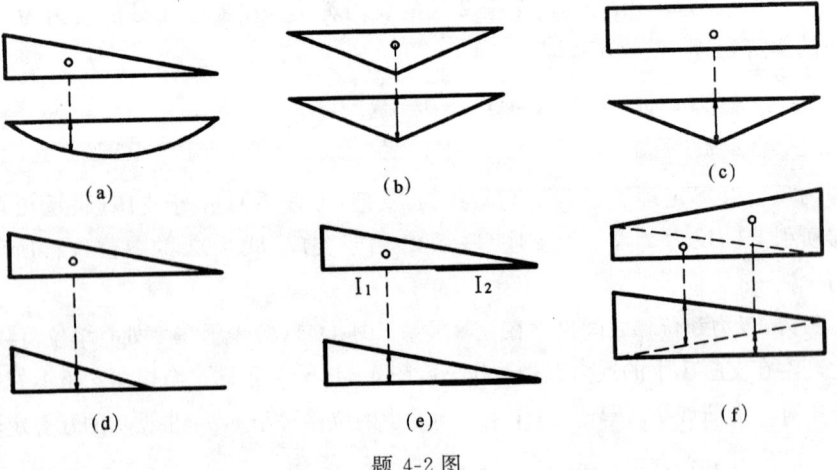

题 4-2 图

4-3～4-5 用图乘法求指定位移。题 4-3,求最大挠度;题 4-4,求 φ_B;题 4-5,求 A、B 两点相对线位移。

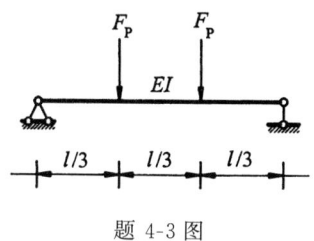

题 4-3 图

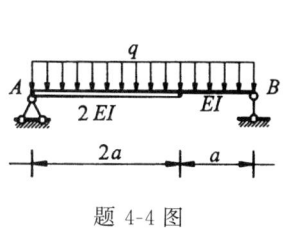

题 4-4 图

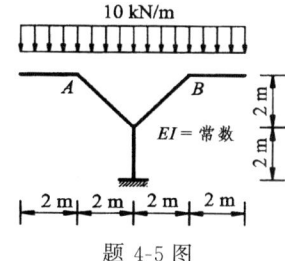

题 4-5 图

4-6 图示桁架各杆截面积均为 $A=20\ \mathrm{cm}^2$,$E=2.1\times 10^8\ \mathrm{kN/m^2}$,$F_P=40\ \mathrm{kN}$,$d=2\ \mathrm{m}$,试求:(1) C 点的竖向位移;(2) 角 ADC 的改变量。

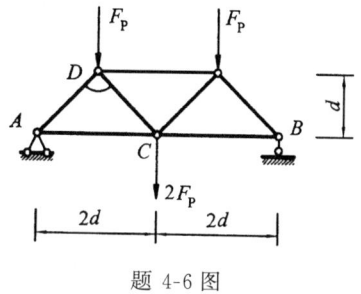

题 4-6 图

4-7 试求图示结构 C 点的竖向线位移。设链杆 CD、CE 的截面积 A 与受弯杆的截面惯性矩 I 之间有 $A=I/h^2$ 的关系。

4-8 图示简支梁,上缘温度升高 10℃,下缘下降 2℃,梁的截面高为 h 并对称于形心轴。材料的线膨胀系数为 α。求 B 端截面的角位移。

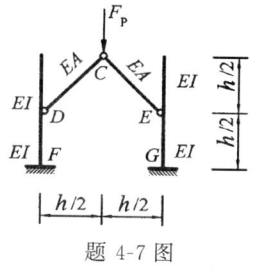

题 4-7 图

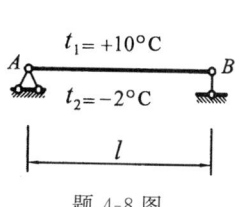

题 4-8 图

4-9 图示刚架,内部温度升高 20℃,外部升高 6℃。各杆的截面相同,高为 h,并对称于形心轴。材料的线膨胀系数为 α,求点 A 的水平线位移。

4-10 在图示桁架中,AD 杆的温度上升 $t℃$,试求结点 C 的竖向位移。

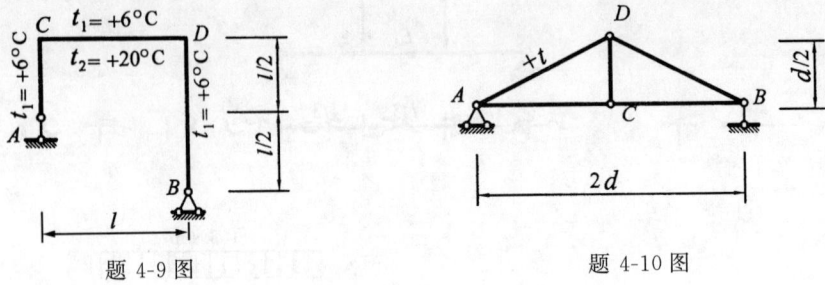

题 4-9 图　　　　　　　　题 4-10 图

4-11 图示梁,支座 B 下沉 Δ,求 E 端的竖向线位移和角位移。

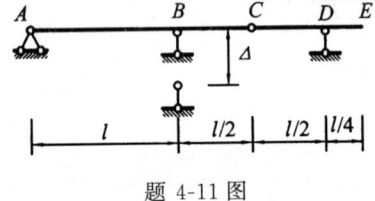

题 4-11 图

4-12 图示简支刚架支座 B 下沉 b,试求 C 点水平位移。

4-13 图为 48 m 下承式铁路桁架桥简图。为了设置上拱度,在制造时将上弦杆每 16 m 加长 0.016 m,试求由此引起的结点 E_3 的竖向位移(注:实际制作时,为了制造安装方便,各上弦杆长度仍保持不变,而是在结点 A_1、A_3、A_1'处,将结点板上与上弦杆相连的钉孔位置外移 0.008 m 来达到上述目的)。

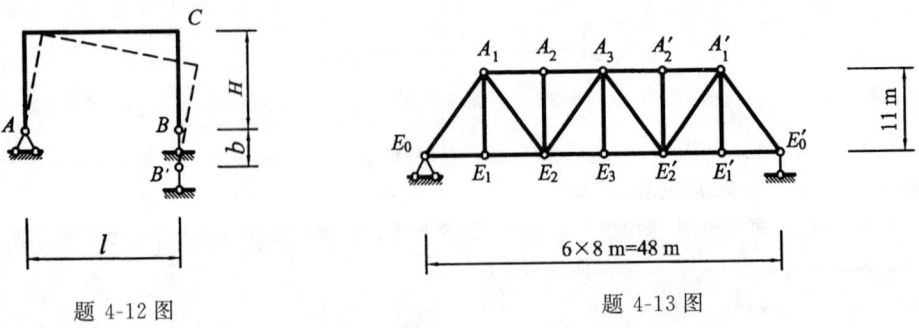

题 4-12 图　　　　　　　　题 4-13 图

第五章 超静定结构计算引论

第一节 概 述

从本章开始进入超静定结构计算原理与方法的讨论。通过回顾,进一步认识静定结构与超静定结构的不同点,非常重要。由于超静定结构除了具有形成静定结构的必要约束外,尚有多余约束,因此仅用静力平衡条件已不足以解出结构的全部反力和内力。换言之,只满足于平衡条件的超静定结构的反力和内力解可以有无限多组,即没有唯一确定解。故而,人们也把超静定结构称为静不定结构。

图 5-1(a)所示两跨等截面连续梁是一个简单的超静定结构。观察其支座约束情况,知该结构有一个多余约束。若将支杆 B 视为多余约束,现将其撤去并用反力 F_{By} 代替该约束(图 5-1b)。显然,如任意设定反力 F_{By} 一个值(包括其指向),通过平衡方程可求出该梁其他三个反力和相应的内力解。因此,就仅满足平衡条件而言,该超静定结构可以有无限多组反力和内力解,如不引入其他条件,则无法从中找出一组确定解。

计算超静定结构,除了要用到平衡条件之外,还必须引入变形条件(也称几何条件)和物理条件(反映变形或位移与力之间的物理关系),同时满足这三方面条件的解,才是超静定结构的唯一正确解。

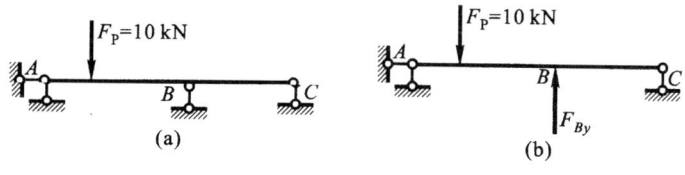

图 5-1

典型的超静定结构有梁(图 5-2a)、拱(图 5-2b)、平面桁架(图 5-2c)、平面刚架

(图 5-2d、e)、空间桁架(图 5-2g)和空间刚架(图 5-2f、h)等。

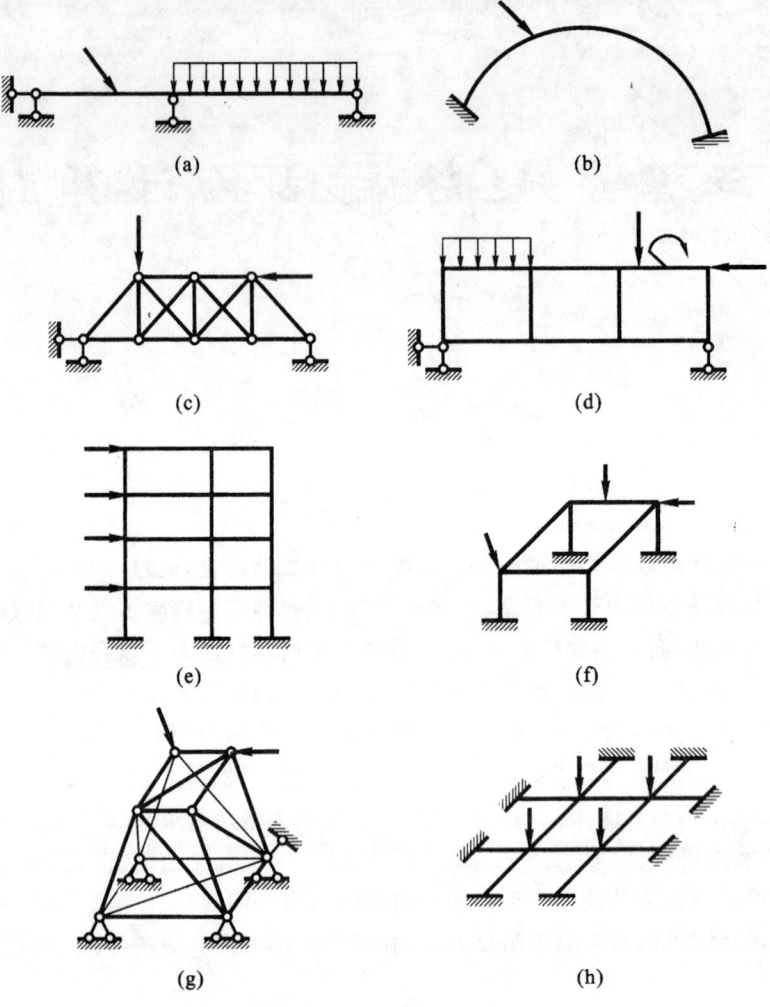

图 5-2

由于具有多余约束,超静定结构与静定结构比较,有以下几个特点:

① 超静定结构在没有荷载(指力或力系)作用时,仍有产生内力的可能。例如,支座不均匀下沉、温度变化、材料收缩等影响均可能使超静定结构产生内力。

② 一般而言,超静定结构受局部荷载作用,会引起全结构受力和变形(图 5-3a),而静定结构大多数在局部受载情况下,只引起结构局部受力和变形(图 5-3b,图中折线所示为弯矩分布示意图;虚线所示为挠度分布示意图)。因此,超静定结构的内力分布相对比较均匀,相应的变形曲线比较平缓。

③ 当超静定结构的多余约束遭到突然破坏时,结构仍能维持为几何不变体

第五章 超静定结构计算引论

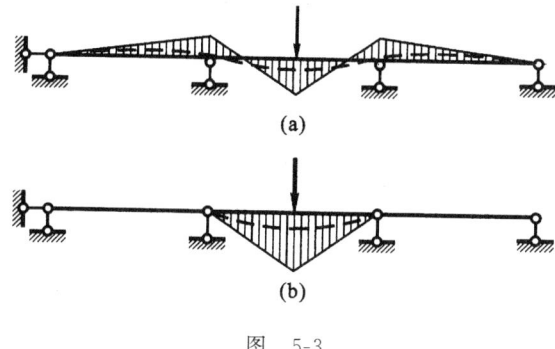

图 5-3

系,还具有一定承载能力。因此,超静定结构有较强的防护能力。

④ 众所周知,静定结构内力分析与杆件的刚度无关。而超静定结构的内力分布则与杆件刚度分布情况有关。计算超静定结构前必须先假设各杆件的截面尺寸,并据此算出各杆件的刚度(或其相对值)后,才能正式进入内力分析阶段。

超静定结构计算的基本方法,根据所选基本未知量的不同而分为力法和位移法两种。前者以多余约束中的反力或内力为基本未知量,求出这些力之后,再计算全部内力,而后者则以结点位移为基本未知量,求出结点位移之后,再计算各部分的内力。

超静定结构计算过程中,一般需要求解联立方程组,方程组的阶数取决于所选分析方法基本未知量的个数。对于大型和较复杂的结构,用手算方法进行分析会遇到许多困难。近 30 年发展起来的以电子计算机作为计算工具的结构矩阵分析法,利用矩阵代数知识把分析过程中大量的数据运算组织成非常适合于计算机完成的程序化作业。本书第八章将介绍这种计算方法。

应该强调,结构力学的基本原理与基本方法,读者一定不能予以轻视。手算解法不仅是电算方法的基础,而且在无法提供计算机的情况下和在对结构作初步估算或编制计算机分析程序时,以及对计算机算得的结果进行定性判断和校核时,都是有用的。

第二节 结构的超静定次数

如前所述,具有多余约束的结构称为超静定结构。结构所具有多余约束的个数称为超静定次数。多余约束是相对于组成静定结构所需的最少约束数目而言的。多余约束可以是外部的或内部的,也可二者兼有。因而,相应就有外部超静定、内部超静定和内、外部超静定结构之分。一个外部超静定的结构,其支座反力分量个数超过可提供的独立平衡方程式的个数。图 5-2(a)、(b)所示结构可以认为是外部超静定结构的例子。图 5-4(a)和图 5-4(b)所示两种梁,都有 4 个支座反力分量,而可提供的平衡方程式个数为 3。因此,这两个结构都有一个多余约束,其超静定次数为 1。对于这两个结构,若将支座 B 处的链杆视为多余约束,现将其解除并用未知力 X_1 代替该约束(图 5-4(c)、(d)),则原结构成为荷载和未知力 X_1 共同作用的静定结构。由于 X_1 为多余约束中的未知力,故简称为多余未知力。因此,结构的超静定次数等于多余约束个数,也等于多余未知力个数。

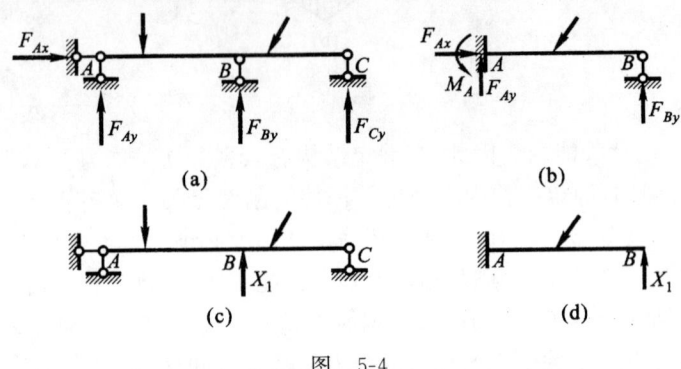

图 5-4

应该注意,在判断结构超静定次数时,不能只看结构的支座反力分量数目就下结论。例如,图 5-5(a)所示三铰刚架,外观虽有 4 个反力分量,但由于构造上提供的顶铰 C 处的弯矩应等于零的额外静力条件,使得该条件和结构整体所具有的 3 个平衡方程一起,足以求得该 4 个反力分量,故三铰刚架不存在多余约束,也不是超静定结构。同理可知,图 5-5(b)所示结构的超静定次数不是 2 而是 1,因为铰 D 处提供了一个额外静力条件,即 $M_D=0$。

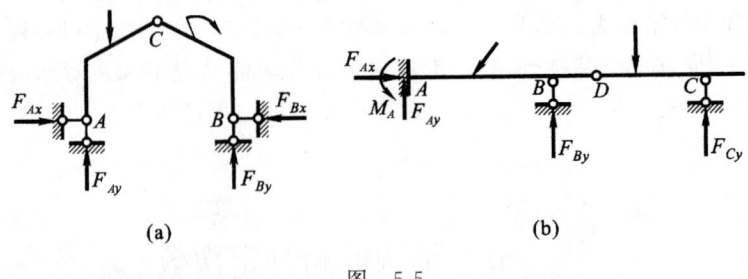

图 5-5

判定结构超静定次数的常用方法,是在原结构上逐一解除其多余约束,并在该处加上与解除的约束相应的约束力,这一过程一直进行到不再有多余约束为止,即解除多余约束直至原结构成为静定结构为止,则所解除的多余约束个数即为原结构的超静定次数。

例如,图 5-6(a)为一内部超静定平面桁架,若将两根对角线杆件中的任一根

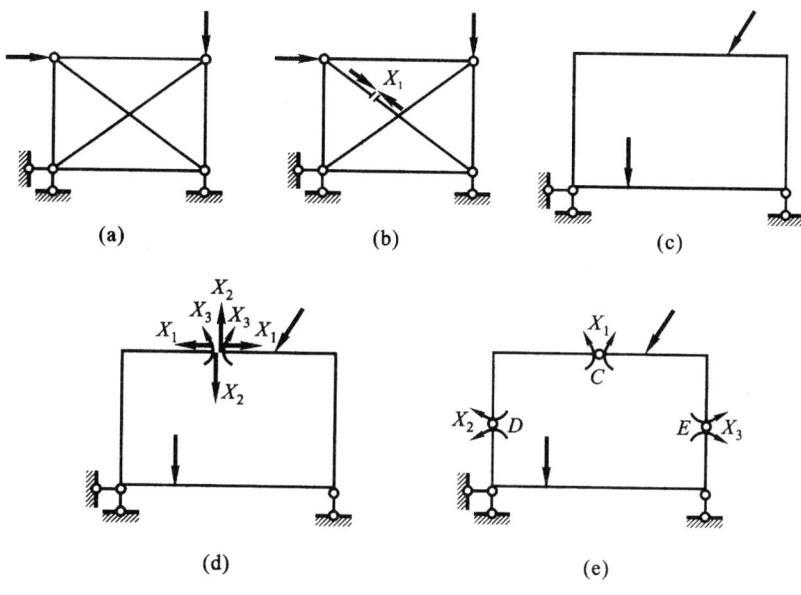

图 5-6

切断(即解除该约束),原结构成为静定桁架。因此,图 5-6(a)所示超静定桁架的超静定次数为 1。由此可见,在结构中切断一根链杆相当于解除一个约束。图 5-6(c)为一内部超静定平面刚架,现切断其上部横梁,并在断口处左、右两侧加一对多余未知力 X_1(轴向)、一对多余未知力 X_2(剪力)和一对多余未知力 X_3(弯矩),原结构成为静定刚架(图 5-6d)。因此,图 5-6(c)所示刚架的超静定次数为 3。由此可见,在结构中切断一根梁式杆件相当于解除 3 个约束。当然,图 5-6(c)所示刚架也可以在其 C、D、E 截面处各插入一个铰(相当于解除该处的抗弯约束),并在铰的两侧各加一对多余未知弯矩 X_1、X_2、X_3,原结构变成另外一种形式的静定刚架(图 5-6e),所得结论同样是原结构超静定次数为 3。由此可见,在梁式杆中插入一个铰相当于解除一个约束。

图 5-7(a)所示为内外部都为超静定的平面刚架,现将中间支座 B 的约束解除,并在该处加上多余未知力 X_1。再将铰 D 和铰 E 拆开(即解除铰的左、右两侧截

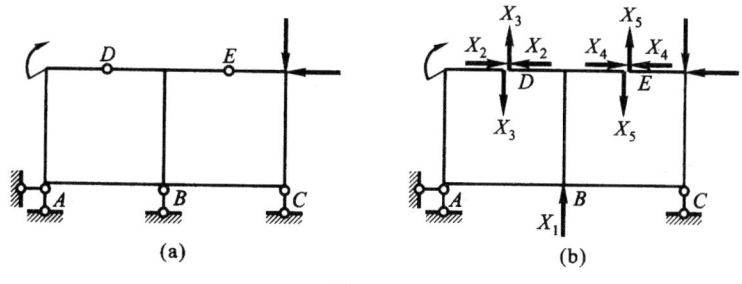

图 5-7

面相对水平位移和相对竖向位移的约束),并在拆开处各加两对多余未知力 X_2、X_3 和 X_4、X_5,如图 5-7(b)所示,原结构变成静定刚架。因此,图 5-7(a)所示结构的超静定次数为 5。由此可见,在平面结构中拆开一个单铰相当于解除 2 个约束。

图 5-8(a)所示空间刚架的每个支座处有 6 个反力分量,其中 F_x、F_y 和 F_z 为 3 个力分量;M_x、M_y 和 M_z 为 3 个力偶分量,并按右手规则分别用双剪头矢量表示。该结构反力分量总数为 24,而结构整体平衡方程式个数为 6,故结构外部超静定次数等于 18。应该注意:当全部反力分量求得后,利用静力平衡条件只能求出 4 根立柱中的内力,横梁的内力仍为静不定。若进一步切断 4 根横梁中的一根,并在断口处以多余未知力 $X_{19} \sim X_{24}$(共 6 对)代替原有的约束(图 5-8b),原结构变成静定空间刚架。因此,图 5-8(a)所示空间刚架除了外部超静定 18 次外,内部超静定 6 次,结构超静定次数为 18+6=24。

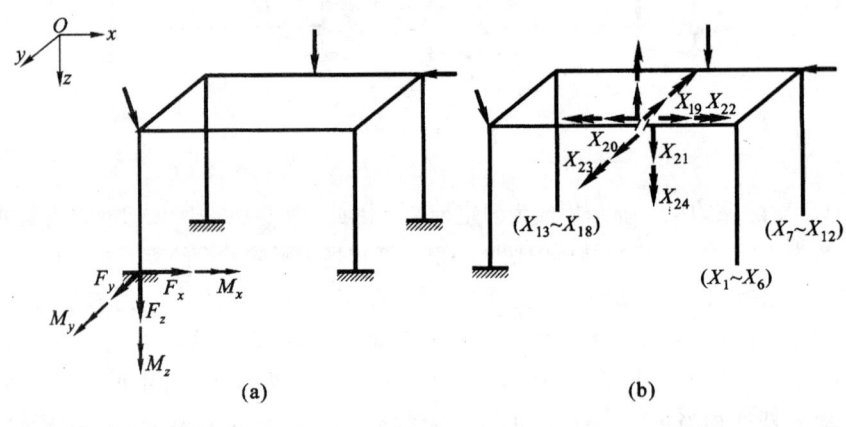

图 5-8

图 5-9(a)所示水平交叉梁系,设各杆件之间为刚性连接(图 5-9b),仅承受竖直荷载。由于各支座沿 x、z 方向反力和绕 y 轴方向的反力偶矩均为零,且各杆件沿 x、z 方向的轴力和绕 y 轴方向的弯矩亦为零,故交叉梁系整体平衡方程式个数为 3。结构全部反力分量个数为 8×3=24,因此该结构外部超静定次数为 24-3=21。同样,当全部反力求得后,交叉梁中除 ABCD 部分仍为静不定之外,梁系其他部分的内力已为静定。需要再切断 ABCD 部分中的任意一根梁,即解除结构内部的 3 个多余约束,才能使原结构成为静定结构。因此,图 5-9(a)所示交叉梁系的超静定次数为 21+3=24。

如假设交叉梁系的一个方向梁放在另一个方向梁的上方,在交叉处两梁仅以一根竖向链杆相连(图 5-9c)。显然,此时梁系各杆件不受扭转。当交叉梁系杆件的抗扭刚度与其抗弯刚度比较,前者可忽略不计时,常作上述假设。此情形下,图 5-9(a)所示交叉梁系的超静定次数将减少为 12。因为交叉梁系至少需要把 4 根梁简支起来才能成为几何不变。这就相当于在总数为 16 个支座约束中解除其中 8 个多余约束,而两个方向梁的 4 个交叉点处尚有 4 个竖向链杆约束(图 5-9c),当它们解除之后,才能将原结构变成静定。因此,图 5-9(a)所示结构,当 A、B、C、D 4 点处为竖向链杆连接时的超静定次数为 $8+4=12$,它与 4 结点处为刚性连接的交叉梁系比较,超静定次数减少了一半。

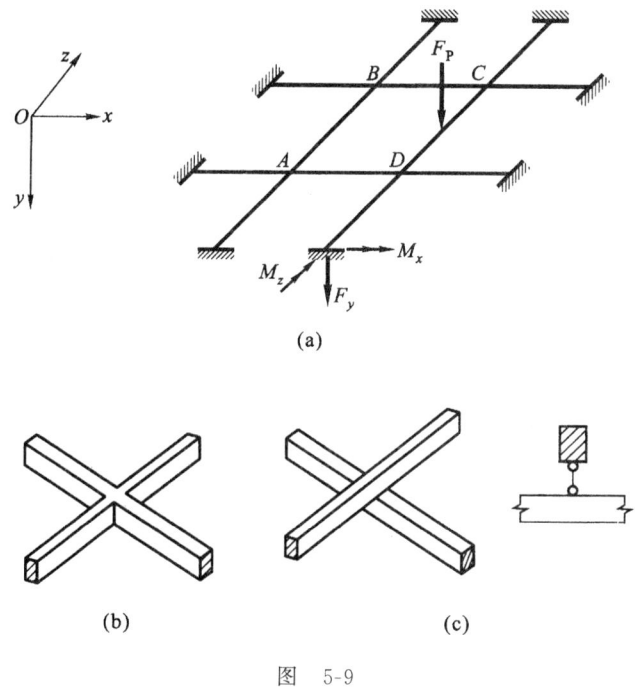

图 5-9

采用上述解除多余约束的办法判定结构的超静定次数,对于比较复杂的特别是杆件数目很多的超静定结构是不方便的,也容易发生错误。以下介绍按公式计算结构超静定次数的方法。

对于平面桁架,设杆件数为 m,支座反力分量数为 r,结点数(包括支座结点)为 j,则超静定次数 n 的计算公式为

$$n=(m+r)-2j \tag{5-1}$$

例如,图 5-2(c)所示桁架,$m=15, r=3, j=8$,故 $n=(15+3)-2\times 8=2$。

对于空间桁架,相应的计算公式应为

$$n=(m+r)-3j \tag{5-2}$$

二者的区别在于平面桁架中的一个结点提供两个平衡方程,而空间桁架中的一个结点提供 3 个平衡方程。例如,图 5-2(g)所示空间桁架,$m=18, r=9, j=8$,故 $n=(18+9)-3\times 8=3$。

对于平面刚架,因每根杆件的两端共有 6 个内力分量(图 5-10a),其中只有 3 个内力分量是独立的(其余 3 个内力分量可以由平衡方程求得),平面刚架中的一个结点可提供 3 个平衡方程($\Sigma F_x=0, \Sigma F_y=0$ 和 $\Sigma M=0$),因此

$$n=(3m+r)-3j \tag{5-3}$$

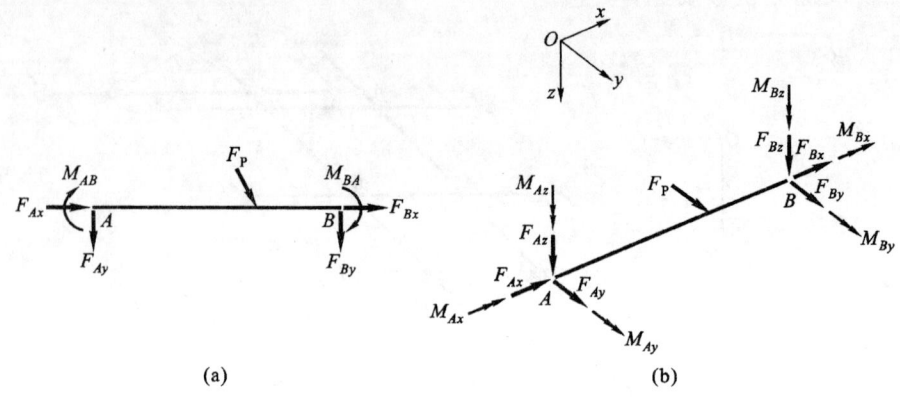

图 5-10

如果平面刚架中有些刚结点被铰结点替代,即具有混合结点的平面框架的超静定次数计算公式,在式(5-3)的基础上可改写为

$$n=[3m+r-(M=0 \text{ 的杆端数})]-[3j-(完全铰结点数)] \tag{5-4}$$

作为算例,现验算图 5-2(e)所示平面刚架的超静定次数。此时,$m=20, r=9, j=15$(包括支座结点),按公式(5-3),得

$$n=(3m+r)-3j=(3\times 20+9)-3\times 15=69-45=24$$

对于图 5-7(a)所示具有混合结点的平面框架,$m=9, r=4, j=8$(包括铰结点和支座结点),$M=0$ 的杆端数为 4,完全铰结点数为 2,按式(5-4),得

$$n=[(3\times 9+4)-4]-[(3\times 8)-2]=27-22=5$$

与解除多余约束方法求得的结果相同。

对于空间刚架,因每根杆件两端共有 12 个内力分量(图 5-10b),其中 6 个是独立的(其余 6 个可用平衡方程求得),空间刚架中的一个结点可提供 6 个平衡方程($\Sigma F_x=0, \Sigma F_y=0, \Sigma F_z=0, \Sigma M_x=0, \Sigma M_y=0$ 和 $\Sigma M_z=0$),因此空间刚架的超静定次数计算公式为

$$n=(6m+r)-6j \tag{5-5}$$

如图 5-8(a)所示空间刚架,$m=8, r=4\times 6=24, j=8$(包括支座结点),故该结构超静定次数 $n=(6\times 8+24)-6\times 8=72-48=24$,与按解除多余约束的方法求得的结果相同。

习 题

5-1～5-6 试求出图示结构的超静定次数,画出经解除多余约束并用相应多余未知力代替后的静定结构。

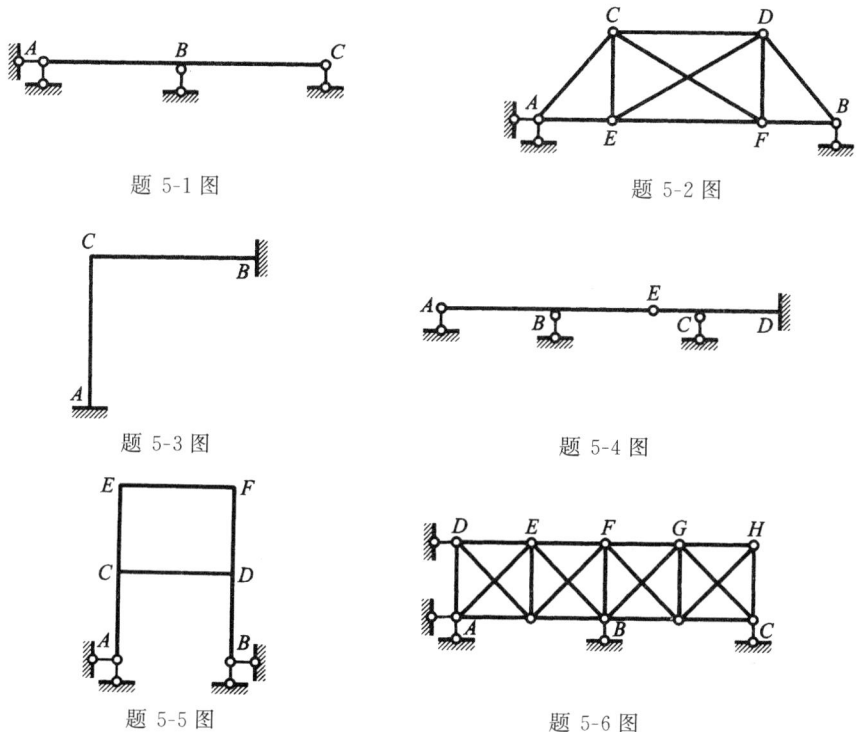

题 5-1 图

题 5-2 图

题 5-3 图

题 5-4 图

题 5-5 图

题 5-6 图

5-7 图示刚架的 3 根杆件 AB、BC 和 CD 位于水平面内,且受垂直于该平面的荷载作用。试判定刚架的超静定次数。

5-8 图示交叉梁系置于水平面内,且只受垂直方向的荷载作用。试分别判定下述两种情况的超静定次数,假设

(1) 梁系交叉结点为刚性连接;

(2) 梁系交叉结点为竖向链杆连接。

要求分别画出以上两种假设下的经解除多余约束后的静定结构(需画上多余未知力)。

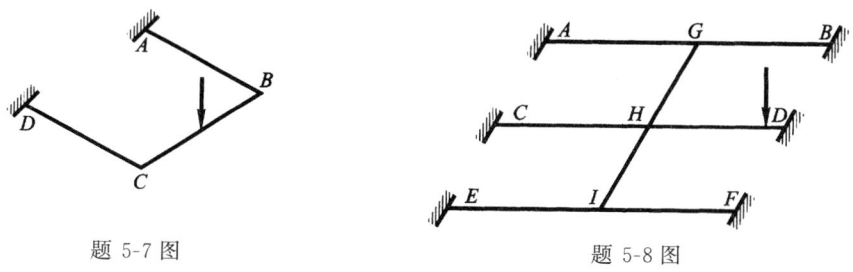

题 5-7 图

题 5-8 图

5-9 试判定图示空间桁架的超静定次数。画出经解除多余约束后并代之以多余未知力的静定结构。

5-10 画出图示超静定刚架解除多余约束后的两种不同的静定结构,并分别画出这两种不同的静定结构在图示荷载作用下的弯矩图。

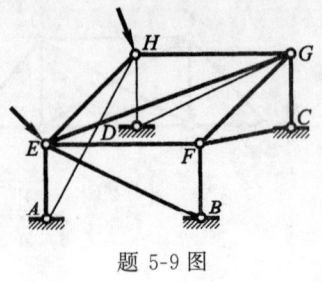

题 5-9 图

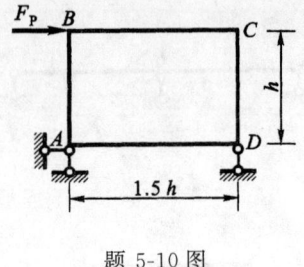

题 5-10 图

第六章 力 法

力法是分析超静定结构最基本的方法,它应用范围广泛,适用于求解各种超静定结构在外荷载或温度变化、支座移动等因素作用下所产生的内力。

第一节 力法的基本原理

一、力法的基本未知量和基本体系

超静定结构具有多余约束,相应地就有多余约束力。力法的基本未知量就是多余约束中的内力(或反力),简称多余未知力。与静定结构不同,超静定结构中的多余未知力不能仅由平衡条件求出,而必须引入变形条件后才能求解。现用一个简单的例子来说明力法的基本概念。

图 6-1(a)所示一次超静定结构,共有 4 个支座反力 F_{Ax}、F_{Ay}、F_{By}、F_{Cy},显然,仅依靠 3 个静力平衡方程不足以求出它们的确定解。现撤去支座 B,代以一个相应的多余未知力 X_1 的作用,如图 6-1(b)所示。如设法将 X_1 解出,则原结构可视为在荷载 F_P 和多余未知力 X_1 共同作用下的静定结构的计算问题,结构的其他支座反力和内力则都能用平衡条件求出。

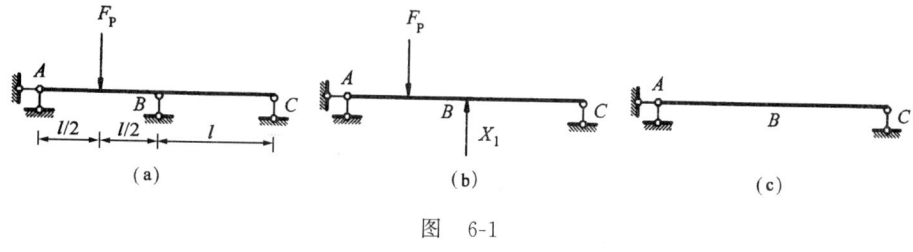

图 6-1

由此可见，力法计算的基本思路是把超静定结构的计算问题转化为静定结构的计算问题，即利用已经熟悉的静定结构的计算方法来达到求解超静定结构的目的。显然，在这一转化过程中，多余未知力的计算问题成为力法求解超静定结构的关键问题。

在超静定结构中，去掉多余约束所得到的静定结构称为力法的基本结构，图6-1(c)所示的静定结构为图 6-1(a)所示的超静定结构的一种可选用的基本结构。基本结构在荷载和多余未知力共同作用下的体系称为力法的基本体系，图 6-1(b)为图 6-1(a)的基本体系。这里要注意原结构与基本体系的异同，在图 6-1(a)所示的原结构中，支座反力 F_{By} 是以被动力形式出现的，而在基本体系图 6-1(b)中，多余未知力 X_1 是以主动力形式出现的。基本体系是静定结构，正确的多余未知力 X_1 的大小，应该使基本体系的受力与变形状态与原结构完全相同。所以，基本体系是将超静定结构计算问题转化为静定结构计算问题的桥梁。

二、力法的基本方程

如何求得图 6-1(b)中的基本未知量 X_1，很明显，不能由平衡条件求得，而必须考虑补充新的条件。

图 6-2(a)所示的基本结构是在荷载与 X_1 共同作用下的情形。基本体系转化为原超静定结构的条件是：基本体系沿多余未知力 X_1 方向位移应与原结构相同。即

$$\Delta_1 = 0 \tag{6-1}$$

这个条件是一个变形条件，也就是为计算多余未知力 X_1 引入的补充条件。

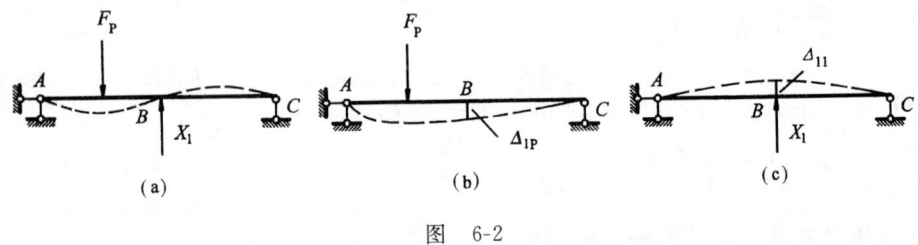

图 6-2

根据叠加原理，图 6-2(a)所示的状态应等于图 6-2(b)所示状态和图 6-2(c)所示状态之和。这里的状态 b 和状态 c 分别表示基本结构在 F_P 和 X_1 单独作用下的受力和变形状态。因此，变形条件式(6-1)可表示为

$$\Delta_1 = \Delta_{11} + \Delta_{1P} = 0 \tag{6-2}$$

式中，Δ_1 为基本结构在荷载 F_P 与未知力 X_1 共同作用下沿 X_1 方向的总位移，即图 6-2(a)中 B 点的竖向位移；Δ_{1P} 为基本结构在荷载单独作用下沿 X_1 方向的位移

(图 6-2b);Δ_{11} 为基本结构在未知力 X_1 单独作用下沿 X_1 方向的位移(图 6-2c)。

位移 Δ_1、Δ_{1P}、Δ_{11} 的方向如与所设 X_1 的正方向相同为正,反之为负。

在线性变形体系中,位移 Δ_{11} 与 X_1 成正比,可表示为

$$\Delta_{11}=\delta_{11}X_1 \tag{6-3}$$

式中,δ_{11} 为系数,即基本结构在单位力 $X_1=1$ 单独作用下沿 X_1 方向产生的位移。

将式(6-3)代入式(6-2),即得

$$\delta_{11}X_1+\Delta_{1P}=0 \tag{6-4}$$

这就是在线性弹性变形条件下,一次超静定结构的力法基本方程,简称为力法方程。

力法方程中的系数 δ_{11} 和自由项 Δ_{1P} 都是基本结构即静定结构的位移,可用单位荷载法计算。求得 δ_{11}、Δ_{1P} 后,即可根据式(6-4)求得基本未知量 X_1。

一个超静定结构可选的力法基本结构往往不只一种。如在上例中(图 6-1a),也可把截面 B 的抗弯约束看作多余约束,则解除这个约束后形成的基本结构是两个并列的简支梁(图 6-3a),图中多余未知力 X_1 表示原结构(图 6-1a)支座 B 截面上的弯矩,它转化为原超静定结构的条件仍然是 $\Delta_1=0$,力法基本方程也仍然为式(6-4)所示的形式。但其中各项物理含义是不同的。在这里,条件 $\Delta_1=0$ 表示原结构在 B 点左右两截面的相对转角应等于零。力法方程中的 Δ_{1P} 为图 6-3(b)所示的基本结构在荷载单独作用下 B 点左右两截面的相对转角。Δ_{11} 为图 6-3(c)所示的基本结构在未知力 X_1 单独作用下 B 点左右两截面的相对转角。

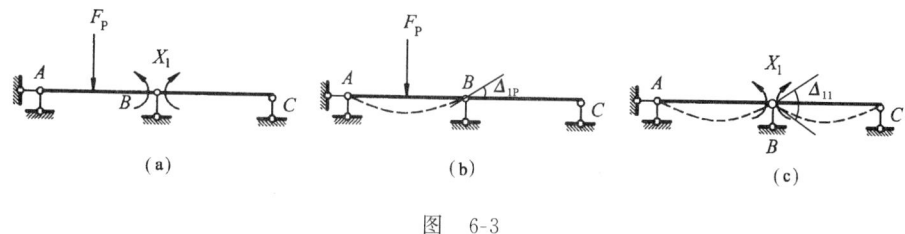

图 6-3

图 6-1(a)所示结构,还有其他的力法基本结构可选用,但所选的基本结构都应便于计算。

为了计算力法方程中的系数 δ_{11} 和自由项 Δ_{1P},可分别绘出基本结构在单位力 $X_1=1$ 和荷载 F_P 作用下 $\overline{M}_1$ 图和 M_P 图,然后由图乘法求得 δ_{11}、Δ_{1P}。比较上述两种基本结构,显然第二种基本结构(图 6-3a)的 $\overline{M}_1$ 图和 M_P 图的绘制以及图乘都较之第一种基本结构(图 6-2a)简单得多,因此,采用第二种基本结构(图 6-3a)进行计算。

分别绘出基本结构在单位力 $X_1=1$ 和荷载 F_P 作用下 M_P 图和 $\overline{M}_1$ 图,如图

6-4(a)、(b)所示。然后由图乘法求得

$$\Delta_{1P}=\int\frac{\overline{M}_1 M_P}{EI}\mathrm{d}x=\frac{1}{EI}\left(\frac{1}{2}\times l\times\frac{F_P l}{4}\times\frac{1}{2}\right)=\frac{F_P l^2}{16EI}$$

$$\delta_{11}=\int\frac{\overline{M}_1\overline{M}_1}{EI}\mathrm{d}x=\frac{2}{EI}\left(\frac{1}{2}\times l\times 1\times\frac{2}{3}\right)=\frac{2l}{3EI}$$

代入力法方程式(6-4),求出

$$X_1=-\frac{\Delta_{1P}}{\delta_{11}}=-\frac{3F_P l}{32}$$

求得的 X_1 是负号,表示支座 B 截面上的弯矩 X_1 的方向与所设的方向相反。

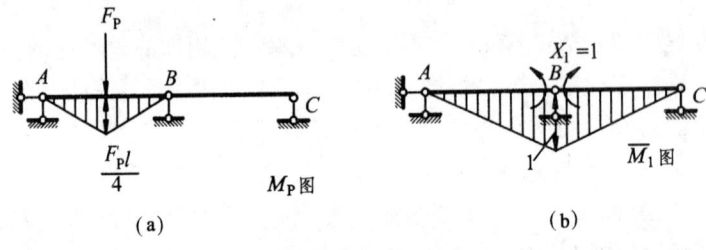

图 6-4

多余未知力 X_1 求出后,就可利用静力平衡条件求原结构的支座反力和任一截面的内力,作内力图。在绘制最后弯矩图 M 时,可利用已绘出的 $\overline{M}_1$ 图和 M_P 图用叠加法绘出,即

$$M=\overline{M}_1 X_1+M_P$$

也就是将 $\overline{M}_1$ 图的竖标乘以 X_1 倍,再与 M_P 图的对应竖标相加,于是可绘出 M 图,如图 6-5(c)所示。此弯矩图 M 既是基本体系(图 6-5a)的弯矩图,同时也是原结构(图 6-5b)的弯矩图,因为此时基本体系与原结构的受力、变形和位移已完全相同,二者是等价的。

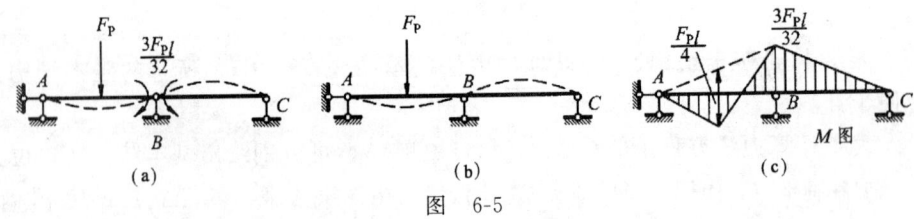

图 6-5

三、力法方程的一般形式

用力法计算超静定结构,就是以多余未知力作为基本未知量,以基本体系作为

基本工具,根据基本体系在荷载和多余未知力共同作用下,在多余未知力处的位移和原结构在多余约束处的相应位移相等的变形条件建立力法方程,求得多余未知力。在多余未知力求得后,即可按静定结构求解全部支座反力和内力。因此,用力法计算超静定结构的关键在于如何根据变形条件建立力法方程,求解基本未知量——多余未知力。

图 6-6(a)所示为两次超静定结构,分析此结构时,必须去掉两个多余约束。若撤除铰支座 A,并以相应的多余未知力 X_1 和 X_2 代替所去约束的作用,则得图 6-6(b)所示的基本体系。而 X_1 和 X_2 即为基本未知量。

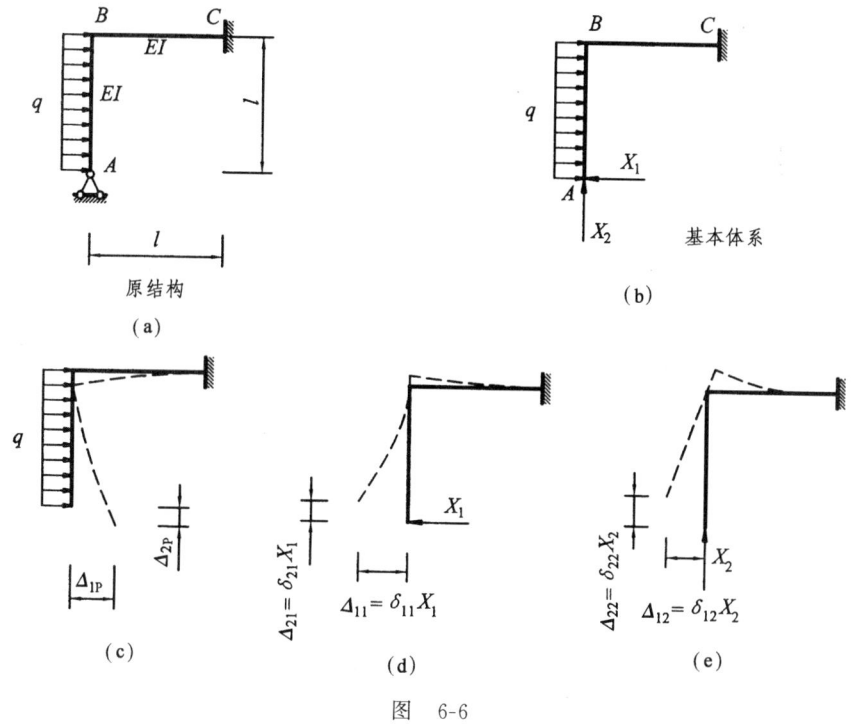

图 6-6

为确定基本未知量 X_1 和 X_2,可利用多余约束处的变形条件,即基本体系在荷载和多余未知力 X_1、X_2 共同作用下在 A 点沿 X_1、X_2 方向的位移与原结构在 A 点的位移相同,即都等于零。因此,变形条件可写为

$$\Delta_1 = 0 \tag{a}$$
$$\Delta_2 = 0 \tag{b}$$

式中,Δ_1 为基本体系在 X_1、X_2 和荷载共同作用下沿 X_1 方向的位移,即 A 点的水平位移;Δ_2 为基本体系在 X_1、X_2 和荷载共同作用下沿 X_2 方向的位移,即 A 点的竖向位移。

设各单位多余未知力 $X_1=1$、$X_2=1$ 和荷载 q 分别作用于基本结构时,A 点沿

X_1 方向的位移为 δ_{11}、δ_{12} 和 Δ_{1P}，沿 X_2 方向的位移为 δ_{21}、δ_{22} 和 Δ_{2P}，根据叠加原理，由图 6-6(c)、(d)、(e)，上述位移条件可写为

$$\left.\begin{aligned}\delta_{11}X_1+\delta_{12}X_2+\Delta_{1P}=0\\ \delta_{21}X_1+\delta_{22}X_2+\Delta_{2P}=0\end{aligned}\right\} \tag{6-5}$$

这就是两次超静定结构的力法基本方程。

力法基本方程的系数和自由项都是基本结构的位移。由于基本结构是静定结构，所以计算这些系数和自由项时并不困难。

根据式(6-5)求得多余未知力 X_1 和 X_2 后，便可应用静力平衡条件求出原结构的其他全部支座反力和内力。此时，也可利用叠加原理求内力。如任一截面的弯矩 M 可用以下叠加公式计算

$$M=\overline{M}_1 X_1+\overline{M}_2 X_2+M_P \tag{6-6}$$

式中，M_P 为荷载单独作用于基本结构时任一截面的弯矩；$\overline{M}_1$、$\overline{M}_2$ 分别是单位力 $X_1=1$ 和 $X_2=1$ 单独作用于基本结构时任一截面的弯矩。

同一结构可以按不同的方式选取基本结构和基本未知量。如图 6-7(a)所示结构，可用图 6-7(b)或图 6-7(c)、(d)所示的静定结构作为基本结构。这时，与所撤的多余约束相应的多余未知力是不同的。力法方程在形式上仍与式(6-5)相同，但因 X_1 和 X_2 含义不同，变形条件的含义也不同。如图 6-7(c)中，X_2 为支座 A 的反力矩，$\Delta_2=0$ 为原结构支座 A 的转角等于零。而在图 6-7(d)中，X_2 为梁中点左、右截面的内力矩，所以 $\Delta_2=0$ 为原结构在点 E 左、右两截面的相对转角等于零。此外，还应注意，不能将几何瞬变体系作为基本结构。图 6-7(e)所示的体系是瞬变体系，不能作为基本结构。由于力法的全部计算均在基本结构上进行，因而所选的基本结构应尽可能的使计算简便。

对于 n 次超静定结构的一般情形，力法的基本未知量是 n 个多余未知力 X_1，X_2，…，X_n，力法的基本体系是从原结构中去掉 n 个多余约束后所得到的一个静定结构。力法的基本方程是由 n 个多余约束处的 n 个变形条件组成的，即基本体系在 X_1，X_2，…，X_n 和荷载共同作用下沿 n 个多余未知力方向的位移应与原结构相应的位移相等。在线性变形体系中，根据叠加原理，n 个变形条件可写为

$$\left.\begin{aligned}\delta_{11}X_1+\delta_{12}X_2+\cdots+\delta_{1n}X_n+\Delta_{1P}=0\\ \delta_{21}X_1+\delta_{22}X_2+\cdots+\delta_{2n}X_n+\Delta_{2P}=0\\ \cdots\cdots\cdots\cdots\\ \delta_{n1}X_1+\delta_{n2}X_2+\cdots+\delta_{nn}X_n+\Delta_{nP}=0\end{aligned}\right\} \tag{6-7}$$

式(6-7)为 n 次超静定结构在荷载作用下力法方程的一般形式，称为力法方程的典型形式。

第六章 力 法

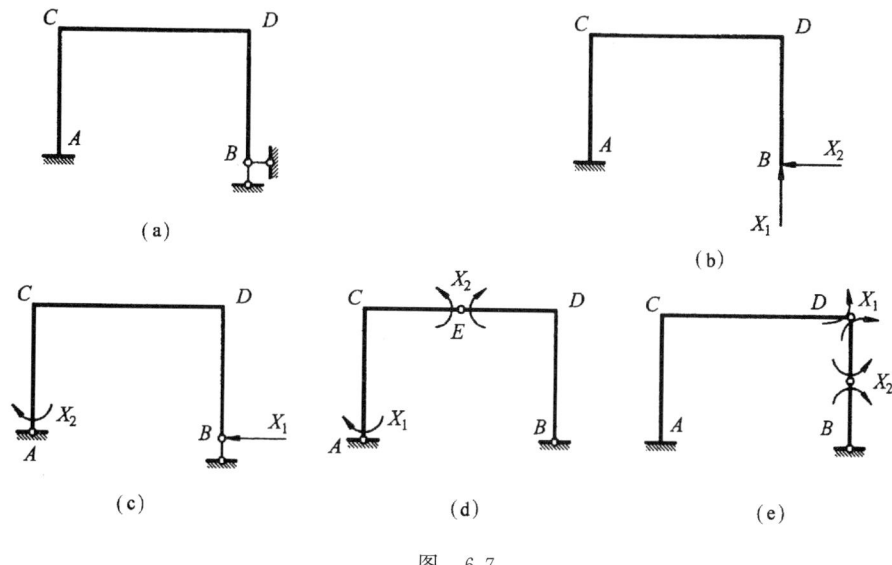

图 6-7

在式(6-7)中,系数 δ_{ij} 和自由项 Δ_{iP} 分别表示基本结构在单位力和荷载作用下的位移。位移符号中采用两个下标,第一个下标表示位移的方向,第二个下标表示产生位移的原因。即 δ_{ij} 为由单位力 $X_j=1$ 产生的沿 X_i 方向的位移,也称为柔度系数;Δ_{iP} 为由荷载产生的沿 X_i 方向的位移。位移正、负号规则为:当位移 δ_{ij} 或 Δ_{iP} 的方向与相应力 X_i 所设正方向相同时,则位移为正。

在式(6-7)中,主对角线上的系数 $\delta_{11},\delta_{22},\cdots,\delta_{nn}$ 称为主系数。主系数均为正值且不为零。不在主对角线上的系数 $\delta_{ij}(i\neq j)$ 称为副系数。副系数可以是正值,也可以是负值,或为零。根据位移互等定理,副系数 δ_{ij} 与 δ_{ji} 是相等的,即

$$\delta_{ij}=\delta_{ji}$$

上述所有系数和自由项可用第四章中计算位移的公式求得,对于平面结构,其位移计算式为

$$\delta_{ii}=\sum\int\frac{\overline{M}_i^2}{EI}\mathrm{d}s+\sum\int\frac{\overline{F}_{\mathrm{N}i}^2}{EA}\mathrm{d}s+\sum\int k\frac{\overline{F}_{\mathrm{Q}i}^2}{GA}\mathrm{d}s$$

$$\delta_{ij}=\delta_{ji}=\sum\int\frac{\overline{M}_i\overline{M}_j}{EI}\mathrm{d}s+\sum\int\frac{\overline{F}_{\mathrm{N}i}\overline{F}_{\mathrm{N}j}}{EA}\mathrm{d}s+\sum\int k\frac{\overline{F}_{\mathrm{Q}i}\overline{F}_{\mathrm{Q}j}}{GA}\mathrm{d}s$$

$$\Delta_{iP}=\sum\int\frac{\overline{M}_i M_{\mathrm{P}}}{EI}\mathrm{d}s+\sum\int\frac{\overline{F}_{\mathrm{N}i}F_{\mathrm{NP}}}{EA}\mathrm{d}s+\sum\int k\frac{\overline{F}_{\mathrm{Q}i}F_{\mathrm{QP}}}{GA}\mathrm{d}s$$

对于各种具体结构,常只需计算其中的一项或两项。

式(6-7)也可用矩阵形式表示为

$$\begin{bmatrix} \delta_{11} & \delta_{12} & \cdots & \delta_{1n} \\ \delta_{21} & \delta_{22} & \cdots & \delta_{2n} \\ \vdots & \vdots & & \vdots \\ \delta_{n1} & \delta_{n2} & \cdots & \delta_{nn} \end{bmatrix} \begin{bmatrix} X_1 \\ X_2 \\ \vdots \\ X_n \end{bmatrix} + \begin{bmatrix} \Delta_{1P} \\ \Delta_{2P} \\ \vdots \\ \Delta_{nP} \end{bmatrix} = \begin{bmatrix} 0 \\ 0 \\ \vdots \\ 0 \end{bmatrix} \qquad (6\text{-}8)$$

式中由柔度系数 δ_{ij} 组成的矩阵称为柔度矩阵。柔度矩阵是一个对称矩阵。因此，力法方程也称为柔度方程，力法也称为柔度法。

系数和自由项求得后，解力法方程组，即可求得多余未知力 $X_1, X_2, \cdots, X_n$，然后根据静力平衡条件或叠加原理，计算各截面内力，绘制内力图。如按叠加原理计算原结构弯矩的公式为

$$M = \overline{M}_1 X_1 + \overline{M}_2 X_2 + \cdots + \overline{M}_n X_n + M_P \qquad (6\text{-}9)$$

式中，$\overline{M}_i$ 为基本结构由于 $X_i = 1$ 单独作用所产生的弯矩；M_P 为基本结构由于荷载单独作用所产生的弯矩。

在应用式(6-9)求出超静定结构的弯矩后，可利用静力平衡条件进一步计算各截面的剪力 F_Q 和轴向力 F_N，并画出 F_Q 和 F_N 图。

第二节　荷载作用下超静定结构的力法计算

例 6-1　图 6-8(a)所示连续梁，各跨 EI 为常数，试绘制其 M 图。

解

① 确定超静定次数，选取基本结构。

此梁是两次超静定连续梁，在基本结构的诸多方案中，以图 6-8(b)所示简支梁为基本结构最便于计算，即去掉支点 B、C 两截面的转动约束而成铰结点，X_1 和 X_2 分别表示截面 B、C 的未知弯矩。

② 根据原结构已知变形条件建立力法基本方程。

原连续梁受力变形时，在结点 B、C 处都是连续的，都不发生左、右截面的相对转角，则力法基本方程为

$$\left. \begin{array}{l} \delta_{11} X_1 + \delta_{12} X_2 + \Delta_{1P} = 0 \\ \delta_{21} X_1 + \delta_{22} X_2 + \Delta_{2P} = 0 \end{array} \right\}$$

③ 求系数和自由项。

用力法计算超静定梁和刚架时，通常忽略剪力和轴力对位移的影响，而只考虑弯矩的影响。现绘出基本结构上各单位未知力 $X_i = 1$ 引起的单位弯矩图和荷载弯

矩图,如图 6-8(c)、(d)、(e)所示。运用图乘法求得各系数和自由项为

$$\delta_{11}=\delta_{22}=2\times\frac{1}{EI}\left(\frac{1}{3}\times l\times 1\times 1\right)=\frac{2l}{3EI}$$

$$\delta_{12}=\delta_{21}=\frac{1}{EI}\left(\frac{1}{6}\times l\times 1\times 1\right)=\frac{l}{6EI}$$

$$\Delta_{1P}=\frac{1}{EI}\left(\frac{2}{3}l\times\frac{1}{8}ql^2\times\frac{1}{2}\right)=\frac{ql^3}{24EI}$$

$$\Delta_{2P}=0$$

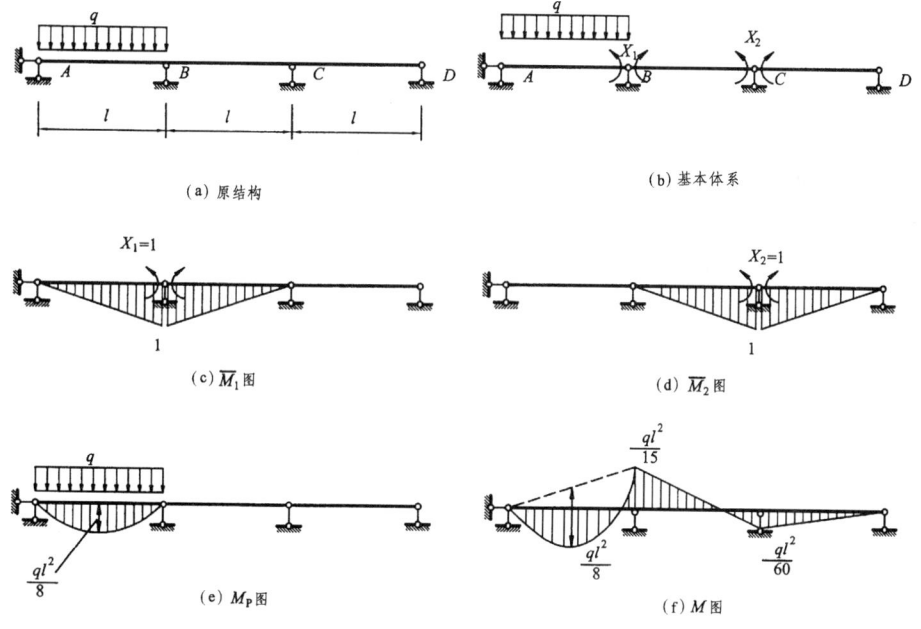

图 6-8

由上式计算可见,取简支梁为基本结构可使 $\overline{M}_i$、M_P 图的分布范围限于局部,位移计算比较简单。如果连续梁跨数更多时,这一优点更为明显,并将使不相邻的未知力之间的副系数都等于零,每个力法方程至多包含 3 个多余未知弯矩。

④ 求出多余未知力。

将以上所得各位移值代入力法基本方程,即有

$$\begin{cases}\dfrac{2l}{3EI}X_1+\dfrac{l}{6EI}X_2+\dfrac{ql^3}{24EI}=0\\[2mm]\dfrac{l}{6EI}X_1+\dfrac{2l}{3EI}X_2=0\end{cases}$$

解得 $X_1 = -\dfrac{1}{15}ql^2$, $X_2 = \dfrac{1}{60}ql^2$

负号表示 X_1 的方向与所设相反，截面 B 应为上边缘受拉。

⑤ 绘制最终弯矩图。

按式 $M = \overline{M}_1 X_1 + \overline{M}_2 X_2 + M_P$ 计算各杆端弯矩值，即

$$X_1 = M_B, \quad X_2 = M_C$$

在各杆段内用叠加法绘出弯矩图，如图 6-8(f)所示。

例 6-2 试绘制图 6-9(a)所示刚架的弯矩图。设各杆 $EI =$ 常数。

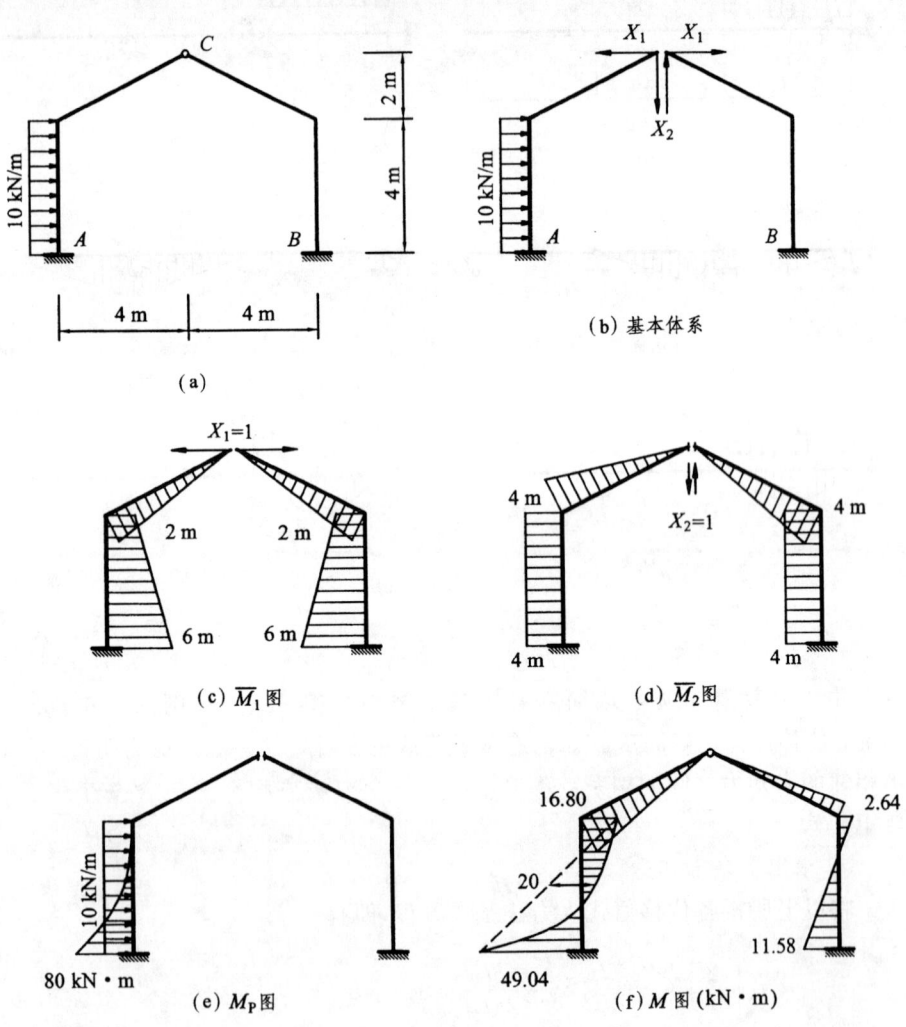

图 6-9

解

① 确定超静定次数,选取基本结构,建立力法方程。

将顶铰 C 拆开可得两悬臂式刚架,故为 2 次超静定,基本体系如图 6-9(b) 所示。

原刚架受力变形时,在顶铰 C 处左、右两截面的相对竖向、水平线位移为零,则力法基本方程为

$$\left.\begin{array}{l}\delta_{11}X_1+\delta_{12}X_2+\Delta_{1P}=0\\ \delta_{21}X_1+\delta_{22}X_2+\Delta_{2P}=0\end{array}\right\}$$

② 绘出基本结构上各单位未知力 $X_i=1$ 引起的单位弯矩图和荷载弯矩图,如图 6-9(c)、(d)、(e)所示。运用图乘法求得各系数和自由项为

$$\delta_{11}=\frac{2}{EI}\left[\frac{1}{3}\times\sqrt{20}\times 2\times 2+\frac{4}{6}(2\times 10+6\times 14)\right]=\frac{2\times 75.3}{EI}$$

$$\delta_{22}=\frac{2}{EI}\left(\frac{1}{3}\times\sqrt{20}\times 4\times 4+4\times 4\times 4\right)=\frac{2\times 87.85}{EI}$$

$$\delta_{12}=\delta_{21}=0$$

$$\Delta_{1P}=-\frac{1}{3EI}\times 4\times 80\times\left(2+\frac{3}{4}\times 4\right)=-\frac{1\ 600}{3EI}$$

$$\Delta_{2P}=\frac{1}{3EI}\times 4\times 80\times 4=\frac{1\ 280}{3EI}$$

③ 解力法方程。

将以上所得各位移值代入力法基本方程中,解出多余未知力为

$$X_1=3.54\ \text{kN},\quad X_2=-2.43\ \text{kN}$$

④ 绘制出最后弯矩图。

按式 $M=\overline{M}_1X_1+\overline{M}_2X_2+M_P$ 计算各杆端弯矩值,可绘出最后弯矩图,如图 6-9(f)所示。

例 6-3 图 6-10(c)所示排架,上柱抗弯刚度为 EI_1,下柱抗弯刚度为 EI_2,设 $I_2/I_1=7$,柱子承受水平制动力为 20 kN。试绘制该铰接排架的弯矩图。

① 确定超静定次数,选取基本结构。

铰接排架由屋架(或屋面梁)与柱组成。图 6-10(a)所示为装配式单层厂房的横剖面结构示意图。当对排架柱(含柱顶)受力进行内力分析时,通常可将屋架(或屋面梁)简化为与柱顶铰接且轴向刚度无限大的链杆。阶梯形的变截面柱其上端与链杆铰接,其下端与基础刚性连接,得到如图 6-10(b)所示的计算简图。荷载作用如图 6-10(c)所示。

铰接排架的超静定次数等于排架的跨数,此排架是一次超静定,其基本体系由切断链杆得到。链杆切断后,代之以一对大小相等、方向相反的广义力作为多余未知力,如图 6-10(d)所示。

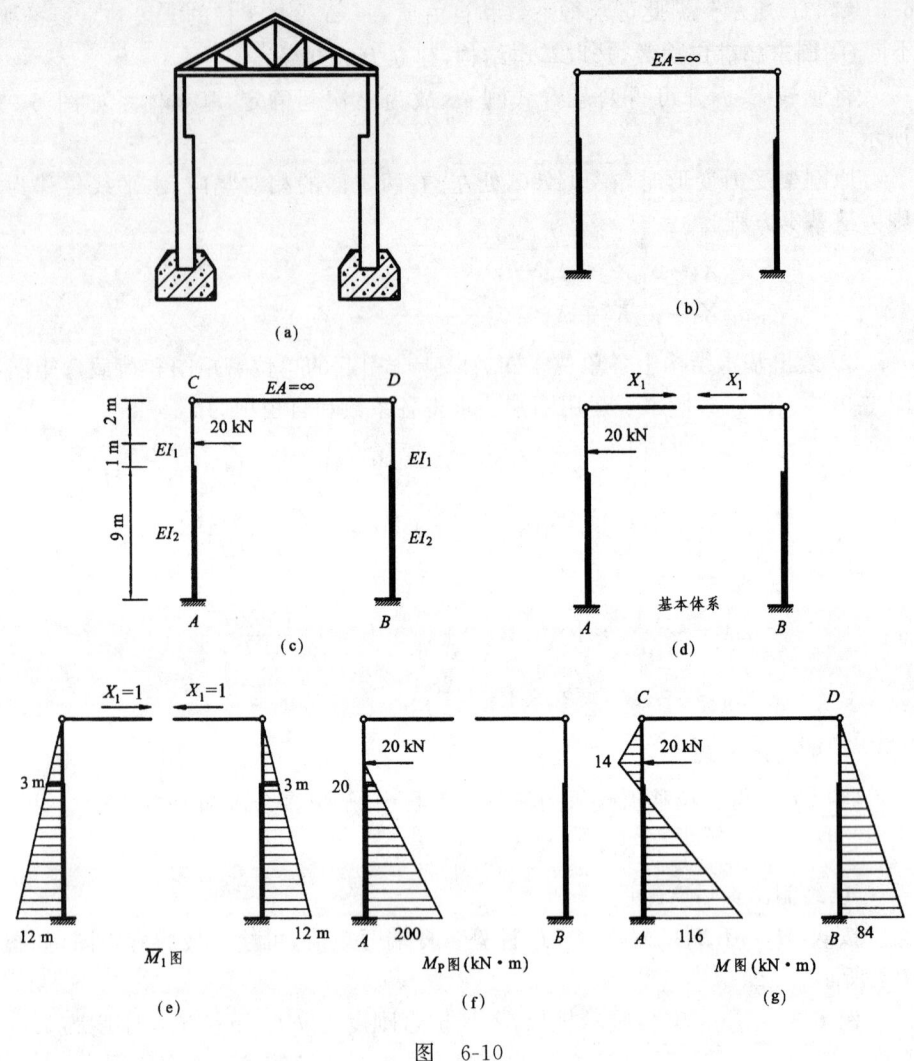

图 6-10

② 建立力法方程。

基本体系在荷载和多余未知力共同作用下,应满足的条件是切口处两侧截面沿轴向的相对位移为零,即切口处两侧截面沿轴向应保持连续。力法方程为

$$\delta_{11}X_1 + \Delta_{1P} = 0$$

③ 求系数和自由项。

因链杆的刚度 $EA \to \infty$,在计算系数和自由项时,忽略链杆轴向变形的影响,只考虑柱子弯矩对变形的影响。

绘制基本结构在与 $X_1=1$ 荷载分别作用下的弯矩图,$\overline{M}_1$ 和 M_P 图分别如图

6-10(e)、(f)所示。据此可求得系数和自由项 δ_{11}、Δ_{1P},由于柱的上段与下段的刚度不同,用图乘法求位移必须分段进行。

$$\delta_{11} = \frac{1}{EI_1}\left(\frac{1}{2}\times 3\times 3\times \frac{2}{3}\times 3\right)\times 2 +$$
$$\frac{1}{EI_2}\left(\frac{1}{2}\times 3\times 9\times 6 + \frac{1}{2}\times 12\times 9\times 9\right)\times 2$$
$$= \frac{18}{EI_1} + \frac{1\,134}{EI_2} = \frac{1}{EI_2}\left(18\times \frac{I_2}{I_1} + 1\,134\right) = 1\,260\times \left(\frac{1}{EI_2}\right)$$

$$\Delta_{1P} = -\frac{1}{EI_1}\left(\frac{1}{2}\times 20\times 1\times \frac{8}{9}\times 3\right) -$$
$$\frac{1}{EI_2}\left(\frac{1}{2}\times 20\times 9\times 6 + \frac{1}{2}\times 200\times 9\times 9\right)$$
$$= -\frac{1}{EI_1}\frac{80}{3} - \frac{1}{EI_2}(540 + 8\,100)$$
$$= -\frac{1}{EI_2}\left(\frac{80}{3}\times \frac{I_2}{I_1} + 8\,640\right) = -8\,826.67\times \left(\frac{1}{EI_2}\right)$$

④ 解力法方程。

将所得之系数和自由项代入力法方程,解出

$$X_1 = -\frac{\Delta_{1P}}{\delta_{11}} = 7 \text{ kN}$$

按叠加法,$M = \overline{M}_1 X_1 + M_P$,得排架最后弯矩图,如图 6-10(g)所示。

例 6-4 试用力法计算图 6-11(a)所示的超静定桁架的内力。设各杆 EA 相同。

① 选取基本体系。

这是一次超静定结构。切断上弦杆并代之以相应的多余未知力 X_1,得到图 6-11(b)的基本体系。

② 建立力法基本方程。

基本体系在荷载和多余未知力共同作用下,应满足的条件是切口两侧截面沿 X_1 方向的位移即相对轴向线位移为零,即切口处两侧截面沿轴向应保持连续。根据该位移条件,建立力法基本方程

$$\delta_{11} X_1 + \Delta_{1P} = 0$$

③ 求系数和自由项。

桁架是由两端为铰的链杆组成,杆件内力只有轴力。因而系数和自由项按静定桁架位移计算公式有

$$\delta_{11} = \sum \frac{\overline{F}_{N1}^2 l}{EA}, \quad \Delta_{1P} = \sum \frac{\overline{F}_{N1} F_{NP} l}{EA}$$

为此,应分别求出基本结构在单位多余未知力 $X_1 = 1$ 和荷载作用下各杆的内力 $\overline{F}_{N1}$ 和 F_{NP},如图 6-11(c)、(d)所示。

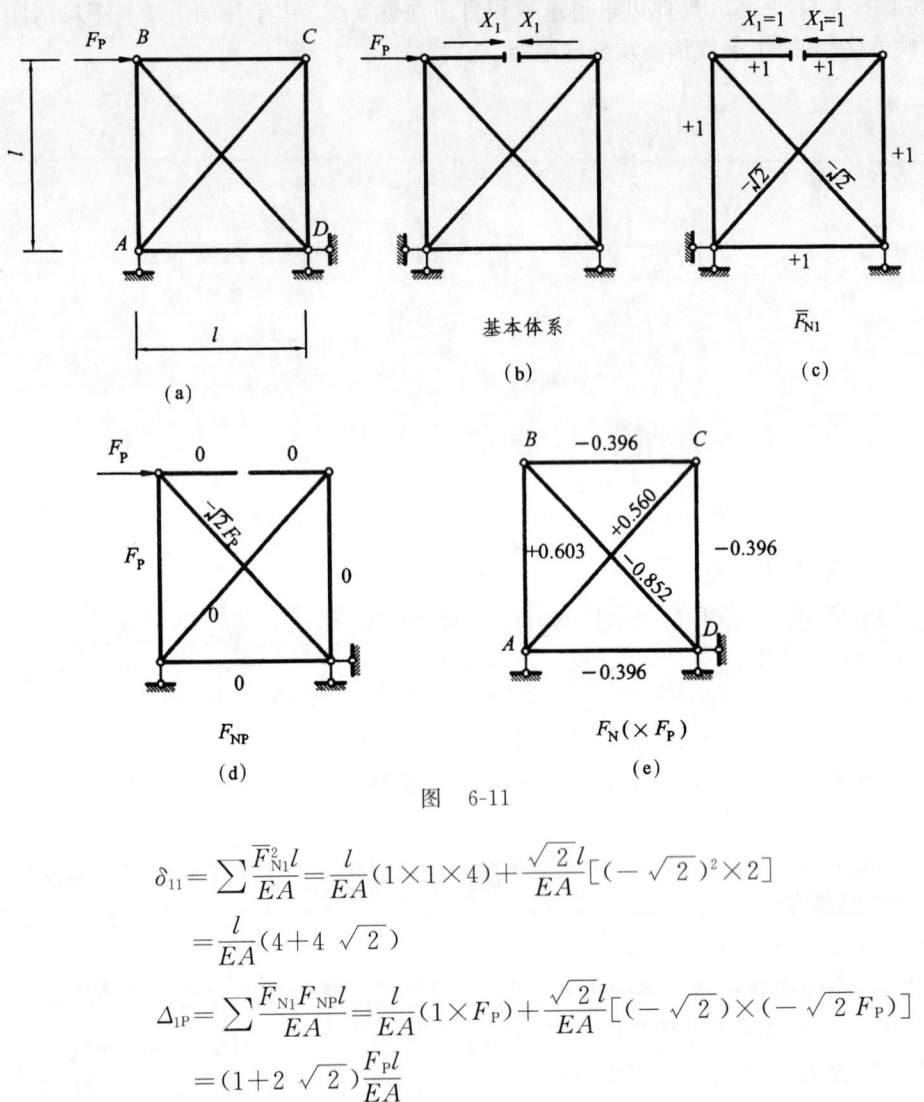

图 6-11

$$\delta_{11} = \sum \frac{\overline{F}_{N1}^2 l}{EA} = \frac{l}{EA}(1 \times 1 \times 4) + \frac{\sqrt{2}\,l}{EA}[(-\sqrt{2})^2 \times 2]$$

$$= \frac{l}{EA}(4 + 4\sqrt{2})$$

$$\Delta_{1P} = \sum \frac{\overline{F}_{N1} F_{NP} l}{EA} = \frac{l}{EA}(1 \times F_P) + \frac{\sqrt{2}\,l}{EA}[(-\sqrt{2}) \times (-\sqrt{2}\,F_P)]$$

$$= (1 + 2\sqrt{2})\frac{F_P l}{EA}$$

④ 解力法方程。

将以上所得各位移值代入力法基本方程中,解出多余未知力为

$$X_1 = -\frac{\Delta_{1P}}{\delta_{11}} = -\frac{(1+2\sqrt{2})F_P}{4+4\sqrt{2}} = -0.396 F_P$$

⑤ 计算出各杆内力。

按式 $F_N = \overline{F}_{N1} X_1 + F_{NP}$ 计算各杆内力值,计算结果如图 6-11(e)所示。

例 6-5 用力法计算图 6-12(a)所示超静定组合结构的内力。已知 $A = \dfrac{10I}{l^2}$,试按去掉 CD 杆和切断 CD 杆两种不同的基本体系建立力法基本方程进行计算;并讨论 CD 杆的面积趋于零和 CD 杆的面积趋于无穷大的情况。

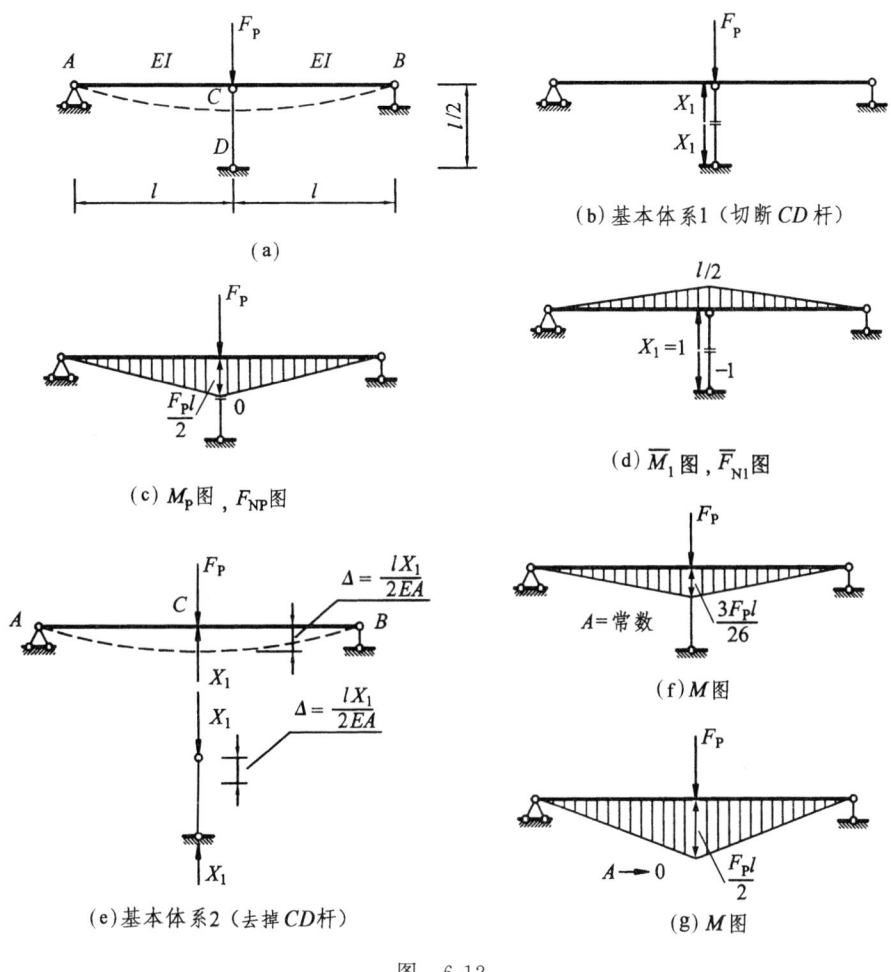

图 6-12

解

① 选取基本体系。

切断竖向链杆 CD 并代之以多余未知力 X_1,可得到图 6-12(b)所示的基本体系。

② 建立力法基本方程。

根据切口处相对轴向位移为零的条件,建立力法基本方程

$$\delta_{11}X_1 + \Delta_{1P} = 0$$

③ 求系数和自由项。

组合结构是由梁式杆和链杆组成的结构。在组合结构中,链杆只受轴力作用。

梁式杆既承受弯矩,也承受轴力和剪力作用。在计算位移时,对链杆只考虑轴力项的影响,对梁式杆通常可忽略轴力项和剪力项的影响,只考虑弯矩项的影响。因而力法方程的系数和自由项的计算按组合结构位移公式有

$$\delta_{11} = \sum \int \frac{\overline{M}_1^2 \mathrm{d}s}{EI} + \sum \frac{\overline{F}_{N1}^2 l}{EA}$$

$$\Delta_{1P} = \sum \int \frac{\overline{M}_1 M_P \mathrm{d}s}{EI} + \sum \frac{\overline{F}_{N1} F_{NP} l}{EA}$$

为此,分别绘出基本结构中梁的 $\overline{M}_1$ 及 M_P 图,并求出各链杆的 $\overline{F}_{N1}$ 及 F_{NP},如图 6-12(c)、(d)所示,由系数和自由项的计算式可求得

$$\delta_{11} = \sum \int \frac{\overline{M}_1^2 \mathrm{d}s}{EI} + \sum \frac{\overline{F}_{N1}^2 l}{EA} = \frac{l^3}{6EI} + \frac{l}{2EA}$$

$$\Delta_{1P} = \sum \int \frac{\overline{M}_1 M_P \mathrm{d}s}{EI} + \sum \frac{\overline{F}_{N1} F_{NP} l}{EA} = \sum \int \frac{\overline{M}_1 M_P \mathrm{d}s}{EI} = -\frac{F_P l^3}{6EI}$$

④ 解力法方程。

将以上所得各位移值代入力法基本方程中,有

$$\left(\frac{l^3}{6EI} + \frac{l}{2EA}\right) X_1 - \frac{F_P l^3}{6EI} = 0$$

$$X_1 = \frac{\dfrac{F_P l^3}{6EI}}{\dfrac{l^3}{6EI} + \dfrac{l}{2EA}} = \frac{10 F_P}{13}$$

⑤ 取基本体系二。

去掉 CD 杆,设 X_1 向下,如图 6-12(e)所示。根据原结构 C 点竖向位移为 Δ 的条件,建立力法基本方程

$$\delta_{11} X_1 + \Delta_{1P} = -\Delta$$

其中 $\Delta = \dfrac{X_1 l}{2EA}$

力法方程的系数和自由项为

$$\delta_{11} = \frac{l^3}{6EI}, \quad \Delta_{1P} = -\frac{F_P l^3}{6EI}$$

将以上所得各位移值代入力法基本方程中,有

$$\frac{l^3}{6EI} X_1 - \frac{F_P l^3}{6EI} = -\frac{X_1 l}{2EA}$$

解出多余未知力为

$$X_1 = \frac{\dfrac{F_P l^3}{6EI}}{\dfrac{l^3}{6EI} + \dfrac{l}{2EA}} = \frac{10 F_P}{13}$$

最后内力为

$$M = \overline{M}_1 X_1 + M_P, \quad F_N = \overline{F}_{N1} X_1 + F_{NP}$$

据此可绘出梁的弯矩图，如图 6-12(f)所示。

⑥ 讨论改变链杆截面 A 时内力的变化情况。

当链杆 CD 截面面积 A 趋于零时，得

$$X_1 = \frac{\dfrac{F_P l^3}{6EI}}{\dfrac{l^3}{6EI} + \dfrac{l}{2EA}} = 0$$

当链杆 CD 截面面积 A 趋于无穷大时，得

$$X_1 = \frac{\dfrac{F_P l^3}{6EI}}{\dfrac{l^3}{6EI} + \dfrac{l}{2EA}} = F_P$$

当链杆 CD 截面面积 A 为常值时，对 AB 梁而言相当于在 C 点有一弹性支承的情况，弯矩图如图 6-12(f)所示。

由以上讨论可以看出，如果改变链杆截面 A 的大小，结构的内力分布将随之改变。当梁上两跨都承载时，链杆截面 A 减小，δ_{11} 将增大，X_1 的绝对值将减小，于是梁的正弯矩值将增大而负弯矩值将减小。当 $A \rightarrow 0$ 时，梁的弯矩图将成为简支梁的弯矩图，如图 6-12(g)所示。反之，当 A 增大时，梁的正弯矩值将减小而负弯矩值将增大。当 $A \rightarrow \infty$ 时，梁的中点相当于有一刚性支座，其弯矩图与两跨连续梁的弯矩图相同。

第三节 对称性的利用

用力法计算超静定结构，结构的超静定次数越高，计算工作量越大。而其中主要的工作量在于求解力法方程，即需要计算大量的系数、自由项并解线性方程组。若要使计算简化，则需从简化力法方程入手。在力法的基本方程中，若能使一些系数和自由项为零，则可使计算简化。我们知道，主系数是恒为正且不等于零的。因此，力法的简化原则是使尽可能多的副系数及自由项等于零。能达到简化目的的方法很多，例如对称性的利用、弹性中心法等。而这些方法的关键是在于选择合理的基本体系和基本未知量。本节讨论对称性的利用。

在工程中，很多结构是对称的。利用结构的对称性可以使计算得到简化。

（1）结构的对称性

结构的对称,是指对结构中某一轴的对称。所以,对称结构必须有对称轴。结构的对称性,包含以下两个方面:

① 结构的几何形状、尺寸和支承情况对某一轴对称。

② 杆件截面尺寸和材料弹性模量(从而杆件截面刚度 EI、EA、GA)也对此轴对称。因此,对称结构绕对称轴对折后,对称轴两边的结构图形完全重合。

图 6-13(a)所示单跨刚架,有一根竖向对称轴;图 6-13(b)所示涵管则有两根对称轴。

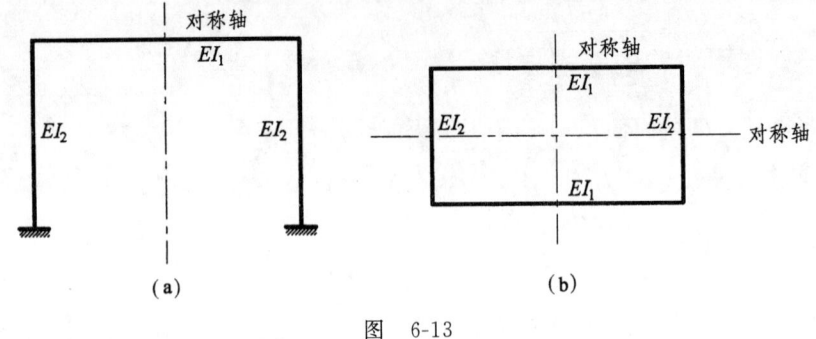

图 6-13

(2) 荷载的对称性

如图 6-14(a)所示的对称刚架,受任何荷载作用(图 6-14b),都可以分解为两

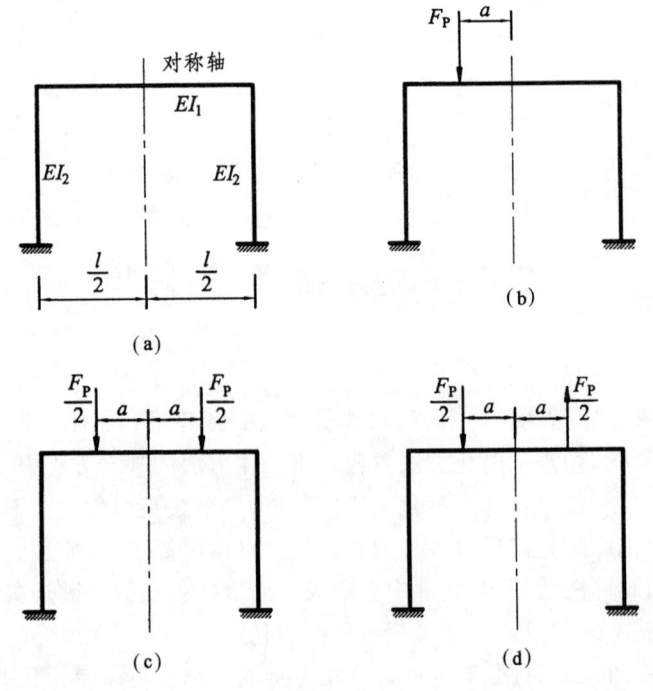

图 6-14

部分,一部分是对称荷载,如图 6-14(c)所示;另一部分是反对称荷载,如图 6-14(d)所示。原结构的最终内力,可由这两种情况分别进行计算,然后将两者所得内力叠加,即得原结构的最终内力。

对称荷载绕对称轴对折后,对称轴两边的荷载彼此重合(作用点相对应、数值相等、方向相同);反对称荷载绕对称轴对折后,对称轴两边的荷载正好相反(作用点相对应、数值相等、方向相反)。

一、选取对称的基本结构

计算对称结构时,为简化计算,应选择对称的基本体系,并取对称力和反对称力作为多余未知力。以图 6-14(b)所示的三次超静定刚架为例,可沿对称轴上梁的中间截面切开,所得的基本体系是对称的,如图 6-15(a)所示。梁的中间截面切口两侧有三对相互作用的多余未知力,一对弯矩 X_1,一对轴力 X_2,一对剪力 X_3。根据力的对称性分析,X_1、X_2 是对称力,X_3 是反对称力。

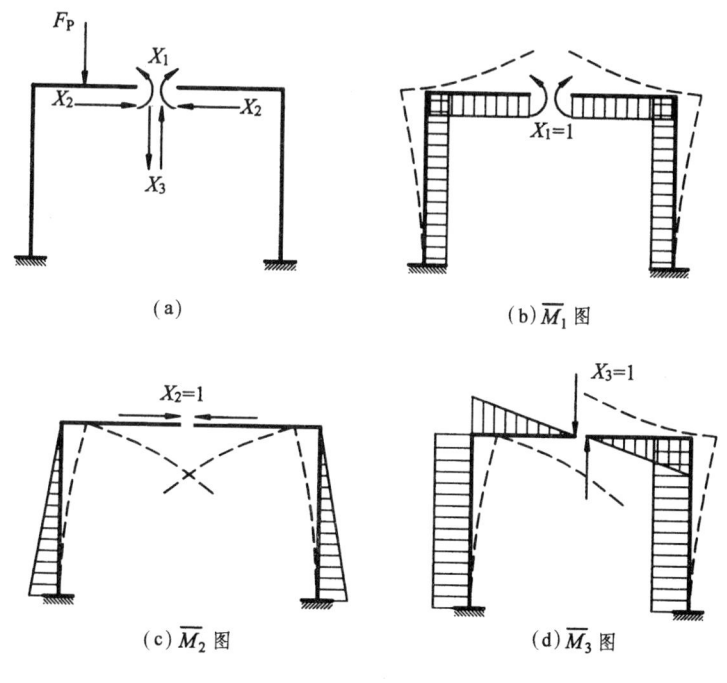

图 6-15

基本体系在荷载与 X_1、X_2、X_3 共同作用下切口两侧截面的相对转角、相对水平线位移和竖向线位移应等于零。力法方程可写为

$$\left.\begin{array}{l}\delta_{11}X_1+\delta_{12}X_2+\delta_{13}X_3+\Delta_{1P}=0\\ \delta_{21}X_1+\delta_{22}X_2+\delta_{23}X_3+\Delta_{2P}=0\\ \delta_{31}X_1+\delta_{32}X_2+\delta_{33}X_3+\Delta_{3P}=0\end{array}\right\} \quad (a)$$

图 6-15(b)、(c)、(d)分别为各单位多余未知力作用时的单位弯矩图和变形图。可以看出：对称未知力 X_1 和 X_2 所产生的弯矩图 $\overline{M}_1$ 和 $\overline{M}_2$ 及变形图是对称的；反对称未知力 X_3 所产生的弯矩图 $\overline{M}_3$ 和变形图是反对称的。因此，力法方程的系数

$$\delta_{13}=\delta_{31}=\sum\int\frac{\overline{M}_1\overline{M}_3\mathrm{d}s}{EI}=0$$
$$\delta_{23}=\delta_{32}=\sum\int\frac{\overline{M}_2\overline{M}_3\mathrm{d}s}{EI}=0$$

于是，力法方程可简化为

$$\left.\begin{array}{l}\delta_{11}X_1+\delta_{12}X_2+\Delta_{1P}=0\\ \delta_{21}X_1+\delta_{22}X_2+\Delta_{2P}=0\\ \delta_{33}X_3+\Delta_{3P}=0\end{array}\right\} \quad (b)$$

由此可见，选取对称的基本结构可将力法方程组分解为独立的两组。一组只包含正对称未知力，另一组只包含反对称未知力，原来的高阶方程组可分解为两个低阶方程组，这种降阶使计算大为简化。

下面对图 6-14(c)、(d)所示的正对称荷载和反对称荷载两种情况作进一步的讨论。

（一）对称荷载作用

以图 6-14(c)所示的正对称荷载为例，这时基本结构的荷载弯矩图 M_P 是对称的（图 6-16a），而 $\overline{M}_3$ 图（图 6-15d）是反对称的，因此

$$\Delta_{3P}=\sum\int\frac{\overline{M}_3 M_P\mathrm{d}s}{EI}=0$$

代入力法方程式(b)的第三式，可知反对称未知力 $X_3=0$，至于对称未知力 X_1 和 X_2，只需用式(b)前两式进行计算（图 6-16b）。

一般来说，对称结构在对称荷载作用下，变形是对称分布的，支座反力和内力也是对称分布的。因此，在对称的基本体系中，反对称的未知力必等于零，只需计算对称未知力。

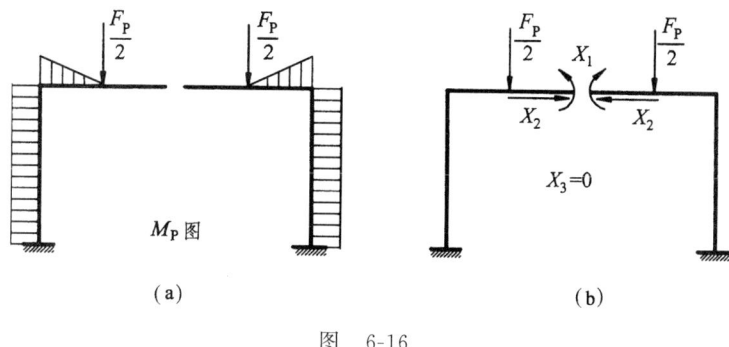

图 6-16

（二）反对称荷载作用

以图 6-14(d)所示的反对称荷载为例,这时基本结构的荷载弯矩图 M_P 是反对称的(图 6-17a),而 $\overline{M}_1$ 和 $\overline{M}_2$(图 6-15 b、c)是对称的,因此

$$\Delta_{1P}=\sum\int\frac{\overline{M}_1 M_P \mathrm{d}s}{EI}=0$$

$$\Delta_{2P}=\sum\int\frac{\overline{M}_2 M_P \mathrm{d}s}{EI}=0$$

代入力法方程式(b)的前两式可知,对称未知力 $X_1=X_2=0$,至于反对称未知力 X_3,只需用式(b)第三式进行计算(图 6-17b)。

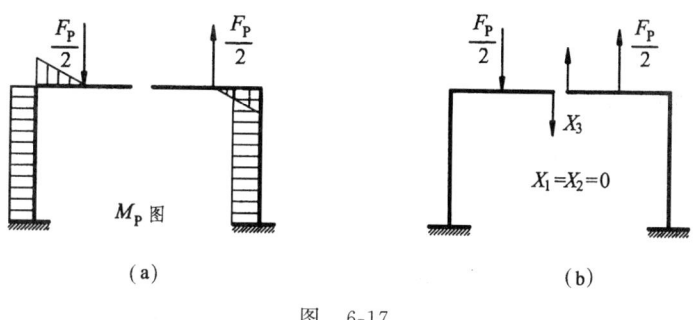

图 6-17

一般来说,对称结构在反对称荷载作用下,变形是反对称分布的,支座反力和内力也是反对称分布的。因此,在对称的基本体系中,对称的未知力必等于零,只需计算反对称未知力。

二、选取半边结构

根据上述对称结构的受力与变形特点,为简化结构计算,可截取半个结构来作分析,即为对称结构的半结构分析法。半结构分析法要求该半结构能等效代替原结构的半边的受力与变形状态,关键在于被截开处(沿对称轴)应按原结构上的位移条件及相应的静力条件设置相应合适的支承。

(一) 对称结构在正对称荷载作用下半结构的截取

图 6-18(a)所示的单跨对称刚架,在对称荷载作用下变形是对称的,在对称轴上的截面 C 位移到对称轴上的 C',变形曲线在 C 点的切线是水平的,斜率等于零。因此,对称轴上的 C 点只有竖向位移,而水平位移和转角为零。同时,在对称荷载作用下的受力也是对称的,在对称轴截面 C 上只有对称的弯矩 X_1 和轴力 X_2,而反对称的剪力 X_3 等于零。因此,从对称轴切开取半边结构计算时,对称轴截面 C 处的支座可取为滑动支座,计算简图如图 6-18(b)所示,这是一个两次超静定结构。

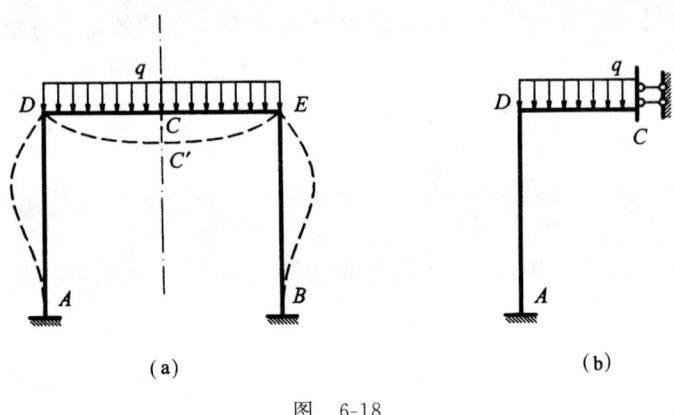

图 6-18

图 6-19(a)为单跨两层的对称刚架,在对称轴上的结点 B 无水平线位移,截面 A 无转角和水平线位移,故截取半结构计算时,切口 B 处理成竖向可动铰支承,切口 A 处理成定向滑动支承,如图 6-19(b)所示。

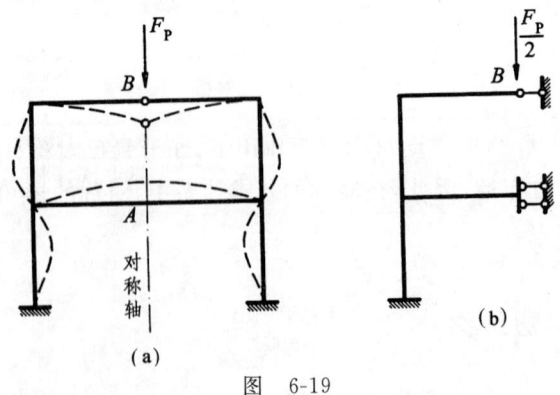

图 6-19

图 6-20(a)所示刚架受正对称荷载作用,在对称轴上的结点 B 和 A 均无转角

及水平线位移,故杆 AB 无转角但可发生竖向线位移且 A 和 B 点竖向位移相等,中央竖杆 AB 不发生挠曲,因此截取半结构时,可将杆 AB 看作刚性杆而保留,并在结点 B、A 分别加上水平链杆支承,如图 6-20(b)所示。

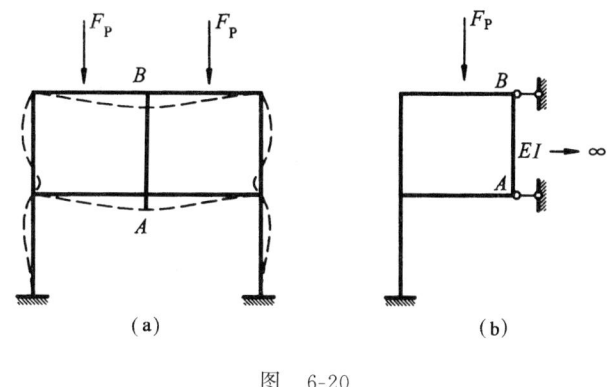

图 6-20

图 6-21(a)为两跨(或偶数跨)对称连续梁受正对称荷载作用,在对称轴上的结点 A 不发生反对称的转动和任何线位移,截取半个结构分析时,切口应处理成固定端,如图 6-21(b)所示。

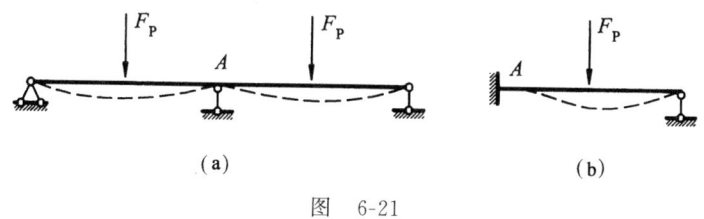

图 6-21

图 6-22(a)为两跨两层对称刚架受正对称荷载作用,不计梁柱的轴向变形时,在对称轴上的铰结点 B 左、右可发生相对转动,但无线位移;结点 A 则无任何位

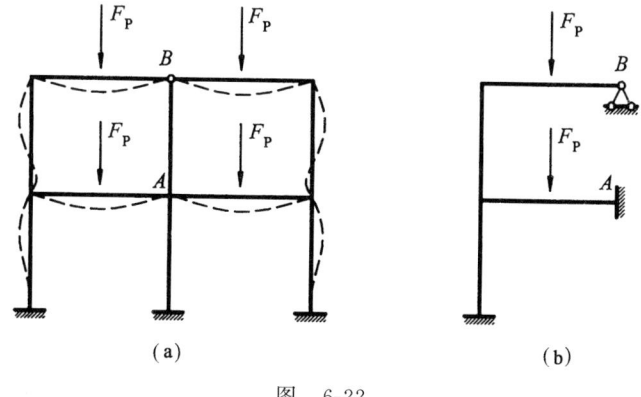

图 6-22

移;位于对称轴上的中央竖柱仅受轴向力而无任何变形(忽略轴向变形)。因此,截取半个结构分析时,结点 B 可处理成不动铰支承,结点 A 可处理成固定端,而略去中柱,如图 6-22(b)所示。

图 6-23(a)所示框架具有两根对称轴,在正对称荷载下处于平衡状态。对称轴上的结点 A 和 B 均无任何位移,故可截取其 1/4 结构(图 6-23b)来进行计算。

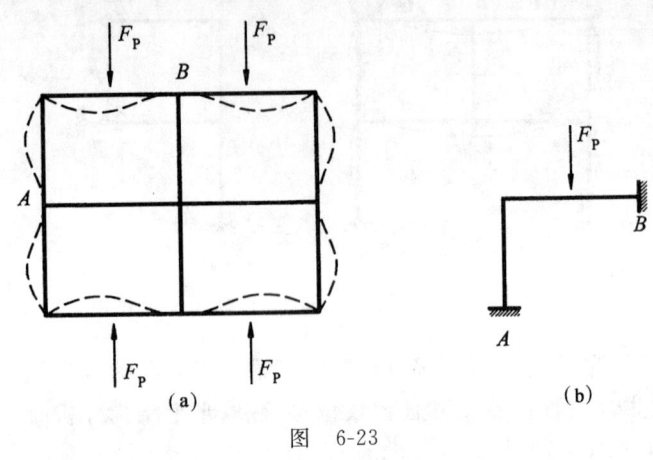

图 6-23

(二) 对称结构在反对称荷载作用下半结构的截取

图 6-24(a)所示的在反对称荷载作用下的单跨对称刚架,变形是反对称的,对称轴上截面 C 位移到 C',C 点有水平位移和转角,竖向位移为零。在反对称荷载作用下的受力也是反对称的,在对称轴截面 C 上只有反对称的剪力 X_3,而对称的弯矩 X_1 和轴力 X_2 等于零。

因此,取半边结构计算时,C 端可处理成水平可动铰支承,如图 6-24(b)所示。

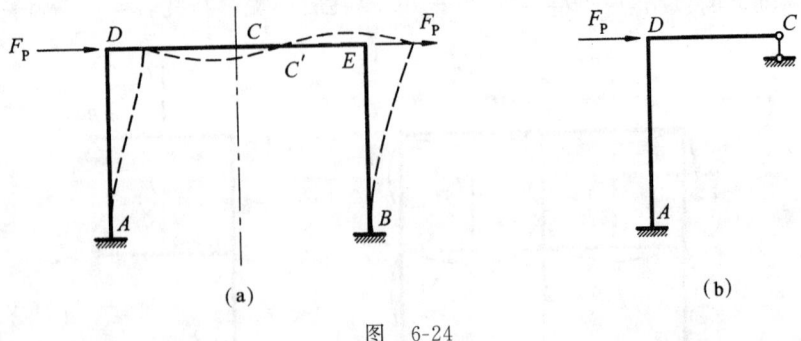

图 6-24

图 6-25(a)为单跨两层刚架,对称轴上的结点 B、A 均将有反对称的转角和水平线位移,但无竖向位移,且两处均无弯矩和轴力,故截取半结构时切口 B、A 均处理成水平可动铰支承,如图 6-25(b)所示。

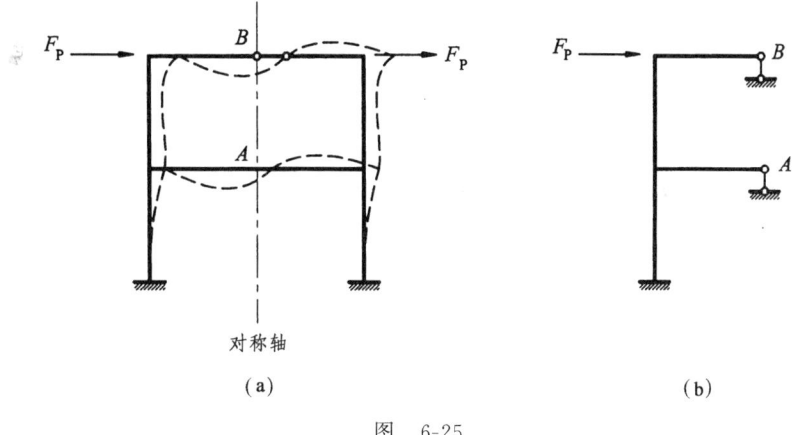

图 6-25

图 6-26(a)所示为一两跨对称刚架受反对称荷载作用,为六次超静定结构。因变形的反对称性,对称轴上的 CD 杆有弯曲变形,刚结点 C 有转角,C 点的竖向位移为零。在截取半结构分析时,将柱 CD 分解为两根位于对称轴两侧而抗弯刚度为 $I/2$ 的分柱,则一个两跨对称刚架分为两个对称的单跨半结构刚架,它们之间的相互作用力只存在一对反对称未知剪力 X_3(图 6-26b),相应的半边结构如图 6-26(c)所示。由于忽略了轴向变形的影响,半边结构也可选取图 6-26(d)。由于两根分柱的弯矩、剪力相同,故总弯矩和总剪力为分柱弯矩和剪力的两倍,又由于两根分柱的轴力绝对值相同而正、负号相反,故总轴力为零。

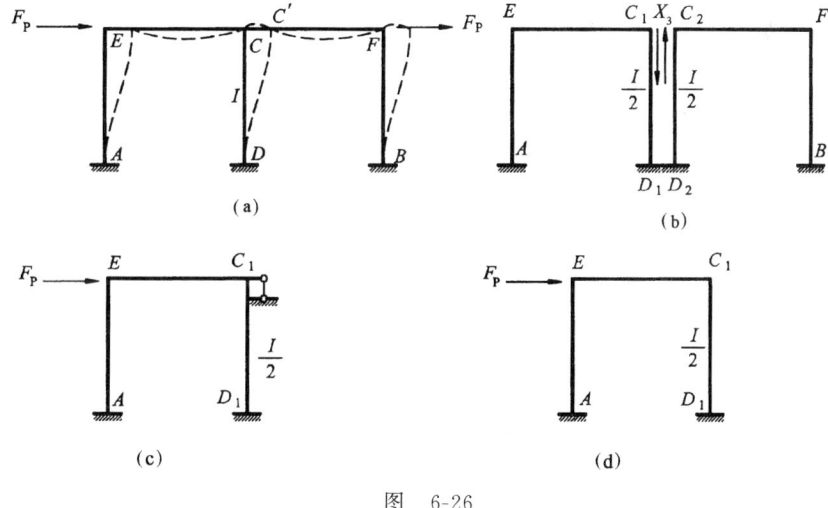

图 6-26

图 6-27(a)所示刚架受反对称荷载作用,对称轴上的结点 A 和 B 均将有转角和侧移,但无竖向线位移,中央竖杆 AB 发生挠曲变形,在截取半结构计算时,除了取竖

杆 AB 刚度之半($EI/2$)外，还应在 A 处加一竖向链杆支承，如图 6-27(b)所示。

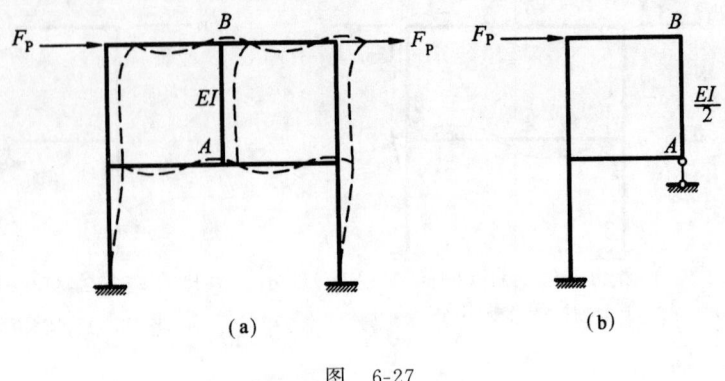

图 6-27

现将对称结构的简化计算小结如下：

① 采用对称的基本体系，将基本未知量分为对称未知力和反对称未知力两组，则在力法方程中将有 $\delta_{ij}=0$（这里，i 为对称未知力方向，j 为反对称未知力方向）。这样，多元方程组将分解为两组低元方程。

对于不同类型的荷载，又可分为三种情形。

· 对称荷载作用，则只需计算对称未知力（反对称未知力为零）。

· 反对称荷载作用，则只需计算反对称未知力（对称未知力为零）。

· 任意荷载作用，可将其分解为对称和反对称两种情形分别计算，然后进行叠加得最后结果。也可不分解，直接用非对称荷载计算，但要采用对称的基本体系和基本未知力，力法方程自然分为两组。

② 采用半边结构计算。对称结构可分为奇数跨和偶数跨两种情形，它们在对称荷载和反对称荷载作用时在对称轴上的变形和内力是不同的。此外，采用半边结构简化计算时，荷载必须是对称荷载或反对称荷载。如果是非对称荷载，则需分解为对称荷载和反对称荷载两种情形，分别采用半边结构计算简图进行计算，然后叠加得最后结果。

当用力法计算出半边结构的多余未知力后，就可绘制出半边结构的内力图，而另一侧半边结构的内力图就可根据内力图图形的对称关系画出。

在对称荷载作用下，对称结构的弯矩图、轴力图是对称的，剪力图是反对称的；在反对称荷载作用下，对称结构的弯矩图、轴力图是反对称的，而剪力图是对称的。

三、选取广义未知力

当对称的超静定结构所具有的多余约束位于两处或两处以上时，可以在全结构的基础上，去掉对称位置上的多余约束而形成对称形式的基本结构，为了使力法方程中的副系数等于零,可将多余未知力分解成对称与反对称两组,从而达到简化计算的目的。

图 6-28(a)所示为两次超静定刚架,去除 A、C 两处支座约束而成图 6-28(b)所示的基本结构。但按每个未知力单独作用的单位弯矩图既不是正对称的、又不是反对称的,即副系数 δ_{12} 不为零。若将对称位置上的未知力 X_1 和 X_2 重新分解与组合,即

$$X_1=Y_1+Y_2, \quad X_2=Y_1-Y_2$$

这就形成了两个新的未知力组,如图 6-28(c)所示。其中一组为正对称未知力 Y_1,另一组为反对称未知力 Y_2,这里的 Y_1 与 Y_2 称为广义未知力。广义未知力 Y_1、Y_2 与原来的单独未知力 X_1、X_2 之间有如下关系

$$Y_1=\frac{1}{2}(X_1+X_2), \quad Y_2=\frac{1}{2}(X_1-X_2)$$

即 Y_1、Y_2 是 X_1、X_2 的线性组合。

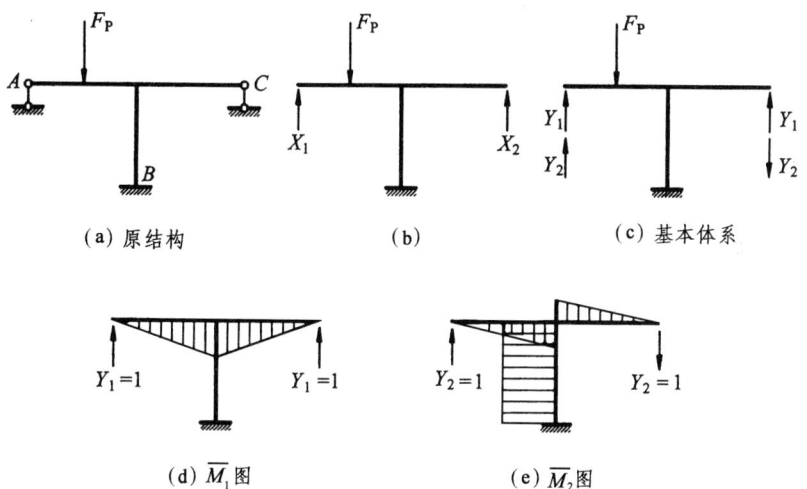

图 6-28

力法方程所依据的原结构位移条件 $\Delta_1=0$、$\Delta_2=0$,现在的含义是在广义未知力 Y_1、Y_2 和荷载共同作用下,A、C 两点沿竖向的线位移之和与线位移之差等于零。注意:单位弯矩图 $\overline{M}_1$、$\overline{M}_2$ 是广义未知力 $Y_1=1$、$Y_2=1$ 分别作用于基本结构 A、C 两处所产生的,如图 6-28(d)、(e)所示。由正对称的 $\overline{M}_1$ 图与反对称的 $\overline{M}_2$ 图求得的副系数 $\delta_{12}=0$,于是力法方程就简化为

$$\delta_{11}Y_1+\Delta_{1P}=0 \tag{a}$$
$$\delta_{22}Y_2+\Delta_{2P}=0 \tag{b}$$

两式中(a)式只包含正对称的广义未知力,(b)式只包含反对称的广义未知力。若再考虑将一般荷载分解为对称与反对称两组,则在正对称组荷载作用下,只存在对称广义未知力,反对称广义未知力为零;在反对称组荷载作用下,只存在反对称广义未知力,对称广义未知力为零。

第四节　广义荷载作用下的力法计算

超静定结构区别于静定结构的一个重要特征便是,当结构在周围温度发生改变或支座发生移动、转动;材料收缩、杆件制造误差等各种能使结构发生变形的情况下,一般都会使超静定结构产生内力。作用于结构上的这些非荷载因素,称为广义荷载。

用力法分析广义荷载作用下的超静定结构,其基本原理及步骤与在荷载作用下相同,差别只是力法基本方程中的自由项不再是由荷载所产生,而是由上述因素产生的基本结构在多余未知力方向的位移。

现分别对两种广义荷载作用下的内力计算方法进行说明。

一、温度变化的影响

图 6-29(a)所示超静定刚架,设其外侧温度(相对于原始温度)升高 t_1,内侧温度升高 t_2,且 $t_1 > t_2$。现若去掉支座 B 的两根链杆,多余约束力为 X_1 和 X_2,基本结构即如图 6-29(b)所示。显然,在温度改变和多余约束力共同作用下,基本结构上支座 B 处沿 X_1 方向的位移 Δ_1 和沿 X_2 方向的位移 Δ_2 应与原结构的已知位移条件一致,即

$$\Delta_1 = 0, \quad \Delta_2 = 0$$

由叠加原理,建立如下力法基本方程

$$\left.\begin{array}{l}\Delta_1 = \delta_{11}X_1 + \delta_{12}X_2 + \Delta_{1t} = 0 \\ \Delta_2 = \delta_{21}X_1 + \delta_{22}X_2 + \Delta_{2t} = 0\end{array}\right\} \quad (6\text{-}10)$$

式中所有系数的计算完全和前面所述一样(对于同一基本结构而言,这些系数并不随外界作用因素而变),自由项 Δ_{1t} 和 Δ_{2t} 分别表示基本结构由于温度改变而引起在 X_1 和 X_2 方向的位移,如图 6-29(e)所示,它可按第四章提供的公式(4-14)计算

$$\Delta_{it} = \sum \alpha t_0 \int \overline{F}_N \mathrm{d}s + \sum \frac{\alpha \Delta t}{h} \int \overline{M} \mathrm{d}s = \sum \alpha t_0 \omega_N + \sum \frac{\alpha \Delta t}{h} \omega_{\overline{M}}$$

求出的系数和自由项代入力法基本方程(6-10),即可解出多余未知力 X_1 和 X_2。由

第六章 力 法

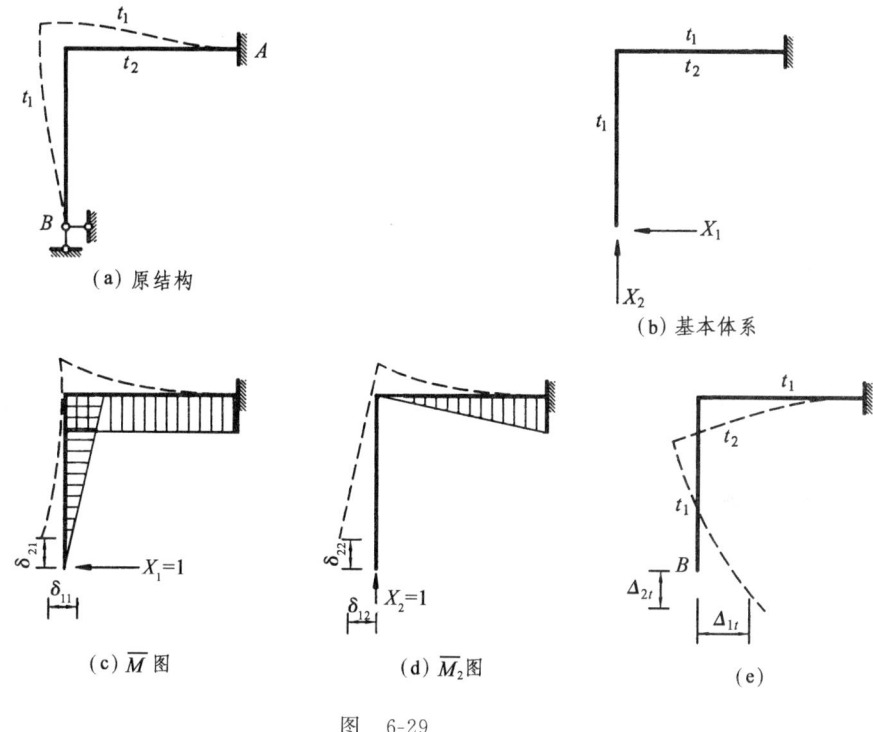

图 6-29

图 6-29(e)容易看出,因为基本结构是静定的,在温度改变作用下并不引起内力,所以超静定结构的最终内力只与多余未知力有关。最终弯矩的算式为

$$M = \overline{M}_1 X_1 + \overline{M}_2 X_2$$

对于 n 次超静定结构,可表示为

$$M = \sum_{i=1}^{n} \overline{M}_i X_i \qquad (6\text{-}11)$$

例 6-6 图 6-30(a)为两铰刚架,各杆 EI 为常数,其内侧温度升高 25℃,外侧温度升高 15℃,材料的线膨胀系数为 α,各杆矩形等截面的高 $h = 0.1l$,试用力法求解刚架最终弯矩图。

解 此刚架仅有一个多余约束,取图 6-30(b)为基本体系,力法方程为

$$\delta_{11} X_1 + \Delta_{1t} = 0$$

为求系数和自由项,作出单位弯矩图和轴力图分别如图 6-30(c)、(d)所示,位移计算为

$$\delta_{11} = \sum \int \frac{\overline{M}_1^2 \mathrm{d}x}{EI} = \frac{5l^3}{3EI}$$

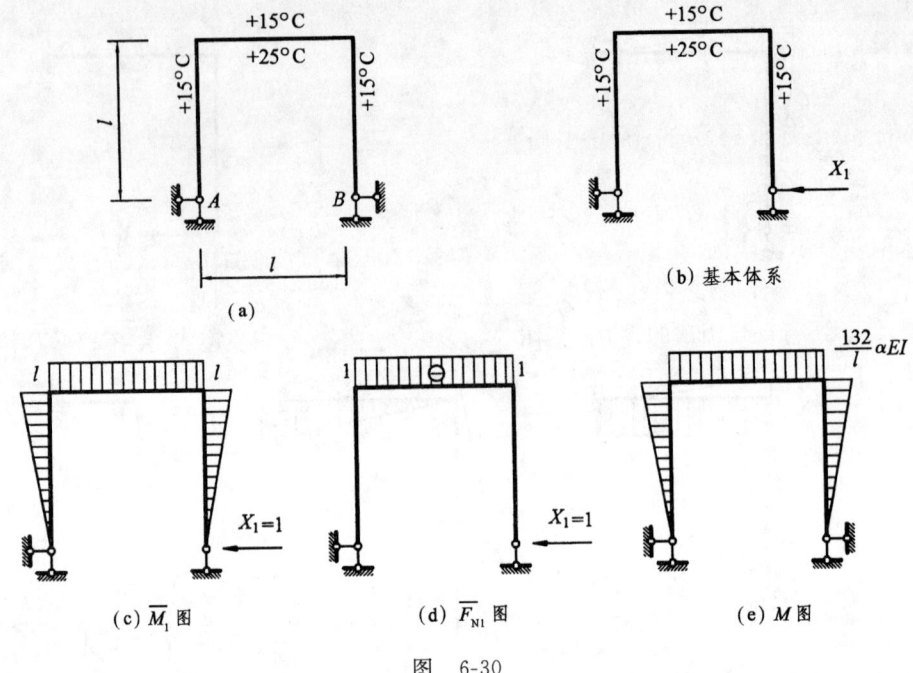

图 6-30

轴线平均温度变化

$$t_0 = \frac{1}{2}(25° + 15°) = 20°C$$

轴线内外温度差

$$\Delta t = 25° - 15° = 10°C$$

$$\Delta_{1t} = \sum \alpha t_0 \int \overline{F}_N ds + \sum \frac{\alpha \Delta t}{h} \int \overline{M} ds = \sum \alpha t_0 \omega_{\overline{N}} + \sum \frac{\alpha \Delta t}{h} \omega_{\overline{M}}$$

$$= 20\alpha(-1 \times l) + \alpha \times \frac{10}{0.1l}\left(-\frac{l^2}{2} \times 2 - l^2\right) = -220\alpha l$$

由力法方程解得

$$X_1 = 220\alpha l \times \frac{3EI}{5l^3} = 132\alpha EI/l^2$$

于是最终弯矩图可按 $M = \overline{M}_1 X_1$ 绘出，如图 6-30(e)所示。

计算结果表明，在温度改变影响下，超静定结构的内力（及反力）与各杆弯曲刚度 EI 的绝对值有关，杆件刚度越大，弯矩等内力就越大。所以为改善结构在温度改变影响下的受力状态，加大截面并不是一个有效途径。

混凝土收缩可以当作平均温度均匀下降来考虑。普通混凝土收缩系数约为 0.000 25，线膨胀系数为 0.000 01，故混凝土收缩相当于温度下降 25℃。实际工程中,因混凝土是分段浇灌的,一般在计算混凝土收缩影响时,按降温 10℃～15℃ 计算。

二、支座移动的影响

在静定结构以及外部静定而内部超静定结构中,支座移动只能引起结构的刚体位移而不产生内力;但在超静定结构中,则支座移动将使结构产生内力。

超静定结构在支座移动影响下的计算与荷载作用及温度改变影响下的计算相似,所不同者仅自由项的计算。如图 6-31(a)所示刚架,设其支座 A 由于某种原因(如地基土质不良,基础有沉陷、滑移及转动等),发生了竖向位移 $\Delta = b$ 和转角位移 φ。

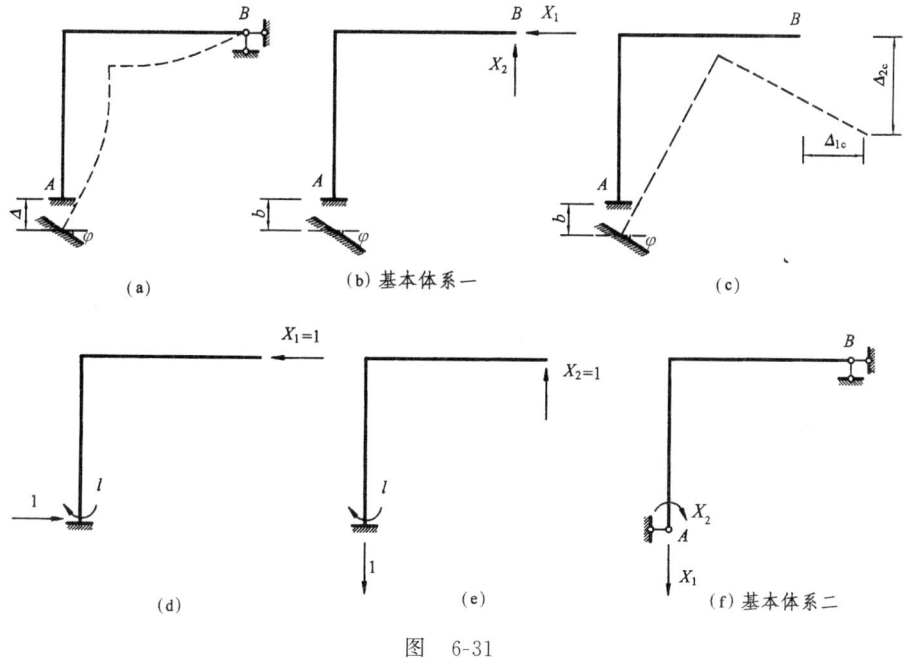

图 6-31

现去除支座 B 的水平链杆约束和竖向链杆约束,并代以多余约束力 X_1 和 X_2,得基本体系如图 6-31(b)所示。根据原结构的已知位移条件:支座 B 处沿 X_1 方向的水平位移 $\Delta_1 = 0$,支座 B 处沿 X_2 方向的竖向位移 $\Delta_2 = 0$,可建立如下力法基本方程

$$\left. \begin{array}{l} \Delta_1 = \delta_{11}X_1 + \delta_{12}X_2 + \Delta_{1c} = 0 \\ \Delta_2 = \delta_{21}X_1 + \delta_{22}X_2 + \Delta_{2c} = 0 \end{array} \right\} \tag{6-12}$$

上式中所有系数的计算与前述相同,自由项 Δ_{1c} 和 Δ_{2c} 分别表示支座移动因素在基本结构上引起的 X_1 方向和 X_2 方向的位移,如图 6-31(c)所示。可按第四章提

供的公式计算,即
$$\Delta_{ic} = -\sum \overline{F}_{RA} \cdot c_A$$
如图 6-31(d)、(e)中表示了单位未知力在基本结构中产生的支座反力 $\overline{F}_{RA}$,于是可求得
$$\Delta_{1c} = -(l \times \varphi) = -l\varphi$$
$$\Delta_{2c} = -(1 \times b + l \times \varphi) = -b - l\varphi$$

多余未知力 X_1 和 X_2 由力法方程(6-12)解出。由图 6-31(b)容易看出,因基本结构是静定的,在支座移动因素作用下并不引起内力,故超静定结构的最终内力只与多余未知力有关。最终弯矩的算式为
$$M = \overline{M}_1 X_1 + \overline{M}_2 X_2$$
对于 n 次超静定结构,可表示为
$$M = \sum_{i=1}^{n} \overline{M}_i X_i \tag{6-13}$$

图 6-31(a)所示刚架,基本结构也可采用另外的形式,如图 6-31(f)所示。该基本结构去掉了产生位移的两个约束,即支座 A 的竖向链杆约束和转动约束,并代以多余约束力 $X_1(F_{Ay})$ 和 $X_2(M_A)$。

根据原结构的已知位移条件,支座 A 处沿 X_1 方向的竖向位移 $\Delta_1 = b$,支座 A 处沿 X_2 方向的角位移 $\Delta_2 = \varphi$,可建立如下力法基本方程
$$\left.\begin{aligned}\Delta_1 = \delta_{11}X_1 + \delta_{12}X_2 = b \\ \Delta_2 = \delta_{21}X_1 + \delta_{22}X_2 = \varphi\end{aligned}\right\} \tag{6-14}$$

应当注意,式中 Δ_1、Δ_2 并不包含 Δ_{1c}、Δ_{2c},基本结构的位移 Δ_1、Δ_2 是由 X_1、X_2 引起的,这是由于所取的如图 6-31(f)所示的基本结构,不包含发生支座移动的约束,基本结构中的所有支座都无移动,所以 Δ_1、Δ_2 中不再含有 Δ_{1c}、Δ_{2c}。方程中的所有系数的计算与前述相同。

下面说明两点:
(1) 支座移动时的计算与荷载作用时的计算相比,有如下特点:
① 由式(6-14)看到,力法方程的右边可以不为零。
② 由式(6-13)看到,内力全部是由多余未知力引起的(当然,多余未知力是由于广义荷载作用所产生的)。
③ 由式(6-13)、(6-14)看到,内力与杆件 EI 的绝对值有关。杆件刚度越大,由广义荷载产生的内力就越大。

(2) 选取不同的基本体系计算

如上所述,图 6-31(a)所示的结构,选取两种不同的基本体系,得出两个不同的力法基本方程(6-12)和(6-14)。每个力法方程中都出现两个支座位移参数 b 和

φ。但在式(6-12)中,b 和 φ 出现在力法方程的左边;而在式(6-14)中,b 和 φ 出现在力法方程的右边。一般来说,凡是与多余未知力相应的支座位移参数都出现在力法方程的右边项中,而其他的支座位移参数都出现在力法方程左边的自由项中。

例 6-7 图 6-32(a)所示等截面梁 AB,设支座 B 下沉了 a,支座 A 转动了 θ,试绘制最终弯矩图。

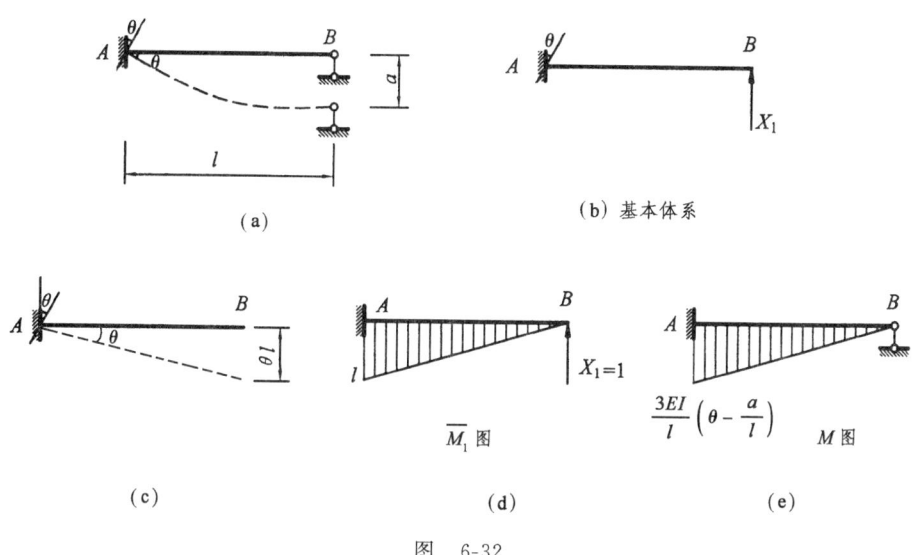

图 6-32

解 此梁为一次超静定,取支座 B 的竖向反力为多余未知力 X_1,基本体系为悬臂梁,如图 6-32(b)所示。变形条件为基本体系在 B 点的竖向位移 Δ_1 应与原结构相同。由于原结构在 B 点的竖向位移已知为 a,方向与 X_1 相反,故变形条件为

$$\Delta_1 = -a \tag{a}$$

可建立如下力法基本方程

$$\Delta_1 = \delta_{11} X_1 + \Delta_{1c} = -a \tag{b}$$

式中,自由项 Δ_{1c} 表示支座 A 产生转角 θ 时在基本体系中产生的沿 X_1 方向的位移,由图 6-32(c)得知 $\Delta_{1c} = -\theta l$,系数 δ_{11} 的计算完全和前面所述一样,可由图 6-32(d)中的 $\overline{M}_1$ 图求得

$$\delta_{11} = \frac{l^3}{3EI}$$

由式(b)求得

$$X_1 = \frac{3EI}{l^2} \left(\theta - \frac{a}{l} \right)$$

因为基本体系是静定结构,支座移动时在基本体系中不引起内力,因此内力全

是由多余未知力引起的。最终弯矩图如图 6-32(e)所示。

如果取简支梁作基本体系,取支座 A 的反力偶矩作多余未知力 X_1(图 6-33a),则变形条件为简支梁在 A 点的转角应等于给定值 θ。因此,力法方程为

$$\Delta_1 = \delta_{11}X_1 + \Delta_{1c} = \theta$$

式中,自由项 Δ_{1c} 是简支梁由于支座 B 下沉 a 而在 A 点产生的转角。由图 6-33(b)得

$$\Delta_{1c} = \frac{a}{l}$$

系数 δ_{11} 可由图 6-33(c)中的 $\overline{M}_1$ 图求得

$$\delta_{11} = \frac{l}{3EI}$$

由力法方程求得

$$X_1 = \frac{3EI}{l}\left(\theta - \frac{a}{l}\right)$$

同样可求出 M 图,如图 6-32(e)所示。

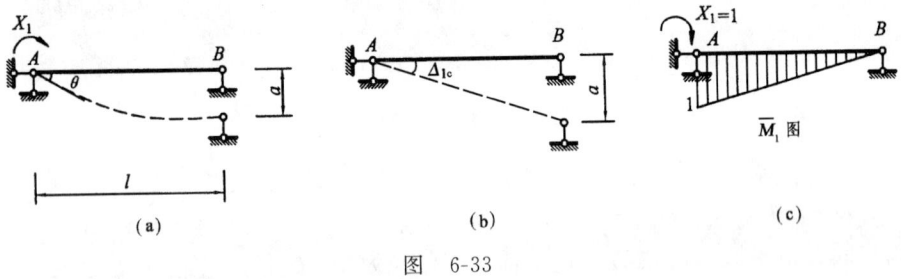

图 6-33

第五节 超静定结构的位移计算

超静定结构位移计算的基本原理,与第四章所讨论的静定结构的位移计算相同,仍然是以虚功原理为基础的单位荷载法。问题是如何使计算得到简化。通过本节将深化对超静定结构分析方法的认识。

一、荷载作用下的位移计算

以图 6-34(a)所示的超静定梁为例,用力法已解算最后弯矩 M 图,如图 6-34(b)所示,这是结构的实际状态。设现在要求中点 C 的竖向位移 Δ_{Cy}。为此,在原结构 C 点加上单位力作为虚拟状态并作出其 $\overline{M}_C$ 图,如图 6-34(c)所示,然后将 $\overline{M}_C$ 图与

M 图相乘即可求得 Δ_{Cy}。但是为了作出 $\overline{M}_C$ 图，又需要用力法解算超静定梁，显然这样做是比较麻烦的。

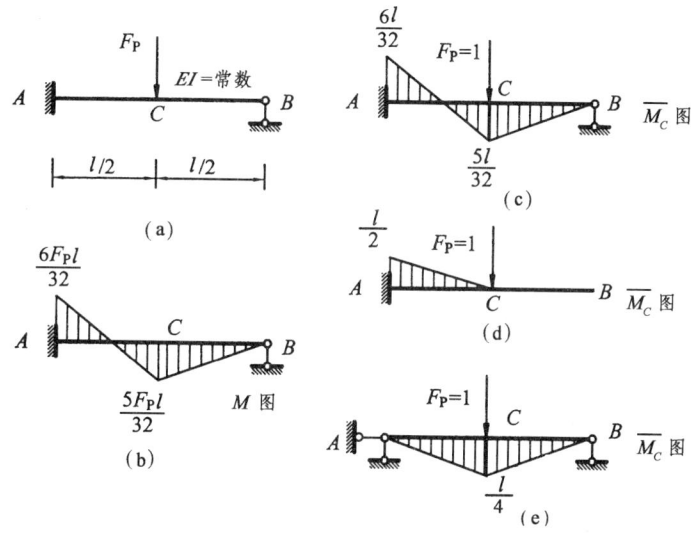

图 6-34

为避免计算时绘制超静定结构在单位荷载作用下的内力图，可以把单位虚设力加在超静定结构的任一基本结构（静定结构）上，这样，单位内力图是静定的，计算和绘制内力图都较简便。

我们知道，用力法计算超静定结构，是根据基本结构在荷载和多余未知力共同作用下其位移应与原结构相同这个条件来进行的。这就是说，在荷载及多余未知力共同作用下，基本结构的受力和位移与原结构是完全一致的。因此，求超静定结构的位移，完全可以用求基本结构位移来代替。于是，虚拟状态的单位力就可以加在基本结构上，由于基本结构是静定的，故计算和绘制此内力图仅由平衡条件便可完成，这样就大大简化了计算工作。此外，由于超静定结构的最后内力图并不因所取基本结构的不同而异，也就是说，其实际内力可以看作是选取任何一种基本结构求得的。因此在求位移时，也可任选一种基本结构来求虚拟状态的内力，通常可选择虚拟内力图较简单的基本结构，以便进一步简化计算。

由此选择如图 6-34(d)所示的悬臂梁为原结构的基本结构，加上单位力并绘出虚拟状态的 $\overline{M}_C$ 图，将其与 M 图相乘可得

$$\Delta_{Cy} = \frac{1}{EI}\left[\left(\frac{1}{2} \times \frac{l}{2} \times \frac{6}{32}F_P l \times \frac{2}{3} \times \frac{l}{2}\right) - \left(\frac{1}{2} \times \frac{l}{2} \times \frac{5}{32}F_P l \times \frac{1}{3} \times \frac{l}{2}\right)\right]$$
$$= \frac{7F_P l^3}{768EI} \ (\downarrow)$$

另外若取图 6-34(e)所示的简支梁为原结构的基本结构，则有

$$\Delta_{Cy} = \frac{1}{EI}\left[-\left(\frac{1}{2}\times\frac{l}{2}\times\frac{6}{32}F_Pl\times\frac{1}{3}\times\frac{l}{4}\right)+\left(\frac{1}{2}\times\frac{l}{2}\times\frac{5}{32}F_Pl\times\frac{2}{3}\times\frac{l}{4}\right)\times 2\right]$$

$$= \frac{7F_Pl^3}{768EI}\;(\downarrow)$$

二者结果相同，但显然前者较简便。

综上所述，一般超静定杆系结构（包括刚架、拱、梁和桁架等）在荷载作用下的位移计算，可归结为如下步骤：

① 解算超静定结构，求出最后内力，此为实际状态。

② 任选一种基本结构，加上单位力求出虚拟状态的内力。

③ 按下列位移计算公式（通常略去剪切变形的影响）求位移。

$$\Delta_{KP} = \sum\int \overline{M}_K M\,\frac{\mathrm{d}s}{EI} + \sum\int \overline{F}_{NK} F_N\,\frac{\mathrm{d}s}{EA} \tag{6-15}$$

式中，M、F_N 是超静定结构在荷载作用下的实际状态的内力。$\overline{M}_K$、$\overline{F}_{NK}$ 为在原结构上去除多余约束后的任一静定结构由虚拟单位荷载产生的内力。

例 6-8 图 6-35(a) 所示的超静定刚架，其最后弯矩 M 图已求出，如图 6-35(a) 所示。求 CB 杆中点 K 的竖向位移 Δ_{Ky}。

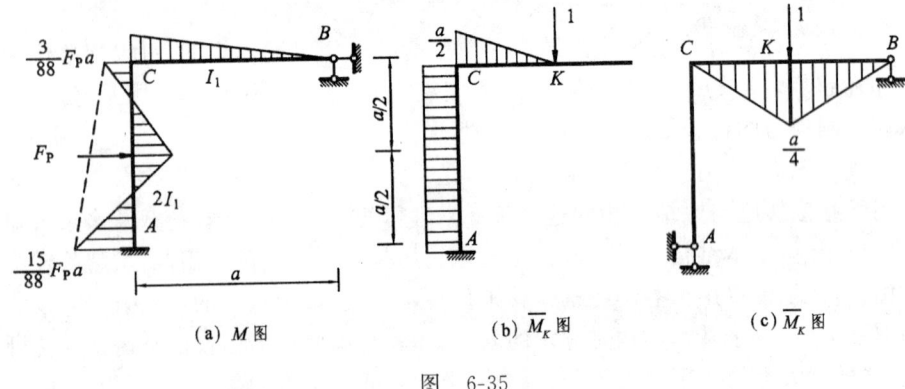

图 6-35

若选取图 6-35(b) 或图 6-35(c) 所示的结构为原结构的基本结构，加上单位力并绘出虚拟状态的 $\overline{M}_K$ 图，将其与 M 图相乘可得 K 的竖向位移 Δ_{Ky}。经比较显然后者计算较简便，由此可得

$$\Delta_{Ky} = -\frac{1}{EI_1}\left(\frac{1}{2}\times\frac{a}{4}\times a\right)\times\frac{1}{2}\times\frac{3}{88}F_Pa = -\frac{3F_Pa^3}{1\,408EI_1}\;(\uparrow)$$

二、温度变化、支座移动作用下超静定结构的位移计算

欲求超静定结构在温度改变、支座移动等因素作用下，K 点的某项位移时，也

可以将原结构等效替换为在多余约束力和温度改变或支座移动因素共同作用下的静定结构,于是问题就转化为在静定结构上求某项位移。设原结构包含受弯杆和轴力杆,忽略杆件剪切变形影响后,位移计算公式为

$$\Delta_{Kt} = \sum \int \overline{M}_K M \frac{\mathrm{d}s}{EI} + \sum \int \overline{F}_{NK} F_N \frac{\mathrm{d}s}{EA} + \Delta_{Kt}^{基} \tag{6-16}$$

$$\Delta_{Kc} = \sum \int \overline{M}_K M \frac{\mathrm{d}s}{EI} + \sum \int \overline{F}_{NK} F_N \frac{\mathrm{d}s}{EA} + \Delta_{Kc}^{基} \tag{6-17}$$

式中,M、F_N 为超静定结构分别在温度改变(t_0、Δt)和支座移动(c)情况下的实际内力,按 $M = \sum_{i=1}^{n} \overline{M}_i X_i$,$F_N = \sum_{i=1}^{n} \overline{F}_{Ni} X_i$ 算得,而 X_i 需用超静定结构的分析方法求出。$\overline{M}_K$、$\overline{F}_{NK}$ 为在原结构上去除多余约束后的任一静定结构由虚拟单位荷载产生的内力。

$\Delta_{Kt}^{基}$、$\Delta_{Kc}^{基}$ 为相应的静定结构分别在温度改变(t_0、Δt)和支座移动(c)等因素作用下 K 点的某项位移,忽略杆件剪切变形影响后,位移计算式为第四章提供的公式,即

$$\Delta_{Kt}^{基} = \sum \alpha t_0 \int \overline{F}_N \mathrm{d}s + \sum \frac{\alpha \Delta t}{h} \int \overline{M} \mathrm{d}s = \sum \alpha t_0 \omega_N + \sum \frac{\alpha \Delta t}{h} \omega_{\overline{M}}$$

$$\Delta_{Kc}^{基} = -\sum \overline{F}_R \cdot c$$

例 6-9 图 6-36(a)所示的两铰刚架,各杆内、外侧均有温度改变(例 6-6),EI 为常数,试求横梁中点 E 的竖向位移 Δ_{Et}。

解 在例 6-6 中已求解得支座 B 处水平反力

$$X_1 = 132\alpha EI/l^2$$

现在解除 B 处水平链杆约束,将 X_1 看作已知荷载,与温度改变因素共同作用于图 6-36(b)所示静定刚架。为求 E 处竖向位移,建立相应的虚拟力状态,绘出 $\overline{M}_E$ 图及 $\overline{F}_{NE}$ 图,如图 6-36(c)、(d)所示。按公式(6-16),可分解为两部分来计算。

静定结构由多余约束力 X_1 产生的位移(受弯杆不计轴力项)

$$\Delta'_{Et} = \sum \int \overline{M}_E M \frac{\mathrm{d}x}{EI} = -\frac{1}{EI} \frac{1}{2} \times l \times \frac{l}{4} \times 132\alpha \frac{EI}{l} = -\frac{33}{2}\alpha l$$

静定结构由于温度改变产生的位移

$$\Delta_{Et}^{基} = \sum \alpha t_0 \omega_N \pm \sum \frac{\alpha \Delta t}{h} \omega_{\overline{M}}$$
$$= -20\alpha \times \frac{1}{2} \times l \times 2 + \frac{10\alpha}{0.1l} \times \frac{1}{2} \times l \times \frac{1}{4} = -\frac{15}{2}\alpha l$$

故 E 处的竖向位移 Δ_{Et} 为

$$\Delta_{Et} = \Delta'_{Et} + \Delta_{Et}^{基} = -24\alpha l \ (\uparrow)$$

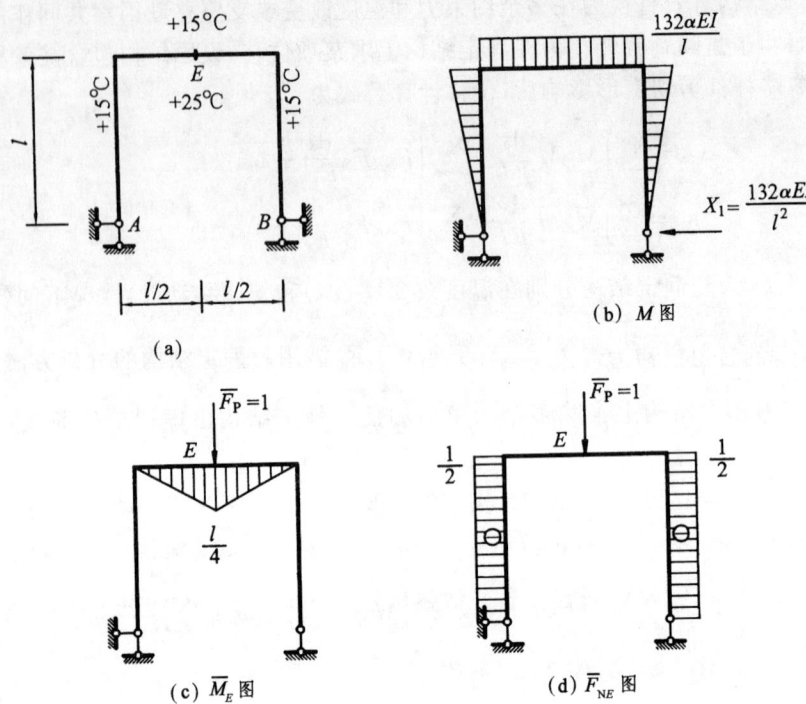

图 6-36

例 6-10 图 6-37(a)所示的超静定梁,左支座 A 发生转动 φ,右支座 B 发生下沉 a(例 6-7),求 B 端截面转角 θ_{Bc}。

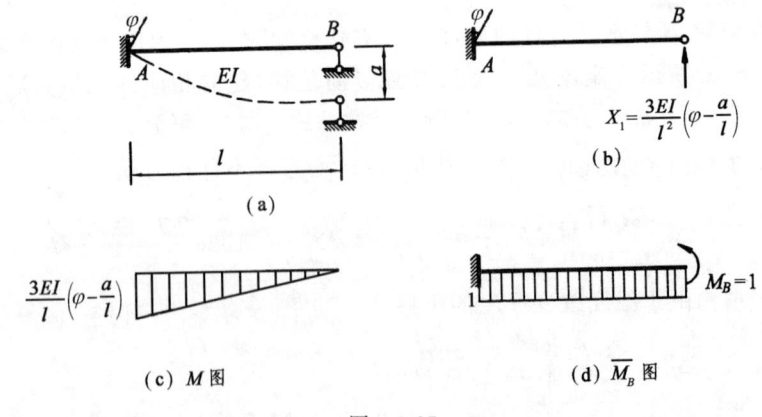

图 6-37

解 在例 6-7 中已由力法求解得支座 B 处竖向反力

$$X_1 = \frac{3EI}{l^2}\left(\varphi - \frac{a}{l}\right)$$

第六章 力　　法　　175

现将 X_1 作为荷载,与支座 A 的转动 φ 因素共同作用于静定悬臂梁上(图 6-37b),已知实际状态的 M 图(图 6-37c)。为求 θ_B 建立虚拟力状态如图 6-37(d)。按公式(6-17)可分解为两部分计算。

静定结构由多余约束力 X_1 产生的位移(受弯杆不计轴力项)

$$\theta'_{Bc}=\sum\int \overline{M}_B M \frac{\mathrm{d}s}{EI}=\frac{1}{EI}\times \frac{1}{2}\times l\times \frac{3EI}{l}\left(\varphi-\frac{a}{l}\right)\times 1=\frac{3}{2}\left(\varphi-\frac{a}{l}\right)$$

静定结构由支座移动产生的位移

$$\theta^{基}_{Bc}=-\sum \overline{F}_{RA}\cdot \varphi_A=-(1\times \varphi)=-\varphi$$

故截面 B 的转角位移为

$$\theta_{Bc}=\theta'_{Bc}+\theta^{基}_{Bc}=\frac{\varphi}{2}-\frac{3a}{2l}$$

第六节　超静定结构最后内力图的校核

为了保证计算结果的正确性,必须对超静定结构的最后内力图进行校核。校核工作可分为两个方面。

一、平衡条件校核

超静定结构在荷载、温度改变、支座移动等因素作用下,整个结构始终处于平衡状态,若从结构中任意截取出一个部分,这个隔离体上的所有外力,包括切口处暴露的内力应满足静力平衡条件 $\Sigma F_x=0,\Sigma F_y=0,\Sigma M=0$。通常可取刚架结点检查力矩(包括外力矩)的平衡条件,可取横截各柱的截面以上部分检查水平投影平衡条件等,也可在桁架中用结点法或截面法作检查。若检查结果不满足某一平衡条件,说明内力计算存在错误。

例如图 6-38(a)所示刚架,取结点 E 为隔离体(图 6-38b),应有

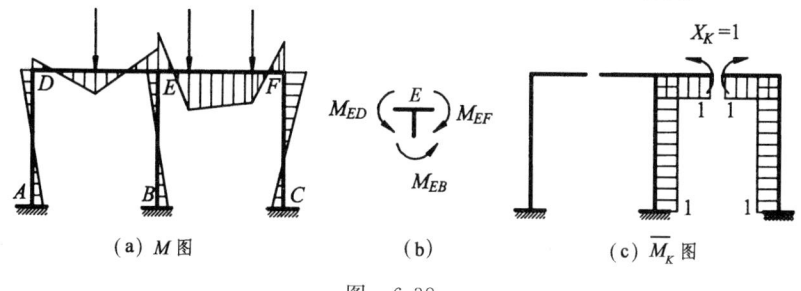

图　6-38

$$\sum M_E = M_{ED} + M_{EB} + M_{EF} = 0$$

至于剪力图和轴力图的校核,可取结点、杆件或结构的某一部分为隔离体,考察是否满足 $\Sigma F_x = 0$ 和 $\Sigma F_y = 0$ 的平衡条件,无需详述。

但是,有时错误的多余未知力,也能满足平衡条件,即超静定结构中满足平衡条件的解答可以是多种的,所以平衡条件的校核是不充分的。

二、变形条件的校核

在超静定结构的符合平衡条件的各种解答中,唯一正确的解答必须满足原结构的变形条件。这本是力法分析的出发点,现在检查一个解答的正确与否,也应校核原结构某几处的位移是否等于已知值。通过变形(位移)条件的校核,超静定结构内力解答的正确性才是充分的。

变形条件校核的一般做法是:任意选择基本结构,任意选取一个多余未知力 X_i,然后根据最后的内力图,运用公式(6-15)、(6-16)、(6-17)进行超静定结构的位移计算,算出沿 X_i 方向的位移 Δ_i,并检查 Δ_i 是否与原结构中的相应位移(给定值)相等,即检查是否满足下式

$$\Delta_i = 零或给定值 \tag{6-18}$$

从理论上讲,一个 n 次超静定结构需要 n 个位移条件才能求出全部多余未知力,故位移条件的校核也应进行 n 次。不过,通常只需抽查少数的位移条件即可,而且也不限于在原来解算时所用的基本结构上进行。

例 6-11 如图 6-39(a)为刚架的最后弯矩 M 图。试校核其是否满足变形条件。

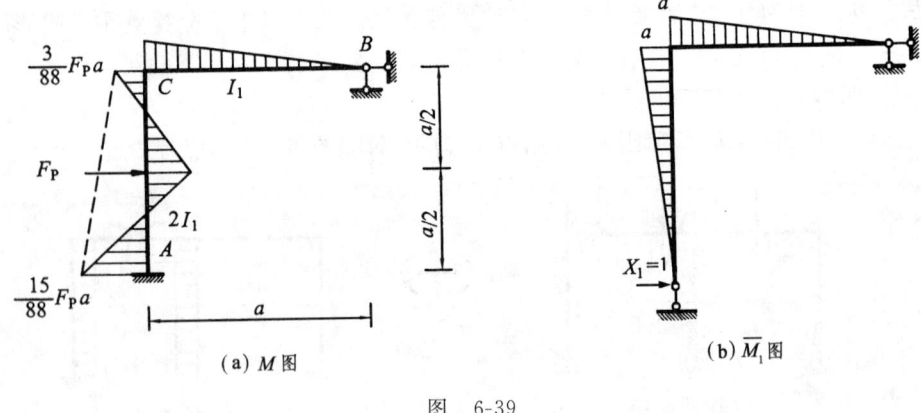

图 6-39

为了检查支座 A 处的水平位移 Δ_1 是否为零,可取图 6-39(b)所示基本结构并

作其 $\overline{M}_1$ 图,将它与 M 图相乘得

$$\Delta_1 = \frac{1}{EI_1}\frac{a^2}{2}\times\frac{2}{3}\times\frac{3}{88}F_{\mathrm{P}}a + \frac{1}{2EI_1}\Big[\Big(\frac{1}{2}\times\frac{3F_{\mathrm{P}}a}{88}\times a\Big)\times\frac{2a}{3} +$$

$$\Big(\frac{1}{2}\times\frac{15F_{\mathrm{P}}a}{88}a\Big)\times\frac{a}{3} - \Big(\frac{1}{2}\times\frac{F_{\mathrm{P}}a}{4}\times a\Big)\times\frac{a}{2}\Big] = 0$$

可见这一位移条件是满足的。

对于具有封闭无铰框格的刚架,利用框格上任一截面处的相对角位移为零的条件来校核弯矩图是很方便的。例如,校核图 6-38(a)所示的封闭框架的 M 图时,可取图 6-38(c)中所示基本结构的单位弯矩图 $\overline{M}_K$ 与 M 图相乘,以检查任一截面处相对转角 φ_K 是否为零。由于 $\overline{M}_K$ 在这一封闭框格上不为零,且其竖标处为 1,故对于该封闭框格有

$$\varphi_K = \sum\int\frac{\overline{M}_K M\mathrm{d}s}{EI} = \sum\int\frac{M\mathrm{d}s}{EI} = 0 \tag{6-19}$$

这表明在任一封闭无铰的框格上,最后弯矩图的面积除以 EI 的相对值,其总和应等于零。

一个外形闭合的刚架,在荷载作用下,当其最后弯矩图的形状为已知,且其弯矩图坐标只有一个未知值时,亦可利用 $\frac{M}{EI}$ 图的内外面积相等这个方法求出。图 6-40(a)所示的矩形框架,其弯矩图形状如图 6-40(b)所示。由于对称,其唯一待定的值是四角的 M 值,因此可以利用 $\frac{M}{EI}$ 图内外面积相等的方法来确定。

$$4Ml = 2\times\frac{2}{3}l\times\frac{ql^2}{8}, \quad 即 \ M = \frac{ql^2}{24}$$

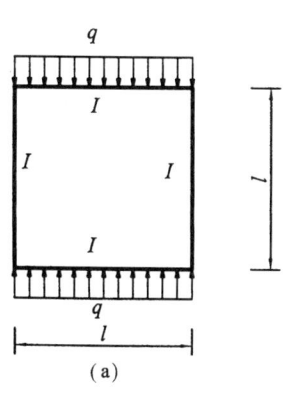
(a)

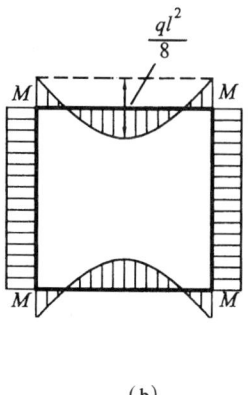
(b)

图 6-40

第七节　交叉梁系的计算

交叉梁系是由轴线在同一平面内的梁相交所组成的结构,但荷载作用线不在梁轴平面内。在交叉点两根梁通常是刚性连接的,它作为面板的支承体系,主要承受来自平面外的荷载。桥梁的桥面、钢筋混凝土井式楼盖等都能简化成这一类型结构。

交叉梁系的布置,可以与板边平行,如图 6-41(a)、(c)所示;也可以与板边斜交,如图 6-41(b)所示;孔格形状可以是方形,如图 6-41(a)、(b)所示;也可以是菱形,如图 6-41(c)。

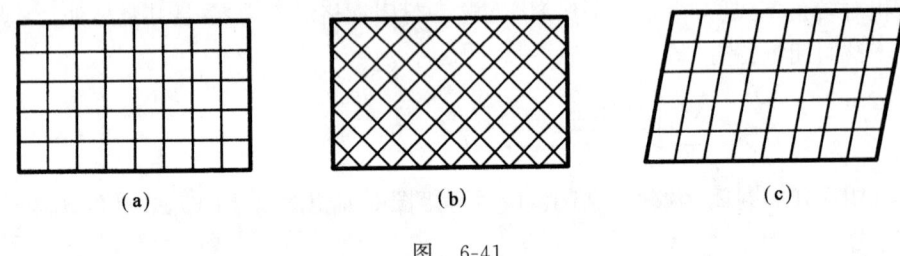

图　6-41

本节要解决的问题是,交叉梁系受到垂直于结构平面的荷载作用时,各梁所产生的内力分布。这个问题本属空间结构计算的范畴。在垂直荷载下,结构中任意根梁的任一截面将具有平面的三项内力,竖向(y方向)剪力、弯矩和扭矩;每一交叉结点将有三项相应的位移,竖向(y方向)线位移和两个方向的转角位移。其中任一转角在一根梁上是挠曲变形的转角,而对于另一根梁来说则是扭转变形的转角。为了简化计算,通常忽略交叉结点处两个方向的梁的转角之间的相互影响,只考虑梁与梁之间相互的竖向支承作用。由此简化假定,交叉梁系的计算简图在每一结点处仅有一刚性竖向链杆连接两根梁,即结点处仅传递竖向力,以保持竖向线位移的连续性。

图 6-42(a)是一个 2×2 网格的简单交叉梁系,梁端在周边为铰支座。在中央交叉点处受垂直结构平面的集中荷载 F_P 的作用(由面板的荷载转化而来),其计算简图如图 6-42(b)所示,上、下两层梁在中点处相互简支。

这是一次超静定结构,用力法计算时,可将链杆切断,基本体系如图 6-42(c)所示。根据两梁交叉结点竖向位移的连续条件,建立力法基本方程

$$\delta_{11}X_1+\Delta_{1P}=0$$

设梁 AB、CD 的弯曲刚度 $EI_1=EI_2=EI$,绘出两梁的 $\overline{M}_1$ 和 M_P 图,如图 6-42(d)、(e)所示。即可计算系数和自由项

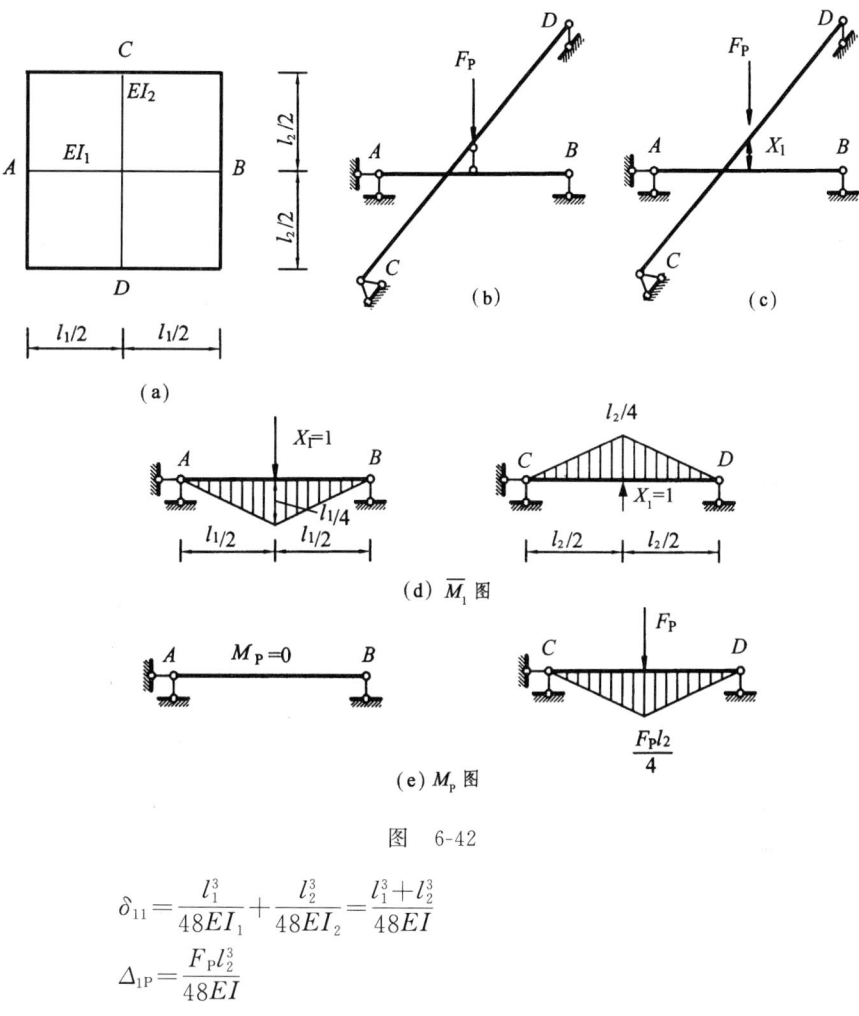

图 6-42

$$\delta_{11}=\frac{l_1^3}{48EI_1}+\frac{l_2^3}{48EI_2}=\frac{l_1^3+l_2^3}{48EI}$$

$$\Delta_{1P}=\frac{F_P l_2^3}{48EI}$$

于是解得多余未知力

$$X_1=\frac{l_2^3}{l_1^3+l_2^3}F_P$$

按式 $M=\overline{M}_1 X_1+M_P$ 计算，即可绘出梁 AB 和 CD 的最终弯矩图。

设两梁跨度之比为

$$\frac{l_{AB}}{l_{CD}}=\frac{l_1}{l_2}=n$$

现在将两梁受力的大小作一比较。图 6-42(b)表示相交叉的两梁共同承担结点荷载 F_P，若梁 AB 承担的荷载量为 F_{P1}，则梁 CD 所承担的为 $F_{P2}=F_P-F_{P1}$，即分别为

$$F_{P1} = X_1 = \frac{1}{n^3+1} F_P$$

$$F_{P2} = F_P - X_1 = \frac{n^3}{n^3+1} F_P \qquad (a)$$

当交叉于中点的两梁截面刚度相等、且跨度相等($n=1$)时,由式(a)可知

$$F_{P1} = F_{P2} = \frac{F_P}{2}$$

这说明结点荷载 F_P 由交叉两梁平均分担。这个结论与按对称关系直观地判断相符,并可应用于多梁交叉的体系中。若 $l_2 = 2l_1$,由式(a)可得

$$F_{P1} = \frac{8}{9} F_P, \quad F_{P2} = \frac{1}{9} F_P$$

可见当 $l_2 \geqslant 2l_1$ 时,长梁承受的荷载量很小,可以近似地认为短梁承担全部结点荷载。

图 6-42(b)所示的交叉梁,也可以用另一种方法计算。此时可把下梁 AB 看作是上梁 CD 的一个支承,由于 AB 梁本身具有一定的变形,故可以把 AB 梁抽象成为 CD 梁的一个弹性支承。这样,交叉梁的计算就可转化成图 6-43(a)所示的简图。用力法计算时,位移条件要考虑支座的弹性变形。该弹性支座的刚度系数 k 可由图 6-43(b)得到,它表示 AB 梁中点处产生竖向单位位移 $\Delta = 1$ 时所需施加的力。

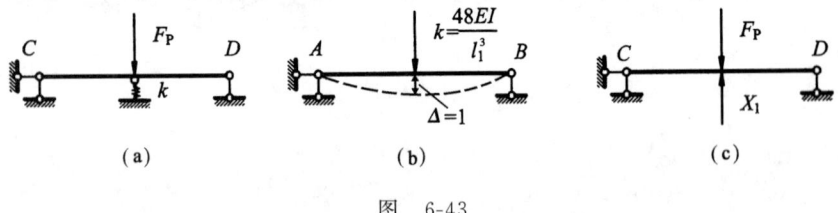

图 6-43

若取图 6-43(c)所示基本结构,则力法基本方程为

$$\delta_{11} X_1 + \Delta_{1P} = -\frac{X_1}{k}$$

等式右边为原结构中间弹性支座的位移,负号表示多余未知力 X_1 的假设方向与弹性支座的位移相反。

绘出 CD 梁的 $\overline{M}_1$ 和 M_P 图,如图 6-42(d)、(e)所示。系数和自由项为

$$\delta_{11} = \frac{l_2^3}{48EI_2} = \frac{l_2^3}{48EI}, \quad \Delta_{1P} = -\frac{F_P l_2^3}{48EI}$$

将系数和自由项代入力法基本方程,即可求出

$$X_1 = -\frac{\Delta_{1P}}{\delta_{11} + \frac{1}{k}} = \frac{l_2^3}{l_1^3 + l_2^3} F_P$$

按式 $M = \overline{M}_1 X_1 + M_P$ 计算,即可绘出 CD 梁的最终弯矩图。

例 6-12 图 6-44(a)交叉梁系的各梁与周边斜交 45°，梁端在周边为铰支，在结点 1、2、3、4、5 处各作用有垂直于结构平面的集中荷载 F_P，设各梁 EI 为常数。试用力法绘出各梁最终弯矩图。

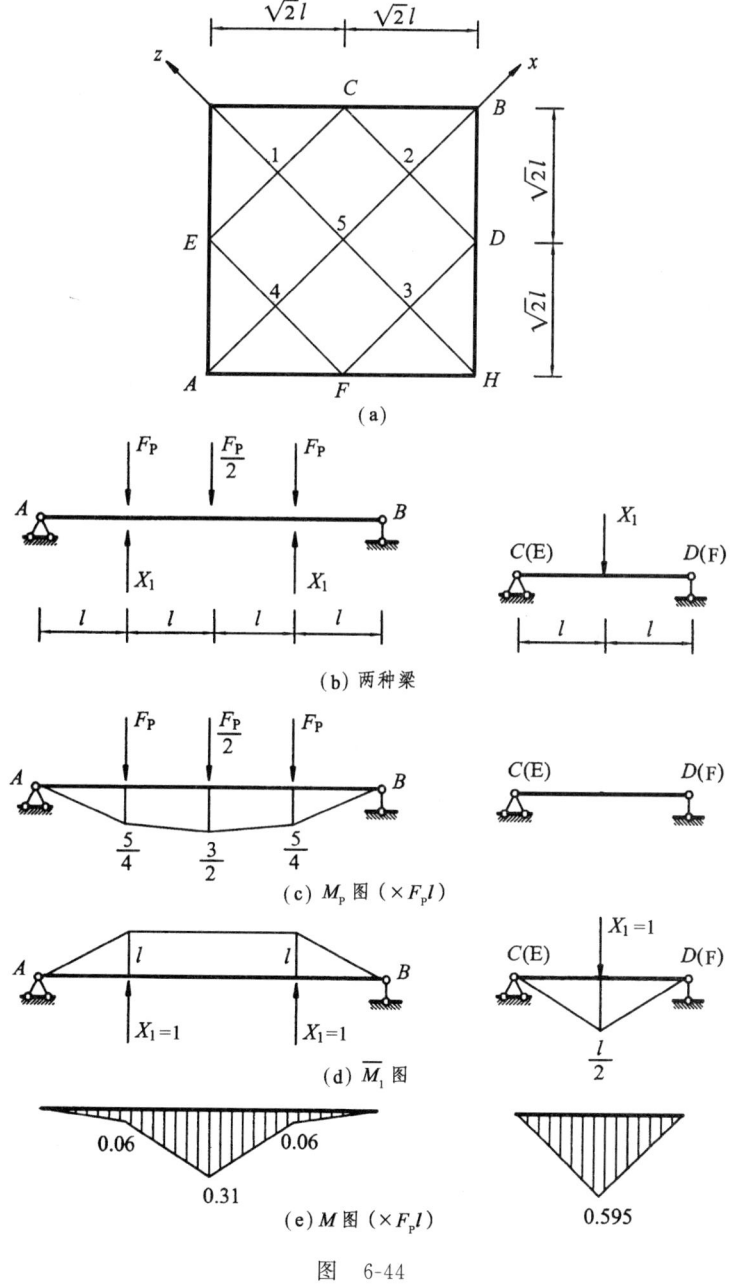

图 6-44

解 图 6-44(a)中的 x、z 两轴为此梁系的对称轴，今设位于两轴上的长梁在上层、短梁在下层，各结点上相互为竖向链杆连接。由荷载及结构的对称性可知，中央结点 5 处的 F_P 由两长梁平均分担，结点 1、2、3、4 处各长梁与短梁的相对位置均相同，则其中竖向链杆未知力均为 X_1。长梁和短梁的计算简图如图 6-44(b)所示，力法基本方程为

$$\delta_{11}X_1+\Delta_{1P}=0$$

其意义为长梁 AB 与短梁 CD、EF 之间两连接结点处的竖向相对位移总和为零。作出其 $\overline{M}_1$ 和 M_P 图分别如图 6-44(c)、(d)所示。由此计算得

$$\delta_{11}=\frac{2}{EI}\left(\frac{1}{3}\times l\times\frac{l}{2}\times\frac{l}{2}\times 2\right)+\frac{1}{EI}\left(\frac{1}{3}\times l^3\times 2+2l\times l^2\right)=\frac{3l^3}{EI}$$

$$\Delta_{1P}=\frac{1}{EI}\left[-\frac{1}{3}\times l\times\frac{5}{4}F_P l\times l\times 2-\frac{1}{2}l\times\left(\frac{3}{2}+\frac{5}{4}\right)F_P l\times l\times 2\right]$$

$$=-\frac{43}{12EI}F_P l^3$$

$$X_1=\frac{43}{36}F_P=1.19F_P$$

于是可按图 6-44(b)所示受力情况，作出长梁与短梁的最后弯矩图，如图 6-44(e)所示。它代表了该交叉梁系的内力分布。

第八节 超静定拱的计算

拱是一种曲轴的推力结构。与静定的三铰拱相比，曲轴结构具有多余约束时就成超静定拱。通常可分为无铰拱和两铰拱（图 6-45a）。超静定拱在工程结构中应用很广，如桥梁中的圬工拱桥，有单跨拱和多跨连续拱；跨越河流或道路的拱形输液管道；水利工程和地下建筑中的隧洞衬砌拱圈；道路工程中的涵洞；房屋建筑中作为屋盖时常用带拉杆（系杆）的两铰拱（图 6-45b）等。

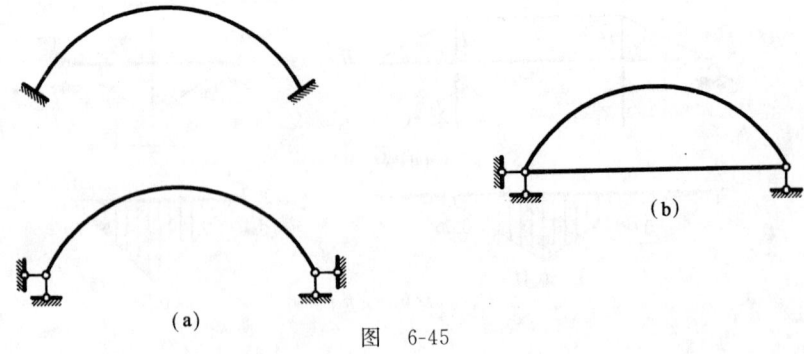

图 6-45

第六章 力 法

拱的受力特性是即使在竖向荷载作用下也产生水平推力,推力将使拱轴各截面的弯矩减小而加大轴向压力。在拉杆式两铰拱中,对支座的推力转而由拉杆承担。本节以实腹曲杆的单跨超静定拱为讨论对象,其力法分析的一般结论可用于超静定拱式桁架以及多跨连续拱。下面分别讨论两铰拱和无铰拱的计算。

一、两铰拱的力法计算

两铰拱为一次超静定结构,如图 6-46(a)所示。设其受任意荷载作用,选取简支曲梁为基本结构,如图 6-46(b)所示。以支座水平推力 X_1 作为多余未知力,可建立力法基本方程

$$\delta_{11}X_1 + \Delta_{1P} = 0$$

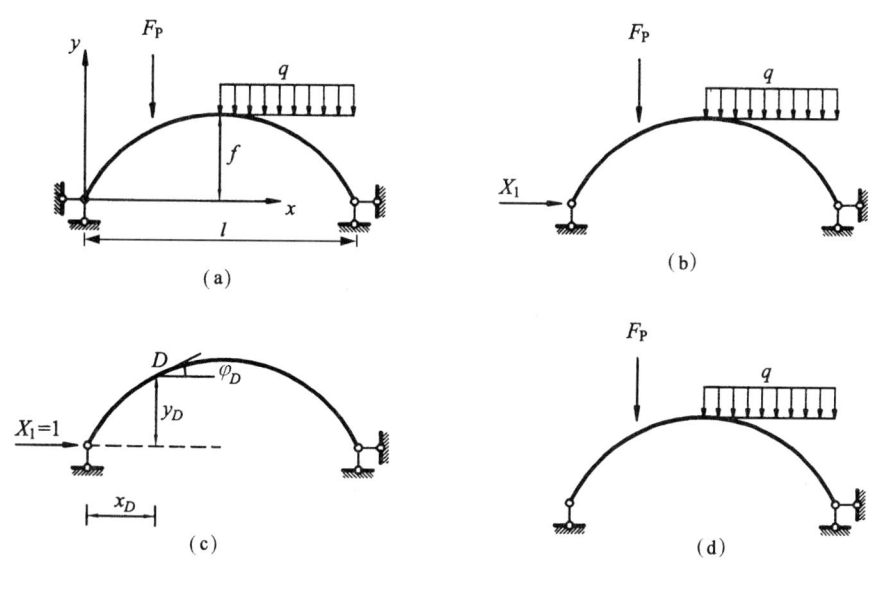

图 6-46

对于曲杆结构应该用积分法计算其系数与自由项。基本结构是一简支曲梁,曲率对位移的影响可忽略不计。计算 Δ_{1P} 时,一般只考虑弯曲变形;计算 δ_{11} 时,除弯曲变形外,有时需考虑轴向变形;而剪切变形可忽略不计。为此,分别列出单位未知力及荷载作用下的内力函数式。拱轴曲线的方程 $y(x)$ 是已知的。

当 $X_1=1$ 作用时(图 6-46c),拱轴上任意一截面的内力可由平衡条件求出。

$$\left.\begin{array}{l}\overline{M}_1 = -y \\ \overline{F}_{N1} = \cos\varphi \text{(设受压为正)}\end{array}\right\} \quad \text{(a)}$$

这里 y 表示拱轴上任意截面的纵坐标,向上为正。φ 表示任意截面拱轴切线与水平

轴的夹角,由图中坐标系可知,左半拱的 φ 为正,右半拱的 φ 为负。

在竖向荷载作用下,简支曲梁任意截面的弯矩与同跨度同荷载的简支水平梁相应截面的弯矩 M^0 彼此相等,拱轴上任意一截面的弯矩函数式亦可由平衡条件求得。

$$M_P = M^0 \tag{b}$$

经分析表明,对于自由项 Δ_{1P} 只计弯曲变形项已足够精确,对水平推力方向的主系数 δ_{11} 只在扁平拱 $\left(\dfrac{f}{l} < \dfrac{1}{5}\right)$ 中需计入轴向变形项的影响,通常可只计弯曲变形项。因此系数与自由项的计算式为

$$\delta_{11} = \int_s \frac{\overline{M}_1^2}{EI} ds + \int_s \frac{\overline{F}_{N1}^2}{EA} ds = \int_s y^2 \frac{ds}{EI} + \int_s \cos^2\varphi \frac{ds}{EA} \tag{6-20}$$

$$\Delta_{1P} = \int_s \frac{\overline{M}_1 M_P}{EI} ds = \int_s (-y) M^0 \frac{1}{EI} ds \tag{6-21}$$

求出系数和自由项后,由力法方程即可解得水平推力

$$X_1 = -\frac{\Delta_{1P}}{\delta_{11}} = \frac{\displaystyle\int_s y M^0 \frac{1}{EI} ds}{\displaystyle\int_s y^2 \frac{ds}{EI} + \int_s \cos^2\varphi \frac{ds}{EA}} \tag{6-22}$$

按上式计算前,除给定拱轴线方程 $y(x)$ 外,还需给出截面积 $A(x)$ 和惯性矩 $I(x)$ 的变化规律,方能进行积分。

将求得的多余未知力 X_1 和已知荷载一起作用在基本结构上,由静力平衡条件或按下式求得拱轴上任意一截面的内力

$$\left.\begin{aligned} M &= M^0 - X_1 y \\ F_Q &= F_Q^0 \cos\varphi - X_1 \sin\varphi \\ F_N &= F_Q^0 \sin\varphi + X_1 \cos\varphi \end{aligned}\right\} \tag{6-23}$$

对于有拉杆的两铰拱(图 6-47a),其基本结构可由切断拉杆而得,以拉杆内力为多余未知力 X_1,如图 6-47(b)所示。

力法方程中的荷载项 Δ_{1P} 的计算式与无拉杆时相同,而系数 δ_{11} 需要增加一项拉杆本身的轴向变形,故多余未知力为

$$X_1 = -\frac{\Delta_{1P}}{\delta_{11}} = \frac{\displaystyle\int_s y M^0 \frac{1}{EI} ds}{\displaystyle\int_s y^2 \frac{ds}{EI} + \int_s \cos^2\varphi \frac{ds}{EA} + \frac{l}{E_1 A_1}} \tag{6-24}$$

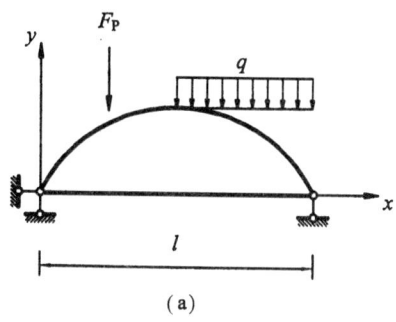 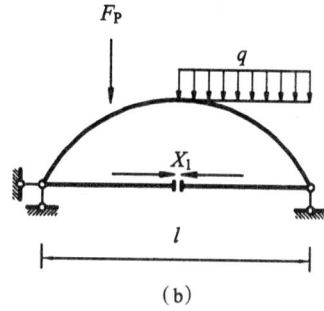

图 6-47

式中,E_1A_1 为拉杆的截面(轴向)刚度;l 为其长度。

根据式(6-24)可以看到两种极端情况:

① 若拉杆的截面刚度趋于无限大,则 $\dfrac{l}{E_1A_1} \to 0$,式(6-24)就为式(6-22),这时拉杆实质上成为刚性的水平支杆。

② 若拉杆的截面刚度趋于无限小,则 $\dfrac{l}{E_1A_1} \to \infty$,式(6-24)的分母趋于无限大,于是拉杆内力 $X_1=0$,这时相当于不存在拉杆,两铰拱变成了一根曲梁。

因此,设计有拉杆的两铰拱时为改善拱的受力状态,可通过适当调节拉杆的截面积和 E_1A_1 来调节水平推力值而达到目的。

例 6-13 图 6-48(a)为等截面两铰拱,设左支点 A 为坐标原点,拱轴方程为

$$y=\dfrac{4f}{l^2}x(l-x)$$

矢高 $f=l/6$,忽略轴向和剪切的变形影响。试求水平推力 F_H。

解 基本体系如图 6-48(b)所示,因拱弧比较平坦$\left(\dfrac{f}{l}<\dfrac{1}{5}\right)$,可近似地取 $ds=dx,\cos\varphi=1$,则积分运算得到简化,由式(6-20),有

$$\delta_{11}=\int_s\dfrac{\overline{M}_1^2}{EI}ds=\dfrac{1}{EI}\int_0^l y^2 dx=\dfrac{16f^2}{EIl^4}\int_0^l[x(l-x)]^2 dx=\dfrac{8}{15EI}f^2 l$$

基本结构受荷载作用下的弯矩方程(图 6-48c)为

左半跨 $M_P=M^0=\dfrac{3}{8}qlx-\dfrac{1}{2}qx^2$ $(0\leqslant x\leqslant l/2)$

右半跨 $M_P=M^0=\dfrac{ql}{8}(l-x)$ $(l/2\leqslant x\leqslant l)$

由此算得

$$\Delta_{1P}=\int_s\dfrac{\overline{M}_1 M_P}{EI}ds$$

$$= -\frac{1}{EI}\left[\int_0^{l/2} y \times \frac{q}{8}(3lx - 4x^2)dx + \int_{l/2}^l y \times \frac{ql}{8}(l-x)dx\right]$$

$$= -\frac{1}{30EI}qfl^3$$

于是得到多余未知力（水平推力）

$$F_H = X_1 = -\frac{\Delta_{1P}}{\delta_{11}} = \frac{ql^2}{16f}$$

由此可按式(6-23)计算两铰拱内力，即可由 $M = M^0 - F_H y$ 叠加得各分点处最终弯矩，绘出 M 图，如图 6-48(d)中所示，对跨中呈反对称分布，这个 M 图也与三铰拱的 M 图相同。

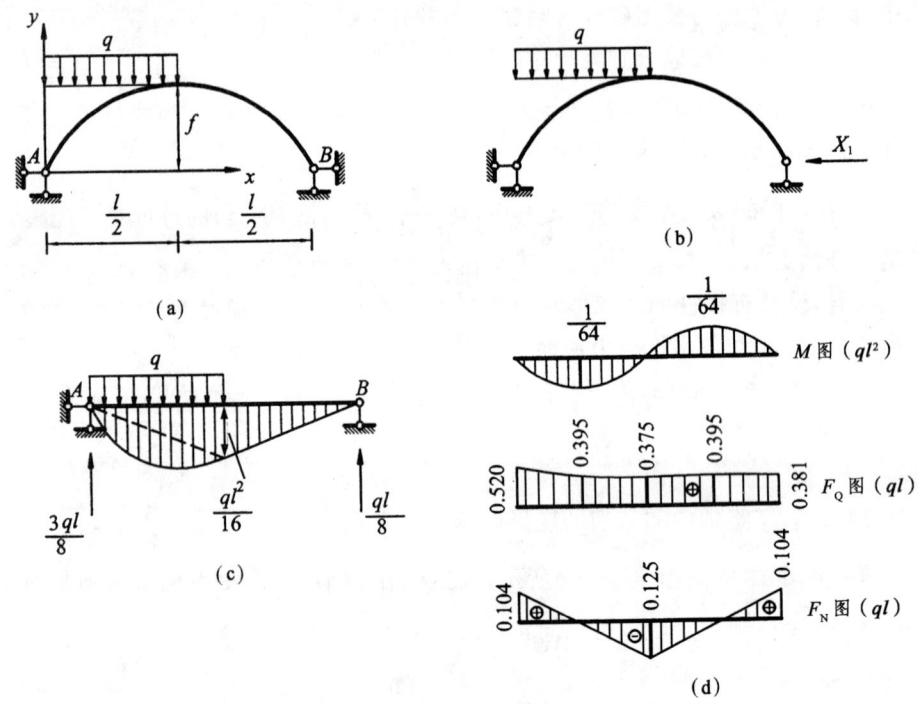

图 6-48

计算各截面轴力和剪力时，需先求出各处对应的 F_Q^0 值，由 $\tan\varphi = y' = \frac{4f}{l^2}(l-2x)$ 求出 $\tan\varphi$ 值及相应的 $\cos\varphi$、$\sin\varphi$ 值，即可利用公式

$$F_Q = F_Q^0\cos\varphi - F_H\sin\varphi, \quad F_N = F_Q^0\sin\varphi + F_H\cos\varphi$$

叠加得各分点处最终剪力和轴力，绘出 F_Q、F_N 图，如图 6-48(d)所示。

讨论：上面计算的结果，两铰拱在半跨均布荷载作用下的水平推力与三铰拱受相同荷载作用的水平推力相等，这不是一个普遍性结论。如果在别的荷载作用下，或者在计算位移时不忽略轴向变形的影响,则两铰拱的推力不一定与三铰拱推力相等。但是,在一般荷载作用下,两铰拱的推力与三铰拱的推力通常是比较接近的。

二、无铰拱的力法计算

图 6-49(a)所示对称无铰拱,力法的基本结构可取为对称的两悬臂曲梁,拱顶截面 C 的水平轴力 X_1、竖向剪力 X_2 和弯矩 X_3 为多余未知力(图 6-49b),其中 X_1、X_3 是正对称未知力,X_2 是反对称未知力,因此力法方程中副系数 $\delta_{12}=\delta_{21}=0$、$\delta_{23}=\delta_{32}=0$,方程分成两组

$$\left.\begin{array}{l}\delta_{11}X_1+\delta_{13}X_3+\Delta_{1P}=0\\ \delta_{31}X_1+\delta_{33}X_3+\Delta_{3P}=0\\ \delta_{22}X_2+\Delta_{2P}=0\end{array}\right\} \quad (6-25)$$

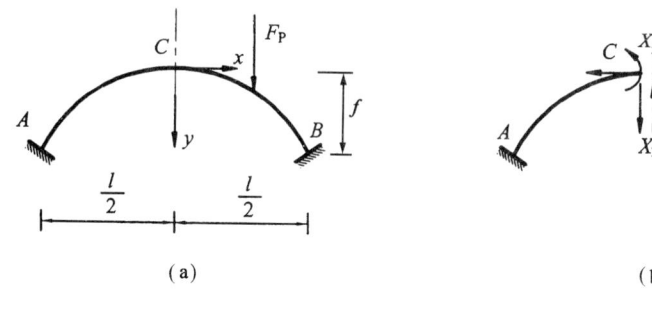

图 6-49

若能使上式中正对称未知力之间的副系数 $\delta_{13}=\delta_{31}=0$,则力法方程将进一步简化为三个独立的方程式

$$\left.\begin{array}{l}\delta_{11}X_1+\Delta_{1P}=0\\ \delta_{33}X_3+\Delta_{3P}=0\\ \delta_{22}X_2+\Delta_{2P}=0\end{array}\right\} \quad (6-26)$$

下面说明如何达到这一简化目标。

将图 6-49(a)所示的无铰拱在拱顶 C 处沿对称轴 y 切开后,设想装上两根长度待定为 y_s、在下端 O 处相连的刚臂(绝对刚性杆),如图 6-50(a)所示。由于刚臂本身不变形,左、右两刚臂间不会发生任何相对位移,则切口 C 处左、右截面间也无任何相对位移。这样,刚臂的装置对原结构的变形和受力没有任何改变。

再将刚臂下端 O 处切开,得出对称的两个带刚臂的悬臂梁为基本结构,如图 6-50(b)所示,图中 X_1、X_2 和 X_3 表示刚臂端点 O 截面的三对多余未知力。截面 O

左、右的变形连续条件可代替拱顶截面 C 的变形连续条件,且 X_1、X_3 仍为对称未知力而 X_2 为反对称未知力,故力法方程(6-25)仍然适用。

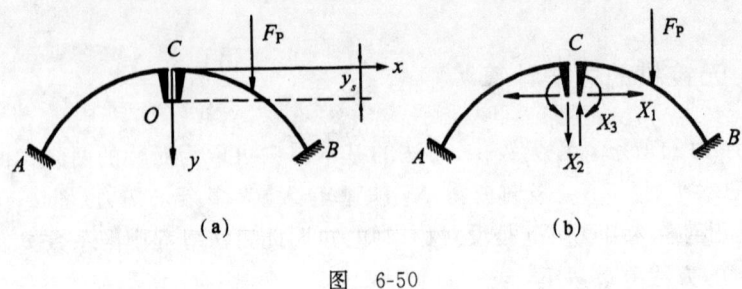

图 6-50

欲使未知水平力 X_1 与弯矩 X_3 之间的副系数 $\delta_{13}=\delta_{31}=0$,办法在选定刚臂的长度 y_s,即未知力的作用点位置。今设以拱上 C 为坐标原点,对称竖轴 y 向下为正,并规定各截面弯矩以使拱内侧受拉为正,轴力以受压为正,剪力以对隔离体顺时针转向为正。基本体系如图 6-50(b)所示,在 O 点处的各单位未知力作用时,据图 6-51(a)、(b)、(c)可得,各项内力函数为

$$
\begin{aligned}
&\overline{M}_1 = y - y_s & \overline{F}_{Q1} &= \sin\varphi & \overline{F}_{N1} &= \cos\varphi \\
&\overline{M}_2 = x & \overline{F}_{Q2} &= \cos\varphi & \overline{F}_{N2} &= -\sin\varphi \\
&\overline{M}_3 = 1 & \overline{F}_{Q3} &= 0 & \overline{F}_{N3} &= 0
\end{aligned}
$$

其中 φ 为拱轴各点切线的倾角,在右半拱上为正号、左半拱上为负号。因此可写出

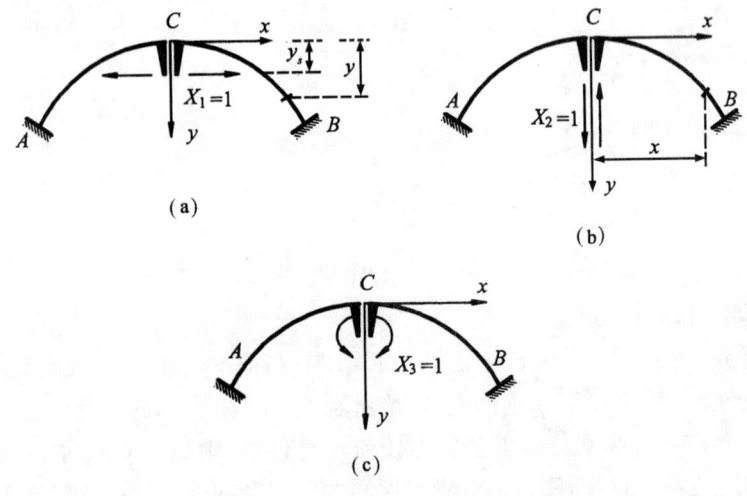

图 6-51

$$\delta_{13}=\int_s \frac{\overline{M}_1\overline{M}_3}{EI}\mathrm{d}s=\int_s(y-y_s)\times 1\times\frac{\mathrm{d}s}{EI}=\int_s y\frac{\mathrm{d}s}{EI}-y_s\int_s\frac{\mathrm{d}s}{EI}$$

可见 δ_{13} 值确与刚臂长度 y_s 有关,今以 $\delta_{13}=\delta_{31}=0$ 为条件,可确定 y_s 之值

$$y_s=\frac{\int_s y\frac{\mathrm{d}s}{EI}}{\int_s\frac{\mathrm{d}s}{EI}} \tag{6-27}$$

当已知拱轴方程 $y(x)$ 和截面变化规律 $I(x)$ 时,刚臂端点 O 的位置就可由上式确定。作用在该端点切口左、右的三对未知力之间的副系数将全为零。该点 O 称为无铰拱的弹性中心,是结构本身的几何因素与物理因素所决定的一个特征点。在图 6-52 中,我们设想一个窄条面积,以拱的轴线作为它的轴线,以拱截面的抗弯刚度的倒数 $\frac{1}{EI}$ 作为截面的宽度,则 $\frac{\mathrm{d}s}{EI}$ 就代表此图中的微面积,由于此面积与结构的弹性性质 EI 有关,故称它为弹性面积。式(6-27)中分母代表拱轴线全长上的总弹性面积,分子代表弹性面积对 x 轴的面积矩。因此式(6-27)是计算对称的弹性面积图形形心的纵坐标公式,该形心点 O 为无铰拱的弹性中心。由此可见,把刚臂端点引到弹性中心上,且将 X_1、X_2、X_3 置于弹性中心处,就可使全部的副系数都等于零。这一方法就称为弹性中心法。此时式(6-25)就转化为求解三个多余未知力的独立方程式(6-26)。

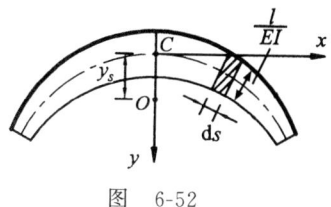

图 6-52

下面给出力法方程式(6-26)中的系数和自由项的计算式。

在一般的精度要求下,主系数和自由项的计算中可只计弯曲变形项,但当拱轴线接近于合理拱轴时,或矢跨比较小$\left(\frac{f}{l}<\frac{1}{5}\right)$且拱截面较厚$\left(\frac{h_C}{l}>\frac{1}{30}\right)$时,对于主系数 δ_{11}(有时也对 Δ_{1P}),还需计及轴向变形的影响,即

$$\left.\begin{aligned}\delta_{11}&=\int_s\frac{\overline{M}_1^2}{EI}\mathrm{d}s+\int_s\frac{\overline{F}_{N1}^2}{EA}\mathrm{d}s=\int_s(y-y_s)^2\frac{\mathrm{d}s}{EI}+\int_s\cos^2\varphi\frac{\mathrm{d}s}{EA}\\ \delta_{22}&=\int_s\frac{\overline{M}_2^2}{EI}\mathrm{d}s=\int_s x^2\frac{\mathrm{d}s}{EI}\\ \delta_{33}&=\int_s\frac{\overline{M}_3^2}{EI}\mathrm{d}s=\int_s\frac{\mathrm{d}s}{EI}\end{aligned}\right\} \tag{6-28}$$

$$\left.\begin{array}{l}\Delta_{1P}=\int_s\dfrac{\overline{M}_1 M_P}{EI}\mathrm{d}s=\int_s(y-y_s)M_P\dfrac{1}{EI}\mathrm{d}s\\[2mm]\Delta_{2P}=\int_s\dfrac{\overline{M}_2 M_P}{EI}\mathrm{d}s=\int_s x M_P\dfrac{1}{EI}\mathrm{d}s\\[2mm]\Delta_{3P}=\int_s\dfrac{\overline{M}_3 M_P}{EI}\mathrm{d}s=\int_s M_P\dfrac{1}{EI}\mathrm{d}s\end{array}\right\} \qquad (6\text{-}29)$$

求得弹性中心处的水平力 X_1、竖向力 X_2 和弯矩 X_3 后,欲求任意截面 D 的内力,如图 6-53(b)所示隔离体 CD,由平衡条件可得

$$\left.\begin{array}{l}M_D=X_1(y_D-y_s)+X_2 x_D+X_3+M_P\\ F_{QD}=X_1\sin\varphi_D+X_2\cos\varphi_D+F_{QP}\\ F_{ND}=X_1\sin\varphi_D-X_2\sin\varphi_D+F_{NP}\end{array}\right\} \qquad (6\text{-}30)$$

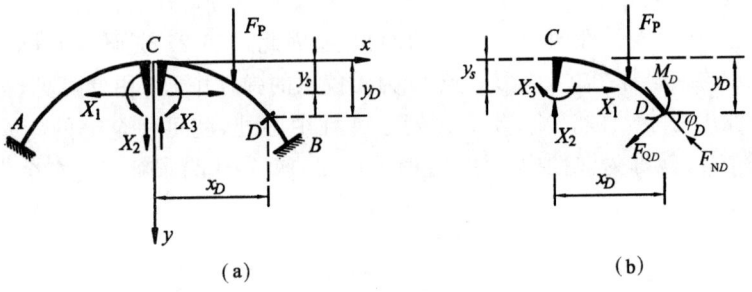

图 6-53

最后应指出,超静定拱(含两铰拱和无铰拱)许多是变截面的,又是曲杆,故求系数和自由项时常采用数值积分法分段求和计算。

例 6-14 试用积分法计算图 6-54(a)所示等截面半圆无铰拱的内力。由于矢跨比较大,忽略轴向和剪切变形的影响。

解 基本体系如图 6-54(b)所示,为求弹性中心坐标 y_s,设以拱顶为坐标原点,对称竖轴 y_1 向下为正。由式(6-27),有

$$y_s=\dfrac{\int_s y_1\dfrac{\mathrm{d}s}{EI}}{\int_s\dfrac{\mathrm{d}s}{EI}}=\dfrac{2\int_0^{\frac{\pi}{2}}R(1-\sin\varphi)R\mathrm{d}\varphi}{\int_s\mathrm{d}s}=\dfrac{2R^2\left(\dfrac{\pi}{2}-1\right)}{\pi R}=\left(1-\dfrac{2}{\pi}\right)R$$

现又以弹性中心为坐标原点(图 6-54b),则 y 为

$$y=y_1-y_s=R(1-\sin\varphi)-\left(1-\dfrac{2}{\pi}\right)R=\left(\dfrac{2}{\pi}-\sin\varphi\right)R$$

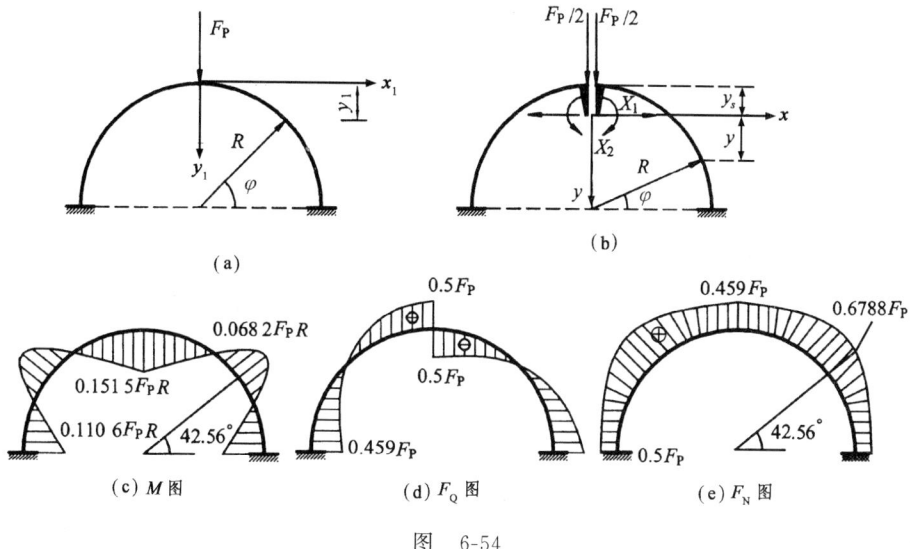

图 6-54

由图 6-54(b),各项弯矩函数为

$$M_P = -\frac{F_P}{2}R\cos\varphi, \quad \overline{M}_1 = y, \quad \overline{M}_2 = 1$$

由式(6-28)、(6-29),计算主系数和自由项(只计弯曲变形项)

$$EI\delta_{11} = \int_s y^2 ds = 2\int_0^{\frac{\pi}{2}}\left(\frac{2}{\pi} - \sin\varphi\right)^2 R^2 \cdot R d\varphi$$

$$= 2R^3 \int_0^{\frac{\pi}{2}}\left(\frac{4}{\pi^2} - \frac{4}{\pi}\sin\varphi + \sin^2\varphi\right)d\varphi$$

$$= 2R^3\left(\frac{2}{\pi} - \frac{4}{\pi} + \frac{4}{\pi}\right) = \left(\frac{\pi}{2} - \frac{4}{\pi}\right)R^3$$

$$EI\delta_{22} = \int_s ds = \pi R$$

$$EI\Delta_{1P} = \int_s y M_P ds = 2\int_0^{\frac{\pi}{2}}\left(\frac{2}{\pi} - \sin\varphi\right)R\left(-\frac{F_P}{2}R\cos\varphi\right)\cdot R d\varphi$$

$$= -F_P R^3 \int_0^{\frac{\pi}{2}}\left(\frac{2}{\pi}\cos\varphi - \sin\varphi\cos\varphi\right)d\varphi$$

$$= -F_P R^3\left(\frac{2}{\pi} - \frac{1}{2}\right)$$

$$EI\Delta_{2P} = \int_s M_P ds = 2\int_0^{\frac{\pi}{2}} -\frac{F_P}{2}R\cos\varphi \cdot R d\varphi = -F_P R^2$$

由此解得

$$X_1 = \frac{\dfrac{2}{\pi} - \dfrac{1}{2}}{\dfrac{\pi}{2} - \dfrac{4}{\pi}} F_P = \frac{4-\pi}{\pi^2-8} F_P = 0.4591 F_P$$

$$X_2 = \frac{F_P R}{\pi} = 0.3183 F_P R$$

求得弹性中心处的水平力 X_1、弯矩 X_2 后，任意截面的内力函数可由图 6-54(b)截取隔离体，由平衡条件可得

$$M = X_1 y + X_2 + M_P = \frac{4-\pi}{\pi^2-8} F_P \left(\frac{2}{\pi} - \sin\varphi \right) R + \frac{F_P R}{\pi} - \frac{F_P}{2} R \cos\varphi$$

$$= (0.6106 - 0.4591\sin\varphi - 0.5\cos\varphi) R F_P$$

$$F_Q = X_1 \cos\varphi + F_{QP} = \left(0.4591\cos\varphi - \frac{1}{2}\sin\varphi \right) F_P$$

$$F_N = X_1 \sin\varphi + F_{NP} = \left(0.4591\sin\varphi + \frac{1}{2}\cos\varphi \right) F_P$$

由 $\quad \dfrac{\mathrm{d}M}{\mathrm{d}\varphi} = (-0.4591\cos\varphi + 0.5\sin\varphi) R F_P = 0$

有 $\quad \tan\varphi = \dfrac{0.4591}{0.5} = 0.9182$

得 $\quad \varphi = 42.56°$

此时 $\quad M_{\min} = -0.0682 F_P R$

由 $\quad \dfrac{\mathrm{d}F_N}{\mathrm{d}\varphi} = 0$

有 $\quad \varphi = 42.56°$

得 $\quad F_{N\max} = 0.6788 F_P$

由此绘出弯矩图、剪力图、轴力图，分别如图 6-54(c)、(d)、(e)所示。

上述无铰拱计算的弹性中心法也适用于其他具有单个封闭形的三次超静定结构，如圆管、单箱框架等。

第九节　超静定结构的特性

超静定结构与静定结构的基本区别在于是否有多余约束和多余未知力存在。这一区别使得超静定结构与静定结构相比较，具有下列重要特性：

① 静定结构的内力只用静力平衡条件即可唯一确定，其值与结构的材料性质和截面尺寸无关。超静定结构的内力状态仅由静力平衡条件不能唯一确定，还必须

同时考虑变形条件。所以,超静定结构的内力与结构的材料性质和截面尺寸有关。在荷载作用下,超静定结构的内力只与各杆刚度的相对比值有关,而与其绝对值无关;在温度变化、支座移动等因素作用下,其内力则与各杆刚度的绝对值有关。因此在设计超静定结构时,需要经过一个试算过程,即需事先假定截面尺寸,求出内力,然后再根据内力来重新选择截面,如此反复进行,直至得出满意结果为止。另一方面,我们也可以利用超静定结构的这一特性,通过改变各杆刚度大小的办法来达到调整内力状态的目的。

② 在静定结构中,除荷载外,其他任何因素如温度变化、支座移动、制造误差等均不引起内力。但在超静定结构中,这些因素的影响均要引起内力(称为自内力),例如图 6-55(a)、(b)所示的梁,受到支座 B 移动的影响时,由于图(a)中支座 B 的移动是自由的,所以各支座不产生反力,梁 AB 也不产生内力;而图(b)中支座 B 的移动受到梁 AB 的制约,所以各支座将产生反力,同时梁 AB 也产生内力。

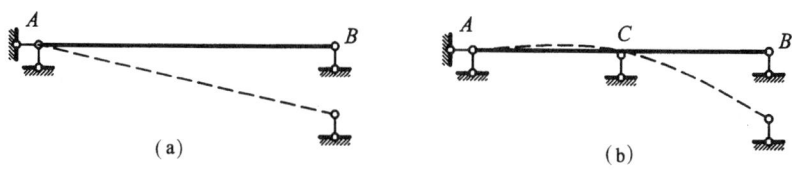

图 6-55

由于这一特性的存在,我们在设计超静定结构时,要注意采取相应措施,防止、消除或减轻自内力的不利影响。但另一方面,又可利用自内力来调整结构的内力,以便得到更合理的内力分布。

③ 静定结构在任一约束被破坏后,即变成几何可变体系,因而丧失承载能力;而超静定结构在多余约束被破坏后,结构仍为几何不变体系,因而还具有一定的承载能力。如图 6-56(a)所示静定桁架,当一个支座或一根杆件被破坏后,即成为一个几何可变体系而失去了承载能力。图 6-56(b)所示超静定桁架,当多余约束被破坏后,仍为几何不变体系而继续能承载。因此,超静定结构比静定结构具有较强的防护能力,较多用于军事工程和抗震结构中。

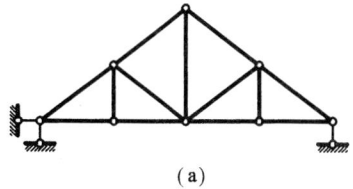 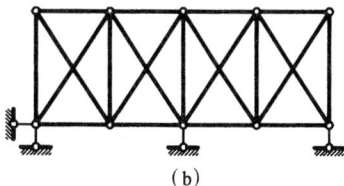

图 6-56

④ 超静定结构由于具有多余约束,所以其刚度一般要比相应的静定结构要大些,且内力分布也比较均匀,内力的峰值也要小些。由于多余约束的存在,其结构的稳定性也有所提高。

图 6-57(a)、(b)分别表示三跨连续梁的弯矩图和变形曲线;图 6-57(c)、(d)分别表示相应的三跨静定梁的弯矩图和变形曲线。由图可见,在相同荷载作用下,前者的弯矩分布比后者均匀,其峰值及最大挠度前者都较后者为小。

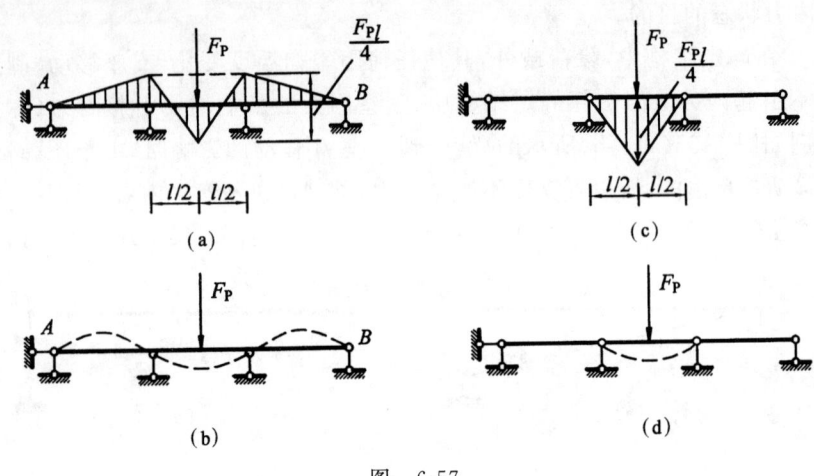

图 6-57

习 题

6-1 试确定图示结构的超静定次数,各选出一种力法基本结构并标上多余未知力。

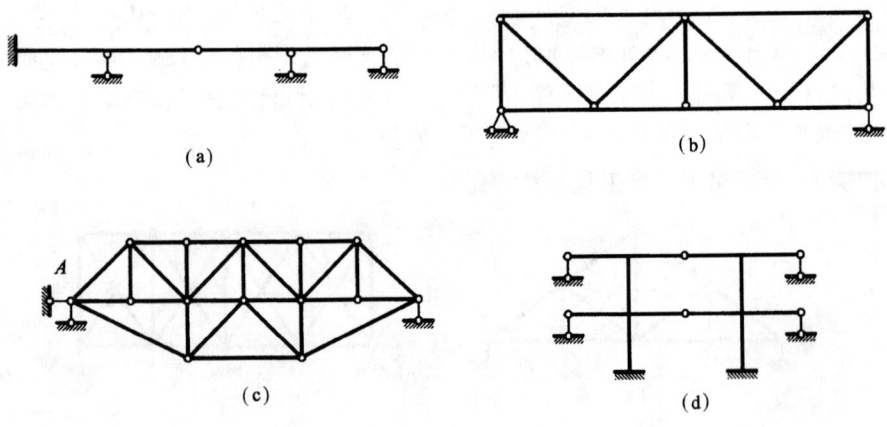

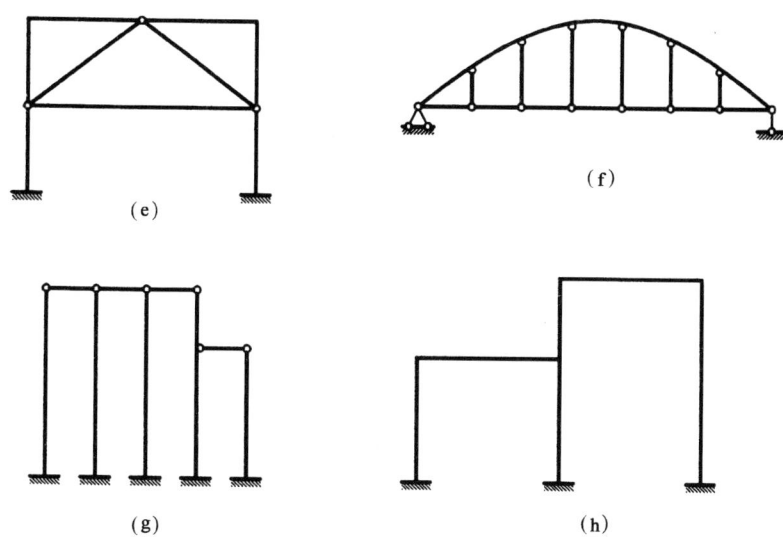

题 6-1 图

6-2 试作图示超静定梁的 M、F_Q 图。

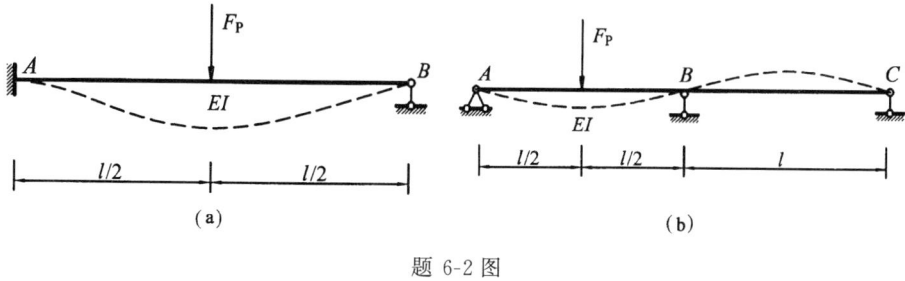

题 6-2 图

6-3 已知各杆的 EA 相同,用力法计算并求图示桁架的内力。

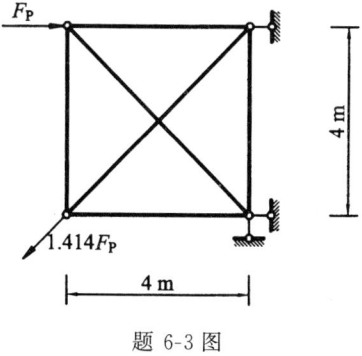

题 6-3 图

6-4 用力法计算图示结构,并作 M 图。各杆 $EI=$ 常数。

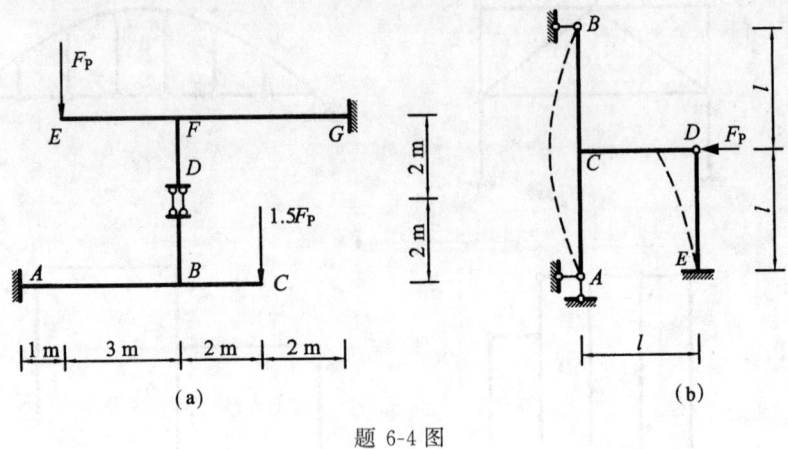

题 6-4 图

6-5 作图示刚架的 M 图。$EI=$ 常数。

6-6 已知 $EI=$ 常数，$EA=EI/l^2$，试用力法计算并作图示结构的 M 图。

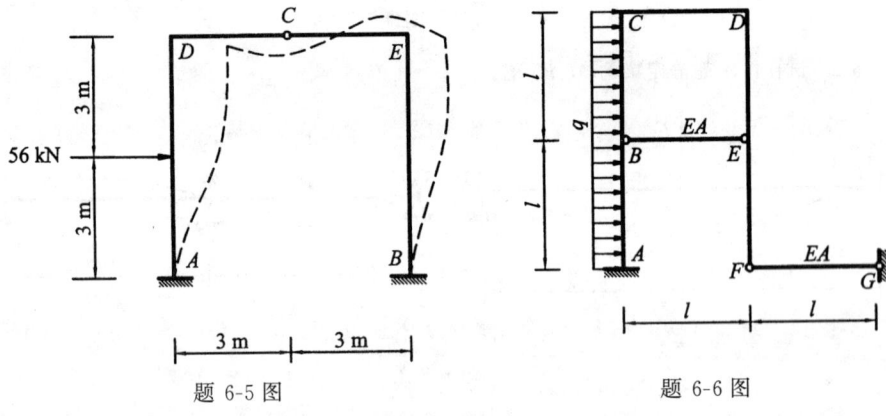

题 6-5 图   题 6-6 图

6-7 试计算图示排架，并作 M 图。

6-8 用力法计算并作出图示结构的 M 图。已知 B 支座的柔度系数 $f=0.001$ m/kN，$EI=2\times10^4$ kN·m^2

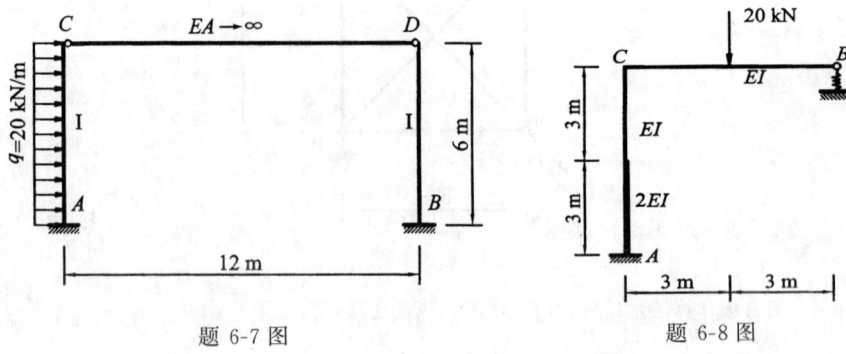

题 6-7 图   题 6-8 图

提示:将支座 B 处的反力作为多余未知力求解较简便。注意力法方程的物理概念。

6-9 作图示刚架的 M 图。$EI=$ 常数。

提示:为简化计算,可取半结构计算或选取广义未知力的方法计算。

6-10 已知 EA、EI 均为常数,试用力法计算并作图示对称结构的 M 图。

提示:在反对称荷载作用下取半结构计算,注意判断二力杆内力。

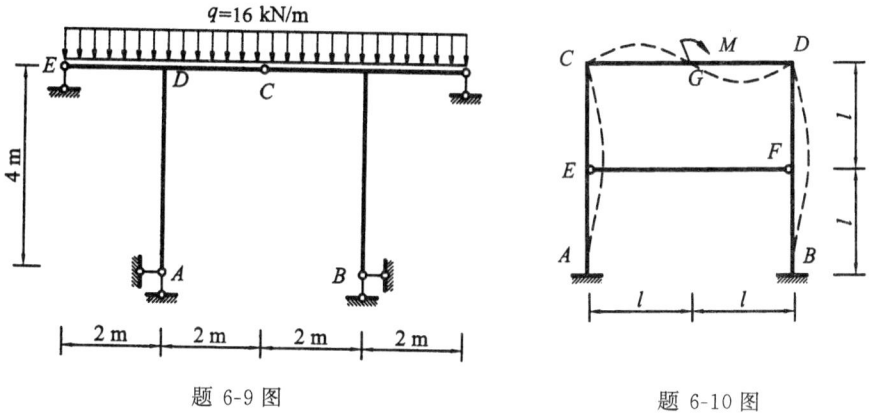

题 6-9 图　　　　　题 6-10 图

6-11 试用力法计算并作图示对称结构的 M 图。

提示:利用结构的对称性,对荷载进行分解,在反对称荷载作用下取半结构计算。

6-12 试绘制图示对称结构的弯矩图。$EI=$ 常数。

提示:利用结构的对称性,取 1/4 结构计算。

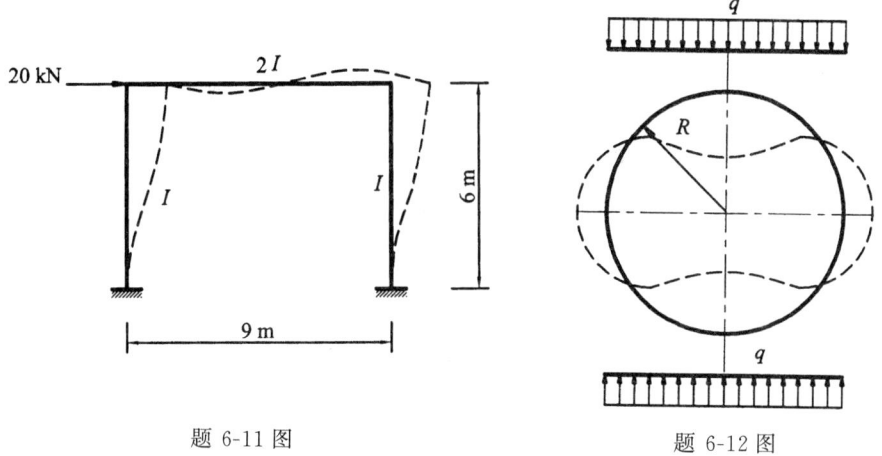

题 6-11 图　　　　　题 6-12 图

6-13 试绘制图示对称结构的弯矩图。EA、EI 均为常数。

提示:上部的二力杆系是静定的,可利用平衡条件求出各杆轴力后将其作用于下部的刚架上,再利用结构的对称性,对荷载进行分解并取 1/4 结构计算。

6-14 计算图示连续梁,作 M 图,求出各支座反力,并计算 K 点的竖向位移和截面 C 的转角。

提示：取三跨简支梁为基本结构，即将支座 B、C 处截面的弯矩作为多余未知力求解较简便。

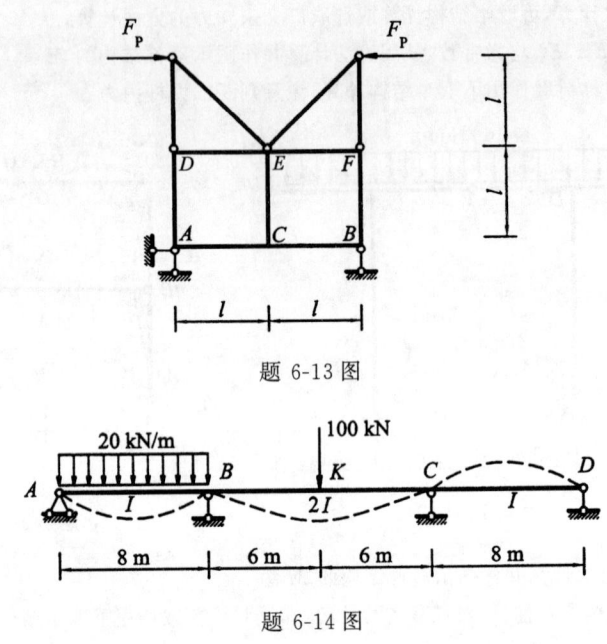

题 6-13 图

题 6-14 图

6-15 图示连续梁，已知 $EI = 0.7 \times 10^6$ kN·m^2，支座 B、C 为弹性支座，弹簧的柔度系数 $f_B = f_C = f = 4.0 \times 10^{-6}$ m/kN。将支座 B、C 处截面的弯矩作为多余未知力 X_1、X_2，计算系数项和自由项。

提示：系数、自由项的计算需考虑弹性支座的影响。

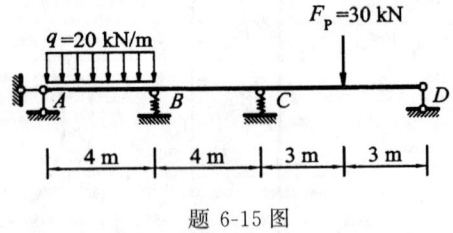

题 6-15 图

6-16 判断图示结构所示弯矩图是否正确。

提示：

(1) 在图 a、b 中判断：① 结点的 M 是否平衡？② 切断竖柱取上部为隔离体，隔离体是否平衡？

(2) 在图 c、d 中判断支承截面的相对转角或竖向位移是否等于零？

6-17 已知 $EI = $ 常数，各杆为矩形截面，截面高度 $h = l/10$，线膨胀系数为 α，温升 $t_1 = 10°C$，$t_2 = 30°C$。用力法计算并作图示结构的 M 图。

6-18 图示连续梁由一工字钢制成，温度变化为 $t_1 = 20°C$，$t_2 = 0°C$，钢的 $\alpha = 1 \times 10^{-5}$ K^{-1}，$E = 210$ GPa。试求梁内最大正应力，并讨论若加大工字钢号码能否达到降低应力的目的？

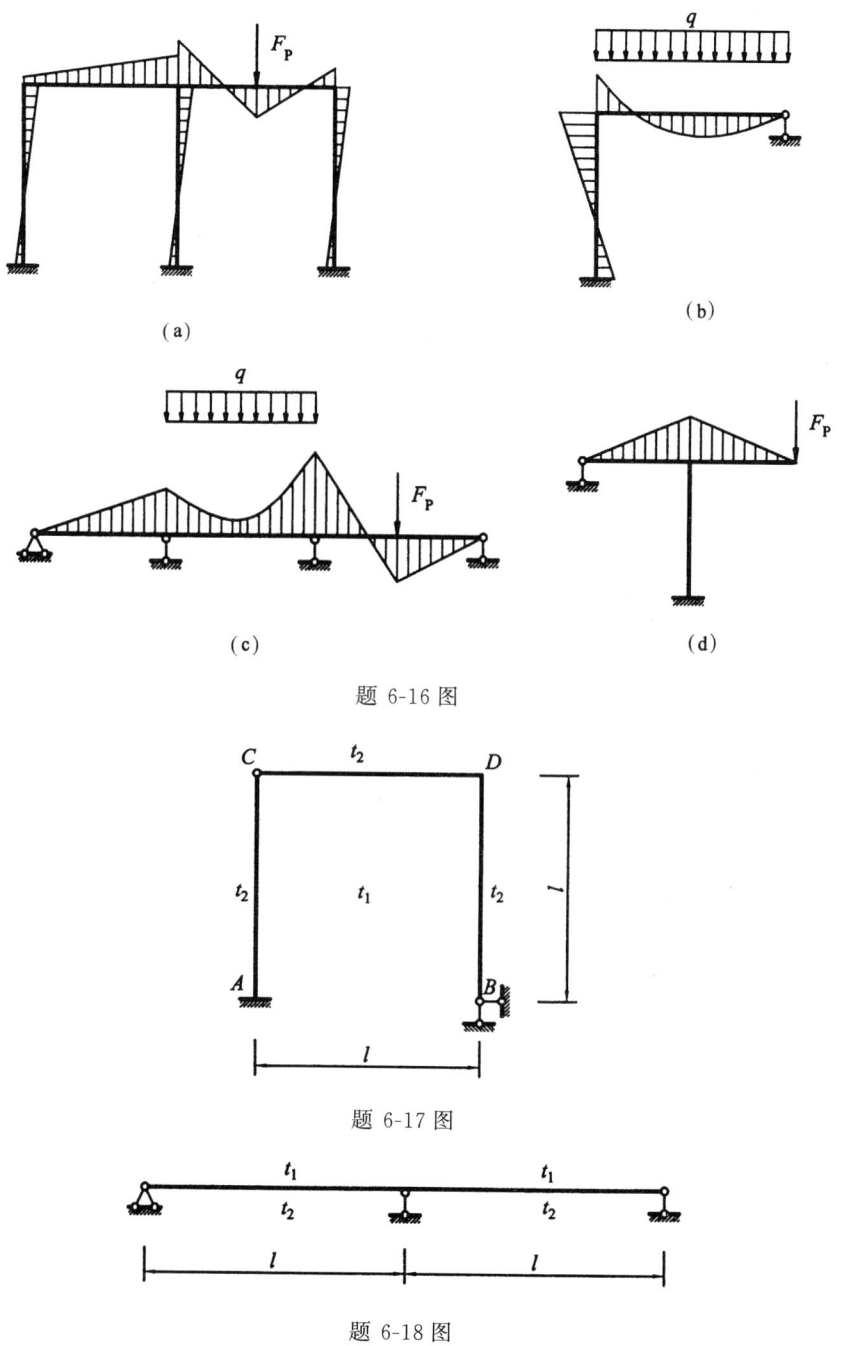

题 6-16 图

题 6-17 图

题 6-18 图

6-19 已知 $EI=$ 常数。试用力法计算并求解图示结构由于 AB 杆的制造误差(短 Δ)所产生的 M 图。提示：利用结构的对称性，取 1/4 结构计算。

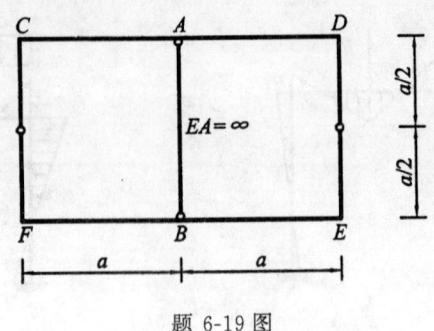

题 6-19 图

6-20 梁的支座发生位移如图所示,试分别绘制图 a、b 的 M 图。

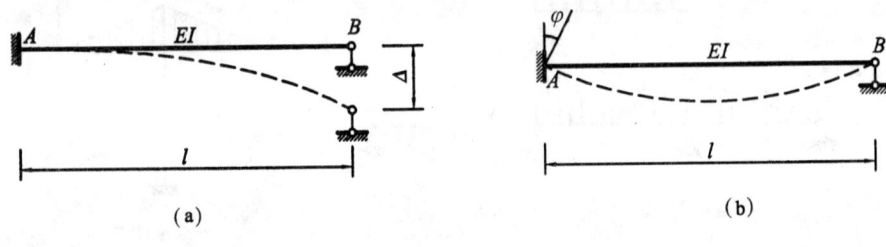

题 6-20 图

6-21 图示连续梁为 28a 号工字钢,$I=711\ 4\ \text{cm}^4$,$E=210\ \text{GPa}$,$l=10\ \text{m}$,$F_P=50\ \text{kN}$。若欲使梁内最大正、负弯矩的绝对值相等,应将中间支座升高或降低多少?

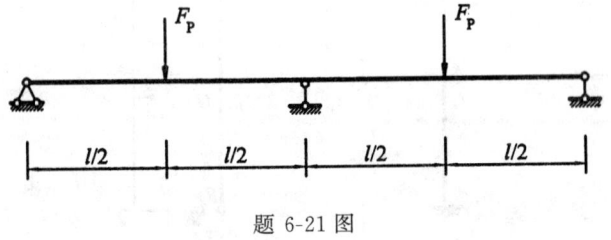

题 6-21 图

6-22 图示结构在支座 E 下沉 $\Delta=3\ \text{cm}$,荷载 $F_P=40\ \text{kN}$ 的共同作用下,试用力法求 M_{AB}。已知 $l=3\ \text{m}$,$EI=108\ \text{kN}\cdot\text{m}^2$。

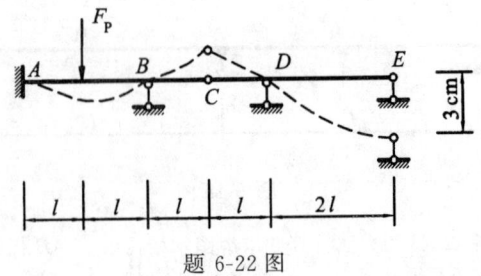

题 6-22 图

6-23 图示交叉梁系四周简支，各梁 EI 相同。各结点作用有垂直于结构平面的荷载 F_P，试作其弯矩图。

提示：结点 6、7、8、9 及 5 有对称性而梁各承担 $F_P/2$，可设在结点 1、2、3、4 梁间有未知力 X_1。

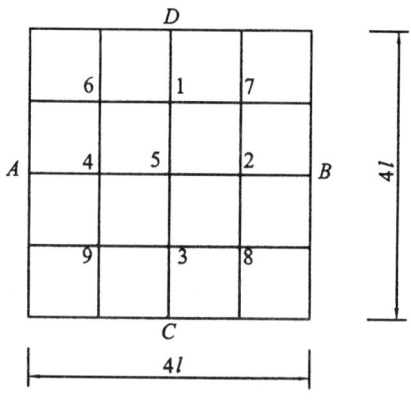

题 6-23 图

6-24 试推导图示带拉杆抛物线两铰拱在均布荷载作用下拉杆内力的表达式。拱截面 EI 为常数，拱轴方程为 $y=\dfrac{4f}{l^2}x(l-x)$，计算位移时，拱身只考虑弯矩的作用，并假设 $ds=dx$。

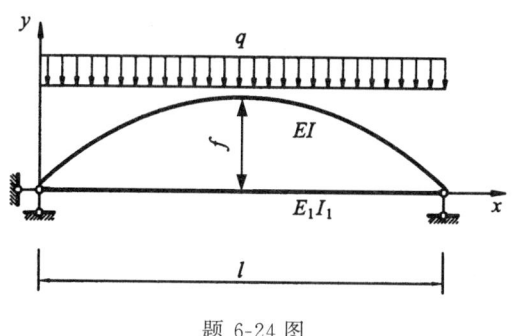

题 6-24 图

6-25 试求图示等截面半圆无铰拱在拱顶受集中荷载 F_P 时拱脚截面弯矩。

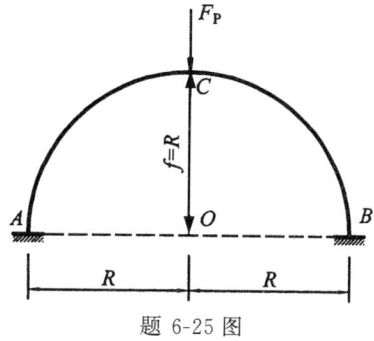

题 6-25 图

6-26 图示一等截面圆弧无铰拱，试求拱顶和拱脚截面弯矩。

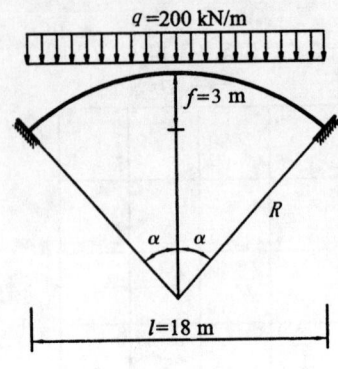

题 6-26 图

6-27 图示抛物线无铰拱的轴线方程 $y=\dfrac{4f}{l^2}x^2$，截面面积 $A=\dfrac{A_0}{\cos\varphi}$，惯性矩 $I=\dfrac{I_0}{\cos\varphi}$，$A_0$ 和 I_0 为拱顶截面处的面积和惯性矩。$l=18\text{ m}, f=3\text{ m}$，拱顶处截面高度为 $h=0.6\text{ m}$，考虑弹性压缩。试求拱的水平推力、拱顶和拱脚截面处内力$\left(\text{其中 } \mathrm{d}s=\dfrac{\mathrm{d}x}{\cos\varphi}\right)$。

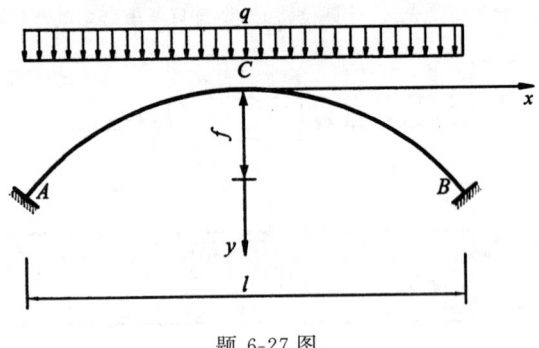

题 6-27 图

第七章 位 移 法

第一节 位移法的基本概念

力法和位移法是分析超静定结构的两种基本方法。力法在19世纪末就已应用于各种超静定结构的分析。20世纪初,由于钢筋混凝土结构的出现,刚架的应用渐多,如仍用力法计算,工作量较大。于是,在力法的基础上建立了位移法。

力法的基本思想是先解除结构的某些多余约束,以多余约束中的内力或反力作为基本未知量,一般取静定结构作为基本结构进行计算。利用位移协调条件建立力法基本方程,确定出多余未知力,从而进一步求出原结构的内力。

位移法的基本思想与力法相反,它是以结构的结点位移(角位移和线位移)作为基本未知量,将结构拆成杆件,以单根杆件的内力和位移关系作为计算的基础;再把杆件组装成结构,通过力的平衡条件建立位移法基本方程,确定出未知的结点位移,从而进一步求出原结构的内力。

线弹性结构在一定的外因作用下,其内力与位移之间具有一定的对应关系。因此,可以先求结构内力再求位移,也可先求结点位移再求结构内力。现以一简例具体说明位移法的基本原理和计算方法。

图7-1(a)所示刚架,在荷载作用下产生的变形如图中虚线所示,设结点1的转角为Δ_1,根据变形协调条件可知,汇交于结点1的两杆杆端也应有同样的转角Δ_1。为了使问题简化,在受弯杆件中,略去杆件的轴向变形和剪切变形的影响,并认为弯曲变形是很小的,因而假定结构变形后受弯杆两端之间的距离保持不变。由此可知,结点1只有转角Δ_1,而无线位移,整个刚架的变形只要用未知转角Δ_1来描述即可。如果能设法求得转角Δ_1,即可求出刚架的内力。

为了求出Δ_1值,可先对原结构图7-1(a)作些修改,设想在结点1处装上一个阻止转动的装置,称它为附加刚臂约束,如图7-1(b)所示。它的作用是限制结点的转动(不限制结点的线位移),这样,原结构就被分隔成两个单跨梁。其中 $1B$ 是两端固定梁,$1A$ 是一端固定、另一端铰支梁,如图 7-1(b)所示,称为位移法基本结构。

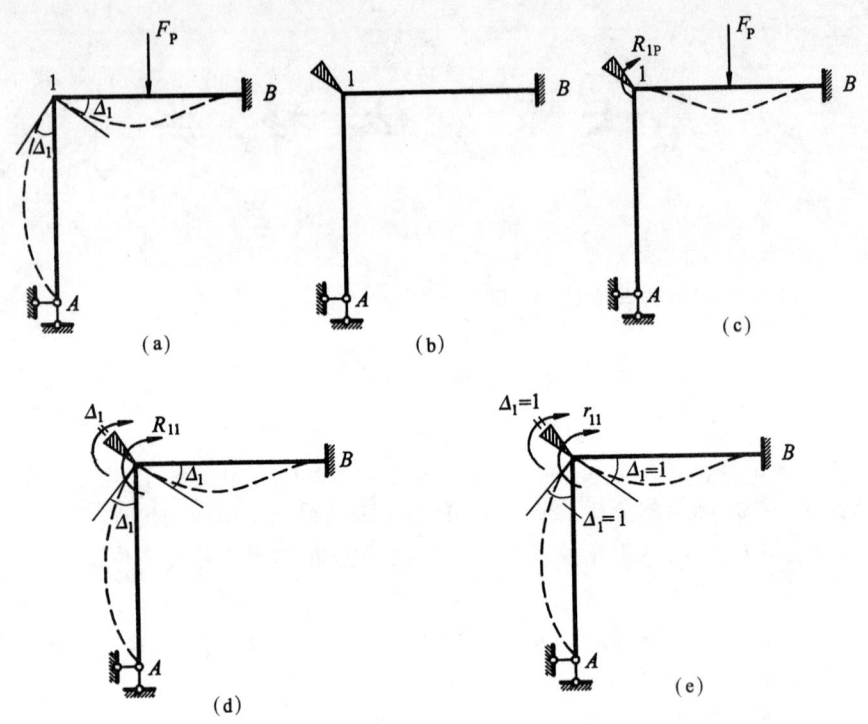

图 7-1

首先,在基本结构上加上原来的荷载 F_P,由于附加刚臂不允许结点 1 转动,此时只有梁 $1B$ 发生变形,梁 $1A$ 则不变形,图 7-1(c)所示。这与原结构在未加约束前自然状态下的变形(图 7-1a)不同,此时附加刚臂中产生了反力矩 R_{1P},反力矩规定以顺时针为正。于是,基本结构与原结构就发生了差别。

为了消除基本结构与原结构的差别,在图 7-1(d)所示的结点 1 的附加刚臂上人为地加上一个外力矩 R_{11},迫使结点 1 转动了一个 Δ_1 角,即基本结构发生了与原结构结点 1 处相同的角位移 Δ_1。

由图 7-1(c)与图 7-1(d),附加刚臂中的总反力矩 R_1 是基本结构外荷载及结点转角 Δ_1 分别作用之和,即

$$R_1 = R_{11} + R_{1P} \tag{a}$$

由于原结构结点 1 处根本不存在附加刚臂,故必须使 $R_1=0$,即

$$R_{11} + R_{1P} = 0 \tag{b}$$

式中,R_{11} 为基本结构在结点 1 处发生转角 Δ_1 时,产生在附加刚臂中的反力矩(图 7-1d);R_{1P} 则为基本结构在荷载作用下,产生在附加刚臂中的反力矩(图 7-1c)。

根据叠加原理
$$R_{11} = r_{11}\Delta_1$$

式中,r_{11} 为基本结构在结点 1 处发生单位转角($\Delta_1=1$)时,产生在附加刚臂中的反力矩(图 7-1e)。这样,式(b)可改写为

$$r_{11}\Delta_1 + R_{1P} = 0 \tag{7-1}$$

式(7-1)为本例的位移法基本方程。它的物理意义是,基本结构在结点 1 处转角 Δ_1 及外荷载共同作用下,附加刚臂 1 内所产生的总反力矩等于零。当式中 r_{11} 与 R_{1P} 求出后,可求出未知结点位移 Δ_1,即

$$\Delta_1 = -\frac{R_{1P}}{r_{11}}$$

为了计算上式中的 r_{11} 和 R_{1P},根据力法,分别画出基本结构在结点 1 处转动 $\Delta_1=1$ 时产生的弯矩图(图 7-2b)及外荷载作用下产生的弯矩图(图 7-2c),相应的各单跨超静定梁弯矩图示于图 7-2(a)和图 7-2(c)中。图 7-2(b)和图 7-2(c)所示的弯矩图,分别记作 $\overline{M}_1$ 和 M_P。

现取 $\overline{M}_1$、M_P 图中的结点 1 为隔离体,如图 7-2(d)、(e)所示。由力矩平衡方程 $\Sigma M=0$,即可分别求出

$$r_{11} = \frac{7EI}{l}, \quad R_{1P} = -\frac{1}{8}F_P l \quad (\text{负号表示反时针方向})$$

将这些结果代入式(7-1)中,解得

$$\Delta_1 = \frac{F_P l^2}{56EI}$$

最后,根据叠加原理 $M = \overline{M}_1 \Delta_1 + M_P$,即可求出最后弯矩图,如图 7-2(f)所示。

综上所述,用位移法计算结构内力的要点如下:

① 位移法的基本未知量是结构的结点位移(如图 7-1a 中结点 1 的角位移)。
② 位移法的基本方程是平衡方程(如式 7-1 为结点 1 的力矩平衡方程)。
③ 建立位移法基本方程的过程分为两步。

第一步,在原结构上,沿各未知结点位移方向添加附加约束,用以阻止各结点位移,即把结构拆成单根杆件,从而得到基本结构,如图 7-1(b)所示。然后,根据力法对基本结构上各单根杆件进行内力分析,即画出 $\overline{M}_1$ 和 M_P。

第二步,把各单根杆件综合成结构,进行结构的整体分析,即由原结构的平衡条件得到位移法的基本方程,先求出基本方程中的系数(r_{11})和自由项(R_{1P}),进而求出基本未知量(如 Δ_1)。

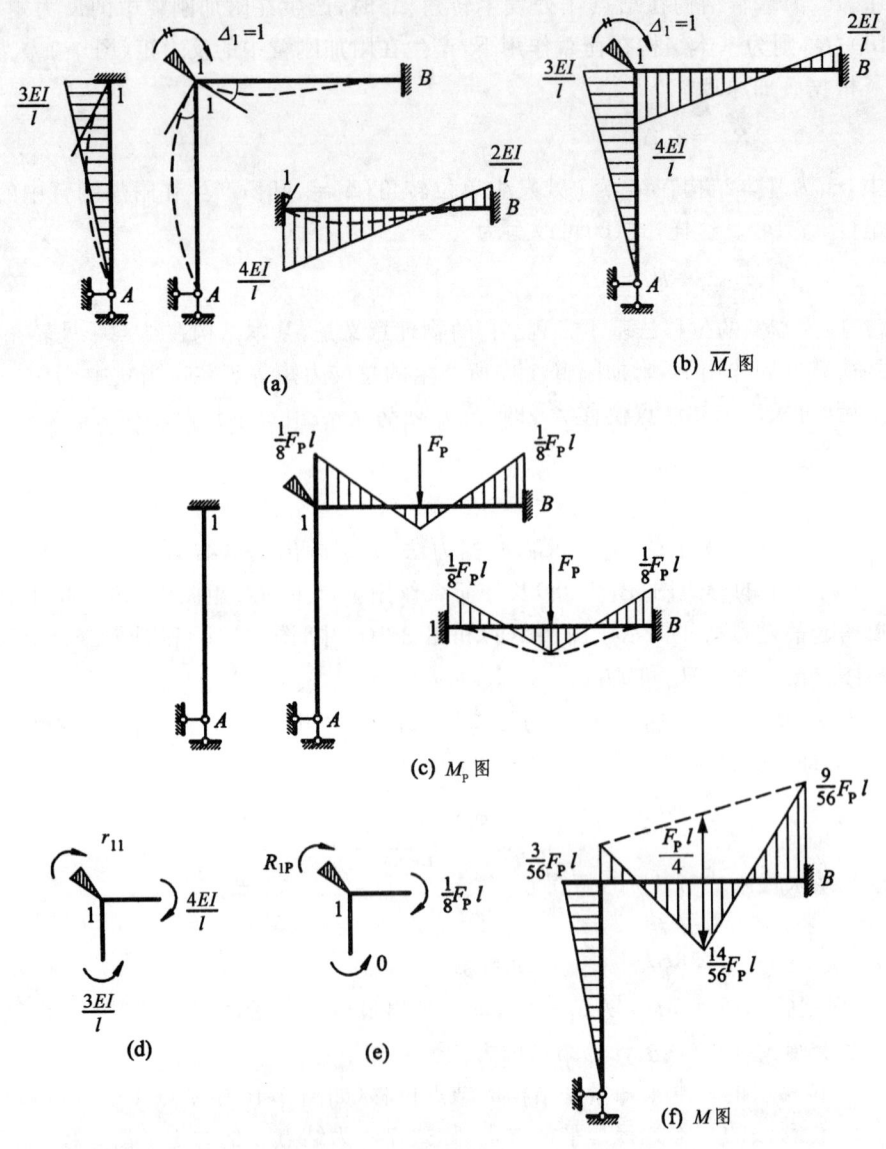

图 7-2

通过上述两个步骤，使基本结构与原结构的受力和变形完全相同，从而通过基本结构求出原结构的内力和变形。这个过程把复杂结构的计算问题转化为简单杆件的分析和综合的问题，这就是位移法的基本思想。

④ 位移法是以单根杆件作为计算基础的，因而需熟悉各类单跨超静定杆件在杆端位移以及荷载作用下的内力分布情况，并制成表格作为杆件资料以便查用。

第二节 等截面直杆的转角位移方程

转角位移方程就是将各种因素引起的杆端力叠加在一起组成的方程,也即杆端力与杆端位移之间的关系方程,在上一节讨论中,可知位移法是以单个超静定杆作为计算基础的。为此,本节将介绍四种等截面直杆的转角位移方程。

一、两端固定等截面直杆的转角位移方程

图 7-3(a)为等截面直杆 AB,杆长为 l。$A'B'$ 表示杆件 AB 的杆端发生变形后的位置。其中 θ_A 和 θ_B 分别表示 A 端和 B 端的转角,其转向以顺时针方向为正。Δ_A 和 Δ_B 分别表示 A、B 两端沿杆轴垂直方向的线位移,其方向以绕另一端顺时针方向转动为正;Δ_{AB} 表示 A、B 两端的相对线位移,$\beta = \Delta_{AB}/l$ 表示直线 $A'B'$ 与 AB 的平行线的交角,称它为弦转角,并规定以顺时针方向转动为正。杆端弯矩以顺时针方向转动为正;杆端剪力的符号规定和以前的相同。

上述等截面杆在支座转角 θ_A、θ_B、相对线位移 Δ_{AB} 和荷载的共同作用下,其杆端内力(或反力)可根据力法求得

$$\left.\begin{aligned}
M_{AB} &= 4i\theta_A + 2i\theta_B - 6i\frac{\Delta_{AB}}{l} + M_{AB}^F \\
M_{BA} &= 2i\theta_A + 4i\theta_B - 6i\frac{\Delta_{AB}}{l} + M_{BA}^F \\
F_{QAB} &= -\frac{6i}{l}\theta_A - \frac{6i}{l}\theta_B + \frac{12i}{l} \cdot \frac{\Delta_{AB}}{l} + F_{QAB}^F \\
F_{QBA} &= -\frac{6i}{l}\theta_A - \frac{6i}{l}\theta_B + \frac{12i}{l} \cdot \frac{\Delta_{AB}}{l} + F_{QBA}^F
\end{aligned}\right\} \quad (7\text{-}2)$$

式中,$i = (EI)/l$ 称为线刚度;M_{AB}^F、M_{BA}^F 表示杆端固定无任何位移时由于荷载作用下所产生的杆端弯矩,通常称它为固端弯矩,其方向以顺时针方向转动为正;F_{QAB}^F 和 F_{QBA}^F 表示相应的杆端剪力,称它为固端剪力,其正、负的规定和以前相同。

二、一端固定一端铰支等截面直杆的转角位移方程

图 7-3(b)为一端固定一端铰接的等截面直杆,在支座转角 θ_A、相对线位移 Δ_{AB} 和荷载的共同作用下,其杆端内力可根据力法求得

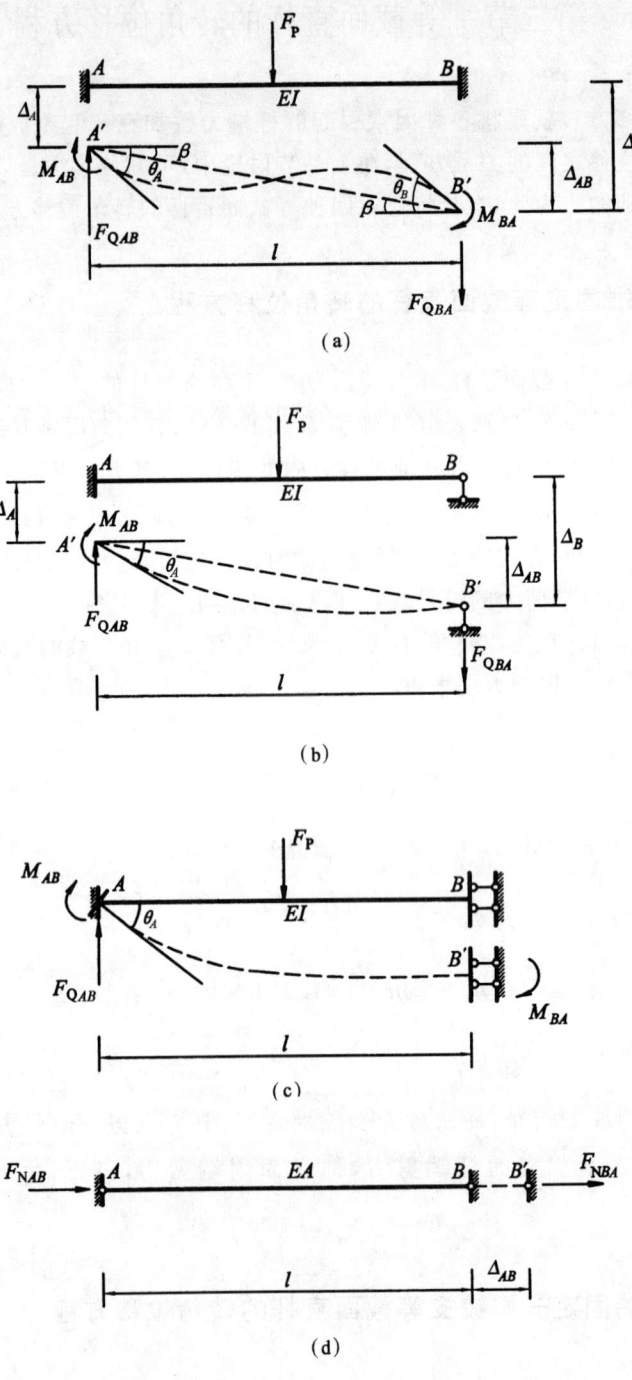

图 7-3

$$\left.\begin{aligned} M_{AB} &= 3i\theta_A - 3i \cdot \frac{\Delta_{AB}}{l} + M_{AB}^F \\ M_{BA} &= M_{BA}^F \\ F_{QAB} &= -\frac{3i}{l}\theta_A + \frac{3i}{l} \cdot \frac{\Delta_{AB}}{l} + F_{QAB}^F \\ F_{QBA} &= -\frac{3i}{l}\theta_A + \frac{3i}{l} \cdot \frac{\Delta_{AB}}{l} + F_{QBA}^F \end{aligned}\right\} \tag{7-3}$$

三、一端固定一端为定向支承等截面直杆的转角位移方程

图 7-3(c)为一端固定一端为定向支承的等截面直杆,在支座转角 θ_A 和荷载的共同作用下,其杆端内力可根据力法求得

$$\left.\begin{aligned} M_{AB} &= i\theta_A + M_{AB}^F \\ M_{BA} &= -i\theta_A + M_{BA}^F \\ F_{QAB} &= F_{QAB}^F \\ F_{QBA} &= 0 \end{aligned}\right\} \tag{7-4}$$

四、两端铰结的等截面轴力杆件的转角位移方程

图 7-3(d)为两端铰结的等截面轴力杆件,在 A、B 两端沿杆轴向产生相对位移 Δ_{AB} 时,其杆端内力为

$$\left.\begin{aligned} F_{NAB} &= -\frac{EA}{l}\Delta_{AB} \\ F_{NBA} &= \frac{EA}{l}\Delta_{AB} \end{aligned}\right\} \tag{7-5}$$

式中,A 为杆件的截面面积。

现将以上四种等截面直杆在外荷载、支座转动 $\theta_A=1$ 和相对线位移 $\Delta_{AB}=1$ 单独作用下的杆端内力列于表 7-1 中,以备查用。由外荷载引起的杆端内力一般称作固端力,也称为载常数,如表 7-1(a)所示。由支座移动引起的杆端内力,称为形常数,如表 7-1(b)所示。其中线刚度 $i=\dfrac{EI}{l}$。

表 7-1(a)　载 常 数 表

序号	结构简图	弯矩图	固端剪力 F_{QAB}	F_{QBA}
1	两端固定梁，均布荷载 q	$\dfrac{ql^2}{12}$，$\dfrac{ql^2}{12}$	$\dfrac{ql}{2}$	$-\dfrac{ql}{2}$
2	两端固定梁，跨中集中力 F_P，$l/2+l/2$	$F_Pl/8$，$F_Pl/8$	$\dfrac{F_P}{2}$	$-\dfrac{F_P}{2}$
3	两端固定梁，跨中集中力偶 M，$l/2+l/2$	$M/2$，$M/4$，$M/4$，$M/2$	$-\dfrac{3M}{2l}$	$-\dfrac{3M}{2l}$
4	一端固定一端铰支，均布荷载 q	$\dfrac{ql^2}{8}$	$\dfrac{5ql}{8}$	$-\dfrac{3ql}{8}$
5	一端固定一端铰支，跨中集中力 F_P	$\dfrac{3}{16}F_Pl$	$\dfrac{11F_P}{16}$	$-\dfrac{5F_P}{16}$
6	一端固定一端定向支座，均布荷载 q	$\dfrac{ql^2}{3}$，$\dfrac{ql^2}{6}$	ql	0
7	一端固定一端定向支座，端部集中力 F_P	$F_Pl/2$，$F_Pl/2$	F_P	F_P
8	一端固定一端定向支座，跨中集中力 F_P，$l/2+l/2$	$\dfrac{3}{8}F_Pl$，$\dfrac{1}{8}F_Pl$	F_P	0

表 7-1(b) 形 常 数 表

序号	结构简图	弯矩图	杆端剪力	
			F_{QAB}	F_{QBA}
1		$4i$ / $2i$	$-\dfrac{6EI}{l^2}$	$-\dfrac{6EI}{l^2}$
2		$\dfrac{6i}{l}$ / $\dfrac{6i}{l}$	$\dfrac{12i}{l^2}$	$\dfrac{12i}{l^2}$
3		$3i$	$-\dfrac{3i}{l}$	$-\dfrac{3i}{l}$
4		$\dfrac{3i}{l}$	$\dfrac{3i}{l^2}$	$\dfrac{3i}{l^2}$
5		i	0	0
6		$F_{NAB} \leftarrow \longrightarrow F_{NBA}$	F_{NAB}	F_{NBA}
			$\dfrac{EA}{l}$	$\dfrac{EA}{l}$

第三节 基本未知量数目的确定和基本结构

由上节可知,如果结构上每根杆件两端的角位移和线位移都已求得,则全部杆件的内力均可确定。因此,在位移法中,基本未知量应是某些结点的角位移和线位移。在计算时,应首先确定独立的结点角位移和线位移的数目。

一、结点角位移未知量数目的确定

确定独立的结点角位移数目比较容易。由于在同一刚结点处,各杆端的转角都是相等的,因此每一个刚结点只有一个独立的角位移未知量。在固定支座处,其转角等于零或是已知的支座位移值。至于铰结点或铰支座处各杆端的转角,由上节可知，它们不是独立的，确定杆件内力时可以不需要它们的数值，故可不作为基本未知量。这样，在确定结构独立的结点角位移数目时，只要数刚结点的数目即可。

例如图 7-4(a)所示刚架，独立的结点角位移的数目等于刚性结点的数目。其独立的结点角位移数目为 2。

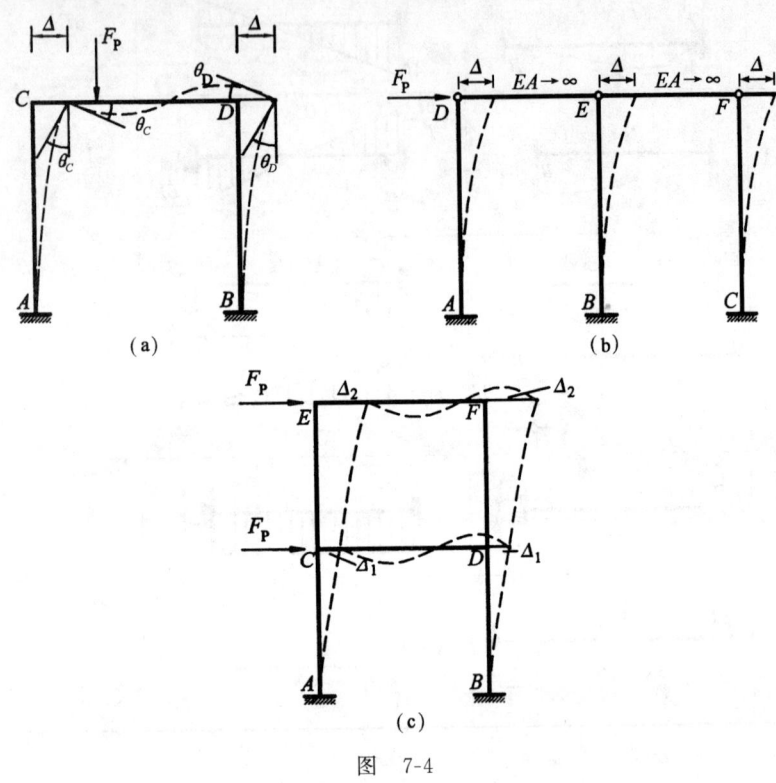

图 7-4

二、独立的结点线位移未知量数目的确定

确定独立的结点线位移数目时，在一般情况下每个结点均可能有水平和竖向两个线位移。为了简化计算，在确定结点线位移的数目时，略去受弯直杆的轴向变形，并且假设弯曲变形是微小的，以致认为直杆在受弯前与受弯后，其投影长度保持不变，这样每一受弯直杆就相当于一个约束，从而减少了独立的结点线位移数目。

对于一般刚架，独立结点线位移的数目常可由观察判定。例如在图 7-4(a)的刚架中，由于各杆两端距离保持不变，因此在微小位移的情况下，结点 C 和 D 都没有竖向位移，而且结点 C 和 D 的水平位移也彼此相等，可用一个符号 Δ 来表示。因此，原来的两个结点线位移现在归结为一个独立的结点线位移 Δ。全部基本未知量只有 3 个，即 θ_C、θ_D 和 Δ。

图 7-4(b)、(c)所示两个例子，虚线表示变形后杆的曲线。在图 7-4(b)中，水平梁的 $EA\rightarrow\infty$，由水平梁连起来的各结点 D、E、F 其水平线位移相同，所以只有一个独立线位移 Δ。图 7-4(c)所示为由水平梁与立柱组成的两层刚架，4 个刚结点 C、D、E、F 有 4 个转角；此外，还有两个独立结点线位移 Δ_1 和 Δ_2。显然，每层有一个线位移，因而独立结点线位移的数目等于刚架的层数。

由于在刚架计算中，不考虑各杆长度的改变，因而结点的独立线位移的数目还可以用几何构造分析的方法来确定。如果把所有的刚结点(包括固定支座)都改为铰结点，则此铰结体系的自由度数就是原结构的独立结点线位移的数目。换句话说，为了使此铰接体系成为几何不变而需添加的链杆数就等于原结构的独立结点线位移的数目。例如图 7-5(a)所示刚架，其相应的铰接体系如图 7-5(b)所示，它是几何可变的，必须在某结点处增添一根非竖向的支座链杆(如虚线所示)才能成为几何不变的，故知原结构独立的结点线位移数目为 1。

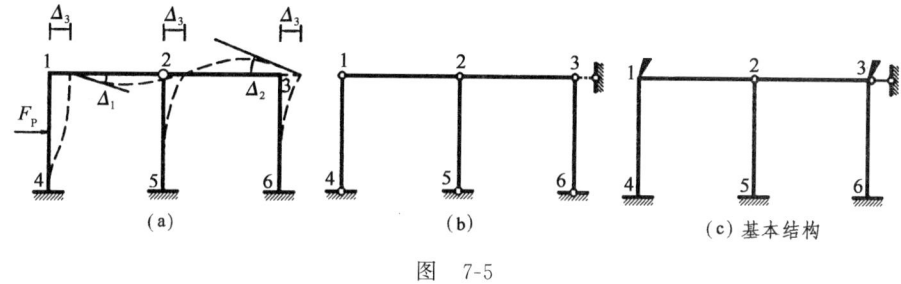

图　7-5

显然，在上述确定位移法的基本未知量即独立的结点角位移和线位移时，由于考虑了支座和结点及杆件的连接情况，因而就满足了结构的几何条件即支承约束条件和变形连续条件。

用位移法计算超静定结构时，每一根杆件都可以看成是一根单跨超静定梁，因此位移法的基本结构就是把每一根杆件都暂时变为两端固定的或一端固定一端铰支的单跨超静定梁。为此，我们可以在每个刚结点上假想地加上一个附加刚臂，以阻止刚结点的转动(但不能阻止结点的移动)，同时加上附加支座链杆以阻止结点的线位移。例如图 7-5(a)所示刚架，在两刚结点 1、3 处分别加上刚臂，并在结点 3 处加上一根水平支座链杆，则原结构的每根杆件就都成为两端固定或一端固定一端铰支的梁。其基本结构如图 7-5(c)所示，它是单跨超静定梁的组合体。

如图 7-6(a)所示的结构，结点 D、E、H 都是刚结点，它们具有独立的角位移，因而结点角位移数目为 3。把其所有的刚性结点和固定支座改成铰接后，则变为如图 7-6(b)所示的铰接体系。由几何组成分析可知，该体系是几何可变的，至少需要在铰结点 H 处加一水平支杆，才能使体系成为几何不变，由此判定结点线位移数目为 1，原结构一共有 4 个基本未知量。加上 3 个刚臂和 1 根支座链杆后，可得到基本结构如图 7-6(c)所示。

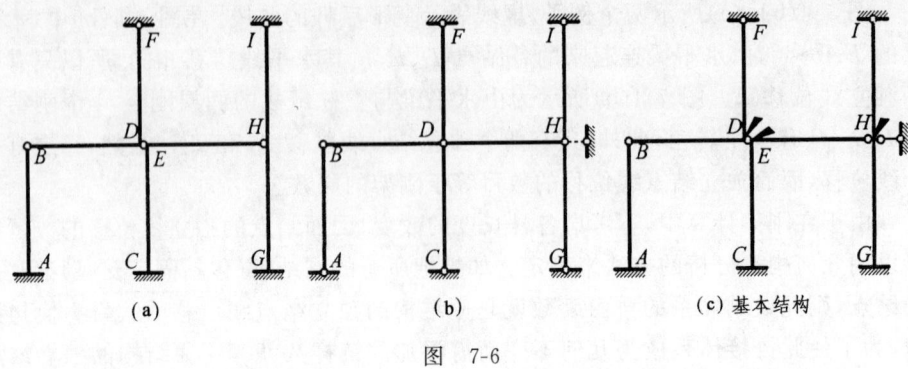

图 7-6

需要注意的是，上述确定独立的结点线位移数目的方法，是以受弯直杆变形后两端距离不变的假设为依据的。对于需要考虑轴向变形的链杆或对于受弯曲杆，则其两端距离不能看作不变。因此，图 7-7(a)、(b)所示结构，其独立的结点线位移数目应为 2 而不是 1。

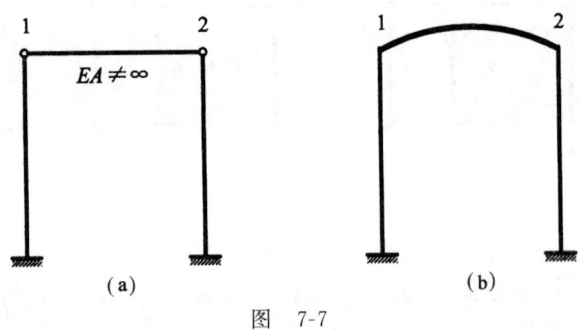

图 7-7

图 7-8(a)所示刚架，横梁 EI 具有无限刚性，在外力作用下只能平移而无转动，所以柱顶结点只作水平移动而转角为零。其独立的结点线位移数目为 1。基本结构如图 7-8(b)所示。

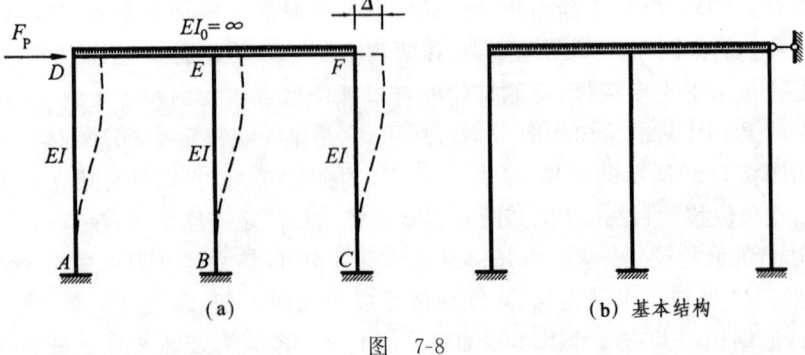

图 7-8

图 7-9(a)所示刚架,横梁 EI 具有无限刚性,在外力作用下只能平移而无转动,所以结点 E 和 H 只作水平移动而转角为零。这样,刚架只有结点 D 和结点 G (因柱 FH 的上段和下段的刚度不同,因而把 G 视为结点)两个未知角位移。刚架的铰接体系如图 7-9(b)所示,需要在结点 G、H 和 D 处各加上一水平支杆,即可成为几何不变体系。所以原刚架有三个独立的结点线位移,基本结构如图 7-8(c)所示。

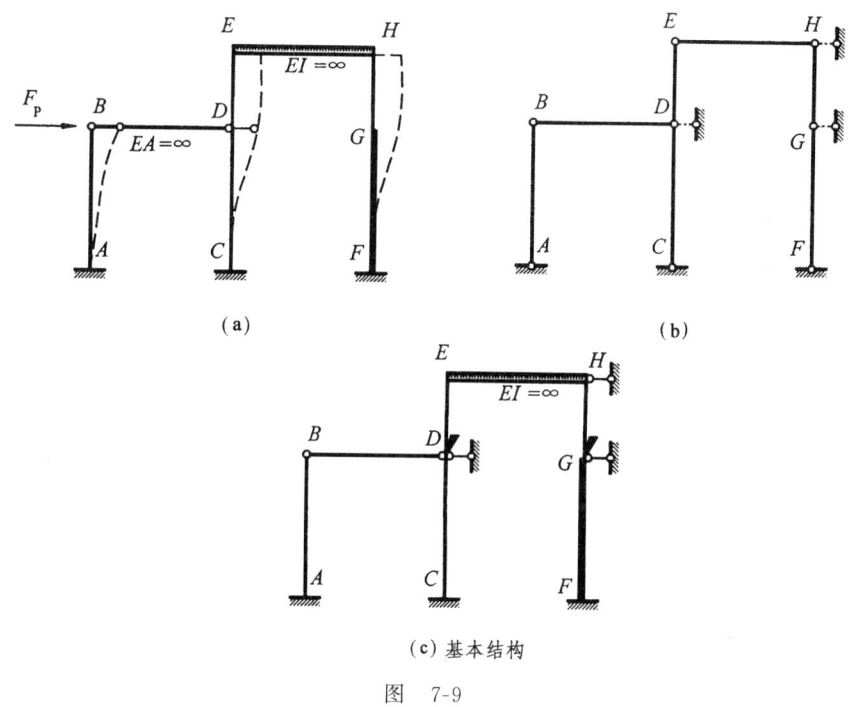

图 7-9

第四节 位移法的基本方程及系数和自由项的计算

现在我们以图 7-10(a)所示刚架为例,来说明在位移法中如何建立求解基本未知量的方程及具体计算步骤。

此刚架有一个独立的结点角位移 Δ_1 和一个独立的结点线位移 Δ_2,共两个基本未知量。在结点 1 处加一刚臂,以阻止结点 1 的转角;在结点 2 处(也可以在结点 1 处)加一水平支承链杆,以阻止结点 1、2 的线位移,便得到图 7-10(b)所示的基本结构。

基本结构与原结构的区别在于:增加了人为的约束,把基本未知量由被动的位移变成为受人工控制的主动的位移。

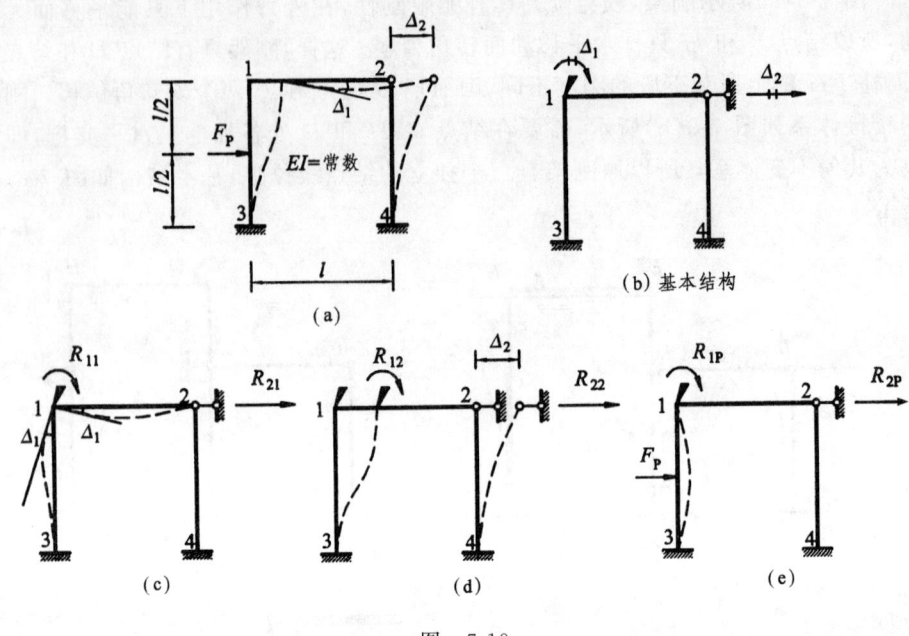

图 7-10

基本结构是用来计算原结构的工具或桥梁。一方面,它可以转化成原结构,可以代表原结构;另一方面,它的计算又比较简单。因为加了人工控制的约束之后,原结构被分隔成许多杆件(单跨超静定梁),而这些杆件各自单独变形,互不干扰,且已经知道了它们的转角位移方程,结构的整体计算变成许多单个杆件的计算,从而使计算简化。应该注意,在力法中是用撤除约束的办法达到简化计算的目的。在位移法中是用增加约束的办法达到简化计算的目的。措施相反,效果相同。

现在利用基本结构来建立基本方程。

基本结构由于加入了附加刚臂和链杆,便阻止了结点 1 的转角和结点 1、2 的线位移,而原结构是有这些结点转角和线位移的。因此,基本结构除了承受荷载 F_P 外,还应令其附加刚臂发生与原结构相同的转角 Δ_1(图 7-10c),同时令附加链杆发生与原结构相同的线位移 Δ_2(图 7-10d),这样二者的位移就完全一致了。

从受力方面看,基本结构由于加入了附加刚臂和链杆,刚臂上便会产生附加反力矩,链杆上便会产生附加反力,但原结构并没有这些附加联系,当然也就不存在这些附加反力矩和附加反力。现在基本结构的位移既然与原结构完全一致,其受力也就完全相同。

由此可以看出,基本结构转化为原结构的条件是:基本结构在给定荷载 F_P 以及结点位移 Δ_1 和 Δ_2 共同作用下,在附加刚臂上的附加反力矩 R_1 和链杆上的附加反力 R_2 都应等于零。即

第七章 位 移 法　　217

$$R_1 = 0 \\ R_2 = 0$$

这就是建立位移法基本方程的条件。

设由 Δ_1、Δ_2 和荷载 F_P 所引起的刚臂上的反力矩分别为 R_{11}、R_{12} 和 R_{1P}，所引起链杆上的反力分别为 R_{21}、R_{22} 和 R_{2P}（图 7-10c、d、e），则根据叠加原理，上述条件可写为

$$R_1 = R_{11} + R_{12} + R_{1P} = 0 \\ R_2 = R_{21} + R_{22} + R_{2P} = 0$$

式中，R 的两个下标的含义与以前相似，即第一个表示该反力所属的附加联系，第二个表示引起该反力的原因。再设以 r_{11}、r_{12} 分别表示由单位位移 $\Delta_1=1$ 和 $\Delta_2=1$ 所引起的刚臂上的反力矩，以 r_{21}、r_{22} 分别表示由单位位移 $\Delta_1=1$ 和 $\Delta_2=1$ 所引起的链杆上的反力，由上式可写为

$$r_{11}\Delta_1 + r_{12}\Delta_2 + R_{1P} = 0 \\ r_{21}\Delta_1 + r_{22}\Delta_2 + R_{2P} = 0 \quad (7\text{-}6)$$

式(7-6)称为位移法基本方程，也称为位移法的典型方程。它的物理意义是：基本结构在荷载等外因和各结点位移的共同作用下，每一个附加联系中的附加反力矩或附加反力都应等于零。因此，它实质上是反映原结构的静力平衡条件。

对于具有 n 个独立结点位移的刚架，相应地在基本结构中需加入 n 个附加联系，根据每个附加联系的附加反力矩或附加反力均应为零的平衡条件，同样可建立 n 个方程

$$r_{11}\Delta_1 + r_{12}\Delta_2 + \cdots + r_{1n}\Delta_n + R_{1P} = 0 \\ r_{21}\Delta_1 + r_{22}\Delta_2 + \cdots + r_{2n}\Delta_n + R_{2P} = 0 \\ \cdots \cdots \cdots \cdots \\ r_{n1}\Delta_1 + r_{n2}\Delta_2 + \cdots + r_{nn}\Delta_n + R_{nP} = 0 \quad (7\text{-}7)$$

式(7-7)为超静定结构在荷载作用下具有 n 个独立结点位移的位移法方程的一般形式，称为位移法方程的基本形式。在式(7-7)中，主对角线上的系数 $r_{11}, r_{22}, \cdots, r_{nn}$ 称为主系数或主反力；不在主对角线上的系数 $r_{ij}(i \neq j)$ 称为副系数或副反力；R_{iP} 称为自由项。

系数和自由项的符号规定是：以与该附加联系所设位移方向一致者为正。主系数 r_{ii} 的方向总是与所设位移 Δ_i 的方向一致，故恒为正，且不会为零；副系数和自由项则可能为正、负或零。此外，根据反力互等定理可知，主斜线两边处于对称位置的两个副系数 r_{ij} 与 r_{ji} 的数值是相等的，即

$$r_{ij} = r_{ji} \quad (7\text{-}8)$$

由于在位移法基本方程中,每个系数都是单位位移所引起的附加联系的反力(或反力矩),显然,结构的刚度越大,这些反力(或反力矩)的数值也越大,故这些系数又称为结构的刚度系数,位移法基本方程又称为结构的刚度方程,位移法也称为刚度法。

为了求出位移法基本方程中的系数和自由项,可借助于表 7-1 绘出基本结构在单位位移 $\Delta_1=1$ 和 $\Delta_2=1$ 以及荷载作用下的弯矩图 $\overline{M}_1$、$\overline{M}_2$ 和 M_P 图,如图 7-11(a)、(b)、(c)所示。然后由平衡条件求出各系数和自由项。

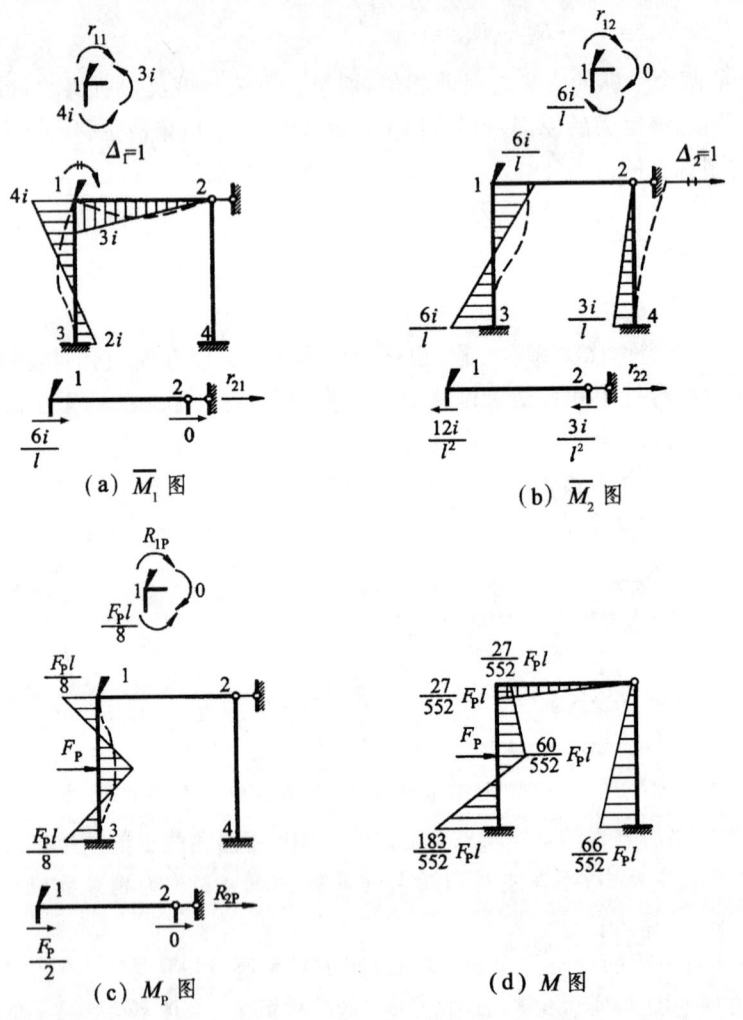

图 7-11

系数和自由项可以分为两类:一类是附加刚臂上的反力矩 r_{11}、r_{12} 和 R_{1P};另一类是附加链杆上的反力 r_{21}、r_{22} 和 R_{2P}。对于刚臂上的反力矩,可分别在

图 7-11(a)、(b)、(c)中取结点 1 为隔离体,由力矩平衡方程 $\Sigma M_1=0$ 求得为

$$r_{11}=7i, \quad r_{12}=-\frac{6i}{l}, \quad R_{1P}=\frac{F_P l}{8}$$

对于附加链杆上的反力,可以分别在图 7-11(a)、(b)、(c)中用截面切断两柱顶端,取柱顶端以上横梁部分为隔离体,并由表 7-1 查出竖柱 13、24 的杆端剪力,然后由投影方程 $\Sigma F_x=0$ 求得为

$$r_{21}=-\frac{6i}{l}, \quad r_{22}=\frac{15i}{l^2}, \quad R_{2P}=-\frac{F_P}{2}$$

将系数和自由项代入位移法基本方程式(7-6)中,并解得

$$\Delta_1=\frac{9F_P l}{552i}, \quad \Delta_2=\frac{22F_P l^2}{552i}$$

所得均为正值,说明 Δ_1、Δ_2 与所设方向相同。

结构的最后弯矩图可按式 $M=\overline{M}_1\Delta_1+\overline{M}_2\Delta_2+M_P$ 计算各杆端弯矩值。例如杆端弯矩 M_{31} 之值为

$$M_{31}=2i\times\frac{9F_P l}{552i}-\frac{6i}{l}\times\frac{22F_P l^2}{552i}-\frac{F_P l}{8}=-\frac{183F_P l}{552}$$

在各杆段内用叠加法绘出弯矩图,如图 7-11(d)所示。剪力图、轴力图从略。

由上所述,可将位移法的计算步骤归纳如下:

① 确定原结构的基本未知量即独立的结点角位移和线位移数目,加入附加联系而得到基本结构。

② 令各附加联系发生与原结构相同的结点位移,根据基本结构在荷载等外因和各结点位移共同作用下,各附加联系上的反力矩或反力均应等于零的条件,建立位移法的基本方程。

③ 绘出基本结构在各单位结点位移作用下的弯矩图和荷载作用下(或支座位移、温度变化等其他外因作用下)的弯矩图,由平衡条件求出各系数和自由项。

④ 解算位移法基本方程,求出作为基本未知量的各结点位移。

⑤ 按叠加法绘制最后弯矩图。

第五节　位移法计算示例

例 7-1　试用位移法绘制图 7-12(a)所示刚架的弯矩图。

解　此刚架 B 点的左边部分为静定悬臂梁,其 B 端的弯矩和剪力可由静力平衡条件得出,并将它们反向作用于结点 B 上,如图 7-12(b)所示的。其中集中力 30 kN 不使结构产生弯矩,故可去掉。现在转成用位移法计算图 7-12(b)所示的刚架,该刚架在

结点 C 上有一个角位移 Δ_1 和一个水平线位移 Δ_2，基本结构如图 7-21(c)所示。

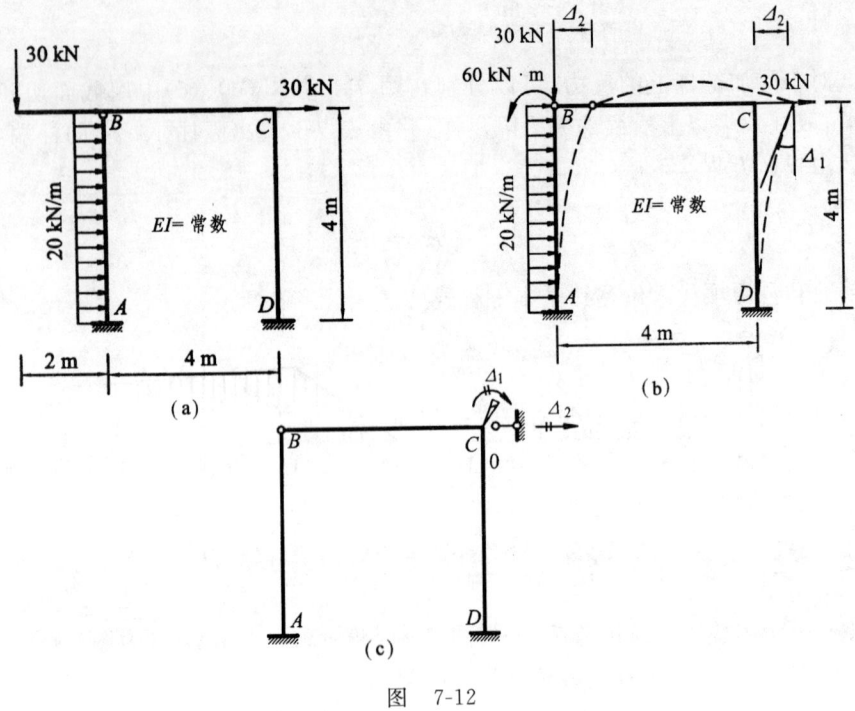

图 7-12

位移法基本方程为

$$\left.\begin{array}{l} r_{11}\Delta_1+r_{12}\Delta_2+R_{1P}=0 \\ r_{21}\Delta_1+r_{22}\Delta_2+R_{2P}=0 \end{array}\right\}$$

利用表 7-1 绘出基本结构上的单位弯矩图 $\overline{M}_1$、$\overline{M}_2$ 和荷载弯矩图 M_P，分别如图 7-13(a)、(b)、(c)所示，图中 $i=\dfrac{EI}{l}$。

为了求附加刚臂中的反力矩 r_{11}、$r_{12}=r_{21}$、R_{1P}，可分别取图 7-13(a)、(b)、(c)的结点 C 为隔离体，由 $\Sigma M_C=0$，即得

$$r_{11}=4i+3i=7i,\quad r_{12}=r_{21}=-\dfrac{3i}{2},\quad R_{1P}=-30\text{ kN·m}$$

为了求附加链杆中的反力 r_{22}、R_{2P}，可分别截取图 7-13(b)、(c)的柱顶以上部分为隔离体，由 $\Sigma F_x=0$，即得

$$r_{22}=\dfrac{3i}{16}+\dfrac{3i}{4}=\dfrac{15i}{16},\quad R_{2P}=-\dfrac{3}{8}\times 20\times 4-30=-60\text{ kN}$$

将系数和自由项代入基本方程中，并解得

$$\Delta_1=\dfrac{630}{23i},\quad \Delta_2=\dfrac{2\,480}{23i}$$

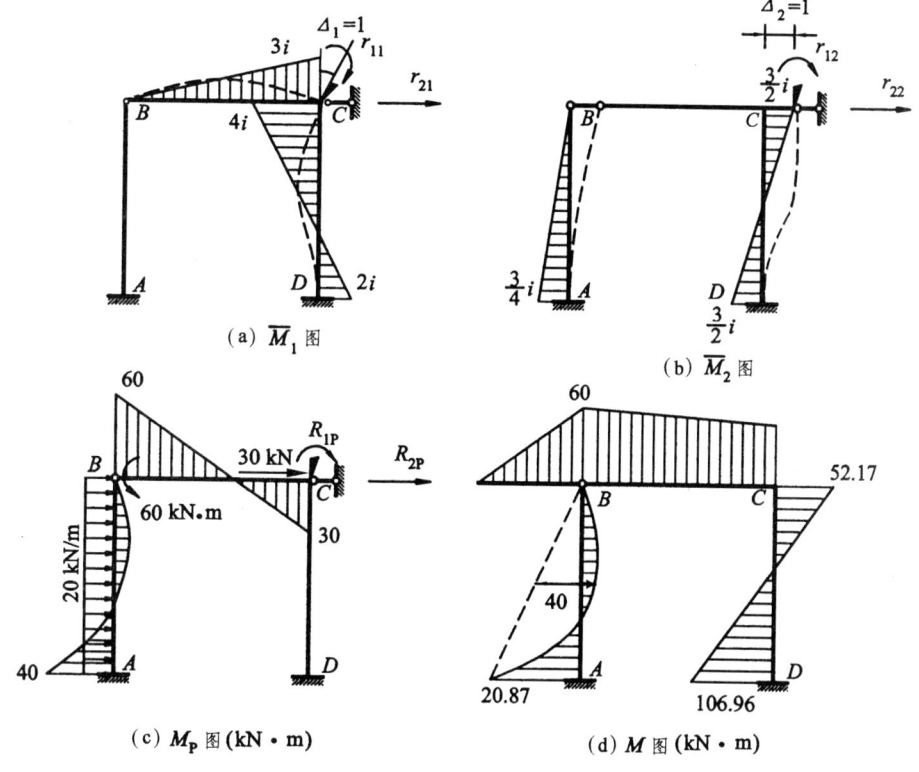

图 7-13

结构的最后弯矩图可按式 $M=\overline{M}_1\Delta_1+\overline{M}_2\Delta_2+M_P$ 计算各杆端弯矩值,在各杆段内用叠加法绘出弯矩图,如图 7-13(d)所示。剪力图、轴力图可以根据弯矩图作出,此处从略。

例 7-2 用位移法绘制图 7-14(a)所示刚架的弯矩图。

解 此刚架在荷载作用下,结点 C 上有一个角位移 Δ_1 和结点 D 上有一个横向线位移 Δ_2。基本结构如图 7-14(b)所示。

位移法基本方程为

$$\left.\begin{array}{l}r_{11}\Delta_1+r_{12}\Delta_2+R_{1P}=0\\r_{21}\Delta_1+r_{22}\Delta_2+R_{2P}=0\end{array}\right\}$$

利用表 7-1 绘出基本结构上的单位弯矩图 $\overline{M}_1$、$\overline{M}_2$ 和荷载弯矩图 M_P,分别如图 7-14(c)、(d)、(e)所示,图中 $i=\dfrac{EI}{l}$。根据这些图可得自由项和系数如下:

由图 7-14(c),取结点 C 为隔离体,由 $\Sigma M_C=0$,求附加刚臂中的反力矩

$$r_{11}=4i+4i+3i=11i$$

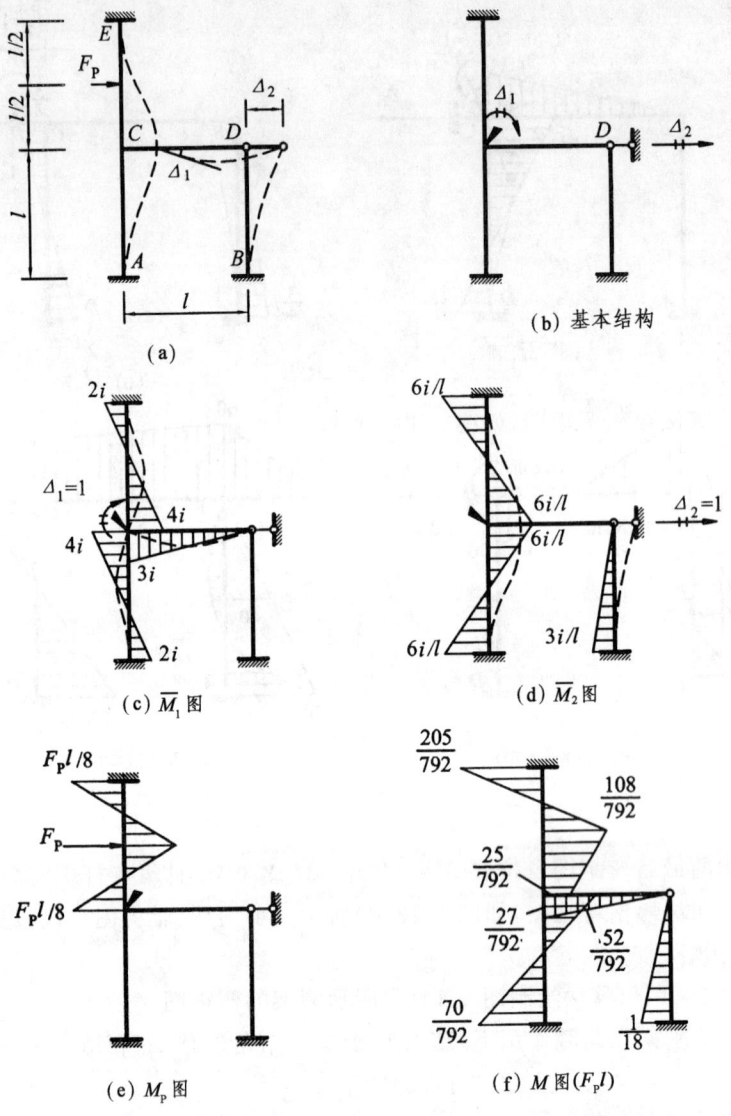

图 7-14

截取 CD 柱顶部分为隔离体，由 $\Sigma F_x = 0$，求附加链杆中的反力，得

$$r_{21} = -\frac{6i}{l} + \frac{6i}{l} = 0$$

由图 7-14(d)，截取 CD 柱顶部分为隔离体，由 $\Sigma F_x = 0$，求附加链杆中的反力，得

$$r_{22} = \frac{12i}{l^2} + \frac{12i}{l^2} + \frac{3i}{l^2} = \frac{27i}{l^2}$$

由图 7-14(e),取结点 C 为隔离体,由 $\Sigma M_C=0$,求附加刚臂中的反力矩,得

$$R_{1P}=-\frac{F_P l}{8}$$

截取 CD 柱顶部分为隔离体,由 $\Sigma F_x=0$,求附加链杆中的反力,得

$$R_{2P}=-\frac{F_P}{2}$$

将系数和自由项代入基本方程中,并解得

$$\Delta_1=\frac{F_P l}{88i}, \quad \Delta_2=\frac{F_P l^2}{54i}$$

结构的最后弯矩图可按式 $M=\overline{M}_1\Delta_1+\overline{M}_2\Delta_2+M_P$ 计算各杆端弯矩值,在各杆段内用叠加法绘出弯矩图,如图 7-14(f)所示。

例 7-3 用位移法绘制图 7-15(a)所示刚架的弯矩图。$EI=$ 常数,CD 及 DE 杆的面积 A 为 I/l^2。

解 此刚架 CD 及 DE 为二力杆,EA 为有限值,故在确定位移未知数的数目时要考虑链杆 CD 及 DE 的轴向变形影响,于是,刚架在荷载作用下,结点 C 和结点 D 上分别有一个水平线位移 Δ_1、Δ_2,基本结构如图 7-15(c)所示。为便于理解,画出了如图 7-15(b)所示的等效结构(或相当结构),k_1、k_2 为弹簧刚度系数。位移法基本方程为

$$\left.\begin{array}{l}r_{11}\Delta_1+r_{12}\Delta_2+R_{1P}=0\\r_{21}\Delta_1+r_{22}\Delta_2+R_{2P}=0\end{array}\right\}$$

利用表 7-1 绘出基本结构上的单位弯矩图 $\overline{M}_1$、$\overline{M}_2$ 和荷载弯矩 M_P,分别如图 7-15(d)、(e)、(f)所示。根据这些图可得系数和自由项如下:

根据图 7-15(d),可得

$$r_{11}=\frac{3EI}{l^3}+k_1=\frac{3EI}{l^3}+\frac{EA}{l}=\frac{3EI}{l^3}+\frac{EI}{l^3}=\frac{4EI}{l^3}$$

根据图 7-15(e),可得

$$r_{22}=\frac{3EI}{l^3}+k_1+k_2=\frac{3EI}{l^3}+\frac{EI}{l^3}+\frac{EI}{l^3}=\frac{5EI}{l^3}$$

$$r_{12}=r_{21}=-k_1=-\frac{EI}{l^3}$$

根据图 7-15(f),可得

$$R_{1P}=-\frac{3ql}{8}, \quad R_{2P}=0$$

将系数和自由项代入基本方程中,并解得

$$\Delta_1=\frac{15ql^4}{152EI}, \quad \Delta_2=\frac{3ql^4}{152EI}$$

结构的最后弯矩图可按式 $M = \overline{M}_1\Delta_1 + \overline{M}_2\Delta_2 + M_P$ 计算各杆端弯矩值，在各杆段内用叠加法绘出弯矩图，如图 7-15(g) 所示。

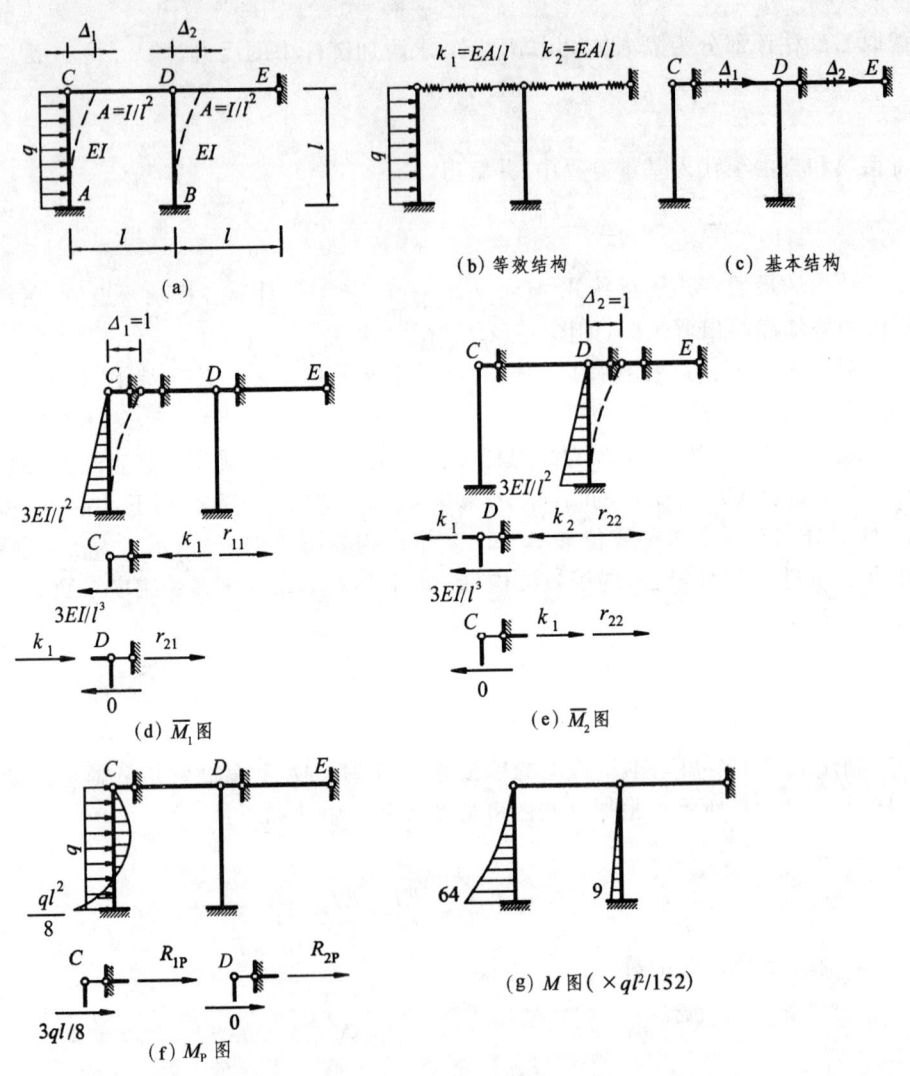

图 7-15

例 7-4 用位移法绘制图 7-16(a) 所示单层工业厂房的弯矩图。EI = 常数。

解 图 7-16(a) 所示的单层工业厂房，由于屋架上、下弦均与柱焊牢，可以按刚架来计算，屋架的刚度往往比柱子的刚度大很多，因此在水平荷载作用下通常把屋架的抗弯刚度视为无限大，把横梁当成无限刚梁来考虑，其计算简图如图 7-16(b) 所示。当柱子平行且承受水平荷载时，横梁不弯曲，只发生刚性平移，柱子则发生弯曲变形,如图7-16(b)所示。由于横梁不转动且无弯曲变形,故横梁与柱子刚接的结点不发生转角,横梁对柱子的约束相当于加了刚臂。因此,不需要在结点1、2处再加刚臂。由于柱子平行,两柱柱顶线位移相等,这个刚架只有一个柱顶线位移未知量 Δ_1,而结点角位移等于零,基本结构如图7-16(c)所示。

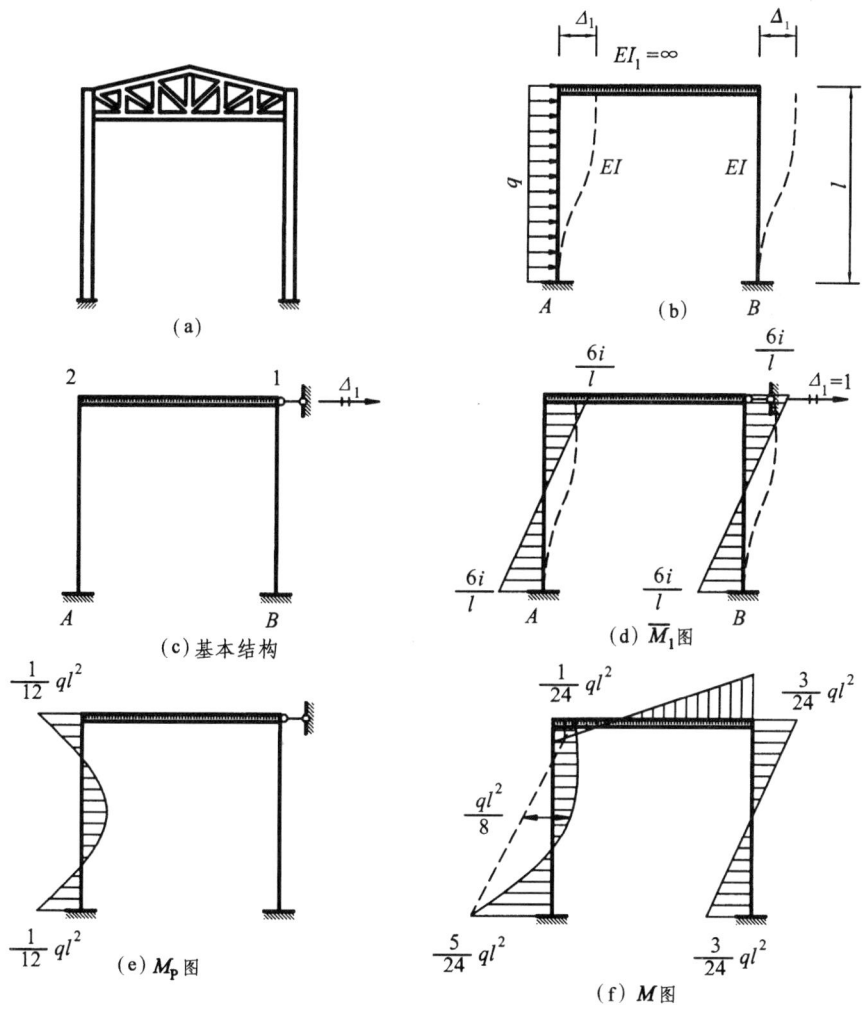

图　7-16

位移法基本方程为

$$r_{11}\Delta_1 + R_{1P} = 0$$

利用表7-1绘出基本结构上的单位弯矩图 $\overline{M}_1$ 和荷载弯矩 M_P,分别如图7-16(d)、(e)所示,图中 $i = EI/l$,根据这些图用截面法可以算得系数和自由项

$$r_{11}=2\times\frac{12i}{l^2}=\frac{24i}{l^2}, \quad R_{1P}=-\frac{1}{2}ql$$

将系数和自由项代入基本方程中,并解得

$$\Delta_1=\frac{ql^3}{48i}$$

结构的最后弯矩图,可按式 $M=\overline{M}_1\Delta_1+M_P$ 计算各杆端的弯矩值,在各杆段内用叠加法绘出弯矩图,如图 7-16(f)所示。当横梁刚度无限大时,横梁不发生弯曲变形,但横梁照样产生弯矩,否则结点不能平衡。横梁的杆端弯矩由结点平衡条件求得。

$$M_{21}=-M_{2A}=\frac{ql^2}{24}$$

$$M_{12}=-M_{1B}=\frac{3ql^2}{24}$$

横梁刚度无限大时,基本未知量的数目减少,结构的计算得到简化。

第六节 直接按平衡条件建立位移法基本方程的解法

按前述方法,用位移法计算超静定刚架时,需加入附加刚臂和链杆以取得基本结构,又由附加刚臂和链杆上的总反力或总反力矩等于零(这相当于又取消刚臂和链杆)的条件建立位移法的基本方程(即典型方程),而基本方程的实质就是反映原结构的平衡条件。因此,我们也可以不通过基本结构,而直接由原结构的平衡条件来建立位移法的基本方程。现仍以图 7-17(a)(例 7-1)所示的刚架为例来说明这一方法。

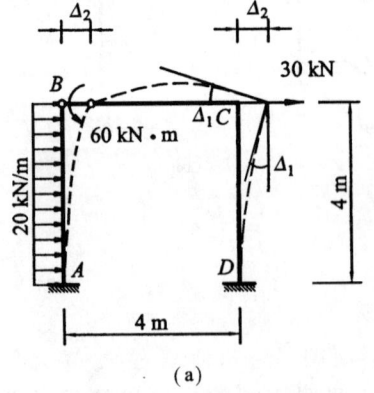

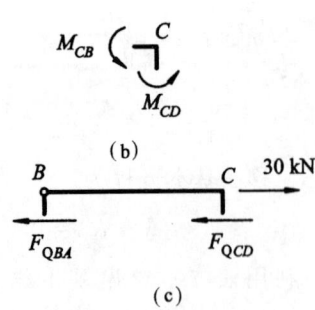

图 7-17

此刚架用位移法求解时有两个基本未知量，刚结点 C 的转角 Δ_1 和结点 B、C 的水平位移 Δ_2。根据结点 C 的力矩平衡条件(图 7-17b)及截取两柱顶端以上横梁部分为隔离体的投影平衡条件(图 7-17c)，可写出如下两个方程

$$\sum M_C = M_{CB} + M_{CD} = 0 \tag{a}$$

$$\sum F_x = F_{QBA} + F_{QCD} - 30 = 0 \tag{b}$$

利用转角位移方程(7-2)、(7-3)及表 7-1，并假设 Δ_1 为顺时针方向，Δ_2 向右，可得

$$M_{CB} = 3i\Delta_1 - \frac{60}{2} = 3i\Delta_1 - 30$$

$$M_{CD} = 4i\Delta_1 - \frac{6i}{4}\Delta_2 = 4i\Delta_1 - \frac{3}{2}i\Delta_2$$

$$F_{QBA} = \frac{3i}{4^2}\Delta_2 - \frac{3}{8} \times 20 \times 4 = \frac{3i}{16}\Delta_2 - 30,$$

$$F_{QCD} = F_{QDC} = -\frac{6i}{4}\Delta_1 + \frac{12i}{4^2}\Delta_2 = -\frac{3i}{2}\Delta_1 + \frac{3i}{4}\Delta_2$$

将以上四式代入式(a)及式(b)得

$$\left.\begin{array}{r} 7i\Delta_1 - \dfrac{3}{2}i\Delta_2 - 30 = 0 \\ -\dfrac{3}{2}i\Delta_1 + \dfrac{15}{16}i\Delta_2 - 60 = 0 \end{array}\right\}$$

这与例 7-1 所建立的基本方程完全一样，由此可见两种方法本质相同，只是在处理手法上稍有差别。

一般情况下，当结构有 n 个基本未知量时，对应于每一个结点转角都有一个相应的刚结点力矩平衡方程，对应于每一个独立的结点线位移都有一个相应的截面平衡方程。因此，可建立 n 个方程，求解出 n 个结点位移。然后各杆杆端的最后弯矩即可由转角位移方程算得。

第七节 用位移法计算具有剪力静定杆的刚架

如图 7-18(a)所示的刚架，在荷载作用下，B、C、D 3 个结点，有 3 个角位移和 3 个水平线位移，共有 6 个位移未知量，用前一节所述的位移法计算，显然是较繁的。但考虑到该刚架具有以下特点，可使独立位移未知量大为减少。

① 各柱两端的结点虽有侧向线位移，但各层柱子的剪力是静定的，称它为剪力静定杆。如上层柱的剪力可由静力平衡条件直接得到 $F_{QCD} = F_P$，同理可得中间层柱子的剪力 $F_{QBC} = 2F_P$，底层柱子的剪力 $F_{QAB} = 3F_P$。

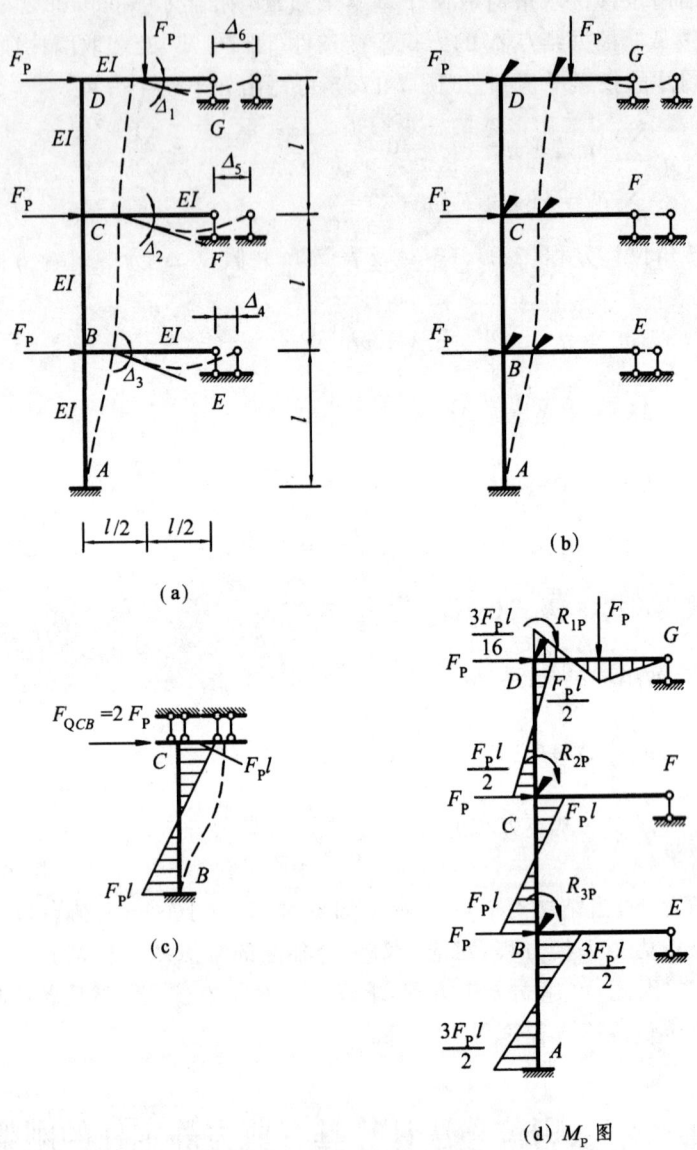

图 7-18

② 各层横梁的两端无垂直于杆轴的相对线位移,称它为无侧移杆。

考虑到上述特点,所以在确定位移法的独立位移未知量时,可以不把各柱端的侧移作为独立的位移未知量,从而使位移未知量减为 3 个角位移,使计算得以简化。在选取位移法的基本结构时,只需在刚性结点上加上阻止转动的刚臂约束即可,如图 7-18(b)所示。在该基本结构中,由于各层柱端无侧向约束,柱子两端有相

第七章 位 移 法

对线位移，而无角位移，所以各层柱子可视为上端可作水平滑动的定向支座，下端固定的杆件，从而满足剪力静定的要求。如中间的柱子 BC，其计算简图如图 7-18(c) 所示。柱顶承受的剪力等于柱顶以上各层所有水平荷载的代数和，因此 $F_{QCB}=2F_P$。利用表 7-1 可求出该柱的柱端弯矩 $M_{CB}=M_{BC}=-F_Pl$。同理，可求出其他各柱的柱端弯矩。各横梁的梁端虽有水平位移，但它对梁的内力无影响。因此，在上述基本结构中，各横梁可视为一端固定一端铰支的杆件，利用表 7-1 求出其梁端的弯矩，如上层横梁 DG 的杆端弯矩 $M_{DG}=-\dfrac{3F_Pl}{16}$。将所得出的各梁端和各柱端的弯矩绘在基本结构上，如图 7-18(d)所示（M_P 图）。由各结点的平衡条件，可得

$$R_{1P}=-\frac{3F_Pl}{16}-\frac{F_Pl}{2}=-\frac{11F_Pl}{16}$$

$$R_{2P}=-\frac{F_Pl}{2}-F_Pl=-\frac{3F_Pl}{2}$$

$$R_{3P}=-F_Pl-\frac{3F_Pl}{2}=-\frac{5F_Pl}{2}$$

图 7-19(a)为 $\Delta_1=1$ 时，基本结构的变形和单位弯矩 $\overline{M}_1$ 图。DC 柱的计算简图如图 7-19(b)所示，当其定向端顺时针转动 $\Delta_1=1$ 时，该端会向右移动，而无剪力，即处于纯弯曲受力状态。这种情况与上端固定下端定向，当固定端转动 $\Delta_1=1$ 时的变形和受力状态（图 7-19c）是相同的，其柱端弯矩可从表 7-1 中查得。横梁 DG 可视为一端固定一端铰支的杆件，至于 AB 和 BC 柱，由于柱端无转角，故不产生弯矩。

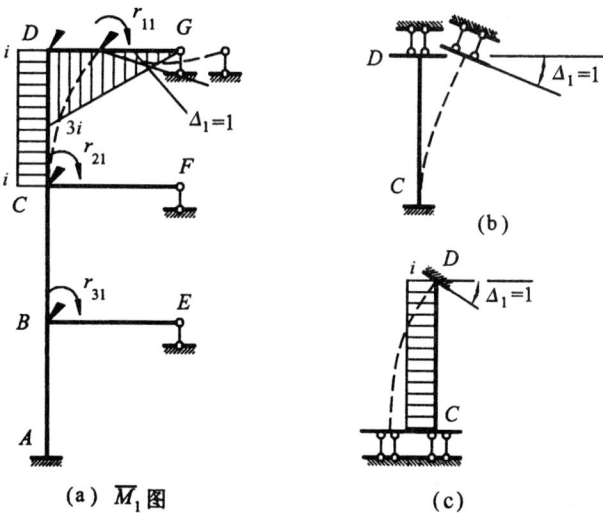

图 7-19

图 7-20(a)为 $\Delta_2=1$ 时,基本结构的变形和单位弯矩 $\overline{M}_2$ 图。这时 CD、CB 柱的计算简图如图 7-20(b)、(c)所示,CD、CB 柱与图 7-19 中 DC 柱的处理方法一样,均处理为 C 端固定,远端(D、B)定向;横梁 CF 可视为一端固定一端铰支的杆件。当固定端 C 端转动单位转角时,各杆端弯矩可从表 7-1 中查得。

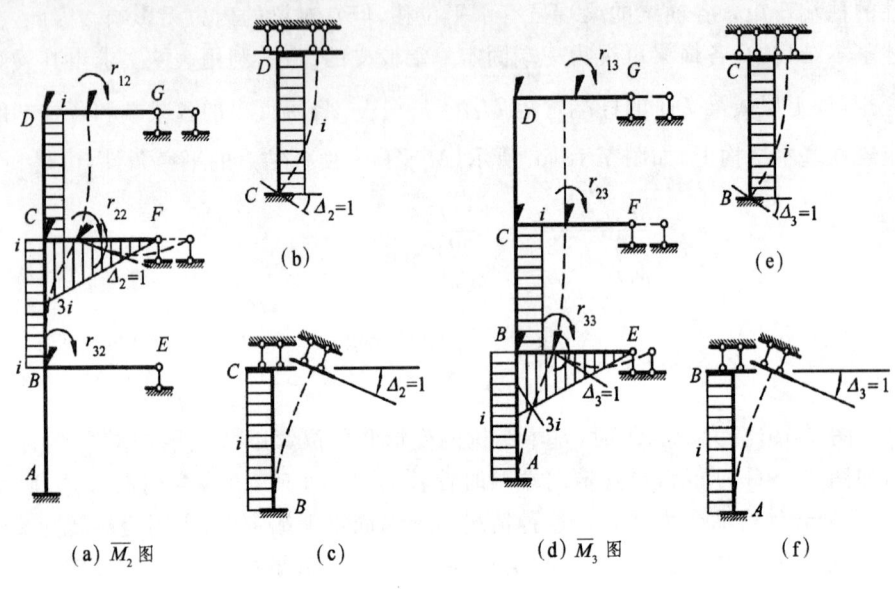

图 7-20

图 7-20(d)为 $\Delta_3=1$ 时,基本结构的变形和单位弯矩 $\overline{M}_3$ 图。这时 BC、BA 柱的计算简图如图 7-20(e)、(f)所示,BC、BA 柱均为 B 端固定,远端(C、A)定向,横梁 BE 可视为一端固定一端铰支的杆件,当固定端 B 端转动单位转角时,各杆端弯矩可从表 7-1 中查得。

由 $\overline{M}_1$、$\overline{M}_2$、$\overline{M}_3$ 图各结点的平衡条件,可得

$$r_{11}=3i+i=4i, \quad r_{21}=-i, \quad r_{31}=0$$
$$r_{12}=-i, \quad r_{22}=i+i+3i=5i, \quad r_{32}=-i$$
$$r_{13}=0, \quad r_{23}=-i, \quad r_{33}=i+i+3i=5i$$

将系数和自由项代入基本方程中,并解得 Δ_1、Δ_2、Δ_3。最后可按叠加原理,绘出弯矩图。

例 7-5 用位移法作图 7-21(a)所示结构的 M 图,$EI=1$。

解 本题刚架 AB 柱 B 端虽然有侧向线位移,但剪力是静定的,为剪力静定柱;横梁两端无垂直于杆轴的相对线位移,为无侧移杆。因此在确定位移法的独立未知量时,不把柱端的侧移作为独立的位移未知量,只需在刚结点 B 处附加阻止转动的刚臂约束,基本结构如图 7-21(b)所示。

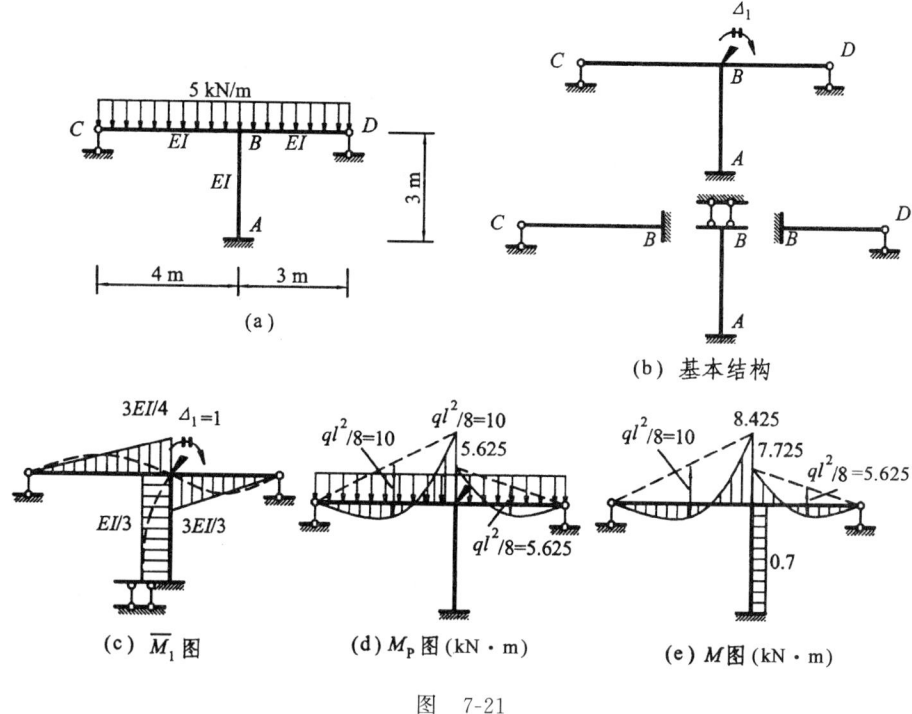

图 7-21

位移法的基本方程为

$$r_{11}\Delta_1 + R_{1P} = 0$$

由上述剪力静定杆结构的简化方法,分别绘出基本结构上的单位弯矩图 $\overline{M}_1$ 及荷载弯矩图 M_P。

图 7-21(c)为 $\Delta_1=1$ 时,基本结构的单位弯矩 $\overline{M}_1$ 图。AB 柱的计算简图如图 7-21(b)所示,当其定向端顺时针转动 $\Delta_1=1$ 时,该端会向右移动,而无剪力,即处于纯弯曲受力状态。这种情况与上端固定下端定向,当固定端转动 $\Delta_1=1$ 时的变形和受力状态是相同的,其柱端弯矩可从表 7-1 中查得。横梁 BC、BD 可视为一端固定一端铰支的杆件。

图 7-21(d)为荷载作用于基本结构上的 M_P 图,此时,由于 B 端无侧向约束,柱子两端有相对线位移,而无角位移,所以 AB 柱的 B 端可视为滑动支座,下端为固定支座,各横梁的梁端虽然有水平位移,但对杆的内力无影响。因此各横梁可视为一端固定,另一端链杆支座(图 7-21b)。

由图 7-21(c)、(d),分别求得系数和自由项为

$$r_{11} = \frac{3EI}{4} + \frac{3EI}{3} + \frac{EI}{3} = \frac{(9+12+4)EI}{12} = 2.08$$

$$R_{1P} = 10 - 5.625 = 4.375$$

将系数和自由项代入基本方程中,并解得

$$\Delta_1 = -2.1$$

最后可按叠加原理,绘出最后弯矩图,如图 7-21(e)所示。

第八节 对称性的利用

在第六章用力法计算超静定结构时,已经讨论过对称性的利用。当时,得到一个重要的结论:对称结构在正对称荷载作用下,其变形曲线、弯矩图和轴力图都是正对称的,但剪力图则是反对称的;在反对称荷载作用时则相反。在位移法中,同样可利用这一结论简化计算。当对称结构承受一般非对称荷载作用时,可将荷载分解为正、反对称的两组,分别加于结构上求解,然后再将结果叠加。

例如图 7-22(a)所示的对称刚架,在正对称荷载作用下只有正对称的基本未知量,即两结点的一对正对称的转角 Δ_1(图 7-22b);同理,在反对称荷载作用下,将只有反对称的基本未知量 Δ_2 和 Δ_3(图 7-22c)。在正、反对称的情况下,均可只取结构的一半来进行计算(图 7-22d、e)。

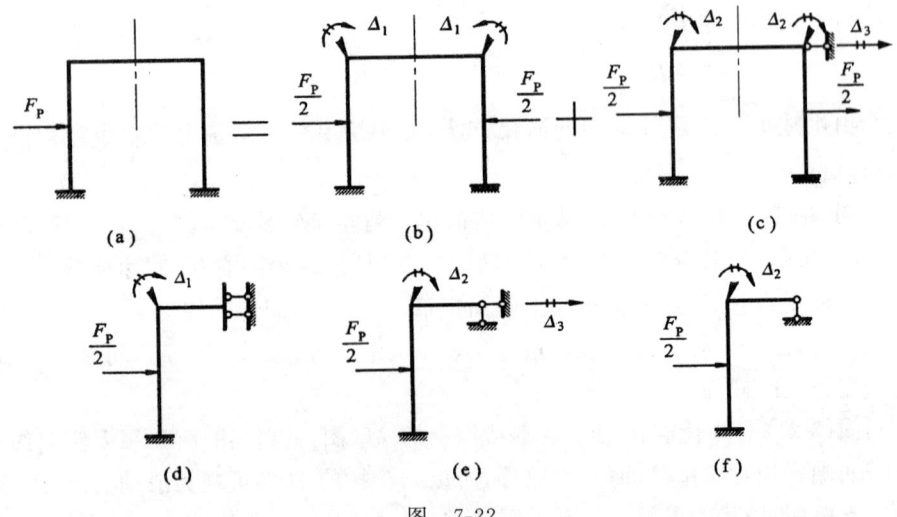

图 7-22

通过分析图 7-22(a)所示的对称结构可知,在正对称荷载时用位移法求解只有一个基本未知量,如图 7-22(d)所示;在反对称荷载时若用位移法求解将有两个基本未知量,如图 7-22(e)所示;但此半结构为具有剪力静定柱的刚架,可用上节所述的位移法计算则只有一个基本未知量,如图 7-22(f)所示。

例 7-6 利用对称性简化图 7-23(a)所示的对称结构，$EI=$ 常数，取出最简的计算简图、基本结构，并作出 M 图。

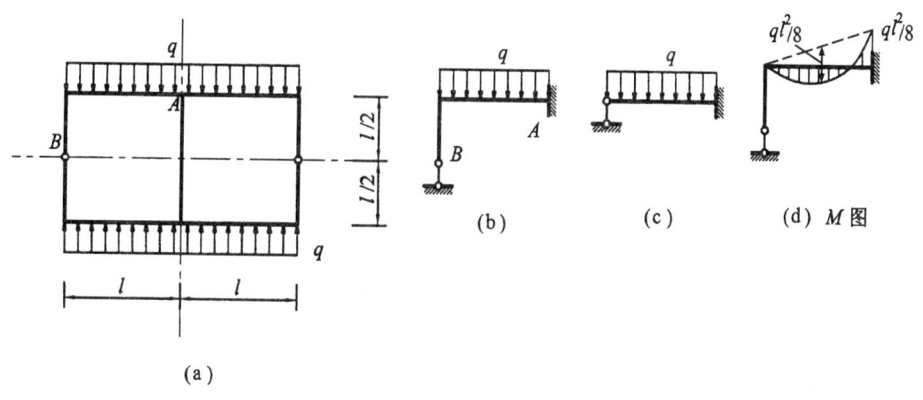

图 7-23

解 该结构具有两个对称轴，在竖向对称轴上的结点 A 处不发生反对称的转动和任何线位移，截取半个结构分析时，切口应处理成固定端；在水平对称轴上的结点 B 处无竖向线位移，故截取半结构计算时，切口 B 处理成水平可动铰支承，1/4 结构如图 7-23(b)所示。由此可得图 7-23(c)所示的等效结构，由表 7-1 可直接作出该 1/4 结构的 M 图，如图 7-23(d)所示，整个结构的 M 图可由对称性绘出。

例 7-7 利用对称性简化图 7-24(a)所示的结构，取出最简的计算简图及基本结构。

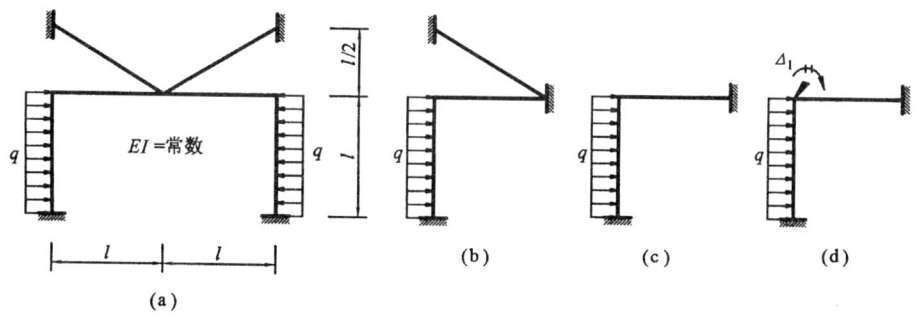

图 7-24

解 图 7-24(a)所示的对称结构受正对称荷载作用，在对称轴上的结点处不发生任何转动和线位移，截取半个结构分析时，切口应处理成固定端，如图 7-24(b)所示。由于斜杆无荷载作用，故取图 7-24(c)所示的等效结构计算，只有一个结点角位移未知量，基本结构如图 7-24(d)所示。

例 7-8 利用对称性简化图 7-25(a)所示的结构,取出最简的计算简图及基本结构。

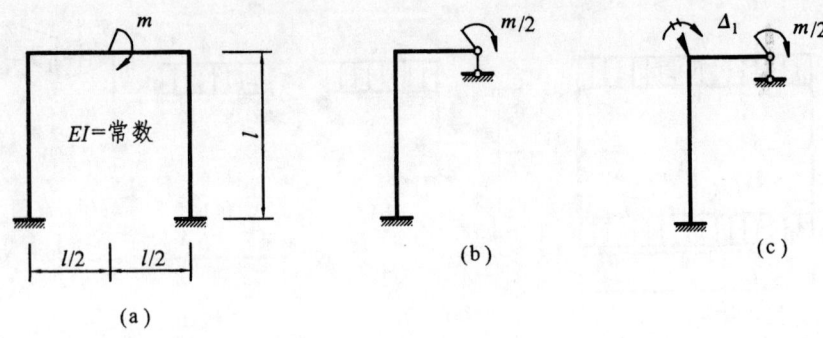

图 7-25

解 图 7-25(a)所示的对称结构受反对称荷载作用,在对称轴上的结点处将有反对称的转角和水平线位移,但无竖向位移,且无弯矩和轴力,故截取半结构时切口处将处理成水平可动铰支承,如图 7-25(b)所示。由于该半结构为具有剪力静定柱的刚架,可用上节所述的位移法计算则只有一个结点角位移未知量,最简的基本结构如图 7-25(c)所示。

例 7-9 试计算图 7-26(a)所示弹性支承连续梁,梁的 $EI=$ 常数,弹性支座刚度 $k=EI/10$。

解 这是一个对称结构,承受正对称荷载,取一半结构如图 7-26(b)所示,C 处为滑动支座。用位移法求解时,基本未知量为结点 B 的转角 Δ_1 和竖向位移 Δ_2,基本结构如图 7-26(c)所示,位移法基本方程为

$$\left.\begin{array}{l} r_{11}\Delta_1+r_{12}\Delta_2+R_{1P}=0 \\ r_{21}\Delta_1+r_{22}\Delta_2+R_{2P}=0 \end{array}\right\}$$

绘出基本结构的 $\overline{M}_1$、$\overline{M}_2$、M_P 图(图 7-26d、e、f),可求得

$$r_{11}=\frac{6EI}{10}, \quad r_{12}=r_{21}=-\frac{6EI}{100}, \quad R_{1P}=-100$$

由图 7-26(g)、(f)可求得

$$r_{22}=\frac{12EI}{10^3}+k=\frac{12EI}{1\,000}+\frac{EI}{10}=\frac{112EI}{1\,000}, \quad R_{2P}=-60$$

将以上各系数、自由项代入基本方程,并求得

$$\Delta_1=\frac{232.7}{EI}, \quad \Delta_2=\frac{660.4}{EI}$$

由叠加法 $M=\overline{M}_1\Delta_1+\overline{M}_2\Delta_2+M_P$ 可绘出最后弯矩图,如图 7-26(h)所示。

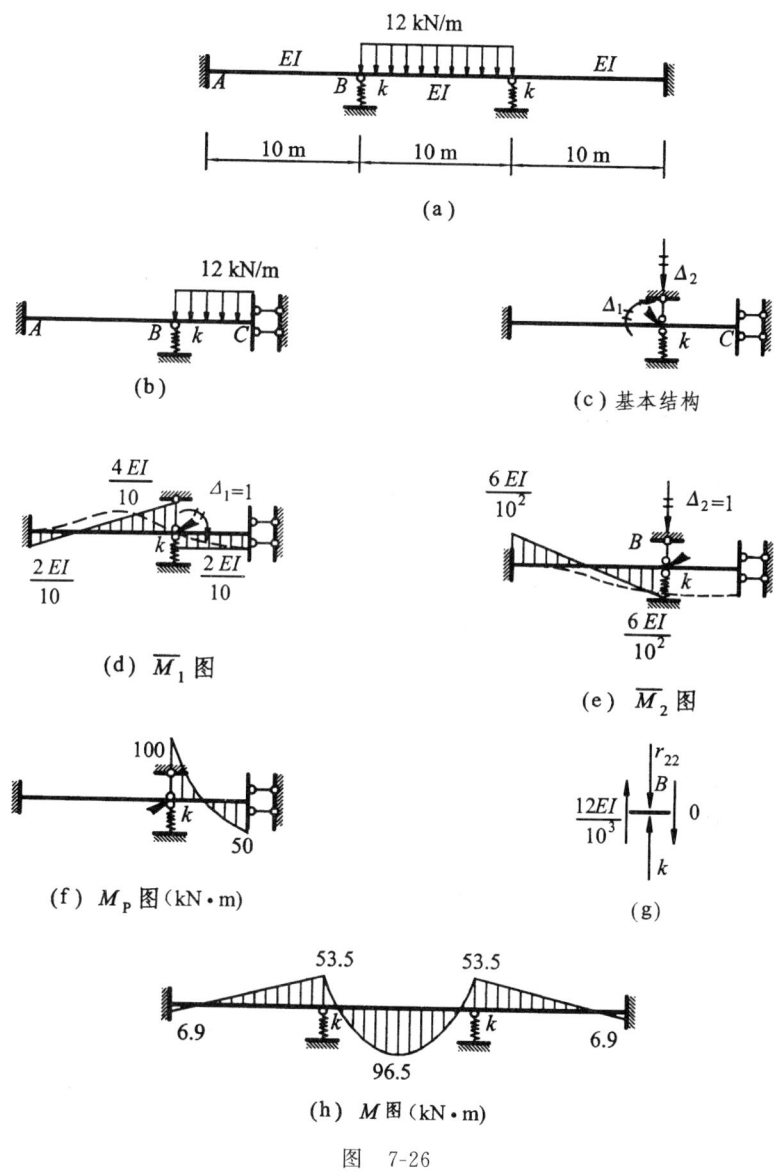

图 7-26

*第九节 有侧移的斜柱刚架的计算

在位移法中,对于有结点线位移(简称侧移)且具有斜柱的刚架,其计算原理与步骤均与前述无异,只是在绘制基本结构发生结点单位线位移时的弯矩图较为困难。因为此时各杆两端将发生各不相同的相对线位移，需将它们逐一确定，才能作出各杆的弯矩图。此外，在计算系数和自由项时，对于附加链杆上的反力计算也略为复杂。

为了确定当结点发生线位移时各杆两端的相对线位移，可采用下面介绍的作结点位移图的方法。图 7-27(a) 所示为一具有斜柱的刚架发生结点线位移的情形。其中 A 点是不动的，若假设受弯直杆两端距离不变，则 B 点只能绕 A 点作圆弧运动，当位移很小时，可认为是在垂直于 AB 的方向上运动，设其位移为 BB'。C 点的位移可分解为两步，第一步，BC 杆平移至 $B'C''$，此时 C 点的位移 $CC''=BB'$；第二步，C'' 绕 B' 转动，位移很小时即认为是在垂直于 $B'C''$ 的方向上运动，于是可作 $C''C'$ 垂直于 $B'C''$。此外，D 点也是不动的，因而 C 点的位移应垂直于 CD 杆。于是，可作 CC' 垂直于 DC。这样，CC' 与 $C''C'$ 的交点 C' 就确定了 C 点位移后的位置。

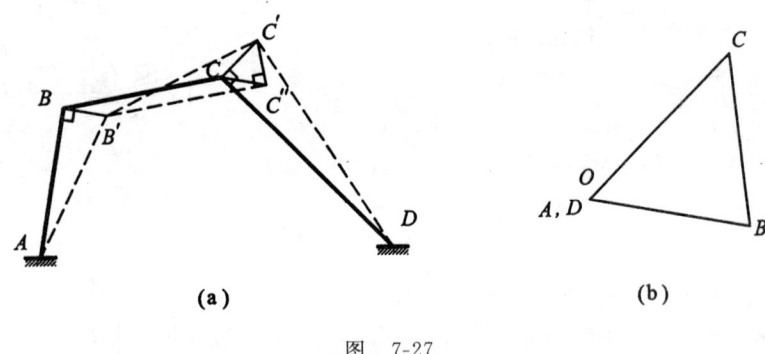

图 7-27

显然，上述作图过程可加以简化。只需直接作出三角形 $CC''C'$ 即可，并可将其放大。为此，可在图 7-27(b) 中任选一点 O 作为不动的点，称为极点，它代表所有各结点位移前的位置。A、D 两点是已知不动的，故在此图中它们均与 O 点重合。然后作 OB 垂直于杆 AB；再过 B 点作杆 BC 的垂线；又过 O 点作杆 CD 的垂线，便得出交点 C。在此图中，向量 $\overrightarrow{OB}$、$\overrightarrow{OC}$ 即分别代表 B、C 点的位移，而 AB、BC、CD 则分别代表 AB 杆、BC 杆、CD 杆两端的相对线位移。图 7-27(b) 称为结点位移图。在三根杆的相对线位移中，只有一个是独立的。给出了其中任意一个，其余二者便可借助于结点位移图确定。

例 7-10 试用位移法计算图 7-28(a) 所示刚架。

解 取图 7-28(b) 所示基本结构，基本方程为

$$\begin{cases} r_{11}\Delta_1 + r_{12}\Delta_2 + R_{1P} = 0 \\ r_{21}\Delta_1 + r_{22}\Delta_2 + R_{2P} = 0 \end{cases}$$

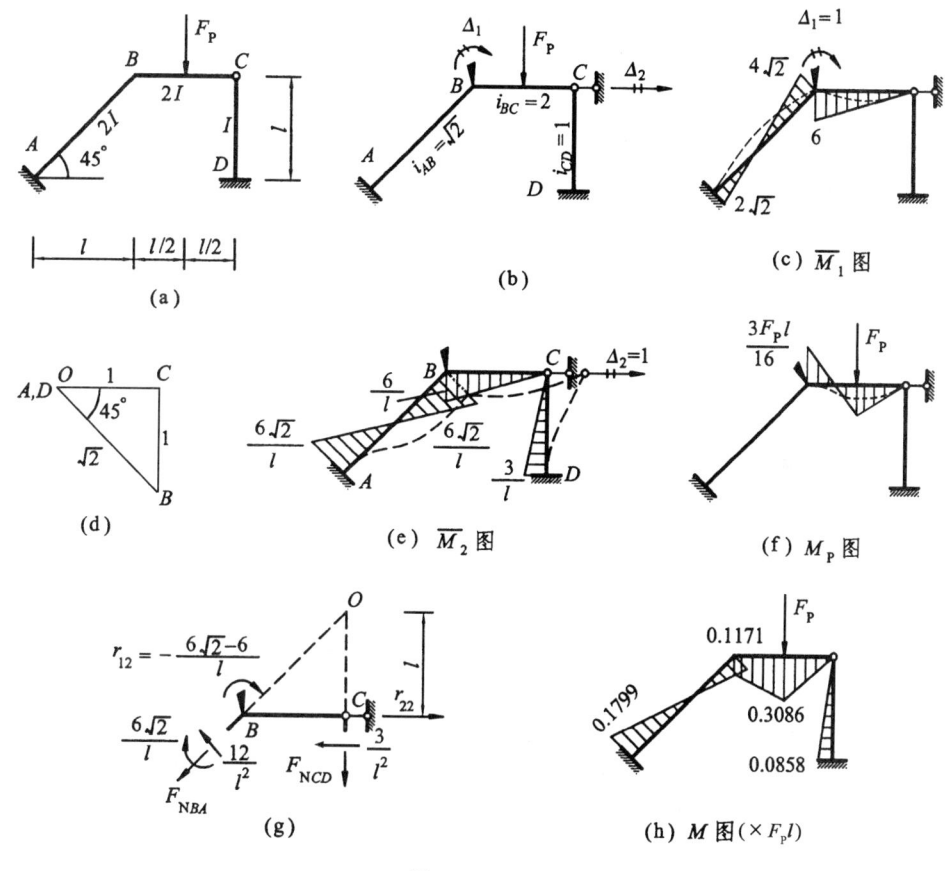

图 7-28

为了方便,可令 CD 杆的线刚度 $i_{CD} = \dfrac{EI}{l} = 1$,其余二杆的线刚度则可相应折算,如图 7-28(b)中所注。

分别绘出基本结构的 $\overline{M}_1$、$\overline{M}_2$、M_P 图(图 7-28c、e、f),其中 $\overline{M}_1$ 和 M_P 图的作法与前相同,无需赘述,现只就 $\overline{M}_2$ 图的作法加以说明。当 $\Delta_2 = 1$ 时,可按上述方法作出结点位移图,如图 7-28(d)所示。现已知 $\Delta_{CD} = \Delta_2 = 1$,故由该图可知

$$\Delta_{AB} = \sqrt{2}, \quad \Delta_{BC} = -1$$

据此即可按表 7-1 绘出各杆的弯矩图,如图 7-28(e)所示。

由以上各单位弯矩图和荷载弯矩图便可求得各系数和自由项

$$r_{11} = 6 + 4\sqrt{2}, \quad r_{12} = r_{21} = -\dfrac{6\sqrt{2}-6}{l}, \quad R_{1P} = -\dfrac{3F_P l}{16}$$

$$r_{22} = \dfrac{9 + 12\sqrt{2}}{l^2}, \quad R_{2P} = -\dfrac{11F_P}{16}$$

其中属于刚臂上的反力矩的系数和自由项的计算,无需赘述。至于附加链杆上的反力的系数和自由项的计算,现举 r_{22} 为例加以说明。如前一样,于 $\overline{M}_2$ 图中截取各柱顶端以上横梁部分为隔离体,如图 7-28(g)所示。由于刚架具有斜柱,若用投影平衡方程求 r_{22},则将涉及两柱的轴力,因而较麻烦。现改用力矩平衡方程来求,取两柱轴线交点 O 为力矩中心,由 $\Sigma M_O=0$ 有

$$\frac{6\sqrt{2}}{l}-\frac{6\sqrt{2}-6}{l}+\frac{12}{l^2}\sqrt{2}l+\frac{3}{l^2}l-r_{22}l=0$$

$$r_{22}=\frac{9+12\sqrt{2}}{l^2}$$

将以上各系数和自由项代入基本方程,解得

$$\Delta_1=0.02218F_Pl, \quad \Delta_2=0.02859F_Pl^2$$

由叠加法 $M=\overline{M}_1\Delta_1+\overline{M}_2\Delta_2+M_P$ 可绘出最后弯矩图,如图 7-28(h)所示。

第十节 在支座位移作用下的位移法计算

结构在支座位移作用下,采用位移法对基本结构进行分析,其计算原理和计算过程仍和荷载作用时的情况相同,只是位移法基本方程中的自由项计算有所不同。现通过算例进行说明。

例 7-11 图 7-29(a)所示刚架的支座 A 产生了水平位移 a、竖向位移 $b=4a$ 及转角 $\varphi=a/l$,试绘其弯矩图。

解 此刚架的基本未知量只有结点 C 的角位移 Δ_1,在结点 C 处加一刚臂即得到基本结构(图 7-29b)。

根据基本结构在 Δ_1 及支座位移的共同影响下,附加刚臂上的反力矩为零的平衡条件,可建立基本方程为

$$r_{11}\Delta_1+R_{1C}=0$$

式中,R_{1C} 表示基本结构在支座 A 移动作用下,在附加刚臂中产生的反力矩。

利用表 7-1 绘出基本结构上的单位弯矩图 $\overline{M}_1$(图 7-29c)。绘制基本结构上的 M_C 图时,可分别作出支座 A 水平移动了 a、竖向下沉了 b 以及转动了 φ 的弯矩图 M_{C1}、M_{C2}、M_{C3}(图 7-29d、e、f),图中 $i=(EI)/l$,则 AC 杆的线刚度为 $2i$,根据这些图可得自由项和系数

$$r_{11}=8i+3i=11i$$
$$R_{1C}=12i\varphi+12i\varphi+4i\varphi=28i\varphi$$

将系数和自由项代入基本方程中,并解得

$$\Delta_1 = -\frac{28}{11}\varphi$$

刚架的最后弯矩图按式 $M = \overline{M}_1 \Delta_1 + M_C$ 应用叠加法绘出,如图 7-29(g)所示。

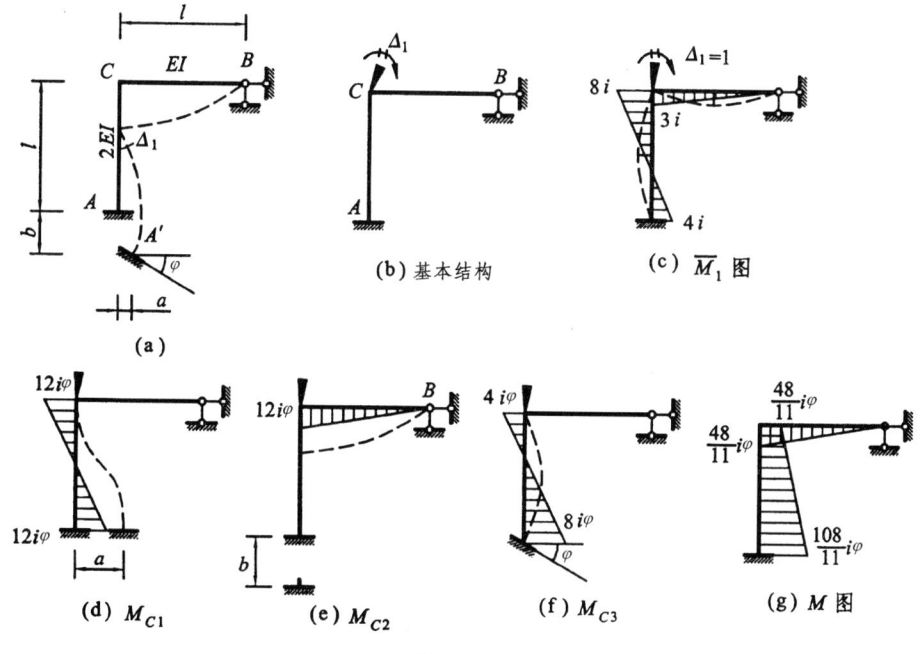

图 7-29

例 7-12 已知图 7-30(a)所示刚架的支座 A 顺时针转动 0.01 rad;支座 B 向下沉陷 0.02l。试用位移法绘制弯矩图。

解 此结构在结点 D 上有角位移 Δ_1 和水平位移 Δ_2,基本结构如图 7-30(b)所示。位移法的基本方程为

$$\left. \begin{array}{l} r_{11}\Delta_1 + r_{12}\Delta_2 + R_{1C} = 0 \\ r_{21}\Delta_1 + r_{22}\Delta_2 + R_{2C} = 0 \end{array} \right\}$$

式中,R_{1C}、R_{2C} 分别表示基本结构在支座位移作用下在附加约束中产生的约束力。

在图 7-30(b)所示的基本结构中,由于支座位移作用下各杆端产生的固端弯矩值可查表 7-1 得出

$$M_{DB}^{F} = -\frac{3i}{l} \times 0.02l = -\frac{3i}{50}$$

$$M_{DA}^{F} = 2i \times 0.01 = \frac{i}{50}$$

$$M_{AD}^{F} = 4i \times 0.01 = \frac{i}{25}$$

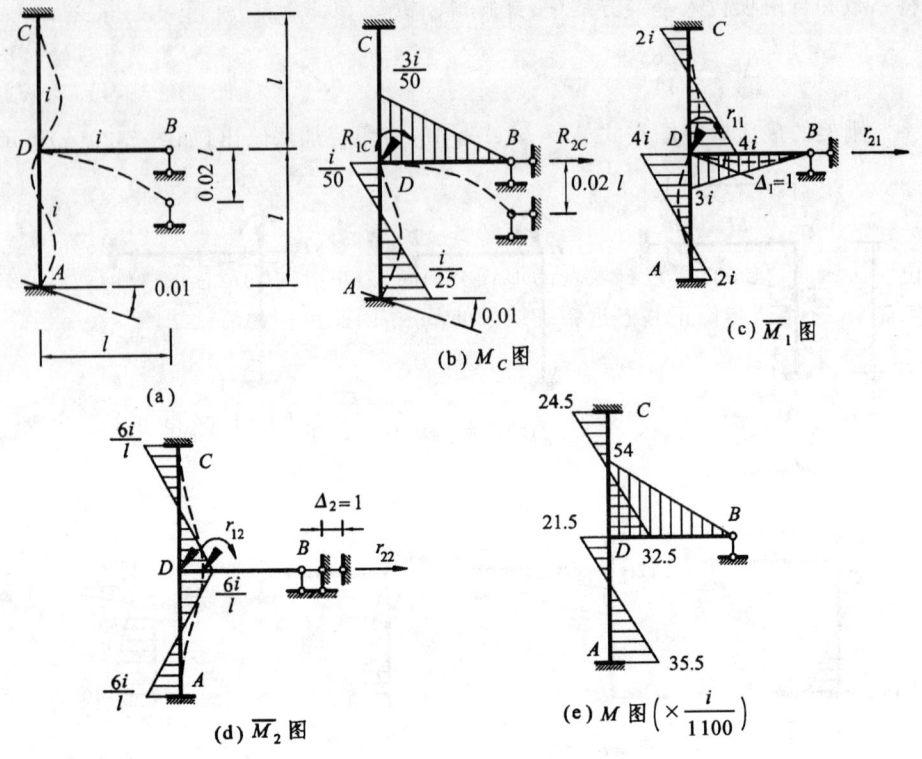

图 7-30

将上述结果绘于基本结构上,称它为 M_C。由此可得

$$R_{1C}=\frac{i}{50}-\frac{3i}{50}=-\frac{i}{25}, \quad R_{2C}=-\frac{3i}{50l}$$

图 7-30(c)为 $\Delta_1=1$ 作用下的 $\overline{M}_1$ 图。由此可得

$$r_{11}=11i$$

图 7-30(d)为 $\Delta_2=1$ 作用下的 $\overline{M}_2$ 图。由此可得

$$r_{12}=r_{21}=0, \quad r_{22}=\frac{24i}{l^2}$$

将以上系数和自由项代入基本方程中,并解得

$$\Delta_1=\frac{1}{275}, \quad \Delta_2=\frac{l}{400}$$

最后,根据叠加原理得到弯矩计算式 $M=\overline{M}_1\Delta_1+\overline{M}_2\Delta_2+M_C$,求出各杆端的最后弯矩值,并绘出弯矩图,如图 7-30(e)所示。

第十一节　力矩分配法的基本原理

众所周知,用力法、位移法分析超静定结构,都需要求解多元联立方程组,求出基本未知量。当未知量较多时,手算求解结构内力的工作颇为繁重。为了避免解算联立方程,人们曾提出过多种算法,本章介绍其中较为常用的力矩分配法、无剪力分配法。这些方法就其本质来说,都属位移法的范畴,其基本原理及符号规定均与位移法相同,只是计算过程表现的形式不相同。力矩分配法是直接以杆端弯矩为计算对象,采用逐步修正并逼近精确结果的算法,因此也称为渐近法。

对于结点无线位移的超静定结构,用位移法求解时为了消除基本结构各个刚结点上的附加约束反力矩,是以联立方程的形式,通过解方程而一次完成的。在力矩分配法中,为消除附加约束反力矩,对每个附加约束逐次松弛、反复多次。从结点被固定的状态出发,将各个结点逐次恢复转角位移的过程,直接表达为各杆端弯矩的逐次修正过程;当松弛结束时,变形和内力趋于实际的最终状态。此法计算过程的数学实质是松弛法求解联立代数方程的过程。

一、力矩分配法的基本原理及特点

为了说明力矩分配法的概念和步骤,现以图 7-31(a)所示的刚架来说明力矩分配法的概念和基本原理。此刚架用位移法计算时,只有一个基本未知量即结点转角 Δ_1,其位移法基本方程为

$$r_{11}\Delta_1 + R_{1P} = 0$$

绘出 M_P、$\overline{M}_1$ 图,如图 7-31(b)、(c)所示。

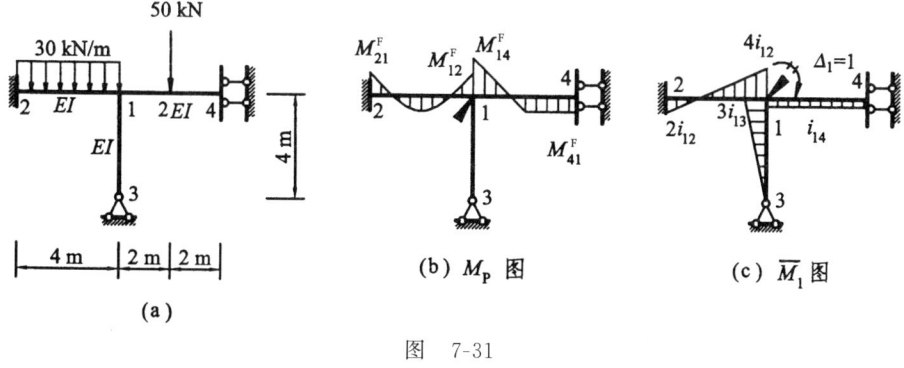

图 7-31

由 M_P 图,可求得自由项为

$$R_{1P} = M_{12}^F + M_{13}^F + M_{14}^F = \sum M_{1j}^F$$

式中，R_{1P} 是结点固定时附加刚臂上的反力矩，它等于汇交于结点 1 的各杆端固端弯矩的代数和 ΣM_{1j}^F，亦即各固端弯矩所不能平衡的差额，故又称为结点 1 上的不平衡力矩。

由 $\overline{M}_1$ 图，可求得系数为

$$r_{11}=4i_{12}+3i_{13}+i_{14}=S_{12}+S_{13}+S_{14}=\sum S_{1j}$$

式中，S_{1j} 为 $1j$ 杆的杆端转动刚度系数，它标志着该杆端抵抗转动能力的大小。ΣS_{1j} 代表汇交于结点 1 的各杆端转动刚度系数的总和。

解基本方程得

$$\Delta_1=-\frac{R_{1P}}{r_{11}}=\frac{-\sum M_{1j}^F}{\sum S_{1j}}$$

由于结点 1 的转动，各杆端获得的弯矩为 $\overline{M}_1\Delta_1$，即

$$M_{12}^u=S_{12}\cdot\Delta_1=\frac{S_{12}}{\sum S_{1j}}(-R_{1P})=\mu_{12}\left(-\sum M_{1j}^F\right)$$

$$M_{13}^u=S_{13}\cdot\Delta_1=\frac{S_{13}}{\sum S_{1j}}(-R_{1P})=\mu_{13}\left(-\sum M_{1j}^F\right)$$

$$M_{14}^u=S_{14}\cdot\Delta_1=\frac{S_{14}}{\sum S_{1j}}(-R_{1P})=\mu_{14}\left(-\sum M_{1j}^F\right)$$

各杆端获得的这些弯矩称为分配弯矩，用 M_{1j}^u 表示，其正号表示在杆端为顺时针向，这相当于把结点 1 上的不平衡力矩反号后按杆端转动刚度系数 S_{1j} 大小的比例分给各杆端。

式中，μ_{12}、μ_{13}、μ_{14} 称为分配系数，即

$$\mu_{12}=\frac{S_{12}}{\sum S_{1j}},\quad \mu_{13}=\frac{S_{13}}{\sum S_{1j}},\quad \mu_{14}=\frac{S_{14}}{\sum S_{1j}}$$

分配系数表示了结点 1 上各杆端截面承担结点 1 上的不平衡力矩 ΣM_{1j}^F 的比率，同一结点上，某一杆端转动刚度系数相对较大，其分配系数就较大，且诸分配系数之和为 1，即

$$\sum\mu_{1j}=\mu_{12}+\mu_{13}+\mu_{14}=1$$

各杆端获得分配弯矩后，可按叠加法 $M=M_P+\overline{M}_1\Delta_1$ 计算各杆端的最后弯矩。汇交于结点 1 的各杆的 1 端为近端，而另一端为远端。各近端弯矩为

$$M_{12}=M_{12}^F+M_{12}^u=M_{12}^F+\mu_{12}\left(-\sum M_{1j}^F\right)$$

$$M_{13}=M_{13}^{\mathrm{F}}+M_{13}^{\mathrm{u}}=M_{13}^{\mathrm{F}}+\mu_{13}\Big(-\sum M_{1j}^{\mathrm{F}}\Big)$$

$$M_{14}=M_{14}^{\mathrm{F}}+M_{14}^{\mathrm{u}}=M_{14}^{\mathrm{F}}+\mu_{14}\Big(-\sum M_{1j}^{\mathrm{F}}\Big)$$

以上各式右边第一项为荷载产生的弯矩，即固端弯矩，第二项为结点转动 Δ_1 角所产生的分配弯矩，即各近端弯矩等于固端弯矩加分配弯矩。

各远端弯矩为

$$M_{21}=M_{21}^{\mathrm{F}}+C_{12}M_{12}^{\mathrm{u}}$$

$$M_{31}=M_{31}^{\mathrm{F}}+C_{13}M_{13}^{\mathrm{u}}$$

$$M_{41}=M_{41}^{\mathrm{F}}+C_{14}M_{14}^{\mathrm{u}}$$

式中，C_{1j} 为 $1j$ 杆从 1 端传至 j 端的弯矩传递系数。右边第一项仍是固端弯矩，第二项是由结点转动 Δ_1 角所产生的弯矩，它好比是将各近端的分配弯矩以传递系数的比例传到各远端一样，故称为传递弯矩。即各远端弯矩等于固端弯矩加传递弯矩。

通过上述分析，可看出用力矩分配法计算，不必绘 M_{P}、$\overline{M}_1$ 图，也不必列出和求解基本方程，而直接按以上结论计算各杆端弯矩。其过程可形象地归纳为两步：

① 固定结点即加入刚臂。此时各杆端有固端弯矩，而结点上有不平衡力矩，它暂时由刚臂承担。

② 放松结点即取消刚臂，让结点转动。这相当于在结点上又加入一个反号的不平衡力矩，于是不平衡力矩被消除而结点获得平衡。此反号的不平衡力矩将按转动刚度系数大小的比例分配给各近端，于是各近端得到分配弯矩，同时各自向其远端进行传递，各远端得到传递弯矩。

例 7-13 用力矩分配法计算图 7-31(a)所示刚架，并作 M 图。

解

① 计算各杆端分配系数，令 $i=\dfrac{EI}{4}=1$

$$\mu_{12}=\frac{S_{12}}{\sum S_{1j}}=\frac{4\times 1}{4\times 1+3\times 1+2}=\frac{4}{9}=0.445$$

$$\mu_{13}=\frac{S_{13}}{\sum S_{1j}}=\frac{3}{9}=0.333$$

$$\mu_{14}=\frac{S_{14}}{\sum S_{1j}}=\frac{2}{9}=0.222$$

② 计算固端弯矩，据表 7-1，有

$$M_{12}^{\mathrm{F}}=\frac{30\times 4^2}{12}=40\ \mathrm{kN\cdot m}$$

$$M_{21}^F = -\frac{30 \times 4^2}{12} = -40 \text{ kN} \cdot \text{m}$$

$$M_{14}^F = -\frac{3 \times 50 \times 4}{8} = -75 \text{ kN} \cdot \text{m}$$

$$M_{41}^F = -\frac{50 \times 4}{8} = -25 \text{ kN} \cdot \text{m}$$

③ 进行力矩的分配和传递,结点 1 的不平衡力矩为

$$M_1 = \sum M_{1j}^F = M_{12}^F + M_{13}^F + M_{14}^F$$
$$= 40 - 75 = -35 \text{ kN} \cdot \text{m}$$

将 M_1 反号并乘以分配系数即得到各近端的分配弯矩,再乘以传递系数即得到各远端的传递弯矩。

用力矩分配法计算,为了使计算过程的表达更加紧凑、直观,避免罗列大量算式,整个计算可直接在图上书写,如图 7-32(a)所示,也可列出表格,在表中直接计算书写。

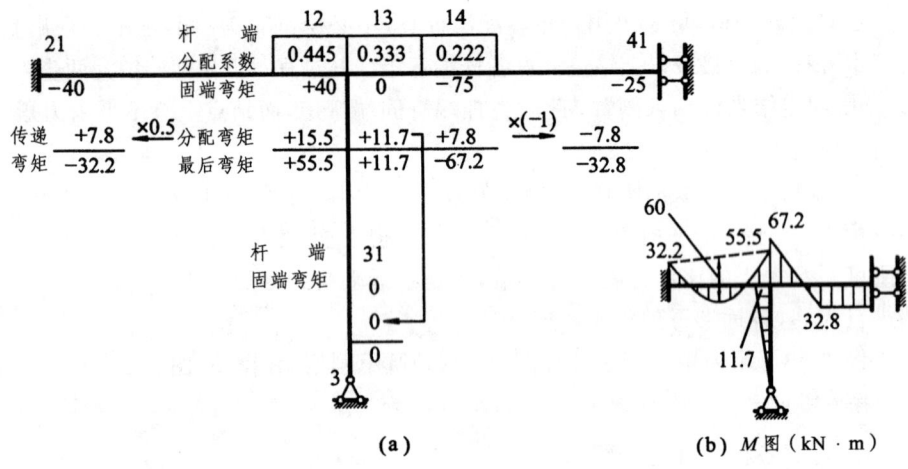

图 7-32

④ 将固端弯矩和分配弯矩、传递弯矩叠加,便得到各杆端的最后弯矩。据此即可绘出刚架的弯矩图,如图 7-32(b)所示。

二、三个重要系数的介绍

(一) 转动刚度系数(劲度系数)

不同杆件对于杆端转动的抵抗能力是不同的。杆端转动刚度系数 S_{AB} 的定义是:杆件 AB 的 A 端(或称近端)发生单位转角时,A 端产生的弯矩值。此值不仅与

杆件的弯曲线刚度 $i=(EI)/l$ 有关,而且与杆件另一端(或称远端)的支承情况有关。

图 7-33(a)、(b)、(c)分别为不同支承情况的等截面杆,相应的近端转动刚度系数分别为

远端为固定支座　　$S_{AB}=M_{AB}=4i$ 　　　　　　　　　　　　(7-9)

远端为铰支座　　　$S_{AB}=M_{AB}=3i$ 　　　　　　　　　　　　(7-10)

远端为定向支座　　$S_{AB}=M_{AB}=i$ 　　　　　　　　　　　　(7-11)

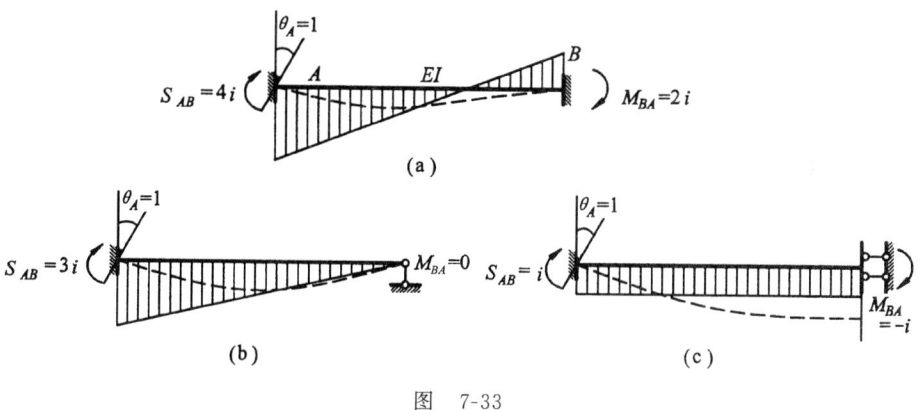

图　7-33

(二) 传递系数

当杆件 AB 仅在 A 端有转角时,B 端的弯矩 M_{BA} 与 A 端弯矩 M_{AB} 的比值,即远端弯矩与近端弯矩的比值,称为该杆从 A 端传至 B 端的弯矩传递系数,用 C_{AB} 表示。因此,图 7-33(a)、(b)、(c)所示各杆的传递系数分别为

远端为固定支座　　$C_{AB}=\dfrac{M_{BA}}{M_{AB}}=\dfrac{2i}{4i}=\dfrac{1}{2}$

远端为铰支座　　　$C_{AB}=\dfrac{0}{3i}=0$

远端为定向支座　　$C_{AB}=\dfrac{-i}{i}=-1$

远端弯矩也称为传递弯矩,它等于分配弯矩乘以传递系数。即

$$M_{BA}=C_{AB}\cdot M_{AB}^{u}\tag{7-12}$$

(三) 分配系数

杆件 AB 在结点 A 的力矩分配系数 μ_{AB} 等于杆件 AB 的转动刚度与汇交于 A

点的各杆的转动刚度之和的比值。即

$$\mu_{Aj} = \frac{\text{杆件 } Aj \text{ 的转动刚度}}{\text{汇交于 } A \text{ 点的各杆的转动刚度之和}} = \frac{S_{Aj}}{\sum S} \quad (7\text{-}13)$$

其中，j 可以是汇交于 A 点的 B、C 或 D。分配系数 μ_{Aj} 表示了结点 A 上各杆端截面承担结点 A 上的不平衡力矩 ΣM_{Aj}^F 的比率。

同一结点各杆分配系数之间存在下列关系

$$\sum \mu_{Aj} = \mu_{AB} + \mu_{AC} + \mu_{AD} = 1$$

此式可作为每一结点力矩分配系数的计算校核条件。

第十二节 用力矩分配法计算连续梁和无侧移刚架

上节以只有一个结点转角的结构说明了力矩分配法的基本原理。对于具有多个结点转角但无结点线位移（简称无侧移）的结构，只需依次对各结点使用上节所述方法便可求解。作法是先将所有结点固定，计算各杆固端弯矩；然后将各结点轮流放松，即每次只放松一个结点，其他结点仍暂时固定，这样把各结点的不平衡力矩轮流地进行分配、传递，直到传递弯矩小到可略去时为止，以这样的逐次渐近方法来计算杆端弯矩。下面结合具体例子来说明。

图 7-34 所示连续梁，有两个结点转角而无结点线位移。

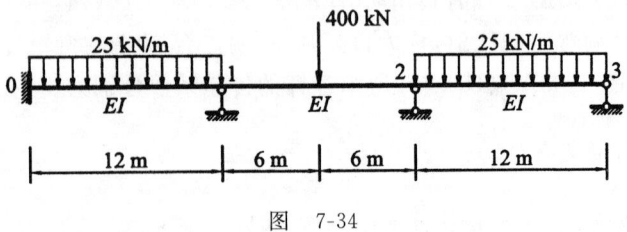

图 7-34

在力矩分配法中，为了使计算过程的表达更加紧凑、直观，避免罗列大量算式，整个计算可直接在图上书写，如图 7-35(a)所示。

① 首先将两个刚结点 1、2 固定起来，并计算各杆端分配系数。由于各跨 EI、l 均相同，故线刚度均为 i，由式(7-13)有

$$\mu_{10} = \frac{4i}{4i+4i} = \frac{1}{2}, \quad \mu_{12} = \frac{4i}{4i+4i} = \frac{1}{2}$$

$$\mu_{21} = \frac{4i}{4i+3i} = \frac{4}{7}, \quad \mu_{23} = \frac{3i}{4i+3i} = \frac{3}{7}$$

杆　端	01	10	12	21	23	32
分配系数 μ		$\frac{1}{2}$	$\frac{1}{2}$	$\frac{4}{7}$	$\frac{3}{7}$	
固端弯矩 M^F	-300	$+300$	-600	$+600$	-450	0
结点1分配传递	$+75$	$+150$	$+150$	$+75$		
结点2分配传递			-64	-129	-96	0
结点1分配传递	$+16$	$+32$	$+32$	$+16$		
结点2分配传递			-5	-9	-7	
结点1分配传递	$+1$	$+2$	$+3$	$+1$		
结点2分配传递				-1	0	
最后弯矩 M	-208	$+484$	-484	$+553$	-553	0

(a)

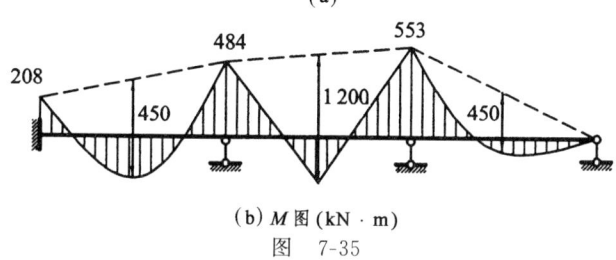

(b) M 图 (kN·m)

图 7-35

将其填入图 7-35(a)分配系数 μ 一栏中。

② 计算各杆的固端弯矩,据表 7-1,可得

$$M_{01}^F = -\frac{25 \times 12^2}{12} = -300 \text{ kN·m}, \quad M_{10}^F = \frac{25 \times 12^2}{12} = 300 \text{ kN·m}$$

$$M_{12}^F = -\frac{400 \times 12}{8} = -600 \text{ kN·m}, \quad M_{21}^F = \frac{400 \times 12}{8} = 600 \text{ kN·m}$$

$$M_{23}^F = \frac{25 \times 12^2}{8} = -450 \text{ kN·m}, \quad M_{32}^F = 0$$

将上述各值填入图 7-35(a)的固端弯矩 M^F 一栏中。

③ 进行力矩的分配和传递。

此时结点 1、2 各有不平衡力矩

$$M_1 = \sum M_{1j}^F = 300 - 600 = -300 \text{ kN·m}$$
$$M_2 = \sum M_{2j}^F = 600 - 450 = 150 \text{ kN·m}$$

为了消除这两个不平衡力矩,在位移法中是令结点 1、2 同时产生与原结构相同的转角,也就是同时放松两个结点,让它们一次转动到实际的平衡位置。如前所述,这需要建立联立方程并解算它们。在力矩分配法中则不是这样,而是逐次地将各结点轮流放松来达到同样的目的。

首先放松结点 1，此时结点 2 仍固定，故与上节放松单个结点的情况完全相同，因而可按前述力矩分配和传递的方法来消除结点 1 的不平衡力矩。把结点 1 的不平衡力矩 -300 kN·m 反号并乘以分配系数即得到分配弯矩

$$M_{10}^u = \mu_{10}(-M_1) = \frac{1}{2} \times [-(-300)] = 150 \text{ kN·m}$$

$$M_{12}^u = \mu_{12}(-M_1) = \frac{1}{2} \times [-(-300)] = 150 \text{ kN·m}$$

把它们填入图中。这样结点 1 便暂时获得了平衡，我们在分配弯矩下面画一条横线来表示平衡。此时结点 1 也就随之转动了一个角度（但还没有转到最后位置）。同时，分配弯矩乘以各自的传递系数向远端进行传递，其传递弯矩为

$$M_{01} = C_{10} M_{10}^u = \frac{1}{2} \times (150) = 75 \text{ kN·m}$$

$$M_{21} = C_{12} M_{12}^u = \frac{1}{2} \times (150) = 75 \text{ kN·m}$$

在图中用箭头把它们分别送到各远端。

其次看结点 2，它原有不平衡力矩 150 kN·m，又加上结点 1 传来的传递弯矩 75 kN·m，故共有不平衡力矩 $150+75=225$ kN·m。现在我们把结点 1 在刚才转动后的位置上重新设置刚臂加以固定，然后放松结点 2，于是又与上节放松单个结点的情况相同。将结点 2 的不平衡力矩 225 kN·m 反号并进行分配

$$M_{21}^u = \mu_{21}(-225) = \frac{4}{7} \times (-225) = -129 \text{ kN·m}$$

$$M_{23}^u = \mu_{23}(-225) = \frac{3}{7} \times (-225) = -96 \text{ kN·m}$$

同时向各远端进行传递

$$M_{12} = C_{21} M_{21}^u = \frac{1}{2} \times (-129) = -64 \text{ kN·m}$$

$$M_{32} = C_{23} M_{23}^u = 0 \times (-96) = 0$$

于是结点 2 亦暂告平衡，同时也转动了一个角度（也未转到最后位置），然后将它也在转动后的位置上重新固定起来。

再看结点 1，它又有了新的不平衡力矩 -64 kN·m，于是又将结点 1 放松，按同样方法进行分配和传递，等等。如此反复地将各结点轮流地固定、放松，不断地进行力矩的分配和传递，则不平衡力矩的数值将越来越小（因为分配系数和传递系数均小于 1），直到传递弯矩的数值小到按计算精度的要求可以略去时，便可停止计算。这时各结点经过逐次转动，也就逐渐逼近了其最后的平衡位置。

④ 计算各杆端的最后弯矩。最后，将各杆端的固端弯矩和屡次所得到的分配

弯矩和传递弯矩总加起来,便得到各杆端的最后弯矩,由此作出弯矩图,如图 7-35(b) 所示。

例 7-14 试用力矩分配法计算图 7-36(a)所示连续梁,并绘制弯矩图。

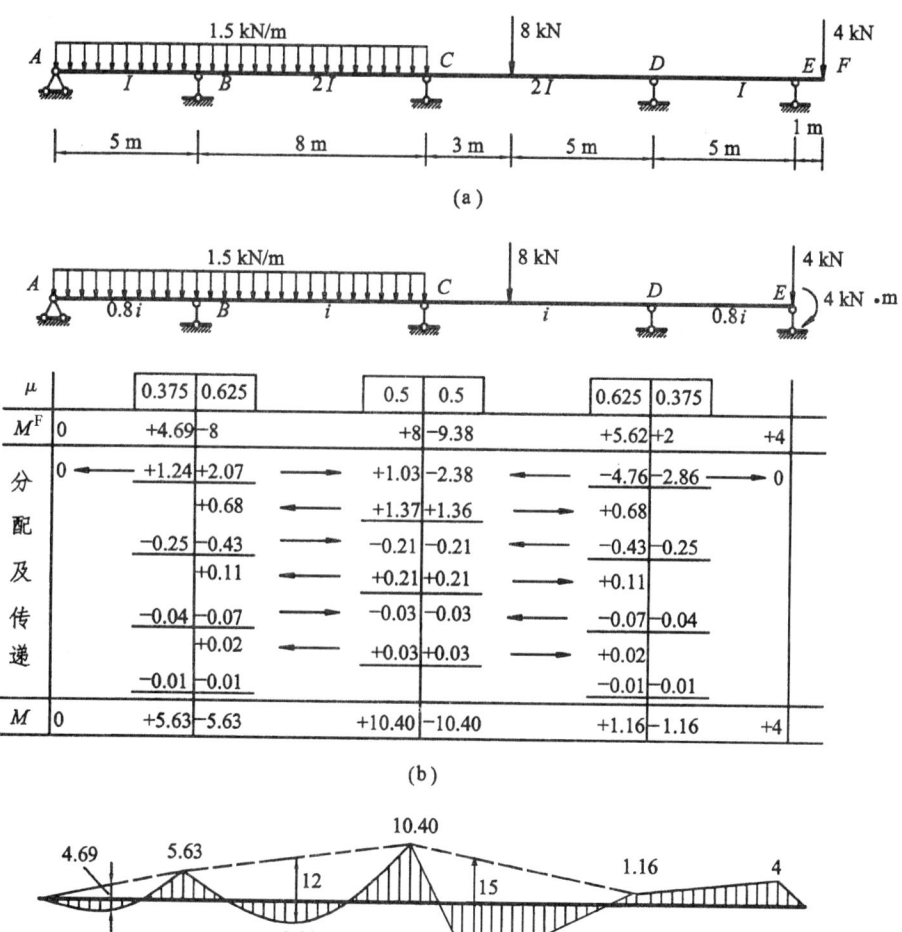

图 7-36

解

① 右边悬臂部分 EF 的内力是静定的,若将其切去,而以相应的弯矩和剪力作为外力施加于结点 E 处,则结点 E 便化为铰支端来处理,如图 7-36(b)所示。

② 计算分配系数。若设 BC、CD 两杆的线刚度为 $i=\dfrac{2EI}{8}$,则 AB、DE 两杆的线刚度折算为 $\dfrac{EI}{5}=0.8i$,如图 7-36(b)所注。对于结点 D,分配系数为

$$\mu_{DC} = \frac{4i}{4i+3\times 0.8i} = \frac{4}{4+2.4} = 0.625$$

$$\mu_{DE} = \frac{2.4}{4+2.4} = 0.375$$

其余各结点的分配系数可同样算出,见图上所注。

③ 计算固端弯矩。DE 杆相当于一端固定一端铰支的梁,在铰支端处承受一集中力及一力偶的荷载。其中集中力 4 kN 将为支座 E 直接承受而不使梁产生弯矩,故可不考虑;而力偶 4 kN·m 所产生的固端弯矩由表 7-1 可算得

$$M_{DE}^{F} = \frac{1}{2}\times 4 = 2 \text{ kN·m}$$

$$M_{ED}^{F} = 4 \text{ kN·m}$$

至于其余各固端弯矩均可按表 7-1 求得,无需赘述。

④ 轮流放松各结点进行力矩分配和传递。为了使计算时收敛较快,分配宜从不平衡力矩数值较大的结点开始,本例先放松结点 D。此外,由于放松结点 D 时,结点 C 是固定的,故又可同时放松结点 B。并由此可知,凡不相邻的各结点每次均可同时放松,这样便可加快收敛的速度。整个计算详见图 7-36(b)。

⑤ 计算杆端最后弯矩,并绘 M 图(图 7-36c)。

例 7-15 试用力矩分配法计算图 7-37 所示连续梁,并作出 M 图。设 $EI = 1.4\times 10^5$ kN·m²,支座 B 产生的竖向位移等于 1.2 cm。

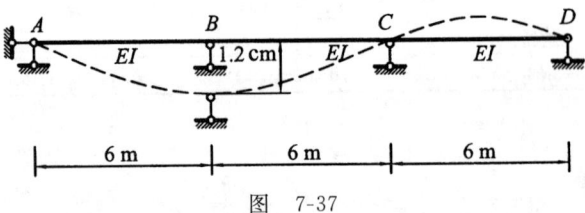

图 7-37

解

① 计算各杆端分配系数。设 $i = (EI)/6$,由式(7-13)有

$$\mu_{BA} = \frac{3i}{4i+3i} = \frac{3}{7}, \quad \mu_{BC} = \frac{4i}{4i+3i} = \frac{4}{7}$$

C 结点的分配系数可同样算出,见图 7-38 分配系数 μ 一栏中所注。

② 计算固端弯矩。设支座 B 的竖向位移为 Δ,由表 7-1 可算得

$$M_{BA}^{F} = -\frac{3i}{l}\Delta = -\frac{1}{2}\Delta i \qquad M_{BC}^{F} = \frac{6i}{l}\Delta = \Delta i,$$

$$M_{CB}^{F} = \frac{6i}{l}\Delta = \Delta i \qquad M_{CD}^{F} = 0$$

其余一切计算及最后弯矩图均见图 7-38，无需详述。图中 $\Delta i = 1.2 \times 10^{-2} \times \left(\dfrac{1.4 \times 10^5}{6}\right) = 280$ kN·m。

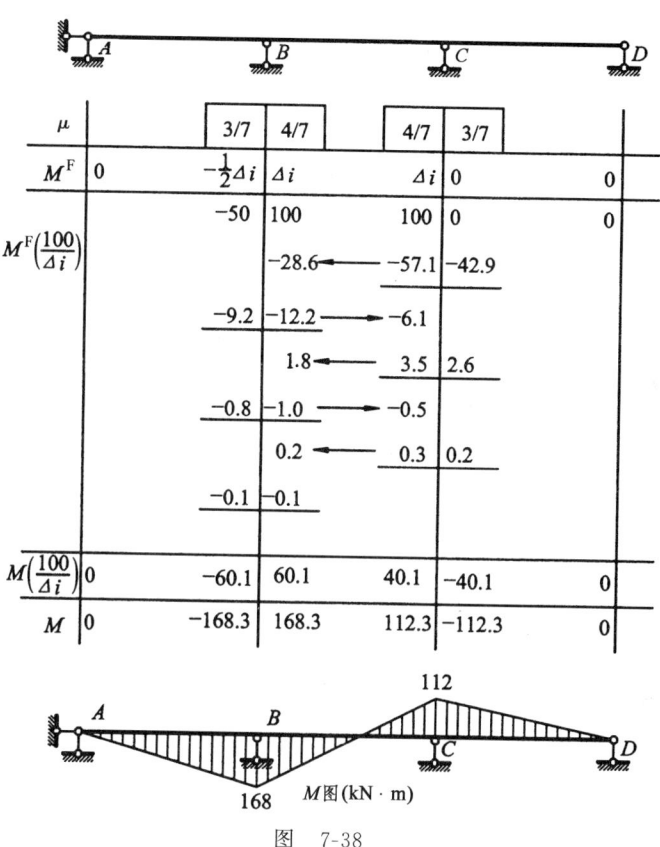

图 7-38

例 7-16 试用力矩分配法计算图 7-39 所示刚架。设 $EI = $ 常数。

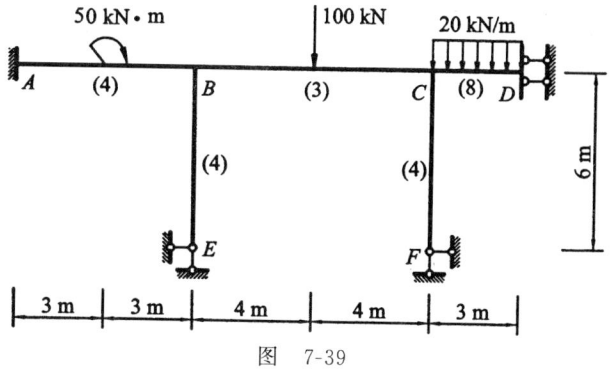

图 7-39

解 由于各杆杆长不等,故应先算各杆线刚度的相对值。设 $EI/24=i=1$,各杆线刚度的相对值如图 7-39 括号中数值所示。结点 B 与 C 的力矩分配系数及各杆端的固端弯矩如图 7-40 所示。

结点	A	B			C			D
杆端	AB	BA	BE	BC	CB	CF	CD	DC
μ		$\frac{4}{10}$	$\frac{3}{10}$	$\frac{3}{10}$	$\frac{3}{8}$	$\frac{3}{8}$	$\frac{2}{8}$	
M^F	12.5	12.5		−100	100		−60	−30
	17.5	35.0	26.3	26.2	13.1			
				−100	−19.9	−19.9	−13.3	13.3
	2.0	4.0	3.0	3.0	1.5			
				−0.3	−0.6	−0.6	−0.3	0.3
		0.1	0.1	0.1				
M	32.0	51.6	29.4	−81.0	94.1	−20.5	−73.6	−16.4

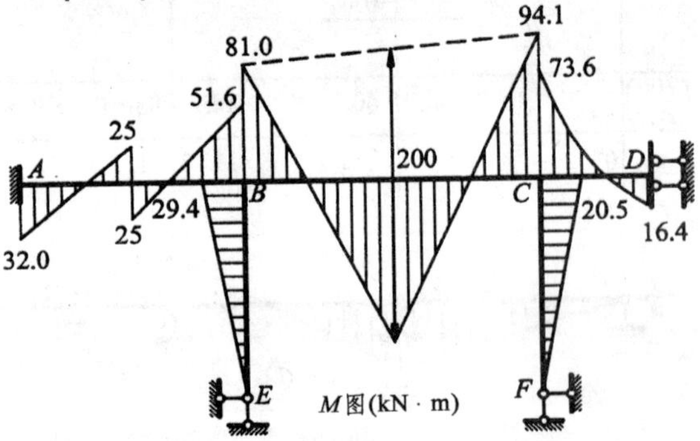

图 7-40

从结点 B 开始,经过三轮分配与传递,得各杆端最终弯矩,计算过程及最后 M 图如图 7-40 所示。

计算完毕后,可校核各结点处的杆端弯矩是否满足平衡条件。

对于结点 B 有

$$\sum M_{Bj}=51.6+29.4-81.0=0$$

结点 C 有

$$\sum M_{Cj}=94.1-20.5-73.6=0$$

故计算无误。

*第十三节 力矩分配法与位移法的联合应用

对于有结点线位移（有侧移）的刚架，上面介绍的力矩分配法不能直接应用。有结点线位移的刚架除了附加刚臂上有附加反力矩需消除外，附加链杆上还有附加反力需要消除，因此需与其他方法配合使用才能求解。在这方面已经提出了许多方法，例如力矩分配法与位移法的联合应用，无剪力分配法，无剪力分配法（对于多跨刚架需借助于替代刚架）与力矩分配法的交替应用，剪力分配法与力矩分配法的交替应用（连续侧移修正法），迭代法，等等。本节及下节介绍前两种方法。

本节讨论力矩分配法与位移法的联合应用。这一方法的基本原理与位移法相同，区别在于仅以结点线位移为基本未知量，而在计算位移法基本方程中的自由项和系数时，所需的基本结构在荷载和单位线位移作用下的弯矩，则用力矩分配法来求得。下面结合具体例子加以说明。

图 7-41（a）所示刚架有两个结点转角和一个线位移，但在计算时我们只以结点线位移为基本未知量，在基本结构中只加链杆控制结点的线位移而不加刚臂控制结点的转角，也就是各结点可任其转动。设此基本结构在荷载作用下附加链杆上的反力为 R_{1P}（图 7-41b）；而发生与原结构相同的结点线位移 Δ_1 时附加链杆上的反力为 $r_{11}\Delta_1$（图 7-41c），这里 r_{11} 是 $\Delta_1=1$ 时链杆的反力。于是按照叠加原理，根据附加链杆上的总反力应等于零的条件，可建立位移法基本方程如下：

$$r_{11}\Delta_1+R_{1P}=0$$

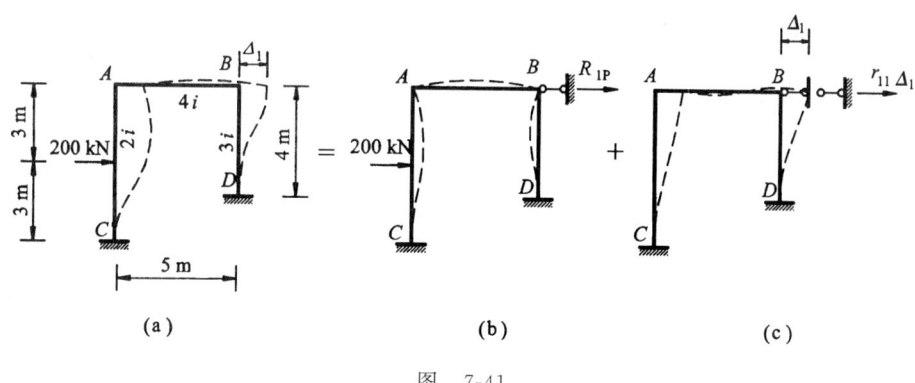

图 7-41

为了确定自由项 R_{1P} 和系数 r_{11}，需分别求出基本结构在荷载和单位线位移 $\Delta_1=1$ 作用下的弯矩 M_P 和 $\overline{M}_1$。求 M_P 时各结点无线位移，故可用力矩分配法求得。求 $\overline{M}_1$ 时，结点线位移 $\Delta_1=1$，这相当于无侧移刚架发生已知支座位移的情况，故其弯矩同样可用力矩分配法求得。求得 M_P 和 $\overline{M}_1$ 后,便可通过平衡条件算出自由项 R_{1P} 和系数 r_{11}。

M_P 的计算详见图 7-42(a)。然后取图 7-42(b)所示隔离体,截取 AC、BC 两柱,由其平衡条件有

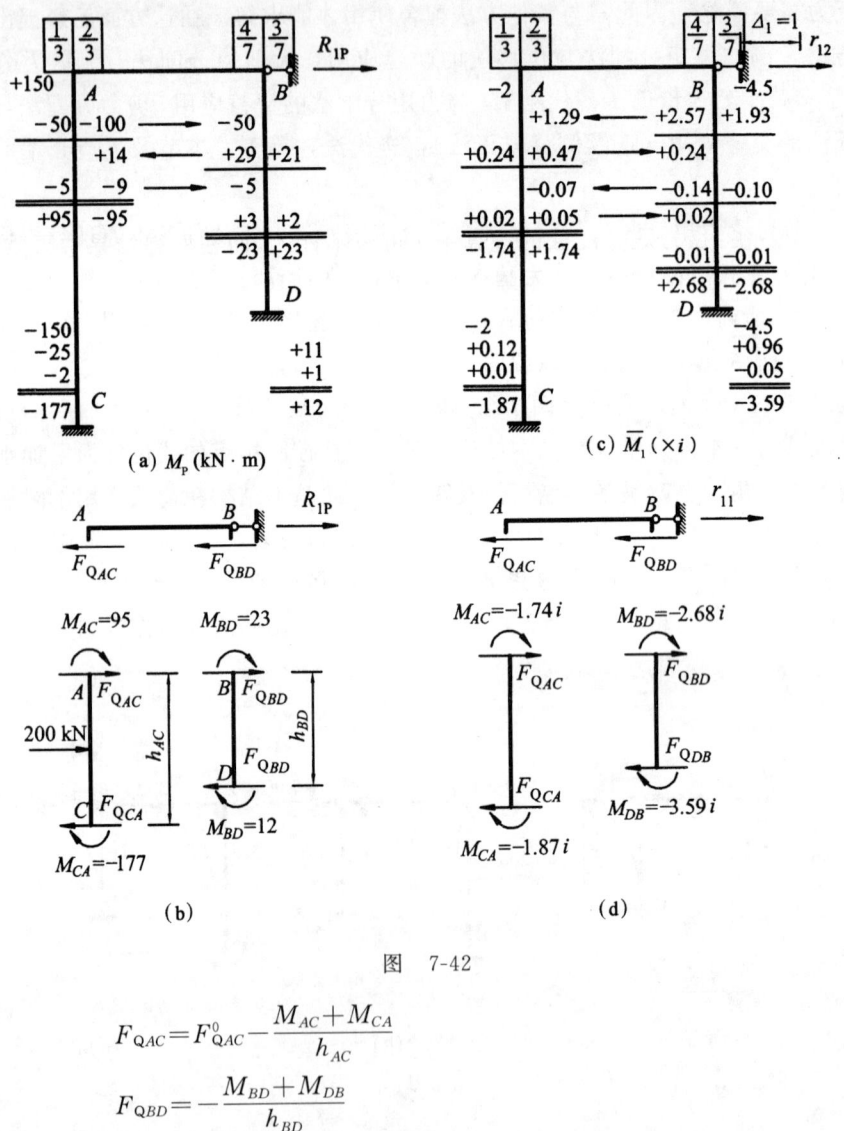

图 7-42

$$F_{QAC} = F_{QAC}^0 - \frac{M_{AC} + M_{CA}}{h_{AC}}$$

$$F_{QBD} = -\frac{M_{BD} + M_{DB}}{h_{BD}}$$

式中,F_{QAC}^0 是将 AC 杆视为简支梁时在荷载作用下 A 端的剪力。再由两柱顶端以上横梁 AB 部分的平衡条件 $\Sigma F_x = 0$ 可求得

$$R_{1P}=F_{QAC}+F_{QBD}=F_{QAC}^0-\frac{M_{AC}+M_{CA}}{h_{AC}}-\frac{M_{BD}+M_{DB}}{h_{BD}}$$
$$=-100-\frac{95-177}{6}-\frac{23+12}{4}=-95.1\ (\leftarrow)$$

$\overline{M}_1$图的计算详见图 7-42(c)。其中固端弯矩的计算如下：
当 $\Delta_1=1$ 时，有

$$M_{AC}^F=M_{CA}^F=-\frac{6i_{AC}}{h_{AC}}=-\frac{6\times2i}{6}=-2i$$
$$M_{BD}^F=M_{BD}^F=-\frac{6i_{BD}}{h_{BD}}=-\frac{6\times3i}{4}=-4.5i$$

为了方便，在力矩分配法的计算中 i 可暂不计入，而在所得结果中再乘以 i。$\overline{M}_1$ 求得之后，由图 7-42(d)所示隔离体的平衡条件可求得

$$r_{11}=F_{QAC}+F_{QBD}=-\frac{M_{AC}+M_{CA}}{h_{AC}}-\frac{M_{BD}+M_{DB}}{h_{BD}}$$
$$=-\frac{-1.74i-1.87i}{6}-\frac{-2.68i-3.59i}{4}=2.17i\ (\rightarrow)$$

将 r_{11} 及 R_{1P} 代入基本方程可解得

$$\Delta_1=-\frac{R_{1P}}{r_{11}}=-\frac{-95.1}{2.17i}=\frac{43.8}{i}\ (\rightarrow)$$

刚架的最后弯矩可由叠加法求得

$$M=M_P+\overline{M}_1\Delta_1$$

其计算见图 7-43(a)，最后弯矩图如图 7-43(b)。

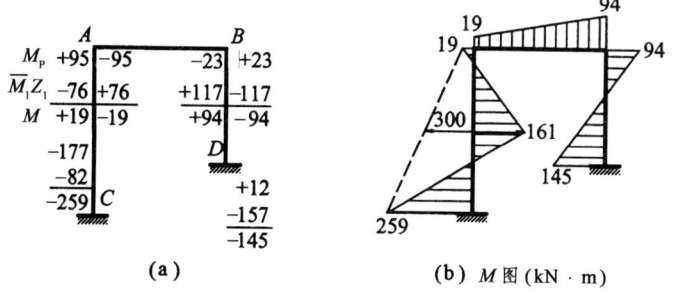

图 7-43

以上是刚架只具有一个结点线位移的情况，当结点线位移不止一个时，处理方法仍然相同，只是需组成和解算联立方程。这种方法对于任何形式的刚架和任何荷

载的作用都是适用的。但是,当结点线位移的数目较多时,计算仍然是很麻烦的。

第十四节 无剪力分配法

无剪力分配法是计算符合某些特定条件的有侧移刚架的一种方法。在本章第七节中所述的剪力静定柱结构为这种具有特定条件的有侧移刚架。此刚架变形和受力有如下特点:横梁虽有水平位移但两端并无相对线位移,这称为无侧移杆件;竖柱两端虽有相对侧移,但由于支座处无水平反力,故竖柱的剪力是静定的,这称为剪力静定杆件。计算此剪力静定柱结构时,采用以下介绍的无剪力分配法计算非常方便。

如图 7-44(a)所示的单跨对称刚架,可将其荷载分为正、反对称两组(图 7-44 b、c),并根据对称性取半刚架进行计算。取正对称时的半刚架,结点只有转角,没有侧移,故可采用力矩分配法计算;取反对称时的半刚架如图 7-45(a)所示,结点除有转角外,还有侧移,此半刚架为剪力静定柱结构,现采用无剪力分配法计算。

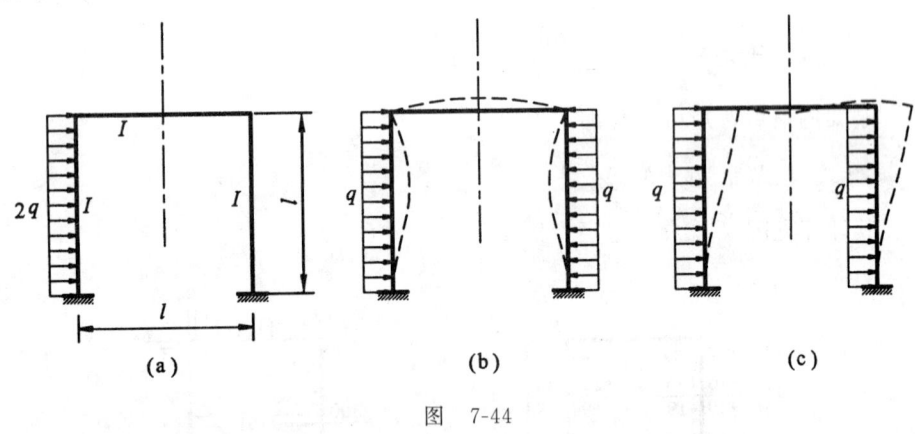

图 7-44

与力矩分配法相同,计算过程分两步,即先固定结点,此时只需固定结点角位移,而无需固定结点线位移;再逐次放松结点,经过与力矩分配法相同的推导过程,得到相同的算式。只需注意到(图 7-45c、f)在基本结构中柱子是一端固定、一端为定向支座,因而用无剪力分配法计算时,柱端转动刚度、柱端间的传递系数和柱中固端力矩如下:

① 柱端转动刚度(见图 7-45e、f)

$$S_{AB}=i \qquad (7-14)$$

② 柱端间的传递系数

$$C_{AB}=-1 \tag{7-15}$$

③ 柱中固端力矩按一端固定、一端为定向支座计算(见图 7-45c)。

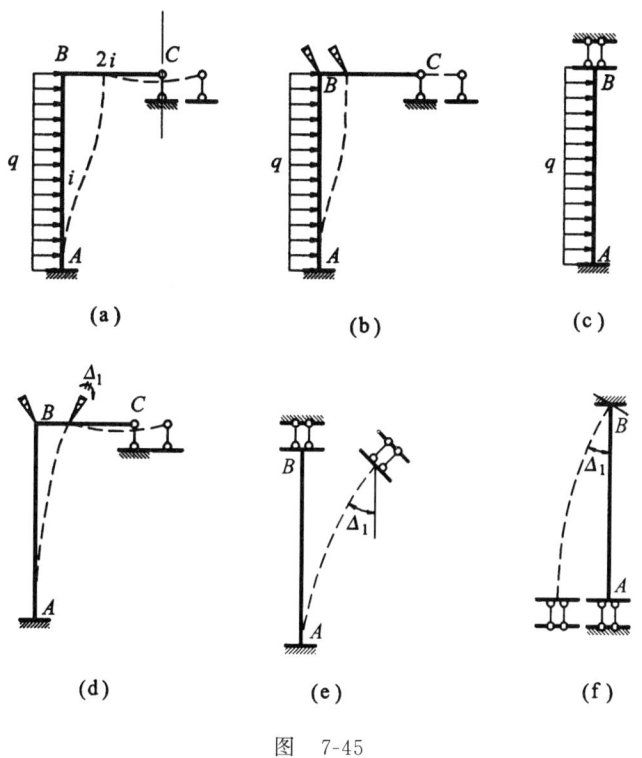

图 7-45

由于在放松结点过程中(即转动结点过程中),柱中不产生剪力,故称为无剪力分配法。由以上分析可知,B 结点的分配系数为

$$\mu_{BA}=\frac{S_{BA}}{S_{BA}+S_{BC}}=\frac{i}{i+3\times 2i}=\frac{1}{7}$$

$$\mu_{BC}=\frac{S_{BC}}{S_{BA}+S_{BC}}=\frac{3\times 2i}{i+3\times 2i}=\frac{6}{7}$$

满足 $\sum\mu=1$

由表 7-1 可得柱的固端力矩为

$$M_{AB}^{F}=-\frac{ql^2}{3},\quad M_{BA}^{F}=-\frac{ql^2}{6}$$

其余计算及最后弯矩图如图 7-46 所示。

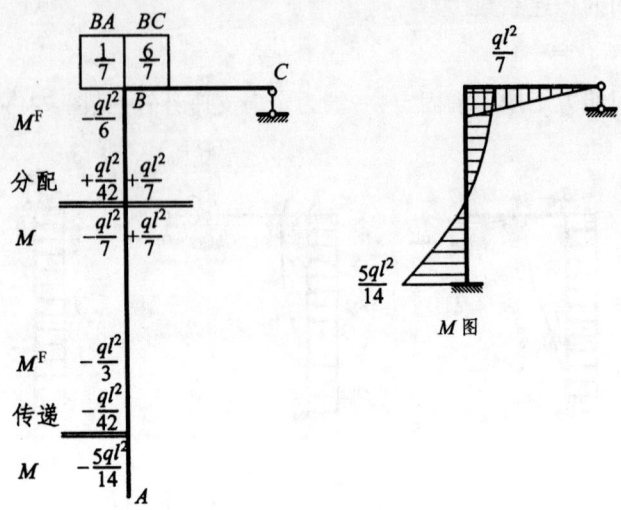

图 7-46

例 7-17 试用无剪力分配法计算图 7-47(a)所示刚架。

解 按表 7-1 计算固端弯矩时，对于柱 AC，C 端固定、A 端为定向支座，故有

$$M_{AC}^{F} = -\frac{10 \times 4}{8} = -5 \text{ kN} \cdot \text{m}$$

$$M_{CA}^{F} = -\frac{3 \times 10 \times 4}{8} = -15 \text{ kN} \cdot \text{m}$$

对于 CE 柱，处理方法与 AC 柱相同，但需注意除受本层荷载外还受有柱顶剪力 10 kN，故有

$$M_{CE}^{F} = -\frac{10 \times 4}{8} - \frac{10 \times 4}{2} = -25 \text{ kN} \cdot \text{m}$$

$$M_{EC}^{F} = -\frac{3 \times 10 \times 4}{8} - \frac{10 \times 4}{2} = -35 \text{ kN} \cdot \text{m}$$

同样，对于 EG 柱，除受本层荷载外还受有柱顶剪力 20 kN，故有

$$M_{EG}^{F} = -\frac{10 \times 4}{8} - \frac{20 \times 4}{2} = -45 \text{ kN} \cdot \text{m}$$

$$M_{GE}^{F} = -\frac{3 \times 10 \times 4}{8} - \frac{20 \times 4}{2} = -55 \text{ kN} \cdot \text{m}$$

计算分配系数时注意各柱端的转动刚度系数应等于其柱的线刚度 i，即各柱均按近端为固端、远端为定向支座考虑。各结点的分配系数为

$$\mu_{AB} = \frac{S_{AB}}{S_{AB} + S_{AC}} = \frac{3 \times 3i}{3 \times 3i + i} = \frac{9}{10}$$

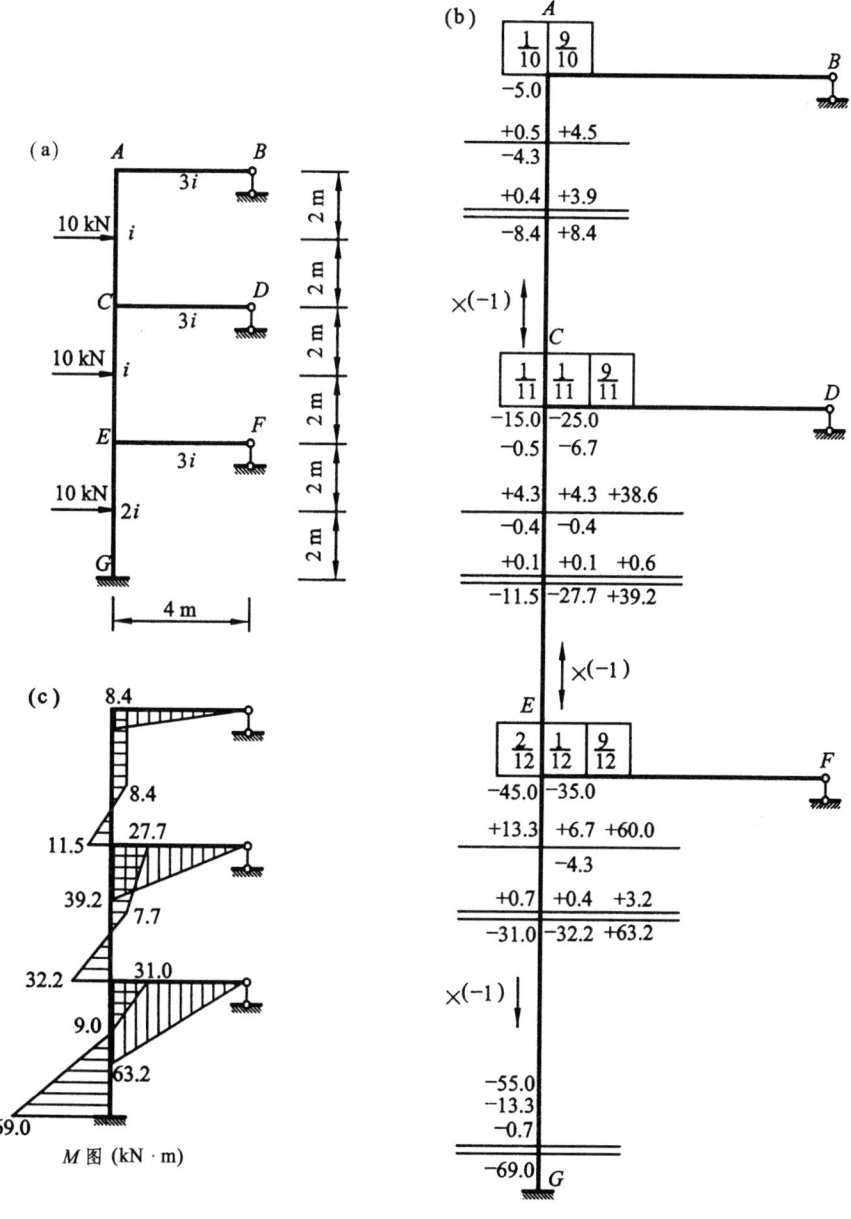

图 7-47

$$\mu_{AC} = \frac{S_{AC}}{S_{AB}+S_{AC}} = \frac{i}{3\times 3i+i} = \frac{1}{10}$$

$$\mu_{CA} = \frac{S_{CA}}{S_{CA}+S_{CD}+S_{CE}} = \frac{i}{i+3\times 3i+i} = \frac{1}{11}$$

$$\mu_{CD} = \frac{3 \times 3i}{i + 3 \times 3i + i} = \frac{9}{11}$$

$$\mu_{CE} = \frac{i}{i + 3 \times 3i + i} = \frac{1}{11}$$

$$\mu_{EC} = \frac{S_{EC}}{S_{EC} + S_{EF} + S_{EG}} = \frac{i}{i + 3 \times 3i + 2i} = \frac{1}{12}$$

$$\mu_{EF} = \frac{3 \times 3i}{i + 3 \times 3i + 2i} = \frac{9}{12}$$

$$\mu_{EG} = \frac{2i}{i + 3 \times 3i + 2i} = \frac{2}{12}$$

其余计算见图 7-47(b)，此半刚架的最后弯矩图如图 7-47(c)所示。

习 题

7-1 确定下列图示结构用位移法求解时的基本未知量数目。除注明外，$EI =$ 常数，$EA =$ 常数。

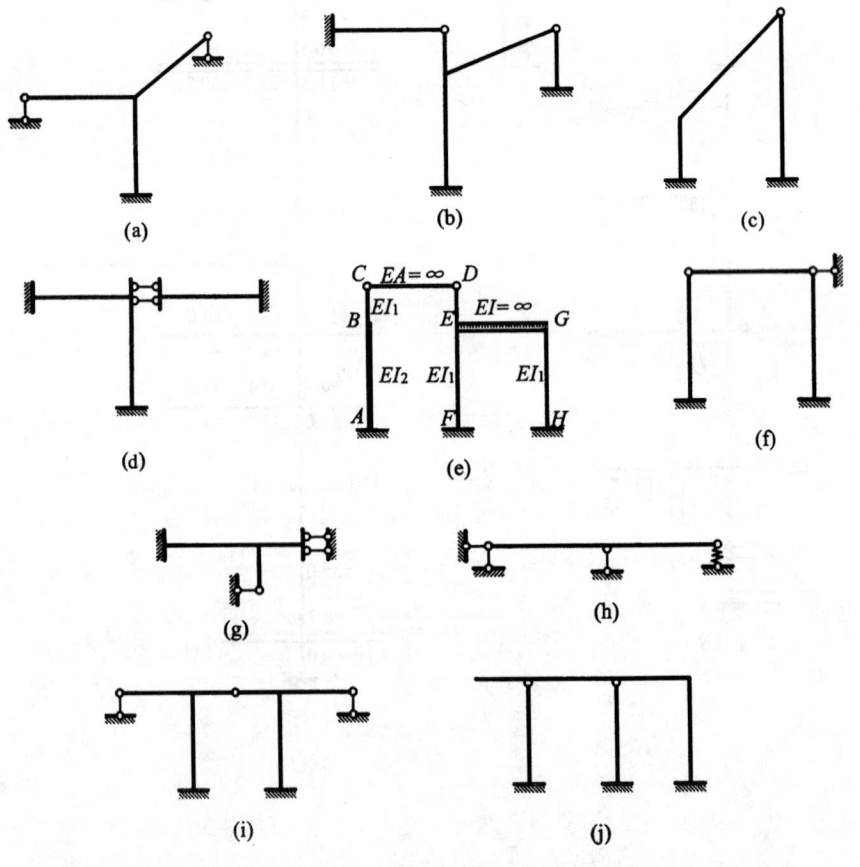

题 7-1 图

7-2 用位移法计算图示刚架,并绘弯矩图。E=常数。

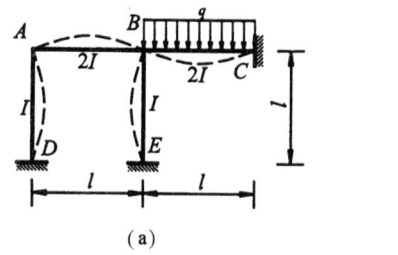
(a)

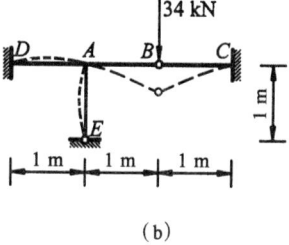
(b)

题 7-2 图

7-3 用位移法计算图示刚架,并绘弯矩图。EI=常数。

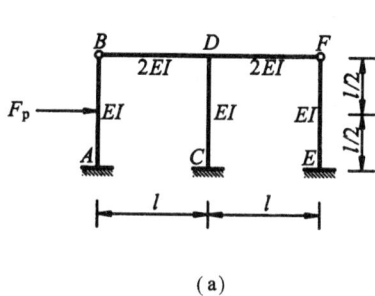
(a)

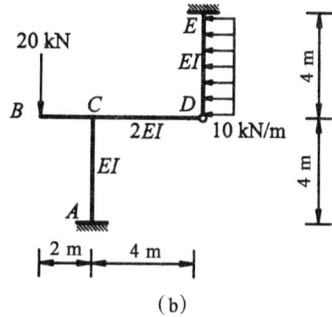
(b)

题 7-3 图

7-4 图示结构 EI=常数,已知结点 C 的水平线位移为 $\Delta_C = 7ql^4/(184EI)(\rightarrow)$,试求结点 C 的角位移 φ_C。

提示:注意位移法基本未知量的物理意义。

7-5 用位移法计算图示刚架,并绘弯矩图。

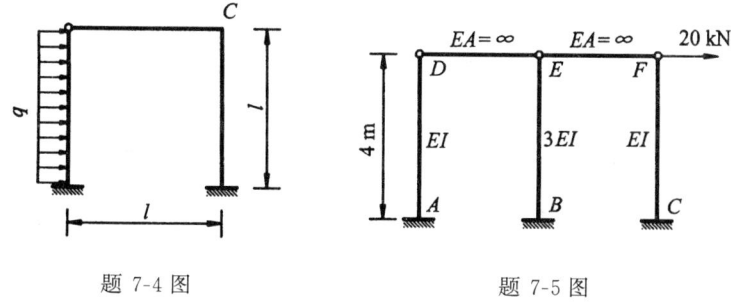

题 7-4 图   题 7-5 图

7-6 用位移法计算图示刚架,并绘弯矩图。

提示:横梁不弯曲,只发生刚性平移,竖柱发生弯曲变形,据此确定其基本未知量。

7-7 利用对称性化简下列结构,并确定其最简的基本结构及相应的基本未知量。

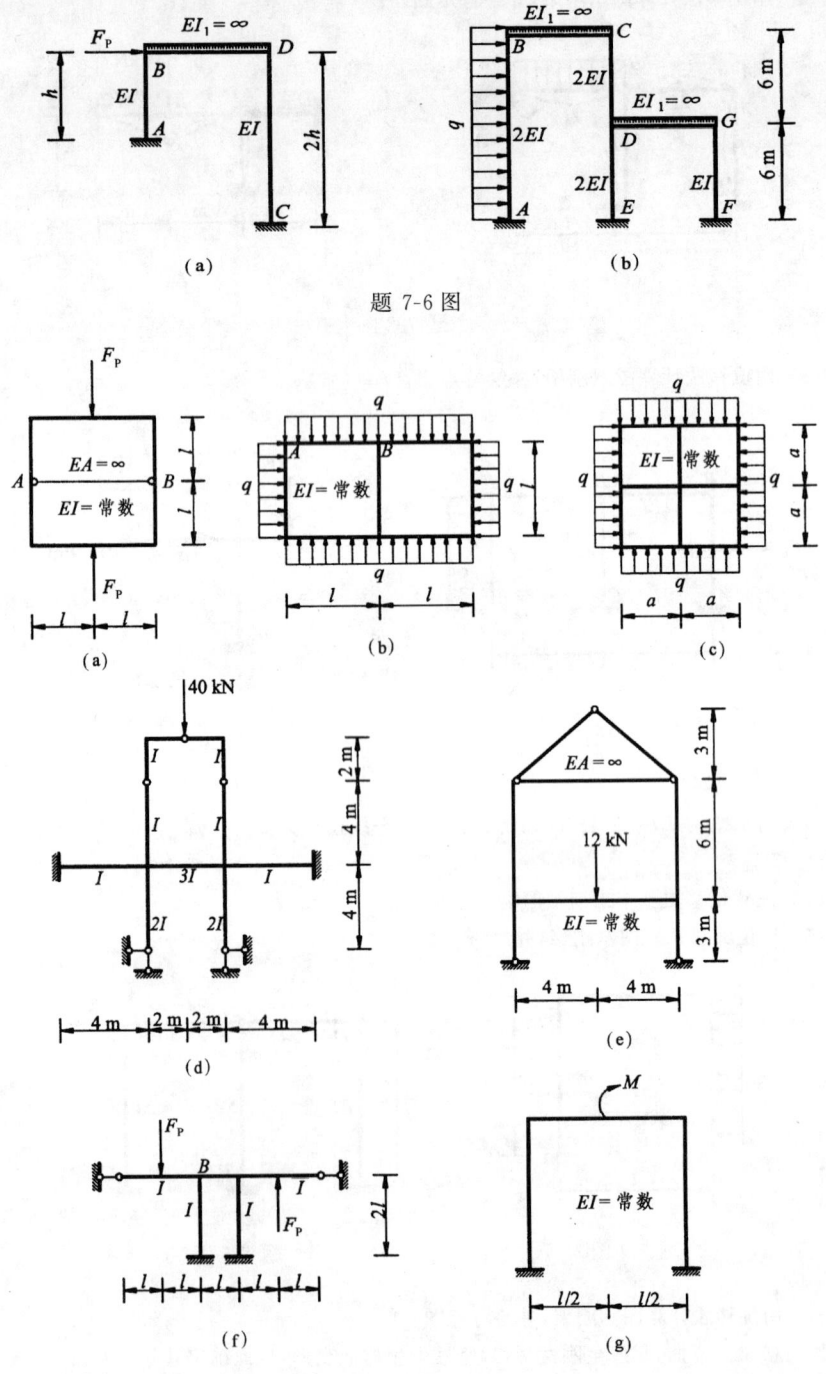

题 7-6 图

题 7-7 图

7-8 用位移法计算图示对称刚架,并绘弯矩图,$EI=$ 常数。

提示:利用对称性化简,可取半结构计算,注意判断二力杆内力。

7-9 用位移法计算图示对称刚架,并绘弯矩图。$EI=$ 常数。

提示:利用结构的对称性质,判断结点 A、B 的位移,确定其基本未知量。

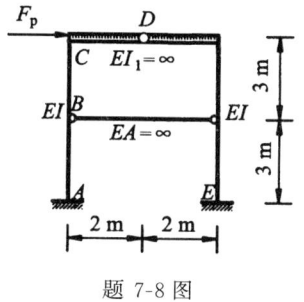

题 7-8 图

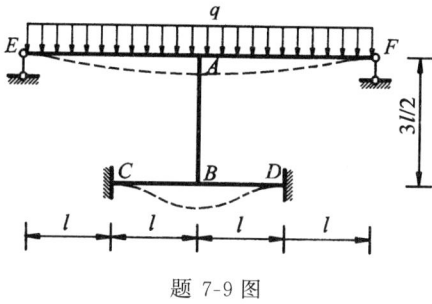

题 7-9 图

7-10 用位移法计算图示对称刚架,并绘弯矩图。$EI=$ 常数。

提示:利用结构的对称性,可先取半结构,再取 1/4 结构计算。

7-11 用位移法计算图示对称刚架,并绘弯矩图。$EI=$ 常数。

提示:(1) 利用结构的对称性,取半结构计算。(2) 此半结构为具有结点线位移且有斜柱的刚架。

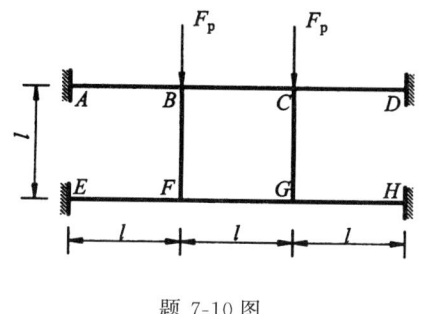

题 7-10 图

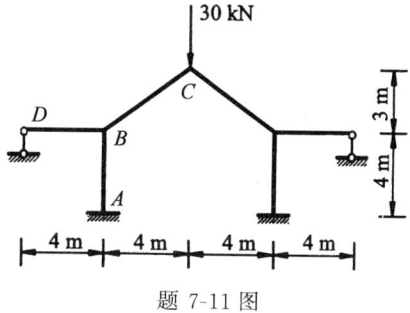

题 7-11 图

7-12 用位移法计算图示对称刚架,并绘弯矩图。$EI=$ 常数。

提示:利用结构的对称性,取半结构计算。注意刚度无限大杆件的性质。

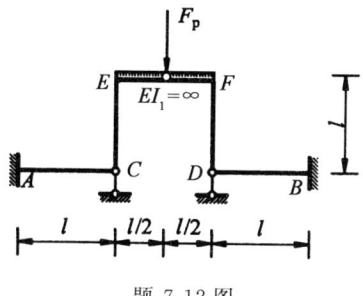

题 7-12 图

7-13 图示结构,中间支座为弹性支座,其刚度系数 $k=5EI/l^3$, $EI=$ 常数。试求弯矩图。

提示:将弹性支座的竖向位移作为基本未知量,并注意其主系数的计算。

7-14 图示结构,C 支座下沉 Δ,求结点 B 的转角 θ_B。

提示:注意位移法基本未知量的物理意义。

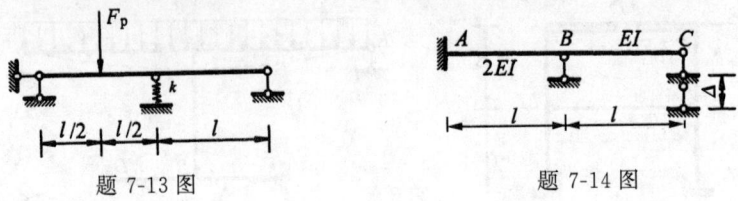

题 7-13 图　　　题 7-14 图

7-15 图示结构,B 支座下沉 2 cm,C 支座下沉 1 cm,已知 $EI=1.4\times10^6$ kN·m^2,试绘其弯矩图。

7-16 已知图示结构的支座 C 顺时针转动 $\theta=0.06$ rad,引起结点 D 产生角位移 $\varphi_D=-0.01$ rad(逆时针)。试绘其弯矩图。

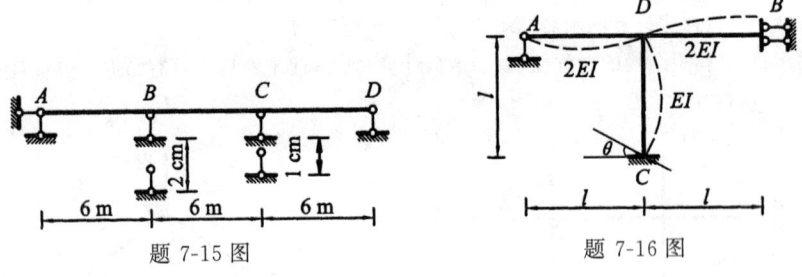

题 7-15 图　　　题 7-16 图

7-17 试用力矩分配法计算图示结构,并作 M 图。

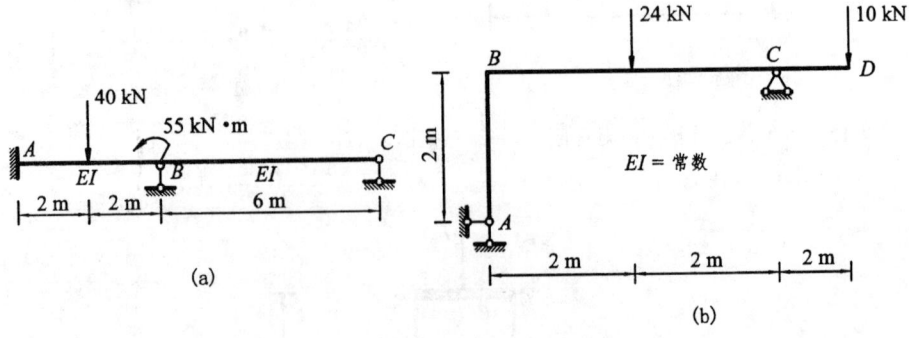

题 7-17 图

7-18 用力矩分配法计算图示结构,并作 M 图。$EI=$ 常数。

提示:DE 为静定杆;利用对称性化简。

7-19 试用力矩分配法作图示刚架的 M 图(图中 EI 为相对值)。

7-20 试用力矩分配法作图示连续梁的 M 图。

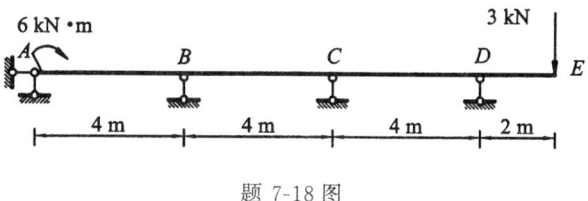

题 7-18 图

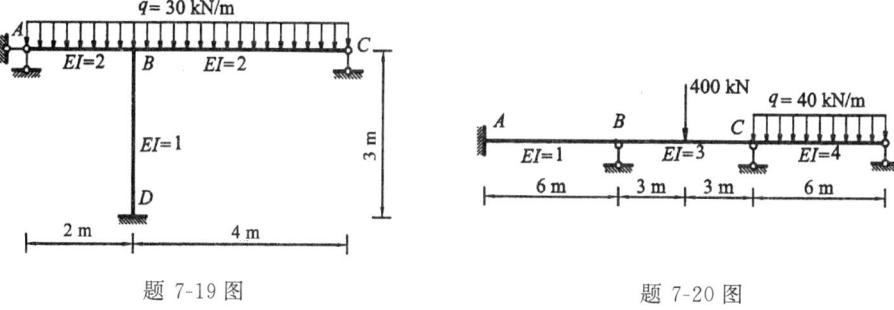

题 7-19 图   题 7-20 图

7-21 试用力矩分配法作图示刚架的 M 图。设 $EI=$ 常数。（计算两轮）

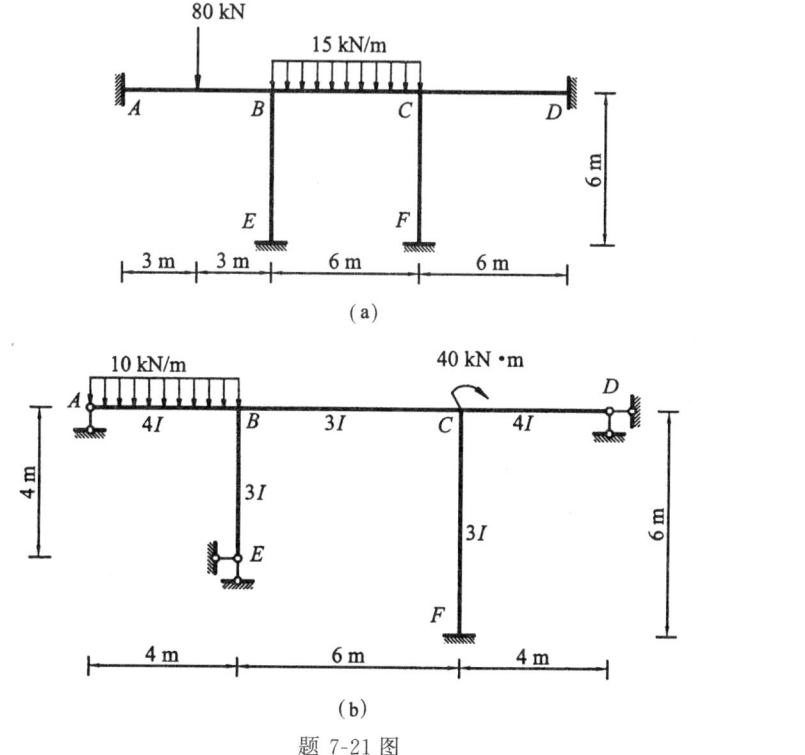

(a)

(b)

题 7-21 图

7-22 用力矩分配法作图示连续梁的 M 图。已知 $\varphi_A = 0.06$ rad,各杆 $EI = 2.0 \times 10^3$ kN·m²。(计算两轮)

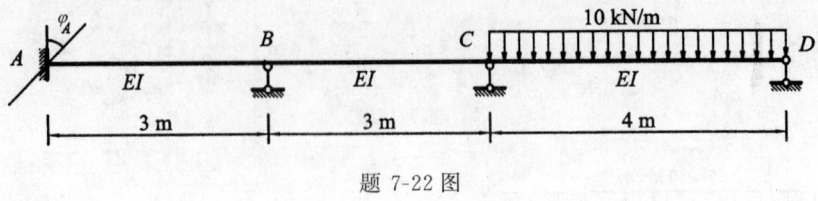

题 7-22 图

7-23 图示刚架支座 E 下沉 $\Delta_E = 0.03$ m,并发生了顺时针方向的转角 $\varphi_E = 0.02$ rad,已知各杆 $EI = 6 \times 10^3$ kN·m²,试用力矩分配法作弯矩图。(要求计算两轮)

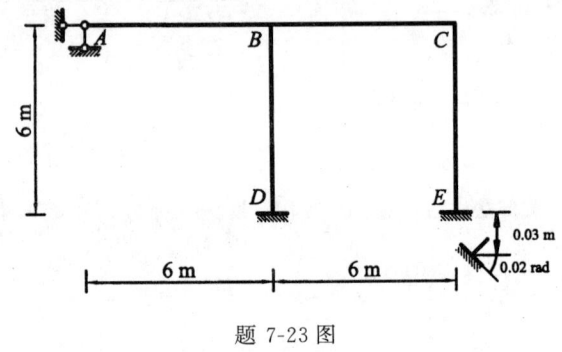

题 7-23 图

7-24 试判断下列结构可否用无剪力分配法计算,说明理由。

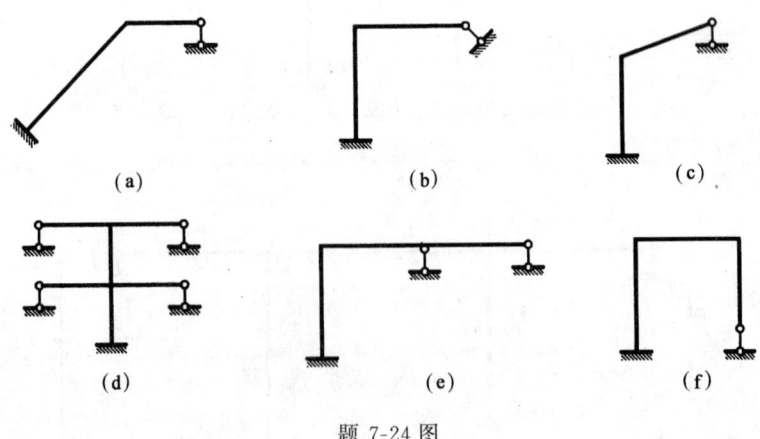

题 7-24 图

7-25 试作图示刚架的弯矩图。

提示:(a) 利用结构的对称性,取半结构用无剪力分配法计算。

7-26 试作图示刚架的弯矩图。

提示:利用结构的对称性,取半结构用无剪力分配法计算。

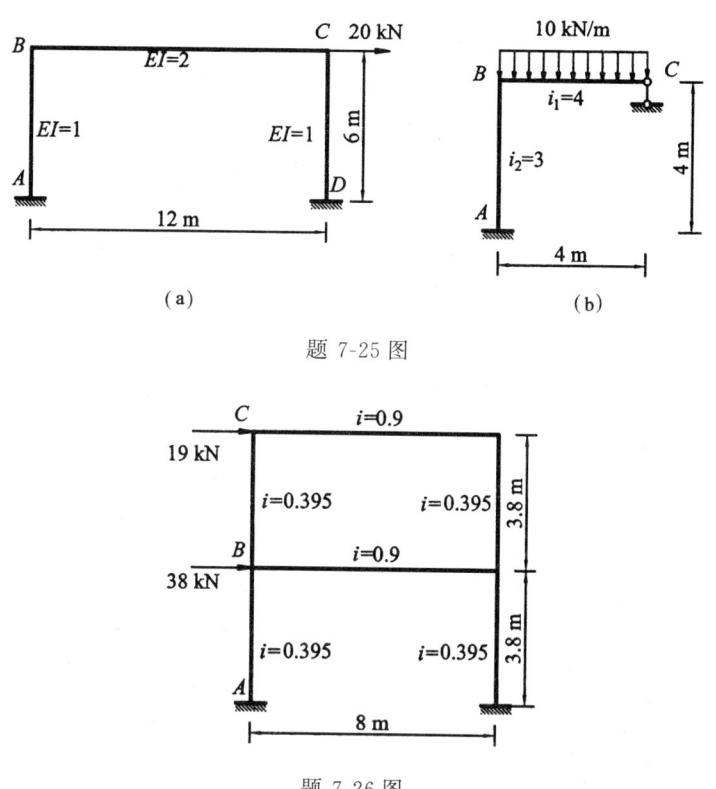

题 7-25 图

题 7-26 图

7-27 试联合应用力矩分配法和位移法计算图示刚架。

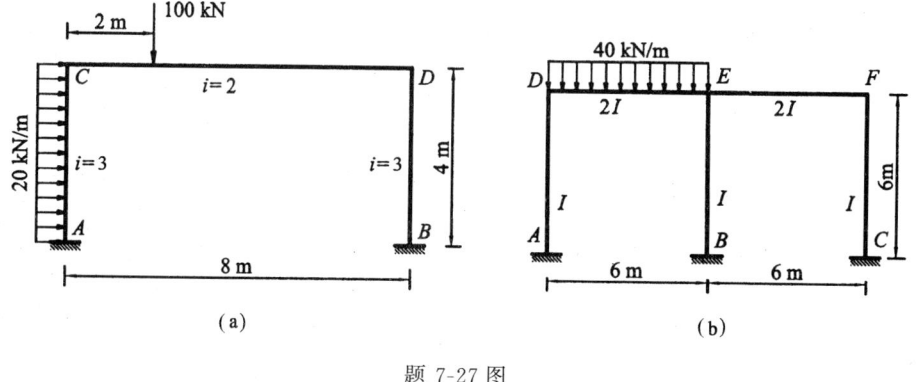

题 7-27 图

7-28 试用最简捷的方法绘出各结构的弯矩图。除注明者外，各杆的 EI、l 均相同。（直接绘在原图上）

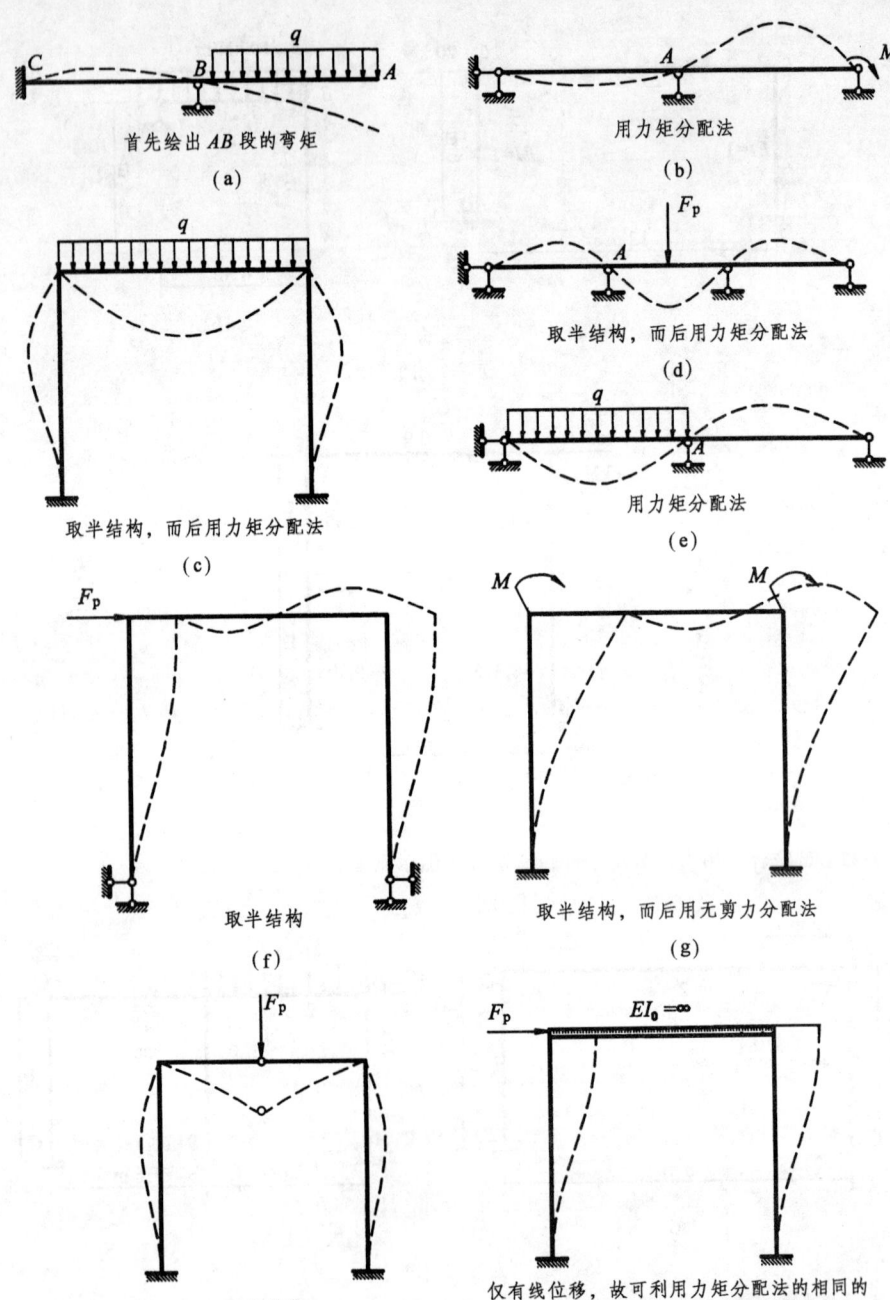

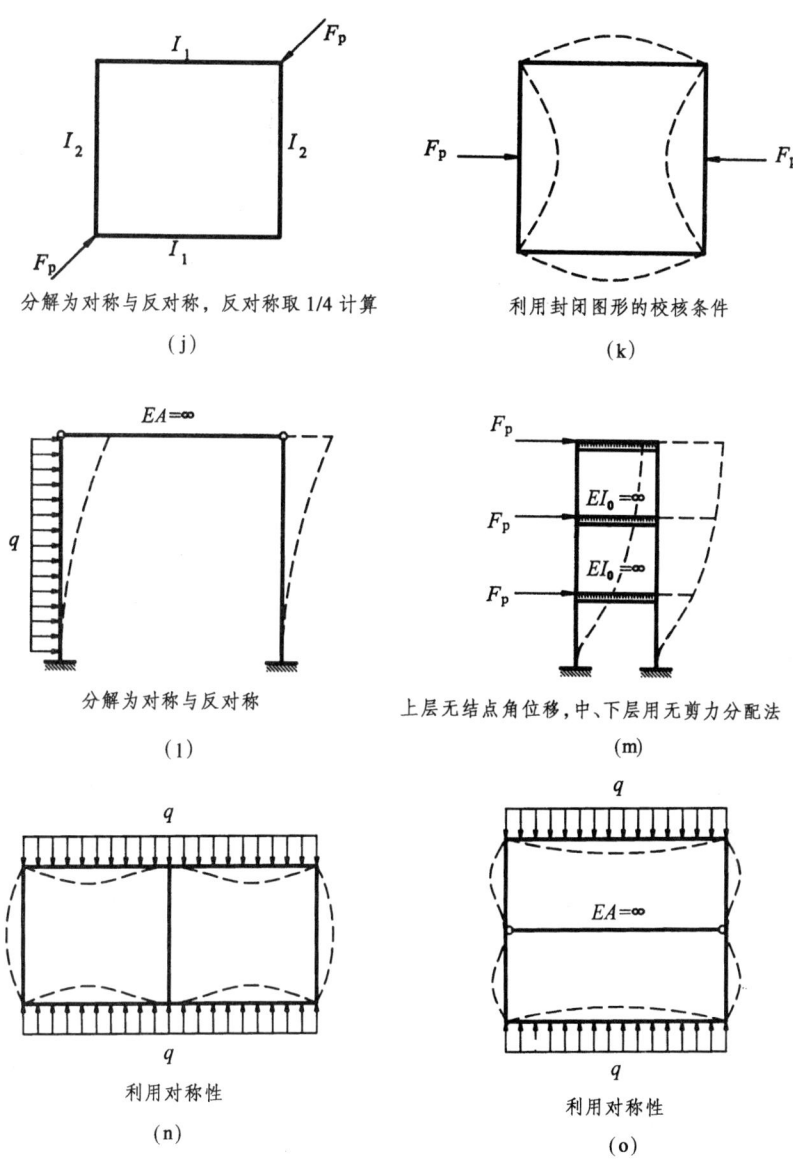

题 7-28 图

第八章 矩阵位移法

第一节 概 述

矩阵位移法的基本原理与位移法完全相同，所不同的是它在数学上借助矩阵代数方法，并组织成计算程序，用计算机进行结构受力和变形的计算。

结构矩阵分析方法可分为矩阵力法与矩阵位移法。由于力法的基本结构可以有多种方案，因而给编制矩阵力法通用程序带来了困难，而矩阵位移法的计算过程十分规则，容易编制成通用性的计算程序，因而适合于电算。

矩阵位移法的基本思路与位移法并无区别，首先将结构拆成若干单元。这一过程称为结构的离散化。然后进行单元分析，建立单元杆端力与杆端位移之间的转换关系，即建立单元刚度方程，再根据变形连续条件将各单元综合成整体，并根据各结点平衡条件进行结构整体分析，建立结构的各结点力与结点位移间的转换关系式，即建立结构的位移法基本方程，并据此求出各未知结点位移，进而可求出各杆端内力。在这样一拆一合的过程中，复杂的结构分析问题转化为简单杆件的分析与综合问题。

因此，矩阵位移法包括两个基本的计算环节：一是单元分析，二是整体分析。

一、结构离散化

将结构分解成有限个单元，由这些单元的集合体代替真实的结构。对杆系结构来说，每一根直杆通常可看作一个单元（有时也可分成几个单元）。单元与单元相连接处称为结点，如杆件的转折点、汇交点、支承点以及截面突变点均可视为结点。在矩阵位移法中，非结点荷载必须置移于结点上，作用于结点上的荷载称为结点荷载。本章稍后将会介绍将非结点荷载置移到结点上去的方法。

图 8-1(a)所示平面桁架可划分为 7 个单元、5 个结点，每个单元、结点均应注

明序号。图 8-1(b)为一个平面刚架，荷载 F_{P1} 作用于结点 2 上，F_{P2} 作用于单元(2)的中间，离散后共有 4 个结点，3 个单元，用矩阵位移法计算时要把荷载 F_{P2} 换算成等效结点荷载。

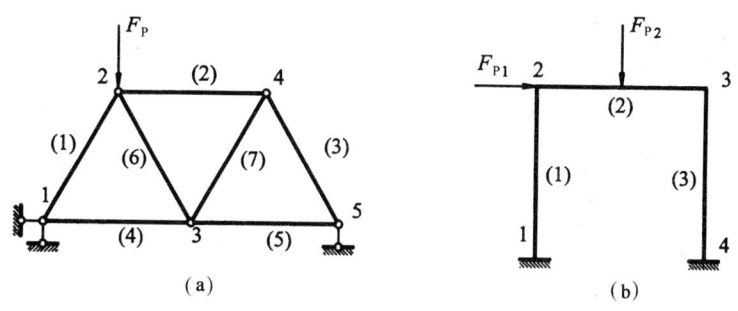

图 8-1

由以上示例可以看出，结构的离散化也称为结构计算简图的数据化，它是用计算程序分析结构的基础。结构的离散化也就是通过结点将结构进行划分成若干单元的集合体，按一定顺序对结点、单元分别加以编号，为数据化做准备，为此需在计算简图上做以下几项工作：

① 结点编码　在确定结点后，对结点以数字顺序编号，此号码称为结点整体码（或称整体编码）。属于同一单元的结点，称为相关（或相邻）结点。从程序方面考虑，相关结点编号的最大差值应该尽可能小。

② 单元编号　对单元也应按一定顺序以数字编号，称为单元码，习惯上用(1)、(2)等来标记。为便于分析，一般可按杆件类型依次编排。

③ 建立结构坐标系　对整个结构建立统一的坐标系，称为结构坐标系，也称为整体坐标系，如图 8-2(a)中坐标系 xoy 所示。

④ 建立单元坐标系　结构离散化的结果，单元在整体坐标中的方位一般不会全相同，为能对各单元用统一方法进行分析，需要为每一单元确定一个单元坐标系 $\bar{x}o\bar{y}$，也称为局部坐标系。一般以杆轴线的某方向作为 $\bar{x}$ 轴正向，在轴线上以箭头作正方向标记（见图 8-2a），以垂直于杆件轴线方向为 $\bar{y}$ 轴，本章一律采用右手坐标系（$\bar{y}$ 轴一般不必在图中表示）。

⑤ 结点位移编码　不同的计算问题，结点位移个数不同。例如等截面连续梁每结点 1 个转角，平面桁架每结点 2 个线位移，平面刚架每结点 3 个位移（2 个线位移，1 个角位移），空间刚架每结点 6 个位移（3 个线位移，3 个角位移）等。根据具体问题，按结点编码由小到大的顺序对每个结点的位移进行顺序编码，这一位移顺序号称为结点位移整体码（见图 8-2b）。对于那些已知位移为零的结点位移，编号时可以编为零号，其他结点位移再按结点顺序编号（见图 8-2c）。

图 8-2 为平面刚架的离散化示意图，图 8-2(a)为坐标与编码示意图，各杆杆

轴上的箭头方向为单元坐标系 $\bar{x}$ 方向,图 8-2(b)为结点位移编码示意图,图 8-2(c)为支座无位移编零码示意图。其他结构的离散化可仿此进行。

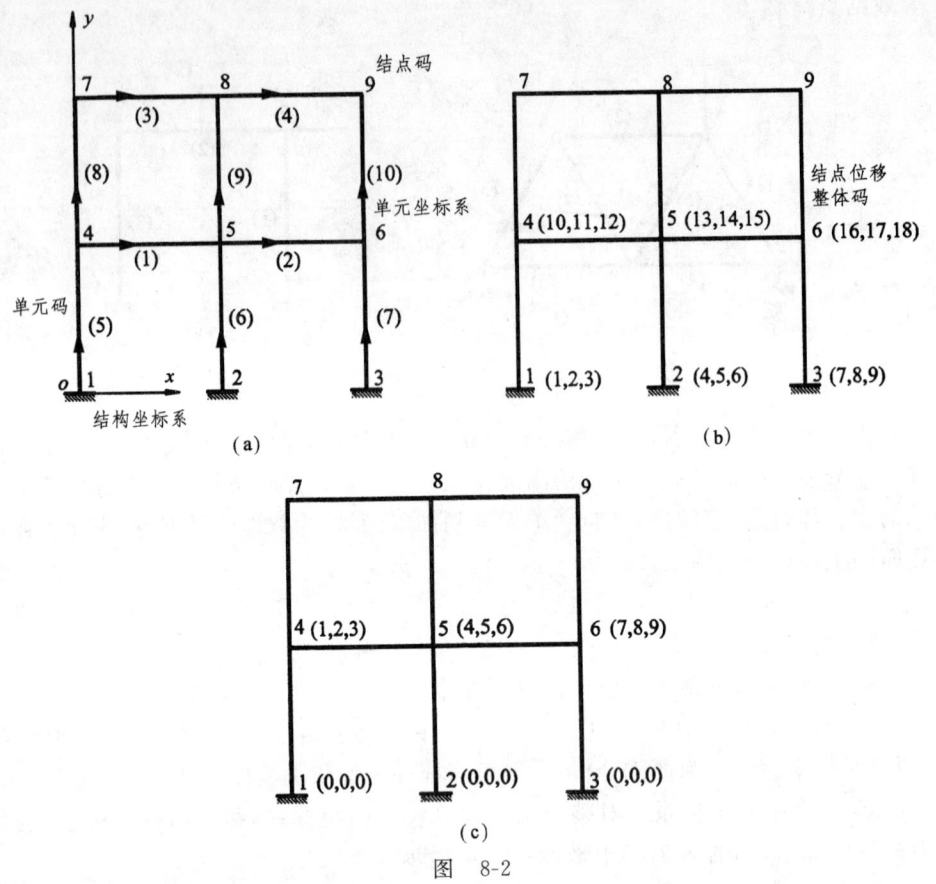

图 8-2

二、结点位移和结点力

结构受荷载作用后产生变形,同时各结点发生位移,当确定了结点位移(包括线位移和角位移)后,各个杆单元的变形也就随之而定,相应的内力即可求出,因此,应首先掌握如何用矩阵表达全体结点位移和结点力的方法。对于各个杆单元来说,结点就是杆单元的两端,从结构整体来说,杆系结构的结点就是杆件与杆件的连接处。以图 8-1(a)所示平面桁架为例,有 5 个结点,承受荷载后各个结点在 x 和 y 方向均产生结点线位移,如图 8-3(a)所示。图 8-3(b)示出该桁架的结点位移向量,写成矩阵形式为

$$\Delta = (\Delta_1 \quad \Delta_2 \vdots \Delta_3 \quad \Delta_4 \vdots \Delta_5 \quad \Delta_6 \vdots \Delta_7 \quad \Delta_8 \vdots \Delta_9 \quad \Delta_{10})^{\mathrm{T}}$$
$$= (u_1 \quad v_1 \vdots u_2 \quad v_2 \vdots u_3 \quad v_3 \vdots u_4 \quad v_4 \vdots u_5 \quad v_5)^{\mathrm{T}} \quad (8\text{-}1)$$

其中 u 为 x 方向的线位移;v 为 y 方向的线位移。

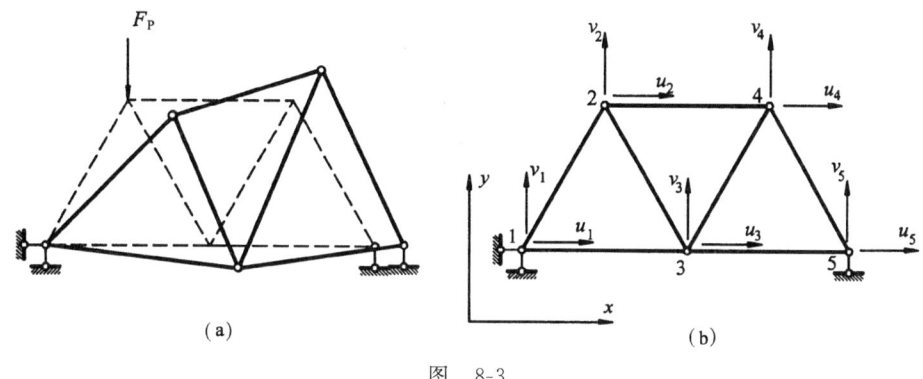

图 8-3

若桁架有 n 个结点,而每个结点的位移用子向量表示,第 i 结点的位移为

$$\Delta_i^T = (u_i \quad v_i) \tag{8-2}$$

则 n 个结点的位移向量为

$$\Delta = (\Delta_1^T \quad \Delta_2^T \quad \cdots \quad \Delta_n^T)^T \tag{8-3}$$

或 $\Delta = (u_1 \quad v_1 \vdots u_2 \quad v_2 \vdots \cdots \vdots u_n \quad v_n)^T$

对于平面刚架的杆单元,每个结点有 3 个位移分量,例如图 8-1(b)所示结构承受荷载后,各个结点均产生结点线位移和结点角位移,如图 8-4(a)所示。结点 3 位移至新位置 3′,位移分量为 u_3、v_3、θ_3。图 8-4(b)示出结构的结点位移向量,写成矩阵形式为

$$\begin{aligned}\Delta &= (\Delta_1 \quad \Delta_2 \quad \Delta_3 \vdots \Delta_4 \quad \Delta_5 \quad \Delta_6 \vdots \Delta_7 \quad \Delta_8 \quad \Delta_9 \vdots \Delta_{10} \quad \Delta_{11} \quad \Delta_{12})^T \\ &= (u_1 \quad v_1 \quad \theta_1 \vdots u_2 \quad v_2 \quad \theta_2 \vdots u_3 \quad v_3 \quad \theta_3 \vdots u_4 \quad v_4 \quad \theta_4)^T \end{aligned} \tag{8-4}$$

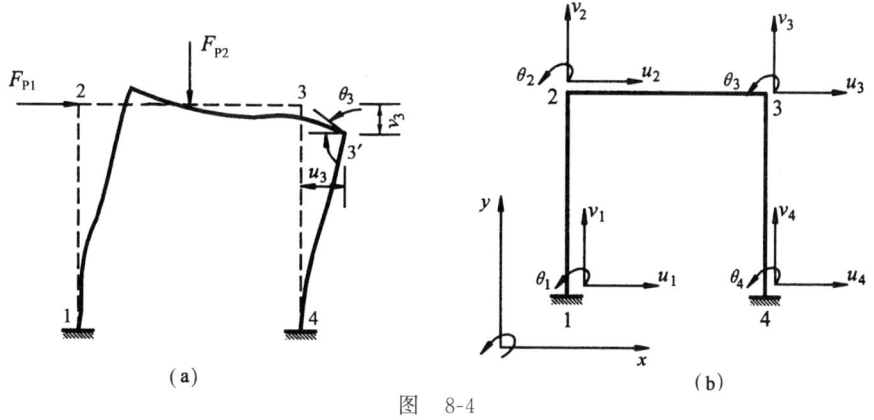

图 8-4

若平面刚架有 n 个结点,则结点位移向量为

$$\Delta = (u_1 \quad v_1 \quad \theta_1 \mid u_2 \quad v_2 \quad \theta_2 \mid \cdots \mid u_n \quad v_n \quad \theta_n)^T$$

若每个结点的位移用子向量表示，第 i 结点的位移为

$$\Delta_i^T = (u_i \quad v_i \quad \theta_i) \tag{8-5}$$

则刚架的结点位移向量与桁架的结点位移向量表达式(8-3)相同。

在矩阵位移法中，荷载是通过结点传递到结构上的，因此，荷载必须作用于结点上，作用于结点上的荷载称为结点荷载。结点力向量各分量的排列次序应与结点位移向量各分量的排列次序一一对应。图 8-3 所示桁架的结点力（包括结点荷载和支座反力）向量为

$$\begin{aligned} \mathbf{F} &= (F_1 \quad F_2 \quad F_3 \mid F_4 \mid F_5 \quad F_6 \mid F_7 \quad F_8 \mid F_9 \quad F_{10})^T \\ &= (F_{x1} \quad F_{y1} \mid F_{x2} \quad F_{y2} \mid F_{x3} \quad F_{y3} \mid F_{x4} \quad F_{y4} \mid F_{x5} \quad F_{y5})^T \end{aligned} \tag{8-6}$$

若桁架有 n 个结点，而每个结点的结点力用子向量表示，第 i 结点的结点力为

$$\mathbf{F}_i^T = (F_{xi} \quad F_{yi}) \tag{8-7}$$

则该桁架的结点力向量为

$$\mathbf{F} = (\mathbf{F}_1^T \quad \mathbf{F}_2^T \quad \mathbf{F}_3^T \quad \cdots \quad \mathbf{F}_n^T)^T \tag{8-8}$$

对于具有 n 个结点的平面刚架，若第 i 结点上的集中力为 F_{xi}、F_{yi}，弯矩为 M_i，图 8-4 所示刚架的结点力（包括荷载和支座反力）向量为

$$\begin{aligned} \mathbf{F} &= (F_1 \quad F_2 \quad F_3 \mid F_4 \quad F_5 \quad F_6 \mid F_7 \quad F_8 \quad F_9 \mid F_{10} \quad F_{11} \quad F_{12})^T \\ &= (F_{x1} \quad F_{y1} \quad M_1 \mid F_{x2} \quad F_{y2} \quad M_2 \mid F_{x3} \quad F_{y3} \quad M_3 \mid F_{x4} \quad F_{y4} \quad M_4)^T \end{aligned}$$

$$\tag{8-9}$$

若每个结点的结点力用子向量表示，第 i 结点的结点力为

$$\mathbf{F}_i^T = (F_{xi} \quad F_{yi} \quad M_i) \tag{8-10}$$

则平面刚架结点力向量与桁架的结点力向量表达式(8-8)相同。

结点力向量与结点位移向量各分量的排列次序应符合一一对应的原则。在图 8-3(b)、8-4(b)上所示的结点位移和与之一一对应的结点力均为正方向（即线位移和力沿整体坐标系的正方向时为正，转角和弯矩对杆端为逆时针向转动时为正），负值则表示实际方向与图示方向相反。若某结点沿某坐标轴方向无结点力分量，则向量中的相应分量取零，不能略去，即应将零值记入向量表达式中的相应位置上。

三、单元的杆端力和杆端位移

为了有利于计算过程的程序化和通用性，在进行单元分析和结构的整体分析时，通常采用单元（局部）坐标系和结构（整体）坐标系。当用前者时，在杆端力和杆端位移上均加一横线。而采用后者时，杆端力和杆端位移上均没有一横线。

图 8-5(a)为平面桁架中的第 e 个单元,其两端的结点编号分别为 i 和 j,以 i 端为坐标原点,它在局部坐标系 $\bar{x}o\bar{y}$ 中的杆端位移和杆端力向量各为

$$\bar{\pmb{\delta}}^{(e)}=\begin{Bmatrix}\bar{\pmb{\delta}}_i\\ \cdots\\ \bar{\pmb{\delta}}_j\end{Bmatrix}^{(e)}=\begin{Bmatrix}\bar{\delta}_1\\ \bar{\delta}_2\\ \bar{\delta}_3\\ \bar{\delta}_4\end{Bmatrix}^{(e)}=\begin{Bmatrix}\bar{u}_i\\ \bar{v}_i\\ \cdots\\ \bar{u}_j\\ \bar{v}_j\end{Bmatrix}^{(e)} \qquad (8-11)$$

$$\bar{\pmb{F}}^{(e)}=\begin{Bmatrix}\bar{\pmb{F}}_i\\ \cdots\\ \bar{\pmb{F}}_j\end{Bmatrix}^{(e)}=\begin{Bmatrix}\bar{F}_1\\ \bar{F}_2\\ \bar{F}_3\\ \bar{F}_4\end{Bmatrix}^{(e)}=\begin{Bmatrix}\bar{F}_{xi}\\ \bar{F}_{yi}\\ \cdots\\ \bar{F}_{xj}\\ \bar{F}_{yj}\end{Bmatrix}^{(e)} \qquad (8-12)$$

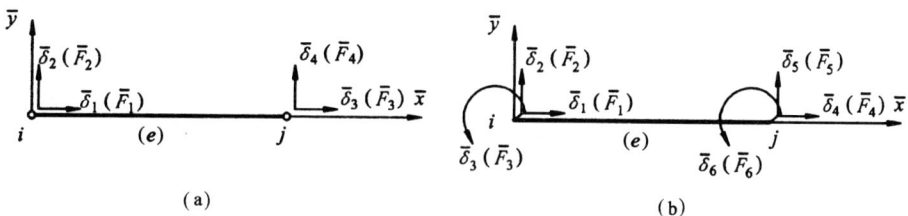

图 8-5

图 8-5(b)为平面刚架中的第 e 个单元,其两端的结点编号分别为 i 和 j,以 i 端为坐标原点,它在局部坐标系 $\bar{x}o\bar{y}$ 中的杆端位移和杆端力向量分别为

$$\bar{\pmb{\delta}}^{(e)}=\begin{Bmatrix}\bar{\pmb{\delta}}_i\\ \cdots\\ \bar{\pmb{\delta}}_j\end{Bmatrix}^{(e)}=\begin{Bmatrix}\bar{\delta}_1\\ \bar{\delta}_2\\ \bar{\delta}_3\\ \bar{\delta}_4\\ \bar{\delta}_5\\ \bar{\delta}_6\end{Bmatrix}^{(e)}=\begin{Bmatrix}\bar{u}_i\\ \bar{v}_i\\ \bar{\theta}_i\\ \cdots\\ \bar{u}_j\\ \bar{v}_j\\ \bar{\theta}_j\end{Bmatrix}^{(e)} \qquad (8-13)$$

$$\bar{\pmb{F}}^{(e)}=\begin{Bmatrix}\bar{\pmb{F}}_i\\ \cdots\\ \bar{\pmb{F}}_j\end{Bmatrix}^{(e)}=\begin{Bmatrix}\bar{F}_1\\ \bar{F}_2\\ \bar{F}_3\\ \bar{F}_4\\ \bar{F}_5\\ \bar{F}_6\end{Bmatrix}^{(e)}=\begin{Bmatrix}\bar{F}_{xi}\\ \bar{F}_{yi}\\ \bar{M}_i\\ \cdots\\ \bar{F}_{xj}\\ \bar{F}_{yj}\\ \bar{M}_j\end{Bmatrix}^{(e)} \qquad (8-14)$$

上式中各子向量分别表示局部坐标系中杆端 i 和 j 的位移和力,各分量与坐

标轴方向一致时为正值,反之为负值。

图 8-6(a)为平面桁架单元 ij 在结构坐标系 xoy 中的杆端位移和杆端力向量,它们分别为

$$\delta^{(e)} = \begin{Bmatrix} \delta_i \\ \cdots \\ \delta_j \end{Bmatrix}^{(e)} = \begin{Bmatrix} \delta_1 \\ \delta_2 \\ \delta_3 \\ \delta_4 \end{Bmatrix}^{(e)} = \begin{Bmatrix} u_i \\ v_i \\ \cdots \\ u_j \\ v_j \end{Bmatrix}^{(e)} \quad (8\text{-}15)$$

$$F^{(e)} = \begin{Bmatrix} F_i \\ \cdots \\ F_j \end{Bmatrix}^{(e)} = \begin{Bmatrix} F_1 \\ F_2 \\ F_3 \\ F_4 \end{Bmatrix}^{(e)} = \begin{Bmatrix} F_{xi} \\ F_{yi} \\ \cdots \\ F_{xj} \\ F_{yj} \end{Bmatrix}^{(e)} \quad (8\text{-}16)$$

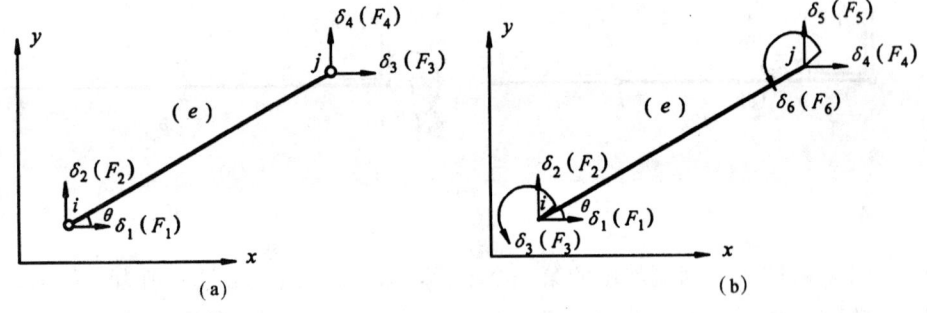

图 8-6

图 8-6(b)为平面刚架单元 ij 在结构坐标系 xoy 中的杆端位移和杆端力向量,它们分别为

$$\delta^{(e)} = \begin{Bmatrix} \delta_i \\ \cdots \\ \delta_j \end{Bmatrix}^{(e)} = \begin{Bmatrix} \delta_1 \\ \delta_2 \\ \delta_3 \\ \delta_4 \\ \delta_5 \\ \delta_6 \end{Bmatrix}^{(e)} = \begin{Bmatrix} u_i \\ v_i \\ \theta_i \\ \cdots \\ u_j \\ v_j \\ \theta_j \end{Bmatrix}^{(e)} \quad (8\text{-}17)$$

$$F^{(e)} = \begin{Bmatrix} F_i \\ \cdots \\ F_j \end{Bmatrix}^{(e)} = \begin{Bmatrix} F_1 \\ F_2 \\ F_3 \\ F_4 \\ F_5 \\ F_6 \end{Bmatrix}^{(e)} = \begin{Bmatrix} F_{xi} \\ F_{yi} \\ M_i \\ \cdots \\ F_{xj} \\ F_{yj} \\ M_j \end{Bmatrix}^{(e)} \quad (8\text{-}18)$$

以上的结点位移向量、结点力向量以及杆端位移向量、杆端力向量中的所有各分量都是与坐标系直接相关的,当采用不同坐标系时,同一向量中的同一位置中的分量值可能是不相同的,因此必须注意是采用结构坐标系还是采用局部坐标系。

第二节 局部坐标系中的单元刚度方程和刚度矩阵

本节将在位移法的基础上,用叠加原理来解决单元分析问题——建立单元杆端位移与杆端力间的关系,为整体分析工作做准备。

一、平面刚架单元

图 8-7 所示为平面刚架中一个等截面直杆单元 e。下面来分析该单元在局部坐标系中的刚度方程——单元的杆端位移与杆端力之间的关系。当忽略轴向受力状态和弯曲受力状态间的相互影响时,可分别推导轴向变形和弯曲变形的刚度方程。

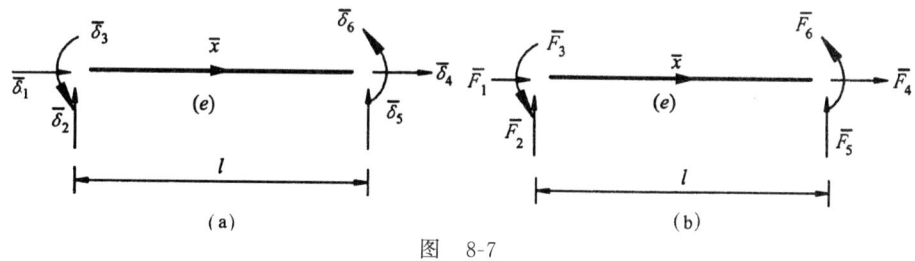

图 8-7

平面刚架单元 6 个杆端位移及相应的 6 个杆端力分量如图 8-7(a)、(b)所示,其向量表达式分别为(8-13)、(8-14)式。

平面刚架单元刚度方程可由两端固定梁的转角位移方程来建立。根据胡克定律和表 7-1(注意现在的正、负号规定与该表有所不同),不难确定仅当某一杆端位移分量等于 1(其余各杆端位移分量皆等于零)时的各杆端力分量,这就相当于两端固定的梁仅发生某一单位支座位移时的情况一样,分别如图 8-8 所示。然后根据叠加原理可写出

$$\overline{F}_1^{(e)} = \overline{F}_{xi}^{(e)} = \frac{EA}{l}\overline{\delta}_1^{(e)} - \frac{EA}{l}\overline{\delta}_4^{(e)}$$

$$\overline{F}_2^{(e)} = \overline{F}_{yi}^{(e)} = \frac{12EI}{l^3}\overline{\delta}_2^{(e)} + \frac{6EI}{l^2}\overline{\delta}_3^{(e)} - \frac{12EI}{l^3}\overline{\delta}_5^{(e)} + \frac{6EI}{l^2}\overline{\delta}_6^{(e)}$$

$$\overline{F}_3^{(e)} = M_i^{(e)} = \frac{6EI}{l^2}\overline{\delta}_2^{(e)} + \frac{4EI}{l}\overline{\delta}_3^{(e)} - \frac{6EI}{l^2}\overline{\delta}_5^{(e)} + \frac{2EI}{l}\overline{\delta}_6^{(e)}$$

$$\overline{F}_4^{(e)} = \overline{F}_{xj}^{(e)} = -\frac{EA}{l}\overline{\delta}_1^{(e)} + \frac{EA}{l}\overline{\delta}_4^{(e)}$$

$$\overline{F}_5^{(e)} = \overline{F}_{yj}^{(e)} = -\frac{12EI}{l^3}\overline{\delta}_2^{(e)} - \frac{6EI}{l^2}\overline{\delta}_3^{(e)} + \frac{12EI}{l^3}\overline{\delta}_5^{(e)} - \frac{6EI}{l^2}\overline{\delta}_6^{(e)}$$

$$\overline{F}_6^{(e)} = M_j^{(e)} = \frac{6EI}{l^2}\overline{\delta}_2^{(e)} + \frac{2EI}{l}\overline{\delta}_3^{(e)} - \frac{6EI}{l^2}\overline{\delta}_5^{(e)} + \frac{4EI}{l}\overline{\delta}_6^{(e)}$$

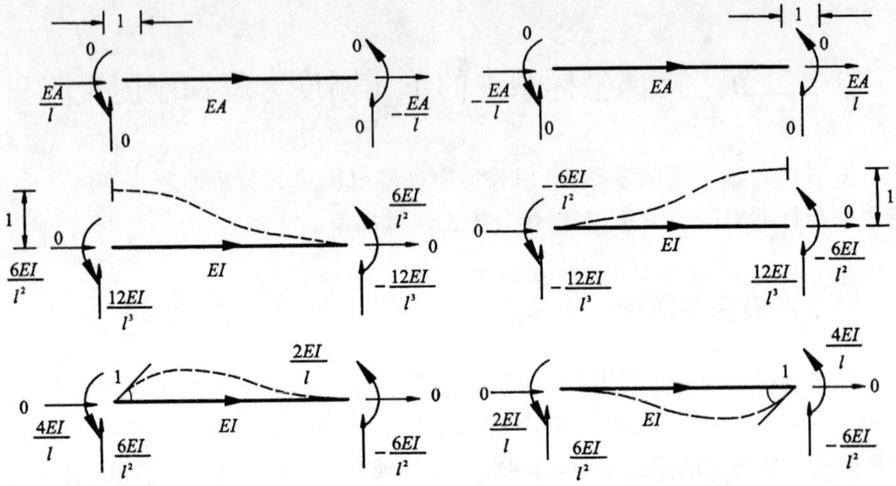

图 8-8

写成矩阵形式则有

$$\begin{Bmatrix} \overline{F}_1 \\ \overline{F}_2 \\ \overline{F}_3 \\ \hdashline \overline{F}_4 \\ \overline{F}_5 \\ \overline{F}_6 \end{Bmatrix}^{(e)} = \begin{bmatrix} \overline{k}_{11} & \overline{k}_{12} & \overline{k}_{13} & \vdots & \overline{k}_{14} & \overline{k}_{15} & \overline{k}_{16} \\ \overline{k}_{21} & \overline{k}_{22} & \overline{k}_{23} & \vdots & \overline{k}_{24} & \overline{k}_{25} & \overline{k}_{26} \\ \overline{k}_{31} & \overline{k}_{32} & \overline{k}_{33} & \vdots & \overline{k}_{34} & \overline{k}_{35} & \overline{k}_{36} \\ \hdashline \overline{k}_{41} & \overline{k}_{42} & \overline{k}_{43} & \vdots & \overline{k}_{44} & \overline{k}_{45} & \overline{k}_{46} \\ \overline{k}_{51} & \overline{k}_{52} & \overline{k}_{53} & \vdots & \overline{k}_{54} & \overline{k}_{55} & \overline{k}_{56} \\ \overline{k}_{61} & \overline{k}_{62} & \overline{k}_{63} & \vdots & \overline{k}_{64} & \overline{k}_{65} & \overline{k}_{66} \end{bmatrix}^{(e)} \begin{Bmatrix} \overline{\delta}_1 \\ \overline{\delta}_2 \\ \overline{\delta}_3 \\ \hdashline \overline{\delta}_4 \\ \overline{\delta}_5 \\ \overline{\delta}_6 \end{Bmatrix}^{(e)}$$

$$= \begin{bmatrix} \frac{EA}{l} & 0 & 0 & -\frac{EA}{l} & 0 & 0 \\ 0 & \frac{12EI}{l^3} & \frac{6EI}{l^2} & 0 & -\frac{12EI}{l^3} & \frac{6EI}{l^2} \\ 0 & \frac{6EI}{l^2} & \frac{4EI}{l} & 0 & -\frac{6EI}{l^2} & \frac{2EI}{l} \\ -\frac{EA}{l} & 0 & 0 & \frac{EA}{l} & 0 & 0 \\ 0 & -\frac{12EI}{l^3} & -\frac{6EI}{l^2} & 0 & \frac{12EI}{l^3} & -\frac{6EI}{l^2} \\ 0 & \frac{6EI}{l^2} & \frac{2EI}{l} & 0 & -\frac{6EI}{l^2} & \frac{4EI}{l} \end{bmatrix}^{(e)} \begin{Bmatrix} \overline{\delta}_1 \\ \overline{\delta}_2 \\ \overline{\delta}_3 \\ \overline{\delta}_4 \\ \overline{\delta}_5 \\ \overline{\delta}_6 \end{Bmatrix}^{(e)} \quad (8-19)$$

式(8-19)为平面刚架杆单元在局部坐标系中的单元刚度方程,它可简写为

$$\overline{F}^{(e)} = \overline{k}^{(e)} \overline{\delta}^{(e)}$$

其中

$$\overline{k}^{(e)} = \begin{array}{c} \overline{\delta}_1 \quad \overline{\delta}_2 \quad \overline{\delta}_3 \quad \overline{\delta}_4 \quad \overline{\delta}_5 \quad \overline{\delta}_6 \\ \begin{bmatrix} \dfrac{EA}{l} & 0 & 0 & -\dfrac{EA}{l} & 0 & 0 \\ 0 & \dfrac{12EI}{l^3} & \dfrac{6EI}{l^2} & 0 & -\dfrac{12EI}{l^3} & \dfrac{6EI}{l^2} \\ 0 & \dfrac{6EI}{l^2} & \dfrac{4EI}{l} & 0 & -\dfrac{6EI}{l^2} & \dfrac{2EI}{l} \\ -\dfrac{EA}{l} & 0 & 0 & \dfrac{EA}{l} & 0 & 0 \\ 0 & -\dfrac{12EI}{l^3} & -\dfrac{6EI}{l^2} & 0 & \dfrac{12EI}{l^3} & -\dfrac{6EI}{l^2} \\ 0 & \dfrac{6EI}{l^2} & \dfrac{2EI}{l} & 0 & -\dfrac{6EI}{l^2} & \dfrac{4EI}{l} \end{bmatrix} \begin{array}{c} \overline{F}_1 \\ \overline{F}_2 \\ \overline{F}_3 \\ \overline{F}_4 \\ \overline{F}_5 \\ \overline{F}_6 \end{array} \end{array}$$

(8-20)

$\overline{k}^{(e)}$ 称为局部坐标系中平面刚架杆单元的刚度矩阵(也简称单刚)。它的行数等于杆端力列向量的分量数,而列数等于杆端位移列向量的分量数。由于杆端力和相应的杆端位移的数目总是相等的,所以 $\overline{k}^{(e)}$ 是方阵,这里需注意,杆端力列向量和杆端位移列向量的各个分量,必须是按式(8-13)和式(8-14)那样,从 i 到 j 按顺序一一对应排列。否则,随着排列顺序的改变,刚度矩阵 $\overline{k}^{(e)}$ 中各元素的排列亦将随之改变。为了避免混淆,可在 $\overline{k}^{(e)}$ 的上方注明杆端位移分量,而在右方注明与之一一对应的杆端力分量。

$\overline{k}^{(e)}$ 中的每个元素称为单元刚度系数,通常用 $\overline{k}_{lm}^{(e)}$ 表示 $\overline{k}^{(e)}$ 中第 l 行、第 m 列的元素,它表示第 m 号杆端位移分量为 1 时引起的第 l 号杆端力。如 $\overline{k}^{(e)}$ 中的 $\overline{k}_{25}^{(e)}$ 元素代表当第 5 号杆端位移 $\overline{\delta}_5 = \overline{v}_j = 1$ 时引起的第 2 个杆端力(即第 i 端的剪力)$\overline{F}_2 = \overline{F}_{yi} = -\dfrac{12EI}{l^3}$。按此类推,矩阵 $\overline{k}^{(e)}$ 中某一列的 6 个元素分别表示当某个杆端位移为 1 时所引起的 6 个杆端力。例如图 8-8 中 $\overline{\delta}_2 = \overline{v}_i = 1$,而其他杆端位移均为零时所引起的各杆端力,将它们按顺序排列就得到 $\overline{k}^{(e)}$ 中的第 2 列元素。同理,矩阵 $\overline{k}^{(e)}$ 中第 i 行的各元素,表示当各项杆端位移分别为 1 时所引起的第 i 项杆端力,例如第 2 行中的各元素表示各项杆端位移分别为 1 时所引起的第 2 个杆端力(即单元 i 端的剪力)$\overline{F}_2 = \overline{F}_{yi}$ 值。

二、平面桁架单元

对于平面桁架单元,其两端仅有轴力作用。杆端位移及相应的杆端力分量如图 8-9(a)、(b)所示。

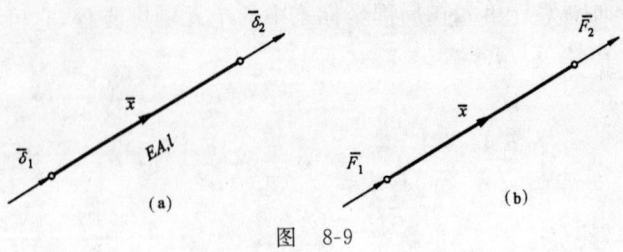

图 8-9

剪力和弯矩均为零，其单元刚度方程为

$$\begin{pmatrix}\overline{F}_1 \\ \cdots \\ \overline{F}_2\end{pmatrix}^{(e)} \begin{pmatrix}\overline{k}_{11} & \overline{k}_{12} \\ \overline{k}_{21} & \overline{k}_{22}\end{pmatrix} \begin{pmatrix}\overline{\delta}_1 \\ \cdots \\ \overline{\delta}_2\end{pmatrix}^{(e)} = \begin{pmatrix} \dfrac{EA}{l} & -\dfrac{EA}{l} \\ -\dfrac{EA}{l} & \dfrac{EA}{l} \end{pmatrix}^{(e)} \begin{pmatrix}\overline{\delta}_1 \\ \cdots \\ \overline{\delta}_2\end{pmatrix}^{(e)} \tag{8-21}$$

上式也是平面刚架杆单元的刚度方程(8-19)的一个特殊情况，相当于杆单元没有抗弯能力，即在惯矩 $I=0$ 的情况下，将式(8-19)中的第 2、3、5、6 行和列删去后得出的。

对于斜杆单元，其轴力和轴向位移在结构坐标系中，将有沿 x 轴和 y 轴的两个分量(图 8-6a)，为了便于将局部坐标系的单元刚度方程转换为结构坐标系的单元刚度方程，使其具有通用性和规格化，可将式(8-21)扩大为四阶的形式，相应的杆端力与杆端位移如图 8-5(a)所示。

$$\begin{pmatrix}\overline{F}_1 \\ \overline{F}_2 \\ \overline{F}_3 \\ \overline{F}_4\end{pmatrix}^{(e)} = \begin{pmatrix}\overline{k}_{11} & \overline{k}_{12} & \overline{k}_{13} & \overline{k}_{14} \\ \overline{k}_{21} & \overline{k}_{22} & \overline{k}_{23} & \overline{k}_{24} \\ \overline{k}_{31} & \overline{k}_{32} & \overline{k}_{33} & \overline{k}_{34} \\ \overline{k}_{41} & \overline{k}_{42} & \overline{k}_{43} & \overline{k}_{44}\end{pmatrix} \begin{pmatrix}\overline{\delta}_1 \\ \overline{\delta}_2 \\ \overline{\delta}_3 \\ \overline{\delta}_4\end{pmatrix}^{(e)}$$

$$= \begin{pmatrix} \dfrac{EA}{l} & 0 & -\dfrac{EA}{l} & 0 \\ 0 & 0 & 0 & 0 \\ -\dfrac{EA}{l} & 0 & \dfrac{EA}{l} & 0 \\ 0 & 0 & 0 & 0 \end{pmatrix}^{(e)} \begin{pmatrix}\overline{\delta}_1 \\ \overline{\delta}_2 \\ \overline{\delta}_3 \\ \overline{\delta}_4\end{pmatrix}^{(e)} \tag{8-22}$$

它可简写为 $\overline{F}^{(e)} = \overline{k}^{(e)} \overline{\delta}^{(e)}$

其中
$$\overline{k}^{(e)} = \begin{matrix} & \overline{\delta}_1 & \overline{\delta}_2 & \overline{\delta}_3 & \overline{\delta}_4 & \\ & \begin{pmatrix} \dfrac{EA}{l} & 0 & -\dfrac{EA}{l} & 0 \\ 0 & 0 & 0 & 0 \\ -\dfrac{EA}{l} & 0 & \dfrac{EA}{l} & 0 \\ 0 & 0 & 0 & 0 \end{pmatrix}^{(e)} & \begin{matrix}\overline{F}_1 \\ \overline{F}_2 \\ \overline{F}_3 \\ \overline{F}_4\end{matrix} \end{matrix} \tag{8-23}$$

$\bar{k}^{(e)}$ 称为局部坐标系中平面桁架单元的刚度矩阵。

三、连续梁单元

在平面刚架杆单元刚度方程(8-19)及单元刚度矩阵方程(8-20)中,当 6 个杆端位移中某个或某些位移量已知为零时,可删去相应的行、列,并归并之,就可得到各种有约束单元的刚度方程及刚度矩阵。

对细长杆,由于轴向刚度一般远大于弯曲刚度,所以图 8-10 所示连续梁杆单元,只有一个广义位移和广义力。即只有两个杆端角位移 $\theta_i、\theta_j$ 为未知量,而其余四个线位移 $\bar{u}_i=\bar{v}_i=\bar{u}_j=\bar{v}_j=0$,代入式(8-19)及式(8-20)中,删去第 1、2、4、5 行和列,并将行、列归并,即自动得出简支梁式单元的刚度方程为

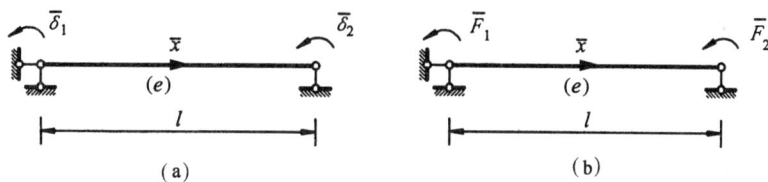

图 8-10

$$\left\{\frac{\bar{F}_1}{\bar{F}_2}\right\}^{(e)} = \left[\begin{array}{c|c}\bar{k}_{11} & \bar{k}_{12} \\ \hline \bar{k}_{21} & \bar{k}_{22}\end{array}\right]\left\{\frac{\bar{\delta}_1}{\bar{\delta}_2}\right\}^{(e)} = \left[\begin{array}{c|c}\dfrac{4EI}{l} & \dfrac{2EI}{l} \\ \hline \dfrac{2EI}{l} & \dfrac{4EI}{l}\end{array}\right]\left\{\frac{\bar{\delta}_1}{\bar{\delta}_2}\right\}^{(e)} \quad (8\text{-}24)$$

此时单元刚度矩阵为

$$\boldsymbol{k}^{(e)} = \begin{pmatrix} \dfrac{4EI}{l} & \dfrac{2EI}{l} \\ \dfrac{2EI}{l} & \dfrac{4EI}{l} \end{pmatrix}^{(e)} \begin{matrix} \bar{F}_1 \\ \bar{F}_2 \end{matrix} \quad \begin{matrix} \bar{\delta}_1 & \bar{\delta}_2 \end{matrix} \quad (8\text{-}25)$$

四、局部坐标系中的单元刚度矩阵的性质

(一)对称性

从单元刚度矩阵的建立可见,单元刚度矩阵元素 $\bar{k}_{lm}^{(e)}$ 实际上都是反力系数,$\bar{k}_{lm}^{(e)}$ 的物理意义是:单元仅发生第 m 号杆端单位位移时,在第 l 号杆端位移对应的约束上所需施加的杆端力。因此,根据反力互等定理,单元刚度矩阵一定是对称的,也即

$$\bar{k}_{lm}^{(e)} = \bar{k}_{ml}^{(e)}$$

（二）奇异性

对于平面刚架、桁架单元，由于单元位移是自由的，在给定平衡外力作用下可以产生惯性运动，单元的位置是不确定的，也就是说在已知平衡外力作用下，由单元刚度方程不可能求得唯一确定的位移。因此，作为位移—力间的联系矩阵 $\bar{k}^{(e)}$ 一定是奇异的。由此可见，要使自由式单元变成刚度矩阵非奇异的单元，必须引入足以限制单元产生刚体位移的约束条件。

从数学上，由式(8-20)和式(8-23)可见，由于单元刚度矩阵存在线性相关的行、列(不独立)，因此其对应的行列式一定为零，单元刚度矩阵必然是奇异的。

由于连续梁单元是无刚体位移的，它的单元刚度矩阵是非奇异的。

第三节　局部坐标系向结构坐标系的变换

结构离散化时，建立了两种坐标系——结构整体坐标系和单元局部坐标系。单元分析中，位移、力都是对单元局部坐标系定义的。而实际结构中的每个杆件(亦即单元)方位除连续梁之外各不相同，要考虑结点位移协调、受力平衡，应该有一个统一的标准，因而必须引入结构整体坐标系。显然，两种坐标系下的量存在着相互转换的关系，将局部坐标下的量转换成结构坐标下的量，或将结构坐标下的量转换成局部坐标下的量，这称为坐标转换。

一、杆端位移、杆端力的坐标变换

平面弯曲自由式单元在两个坐标系下的杆端位移如图 8-11(a)、(b)所示。根据图示几何关系，杆端 i 局部坐标下的位移分量可以用结构坐标下的位移分量表示，其转换关系式为

$$\bar{\delta}_i^{(e)} = \begin{Bmatrix} \bar{\delta}_1 \\ \bar{\delta}_2 \\ \bar{\delta}_3 \end{Bmatrix} = \begin{bmatrix} \cos\theta & \sin\theta & 0 \\ -\sin\theta & \cos\theta & 0 \\ 0 & 0 & 1 \end{bmatrix} \begin{Bmatrix} \delta_1 \\ \delta_2 \\ \delta_3 \end{Bmatrix} = t\delta_i^{(e)}$$

式中，θ 为两坐标系之间的夹角(图示逆时针转角为正)，杆端 i 位移分量的坐标转换矩阵 t 为

$$t = \begin{bmatrix} \cos\theta & \sin\theta & 0 \\ -\sin\theta & \cos\theta & 0 \\ 0 & 0 & 1 \end{bmatrix} \tag{8-26}$$

同理，杆端 j 局部坐标下的位移分量可以用结构坐标下的位移分量表示，其转

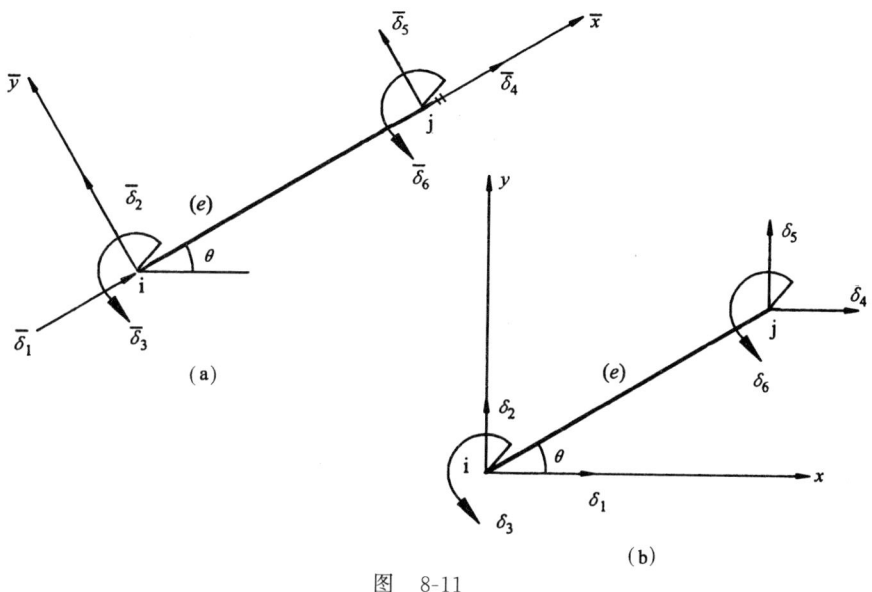

图 8-11

换关系式为

$$\overline{\delta}_j^{(e)} = \begin{pmatrix} \overline{\delta}_4 \\ \overline{\delta}_5 \\ \overline{\delta}_6 \end{pmatrix} = \begin{pmatrix} \cos\theta & \sin\theta & 0 \\ -\sin\theta & \cos\theta & 0 \\ 0 & 0 & 1 \end{pmatrix} \begin{pmatrix} \delta_4 \\ \delta_5 \\ \delta_6 \end{pmatrix} = t\,\delta_j^{(e)} \tag{8-27}$$

基于这些关系,两个坐标系下的杆端位移之间的转换关系为

$$\overline{\delta}^{(e)} = \begin{pmatrix} \overline{\delta}_i \\ \overline{\delta}_j \end{pmatrix}^{(e)} = \begin{pmatrix} t & 0 \\ 0 & t \end{pmatrix}^{(e)} \begin{pmatrix} \delta_i \\ \delta_j \end{pmatrix}^{(e)} = T^{(e)} \delta^{(e)} \tag{8-28}$$

同理,不难写出两个坐标系下的杆端力之间的转换关系

$$\overline{F}^{(e)} = \begin{pmatrix} \overline{F}_i \\ \overline{F}_j \end{pmatrix}^{(e)} = \begin{pmatrix} t & 0 \\ 0 & t \end{pmatrix}^{(e)} \begin{pmatrix} F_i \\ F_j \end{pmatrix}^{(e)} = T^{(e)} F^{(e)} \tag{8-29}$$

式中,$T^{(e)}$ 由 t 子块对角组成,称为单元坐标转换矩阵。

$$T^{(e)} = \begin{pmatrix} t & 0 \\ 0 & t \end{pmatrix}^{(e)} = \begin{pmatrix} \cos\theta & \sin\theta & 0 & & & \\ -\sin\theta & \cos\theta & 0 & & 0 & \\ 0 & 0 & 1 & & & \\ & & & \cos\theta & \sin\theta & 0 \\ & 0 & & -\sin\theta & \cos\theta & 0 \\ & & & 0 & 0 & 1 \end{pmatrix}^{(e)} \tag{8-30}$$

对于正交坐标系,由于 $t^{-1}=t^T$,因此 $T^{-1}=T^T$。这说明对正交坐标系 t 和 T 是正交矩阵。

对于平面桁架来说,单元的坐标转换矩阵 $T^{(e)}$ 为

$$T^{(e)} = \begin{pmatrix} t & 0 \\ 0 & t \end{pmatrix}^{(e)} = \begin{pmatrix} \begin{matrix} \cos\theta & \sin\theta \\ -\sin\theta & \cos\theta \end{matrix} & 0 \\ 0 & \begin{matrix} \cos\theta & \sin\theta \\ -\sin\theta & \cos\theta \end{matrix} \end{pmatrix}^{(e)} \quad (8\text{-}31)$$

当结构坐标系与局部坐标系一致时,矩阵 $T^{(e)}$ 中的元素不是零就是1,这时,同一结点对应的 $\delta^{(e)}$ 与 $\bar{\delta}^{(e)}$、$F^{(e)}$ 与 $\bar{F}^{(e)}$ 在矩阵 $T^{(e)}$ 中对应的子块是一个单位阵,于是得 $\delta^{(e)}=\bar{\delta}^{(e)}$、$F^{(e)}=\bar{F}^{(e)}$。

等截面梁单元的结构坐标系与局部坐标系一致,故无坐标变换问题。

二、单元刚度矩阵的坐标变换

平面刚架(或平面桁架)杆单元在局部坐标系中的刚度方程见式(8-19)或式(8-22),即

$$\bar{F}^{(e)} = \bar{k}^{(e)} \bar{\delta}^{(e)}$$

将式(8-28)或式(8-29)代入上式,得

$$T^{(e)} F^{(e)} = \bar{k}^{(e)} T^{(e)} \delta^{(e)}$$

上式等号两边左乘 $T^{(e)-1}$,并注意到 $T^{(e)}$ 的性质,可得

$$F^{(e)} = T^{(e)T} \bar{k}^{(e)} T^{(e)} \delta^{(e)}$$

记

$$k^{(e)} = T^{(e)T} \bar{k}^{(e)} T^{(e)} \quad (8\text{-}32)$$

则

$$F^{(e)} = k^{(e)} \delta^{(e)} \quad (8\text{-}33)$$

上式称为平面刚架(或平面桁架和梁)杆单元在结构坐标系中的单元刚度方程,式中 $k^{(e)}$ 为结构坐标系中的单元刚度矩阵。

三、单元刚度矩阵分块

平面桁架杆单元结构坐标系中的单元刚度方程由式(8-33)展开,其一般表达式为

$$\begin{pmatrix} F_1 \\ F_2 \\ F_3 \\ F_4 \end{pmatrix}^{(e)} = \begin{pmatrix} k_{11} & k_{12} & k_{13} & k_{14} \\ k_{21} & k_{22} & k_{23} & k_{24} \\ k_{31} & k_{32} & k_{33} & k_{34} \\ k_{41} & k_{42} & k_{43} & k_{44} \end{pmatrix}^{(e)} \begin{pmatrix} \delta_1 \\ \delta_2 \\ \delta_3 \\ \delta_4 \end{pmatrix}^{(e)} \quad (8\text{-}34)$$

单元刚度矩阵 $\boldsymbol{k}^{(e)}$ 是 4×4 的方阵,将式(8-31)和式(8-23)代入式(8-32),并进行矩阵乘法运算,可得各单元刚度系数 k_{ij} 的计算式。

平面刚架杆单元结构坐标系中单元刚度方程由式(8-33)展开,其一般表达式为

$$\begin{Bmatrix} F_1 \\ F_2 \\ F_3 \\ \hdashline F_4 \\ F_5 \\ F_6 \end{Bmatrix}^{(e)} = \begin{bmatrix} k_{11} & k_{12} & k_{13} & \vdots & k_{14} & k_{15} & k_{16} \\ k_{21} & k_{22} & k_{23} & \vdots & k_{24} & k_{25} & k_{26} \\ k_{31} & k_{32} & k_{33} & \vdots & k_{34} & k_{35} & k_{36} \\ \hdashline k_{41} & k_{42} & k_{43} & \vdots & k_{44} & k_{45} & k_{46} \\ k_{51} & k_{52} & k_{53} & \vdots & k_{54} & k_{55} & k_{56} \\ k_{61} & k_{62} & k_{63} & \vdots & k_{64} & k_{65} & k_{66} \end{bmatrix}^{(e)} \begin{Bmatrix} \delta_1 \\ \delta_2 \\ \delta_3 \\ \hdashline \delta_4 \\ \delta_5 \\ \delta_6 \end{Bmatrix}^{(e)} \quad (8\text{-}35)$$

单元刚度矩阵 $\boldsymbol{k}^{(e)}$ 是 6×6 的方阵,将式(8-30)和式(8-20)代入式(8-32),并进行矩阵乘法运算,可得各单元刚度系数 k_{ij} 的计算式。

为了便于建立结点平衡方程,可将式(8-34)、(8-35)按结点 i、j 进行分块,在结构坐标系中,分块后的单元刚度方程可表示为

$$\begin{Bmatrix} \boldsymbol{F}_i \\ \hdashline \boldsymbol{F}_j \end{Bmatrix}^{(e)} = \begin{bmatrix} \boldsymbol{k}_{ii} & \vdots & \boldsymbol{k}_{ij} \\ \hdashline \boldsymbol{k}_{ji} & \vdots & \boldsymbol{k}_{jj} \end{bmatrix}^{(e)} \begin{Bmatrix} \boldsymbol{\delta}_i \\ \hdashline \boldsymbol{\delta}_j \end{Bmatrix}^{(e)} \quad (8\text{-}36)$$

上式中的子块 $\boldsymbol{k}_{ii}^{(e)}$ 表示单元 e 的 i 端的一组单位位移引起的 i 端的一组杆端力;子块 $\boldsymbol{k}_{ij}^{(e)}$ 表示 j 端的一组单位位移引起的 i 端的一组杆端力。其余子块 $\boldsymbol{k}_{ij}^{(e)}$、$\boldsymbol{k}_{jj}^{(e)}$ 的物理意义与此类同。因为单元刚度矩阵是对称矩阵,因此子矩阵 $\boldsymbol{k}_{ij}^{(e)}$ 与 $\boldsymbol{k}_{ji}^{(e)}$ 间存在关系

$$\boldsymbol{k}_{ij}^{(e)} = \boldsymbol{k}_{ji}^{(e)\mathrm{T}}$$

由式(8-36)可得

$$\left. \begin{aligned} \boldsymbol{F}_i^{(e)} &= \boldsymbol{k}_{ii}^{(e)} \boldsymbol{\delta}_i^{(e)} + \boldsymbol{k}_{ij}^{(e)} \boldsymbol{\delta}_j^{(e)} \\ \boldsymbol{F}_j^{(e)} &= \boldsymbol{k}_{ji}^{(e)} \boldsymbol{\delta}_i^{(e)} + \boldsymbol{k}_{jj}^{(e)} \boldsymbol{\delta}_j^{(e)} \end{aligned} \right\} \quad (8\text{-}37)$$

四、坐标变换示例

例 8-1 图 8-12所示桁架 $l=2$ m,各杆 $EA=1.2\times 10^6$ kN,局部坐标、结构坐标如图所示。试求图示(1)(1—2杆)、(2)(1—4杆)单元的结构坐标下单元刚度矩阵。

解 (1)单元 $\theta^{(1)}=0$,$\boldsymbol{T}^{(1)}$ 为单位矩阵,因此结构单元刚度矩阵和局部单元刚度矩阵相同。$EA/l=6\times 10^5$ kN/m,由式(8-23)可得

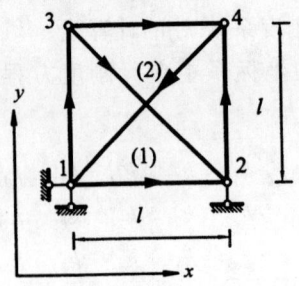

图 8-12

$$k^{(1)} = \frac{EA}{l}\begin{pmatrix} 1 & 0 & -1 & 0 \\ 0 & 0 & 0 & 0 \\ -1 & 0 & 1 & 0 \\ 0 & 0 & 0 & 0 \end{pmatrix} = 6\times 10^5 \begin{pmatrix} 1 & 0 & -1 & 0 \\ 0 & 0 & 0 & 0 \\ -1 & 0 & 1 & 0 \\ 0 & 0 & 0 & 0 \end{pmatrix} \text{kN/m}$$

(2) 单元 $EA/(\sqrt{2}\,l) = 2.1213\times 10^5 \text{ kN/m}$, $\theta^{(2)} = 225°$, 引入记号 $c = \cos\theta^{(2)}$、$s = \sin\theta^{(2)}$, 则由式(8-32)可得

$$k^{(2)} = T^{(2)\text{T}}\bar{k}^{(2)}T^{(2)} = \frac{EA}{\sqrt{2}\,l}\begin{pmatrix} c^2 & cs & -c^2 & -cs \\ cs & s^2 & -cs & -s^2 \\ -c^2 & -cs & c^2 & cs \\ -cs & -s^2 & cs & s^2 \end{pmatrix}$$

$$= 2.1213\times 10^5 \begin{pmatrix} 1 & 1 & -1 & -1 \\ 1 & 1 & -1 & -1 \\ -1 & -1 & 1 & 1 \\ -1 & -1 & 1 & 1 \end{pmatrix} \text{kN/m}$$

例 8-2 图 8-13所示考虑轴向变形的平面刚架各杆 $EA = 7.2\times 10^6 \text{ kN}$, $EI = 2.16\times 10^5 \text{ kN·m}^2$, 局部坐标如图所示。试求图示(1)、(2)、(3)单元在结构坐标下的单元刚度矩阵。

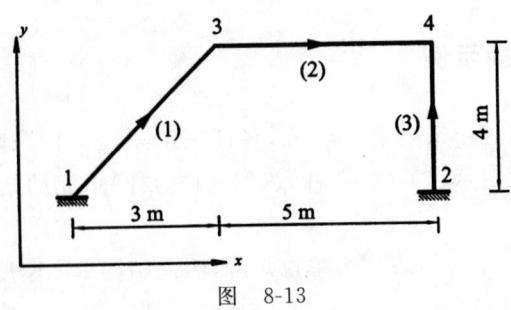

图 8-13

解 考虑轴向变形的局部坐标下平面刚架单元的单元刚度矩阵由(8-20)式,有

$$\bar{k}^{(e)} = \begin{pmatrix} \dfrac{EA}{l} & 0 & 0 & -\dfrac{EA}{l} & 0 & 0 \\ 0 & \dfrac{12EI}{l^3} & \dfrac{6EI}{l^2} & 0 & -\dfrac{12EI}{l^3} & \dfrac{6EI}{l^2} \\ 0 & \dfrac{6EI}{l^2} & \dfrac{4EI}{l} & 0 & -\dfrac{6EI}{l^2} & \dfrac{2EI}{l} \\ -\dfrac{EA}{l} & 0 & 0 & \dfrac{EA}{l} & 0 & 0 \\ 0 & -\dfrac{12EI}{l^3} & -\dfrac{6EI}{l^2} & 0 & \dfrac{12EI}{l^3} & -\dfrac{6EI}{l^2} \\ 0 & \dfrac{6EI}{l^2} & \dfrac{2EI}{l} & 0 & -\dfrac{6EI}{l^2} & \dfrac{4EI}{l} \end{pmatrix}$$

(1)、(2)单元长度 $l=50$ m,

$$\frac{EA}{l}=144\times10^4 \text{ kN/m}, \quad \frac{12EI}{l^3}=2.073\ 6\times10^4 \text{ kN/m}$$

$$\frac{2EI}{l}=8.64\times10^4 \text{ kN·m}, \quad \frac{6EI}{l^2}=5.184\times10^4 \text{ kN}$$

$$\frac{4EI}{l}=17.28\times10^4 \text{ kN·m}$$

(3)单元长度 $l=4$ m,

$$\frac{EA}{l}=180\times10^4 \text{ kN·m}, \quad \frac{12EI}{l^3}=4.05\times10^4 \text{ kN·m}$$

$$\frac{2EI}{l}=10.8\times10^4 \text{ kN·m}, \quad \frac{6EI}{l^2}=8.1\times10^4 \text{ kN}$$

$$\frac{4EI}{l}=21.6\times10^4 \text{ kN·m}$$

将上述数值结果代入 $\bar{k}^{(e)}$,可得(1)、(2)、(3)单元局部坐标下的单元刚度矩阵,它们分别为

$$\bar{k}^{(1)} = \bar{k}^{(2)}$$

$$= \begin{pmatrix} 144 \text{ kN/m} & 0 & 0 & -144 \text{ kN/m} & 0 & 0 \\ 0 & 2.073\ 6 \text{ kN/m} & 5.184 \text{ kN} & 0 & -2.073\ 6 \text{ kN/m} & 5.184 \text{ kN} \\ 0 & 5.184 \text{ kN} & 17.28 \text{ kN·m} & 0 & -5.184 \text{ kN/m} & 8.64 \text{ kN·m} \\ -144 \text{ kN/m} & 0 & 0 & 144 \text{ kN/m} & 0 & 0 \\ 0 & -2.073\ 6 \text{ kN/m} & -5.184 \text{ kN} & 0 & 2.073\ 6 \text{ kN/m} & -5.184 \text{ kN} \\ 0 & 5.184 \text{ kN} & 8.64 \text{ kN·m} & 0 & -5.184 \text{ kN} & 17.28 \text{ kN·m} \end{pmatrix} \times 10^4$$

$$\bar{k}^{(3)} = \begin{pmatrix} 180 \text{ kN/m} & 0 & 0 & -180 \text{ kN/m} & 0 & 0 \\ 0 & 4.05 \text{ kN/m} & 8.1 \text{ kN} & 0 & -4.05 \text{ kN/m} & 8.1 \text{ kN} \\ 0 & 8.1 \text{ kN} & 21.6 \text{ kN·m} & 0 & -8.1 \text{ kN} & 10.8 \text{ kN·m} \\ -180 \text{ kN/m} & 0 & 0 & 180 \text{ kN/m} & 0 & 0 \\ 0 & -4.05 \text{ kN/m} & -8.1 \text{ kN} & 0 & 4.05 \text{ kN/m} & -8.1 \text{ kN} \\ 0 & 8.1 \text{ kN} & 10.8 \text{ kN·m} & 0 & -8.1 \text{ kN} & 21.6 \text{ kN·m} \end{pmatrix} \times 10^4$$

(1)单元 $\cos\theta^{(1)} = 0.6$,$\sin\theta^{(1)} = 0.8$,($\theta^{(1)} = 53.13°$),由此可得坐标转换矩阵,为

$$T^{(1)} = \begin{pmatrix} t & 0 \\ 0 & t \end{pmatrix}^{(1)}, \quad t^{(1)} = \begin{pmatrix} 0.6 & 0.8 & 0 \\ -0.8 & 0.6 & 0 \\ 0 & 0 & 1 \end{pmatrix}$$

$$T^{(1)} = \begin{pmatrix} 0.6 & 0.8 & 0 & & & \\ -0.8 & 0.6 & 0 & & \mathbf{0} & \\ 0 & 0 & 1 & & & \\ & & & 0.6 & 0.8 & 0 \\ & \mathbf{0} & & -0.8 & 0.6 & 0 \\ & & & 0 & 0 & 1 \end{pmatrix}$$

由 $k^{(1)} = T^{(1)\text{T}} \bar{k}^{(1)} T^{(1)}$,可得(1)单元结构坐标下的单元刚度矩阵,即为

$$k^{(1)} = \begin{pmatrix} 53.17 \text{ kN/m} & 68.12 \text{ kN/m} & -4.15 \text{ kN} & -53.17 \text{ kN/m} & -68.12 \text{ kN/m} & -4.15 \text{ kN} \\ 68.12 \text{ kN/m} & 92.91 \text{ kN/m} & 3.11 \text{ kN} & -68.12 \text{ kN/m} & -92.91 \text{ kN/m} & 3.11 \text{ kN} \\ -4.15 \text{ kN} & 3.11 \text{ kN} & 17.28 \text{ kN·m} & 4.15 \text{ kN} & -3.11 \text{ kN} & 8.64 \text{ kN·m} \\ -53.17 \text{ kN/m} & -68.12 \text{ kN/m} & 4.15 \text{ kN} & 53.17 \text{ kN/m} & 68.12 \text{ kN/m} & 4.15 \text{ kN} \\ -68.12 \text{ kN/m} & -92.91 \text{ kN/m} & -3.11 \text{ kN} & 68.12 \text{ kN/m} & 92.91 \text{ kN/m} & -3.11 \text{ kN} \\ -4.15 \text{ kN} & 3.11 \text{ kN} & 8.64 \text{ kN·m} & 4.15 \text{ kN} & -3.11 \text{ kN} & 17.28 \text{ kN·m} \end{pmatrix} \times 10^4$$

(2)单元结构坐标系与局部坐标系一致,$\theta^{(2)} = 0$,因此 $k^{(2)} = \bar{k}^{(2)}$。

(3)单元 $\cos\theta^{(3)} = 0$,$\sin\theta^{(3)} = 1$,($\theta^{(3)} = 90°$)。由此可得坐标转换矩阵分别为

$$t^{(3)} = \begin{pmatrix} 0 & 1 & 0 \\ -1 & 0 & 0 \\ 0 & 0 & 1 \end{pmatrix}, \quad T^{(3)} = \begin{pmatrix} 0 & 1 & 0 & & & \\ -1 & 0 & 0 & & \mathbf{0} & \\ 0 & 0 & 1 & & & \\ & & & 0 & 1 & 0 \\ & \mathbf{0} & & -1 & 0 & 0 \\ & & & 0 & 0 & 1 \end{pmatrix}$$

第八章 矩阵位移法

由 $k^{(3)}=T^{(3)\mathrm{T}}\bar{k}^{(3)}T^{(3)}$，可得(3)单元结构坐标下的单元刚度矩阵，即为

$$k^{(3)}=\begin{bmatrix} 4.05\text{ kN/m} & 0 & -8.1\text{ kN} & -4.05\text{ kN/m} & 0 & -8.1\text{ kN} \\ 0 & 180\text{ kN/m} & 0 & 0 & -180\text{ kN/m} & 0 \\ -8.1\text{ kN} & 0 & 21.6\text{ kN·m} & 8.1\text{ kN} & 0 & 10.8\text{ kN·m} \\ -4.05\text{ kN/m} & 0 & 8.1\text{ kN} & 4.05\text{ kN/m} & 0 & 8.1\text{ kN} \\ 0 & -180\text{ kN/m} & 0 & 0 & 180\text{ kN/m} & 0 \\ -8.1\text{ kN} & 0 & 10.8\text{ kN·m} & 8.1\text{ kN} & 0 & 21.6\text{ kN·m} \end{bmatrix}\times10^4$$

对照 $k^{(3)}$ 和 $\bar{k}^{(3)}$ 可以发现对于倾角 90°的单元，结构坐标下单元刚度矩阵可以按一定规则对局部坐标下单元刚度矩阵作变换得到，不需要作坐标变换的矩阵乘法运算。

第四节 结构的整体分析

本节将讨论利用结点变形连续条件和平衡条件，在结构坐标系中将各单元组装起来，建立结构的结点力和结点位移间的关系式——结构总刚度方程，即矩阵位移法的基本方程并求解，这就是所谓的整体分析。然后讨论由结点位移计算杆端力。由于结构边界条件可在形成结构总刚度方程之前或之后处理，因而矩阵位移法又分为前处理法与后处理法两种。

后处理法是先将结构中的所有单元均采用自由式单元刚度矩阵，形成结构的原始刚度矩阵，然后根据已知位移边界条件，对原始刚度矩阵进行边界条件处理，形成结构刚度矩阵 K 或结构刚度方程 $F=K\Delta$。用后处理法分析结构时，每个结点的位移分量数是相同的，各单元刚度矩阵的阶数也是相同的，原始刚度矩阵的阶数由结点总数乘结点的位移分量来确定，整个分析过程便于编制通用程序。但由于原始刚度方程中包括了已知支座位移分量，所以后处理法的主要缺点是需要占用较多的计算机内存。后处理法对于结点多、支座约束少、必须考虑轴向变形的结构，得到广泛的使用。

前处理法即为结构边界条件在形成结构刚度方程之前就进行处理的方法。前处理法在计算单元刚度矩阵时，与后处理法并无区别，只是结构的结点位移分量只引入独立的未知位移分量，结点力向量是不包括支座反力，由单元刚度矩阵直接形成已考虑边界条件的结构刚度矩阵。显然，前处理法在程序编制中，必须建立结点位移分量编号数组，来代替后处理法的约束处理数组。前处理法对于有铰结点以及支承结点较多且分散的结构最为方便，当忽略轴向变形时，可减少计算机存放量，计算速度等会得到改善。

一、用后处理法组集结构的原始刚度矩阵

下面以图 8-13(例 8-2)所示的平面刚架为例说明用后处理法组集结构的原始刚度矩阵。现将单元杆端位移按结点 i、j 划分为两个结点位移子阵,即为

$$\delta^{(e)} = \begin{Bmatrix} \delta_i \\ \cdots \\ \delta_j \end{Bmatrix}^{(e)}$$

则整体坐标单元刚度方程按式(8-36)表示为

$$\begin{Bmatrix} \boldsymbol{F}_i \\ \cdots \\ \boldsymbol{F}_j \end{Bmatrix}^{(e)} = \begin{bmatrix} \boldsymbol{k}_{ii} & \vdots & \boldsymbol{k}_{ij} \\ \cdots & & \cdots \\ \boldsymbol{k}_{ji} & \vdots & \boldsymbol{k}_{jj} \end{bmatrix}^{(e)} \begin{Bmatrix} \delta_i \\ \cdots \\ \delta_j \end{Bmatrix}^{(e)}$$

各单元刚度矩阵的四个子块分别为

$$\left. \begin{aligned} & \quad\quad\quad\quad 1 \quad\quad 3 \\ \boldsymbol{k}^{(1)} &= \begin{bmatrix} k_{11}^{(1)} & \vdots & k_{13}^{(1)} \\ \cdots & & \cdots \\ k_{31}^{(1)} & \vdots & k_{33}^{(1)} \end{bmatrix} \begin{matrix} 1 \\ \\ 3 \end{matrix} \\ & \quad\quad\quad\quad 3 \quad\quad 4 \\ \boldsymbol{k}^{(2)} &= \begin{bmatrix} k_{33}^{(2)} & \vdots & k_{34}^{(2)} \\ \cdots & & \cdots \\ k_{43}^{(2)} & \vdots & k_{44}^{(2)} \end{bmatrix} \begin{matrix} 3 \\ \\ 4 \end{matrix} \\ & \quad\quad\quad\quad 2 \quad\quad 4 \\ \boldsymbol{k}^{(3)} &= \begin{bmatrix} k_{22}^{(3)} & \vdots & k_{24}^{(3)} \\ \cdots & & \cdots \\ k_{42}^{(3)} & \vdots & k_{44}^{(3)} \end{bmatrix} \begin{matrix} 2 \\ \\ 4 \end{matrix} \end{aligned} \right\} \quad\quad (a)$$

(a)式中 $\boldsymbol{k}^{(e)}$ 的上方和右侧示出各单元的始、末两端 i、j 的结点号码。

此刚架有 4 个刚结点,共有 12 个结点位移分量,结构的结点位移列向量为

$$\Delta = \begin{Bmatrix} \Delta_1 \\ \Delta_2 \\ \Delta_3 \\ \Delta_4 \end{Bmatrix}$$

其中 $\quad\quad \Delta_i = (u_i \quad v_i \quad \theta_i)^T$

这里,Δ_i 代表结点 i 的位移列向量,u_i、v_i 和 θ_i 分别为结点 i 沿结构坐标系 x、y 轴的线位移和角位移,它们分别以沿 x、y 轴的正向和逆时针方向为正。

设刚架上只有结点荷载作用(关于非结点荷载的处理见本章第四节第五点介绍),与结点位移列向量相对应的结点外力(包括荷载和反力)列向量为

$$F = \begin{Bmatrix} F_1 \\ F_2 \\ F_3 \\ F_4 \end{Bmatrix}$$

其中 $\quad F_i = (F_{xi} \quad F_{yi} \quad M_i)^T$

这里，F_i 代表结点 i 的外力列向量；F_{xi}、F_{yi} 和 M_i 分别为作用于结点 i 的沿 x、y 方向的外力和外力偶，它们的正、负号规定与相应的结点位移相同。在结点 3、4 处，结点外力 F_3、F_4 就是结点荷载，它们通常是给定的。在支座 1、2 处，当无给定结点荷载作用时，结点外力 F_1、F_2 就是支座反力；当支座处还有给定结点荷载作用时，则 F_1、F_2 应为结点荷载与支座反力的代数和。

现在考虑结构的平衡条件和变形连续条件。显然，在前面的单元分析中，已经保证了各单元本身的平衡和变形连续，因此现在只需考察各单元联结处即结点处的平衡和变形连续条件。以结点 3 为例，由平衡条件 $\Sigma F_x = 0$、$\Sigma F_y = 0$ 和 $\Sigma M = 0$ 可得

$$\left.\begin{matrix} F_{x3} = F_{x3}^{(1)} + F_{x3}^{(2)} \\ F_{y3} = F_{y3}^{(1)} + F_{y3}^{(2)} \\ M_3 = M_3^{(1)} + M_3^{(2)} \end{matrix}\right\}$$

写成矩阵形式有

$$\begin{Bmatrix} F_{x3} \\ F_{y3} \\ M_3 \end{Bmatrix} = \begin{Bmatrix} F_{x3}^{(1)} \\ F_{y3}^{(1)} \\ M_3^{(1)} \end{Bmatrix} + \begin{Bmatrix} F_{x3}^{(2)} \\ F_{y3}^{(2)} \\ M_3^{(2)} \end{Bmatrix}$$

上式左边即为结点 3 荷载列向量 F_3，右边二列阵则分别为单元(1)和单元(2)在 3 端的杆端力列向量 $F_3^{(1)}$ 和 $F_3^{(2)}$，故上式可简写为

$$F_3 = F_3^{(1)} + F_3^{(2)} \tag{b}$$

根据式(8-37)，上述杆端力列向量可用杆端位移列向量来表示

$$\left.\begin{matrix} F_3^{(1)} = k_{31}^{(1)} \delta_1^{(1)} + k_{33}^{(1)} \delta_3^{(1)} \\ F_3^{(2)} = k_{33}^{(2)} \delta_3^{(2)} + k_{34}^{(2)} \delta_4^{(2)} \end{matrix}\right\} \tag{c}$$

再根据结点处的变形连续条件，应该有

$$\left.\begin{matrix} \delta_3^{(1)} = \delta_3^{(2)} = \Delta_3 \\ \delta_1^{(1)} = \Delta_1 \\ \delta_4^{(2)} = \Delta_4 \end{matrix}\right\} \tag{d}$$

将式(c)和式(d)代入式(b),则得到以结点位移表示的结点 3 的平衡方程

$$F_3 = k_{31}^{(1)} \Delta_1 + (k_{33}^{(1)} + k_{33}^{(2)}) \Delta_3 + k_{34}^{(2)} \Delta_4 \tag{e}$$

同理,对于结点 1、2、4 可以列出类似的方程。把四个结点的方程汇集在一起,就有

$$\left. \begin{aligned} F_1 &= k_{11}^{(1)} \Delta_1 + k_{13}^{(1)} \Delta_3 \\ F_2 &= k_{22}^{(3)} \Delta_2 + k_{24}^{(3)} \Delta_4 \\ F_3 &= k_{31}^{(1)} \Delta_1 + (k_{33}^{(1)} + k_{33}^{(2)}) \Delta_3 + k_{34}^{(2)} \Delta_4 \\ F_4 &= k_{43}^{(2)} \Delta_3 + (k_{44}^{(2)} + k_{44}^{(3)}) \Delta_4 + k_{42}^{(3)} \Delta_2 \end{aligned} \right\} \tag{8-38}$$

写成矩阵形式则为

$$\begin{Bmatrix} F_1 = \begin{Bmatrix} F_{x1} \\ F_{y1} \\ M_1 \end{Bmatrix} \\ F_2 = \begin{Bmatrix} F_{x2} \\ F_{y2} \\ M_2 \end{Bmatrix} \\ F_3 = \begin{Bmatrix} F_{x3} \\ F_{y3} \\ M_3 \end{Bmatrix} \\ F_4 = \begin{Bmatrix} F_{x4} \\ F_{y4} \\ M_4 \end{Bmatrix} \end{Bmatrix} = \begin{bmatrix} k_{11}^{(1)} & & k_{13}^{(1)} & \\ & k_{22}^{(3)} & & k_{24}^{(3)} \\ k_{31}^{(1)} & & k_{33}^{(1)}+k_{33}^{(2)} & k_{34}^{(2)} \\ & k_{42}^{(3)} & k_{43}^{(2)} & k_{44}^{(2)}+k_{44}^{(3)} \end{bmatrix} \begin{Bmatrix} \Delta_1 = \begin{Bmatrix} u_1 \\ v_1 \\ \theta_1 \end{Bmatrix} \\ \Delta_2 = \begin{Bmatrix} u_2 \\ v_2 \\ \theta_2 \end{Bmatrix} \\ \Delta_3 = \begin{Bmatrix} u_3 \\ v_3 \\ \theta_3 \end{Bmatrix} \\ \Delta_4 = \begin{Bmatrix} u_4 \\ v_4 \\ \theta_4 \end{Bmatrix} \end{Bmatrix}$$

$$\tag{8-39}$$

这就是用结点位移表示的所有结点的平衡方程,它表明了结点外力与结点位移之间的关系,通常称为结构的原始刚度方程。所谓"原始"是表示尚未进行支承条件处理。上式可简写为

$$F = K\Delta$$

式中

$$K = \begin{bmatrix} K_{11} & K_{12} & K_{13} & K_{14} \\ K_{21} & K_{22} & K_{23} & K_{24} \\ K_{31} & K_{32} & K_{33} & K_{34} \\ K_{41} & K_{42} & K_{43} & K_{44} \end{bmatrix} = \begin{bmatrix} k_{11}^{(1)} & 0 & k_{13}^{(1)} & 0 \\ 0 & k_{22}^{(3)} & 0 & k_{24}^{(3)} \\ k_{31}^{(1)} & 0 & k_{33}^{(1)}+k_{33}^{(2)} & k_{34}^{(2)} \\ 0 & k_{42}^{(3)} & k_{43}^{(2)} & k_{44}^{(2)}+k_{44}^{(3)} \end{bmatrix}$$

$$\tag{8-40}$$

式(8-40)称为结构的原始刚度矩阵,也称结构的总刚度矩阵(简称总刚)。它的每个子块都是 3×3 阶方阵,故 K 为 12×12 阶方阵。

对照前面式(a)和式(8-40),不难看出,只需把每个单元刚度矩阵的 4 个子块按其 2 个下标号码,逐一送到结构原始刚度矩阵中相应的行和列的位置上去,就可

得到结构原始刚度矩阵。简单地说就是各单刚子块"对号入座"就形成总刚。

"对号入座"的具体做法：

① 将各单元始、末两端结点码 $i、j$ 分别与结构的整体结点码 $i、j$ 相对应。

② 单元刚度子矩阵 $k_{ii}^{(e)}$ 送 K 的 i 行 i 列子矩阵位置累加；单元子矩阵 $k_{ij}^{(e)}$ 送 K 的 i 行 j 列子矩阵位置累加；单元子矩阵 $k_{ji}^{(e)}$ 送 K 的 j 行 i 列子矩阵位置累加；单元子矩阵 $k_{jj}^{(e)}$ 送 K 的 j 行 j 列子矩阵位置累加。

上述这种单刚子块对号入座而直接形成总刚的方法，称为直接刚度法。

下面利用例题 8-2 的单元结构刚度矩阵结果，按直接刚度法集成结构的原始刚度矩阵。

由(a)式 $k^{(e)}$ 的上方和右侧各单元的始、末两端 $i、j$ 的结点号码，按上述规则集成。如(1)单元两端 $i、j$ 的结点号为 1、3，它与结构的整体结点码 1、3 相对应。$k^{(1)}$ 中的子矩阵 $k_{11}^{(1)}$ 送 K 的 1 行 1 列子矩阵位置并累加，其 3×3 的子矩阵为

$$K_{11}=k_{11}^{(1)}=\begin{bmatrix} 53.17 \text{ kN/m} & 68.12 \text{ kN/m} & -4.15 \text{ kN} \\ 68.12 \text{ kN/m} & 92.91 \text{ kN/m} & 3.11 \text{ kN} \\ -4.15 \text{ kN} & 3.11 \text{ kN} & 17.28 \text{ kN}\cdot\text{m} \end{bmatrix}\times 10^4$$

$k^{(1)}$ 中的子矩阵 $k_{13}^{(1)}$ 送 K 的 1 行 3 列子矩阵位置并累加，其 3×3 的子矩阵为

$$K_{13}=k_{13}^{(1)}=\begin{bmatrix} -53.17 \text{ kN/m} & -68.12 \text{ kN/m} & -4.15 \text{ kN} \\ -68.12 \text{ kN/m} & -92.91 \text{ kN/m} & 3.11 \text{ kN} \\ 4.15 \text{ kN} & 3.11 \text{ kN} & 8.64 \text{ kN}\cdot\text{m} \end{bmatrix}\times 10^4$$

各单元刚度矩阵 $k^{(e)}$ 中各子矩阵，均按上述规则，送入 K 的对应子矩阵位置中并累加，由此得出式(8-40)所示的结构原始刚度矩阵，其 3×3 的子矩阵为

$$K_{22}=k_{22}^{(3)}=\begin{bmatrix} 4.05 \text{ kN/m} & 0 & -8.1 \text{ kN} \\ 0 & 180 \text{ kN/m} & 0 \\ -8.1 \text{ kN} & 0 & 21.6 \text{ kN}\cdot\text{m} \end{bmatrix}\times 10^4$$

$$K_{24}=k_{24}^{(3)}=\begin{bmatrix} -4.05 \text{ kN/m} & 0 & -8.1 \text{ kN} \\ 0 & -180 \text{ kN/m} & 0 \\ 8.1 \text{ kN} & 0 & 10.08 \text{ kN}\cdot\text{m} \end{bmatrix}\times 10^4$$

$$K_{33}=k_{33}^{(1)}+k_{33}^{(2)}=\begin{bmatrix} 197.17 \text{ kN/m} & 68.12 \text{ kN/m} & 4.15 \text{ kN} \\ 68.12 \text{ kN/m} & 94.98 \text{ kN/m} & 2.074 \text{ kN} \\ 4.15 \text{ kN} & 2.074 \text{ kN} & 34.56 \text{ kN}\cdot\text{m} \end{bmatrix}\times 10^4$$

$$K_{34}=k_{34}^{(2)}=\begin{bmatrix} -144 \text{ kN/m} & 0 & 0 \\ 0 & -2.07 \text{ kN/m} & 5.184 \text{ kN} \\ 0 & -5.184 \text{ kN} & 8.64 \text{ kN}\cdot\text{m} \end{bmatrix}\times 10^4$$

$$K_{44}=k_{44}^{(2)}+k_{44}^{(3)}=\begin{bmatrix} 148.1 \text{ kN/m} & 0 & 8.1 \text{ kN} \\ 0 & 182.07 \text{ kN/m} & -5.184 \text{ kN} \\ 8.1 \text{ kN} & -5.184 \text{ kN} & 38.88 \text{ kN}\cdot\text{m} \end{bmatrix}\times 10^4$$

$$K_{12}=K_{23}=K_{14}=0$$

由于对称性 $K_{ij}=K_{ji}^{\text{T}}(i,j=1,2,3,4)$,由上述结果,即可得到后处理法的结构原始刚度方程

$$K\Delta=F \tag{8-41}$$

由结构原始刚度方程可得结构原始刚度矩阵 K,其元素 K_{ij} 的物理意义为,当仅发生广义位移 $\Delta_j=1$ 时,在第 i 个广义位移对应处所需施加的广义力。

对于由自由式单元刚度矩阵集成的结构原始刚度矩阵,具有以下性质:

① 对称性 由反力互等定理可得 $K_{ij}=K_{ji}$,因此 K 是对称矩阵。

② 奇异性 因为所有单元都是自由式的,结构存在刚体位移,在给定平衡的外荷载作用下不可能确定其惯性运动,也即不可能确定结构的位移,因此 K 是奇异的。

③ 稀疏性 根据集成规则,有单元相连接的杆端结点称为相关结点,无单元连接的结点为不相关结点。显然如果 i 和 j 为不相关结点时,则 K 的子矩阵 $K_{ij}=K_{ji}=0$。因此,如果作结构离散化时注意了使相关结点编码的最大差值尽可能小(即所谓合理编码),则结构原始刚度矩阵 K 只在对角线附近一带状区域内有非零的子矩阵,也即 K 具有稀疏性。由于对称性,从主对角线元素到离得最远的非零元素间的距离称为半带宽(可以是行,也可以是列),对于如图 8-13 所示的全部刚接的结构,其最大半带宽=3×(相关结点编码最大差值+1)。

二、边界条件处理

因为用自由式单元集成的原始刚度矩阵具有奇异性,因此必须引入足以阻止刚体位移的约束条件(也称为边界条件)。常用的边界条件处理方法有三种。

(一)划行划列法

采用这种方法,将式(8-41)中的有关行、列重新排列,把受约束的结点位移分量靠后,调整后的 Δ 按未知结点位移 Δ_d 和已知结点位移 Δ_r 分块,并将 F 按已知结点力 F_d 和未知结点力(即未知反力)F_r 分块,相应地 K 亦分为 4 个子矩阵,即

$$K=\begin{bmatrix} K_{dd} & K_{dr} \\ K_{rd} & K_{rr} \end{bmatrix}$$

结构原始刚度方程(8-41)可写成

$$\begin{bmatrix} \boldsymbol{K}_{dd} & \boldsymbol{K}_{dr} \\ \boldsymbol{K}_{rd} & \boldsymbol{K}_{rr} \end{bmatrix} \begin{Bmatrix} \boldsymbol{\Delta}_d \\ \boldsymbol{\Delta}_r \end{Bmatrix} = \begin{Bmatrix} \boldsymbol{F}_d \\ \boldsymbol{F}_r \end{Bmatrix}$$

展开上式得

$$\left. \begin{aligned} \boldsymbol{K}_{dd}\boldsymbol{\Delta}_d + \boldsymbol{K}_{dr}\boldsymbol{\Delta}_r &= \boldsymbol{F}_d \\ \boldsymbol{K}_{rd}\boldsymbol{\Delta}_d + \boldsymbol{K}_{rr}\boldsymbol{\Delta}_r &= \boldsymbol{F}_r \end{aligned} \right\} \tag{8-42}$$

由第一式可求解未知结点位移 $\boldsymbol{\Delta}_d$

$$\boldsymbol{\Delta}_d = \boldsymbol{K}_{dd}^{-1}(\boldsymbol{F}_d - \boldsymbol{K}_{dr}\boldsymbol{\Delta}_r) \tag{8-43}$$

由第二式可求解未知结点力 $\boldsymbol{F}_r$，注意到

$$\boldsymbol{F}_r = \boldsymbol{F}_R + \boldsymbol{F}_0 \tag{8-44}$$

上式中 $\boldsymbol{F}_R$ 为支座反力向量； $\boldsymbol{F}_0$ 为在支座约束方向的结点荷载，由此可求得支座反力向量 $\boldsymbol{F}_R$ 为

$$\boldsymbol{F}_R = -\boldsymbol{F}_0 + \boldsymbol{K}_{rd}\boldsymbol{\Delta}_d + \boldsymbol{K}_{rr}\boldsymbol{\Delta}_r \tag{8-45}$$

当支座位移为零时，即 $\boldsymbol{\Delta}_r = 0$ 时，式(8-42)可简化为

$$\left. \begin{aligned} \boldsymbol{K}_{dd}\boldsymbol{\Delta}_d &= \boldsymbol{F}_d \\ \boldsymbol{K}_{rd}\boldsymbol{\Delta}_d &= \boldsymbol{F}_r \end{aligned} \right\} \tag{8-46}$$

这时未知结点位移 $\boldsymbol{\Delta}_d$ 和支座反力 $\boldsymbol{F}_R$ 分别为

$$\boldsymbol{\Delta}_d = \boldsymbol{K}_{dd}^{-1}\boldsymbol{F}_d \tag{8-47}$$

$$\boldsymbol{F}_R = -\boldsymbol{F}_0 + \boldsymbol{K}_{rd}\boldsymbol{\Delta}_{dr} \tag{8-48}$$

由于 $\boldsymbol{\Delta}_r = 0$，相当于把式(8-41)中对应于已知支座位移分量为零的行与列划去，就可得式(8-46)，因此这种边界条件处理方法常称为划行划列法。

经边界条件处理后的结构刚度方程(8-42)可表示为

$$\boldsymbol{K}_{dd}\boldsymbol{\Delta}_d = (\boldsymbol{F}_d - \boldsymbol{K}_{dr}\boldsymbol{\Delta}_r)$$

上式及式(8-46)可统一用下式表示

$$\boldsymbol{K}\boldsymbol{\Delta}_d = \boldsymbol{F}_d \tag{8-49}$$

式中，$\boldsymbol{K}$ 为经边界条件处理后的结构刚度矩阵。

（二）乘大数法

设 $\boldsymbol{\Delta}$ 中一个位移约束条件为 $\Delta_i = C_i$，N 为一个很大的数。所谓乘大数法是将主元 K_{ii} 用 N_{ii} 替换，相应的结点荷载元素 F_i 用 $N_{ii}C_i$ 替换，这样处理即能满足约

束条件。为此考虑刚度方程第 i 个展开式

$$K_{i1}\Delta_1+K_{i2}\Delta_2+\cdots+N_{ii}\Delta_i+\cdots+K_{in}\Delta_n=N_{ii}C_i$$

上式左、右两边同除 N_{ii}，则可得

$$\sum_{\substack{j=1\\j\neq i}}^{n}\frac{K_{ij}}{N_{ii}}\Delta_j+\Delta_i=C_i$$

由于 N_{ii} 远大于 K_{ij}，因此上式第一项近似等于零。这就表明，约束条件这样处理后能得到近似满足。

(三) 置换法

仍然设 Δ 中一个位移约束条件为 $\Delta_i=C_i$，所谓置换法需要做以下处理：
① 将相应的结点荷载列阵的元素 $F_j(j\neq i)$ 用 $F_j-K_{ji}C_i$ 置换。
② 将 $K_{ij}(i\neq j)$ 和 $K_{ji}(i\neq j)$ 也即 i 行、j 列非对角线元素全部置换成 0。
③ 将 K_{ii} 置换成 1，F_i 换成 C_i。

这样做能使约束条件满足而且刚度方程等价，证明从略。若有 n 个已知位移边界条件，则作 n 次上述处理即可。

三、按前处理法组集结构刚度方程

结构刚度矩阵的元素是由单元刚度矩阵的元素组成的，只要确定了单元刚度矩阵各元素在结构刚度矩阵中的位置，就可以由单元刚度矩阵直接集成结构刚度矩阵。下面仍以图 8-13 (例 8-2) 所示的平面刚架来说明用前处理法组集结构的刚度矩阵。

(一) 结点位移分量的编码及单元的定位向量

由单元杆端位移分量 (亦称局部位移码) 对应的结构结点位移分量 (亦称整体位移码) 序号所组成的向量，称为单元的定位向量。

例如对图 8-13 所示平面刚架按前处理法对结点位移编码，由于前处理法需先考虑支承条件，因而在编码时将已知为零的结点位移分量编号均用零表示，如图 8-14 所示。

各单元的定位向量为 (固定端处的位移编码均为 0)：
单元(1) $(0\ 0\ 0\ 1\ 2\ 3)^T$，单元(2) $(1\ 2\ 3\ 4\ 5\ 6)^T$，单元(3) $(0\ 0\ 0\ 4\ 5\ 6)^T$

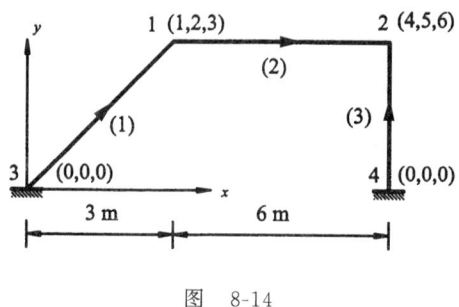

图 8-14

（二）定位向量集成规则

用单元定位向量确定单元刚度矩阵每个元素在结构刚度矩阵中位置的方法是：

① 先求出单元 e 在结构坐标系中的刚度矩阵 $k^{(e)}$（与后处理法无区别）。

② 将单元 e 的定位向量分别写在单元刚度矩阵 $k^{(e)}$ 的上方和右侧（或左侧）。这样，$k^{(e)}$ 的元素 $k_{ij}^{(e)}$ 的行、列号就分别与单元定位向量对应的一个分量相匹配。

③ 若单元定位向量的某个分量为零，则 $k^{(e)}$ 中相应的行和列可以删去，亦即不送入结构刚度矩阵 K 中。

④ 单元定位向量位于 $k^{(e)}$ 的上方和右侧，其中不为零的行、列分量，就是 $k^{(e)}$ 中元素 $k_{ij}^{(e)}$ 在结构刚度矩阵 K 中的行码和列码。按照单元定位向量中非零分量给出的行码和列码，就能够将单元刚度矩阵 $k^{(e)}$ 的元素正确地累加到结构刚度矩阵 K 中去。

综上所述，结构刚度矩阵 K 是由结构坐标系下的单元刚度矩阵 $k^{(e)}$ 按"对号入座"规则集成的，所谓"对号入座"，即把单元杆端位移分量（亦称局部位移码）序号换成对应的结构结点位移分量（亦称整体位移码）序号（这一步通常称为换码），搬到 K 中相应编号的位置（通称对号入座），最后在 K 中，同一号码位置上的元素相加，称为集合。在这里，"换码"的实质是满足变形协调条件。"集合"的实质是满足平衡条件。因此，上述形成结构刚度矩阵的过程，就是使单元集合时同时满足变形协调和平衡条件的过程。

图 8-14 所示刚架各单元结构坐标系下的单元刚度矩阵为（$k^{(e)}$ 中各元素数值对照例 8-2）

$$k^{(1)} = \begin{matrix} & \begin{matrix} 0 & 0 & 0 & 1 & 2 & 3 \end{matrix} & \\ & \begin{pmatrix} k_{11} & k_{12} & k_{13} & k_{14} & k_{15} & k_{16} \\ k_{21} & k_{22} & k_{23} & k_{24} & k_{25} & k_{26} \\ k_{31} & k_{32} & k_{33} & k_{34} & k_{35} & k_{36} \\ k_{41} & k_{42} & k_{43} & k_{44} & k_{45} & k_{46} \\ k_{51} & k_{52} & k_{53} & k_{54} & k_{55} & k_{56} \\ k_{61} & k_{62} & k_{63} & k_{64} & k_{65} & k_{66} \end{pmatrix}^{(1)} & \begin{matrix} 0 \\ 0 \\ 0 \\ 1 \\ 2 \\ 3 \end{matrix} \end{matrix}$$

$$\boldsymbol{k}^{(2)} = \begin{matrix} & 1 & 2 & 3 & 4 & 5 & 6 & \\ & \begin{bmatrix} k_{11} & k_{12} & k_{13} & k_{14} & k_{15} & k_{16} \\ k_{21} & k_{22} & k_{23} & k_{24} & k_{25} & k_{26} \\ k_{31} & k_{32} & k_{33} & k_{34} & k_{35} & k_{36} \\ k_{41} & k_{42} & k_{43} & k_{44} & k_{45} & k_{46} \\ k_{51} & k_{52} & k_{53} & k_{54} & k_{55} & k_{56} \\ k_{61} & k_{62} & k_{63} & k_{64} & k_{65} & k_{66} \end{bmatrix}^{(2)} & \begin{matrix} 1 \\ 2 \\ 3 \\ 4 \\ 5 \\ 6 \end{matrix} \end{matrix}$$

$$\boldsymbol{k}^{(3)} = \begin{matrix} & 0 & 0 & 0 & 4 & 5 & 6 & \\ & \begin{bmatrix} k_{11} & k_{12} & k_{13} & k_{14} & k_{15} & k_{16} \\ k_{21} & k_{22} & k_{23} & k_{24} & k_{25} & k_{26} \\ k_{31} & k_{32} & k_{33} & k_{34} & k_{35} & k_{36} \\ k_{41} & k_{42} & k_{43} & k_{44} & k_{45} & k_{46} \\ k_{51} & k_{52} & k_{53} & k_{54} & k_{55} & k_{56} \\ k_{61} & k_{62} & k_{63} & k_{64} & k_{65} & k_{66} \end{bmatrix}^{(3)} & \begin{matrix} 0 \\ 0 \\ 0 \\ 4 \\ 5 \\ 6 \end{matrix} \end{matrix}$$

各单元的定位向量分别写在 $\boldsymbol{k}^{(e)}$ 的上方和右侧,将 $\boldsymbol{k}^{(e)}$ 中的元素按上述的"对号入座"规则送入 $\boldsymbol{K}$ 中并累加。如 $\boldsymbol{k}^{(1)}$ 中元素 k_{23} 的行号 2 列号 3 对应单元定位向量的分量为 0,则 $\boldsymbol{k}^{(1)}$ 中的 2 行和 3 列可以删去,不送入刚度矩阵 $\boldsymbol{K}$ 中,即"遇零不送";又如 $\boldsymbol{k}^{(1)}$ 中元素 $k_{54}^{(1)}$ 的行号 5、列号 4 对应单元定位向量分量为 2 和 1,即它应送入刚度矩阵 $\boldsymbol{K}$ 的 2 行 1 列位置中并累加。

利用单元定位向量累加后的结构刚度矩阵为

$$\boldsymbol{K} = \begin{matrix} & 1 & 2 & 3 & 4 & 5 & 6 & \\ & \begin{bmatrix} k_{44}^{(1)}+k_{11}^{(2)} & k_{45}^{(1)}+k_{12}^{(2)} & k_{46}^{(1)}+k_{13}^{(2)} & k_{14}^{(2)} & k_{15}^{(2)} & k_{16}^{(2)} \\ k_{54}^{(1)}+k_{21}^{(2)} & k_{55}^{(1)}+k_{22}^{(2)} & k_{56}^{(1)}+k_{23}^{(2)} & k_{24}^{(2)} & k_{25}^{(2)} & k_{26}^{(2)} \\ k_{64}^{(1)}+k_{31}^{(2)} & k_{65}^{(1)}+k_{32}^{(2)} & k_{66}^{(1)}+k_{33}^{(2)} & k_{34}^{(2)} & k_{35}^{(2)} & k_{36}^{(2)} \\ k_{41}^{(2)} & k_{42}^{(2)} & k_{43}^{(2)} & k_{44}^{(2)}+k_{44}^{(3)} & k_{45}^{(2)}+k_{45}^{(3)} & k_{46}^{(2)}+k_{46}^{(3)} \\ k_{51}^{(2)} & k_{52}^{(2)} & k_{53}^{(2)} & k_{54}^{(2)}+k_{54}^{(3)} & k_{55}^{(2)}+k_{55}^{(3)} & k_{56}^{(2)}+k_{56}^{(3)} \\ k_{61}^{(2)} & k_{62}^{(2)} & k_{63}^{(2)} & k_{64}^{(2)}+k_{64}^{(3)} & k_{65}^{(2)}+k_{65}^{(3)} & k_{66}^{(2)}+k_{66}^{(3)} \end{bmatrix} & \begin{matrix} 1 \\ 2 \\ 3 \\ 4 \\ 5 \\ 6 \end{matrix} \end{matrix}$$

上述集成过程表明:主对角线元素是由同一结点相关单元的刚度矩阵主对角线元素累加而成,因此一定是正值。副对角线元素是由定位向量所对应的单元刚度矩阵副对角线元素累加而成,可为正,可为负,亦可为零值。

与后处理法对应,因定位向量中考虑了支座对位移的限制,而且集成时没有考虑这些元素,相当于集成时已经对支座限制住的位移进行了处理,因而由此得出的结构刚度矩阵是非奇异的。

前处理法的最大半带宽=相关结点最大位移码差值+1

四、铰结点的处理及忽略轴向变形影响

(一)铰结点的处理

当刚架中有铰结点时,处理方法之一是像传统位移法那样,不把铰结端的转角作为基本未知量,当然这就要引用具有铰结端的单元刚度矩阵。另一种处理方法是将各铰接端的转角均作为基本未知量求解,这样虽然增加了未知量的数目,但所有杆件都采用前述一般单元的刚度矩阵,因而单元类型统一,程序简单,通用性强。当采取后一种处理方法时,由于在铰结点处,各杆端的转角各不相等,故铰结点处的转角未知量便不止一个,因此在对结点位移分量进行编号时,需注意增设铰结点处的角位移编号。

例如图 8-15 所示刚架,铰结点 2 处有两个转角未知量。各单元的结点位移分量编号如图 8-15 所示。注意其中单元(2)的 2 端转角编号为 6,而单元(3)的 2 端转角编号为 7,因此在铰结点 2 处的两杆杆端它们的线位移相同(不独立),而角位移不同(独立)。因此它们的线位移应采用同码,而角位移采用异码。

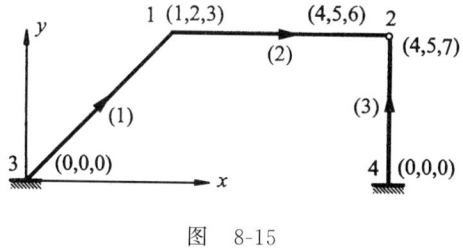

图 8-15

各单元的定位向量为(固定端处的位移编码均为 0):

单元(1) $(0\ 0\ 0\ 1\ 2\ 3)^T$,单元(2) $(1\ 2\ 3\ 4\ 5\ 6)^T$,单元(3) $(0\ 0\ 0\ 4\ 5\ 7)^T$
然后利用上节所述的集成规则集成结构刚度矩阵 K,此时结构刚度矩阵 K 为 7 阶方阵。

(二)忽略轴向变形影响

用矩阵位移法计算刚架时,亦可忽略轴向变形影响。由于不计轴向变形,各结点线位移不再全部独立,因而只对其独立的结点线位移予以编号,凡结点线位移分量相等者编号亦相同。但当有斜杆等情况时,这样处理并不方便。

例如图 8-16 所示刚架,忽略轴向变形影响,在刚结点 1 处,竖向位移分量为零,故其编码也为零。此外因为忽略轴向变形影响,结点 1、2 的水平位移分量都相等,因此它们的线位移采用同码。所以结点 1 的位移编码为(1,0,2),结点 2 的位移编码为(1,0,3)。

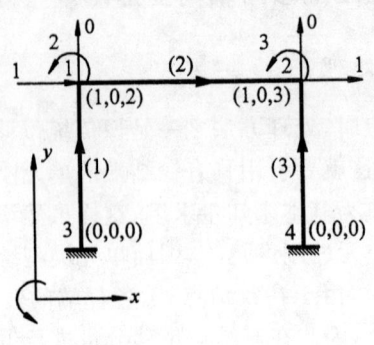

图 8-16

各单元的定位向量为(固定端处的位移编码均为0)：

单元(1) $(0\ 0\ 0\ 1\ 0\ 2)^T$，单元(2) $(1\ 0\ 2\ 1\ 0\ 3)^T$，单元(3) $(0\ 0\ 0\ 1\ 0\ 3)^T$

然后利用上节所述的集成规则集成结构刚度矩阵 K，此时结构刚度矩阵 K 为3阶方阵。

忽略轴向变形另一方便的办法是采用前面讲的一般方法(即每个结点位移分量均作独立未知量求解)，但将杆件的截面面积 A 输入很大的数(例如用实际面积乘100或1 000倍)，即可得到满意的结果。

五、非结点荷载处理

到现在为止，我们所讨论的只是荷载作用在结点上的情况。但在实际问题中，不可避免地会遇到非结点荷载，因此当结构上的荷载为非结点荷载时，必须用等效结点荷载来处理。用等效结点荷载来代替非结点荷载，其处理原则为在等效结点荷载作用下结构的结点位移与实际非结点荷载作用下结构的结点位移应相等。为此可采用位移法中在原结构的独立结点位移上设置附加约束，形成基本结构，再解除附加约束的办法处理之。

以图 8-17(a)所示刚架示例，可按下述步骤和方法处理。

① 假想将有跨中荷载作用的单元(2)的两端结点位移完全约束住，设置两个附加刚臂和四根链杆，如图 8-17(b)所示。这样，单元(2)成为两端固定的杆件，在两端结点上产生在局部坐标系中的固端力 $\overline{F}_F^{(e)}$，如图 8-17(c)所示。即

$$\overline{F}_F^{(2)} = (0 \quad 45\ \text{kN} \quad 37.5\ \text{kN·m} \quad 0 \quad 45\ \text{kN} \quad -37.5\ \text{kN·m})^T$$

② 解除约束，即将上述固端力变号并由式(8-29)进行坐标转换，得到结构坐标系中的单元等效结点荷载列阵，即

$$F_E^{(e)} = -T^{(e)T}\overline{F}_F^{(e)} = -F_F^{(e)} \tag{8-50}$$

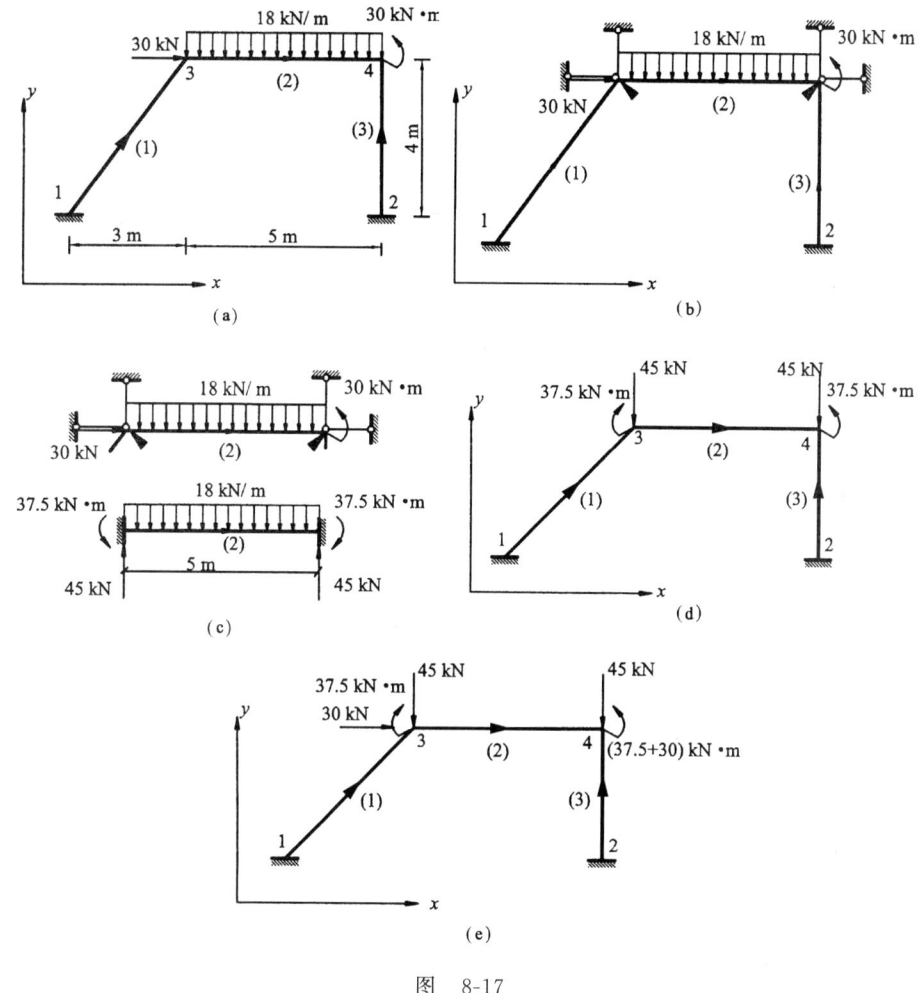

图 8-17

然后将 $F_E^{(e)}$ 作用于相应的两端结点上。

对于单元(2)，$\theta^{(2)}=0°$，$T^{(2)}=I$，$\overline{F}_F^{(2)}=F_F^{(2)}$

$$F_E^{(2)} = -F_F^{(2)} = \begin{Bmatrix} F_{E2}^{(2)} \\ \cdots \\ F_{E3}^{(2)} \end{Bmatrix}$$

$$=(0 \quad -45\text{ kN} \quad -37.5\text{ kN·m} \vdots 0 \quad -45\text{ kN} \quad 37.5\text{ kN·m})^T$$

将 $F_E^{(2)}$ 作用于 3、4 结点上，如图 8-17(d)所示。

③ 再将各单元等效结点荷载 $F_E^{(e)}$ 按"对号入座"法则集成、累加得到结构等效结点荷载列阵 F_E。当结点上尚有结点荷载 F_P 作用时，则可将其一起组合为综合结点荷载列阵（图 8-17e），即

$$F=F_P+F_E=\begin{Bmatrix} F_{Rx1} \\ F_{Ry1} \\ M_1 \\ \hline F_{Rx2} \\ F_{Ry2} \\ M_2 \\ \hline 30\text{ kN} \\ 0 \\ 0 \\ \hline 0 \\ 0 \\ 30\text{ kN}\cdot\text{m} \end{Bmatrix}+\begin{Bmatrix} 0 \\ 0 \\ 0 \\ \hline 0 \\ 0 \\ 0 \\ \hline 0 \\ -45\text{ kN} \\ -37.5\text{ kN}\cdot\text{m} \\ \hline 0 \\ -45\text{ kN} \\ 37.5\text{ kN}\cdot\text{m} \end{Bmatrix}=\begin{Bmatrix} F_{Rx1} \\ F_{Ry1} \\ M_1 \\ \hline F_{Rx2} \\ F_{Ry2} \\ M_2 \\ \hline 30\text{ kN} \\ -45\text{ kN} \\ -37.5\text{ kN}\cdot\text{m} \\ \hline 0 \\ -45\text{ kN} \\ 67.5\text{ kN}\cdot\text{m} \end{Bmatrix}$$

F_P 中的 F_{Rx1}、F_{Ry1}、M_1、F_{Rx2}、F_{Ry2}、M_2 为结点 1、2 的支座反力。

例 8-3 试求图 8-18(a)所示结构的原始综合结点荷载列阵 F。

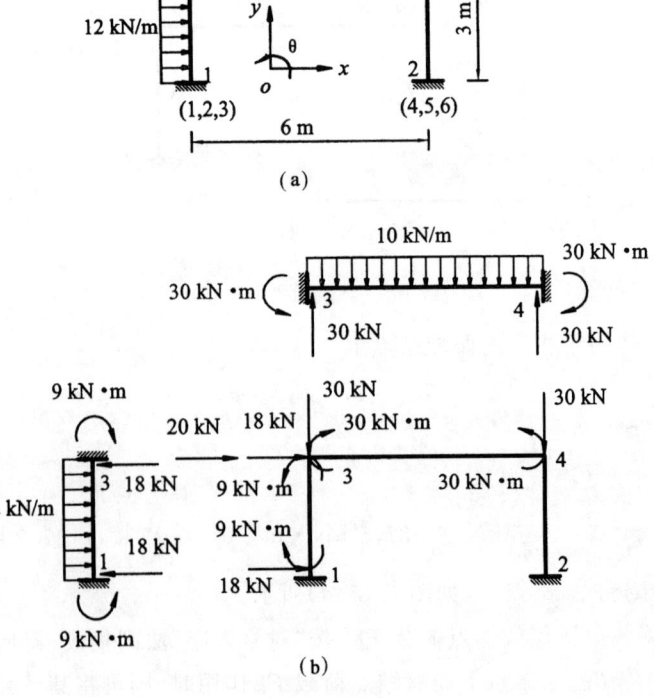

图 8-18

解 由图 8-18(a)所示荷载，根据上述的①、②步骤，将各单元等效结点荷载 $F_E^{(e)}$ 作用于 1、3、4 结点上，结点荷载 $F_{Px3}=20$ kN 也作用于 3 结点上，结果如图 8-18(b)所示。

根据上述的 ③ 步骤，对 1、3、4 结点的结点荷载，按图 8-18(a)所示的结点位移编号顺序，集成、累加可得各结点的综合结点荷载，为

$$F_1 = (18 \text{ kN} + F_{Rx1} \quad F_{Ry1} \quad -9 \text{ kN·m} + M_1)^T$$
$$F_2 = (F_{Rx2} \quad F_{Ry2} \quad M_2)^T$$
$$F_3 = (38 \text{ kN} \quad -30 \text{ kN} \quad -21 \text{ kN·m})^T$$
$$F_4 = (0 \quad -30 \text{ kN} \quad 30 \text{ kN·m})^T$$

由上述结果，即得结构的原始综合结点荷载列阵 F。

$$\begin{aligned}F &= (F_1^T \quad F_2^T \quad F_3^T \quad F_4^T)^T \\ &= (18 \text{ kN} + F_{Rx1} \quad F_{Ry1} \quad -9 \text{ kN·m} + M_1 \vdots F_{Rx2} \quad F_{Ry2} \quad M_2 \vdots 38 \text{ kN} \\ &\quad -30 \text{ kN} \quad -21 \text{ kN·m} \vdots 0 \quad -30 \text{ kN} \quad 30 \text{ kN·m})^T\end{aligned}$$

六、单元杆端力的计算

经过整体分析并且引入了边界已知位移条件后，只要杆件体系是几何不变的，结构刚度方程就一定是非奇异的。因此，可求得结构全部结点位移。有了位移可以解决结构的刚度问题。但在实际工程设计中，更感兴趣的是结构内力（物体应力）。下面假设在求得了结构结点位移列阵 Δ 的情形下，说明单元杆端力的计算问题。

根据单元结点信息（即单元两端结点整体码）或单元定位向量（单元整体位移码），即可从结点位移列阵 Δ 中取出该单元的结构坐标下位移矩阵 $\delta^{(e)}$。根据单元的结点坐标信息，可以求出倾角的 $\cos\theta$、$\sin\theta$，从而形成单元坐标转换矩阵 $T^{(e)}$。又根据单元刚度方程和位移坐标转换可知

$$\overline{F}^{(e)} = \overline{k}^{(e)} T^{(e)} \delta^{(e)} + \overline{F}_F^{(e)} \tag{8-51}$$

或

$$\overline{F}^{(e)} = T^{(e)} F^{(e)} + \overline{F}_F^{(e)} = T^{(e)} k^{(e)} \delta^{(e)} + \overline{F}_F^{(e)} \tag{8-52}$$

上两式即为单元杆端力的计算公式。由此可见 $\overline{F}^{(e)}$ 包含两部分：其一为位移引起的杆端力，亦即 $\overline{k}^{(e)} T^{(e)} \delta^{(e)}$ 或 $T^{(e)} k^{(e)} \delta^{(e)}$；另一为等效结点荷载或固端力引起的杆端力 $\overline{F}_F^{(e)}$。显然，只有单元上有荷载作用时才有此项。对于平面刚架，要注意习惯上的内力符号规定和杆端力符号规定间的差异。

第五节 计算步骤和算例

通过上面的讨论,可将矩阵位移法的计算步骤(以后处理为例)归纳如下:

① 对结点和单元进行编号,建立结构(整体)坐标系和单元(局部)坐标系,并对结点位移进行编号。

② 计算各杆的单元刚度矩阵 $\bar{k}^{(e)}$、$k^{(e)}$。

③ 形成结构原始刚度矩阵 K。

④ 计算固端力 $\bar{F}_F^{(e)}$、等效结点荷载 F_E 及综合结点荷载 F。

⑤ 引入支承条件,修改结构原始刚度方程(针对于后处理法)。

⑥ 解算结构刚度方程,求出结点位移 Δ。

⑦ 计算各单元杆端力 $\bar{F}^{(e)}$。

例 8-4 试用矩阵位移法计算图 8-19 所示的三跨连续梁,绘出 M 图。各杆 EI 如图 8-19a 所示。

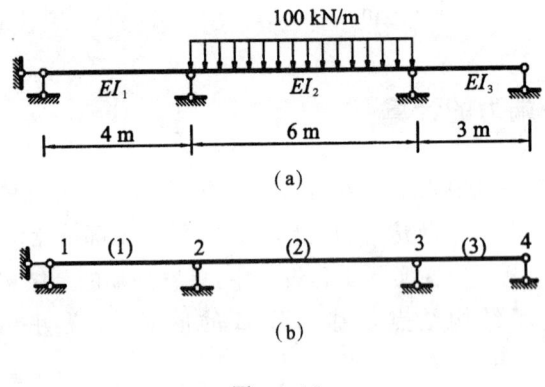

图 8-19

解

① 对结点和单元进行编号,如图 8-19(b)所示。对于连续梁来说,各单元的整体坐标系和局部坐标系重合,因而没有坐标变换问题。本题采用右手坐标系。

② 形成各单元的单元刚度矩阵 $k^{(e)}$。

等截面梁单元的单元刚度矩阵 $k^{(e)}$ 为 2×2 阶的,即

$$k^{(e)} = \begin{pmatrix} \dfrac{4EI}{l} & \dfrac{2EI}{l} \\ \dfrac{2EI}{l} & \dfrac{4EI}{l} \end{pmatrix}^{(e)}$$

各单元刚度矩阵分别为

$$k^{(1)} = \begin{pmatrix} \overset{1}{\dfrac{4EI_1}{l^{(1)}}} & \overset{2}{\dfrac{2EI_1}{l^{(1)}}} \\ \dfrac{2EI_1}{l^{(1)}} & \dfrac{4EI_1}{l^{(1)}} \end{pmatrix} \begin{matrix} 1 \\ 2 \end{matrix}$$

$$k^{(2)} = \begin{pmatrix} \overset{2}{\dfrac{4EI_2}{l^{(2)}}} & \overset{3}{\dfrac{2EI_2}{l^{(2)}}} \\ \dfrac{2EI_2}{l^{(2)}} & \dfrac{4EI_2}{l^{(2)}} \end{pmatrix} \begin{matrix} 2 \\ 3 \end{matrix}$$

$$k^{(3)} = \begin{pmatrix} \overset{3}{\dfrac{4EI_3}{l^{(3)}}} & \overset{4}{\dfrac{2EI_3}{l^{(3)}}} \\ \dfrac{2EI_3}{l^{(3)}} & \dfrac{4EI_3}{l^{(3)}} \end{pmatrix} \begin{matrix} 3 \\ 4 \end{matrix}$$

③ 由各单元刚度矩阵 $k^{(e)}$ 的上方和右侧的单元定位向量,集成结构刚度矩阵 K,此时结构刚度矩阵 K 为 4 阶方阵。

$$K = \begin{pmatrix} \overset{1}{\dfrac{4EI_1}{l^{(1)}}} & \overset{2}{\dfrac{2EI_1}{l^{(1)}}} & \overset{3}{0} & \overset{4}{0} \\ \dfrac{2EI_1}{l^{(1)}} & \dfrac{4EI_1}{l^{(1)}}+\dfrac{4EI_2}{l^{(2)}} & \dfrac{2EI_2}{l^{(2)}} & 0 \\ 0 & \dfrac{2EI_2}{l^{(2)}} & \dfrac{4EI_2}{l^{(2)}}+\dfrac{4EI_3}{l^{(3)}} & \dfrac{2EI_3}{l^{(3)}} \\ 0 & 0 & \dfrac{2EI_3}{l^{(3)}} & \dfrac{4EI_3}{l^{(3)}} \end{pmatrix} \begin{matrix} 1 \\ 2 \\ 3 \\ 4 \end{matrix}$$

各杆有关数据为

$$\dfrac{EI_1}{l^{(1)}} = 2.0 \times 10^4 \text{ kN} \cdot \text{m}$$

$$\dfrac{EI_2}{l^{(2)}} = 1.0 \times 10^4 \text{ kN} \cdot \text{m}$$

$$\dfrac{EI_3}{l^{(3)}} = 3.0 \times 10^4 \text{ kN} \cdot \text{m}$$

将上述数据代入 K 中,得

$$K = \begin{pmatrix} 8.0 & 4.0 & 0.0 & 0.0 \\ 4.0 & 12.0 & 2.0 & 0.0 \\ 0.0 & 2.0 & 16.0 & 6.0 \\ 0.0 & 0.0 & 6.0 & 12.0 \end{pmatrix} \times 10^4 \text{ kN} \cdot \text{m}$$

由于连续梁的单元刚度矩阵为非奇异矩阵,由此组集成的结构刚度矩阵 K 也是非奇异的,故无需再进行支座约束条件处理。

④ 计算非结点荷载作用下(2)单元的固端力列阵及等效结点荷载列阵。

由图 8-20(a)、(b)可得(2)单元的固端力列阵及等效结点荷载列阵,即

$$F_F^{(2)} = \begin{pmatrix} 300 \\ -300 \end{pmatrix} \text{kN} \cdot \text{m}$$

$$F = \begin{pmatrix} 0 & -3.0 & 3.0 & 0 \end{pmatrix}^T \times 10^2 \text{ kN} \cdot \text{m}$$

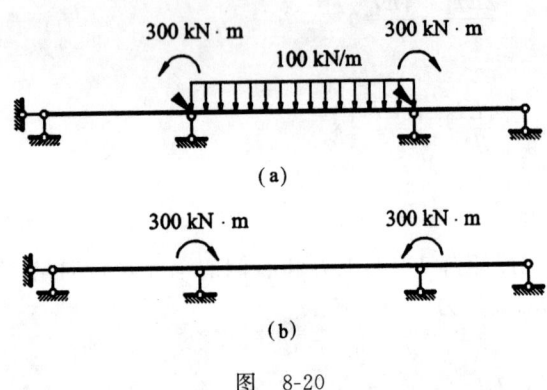

图 8-20

⑤ 解方程,求得未知结点位移为

$$\Delta = K^{-1} F = \begin{pmatrix} \theta_1 \\ \theta_2 \\ \theta_3 \\ \theta_4 \end{pmatrix} = \begin{pmatrix} 1.78 \\ -3.57 \\ 2.86 \\ -1.43 \end{pmatrix} \times 10^{-3} \text{ rad}$$

⑥ 计算各单元杆端弯矩

由式(8-51),各单元的杆端弯矩为

$$F^{(1)} = k^{(1)} \delta^{(1)} = k^{(1)} \begin{pmatrix} \theta_1 \\ \theta_2 \end{pmatrix}$$

$$= \begin{pmatrix} 8 & 4 \\ 4 & 8 \end{pmatrix} \times 10^4 \text{ kN} \cdot \text{m} \begin{pmatrix} 1.78 \\ -3.57 \end{pmatrix} \times 10^{-3} = \begin{pmatrix} 0 \\ -214 \end{pmatrix} \text{kN} \cdot \text{m}$$

$$F^{(2)} = k^{(2)} \delta^{(2)} + F_F^{(2)} = k^{(2)} \begin{pmatrix} \theta_2 \\ \theta_3 \end{pmatrix} + F_F^{(2)}$$

$$= \begin{pmatrix} 4 & 2 \\ 2 & 4 \end{pmatrix} \times 10^4 \text{ kN} \cdot \text{m} \begin{pmatrix} -3.57 \\ 2.86 \end{pmatrix} \times 10^{-3} + \begin{pmatrix} 300 \\ -300 \end{pmatrix}$$

$$= \begin{pmatrix} 214 \\ -257 \end{pmatrix} \text{kN} \cdot \text{m}$$

$$F^{(3)} = k^{(3)} \delta^{(3)} = k^{(3)} \begin{pmatrix} \theta_3 \\ \theta_4 \end{pmatrix}$$

$$= \begin{pmatrix} 12 & 6 \\ 6 & 12 \end{pmatrix} \times 10^4 \text{ kN} \cdot \text{m} \begin{pmatrix} 2.86 \\ -1.43 \end{pmatrix} \times 10^{-3} = \begin{pmatrix} 257 \\ 0 \end{pmatrix} \text{kN} \cdot \text{m}$$

连续梁的最后弯矩图如图 8-21 所示。

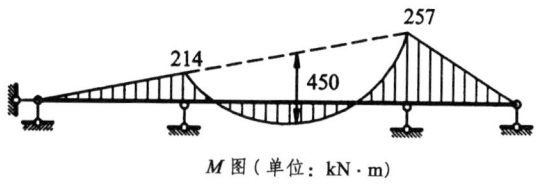

M 图（单位：kN·m）

图 8-21

例 8-5 试用矩阵位移法计算图 8-22 所示桁架的内力。单元(1)、(2)的截面面积为 A，单元(3)的截面面积为 $2A$，各杆 E 相同。

解

① 对结点和单元进行编号并选定整体坐标系和局部坐标系，如图 8-24(b)所示。各杆杆轴上的箭头方向为 $\bar{x}$ 方向，此题采用前处理法，对结点位移分量编号时位移为零的一律编为零码。

② 形成局部坐标系中的单元刚度矩阵 $\bar{k}^{(e)}$。

桁架各杆单元的单元刚度矩阵 $\bar{k}^{(e)}$ 为 4×4 阶的，即

$$\bar{k}^{(e)} = \frac{EA^{(e)}}{l^{(e)}} \begin{pmatrix} 1 & 0 & -1 & 0 \\ 0 & 0 & 0 & 0 \\ -1 & 0 & 1 & 0 \\ 0 & 0 & 0 & 0 \end{pmatrix}$$

③ 计算结构坐标系中的单元刚度矩阵 $k^{(e)}$。

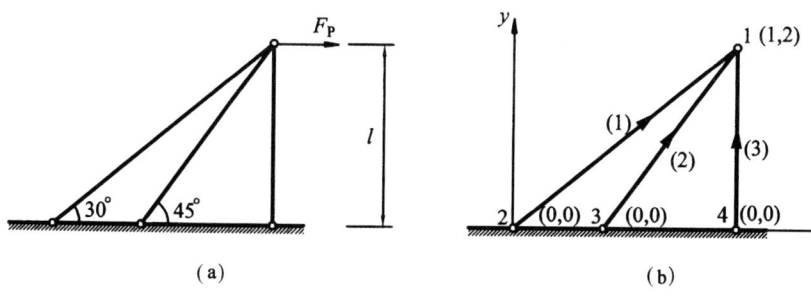

图 8-22

由图 8-22(b)可知,单元(1): $\theta^{(1)}=30°$, $\sin\theta=1/2$, $\cos\theta=\sqrt{3}/2$。单元(2): $\theta^{(2)}=45°$, $\sin\theta=\sqrt{2}/2$, $\cos\theta=\sqrt{2}/2$。单元(3): $\theta^{(3)}=90°$, $\sin\theta=1$, $\cos\theta=0$。

由桁架单元的坐标变换矩阵和式(8-32),即

$$T^{(e)} = \begin{pmatrix} \cos\theta & \sin\theta & & \\ -\sin\theta & \cos\theta & & \mathbf{0} \\ & & \cos\theta & \sin\theta \\ & \mathbf{0} & -\sin\theta & \cos\theta \end{pmatrix}^{(e)} = \begin{pmatrix} \mathbf{t} & \mathbf{0} \\ \mathbf{0} & \mathbf{t} \end{pmatrix}^{(e)}$$

$$k^{(e)} = T^{(e)\mathrm{T}} \bar{k}^{(e)} T^{(e)}$$

可得结构坐标系中的单元刚度矩阵

$$k^{(1)} = \frac{EA}{8l} \begin{pmatrix} 3 & \sqrt{3} & -3 & -\sqrt{3} \\ \sqrt{3} & 1 & -\sqrt{3} & -1 \\ -3 & -\sqrt{3} & 3 & \sqrt{3} \\ -\sqrt{3} & -1 & \sqrt{3} & 1 \end{pmatrix} \begin{matrix} 0 \\ 0 \\ 1 \\ 2 \end{matrix}$$

$$k^{(2)} = \frac{EA}{8l} \begin{pmatrix} 2\sqrt{2} & 2\sqrt{2} & -2\sqrt{2} & -2\sqrt{2} \\ \sqrt{2} & 1 & -2\sqrt{2} & -2\sqrt{2} \\ -2\sqrt{2} & -2\sqrt{2} & 2\sqrt{2} & 2\sqrt{2} \\ -2\sqrt{2} & -2\sqrt{2} & 2\sqrt{2} & 2\sqrt{2} \end{pmatrix} \begin{matrix} 0 \\ 0 \\ 1 \\ 2 \end{matrix}$$

$$k^{(3)} = \frac{EA}{8l} \begin{pmatrix} 0 & 0 & 0 & 0 \\ 0 & 16 & 0 & -16 \\ 0 & 0 & 0 & 0 \\ 0 & -16 & 0 & 16 \end{pmatrix} \begin{matrix} 0 \\ 0 \\ 1 \\ 2 \end{matrix}$$

④ 由各单元刚度矩阵 $k^{(e)}$ 的上方和右侧的单元定位向量,集成结构刚度矩阵 K,此时结构刚度矩阵 K 为 2 阶方阵。

$$K = \frac{EA}{l} \begin{pmatrix} 0.728\,55 & 0.570\,06 \\ 0.570\,06 & 2.478\,55 \end{pmatrix} \begin{matrix} 1 \\ 2 \end{matrix}, \quad F = \begin{pmatrix} F_\mathrm{P} \\ 0 \end{pmatrix}$$

⑤ 解算结构刚度方程,求出结点位移。

$$\frac{EA}{l} \begin{pmatrix} 0.728\,55 & 0.570\,06 \\ 0.570\,06 & 2.478\,55 \end{pmatrix} \begin{pmatrix} u_1 \\ v_1 \end{pmatrix} = \begin{pmatrix} F_\mathrm{P} \\ 0 \end{pmatrix}$$

第八章　矩阵位移法

$$\Delta_1 = \begin{pmatrix} u_1 \\ v_1 \end{pmatrix} = \frac{F_P l}{EA} \begin{pmatrix} 1.67381 \\ -0.38497 \end{pmatrix}, \quad \Delta_2 = \begin{pmatrix} u_2 \\ v_2 \end{pmatrix} = 0$$

$$\Delta_3 = \begin{pmatrix} u_3 \\ v_3 \end{pmatrix} = 0, \quad \Delta_4 = \begin{pmatrix} u_4 \\ v_4 \end{pmatrix} = 0$$

⑥ 计算各杆轴力

$$\overline{F}^{(1)} = T^{(1)} k^{(1)} \delta^{(1)} = T^{(1)} k^{(1)} \begin{pmatrix} \Delta_2 \\ \Delta_1 \end{pmatrix}$$

$$= \begin{pmatrix} \sqrt{3}/2 & 1/2 & 0 & 0 \\ -1/2 & \sqrt{3}/2 & 0 & 0 \\ \hline 0 & 0 & \sqrt{3}/2 & 1/2 \\ 0 & 0 & -1/2 & \sqrt{3}/2 \end{pmatrix}$$

$$\frac{EA}{8l} \begin{pmatrix} 3 & \sqrt{3} & -3 & -\sqrt{3} \\ \sqrt{3} & 1 & -\sqrt{3} & -1 \\ \hline -3 & -\sqrt{3} & 3 & \sqrt{3} \\ -\sqrt{3} & -1 & \sqrt{3} & 1 \end{pmatrix} \frac{F_P l}{EA} \begin{pmatrix} 0 \\ 0 \\ \hline 1.67381 \\ -0.38497 \end{pmatrix}$$

$$= \begin{pmatrix} -0.6285 \\ 0 \\ \hline 0.6285 \\ 0 \end{pmatrix} F_P \quad （拉力）$$

$$\overline{F}^{(2)} = T^{(2)} k^{(2)} \delta^{(2)} = T^{(2)} k^{(2)} \begin{pmatrix} \Delta_3 \\ \Delta_1 \end{pmatrix}$$

$$= \begin{pmatrix} \sqrt{2}/2 & \sqrt{2}/2 & 0 & 0 \\ -\sqrt{2}/2 & \sqrt{2}/2 & 0 & 0 \\ \hline 0 & 0 & \sqrt{2}/2 & \sqrt{2}/2 \\ 0 & 0 & -\sqrt{2}/2 & \sqrt{2}/2 \end{pmatrix}$$

$$\frac{EA}{8l} \begin{pmatrix} 2\sqrt{2} & 2\sqrt{2} & -2\sqrt{2} & -2\sqrt{2} \\ \sqrt{2} & 1 & -2\sqrt{2} & -2\sqrt{2} \\ \hline -2\sqrt{2} & -2\sqrt{2} & 2\sqrt{2} & 2\sqrt{2} \\ -2\sqrt{2} & -2\sqrt{2} & 2\sqrt{2} & 2\sqrt{2} \end{pmatrix} \frac{F_P l}{EA} \begin{pmatrix} 0 \\ 0 \\ \hline 1.67381 \\ -0.38497 \end{pmatrix}$$

$$= \begin{Bmatrix} -0.644\ 2 \\ 0 \\ \hdashline 0.644\ 2 \\ 0 \end{Bmatrix} F_P \quad (拉力)$$

$$\overline{F}^{(3)} = T^{(3)} k^{(3)} \delta^{(3)} = T^{(3)} k^{(3)} \begin{Bmatrix} \Delta_4 \\ \Delta_1 \end{Bmatrix}$$

$$= \begin{bmatrix} 0 & 1 & 0 & 0 \\ -1 & 0 & 0 & 0 \\ \hdashline 0 & 0 & 0 & 1 \\ 0 & 0 & -1 & 0 \end{bmatrix} \frac{EA}{8l} \begin{bmatrix} 0 & 0 & 0 & 0 \\ 0 & 16 & 0 & -16 \\ \hdashline 0 & 0 & 0 & 0 \\ 0 & -16 & 0 & 16 \end{bmatrix} \frac{F_P l}{EA} \begin{Bmatrix} 0 \\ 0 \\ \hdashline 1.673\ 81 \\ -0.384\ 97 \end{Bmatrix}$$

$$= \begin{Bmatrix} 0.769\ 9 \\ 0 \\ \hdashline -0.769\ 9 \\ 0 \end{Bmatrix} F_P \quad (压力)$$

例 8-6 试求图 8-23(a)所示刚架的内力。各杆材料及截面均相同,$E=200$ GPa,$I=32\times10^{-5}$ m^4,$A=1\times10^{-2}$ m^2。

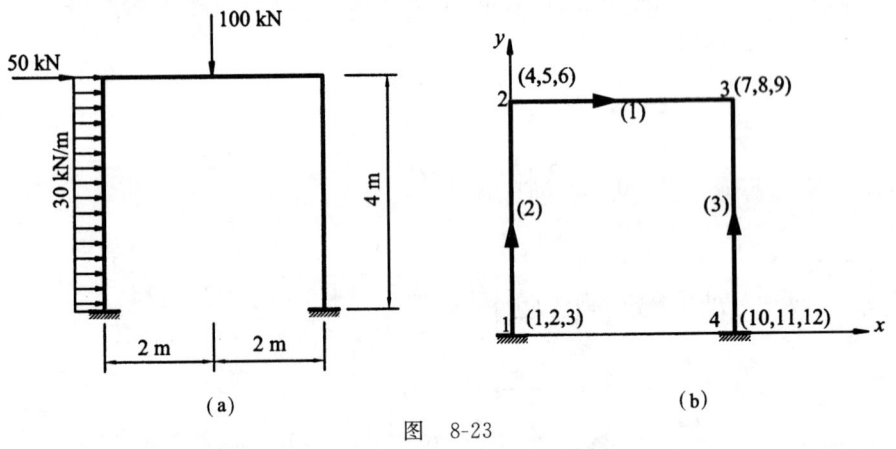

图 8-23

解

① 对结点和单元进行编号,此题采用后处理法,结点位移分量编号、结构坐标系、各单元的局部坐标系如图 8-23(b)所示(采用右手坐标系)。

有关数据为

$$\frac{EA}{l} = 500 \times 10^3 \ \text{kN/m}$$

$$\frac{12EI}{l^3} = 12 \times 10^3 \ \text{kN/m}$$

第八章 矩阵位移法

$$\frac{6EI}{l^2}=24\times 10^3 \text{ kN}$$

$$\frac{4EI}{l}=64\times 10^3 \text{ kN·m}$$

$$\frac{2EI}{l}=32\times 10^3 \text{ kN·m}$$

② 形成局部坐标系中的单元刚度矩阵 $\bar{\boldsymbol{k}}^{(e)}$。

单元(1)、(2)和(3)

$$\bar{\boldsymbol{k}}^{(1)}=\bar{\boldsymbol{k}}^{(2)}=\bar{\boldsymbol{k}}^{(3)}=10^3\begin{pmatrix} 500 & 0 & 0 & -500 & 0 & 0 \\ 0 & 12 & 24 & 0 & -12 & 24 \\ 0 & 24 & 64 & 0 & -24 & 32 \\ -500 & 0 & 0 & 500 & 0 & 0 \\ 0 & -12 & -24 & 0 & 12 & -24 \\ 0 & 24 & 32 & 0 & -24 & 64 \end{pmatrix}$$

③ 计算结构坐标系中的单元刚度矩阵 $\boldsymbol{k}^{(e)}$。

单元(2)和(3):$\theta^{(2)}=\theta^{(3)}=90°$,$\cos\theta=0$,$\sin\theta=1$,坐标转换矩阵为

$$\boldsymbol{T}^{(2)}=\boldsymbol{T}^{(3)}=\begin{pmatrix} 0 & 1 & 0 & & & \\ -1 & 0 & 0 & & \boldsymbol{0} & \\ 0 & 0 & 1 & & & \\ & & & 0 & 1 & 0 \\ & \boldsymbol{0} & & -1 & 0 & 0 \\ & & & 0 & 0 & 1 \end{pmatrix}$$

$$\boldsymbol{k}^{(2)}=\boldsymbol{k}^{(3)}=\boldsymbol{T}^{(3)\mathrm{T}}\bar{\boldsymbol{k}}^{(3)}\boldsymbol{T}^{(3)}=10^3\begin{pmatrix} 12 & 0 & -24 & -12 & 0 & -24 \\ 0 & 500 & 0 & 0 & -500 & 0 \\ -24 & 0 & 64 & 24 & 0 & 32 \\ -12 & 0 & 24 & 12 & 0 & 24 \\ 0 & -500 & 0 & 0 & 500 & 0 \\ -24 & 0 & 32 & 24 & 0 & 64 \end{pmatrix}$$

对于单元(1):$\theta^{(1)}=0°$,$\boldsymbol{T}^{(1)}=\boldsymbol{I}$,$\bar{\boldsymbol{k}}^{(1)}=\boldsymbol{k}^{(1)}$。

④ 将以上各单元刚度矩阵 $\boldsymbol{k}^{(e)}$ 集成结构原始刚度矩阵 $\boldsymbol{K}$。

结构原始刚度矩阵 $\boldsymbol{K}$ 为 12×12 阶方阵,它的每个子块都是 3×3 阶方阵。根据图 8-23(b)所示的各单元的始、末两端 i、j 的结点号码,将各单元刚度矩阵以 4 个子块形式表示,它们分别为

$$\boldsymbol{k}^{(1)}=\begin{matrix} & \begin{matrix} 2 & 3 \end{matrix} & \\ & \begin{pmatrix} \boldsymbol{k}_{22}^{(1)} & \boldsymbol{k}_{23}^{(1)} \\ \boldsymbol{k}_{32}^{(1)} & \boldsymbol{k}_{33}^{(1)} \end{pmatrix} & \begin{matrix} 2 \\ 3 \end{matrix} \end{matrix}$$

$$k^{(2)} = \begin{bmatrix} k_{11}^{(2)} & k_{12}^{(2)} \\ \hdashline k_{21}^{(2)} & k_{22}^{(2)} \end{bmatrix} \begin{matrix} 1 \\ 2 \end{matrix}$$

$$k^{(3)} = \begin{bmatrix} k_{44}^{(3)} & k_{43}^{(3)} \\ \hdashline k_{34}^{(3)} & k_{33}^{(3)} \end{bmatrix} \begin{matrix} 4 \\ 3 \end{matrix}$$

将以上各单刚子块对号入座即得原始刚度矩阵 K

$$K = \begin{bmatrix} k_{11}^{(2)} & k_{12}^{(2)} & 0 & 0 \\ k_{21}^{(2)} & k_{22}^{(1)}+k_{22}^{(2)} & k_{23}^{(1)} & 0 \\ 0 & k_{32}^{(1)} & k_{33}^{(1)}+k_{33}^{(3)} & k_{34}^{(3)} \\ 0 & 0 & k_{43}^{(3)} & k_{44}^{(3)} \end{bmatrix} \begin{matrix} 1 \\ 2 \\ 3 \\ 4 \end{matrix}$$

$$= 10^3 \begin{bmatrix} 12 & 0 & -24 & -12 & 0 & -24 & & & & & & \\ 0 & 500 & 0 & 0 & -500 & 0 & & \mathbf{0} & & & \mathbf{0} & \\ -24 & 0 & 64 & 24 & 0 & 32 & & & & & & \\ \hdashline -12 & 0 & 24 & 512 & 0 & 24 & -500 & 0 & 0 & & & \\ 0 & -500 & 0 & 0 & 512 & 24 & 0 & -12 & 24 & & \mathbf{0} & \\ -24 & 0 & 32 & 24 & 24 & 128 & 0 & -24 & 32 & & & \\ \hdashline & & & -500 & 0 & 0 & 512 & 0 & 24 & -12 & 0 & 24 \\ & \mathbf{0} & & 0 & -12 & -24 & 0 & 512 & -24 & 0 & -500 & 0 \\ & & & 0 & 24 & 32 & 24 & -24 & 128 & -24 & 0 & 32 \\ \hdashline & & & & & & -12 & 0 & -24 & 12 & 0 & -24 \\ & \mathbf{0} & & & \mathbf{0} & & 0 & -500 & 0 & 0 & 500 & 0 \\ & & & & & & 24 & 0 & 32 & -24 & 0 & 64 \end{bmatrix}$$

⑤ 计算非结点荷载作用下的各单元固端力、等效结点荷载及综合结点荷载。

各单元在局部坐标系中的固端力为

$$\overline{F}_F^{(1)} = \begin{Bmatrix} \overline{F}_{F2}^{(1)} \\ \hdashline \overline{F}_{F3}^{(1)} \end{Bmatrix} = \begin{Bmatrix} 0 \\ 50 \text{ kN} \\ 50 \text{ kN} \cdot \text{m} \\ \hdashline 0 \\ 50 \text{ kN} \\ -50 \text{ kN} \cdot \text{m} \end{Bmatrix}$$

$$\overline{\boldsymbol{F}}_{\mathrm{F}}^{(2)} = \begin{Bmatrix} \overline{\boldsymbol{F}}_{\mathrm{F1}}^{(2)} \\ \cdots \\ \overline{\boldsymbol{F}}_{\mathrm{F2}}^{(2)} \end{Bmatrix} = \begin{Bmatrix} 0 \\ 60 \text{ kN} \\ 40 \text{ kN} \cdot \text{m} \\ \cdots \\ 0 \\ 60 \text{ kN} \\ -40 \text{ kN} \cdot \text{m} \end{Bmatrix}$$

$$\overline{\boldsymbol{F}}_{\mathrm{F}}^{(3)} = 0$$

将固端力反号并进行坐标转换，得到单元等效结点荷载列阵

$$\boldsymbol{F}_{\mathrm{E}}^{(e)} = -\boldsymbol{T}^{(e)\mathrm{T}} \overline{\boldsymbol{F}}_{\mathrm{F}}^{(e)}$$

对于单元(1)：$\theta^{(1)} = 0°$，$\boldsymbol{T}^{(1)} = \boldsymbol{I}$；单元(2)：$\theta^{(2)} = 90°$，即

$$\boldsymbol{F}_{\mathrm{E}}^{(1)} = -\overline{\boldsymbol{F}}_{\mathrm{F}}^{(1)} = \begin{Bmatrix} \boldsymbol{F}_{\mathrm{E2}}^{(1)} \\ \cdots \\ \boldsymbol{F}_{\mathrm{E3}}^{(1)} \end{Bmatrix} = \begin{Bmatrix} 0 \\ -50 \text{ kN} \\ -50 \text{ kN} \cdot \text{m} \\ \cdots \\ 0 \\ -50 \text{ kN} \\ 50 \text{ kN} \cdot \text{m} \end{Bmatrix} \begin{matrix} 4 \\ 5 \\ 6 \\ 7 \\ 8 \\ 9 \end{matrix}$$

$$\boldsymbol{F}_{\mathrm{E}}^{(2)} = -\boldsymbol{T}^{(2)\mathrm{T}} \overline{\boldsymbol{F}}_{\mathrm{F}}^{(2)} = \begin{Bmatrix} \boldsymbol{F}_{\mathrm{E1}}^{(2)} \\ \cdots \\ \boldsymbol{F}_{\mathrm{E2}}^{(2)} \end{Bmatrix} = \begin{Bmatrix} 60 \text{ kN} \\ 0 \\ -40 \text{ kN} \cdot \text{m} \\ \cdots \\ 60 \text{ kN} \\ 0 \\ 40 \text{ kN} \cdot \text{m} \end{Bmatrix} \begin{matrix} 1 \\ 2 \\ 3 \\ 4 \\ 5 \\ 6 \end{matrix}$$

将各单元等效结点荷载列阵 $\boldsymbol{F}_{\mathrm{E}}^{(e)}$ 按其右侧的单元定位向量"对号入座"，集成、累加得到结构等效结点荷载列阵 $\boldsymbol{F}_{\mathrm{E}}$。此时结点上尚有结点荷载 $\boldsymbol{F}_{\mathrm{P}x2}$ 作用，则将其一起组合为综合结点荷载列阵 $\boldsymbol{F}$，即

$$\boldsymbol{F} = \boldsymbol{F}_{\mathrm{E}} + \boldsymbol{F}_{\mathrm{P}} = (60 \text{ kN} + F_{\mathrm{R}x1} \quad F_{\mathrm{R}y1} \quad -40 \text{ kN} \cdot \text{m} + M_1 \vdots 110 \text{ kN}$$
$$-50 \text{ kN} \quad -10 \text{ kN} \cdot \text{m} \vdots 0 \quad -50 \text{ kN} \quad 50 \text{ kN} \cdot \text{m} \vdots F_{\mathrm{R}x4} \quad F_{\mathrm{R}y4} \quad M_4)^{\mathrm{T}}$$

式中的 $F_{\mathrm{R}x1}$、$F_{\mathrm{R}y1}$、M_1、$F_{\mathrm{R}x4}$、$F_{\mathrm{R}y4}$、M_4 为结点 1、4 的支座反力。

上述综合结点荷载列阵的确定，也可根据力学概念，用直观的方法迅速获得。

将(1)、(2)单元等效结点荷载 $\boldsymbol{F}_{\mathrm{E}}^{(e)}$ 都作用于 1、2、3 结点上，在结点 2 处还有直接作用的结点荷载 $F_{\mathrm{P}x2} = 50 \text{ kN}$，结果如图 8-24 所示。

由图 8-24，对 1、2、3、4 结点的结点荷载，按图 8-23(b)所示的结点位移编号顺序，集成、累加可得各结点的综合结点荷载，为

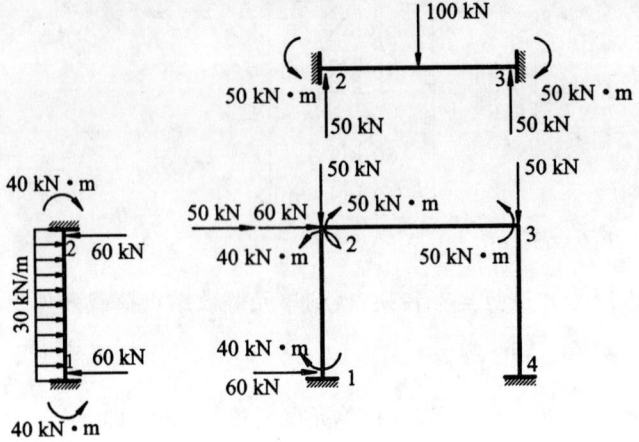

图 8-24

$$F_1 = (60 \text{ kN} + F_{Rx1} \quad F_{Ry1} \quad -40 \text{ kN} \cdot \text{m} + M_1)^T$$
$$F_2 = (110 \text{ kN} \quad -50 \text{ kN} \quad -10 \text{ kN} \cdot \text{m})^T$$
$$F_3 = (0 \quad -50 \text{ kN} \quad 50 \text{ kN} \cdot \text{m})^T$$
$$F_4 = (F_{Rx4} \quad F_{Ry4} \quad M_4)^T$$

由上述结果可得结构的原始综合结点荷载列阵 F，即

$$\begin{aligned}F &= (F_1^T \quad F_2^T \quad F_3^T \quad F_4^T)^T \\ &= (60 \text{ kN} + F_{Rx1} \quad F_{Ry1} \quad -40 \text{ kN} \cdot \text{m} + M_1 \ \vdots\ 110 \text{ kN} \\ &\quad -50 \text{ kN} \quad -10 \text{ kN} \cdot \text{m} \ \vdots\ 0 \quad -50 \text{ kN} \quad 50 \text{ kN} \cdot \text{m} \ \vdots\ F_{Rx4} \quad F_{Ry4} \quad M_4)^T\end{aligned}$$

⑥ 引入支承条件，修改原始刚度方程。

结构的原始刚度方程为

$$F = K\Delta$$

结点 1 和 4 为固定端，故已知

$$\Delta_1 = \begin{pmatrix} u_1 \\ v_1 \\ \theta_1 \end{pmatrix} = \begin{pmatrix} 0 \\ 0 \\ 0 \end{pmatrix}$$

$$\Delta_4 = \begin{pmatrix} u_4 \\ v_4 \\ \theta_4 \end{pmatrix} = \begin{pmatrix} 0 \\ 0 \\ 0 \end{pmatrix}$$

在原始刚度矩阵中删去与上述零位移对应的行和列，同时在结点位移列向量和结点外力列向量中删去相应的行，便得到修改后的结构的刚度方程为

$$\begin{Bmatrix} 110 \\ -50 \\ -10 \\ \cdots \\ 0 \\ -50 \\ 50 \end{Bmatrix} = 10^3 \begin{bmatrix} 512 & 0 & 24 & \vdots & -500 & 0 & 0 \\ 0 & 512 & 24 & \vdots & 0 & -12 & 24 \\ 24 & 24 & 128 & \vdots & 0 & -24 & 32 \\ \cdots & \cdots & \cdots & & \cdots & \cdots & \cdots \\ -500 & 0 & 0 & \vdots & 512 & 0 & 24 \\ 0 & -12 & -24 & \vdots & 0 & 512 & -24 \\ 0 & 24 & 32 & \vdots & 24 & -24 & 128 \end{bmatrix} \begin{Bmatrix} u_2 \\ v_2 \\ \theta_2 \\ u_3 \\ v_3 \\ \theta_3 \end{Bmatrix}$$

⑦ 解方程,求得未知结点位移为

$$\begin{Bmatrix} \Delta_2 \\ \cdots \\ \Delta_3 \end{Bmatrix} = \begin{Bmatrix} u_2 \\ v_2 \\ \theta_2 \\ \cdots \\ u_3 \\ v_3 \\ \theta_3 \end{Bmatrix} = 10^{-6} \begin{Bmatrix} 6\,318\text{ m} \\ -23.38\text{ m} \\ -1\,164\text{ rad} \\ 6\,194\text{ m} \\ -176.6\text{ m} \\ -508.4\text{ rad} \end{Bmatrix}$$

⑧ 计算各单元杆端力。

按式(8-51)计算,单元(1):$\theta^{(1)}=0°$,$\boldsymbol{T}^{(1)}=\boldsymbol{I}$,

$$\overline{\boldsymbol{F}}^{(1)} = \overline{\boldsymbol{k}}^{(1)}\boldsymbol{T}^{(1)}\boldsymbol{\delta}^{(1)} + \boldsymbol{F}_F^{(1)} = \overline{\boldsymbol{k}}^{(1)}\boldsymbol{\delta}^{(1)} + \overline{\boldsymbol{F}}_F^{(1)} = \overline{\boldsymbol{k}}^{(1)} \begin{Bmatrix} \Delta_2 \\ \cdots \\ \Delta_3 \end{Bmatrix} + \overline{\boldsymbol{F}}_F^{(1)}$$

$$= 10^3 \begin{bmatrix} 500 & 0 & 0 & \vdots & -500 & 0 & 0 \\ 0 & 12 & 24 & \vdots & 0 & -12 & 24 \\ 0 & 24 & 64 & \vdots & 0 & -24 & 32 \\ \cdots & \cdots & \cdots & & \cdots & \cdots & \cdots \\ -500 & 0 & 0 & \vdots & 500 & 0 & 0 \\ 0 & -12 & -24 & \vdots & 0 & 12 & -24 \\ 0 & 24 & 32 & \vdots & 0 & -24 & 64 \end{bmatrix} 10^{-6} \begin{Bmatrix} 6\,318 \\ -23.38 \\ -1\,164 \\ 6\,194 \\ -176.6 \\ -508.4 \end{Bmatrix} +$$

$$\begin{Bmatrix} 0 \\ 50 \\ 50 \\ \cdots \\ 0 \\ 50 \\ -50 \end{Bmatrix} = \begin{Bmatrix} 62.0\text{ kN} \\ 11.7\text{ kN} \\ -37.1\text{ kN}\cdot\text{m} \\ \cdots \\ -62.0\text{ kN} \\ 88.3\text{ kN} \\ -116.1\text{ kN}\cdot\text{m} \end{Bmatrix}$$

单元(2):$\theta^{(2)}=90°$,

$$\overline{\boldsymbol{F}}^{(2)} = \overline{\boldsymbol{k}}^{(2)}\boldsymbol{T}^{(2)}\boldsymbol{\delta}^{(2)} + \overline{\boldsymbol{F}}_F^{(2)} = \overline{\boldsymbol{k}}^{(2)}\boldsymbol{T}^{(2)} \begin{Bmatrix} \Delta_1 \\ \cdots \\ \Delta_2 \end{Bmatrix} + \overline{\boldsymbol{F}}_F^{(2)}$$

$$= 10^3 \begin{bmatrix} 500 & 0 & 0 & -500 & 0 & 0 \\ 0 & 12 & 24 & 0 & -12 & 24 \\ 0 & 24 & 64 & 0 & -24 & 32 \\ -500 & 0 & 0 & 500 & 0 & 0 \\ 0 & -12 & -24 & 0 & 12 & -24 \\ 0 & 24 & 32 & 0 & -24 & 64 \end{bmatrix}$$

$$\begin{bmatrix} 0 & 1 & 0 & & & \\ -1 & 0 & 0 & & \mathbf{0} & \\ 0 & 0 & 1 & & & \\ & & & 0 & 1 & 0 \\ & \mathbf{0} & & -1 & 0 & 0 \\ & & & 0 & 0 & 1 \end{bmatrix} 10^{-6} \begin{Bmatrix} 0 \\ 0 \\ 0 \\ 6\ 318 \\ -23.38 \\ -1\ 164 \end{Bmatrix} + \begin{Bmatrix} 0 \\ 60 \\ 40 \\ 0 \\ 60 \\ -40 \end{Bmatrix}$$

$$= \begin{Bmatrix} 11.7\ \text{kN} \\ 107.9\ \text{kN} \\ 154.4\ \text{kN} \cdot \text{m} \\ -11.7\ \text{kN} \\ 12.1\ \text{kN} \\ 37.1\ \text{kN} \cdot \text{m} \end{Bmatrix}$$

单元(3): $\theta^{(3)} = 90°$,

$$\overline{F}^{(3)} = \overline{k}^{(3)} T^{(3)} \delta^{(3)} = \overline{k}^{(3)} T^{(3)} \begin{Bmatrix} \Delta_4 \\ \Delta_3 \end{Bmatrix}$$

$$= 10^3 \begin{bmatrix} 500 & 0 & 0 & -500 & 0 & 0 \\ 0 & 12 & 24 & 0 & -12 & 24 \\ 0 & 24 & 64 & 0 & -24 & 32 \\ -500 & 0 & 0 & 500 & 0 & 0 \\ 0 & -12 & -24 & 0 & 12 & -24 \\ 0 & 24 & 32 & 0 & -24 & 64 \end{bmatrix}$$

$$\begin{bmatrix} 0 & 1 & 0 & & & \\ -1 & 0 & 0 & & \mathbf{0} & \\ 0 & 0 & 1 & & & \\ & & & 0 & 1 & 0 \\ & \mathbf{0} & & -1 & 0 & 0 \\ & & & 0 & 0 & 1 \end{bmatrix} 10^{-6} \begin{Bmatrix} 0 \\ 0 \\ 0 \\ 6\ 194 \\ -176.6 \\ -508.4 \end{Bmatrix} = \begin{Bmatrix} 88.3\ \text{kN} \\ 62.1\ \text{kN} \\ 132.4\ \text{kN} \cdot \text{m} \\ -88.3\ \text{kN} \\ -62.1\ \text{kN} \\ 116.1\ \text{kN} \cdot \text{m} \end{Bmatrix}$$

刚架的弯矩如图 8-25 所示。

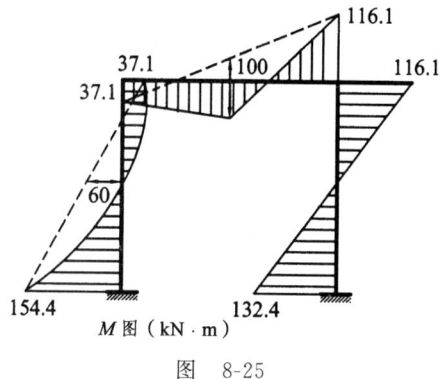

图 8-25

习 题

8-1 图示连续梁结构，用矩阵位移法的先处理法计算，确定未知量数目。

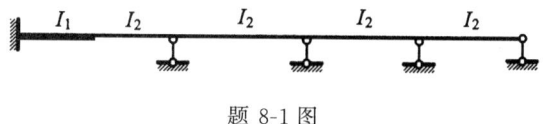

题 8-1 图

8-2 单元杆端力列阵按轴力、剪力、弯矩顺序排列，杆端位移列阵按轴向线位移、垂直轴线的线位移、角位移顺序排列。试求局部坐标下单元刚度矩阵 $\bar{k}^{(e)}$ 中的元素 $\bar{k}_{22}$。

提示：考虑单元刚度矩阵中元素 $\bar{k}_{22}$ 的物理意义。

8-3 试求图示连续梁（$EI=$常数）原始刚度矩阵 K 中的子块 K_{22} 的元素。各结点和单元编号、整体坐标系、单元局部坐标系如图所示。

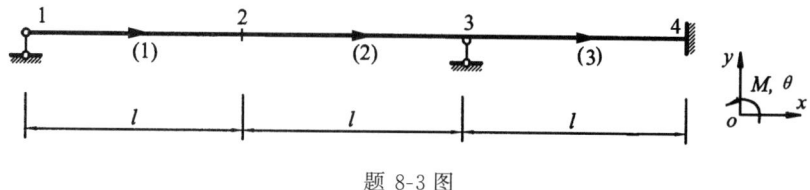

题 8-3 图

8-4 试求图示连续梁结构刚度矩阵 K 中元素 K_{64}。各单元编号、结点位移编号如图所示。

提示：考虑结构刚度矩阵中元素 K_{64} 的物理意义。

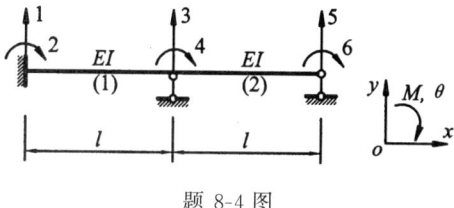

题 8-4 图

8-5 试求图示桁架原始刚度矩阵。各结点和单元编号、整体坐标系、单元局部坐标系如图所示。已知单元(1)、(2)在整体坐标系中的单元刚度矩阵为

$$k^{(1)} = 10^5 \times \begin{pmatrix} 16 & 12 & -16 & -12 \\ 12 & 9 & -12 & -9 \\ \hline -16 & -12 & 16 & 12 \\ -12 & -9 & 12 & 9 \end{pmatrix}$$

$$k^{(2)} = 10^5 \times \begin{pmatrix} 18 & -24 & -18 & 24 \\ -24 & 32 & 24 & -32 \\ \hline -18 & 24 & 18 & -24 \\ 24 & -32 & -24 & 32 \end{pmatrix}$$

8-6 图示为忽略轴向变形的竖直杆单元,试求图示结构坐标系下的单元刚度矩阵中的第一列元素值 k_{11}、k_{21}、k_{31}、k_{41}。

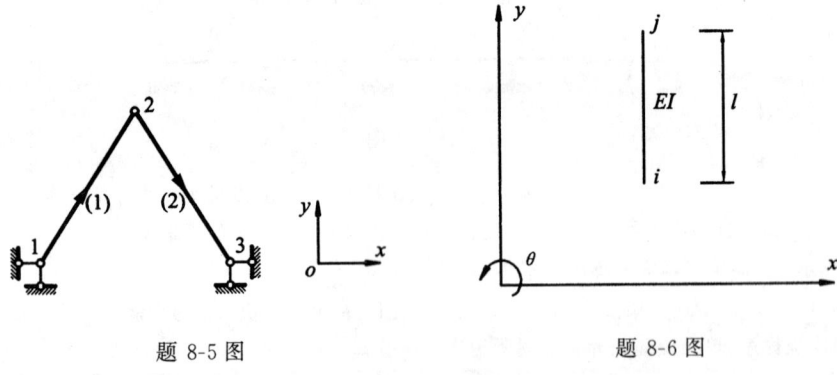

题 8-5 图 　　　　　　　　题 8-6 图

8-7 试求图示结构原始刚度矩阵(忽略轴向变形)中的子块 K_{44} 和 K_{22}。各结点和单元编号、整体坐标系、单元局部坐标系如图所示。已知各单元在整体坐标系中的单元刚度矩阵(忽略轴向变形)为

$$k^{(1)} = k^{(3)} = k^{(4)} = \begin{pmatrix} 18 & 32 & -18 & 32 \\ 32 & 76 & -32 & 38 \\ \hline -18 & -32 & 18 & -32 \\ 32 & 38 & -32 & 76 \end{pmatrix}$$

$$k^{(2)} = \begin{pmatrix} 18 & -32 & -18 & -32 \\ -32 & 76 & 32 & 38 \\ \hline -18 & 32 & 18 & 32 \\ -32 & 38 & 32 & 76 \end{pmatrix}$$

8-8 试求图(a)所示结构与自由结点位移对应的结构刚度矩阵 K。整体坐标、结点及自由结点位移编号如图(b)所示。设 $EI = 1 \times 10^6$ kN·m², $EA = 1 \times 10^5$ kN, $a = 6$ m。

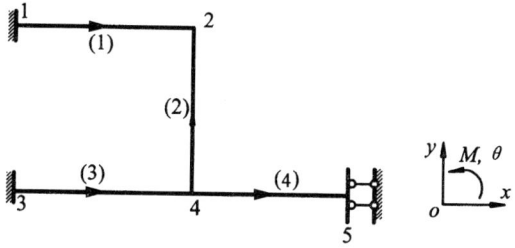

题 8-7 图

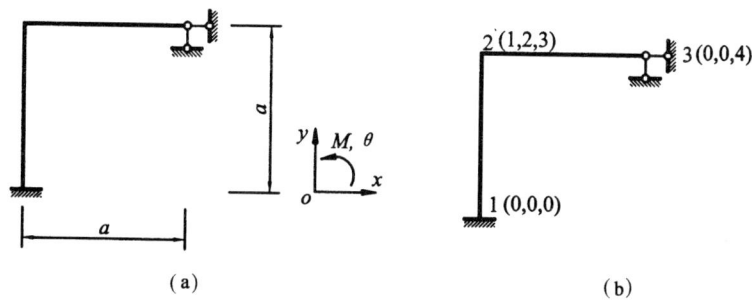

题 8-8 图

8-9 试用先处理法求图示刚架结构刚度矩阵 K。各结点和单元编号、整体坐标系、单元局部坐标系如图所示。已知各单元在局部坐标系中的单元刚度矩阵为

$$\bar{k}^{(1)}=\bar{k}^{(2)}=\bar{k}^{(3)}=10^4 \times \begin{pmatrix} 300 & 0 & 0 & -300 & 0 & 0 \\ 0 & 12 & 30 & 0 & -12 & 30 \\ 0 & 30 & 100 & 0 & -30 & 50 \\ -300 & 0 & 0 & 300 & 0 & 0 \\ 0 & -12 & -30 & 0 & 12 & -30 \\ 0 & 30 & 50 & 0 & -30 & 100 \end{pmatrix}$$

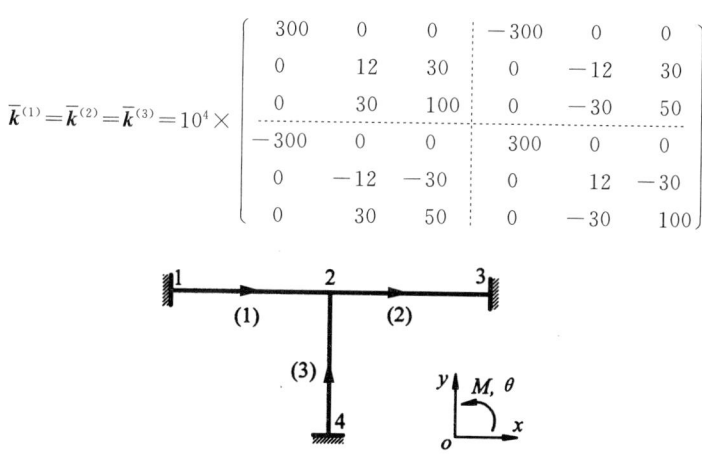

题 8-9 图

8-10 按先处理法求图(a)所示连续梁的结点荷载列阵 F。各结点、单元编号、整体坐标系如图(b)所示。

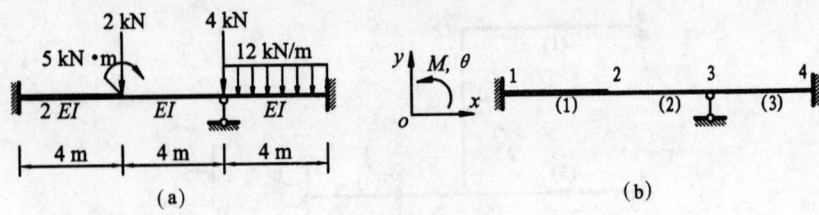

题 8-10 图

8-11 试求图示结构结点 2 的综合结点荷载列阵 F_2。各结点、单元编号和整体坐标系如图所示。

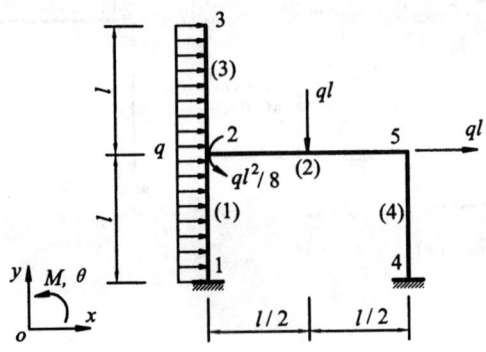

题 8-11 图

8-12 试求图示结构与自由结点位移对应的结点等效荷载列阵。(考虑轴向变形)

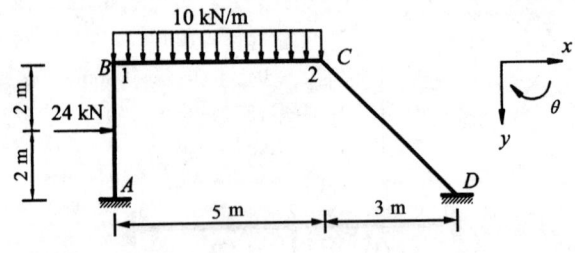

题 8-12 图

8-13 已知图示桁架的结点位移列阵 $\Delta = \dfrac{1}{EA}(342.322 \quad -1\,139.555 \quad -137.680 \quad 1\,167.111)^T$,设各杆 EA 为常数,求单元(1)的内力。

8-14 图示连续梁各杆 $EI = 5 \text{ kN} \cdot \text{m}^2$,支座 2、3 分别发生竖向位移如图 a 所示,已求得结点转角为 $\Delta = (-0.002\,58 \quad 0.003\,14 \quad 0.002\,03)^T$(rad),(1)、(2)单元在支座位移作用下的固端弯矩如图 b 所示,求单元(1)的杆端弯矩列阵。

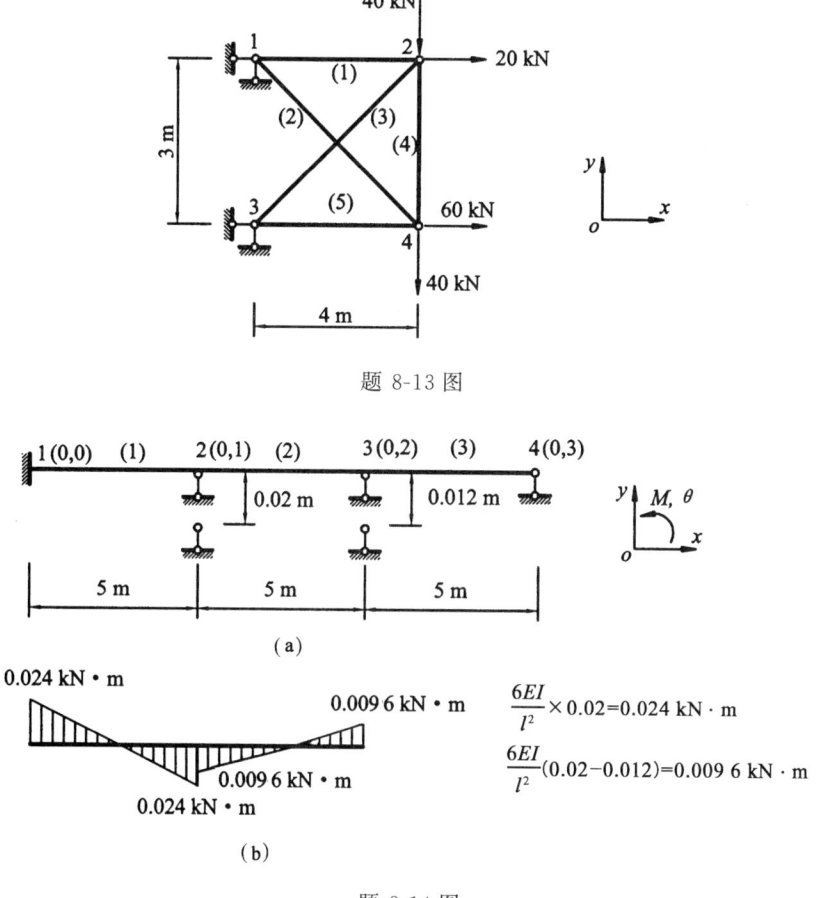

题 8-13 图

题 8-14 图

8-15 图示结构,不计轴向变形,各杆长均为 $l=60$ m, $q=14$ kN/m,各结点和单元编号、整体坐标系、单元局部坐标系如图所示。已知结点转角 $\theta_2=-\dfrac{1}{i}$(逆时针), $\theta_3=\dfrac{4}{i}$(顺时针),求单元(1)与(2)的杆端力列阵。

题 8-15 图

8-16 试用矩阵位移法(采用先处理法)计算图(a)所示结构。各结点和单元编号、整体坐标系、单元局部坐标系如图(b)所示。各杆材料及截面积相同,$EI = 2.0 \times 10^8$ kPa,$I = 32 \times 10^{-5}$ m^4,$A = 1 \times 10^{-2}$ m^2。

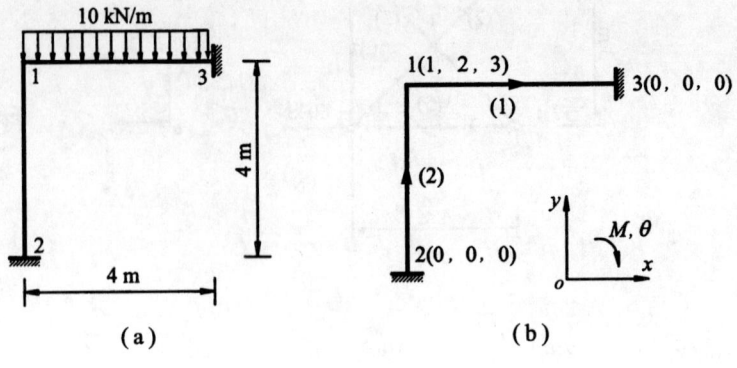

题 8-16 图

第九章 影响线及其应用

第一节 移动荷载和影响线的概念

在前面几章讨论结构的内力计算时,荷载的作用位置是固定不变的,这种荷载通常称为固定荷载。但一般工程结构除了承受固定荷载作用外,还要受到移动荷载的作用。例如火车、汽车通过铁路、公路的桥梁时,车辆的轮压以及工业厂房中在吊车梁上行驶的吊车轮压等,对结构而言就是移动荷载。显然,在移动荷载作用下,结构的反力和内力将随着荷载位置的移动而变化。因此,需要研究由于荷载位置的变化对结构的反力、内力或位移大小的影响,并根据它们的变化规律,求出其最大值,以此作为结构设计的依据。

本章着重讨论结构在移动荷载作用下的内力计算问题,其主要内容为两方面:① 结构内力随荷载的移动而变化,为此需要研究内力的变化规律。② 设计时必须以内力的最大值作为依据,为此,需要先确定移动荷载的最不利位置,即结构产生的某反力或某内力达到最大值时的荷载位置。当最不利位置确定后,计算某量值的最大值问题即迎刃而解。

工程实际中的移动荷载通常是由一系列间距不变的竖向荷载所组成,而其类型是多种多样的,我们不可能逐一加以研究。为此,我们先研究一种最简单的荷载,即一个竖向单位集中荷载 $F_P=1$ 沿结构移动时,对某一指定量值(例如某一反力或某一截面的某项内力或某一位移等)所产生的影响,然后根据叠加原理就可进一步研究实际移动荷载对该量值的影响。因此,我们首先讨论的是当单位移动荷载 $F_P=1$ 作用时,某量值的变化规律,作出这种变化规律的图线,称为某量值的影响线。下面先用简例说明影响线的概念。

图 9-1(a)所示为一跨度为 l 的简支梁 AB,当单位竖向荷载 $F_P=1$ 在梁上移动时,讨论右支座反力 F_{RB} 的变化规律。

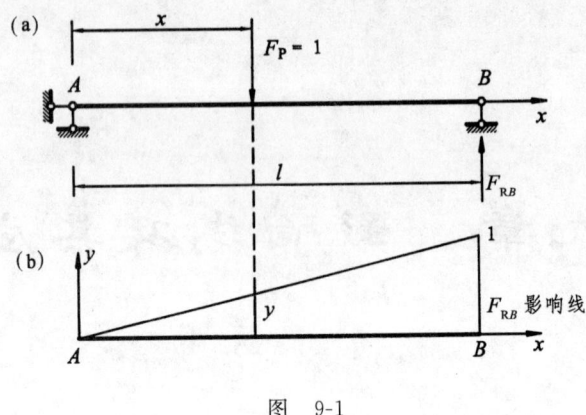

图 9-1

取 A 点为坐标原点,用 x 表示荷载 $F_P=1$ 作用点的横坐标,注意这里荷载作用点位置 x 是变量,这种表示方法即体现了单位竖向荷载 $F_P=1$ 为移动荷载。y 为影响线的纵坐标,在这里,它表示量值 F_{RB} 的大小。

当荷载 $F_P=1$ 在梁上任意位置 x 时 $(0 \leqslant x \leqslant l)$,利用平衡方程

$$\sum M_A = 0, \quad 1 \times x - F_{RB} \times l = 0$$

可求出支座反力 F_{RB}

$$F_{RB} = \frac{x}{l} \qquad (0 \leqslant x \leqslant l)$$

上式称为反力 F_{RB} 的影响线方程,根据此方程可求出 $F_P=1$ 在梁上任何作用位置时反力 F_{RB} 的值。用图形表示这个方程,称为反力 F_{RB} 的影响线。因为 x/l 是一次式,所以 F_{RB} 的影响线为一根直线。只要定出直线上两点的纵坐标,即可画出该影响线。当 $x=0$ 时,$F_{RB}=0$;当 $x=l$ 时,$F_{RB}=1$。将两个纵坐标连成直线,便得到 F_{RB} 的影响线,如图 9-1(b)所示。为简便起见,以后在画影响线时不必标出坐标系,但需注明符号。

图 9-1(b)所示 F_{RB} 影响线,直观地表明了支座反力 F_{RB} 随荷载 $F_P=1$ 的移动而变化的规律。当荷载 $F_P=1$ 从 A 点开始,逐渐向 B 点移动时,支座反力 F_{RB} 则相应地从零开始,按直线规律逐渐增大,最后达到最大值 $F_{RB}=1$。

以上是以简支梁支座反力 F_{RB} 的影响线说明影响线的概念和绘制方法。由此,我们引出影响线的定义如下:当一个指向不变的(通常是竖直向下的)单位集中荷载沿结构移动时,表示某一指定量值变化规律的图形,称为该量值的影响线。影响线上任意一点的横坐标 x 表示单位移动荷载位置,相应的纵坐标 y 表示单位移动荷载 $F_P=1$ 作用于此点时该量值的大小。影响线是研究移动荷载作用问题的基本工具。该量值的影响线一经绘出,便可利用它解决实际移动荷载作用下对该量值而

言的最不利荷载位置问题,进而求出该量值的最大值。

绘制影响线的主要方法有两种,即静力法和机动法。

在绘影响线时,反映 $F_P=1$ 的作用范围,垂直于 $F_P=1$ 的直线称为基线(图 9-1b 中的水平线 AB)。通常规定其量值为正值的竖标画在基线的上方,反之,画在基线的下方。由于 $F_P=1$ 是其量纲为单位 1 的力,因此,F_{RB} 的影响线的纵坐标的量纲也为单位 1,即通常所说的无单位。

第二节 静力法作单跨静定梁的影响线

用静力法绘制影响线,就是将荷载 $F_P=1$ 放在任意位置,并选定一坐标系,以横坐标 x 表示荷载作用点的位置,然后根据平衡条件求出所求量值与荷载位置 x 之间的函数关系式,这种关系式称为影响线方程,再根据方程作出影响线图形。上节中 F_{RB} 影响线就是用静力法绘制的,本节通过绘制单跨梁的支座反力 F_{RA} 和某指定截面 C 的弯矩和剪力影响线进一步说明静力法。

一、简支梁的影响线

(一)支座反力影响线

绘制图 9-2(a)所示简支梁反力 F_{RA} 的影响线。为此,可取 A 为原点,x 轴向右为正,将 $F_P=1$ 放在任意位置,距 A 为 x,取全梁为隔离体,并设反力方向以向上为正,如图 9-2(a)所示。由 $\Sigma M_B=0$,则有

$$F_{RA} \times l - 1 \times (l-x) = 0$$

由此得 F_{RA} 的影响线方程为

$$F_{RA} = \frac{l-x}{l} \qquad (0 \leqslant x \leqslant l)$$

它是 x 的一次方程,因此,影响线是一条直线,其两端的纵距为:当 $F_P=1$ 在 A 点(即 $x=0$)时,$F_{RA}=1$;当 $F_P=1$ 在 B 点(即 $x=l$)时,$F_{RA}=0$。

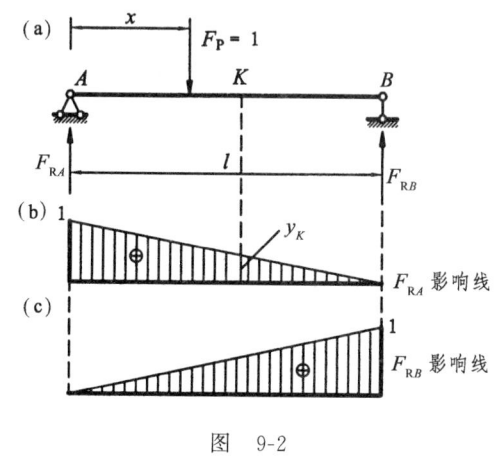

图 9-2

利用这两个纵距便可以画出 F_{RA} 的影响线,如图 9-2(b)所示。F_{RA} 影响线中的

任意一纵距即代表 $F_P=1$ 作用于该处时反力 F_{RA} 的大小,例如图中 y_K 即代表 $F_P=1$ 作用于 K 点时反力 F_{RA} 的大小。

F_{RB} 的影响线如上节所述,其影响线方程为

$$F_{RB}=\frac{x}{l} \quad (0\leqslant x\leqslant l)$$

由此画出的 F_{RB} 的影响线,如图 9-2(c)所示。反力影响线的纵距无单位。

(二) 弯矩影响线

绘制某指定截面 C(图 9-3a)的弯矩影响线。仍取 A 为原点,以 x 表示荷载 $F_P=1$ 的位置。当 $F_P=1$ 在截面 C 以左的梁段 AC 上移动时,为计算简便,可取截面 C 以右 CB 部分为隔离体,如图 9-3(d)所示。并设梁下边纤维受拉的弯矩为正,由平衡条件得

$$M_C=F_{RB}\cdot b=\frac{x}{l}b \quad (0\leqslant x\leqslant a)$$

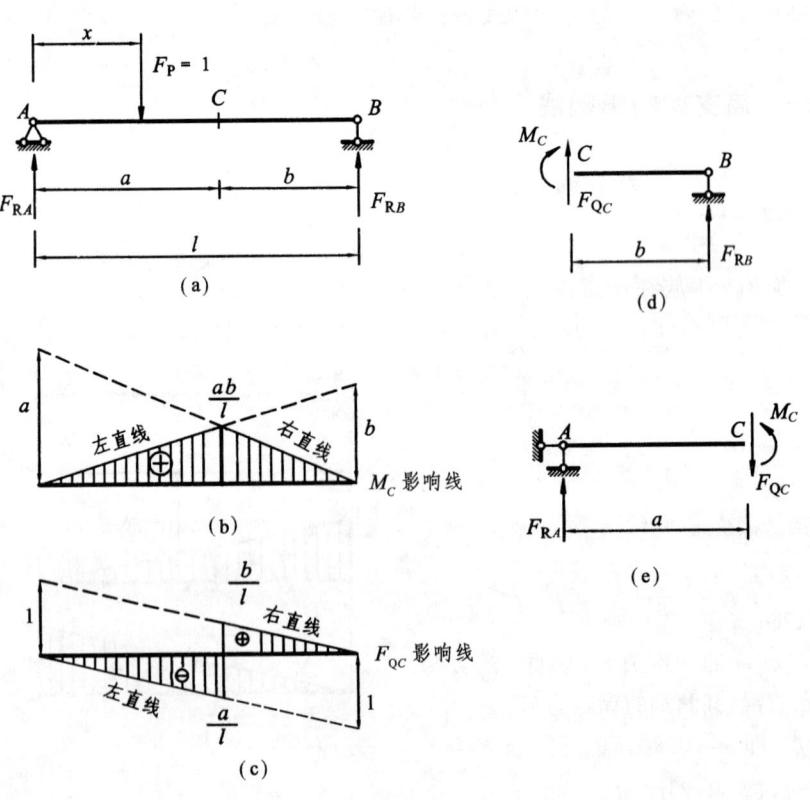

图 9-3

由此可知，M_C 的影响线在截面 C 以左部分为一直线。当 $x=0$ 时，$M_C=0$；当 $x=a$ 时，$M_C=ab/l$。于是可绘出当 $F_P=1$ 在截面 C 以左的梁段上移动时 M_C 的影响线（图 9-3b 中的左直线）。

当 $F_P=1$ 在截面 C 以右的梁段 CB 上移动时，上面求得的影响线方程则不再适用。此时可取截面 C 以左部分为隔离体，如图 9-3(e)所示。由平衡条件得

$$M_C = F_{RA} \cdot a = \frac{l-x}{l}a \qquad (a \leqslant x \leqslant l)$$

可见 M_C 的影响线在截面 C 以右的部分也为一直线。当 $x=a$ 时，$M_C=ab/l$；当 $x=l$ 时，$M_C=0$。于是可绘出当 $F_P=1$ 在截面 C 以右的梁段上移动时 M_C 的影响线（图 9-3b 中的右直线）。

由此可见，M_C 的影响线由两段直线组成，形状为一三角形，两直线的交点即三角形的顶点恰位于截面 C 处，其纵距为 ab/l。通常称 M_C 影响线于截面 C 以左的直线为左直线，截面 C 以右的直线为右直线。左直线也可由反力 F_{RB} 的影响线乘以常数 b 并取其 AC 段而得到，右直线则可由反力 F_{RA} 的影响线乘以常数 a 并取其 CB 段而得到。这种利用已知量值的影响线绘制欲求量值影响线的方法是很方便的，以后还会经常用到。

显然，弯矩影响线的纵距为长度单位。

（三）剪力影响线

绘制截面 C 的剪力影响线。当 $F_P=1$ 在 AC 段移动时（$0 \leqslant x < a$），为计算简便，可取截面 C 以右部分为隔离体，如图 9-3(d)所示。并设绕隔离体顺时针方向转动的剪力为正，由 $\Sigma F_y=0$，有

$$F_{QC} = -F_{RB}$$

这表明，在 AC 段内，F_{QC} 的影响线与 F_{RB} 的影响线仅相差一个正、负号。因此，将 F_{RB} 的影响线 AC 段换为负值，即得 F_{QC} 影响线的左直线（图 9-3c）。

同理，当 $F_P=1$ 在 CB 段移动时（$a < x \leqslant l$），为计算简便，取截面 C 以左部分为隔离体，如图 9-3(e)所示，由 $\Sigma F_y=0$，可得

$$F_{QC} = F_{RA}$$

同样，在 CB 段内，F_{QC} 的影响线与 F_{RA} 的影响线相同。因此，F_{RA} 影响线的 CB 段，即为 F_{QC} 影响线的右直线（图 9-3c）。

由上可知，F_{QC} 的影响线由两段相互平行的直线 AC 和 CB 组成，其纵距在 C 点处有一突变，也就是当 $F_P=1$ 由 C 点的左侧移到其右侧时，截面 C 的剪力值将发生突变，突变值等于 1。当 $F_P=1$ 在 C 点稍左侧时，$F_{QC}=-a/l$；当 $F_P=1$ 在 C 点稍右侧时，$F_{QC}=b/l$。显然，而当 $F_P=1$ 恰作用于 C 点时，F_{QC} 值是不确定的。

剪力影响线的纵距与支座反力影响线的纵距一样,无单位。

二、伸臂梁的影响线

(一) 反力影响线

如图 9-4(a)所示伸臂梁,仍取 A 为原点,x 以向右为正。当 $F_P=1$ 作用于梁上任意一点 x 时,由平衡条件可求得两支座反力为

$$\left. \begin{array}{l} F_{RA}=\dfrac{l-x}{l} \\ F_{RB}=\dfrac{x}{l} \end{array} \right\} \quad (-l_1 \leqslant x \leqslant l+l_2)$$

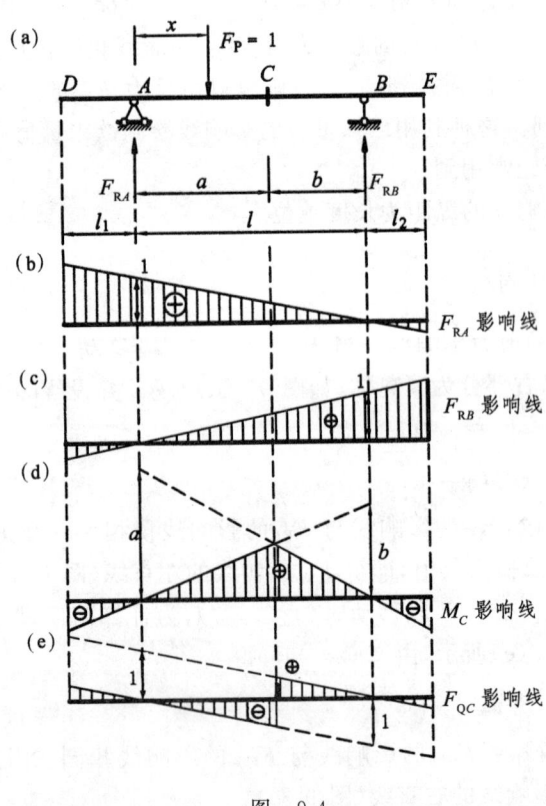

图 9-4

注意到这两个支座反力影响线方程与简支梁的支座反力影响线方程完全相同,只是荷载 $F_P=1$ 的作用范围即 x 的变化范围有所扩大,即适用于梁的全长(包括伸臂部分)范围。因此只需将简支梁的支座反力影响线向两个伸臂部分延长,即

得伸臂梁的两个支座反力的影响线,如图 9-4(b)、(c)所示。

(二) 两支座之间指定截面内力影响线

为求两支座间的任意一指定截面 C 的弯矩和剪力影响线,可将它们表示为反力 F_{RA} 和 F_{RB} 的函数。当 $F_P=1$ 在截面 C 以左 DC 段移动时,取截面 C 以右部分为隔离体,有

$$M_C = F_{RB} \cdot b$$
$$F_{QC} = -F_{RB}$$

当 $F_P=1$ 在截面 C 以右 CE 段移动时,取截面 C 以左部分为隔离体,有

$$M_C = F_{RA} \cdot a$$
$$F_{QC} = F_{RA}$$

据此可绘出 M_C 和 F_{QC} 的影响线,如图 9-4(d)、(e)所示。由此看到,将简支梁相应截面的弯矩和剪力影响线的左、右直线分别向左、右两方向延长,即可得伸臂梁的 M_C 和 F_{QC} 影响线。

(三) 伸臂部分指定截面内力影响线

在求伸臂部分上任意一指定截面 K(图 9-5a)的弯矩和剪力影响线时,为计算方便,改取 K 为坐标原点,并规定 x 以向左为正。当 $F_P=1$ 在截面 K 以左 DK 段移动时,取截面 K 以左部分为隔离体,有

$$M_K = -x$$
$$F_{QK} = -1$$

当 $F_P=1$ 在截面 K 以右 KE 段移动时,仍取截面 K 以左部分为隔离体,此时,由于隔离体上无荷载,故

$$M_K = 0$$
$$F_{QK} = 0$$

因此,当 $F_P=1$ 在截面 K 以右 KE 段移动时,M_K 影响线与 F_{QK} 影响线完全与基线重合。由此绘出的 M_K 和 F_{QK} 影响线如图 9-5(b)、(c)所示。

(四) 支座邻近截面的内力影响线

对于支座处截面的剪力影响线,需分别就支座稍左和稍右两侧的截面进行讨论。由于这两个截面是分别属于伸臂部分和跨内部分的,所以影响线的变化规律显然是不相同的。例如支座 A 稍左侧截面的剪力 F_{QA}^L 影响线,可由伸臂部分上任意一指定截面 K 的 F_{QK} 影响线使截面 K 趋于截面 A 稍左而得到,如图 9-5(d)所

示;而支座 A 稍右侧截面的剪力 F_{QA}^R 影响线,则应由跨内任一截面 C 的 F_{QC} 影响线使截面 C 趋于截面 A 稍右而得到,如图 9-5(e)所示。由于当 $F_P=1$ 在截面 A 以右移动时,M_A 恒为零。故 A 截面的弯矩影响线,可由伸臂部分上任意一指定截面 K 的 M_K 影响线使截面 K 趋于截面 A 而得到,如图 9-5(f)所示。

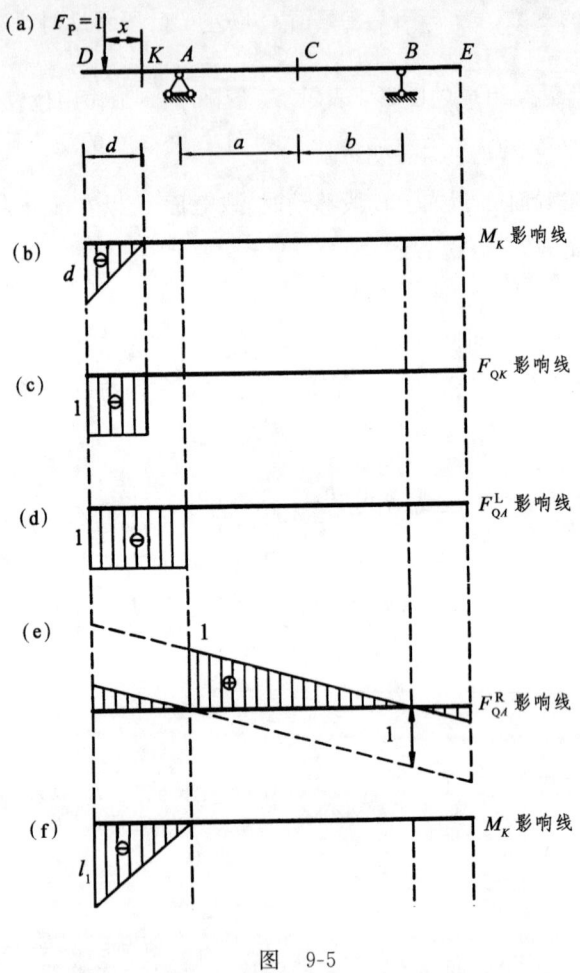

图 9-5

以上就简支梁和伸臂梁为例,说明了用静力法绘制影响线的具体作法。可以看出,求某一反力或内力的影响线,所用的方法与在固定荷载作用下利用平衡条件求该反力或内力的方法是完全相同的,即都是先取隔离体,后由平衡条件求该反力或内力。不同之处仅在于作影响线时,作用的荷载是一个移动的单位荷载,因而所求得的该反力或内力是荷载位置 x 的函数,即影响线方程,故由少数几个特征位置的 x 值算出控制纵标,就可绘出由若干直线段组成的该反力或内力的影响线图形;当荷载作用在结构的不同部分上所求量值的影响线方程不相同时(例如 M_C、

F_{QC} 影响线），应将它们分段写出，并在作图时注意各方程的适用范围。

对于静定结构，其反力和内力的影响线方程都是 x 的一次函数，故静定结构的反力和内力影响线都是由直线所组成。至于静定结构的位移影响线，以及超静定结构的内力影响线，因影响线方程不再是 x 的一次函数，故一般为曲线。

特别指出，某反力或内力的影响线的每一纵距对应着荷载 $F_P=1$ 的一个作用位置，它的全部纵距组成的图形，表示 S_K 值随 $F_P=1$ 作用位置不同的变化规律。读者不妨将影响线与内力图做比较。例如图 9-6（a）的简支梁上有单个位置固定的集中荷载作用在 C 处，相应的弯矩图形状虽与图 9-6（b）中 M_C 影响线相似，但 M 图表示在这一固定荷载作用下，各截面的弯矩分布情况，即各处纵距代表各个截面的弯矩值。显然，弯矩图与弯矩影响线两者的物理概念是截然不同的。

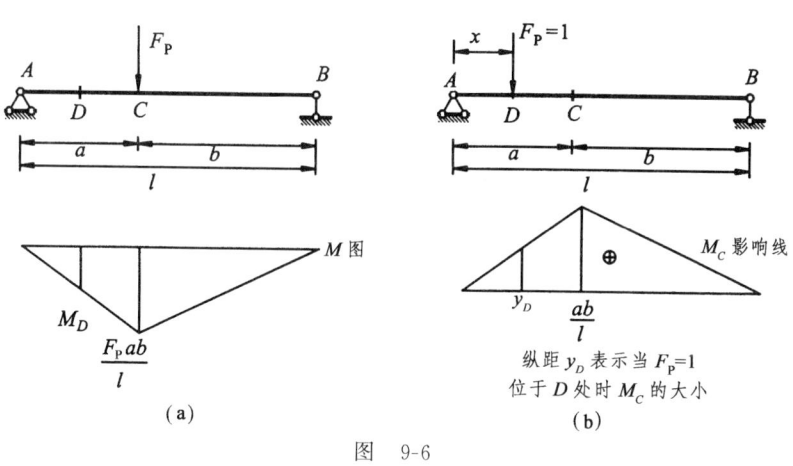

图 9-6

三、多跨静定梁的影响线

在固定荷载作用下多跨静定梁的内力分析，需要分清结构的基本部分和附属部分及各部分之间的传力关系。对于绘制多跨静定梁的影响线，这也同样是关键所在。下面根据多跨静定梁基本部分和附属部分梁内各量值的受力特点，分析多跨静定梁的影响线的画法。

图 9-7(a)所示多跨静定梁，其层叠图如图 9-7(b)所示。先分析附属部分的影响线规律。现欲求 D 支座竖向反力 F_{Dy} 的影响线。当单位力 $F_P=1$ 在基本部分 ABC 上移动时，附属部分不受力。所以附属部分量值 F_{Dy} 的影响线在基本部分 ABC 范围内的值为 0。而当 $F_P=1$ 移动到了附属部分，该部分相当于一简支梁，F_{Dy} 的影响线如图 9-7(c)所示。

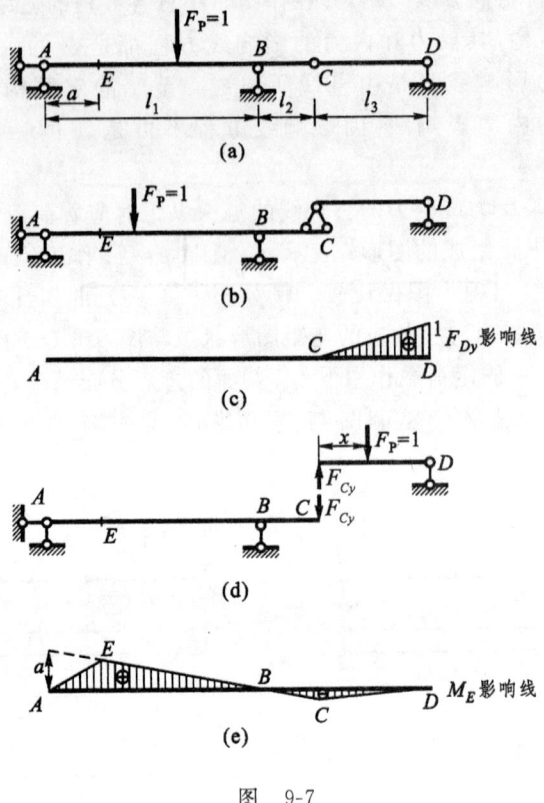

图 9-7

再分析基本部分量值 M_E 的影响线的作法。当 $F_P=1$ 在基本部分时,附属部分不受力,影响线在 AC 段与独立的伸臂梁相同,其在 C 处的值为 y_C。当 $F_P=1$ 在附属部分 CD 段移动时(如图 9-7d),附属部分传到 C 点的力为 $\dfrac{l_3-x}{l_3}$,相当于一个 x 的一次函数的变力作用于固定位置 C 处,此时量值 M_E 为 $y_C \cdot \dfrac{l_3-x}{l_3}$,为一直线方程。此时,确定两点(当 $x=0$ 时,$M_E=y_C$;$x=l_3$ 时,$M_E=0$)即可画出附属部分上 M_E 的影响线,如图 9-7(e)所示。

由以上分析,可知多跨静定梁任意一内力或反力的影响线的一般作法如下:

① 首先作出欲求量值所在的那个单跨梁之下的一部分影响线,这部分影响线完全与独立的单跨梁影响线相同。

② 然后由这一部分影响线的两端向左右延伸。对于欲求量值所在部分来说是基本部分的梁段,影响线的纵距为零。

③ 对于欲求量值所在部分来说是附属部分的梁段,影响线为直线。可由铰处纵距为已知和支座处纵距为零条件,确定该部分的影响线。

四、静力法绘制影响线示例

例 9-1 试作静定梁 ABD(图 9-8a)的反力 F_{RB} 及弯矩 M_C 的影响线。

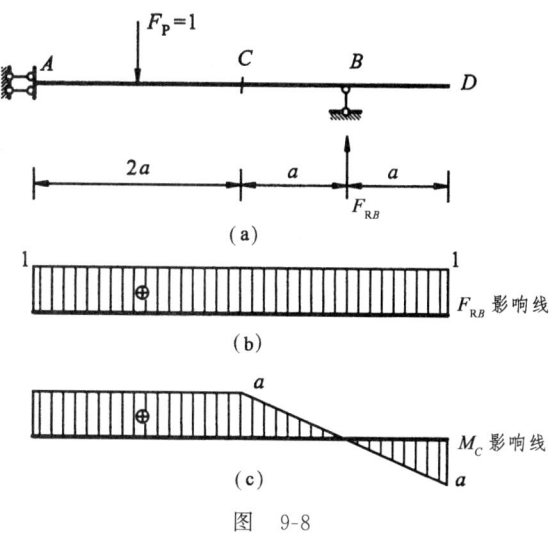

图 9-8

解

① F_{RB} 影响线。

设 $F_P=1$ 作用于梁上任意一点时，由整体平衡条件 $\Sigma F_y=0$，得

$$F_{RB}=1$$

此式表明，$F_P=1$ 在任何位置时 F_{RB} 是常量 1。F_{RB} 影响线如图 9-8(b)所示。

② M_C 影响线。

当 $F_P=1$ 在截面 C 以左 AC 段移动时，取截面 C 以右 CBD 部分为隔离体，得

$$M_C=F_{RB} \cdot a=a$$

当 $F_P=1$ 在截面 C 以右 CBD 段移动时，由 C、B 两点可定出 CBD 段的影响线，即 $F_P=1$ 在 C 点，$M_C=a$；$F_P=1$ 正好移至支点 B 时，$M_C=0$。

将两个纵标连成直线并向外延伸，便定出 CBD 段的影响线(也可建立该段的方程)。M_C 影响线如图 9-8(c)所示。

例 9-2 试绘出图 9-9(a)所示结构指定截面内力 F_{Q1}、M_2、M_3 及支座反力 F_{RA} 的影响线。单位力 $F_P=1$ 在上部梁 CD 上移动。

解

① 求 F_{Q1} 影响线。

当 $F_P=1$ 在截面 1 以右移动时，取截面 1 以左部分为隔离体，有

$$F_{Q1}=0$$

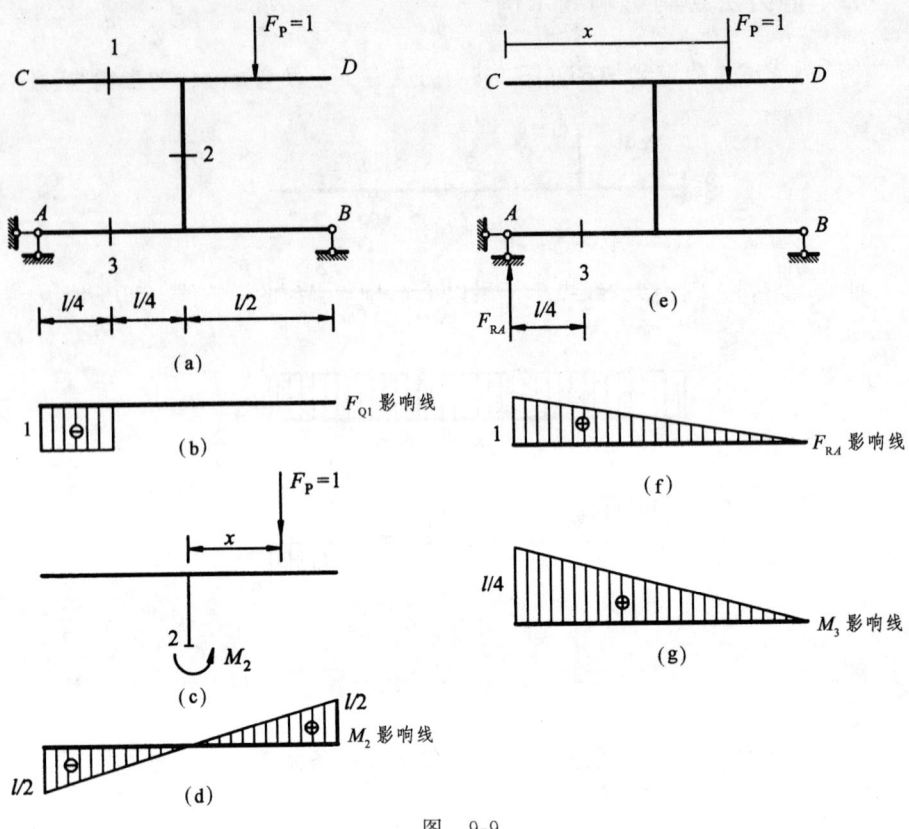

图 9-9

当 $F_P=1$ 在截面 1 以左移动时,仍取截面 1 以左部分为隔离体,有

$$F_{Q1}=-1$$

由此可绘得 F_{Q1} 影响线,如图 9-9(b)所示。

② 求 M_2 影响线。

取隔离体如图 9-9(c)所示,为计算方便,取梁中点为坐标原点,并规定 x 向右为正。

当 $F_P=1$ 作用于梁上任意一点 x 时,以截面 2 为矩心,由 $\Sigma M_2=0$,得

$$M_2=x$$

由此可绘得 M_2 影响线如图 9-9(d)所示。

③ 求 F_{RA} 影响线。

由图 9-9(e),取梁左端端点 C 为坐标原点,并规定 x 向右为正。当 $F_P=1$ 作用于梁上任意一点 x 时,由 $\Sigma M_B=0$,求得 F_{RA} 的影响线方程为

$$F_{RA}=\frac{l-x}{l}$$

F_{RA} 的影响线示于图 9-9(f)。

④ 求 M_3 影响线。

将 $F_P=1$ 作用于梁上任意一点 x 时,由图 9-9(e)可求得

$$M_3=F_{RA}\times\frac{l}{4}$$

此式表明,将 F_{RA} 影响线纵坐标乘以 $l/4$,即得 M_3 的影响线。M_3 的影响线示于图 9-9(g)。

例 9-3 试作图 9-10(a)所示多跨静定梁的 M_1、F_{Q1}、M_2、F_{Q2}、M_E、F_{QE}^R 的影响线。

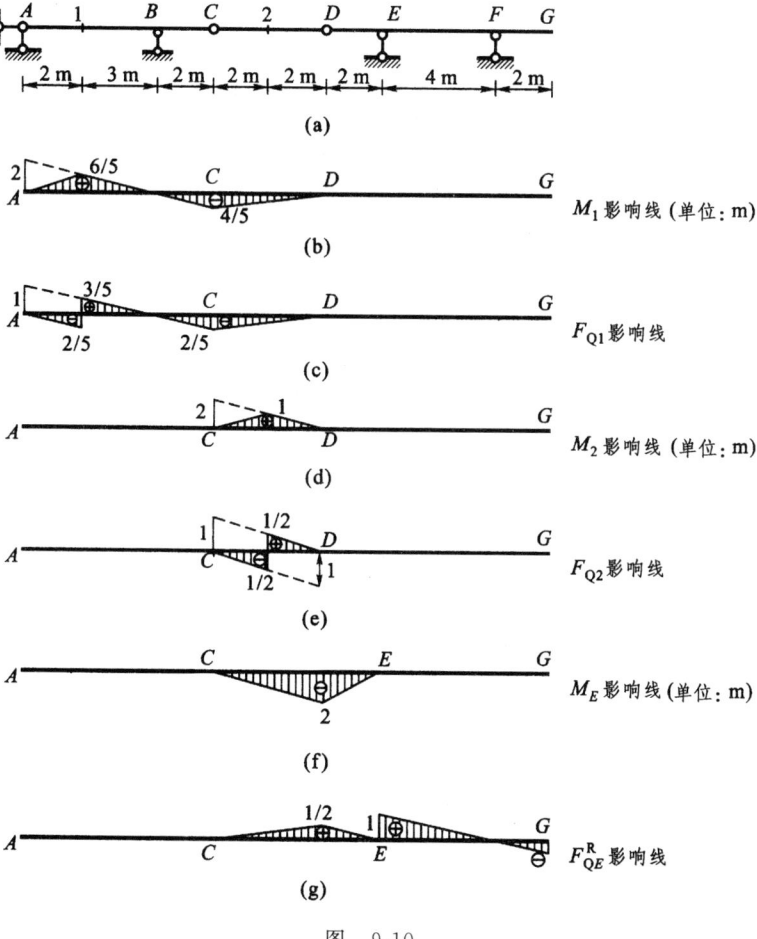

图 9-10

解 该多跨静定梁 ABC 和 $DEFG$ 为两个相互独立的基本部分,CD 为附属部分。

① M_1、F_{Q1} 为基本部分上的量值。先作出这两个量值本身所在部分的影响线,即作出伸臂梁 ABC 自身部分量值 M_1、F_{Q1} 的影响线。附属部分 CD 由已知的铰 C 处影响线纵距和 D 处纵距为零两个条件确定。而 $DEFG$ 为另一独立的基本部分,其上 M_1、F_{Q1} 的影响线值为零。M_1、F_{Q1} 的影响线如图 9-10(b)、(c)所示。

② 附属部分上量值 M_2、F_{Q2} 的影响线,在基本部分 ABC 和 $DEFG$ 上值为零,在自身所在部分相当于单跨梁。M_2、F_{Q2} 的影响线如图 9-10(d)、(e)所示。

③ M_E、F_{QE}^R 的影响线作法与 M_1、F_{Q1} 的影响线作法相同。M_E、F_{QE}^R 的影响线如图 9-10(f)、(g)所示。

第三节　间接荷载作用下的影响线

间接荷载也可称为结点荷载,图 9-11(a)所示为桥梁结构中的纵横梁桥面系统及主梁的简图。计算主梁时通常可假定纵梁简支在横梁上,横梁置于主梁上。荷载直接作用于上层纵梁上,再通过横梁(结点)将力传给下层主梁(或桁架),随着荷载的移动,主梁只在各横梁处(结点处)受到大小变化的集中力作用。对主梁来说,这种荷载称为间接荷载或结点荷载。下面以主梁上截面 C 的弯矩影响线为例,说明间接荷载作用下影响线的绘制方法。

首先,考虑荷载 $F_P=1$ 移动到各横梁结点 D、E、F 处的情况。显然,此时相当于荷载直接作用在主梁上。因此,可先作出直接荷载作用下主梁的 M_C 影响线(图 9-11b),而在此影响线中,在各结点处的纵距 y_D、y_E、y_F 也就是间接荷载作用下主梁 M_C 影响线的纵距。

其次,考虑荷载 $F_P=1$ 在任意两相邻结点如 D、E 之间的纵梁上移动时的情况,如图 9-11(c)所示。设 $F_P=1$ 距 D 点为 x,则纵梁的两个反力即作用在主梁上的作用力(图 9-11c)分别为

$$F_{Dy}=\frac{d-x}{d} \quad F_{Ey}=\frac{x}{d}$$

在这两个结点荷载作用下,由影响线的定义和叠加原理,此情况下截面 C 的弯矩可写成

$$M_C = F_{Dy} \cdot y_D + F_{Ey} \cdot y_E = \frac{d-x}{d}y_D + \frac{x}{d}y_E$$

这就是当 $F_P=1$ 在 DE 节间内移动时的 M_C 影响线方程,因它为 x 的一次函数,故为一段直线。当 $x=0$ 时,$M_C=y_D$;当 $x=d$ 时,$M_C=y_E$。

由此可知,只需找到直接荷载作用下的 M_C 影响线位于各结点处的纵距,然后

将相邻纵距顶点逐段连以直线,就形成间接荷载下的 M_C 影响线,如图 9-11(b)中梯形所示。实际上,它与直接荷载作用下的 M_C 影响线的大部分节间的直线段是重合的,只是在截面 C 所在的节间 CD 内,将虚线所示的三角形作了修正。

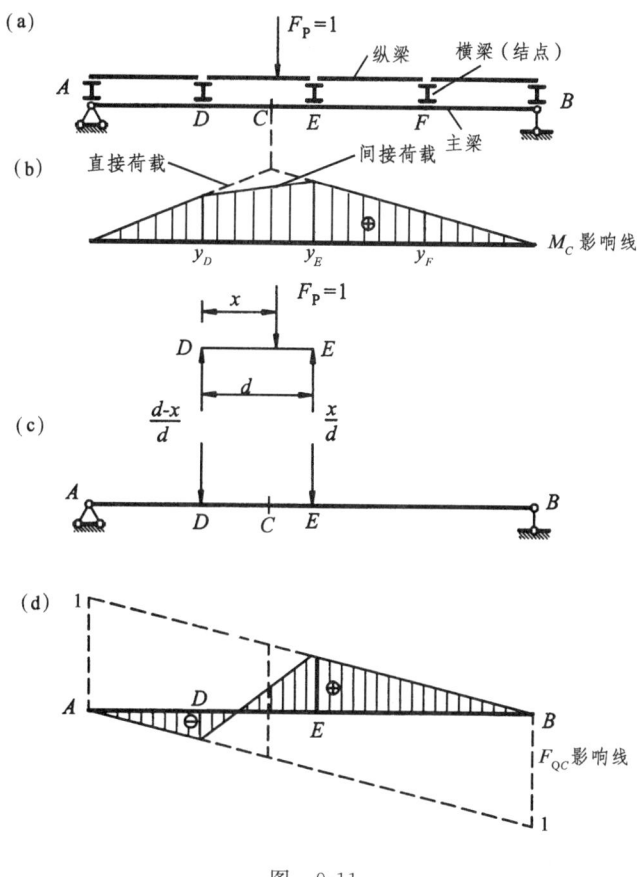

图 9-11

以上结论,适用于绘制间接荷载作用下任何量值的影响线。因此,可将绘制间接荷载作用下影响线的一般步骤归纳如下:

① 首先作出直接荷载作用下所求量值的影响线(用虚线表示)。

② 取上述影响线位于各结点处的纵距,按照相邻结点纵距顶点必为一直线的原则对上述影响线进行修正,即得间接荷载作用下该量值的影响线。

根据上述步骤可作截面 C 的剪力影响线 F_{QC},如图 9-11(d)所示。

由图 9-11(d)所示 F_{QC} 的影响线可以看出,如果截面 C 的位置在 DE 之间的任意处,尽管直接荷载下的 F_{QC} 的影响线(虚线所示)有所变化,但间接荷载下的 F_{QC} 的影响线(实线所示)形状不发生任何改变。图 9-11(d)所示的截面 C 的剪力影响线 F_{QC} 也为 DE 节间的剪力影响线 F_{QDE}。

第四节 机动法作静定梁影响线的概念

作静定结构支座反力和内力的影响线，除采用静力法外，还可采用机动法。机动法作静定结构影响线的依据是理论力学中学过的虚位移原理，即刚体体系在力系作用下处于平衡的必要和充分的条件是：在任何微小的虚位移中，力系所作的虚功总和为零。运用刚体体系的虚位移原理可以求出平衡力系中的约束力，在这里就是移动荷载 $F_P=1$ 作用下静定结构的支座反力或截面内力，它们均为与荷载位置有关的变量。机动法作静定结构的影响线就是以刚体体系的虚位移原理为基础，把作支座反力或内力影响线的静力问题转化为作刚体位移图的几何问题。

下面应用机动法分别绘制伸臂梁、多跨静定梁在直接荷载作用下的影响线。

一、伸臂简支梁影响线

（一）反力影响线

伸臂简支梁受单位移动荷载 $F_P=1$ 作用,如图 9-12(a)所示。为求反力 F_{RB} 的影响线,先撤除与 F_{RB} 相应的约束而暴露出约束力 F_{RB},并设为正方向(图 9-12b),此时梁已具有一个机动自由度,然后另外给予此机构沿 F_{RB} 方向一个微小的虚位移 δ_B,亦见图 9-12(b),梁 AB 作为一个刚体发生了绕支点 A 的微小转动,以 δ_P 表示与单位荷载 $F_P=1$ 的作用点和方向相应的虚位移。根据虚位移原理,梁上原有平衡力系 $F_P=1$、F_{RB}、F_{RA} 所完成的虚功总和等于零,即有虚功方程

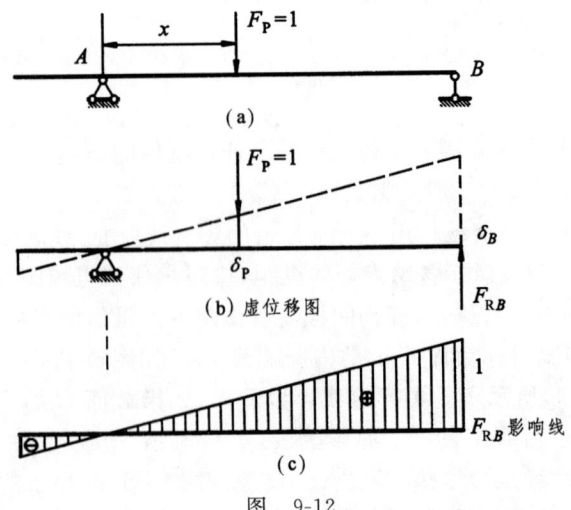

图 9-12

$$1 \times \delta_P + F_{RB} \times \delta_B = 0$$

得
$$F_{RB} = -\frac{\delta_P}{\delta_B} \tag{a}$$

观察这一表达式，δ_B 是在 F_{RB} 方向给定的一个常数，δ_P 与移动荷载 $F_P = 1$ 的作用位置相对应，它随 x 而变化，即 δ_P 代表全梁的竖向虚位移图。于是(a)式表明反力 F_{RB} 的变化规律与虚位移图 δ_P 相同，并将其中 $-1/\delta_B$ 看作比例尺。因此(a)式可表示为

$$F_{RB} = \left(-\frac{1}{\delta_B}\right) \delta_P(x) \tag{b}$$

由(b)式可知，F_{RB} 的影响线与荷载作用点的竖向虚位移图 $\delta_P(x)$ 成正比，也就是说，根据虚位移图 δ_P 就可以定出 F_{RB} 的影响线轮廓。

考虑到体系只具有一个自由度，所给定的 δ_B 是任意微小值，则比值 δ_P/δ_B 将是一个确定值；为简便起见，常令 $\delta_B = 1$，此时并不改变比值 δ_P/δ_B，则变量 F_{RB} 的表达式简化为

$$F_{RB} = -\delta_P \tag{9-1}$$

对于静定梁的任意约束力 S，则有

$$S = -\delta_P \tag{9-2}$$

由于竖向虚位移图 δ_P 的符号规定为与荷载 $F_P = 1$ 的方向一致者为正，即如图 9-12(b)中虚位移图 $\delta_P(x)$ 在梁轴下方为正，则按(9-1)式将其变号而作为影响线的符号，也就是在梁轴下方为负，在上方为正，如图 9-12(c)所示。

归结起来，用机动法作静定结构某约束力 S 的影响线的步骤如下：

① 欲求某约束力 S 的影响线，撤去与 S 相应的约束，代以未知力 S。

② 使体系沿 S 的正方向发生虚位移，作出荷载作用点的竖向虚位移图，由此可定出 S 的影响线轮廓。

③ 令该未知力 S 方向的虚位移 $\delta_S = 1$，可进一步定出影响线各竖距的数值。

④ 将所得承载杆的竖向虚位移图 $\delta_P(x)$（以后用 y 表示）反号，即横坐标以上的图形取正，横坐标以下的图形取负，就成为该约束力 S 的影响线。

（二）弯矩影响线

用机动法作图 9-13(a)所示截面 C 的弯矩影响线，首先撤除所求截面 C 上与 M_C 相应的抗转约束，即将截面 C 改成铰结点（图 9-13b），并标出一对正向弯矩 M_C，然后令左右截面沿 M_C 正向发生微小转角虚位移，即左段刚体 AC 有逆时针向转角 α，右段刚体 BC 有顺时针向转角 β（见图 9-13b）。该体系的虚功方程为

$$1 \times y + M_C \times \alpha + M_C \times \beta = 0$$

得 $$M_C = -\frac{y}{\alpha + \beta}$$

若令 $\alpha + \beta = 1$

则 $$M_C = -y$$

即所得全梁（承载杆）的竖向虚位移图在更改正、负号后就成 M_C 影响线，如图 9-13(c) 所示。B 处控制纵标为 $1 \times b$。

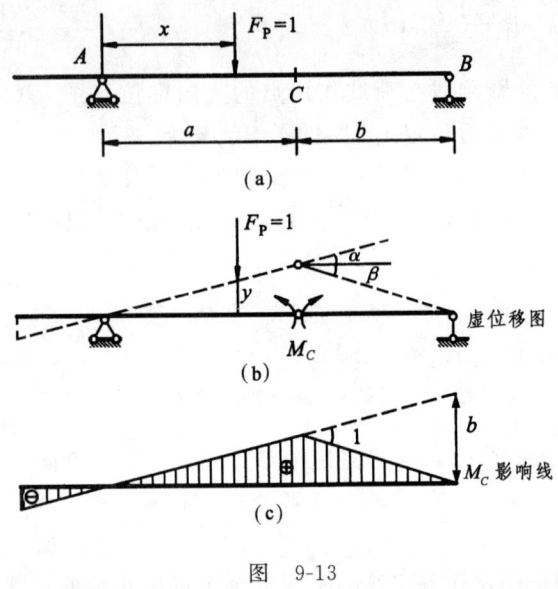

图 9-13

上述所谓令 $\alpha + \beta = 1$，并非指左、右梁轴（或 C 处左、右截面）间相对转角为 1 个弧度，而仍然表示为一个单位微量，也就是对虚位移 y 图选用了最简单的比例尺而已。

由于 $$\frac{1}{\alpha + \beta} = 1$$

因此，对应于右端 B 处的竖距为 b。

（三）剪力影响线

用机动法作图 9-14(a) 所示 C 截面的剪力影响线，在所求截面 C 上撤除与 F_{QC} 相应的抗剪约束，即将截面 C 改成"剪力铰"（左、右截面间由两根平行于梁轴的等长链杆形成一个定向联系，这种装置不能抵抗或传递剪力，但仍能承受或传递弯矩和轴力）。并标出一对正向剪力 F_{QC}，如图 9-14(b) 所示。然后令此机构沿 F_{QC} 正向发生微小剪切虚位移，则左刚片 AC 可绕 A 转动、右刚片 BC 可绕 B 转动，但

因 C 处"剪力铰"的联系只容许左、右截面以至左、右刚片保持平行,故梁轴虚位移图成为左、右互相平行的两段直线。图 9-14(b)中的截面 C 的左、右两侧相对剪切位移为 δ_{C1} 和 δ_{C2}。该体系的虚功方程为

$$1 \times y + F_{QC} \times \delta_{C1} + F_{QC} \times \delta_{C2} = 0$$

得 $\quad F_{QC} = -\dfrac{y}{\delta_{C1} + \delta_{C2}}$

若令 $\quad \delta_{C1} + \delta_{C2} = 1$

则有 $\quad F_{QC} = -y$

即所得全梁(承载杆)的竖向虚位移图在更改正负号后就成为 F_{QC} 影响线,如图 9-14(c)所示,B 处控制纵标及两平行线间的竖距为 1。

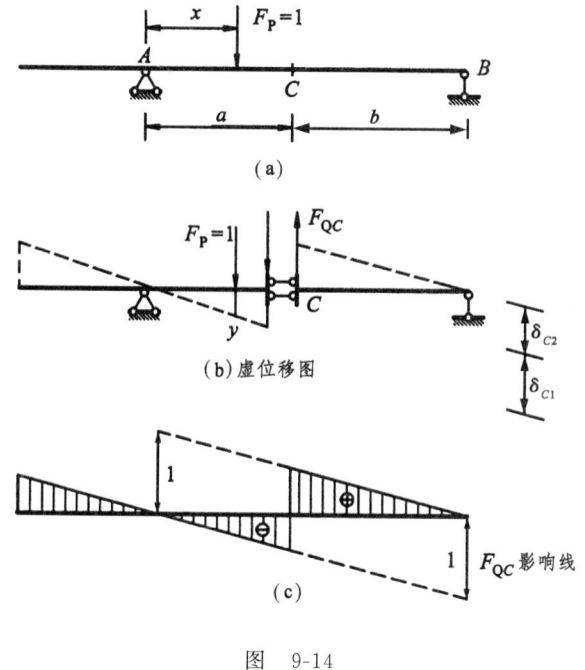

图 9-14

再用机动法作图 9-15(a)中伸臂部分截面 D 的内力影响线。在分别撤除了与 M_D 与 F_{QD} 相应的约束后可以看到仅在截面 D 以左的伸臂段形成了机构,D 以右则是几何不变体(图 9-15b、d),因此刚体虚位移只可能发生在截面 D 以左。于是虚位移图及相应的 M_D,F_{QD} 的影响线分别如图 9-15(c)、(e)所示,均与按静力法所得影响线相同。需要指出,以上诸图中将虚位移和荷载、约束力画在同一个图上,但该虚位移是另外附加给该平衡力系的,是独立于该力系的。

用机动法绘制主梁在间接荷载下的影响线,只需注意在给出主梁的虚位移图

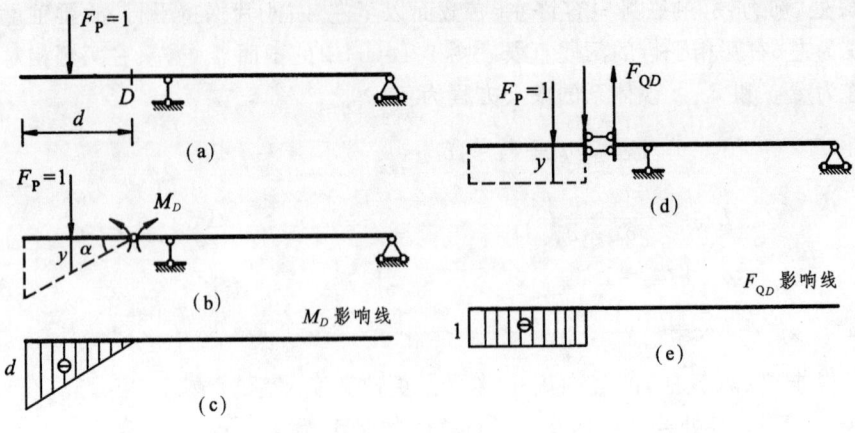

图 9-15

后应取上层纵梁所发生的虚位移图作为影响线的形状。这是因为荷载 $F_P=1$ 的移动作用线在纵梁,荷载作用点的虚位移 δ_P 发生在纵梁上,它才是虚功方程中的 y。

二、多跨静定梁影响线

多跨静定梁包含基本部分和附属部分,用机动法绘制其各项影响线将是很方便的。前述作图步骤均适用,只需注意下述特点:在撤去与所求内力相应的约束后,若在基本部分形成机构,则除基本部分发生虚位移外,还将影响它的附属部分;若在附属部分形成机构,则虚位移图仅涉及附属部分。

在图 9-16(a)所示多跨静定梁中,截面 n 位于第二层附属梁 EFG 跨内,铰 E 以左为其基本部分;作 M_n 影响线时,形成的机构仅为 EFG 梁本身,故虚位移图局限在 EFG 段内。按前述单跨梁的办法,定出 E 端控制纵标为 a_n 并为正号,图 9-16(b)即为 M_n 影响线。

截面 m 位于基本部分 AB 梁跨内,铰 C 以右均为其附属部分;作 F_{Qm} 影响线时,形成的机构 Am-mC 发生相应虚位移后,铰 C 的竖向虚位移即为确定值,从而使第一层附属梁 CDE 绕支点 D 发生转动,继而又使第二层附属梁 EFG 绕支点 F 转动,如图 9-16(c)所示。因此 F_{Qm} 影响线分布于全梁,其控制纵标应由截面 m 所在的梁来确定,各支点处的纵标为零。

铰 C 的剪力 F_{QC} 影响线如图 9-16(d)所示,图中表示了撤去 C 处抗剪的竖向约束,仅右部 CDE 和 EFG 可发生的虚位移图。

综上所述,用机动法绘制影响线的优点是不经具体的静力计算即可迅捷地确定影响线的形状、正负号及控制纵标,特别是影响线中的各直线段落,清楚地与撤去约束后的体系内各刚片的分界相对应。这为结构设计工作提供了方便,也可对静力法所作影响线进行校核。

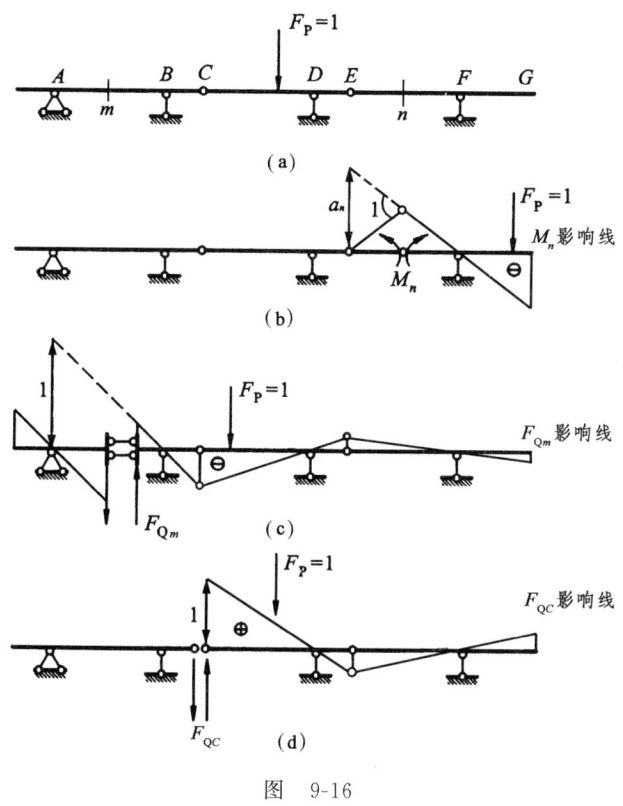

图 9-16

第五节 桁架内力影响线

用静力法作桁架内力的影响线,采用的方法仍然是第三章所述的截面法和结点法,只不过所作用的荷载是一个移动的单位荷载。因此,只需考虑 $F_P=1$ 在不同部分移动时,分别写出所求杆件内力的影响线方程,即可根据方程作出影响线。

对于斜杆,为计算方便,可先绘出其水平或竖向分力的影响线,然后按比例关系求得内力影响线。

由于在桁架中,荷载一般是通过纵梁和横梁而作用于桁架结点上的(参见图9-11),故前面所讨论的关于间接荷载作用下影响线的性质,对桁架都是适用的。因此,绘制桁架任意一杆件的轴力影响线,可以把单位荷载 $F_P=1$ 依次置于承载弦的各结点上,计算出该杆轴力的数值,用竖标表示出来,再连以直线,就得到该杆的轴力影响线。

下面以图 9-17(a)所示的平行弦桁架为例,来说明桁架内力影响线的绘制方法。设单位荷载 $F_P=1$ 沿桁架下弦 AB 移动,试作各杆内力的影响线。图 9-17(b)所示的梁为该桁架的相应简支梁。

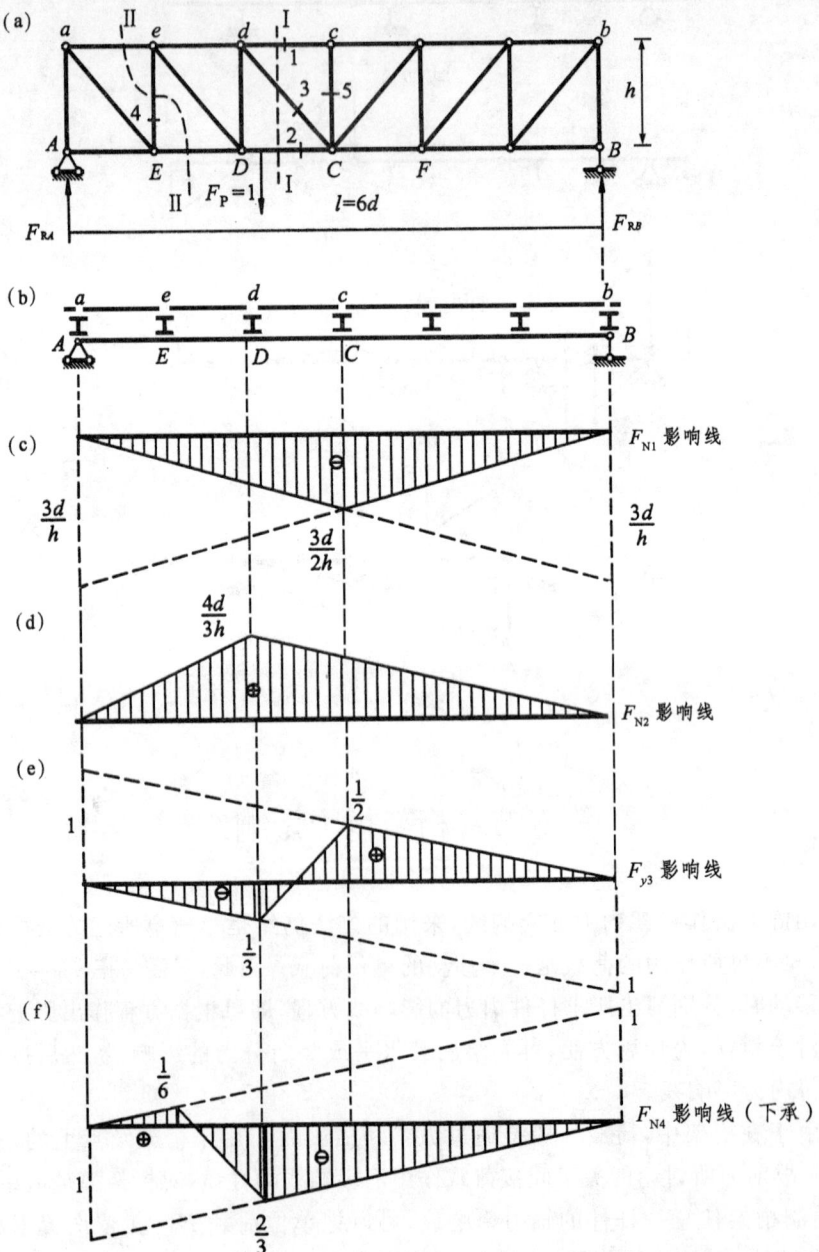

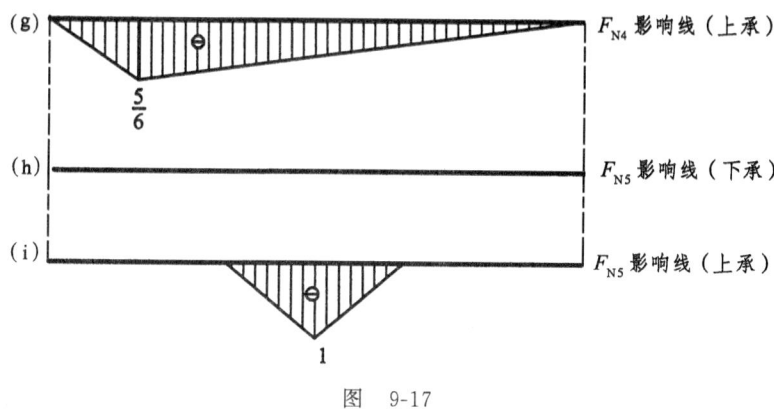

图 9-17

一、支座反力 F_{RA} 和 F_{RB} 的影响线

桁架支座反力 F_{RA} 和 F_{RB} 的影响线与简支梁支座反力 F_{RA} 和 F_{RB} 的影响线相同,图中没有画出。

二、上弦杆轴力 F_{N1} 的影响线

作截面 I-I,以结点 C 为力矩中心,用力矩法可求得 F_{N1} 影响线。

当 $F_P=1$ 在被截节间以左,即在结点 D 以左移动时,取截面 I-I 右部为隔离体,由平衡方程

$$\sum M_C=0, \quad F_{RB}\times 3d+F_{N1}\times h=0$$

得

$$F_{N1}=-\frac{3d}{h}\cdot F_{RB} \tag{a}$$

(a)式代表了 F_{N1} 影响线的左直线,适用范围在结点 D 以左。由式(a)作 F_{RB} 影响线,并将 F_{RB} 影响线的纵坐标乘以 $-\frac{3d}{h}$,因为负值,画于基线以下,取 D 以左一段得到 F_{N1} 影响线的左直线。

当 $F_P=1$ 在被截节间以右,即在结点 C 以右移动时,取截面 I-I 左边部分为隔离体,由平衡方程

$$\sum M_C=0, \quad F_{RA}\times 3d+F_{N1}\times h=0$$

得

$$F_{N1}=-\frac{3d}{h}\cdot F_{RA} \tag{b}$$

(b)式代表了 F_{N1} 影响线的右直线,适用范围在结点 C 以右。由式(b)作 F_{RA} 影响线,并将它的纵坐标乘以 $-3d/h$,画于基线以下,取 C 以右一段得到 F_{N1} 影响线的右直线。

当 $F_P=1$ 在 D、C 之间,影响线为直线,可将 D、C 两点纵坐标连以直线。

由上述三段直线,得到一个三角形的影响线。三角形的顶点,即左、右直线的交点交于力矩中心 C 点之下,F_{N1} 影响线如图 9-17(c)所示。

式(a)和式(b)也可以合并为一个式子,用相应简支梁在结点 C 的弯矩影响线 M_C^0 表示,即

$$F_{N1}=-\frac{M_C^0}{h} \tag{c}$$

由式(c)作 F_{N1} 影响线,先作出相应简支梁在结点 C 的弯矩影响线,并将它的纵坐标乘以 $-1/h$,取 D 以左一段得到其左直线;取 C 以右一段得到其右直线;D、C 两点纵坐标连以直线即为 F_{N1} 影响线。影响线的形状是一个三角形,顶点的纵坐标为 M_C^0 的纵坐标除以 h,即

$$-\frac{ab}{lh}=-\frac{3d\times3d}{6d\times h}=-\frac{3d}{2h}$$

三、下弦杆轴力 F_{N2} 的影响线

仍用截面 I-I,以结点 d 为力矩中心,用力矩平衡方程 $\Sigma M_d=0$,得

$$F_{N2}=+\frac{M_d^0}{h} \tag{d}$$

即 F_{N2} 的影响线可由相应简支梁在结点 d(D、d 两点重合)的弯矩影响线求得。由式(d)作 F_{N2} 影响线,先作出相应简支梁在结点 d 的弯矩影响线 M_d^0,并将它的纵坐标乘以 $1/h$,取 D 以左一段得到其左直线,取 C 以右一段得到其右直线,D、C 两点纵坐标连以直线即为 F_{N2} 影响线。F_{N2} 影响线的形状是一个三角形,顶点纵坐标是 M_d^0 的纵坐标除以 h,即为

$$\frac{ab}{lh}=\frac{2d\times4d}{6d\times h}=\frac{4d}{3h}$$

F_{N2} 影响线如图 9-17(d)所示。

从以上分析和 F_{N1}、F_{N2} 影响线图形可以归结出如下结论:用力矩法作桁架内力的影响线,影响线的左、右两直线交于力矩中心之下。力矩中心的位置影响到影响线的形状及符号。对于简支桁架,当力矩中心位于截开节间的左、右结点上时,影响线为一个三角形;当力矩中心位于截开节间的左、右结点之间时,影响线为一个

截头四边形；当力矩中心位于截开节间的左、右结点之外时，影响线为一个突角四边形。

四、斜杆轴力的竖向分力 F_{y3} 的影响线

仍用截面 I-I，当 $F_P=1$ 在被截节间以左，即在结点 D 以左移动时，取截面 I-I 右部为隔离体，由平衡方程 $\Sigma F_y=0$，得

$$F_{y3}=-F_{RB} \tag{e}$$

式(e)代表了 F_{y3} 影响线的左直线，适用范围在结点 D 以左，由式(e)作 F_{RB} 影响线，并将 F_{RB} 影响线的纵坐标画于基线以下，取 D 以左一段得到 F_{y3} 影响线的左直线。

当 $F_P=1$ 在被截节间以右，即在结点 C 以右移动时，取截面 I-I 左部为隔离体，由平衡方程 $\Sigma F_y=0$，得

$$F_{y3}=F_{RA} \tag{f}$$

式(f)代表了 F_{y3} 影响线的右直线，适用范围在结点 C 以右。由式(f)作 F_{RA} 影响线，并取 C 以右一段得到 F_{y3} 影响线的右直线。

当 $F_P=1$ 在结点 D、C 之间，影响线为直线。可将 D、C 两点纵坐标连以直线。由上述三段直线，得到 F_{y3} 影响线，如图 9-17(e)所示。

同样，上述式(e)、(f)也可以合并为一个式子，即用相应简支梁在结点荷载作用下 DC 节间的剪力影响线 F_{QDC}^0 表示，即

$$F_{y3}=F_{QDC}^0 \tag{g}$$

由式(g)作 F_{y3} 影响线，先作出相应简支梁在结点荷载作用下 DC 节间的剪力影响线，并取 D 以左一段得到其左直线；取 C 以右一段得到其右直线；D、C 两点纵坐标连以直线即为 F_{y3} 影响线（注意桁架内力的符号规定）。

图 9-17(e)所示的 F_{y3} 影响线的左、右直线为两条平行线，D、C 两点纵坐标的连线为过渡线，过渡线位于截开节间。而 F_{y3} 影响线也就是节间剪力 F_{QDC}^0 的影响线。

五、竖杆轴力 F_{N4} 的影响线

作截面 II-II，截开下弦 ED 节间（对下弦承载），利用相应简支梁在结点荷载作用下 ED 节间的剪力影响线 F_{QED}^0，列出下列表达式

$$F_{N4}=-F_{QED}^0 \tag{h}$$

由式(h)作 F_{N4} 影响线，先作出相应简支梁在结点荷载作用下 ED 节间的剪

力影响线,符号相反,取 E 以左一段得到其左直线;取 D 以右一段得到其右直线;E、D 两点纵坐标连以直线即为 F_{N4} 影响线,如图 9-17(f)所示。

六、竖杆轴力 F_{N5} 的影响线

当 $F_P=1$ 在下弦移动,由于桁架下弦结点承受荷载作用,取上弦结点 c 为隔离体,由平衡方程可得

$$F_{N5}=0$$

上式表明,$F_P=1$ 在下弦任意位置,5 杆均是零杆,因此,F_{N5} 的影响线与基线重合,如图 9-17(h)所示。

当 $F_P=1$ 沿桁架上弦移动,即由桁架上弦结点承受荷载作用,则图 9-17(a)所示的 N 式平弦桁架的上弦杆、下弦杆和斜杆竖向分力的影响线不变,即 F_{N1}、F_{N2} 及 F_{y3} 的影响线仍如图 9-17(c)、(d)、(e)所示,但竖杆的影响线则有变化。

例如作竖杆 F_{N4} 的影响线,当 $F_P=1$ 在上弦移动时,由图 9-17(a)截面Ⅱ-Ⅱ,截开上弦 ae 节间,利用相应简支梁在结点荷载作用下 ae 节间的剪力影响线 F_{Qae}^0,列出下列表达式

$$F_{N4}=-F_{Qae}^0$$

即 F_{N4} 影响线可由相应简支梁 ae 节间的节间剪力影响线 F_{Qae}^0 作出。但正、负号相反,如图 9-17(g)所示。

又如作竖杆 F_{N5} 的影响线,当 $F_P=1$ 在上弦移动时,取上弦结点 c 为隔离体,当 $F_P=1$ 在结点 c 时,由平衡方程可得

$$F_{N5}=-1$$

而当 $F_P=1$ 作用于其他结点时,有

$$F_{N5}=0$$

由于结点之间是直线,因此将结点 c 处的纵坐标与相邻两点的零纵距连以直线即得 $F_P=1$ 在上弦移动时 F_{N5} 的影响线,如图 9-17(i)所示。

由以上分析可知,作桁架影响线时,应注意区分桁架是下弦承载(简称下承)还是上弦承载(简称上承)。另外用结点法分析时,应注意分别考虑 $F_P=1$ 作用于该结点上和作用于其他结点上的两种情况。

在比较复杂的情况下,绘制桁架某些杆件的内力影响线时,需将结点法和截面法联合应用,且需把其他杆件的内力影响线先行求出,然后根据它们之间的静力学关系,用叠加法来作出所求杆件的内力影响线。下面通过例题来说明。

例 9-4 试求图 9-18(a)所示桁架竖杆 a 的内力影响线,荷载沿下弦移动。

解 由结点 $3'$ 的平衡条件可知,欲求 a 杆内力,应先求得 b 杆及 c 杆的竖向分力。b 杆的竖向分力可由结点 K 的平衡条件及截面 I-I 的投影方程联合求得。同理,c 杆的竖向分力也可按此法求得。现按这一途径,分别作 b、c 杆的竖向分力及 a 杆内力影响线。

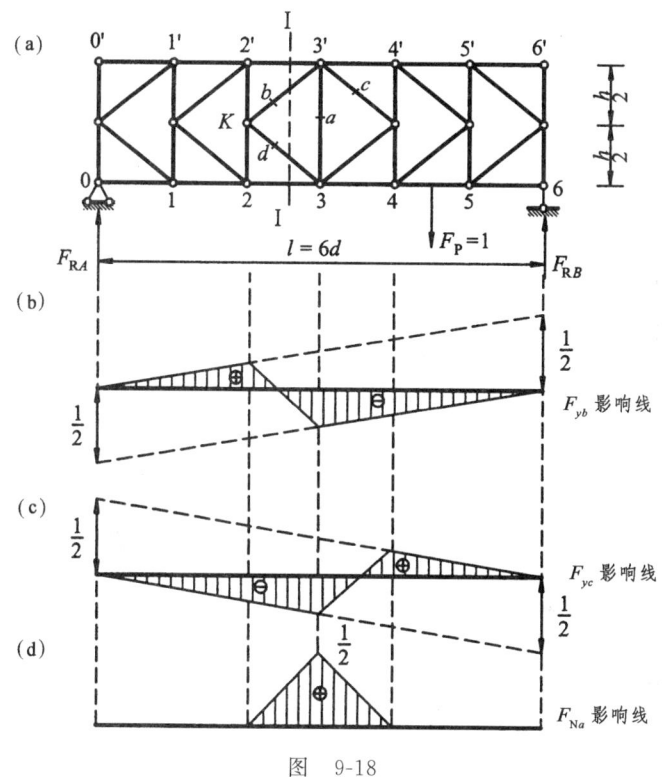

图 9-18

① 作 b 杆的竖向分力影响线。

由结点 K 的平衡条件可知 $F_{xb}=-F_{xd}$,因而有 $F_{Nb}=-F_{Nd}$ 及 $F_{yb}=-F_{yd}$,即 b、d 两杆的竖向分力数值相等符号相反。再作截面 I-I,截开下弦 2-3 节间(对下弦承载),利用相应简支梁在结点荷载作用下 2-3 节间的剪力影响线 F_{Q23}^0,列出下列表达式。

当 $F_P=1$ 不在 2-3 节间时

$$F_{yb}=-\frac{1}{2}F_{Q23}^0$$

即 b、d 两杆共同承受节间 2-3 的剪力,而两杆的竖向分力又等值反号,故知每杆承受一半。又因 b 杆内力若为正(拉力)时,其竖向分力与正向剪力方向相反。

当 $F_P=1$ 在 2-3 节间时,将 2、3 两点纵坐标连以直线即可。

由上所述,作 b 杆竖向分力的影响线 F_{yb},先作出相应简支梁在结点荷载作用下 2-3 节间的剪力影响线,并将它的纵坐标乘以 $-1/2$,取 2 以左一段得到其左直线;取 3 以右一段得到其右直线;在被截 2-3 节间部分,取 2、3 两点纵坐标连以直线即得 F_{yb} 影响线,如图 9-18(b)所示。

② 作 c 杆内力影响线。

按上述方法可写出

$$F_{yc} = +\frac{1}{2}F_{Q34}^0$$

据此可作出 F_{yc} 影响线,如图 9-18(c)所示。显然,F_{yc} 影响线也可从已知的 F_{yb} 影响线根据对称关系直接得到。

③ 作 a 杆内力影响线。

取由结点 $3'$ 为隔离体,由 $\Sigma F_y = 0$,有

$$F_{Na} = -(F_{yb} + F_{yc})$$

由于结点 $3'$ 不在承载弦(下弦)上,故此方程对于 $F_P = 1$ 在下弦任意位置移动都是适用的,于是将 F_{yb}、F_{yc} 两影响线叠加并反号,即得到 F_{Na} 的影响线,如图 9-18(d)所示。

第六节 利用影响线计算量值

前面讨论了影响线的绘制方法。从本节开始讨论影响线的应用。

影响线的应用有两个方面:其一是利用影响线求影响量值;其二是利用影响线确定荷载的最不利位置,从而求出该量值的最大值。

绘制影响线时,考虑的是单位荷载 $F_P = 1$ 的作用,当若干具体荷载作用于结构时,可根据叠加原理,利用某一约束力影响线计算出该内力所受的总影响,即产生的该内力总值,称之为影响量。现讨论当若干集中荷载或分布荷载作用于某已知位置时,利用影响线求影响量值的情况。

一、一组集中荷载作用下的影响

设有一组位置固定的集中荷载 F_{P1}、F_{P2}、F_{P3} 作用于简支梁,位置已知,如图 9-19(a)所示。现利用图 9-19(b)所示 F_{QC} 影响线求 F_{P1}、F_{P2}、F_{P3} 作用下 F_{QC} 的数值。

在 F_{QC} 影响线中,相应于各荷载作用点的纵坐标为 y_1、y_2、y_3,它们分别是 $F_P = 1$ 在相应位置产生的 F_{QC}。因此,由 F_{P1} 产生的 F_{QC} 等于 $F_{P1}y_1$,F_{P2} 产生的 F_{QC} 等于 $F_{P2}y_2$,F_{P3} 产生的 F_{QC} 等于 $F_{P3}y_3$。根据叠加原理,可得到 F_{P1}、F_{P2}、F_{P3} 共同作用下 F_{QC} 的数值为

第九章 影响线及其应用

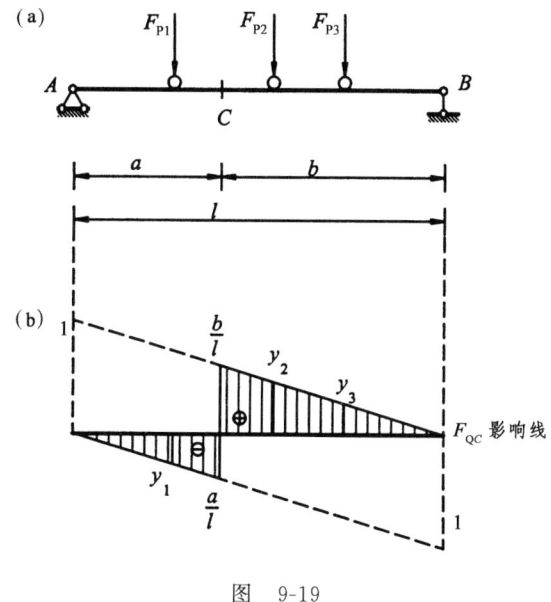

图 9-19

$$F_{QC}=F_{P1}y_1+F_{P2}y_2+F_{P3}y_3$$

一般来说,设有一组位置固定的集中荷载 $F_{P1},F_{P2},\cdots,F_{Pn}$ 作用于结构,结构某量 S 的影响线在各荷载作用点的纵坐标分别为 $y_1,y_2,\cdots,y_n$。则某量 S 的影响量的值为

$$S=F_{P1}y_1+F_{P2}y_2+\cdots+F_{Pn}y_n=\sum_{i=1}^{n}F_{Pi}y_i \tag{9-3}$$

应用式(9-3)时,应注意影响线纵坐标 y_i 的正、负号。

二、均布荷载作用下的影响

设简支梁上有给定位置(DE 段)的均布荷载 q 作用,如图 9-20(a)所示。现要利用图 9-20(b)所示 F_{QC} 影响线求在给定均布荷载 q 作用下 F_{QC} 的数值。

在均布荷载作用段上,将微段 dx 上的荷载 qdx 看作一个集中荷载,则它引起的 F_{QC} 的量值为 $qdx \cdot y$,在 DE 段均布荷载产生的 F_{QC} 的值为

$$F_{QC}=\int_{c}^{d}qdx \cdot y=q\int_{c}^{d}ydx=q\int_{c}^{d}dA=q\omega$$

这里,ω 表示 F_{QC} 影响线图形在均布荷载作用范围内的面积。

在一般情形下,利用某量 S 的影响线求均布荷载 q 作用下 S 的影响量值的计算公式为

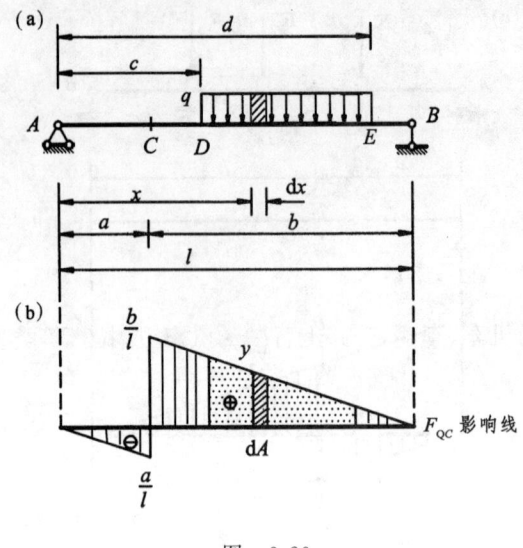

图 9-20

$$S = q\omega \tag{9-4}$$

式(9-4)表示在给定均布荷载 q 作用下，S 的数值等于均布荷载的集度 q 乘以该量影响线在均布荷载作用范围的面积。应用此公式时，要注意面积的正、负号。

例 9-5 图 9-21(a)所示简支梁，全跨受均布荷载作用，已作出截面 C 剪力影响线如图 9-21(b)所示。试利用 F_{QC} 影响线计算在上述荷载作用下 F_{QC} 的数值。

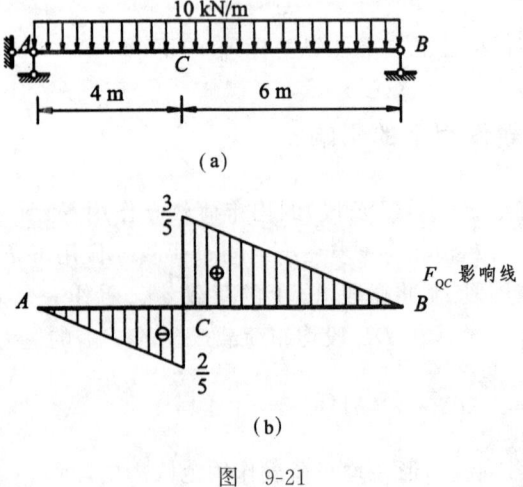

图 9-21

解 F_{QC} 影响线正号部分的面积以 ω_1 表示，负号部分的面积以 ω_2 表示，则

$$\omega_1 = \frac{1}{2} \times 6 \times \frac{3}{5} = 1.8 \text{ m}, \quad \omega_2 = \frac{1}{2} \times 4 \times \left(-\frac{2}{5}\right) = -0.8 \text{ m}$$

由式(9-4)得

$$F_{QC} = q(\omega_1 + \omega_2) = 10 \times (1.8 - 0.8) = 10 \text{ kN}$$

第七节　铁路公路的标准荷载制

铁路上行驶的机车、车辆,公路上行驶的汽车、拖拉机等类型繁多,运载情况复杂,设计结构时不可能对每种情况都进行计算,而是以一种统一的标准荷载来进行设计。这种标准荷载是经过统计分析制定出来的,它既概括了当前各类车辆的情况,又适当考虑了将来的发展。

一、铁路标准荷载

我国铁路桥涵设计使用的标准荷载,称为中华人民共和国铁路标准活载,简称"中—活载"。它包括普通活载和特种活载两种(见图 9-22)。在普通活载中,前面五个集中荷载代表一台蒸汽机车的五个轴重,中部一段均布荷载代表煤水车和与之联挂的另一台机车的平均重量,后面任意长的均布荷载代表车辆的平均重量。特种活载代表某些机车、车辆的较大轴重。设计时,应看普通活载与特种活载哪一个产生较大的内力,就采用哪一个作为设计标准。不过,特种活载虽轴重较大但轴数较少,故其仅对短跨度梁(约 7 m 以下)控制设计。

使用其中一活载时,可由图式中任意截取,但不得变更轴距。列车可由左端或右端进入桥梁。需要指出,图 9-22 所示为一个车道(一线)上的荷载,如果桥梁是单线的且有两片主梁,则每片主梁承受图示荷载的一半。

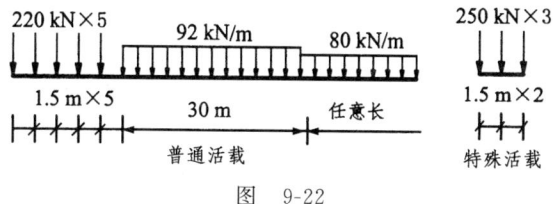

图 9-22

二、公路标准荷载

我国公路桥涵设计使用的标准荷载,分为计算荷载和验算荷载两种。计算荷载以汽车车队表示,有汽车—10 级、汽车—15 级、汽车—20 级和汽车—超20 级四个等级,其纵向排列如图9-23所示。

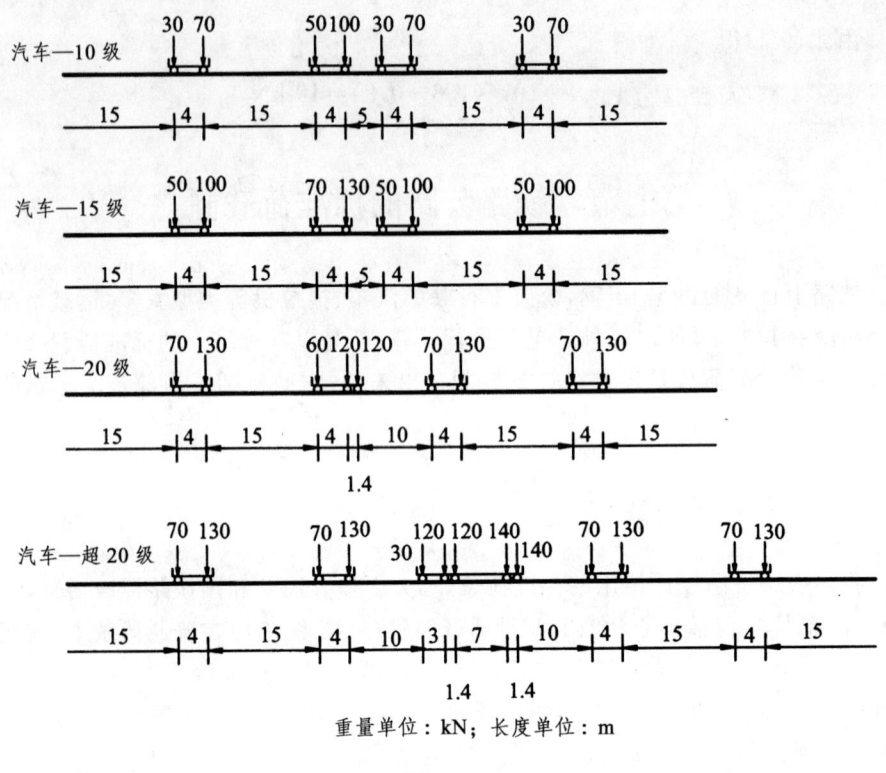

重量单位:kN;长度单位:m

图 9-23

各车辆之间的距离可任意变更但不得小于图示距离。每个车队中,虽重车只有一辆,主车数目不限。验算荷载以履带车、平板挂车表示,有履带—50、挂车—80、挂车—100和挂车—120等,详见有关规范。

第八节 最不利荷载位置

前已指出,在移动荷载作用下结构上的各种量值均将随荷载的位置而变化,而设计时必须求出各种量值的最大值(包括最大正值和最大负值,最大负值也称最小值),以此作为设计的依据。为此,必须先确定使某一量值发生最大(或最小)值的荷载位置,即最不利荷载位置。只要所求量值的最不利荷载位置一经确定,则其最大(最小)值便可按本章第六节所述方法算出。影响线的一个重要作用,就是用来确定荷载的最不利荷载位置。本节将对影响线的这一应用进行讨论。

对于一些简单情况,只需根据影响线和荷载的特性加以判断,就可确定荷载的最不利位置。判断的一般原则是:应当把数值大、间距密的荷载放在影响线纵坐标较大部位。

下面对几种荷载分别讨论。

一、单个移动荷载的最不利位置

只有一个集中荷载 F_P 时,显然将 F_P 置于影响线的最大竖标处即产生 S_{max};而将 F_P 置于最小竖标处即产生 S_{min} 值(图 9-24)。当荷载的情况比较简单时,最不利荷载位置凭直观即可确定。

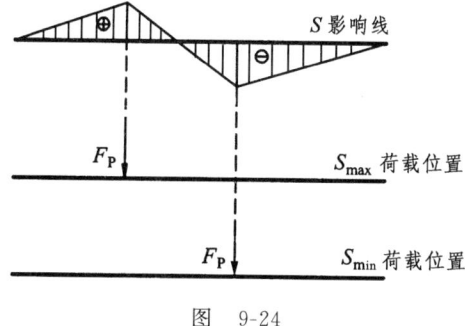

图 9-24

二、可动均布荷载的最不利布置

对于可以任意断续布置的均布荷载,也称为可动均布荷载,如人群、货物等。

可动均布荷载的最不利布置是指荷载可按任意位置分布时,使某量值 S 达到最大值的荷载分布位置。

对于可以任意分布的均布荷载,由式(9-4)即 $S=q\omega$ 可知,对图 9-25(a)所示的 S 影响线,最不利布置如下:

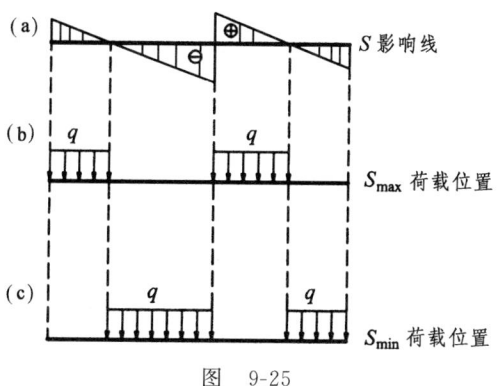

图 9-25

求最大正号值 S_{max} 时,应在影响线正号部分布满荷载,如图 9-25(b)所示;
求最大负号值 S_{min} 时,应在影响线负号部分布满荷载,如图 9-25(c)所示。

三、行列荷载的最不利位置

行列荷载是指一系列间距不变的移动集中荷载(也包括均布荷载)。如汽车车队、中—活载等。确定某量值 S 的最不利荷载位置,通常有如下两步:

① 求出 S 达到极值的荷载位置,这个荷载位置称为荷载的临界位置。

② 从荷载的临界位置中选出荷载的最不利位置。也就是从 S 的极大值中选出最大值,从 S 的极小值中选出最小值。

根据最不利荷载位置的定义可知,当荷载移动到该位置时,所求量值 S 为最大,因而荷载由该位置不论向左或向右移动到邻近位置时,S 值均将减小。因此,可以从讨论荷载移动时 S 的增量入手来解决这个问题。

下面以多边形影响线为例,说明荷载临界位置的特点及其判定原则。

图 9-26(a)所示为一组行列荷载,荷载移动时其排列、间距和数值保持不变。图 9-26(b)为某量值 S 的影响线,为一多边形。各区段直线和 x 轴的倾角以 α_1、α_2、α_3 表示(其中 α_1 和 α_2 是正的,α_3 是负的)。各区段内的合力分别用 F_{R1}、F_{R2}、F_{R3} 表示,$\overline{y}_1$、$\overline{y}_2$、$\overline{y}_3$ 分别表示 F_{R1}、F_{R2}、F_{R3} 对应的影响线纵坐标。

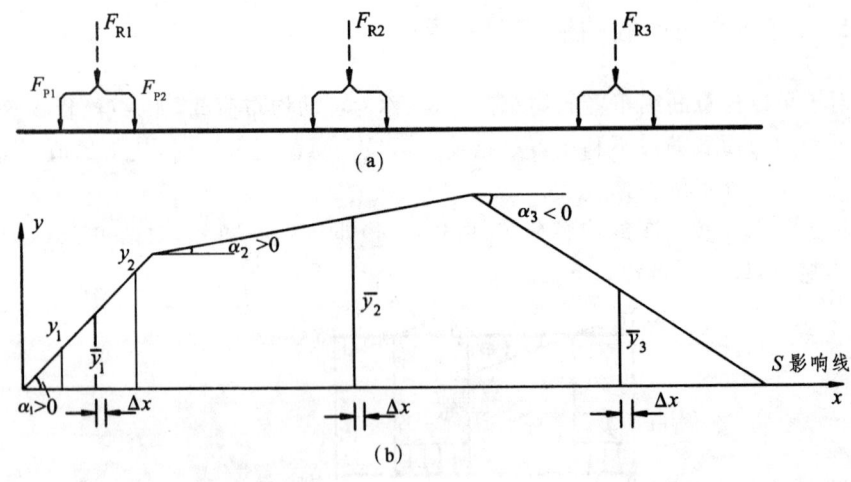

图 9-26

首先,在各区段内的影响线是一根直线,各荷载的影响量,可由这些荷载的合力 F_{Ri} 的影响量来代替。如第一区段

$$F_{P1}y_1 + F_{P2}y_2 = F_{R1}\overline{y}_1$$

根据叠加原理,并用各区段的合力计算影响量值,则

$$S = F_{R1}\bar{y}_1 + F_{R2}\bar{y}_2 + F_{R3}\bar{y}_3 = \sum_{i=1}^{3} F_{Ri}\bar{y}_i \tag{a}$$

应当说明的是,对于由直线组成的多边形影响线,受移动荷载作用时的影响量 S,即式(a)是由 x 的一次函数式所组成。使 S 达极大值时荷载的临界位置为:荷载自临界位置向左移动或向右移动时,S 量值均减少或等于零,即 S 的增量应满足

$$\Delta S \leqslant 0 \tag{b}$$

由式(a)

$$\Delta S = \sum F_{Ri} \cdot \Delta \bar{y}_i \tag{c}$$

设备荷载都移动 Δx(向右移动时,Δx 为正),F_{Ri} 作用线也移动 Δx,则根据几何关系,纵坐标 $\bar{y}_i$ 的增量为

$$\Delta \bar{y}_i = \Delta x \cdot \tan \alpha_i$$

因此,S 的增量为

$$\Delta S = \Delta x \sum F_{Ri} \cdot \tan \alpha_i$$

使 S 达 S_{max} 值时荷载的临界位置应满足的条件(b),即为

$$\Delta x \sum F_{Ri} \cdot \tan \alpha_i \leqslant 0 \tag{d}$$

式(d)可以分为两种情况

$$\left. \begin{array}{ll} 当荷载向右移时\,(\Delta x > 0) & \sum F_{Ri} \cdot \tan \alpha_i \leqslant 0 \\ 当荷载向左移时\,(\Delta x < 0) & \sum F_{Ri} \cdot \tan \alpha_i \geqslant 0 \end{array} \right\} \tag{9-5}$$

式(9-5)说明,如果 S 为极值,荷载稍向左、右移动时,$\sum F_{Ri} \cdot \tan \alpha_i$ 必须变号。

下面分析在什么情况下 $\Sigma F_{Ri} \cdot \tan \alpha_i$ 才有可能变号。首先,由于影响线的形状已给定,影响线各段的斜率 $\tan \alpha_i$ 是给定的常数,因此,只有使荷载移动时,各段的合力 F_{Ri} 改变,才有可能改变 $\Sigma F_{Ri} \cdot \tan \alpha_i$ 的符号。其次,为使整个荷载稍向左、右移动时,合力 F_{Ri} 改变数值,则在临界位置中必须有一个集中荷载正好作用在影响线顶点上。当整个荷载稍向左移,此集中荷载移到左段;当整个荷载稍向右移,此集中荷载移到右段。只有这时,合力 F_{Ri} 才可能改变数值,才可能使 $\Sigma F_{Ri} \cdot \tan \alpha_i$ 改变符号。而使 $\Sigma F_{Ri} \cdot \tan \alpha_i$ 改变符号且作用于影响线顶点的这个集中荷载称为临界荷载,用 F_{Pcr} 表示,此时的荷载位置为临界位置,而式(9-5)为临界位置的判别式。

确定临界位置一般通过试算，归结起来确定荷载最不利位置如下：

① 从行列荷载中选定一个集中荷载置于影响线的某一顶点上。

② 令此集中荷载分别向左、右移动，计算相应的 $\Sigma F_{Ri} \cdot \tan \alpha_i$ 值，看其是否变号。如果 $\Sigma F_{Ri} \cdot \tan \alpha_i$ 变号（或由零变为非零）且满足式(9-5)，则此荷载位置为临界位置。如果 $\Sigma F_{Ri} \cdot \tan \alpha_i$ 不变号，则此荷载位置不是临界位置，应换一个荷载置于顶点再行试算。

③ 对每一个临界位置可求出一个 S 的极值，然后从各种极值中选取最大（最小）值，而其相应的荷载位置即为最不利荷载位置。

为了减少试算次数，宜事先大致估计最不利荷载位置。为此，应将行列荷载中数值较大且较为密集的部分置于影响线的最大竖标附近，同时注意位于同符号影响线范围内的荷载应尽可能的多，因为这样才可能产生较大的 S 值。

例 9-6　试求图 9-27(a)所示简支梁在中—活载作用下截面 K 的最大弯矩。

解　先作出 M_K 的影响线，如图 9-27(b)所示，各段直线的 $\tan \alpha_i$ 为

$$\tan \alpha_1 = \frac{5}{8}$$

$$\tan \alpha_2 = \frac{1}{8}$$

$$\tan \alpha_3 = -\frac{3}{8}$$

然后根据判别式(9-5)，通过试算确定临界位置。

① 首先考虑列车由右向左开行时的情况。

将轮 4 置于 D 点试算（图 9-27c）。注意均布荷载可用其合力代替，则

右移　$\sum F_{Ri} \cdot \tan \alpha_i = \frac{5}{8} \times 220 + \frac{1}{8} \times 440 - \frac{3}{8} \times (440 + 92 \times 5) < 0$

左移　$\sum F_{Ri} \cdot \tan \alpha_i = \frac{5}{8} \times 220 + \frac{1}{8} \times 660 - \frac{3}{8} \times (220 + 92 \times 5) < 0$

$\Sigma F_{Ri} \cdot \tan \alpha_i$ 未变号，说明轮 4 在 D 点处不是临界位置。同时，由左移时 $\Sigma F_{Ri} \cdot \tan \alpha_i < 0$ 可知，$\Delta S = \Delta x \Sigma F_{Ri} \cdot \tan \alpha_i$ 中 $\Delta x < 0, \Delta S > 0$，表明量值 S（即 M_K 值）在增大，故应将荷载继续左移。

现将轮 2 置于 C 点（图 9-27d），则有

右移　$\sum F_{Ri} \cdot \tan \alpha_i = \frac{5}{8} \times 220 + \frac{1}{8} \times 660 - \frac{3}{8} \times (220 + 92 \times 6) < 0$

左移　$\sum F_{Ri} \cdot \tan \alpha_i = \frac{5}{8} \times 440 + \frac{1}{8} \times 440 - \frac{3}{8} \times (220 + 92 \times 6) > 0$

$\Sigma F_{Ri} \cdot \tan \alpha_i$ 变号，故轮 2 在 C 点为一临界位置。求得此位置相应的 M_K 值为

第九章 影响线及其应用

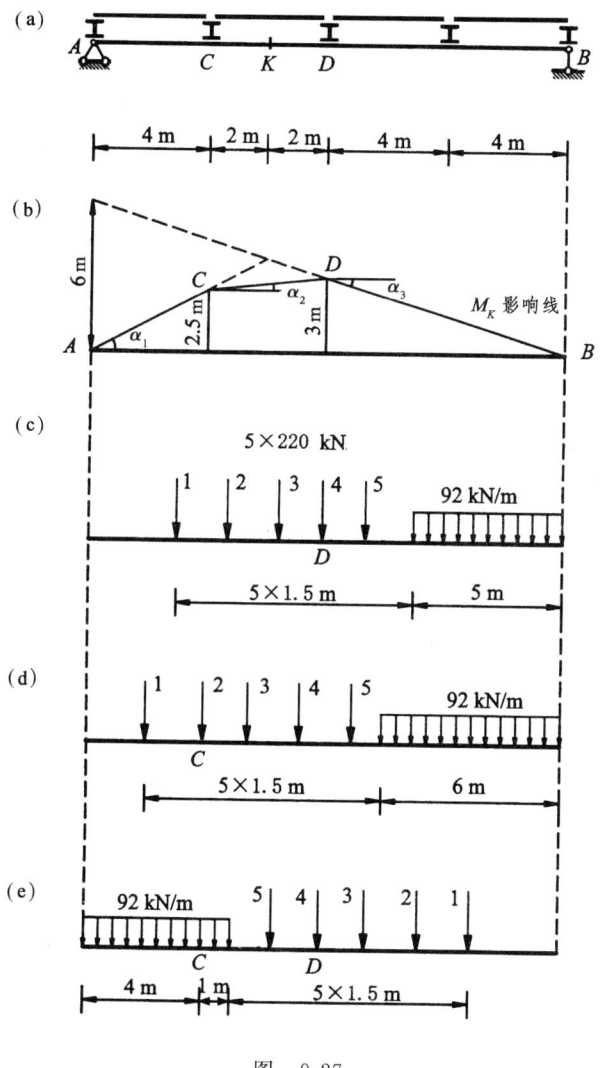

图 9-27

$$M_K = q\omega + \sum F_{Pi}y_i$$
$$= 220 \times 1.5625 + 660 \times 2.6875 + 220 \times 2.8125 + 92 \times 6 \times 1.125$$
$$= 3\,357 \text{ kN} \cdot \text{m}$$

经继续试算得知,列车向左开行只有上述一个临界位置。

② 再考虑列车调头向右开行的情况。

将轮 4 置于 D 点(图 9-27e)试算,有

左移 $\quad \sum F_{Ri} \cdot \tan \alpha_i = \dfrac{5}{8} \times (92 \times 4) + \dfrac{1}{8} \times (92 \times 1 + 440) - \dfrac{3}{8} \times 660 > 0$

右移 $\sum F_{Ri} \cdot \tan \alpha_i = \dfrac{5}{8} \times (92 \times 4) + \dfrac{1}{8} \times (92 \times 1 + 220) - \dfrac{3}{8} \times 880 < 0$

$\Sigma F_{Ri} \cdot \tan \alpha_i$ 变号,故轮 4 在 D 点为一临界位置。求得此位置相应的 M_K 值为

$$\begin{aligned} M_K &= q\omega + \sum F_{Pi} y_i \\ &= 92 \times \left(\dfrac{4 \times 2.5}{2}\right) + 92 \times 2.5625 + 220 \times 2.8125 + 220 \times 3 + 660 \times 1.875 \\ &= 3\,212 \text{ kN} \cdot \text{m} \end{aligned}$$

经继续试算表明,向右开行也只有一个临界位置。

③ 比较可知,图 9-27(d)为最不利荷载位置,截面 K 的最大弯矩值为

$$M_{K\max} = 3\,357 \text{ kN} \cdot \text{m}$$

当某量 S 的影响线为两段直线组成的三角形(图 9-28)时,临界位置的判别可进一步简化。

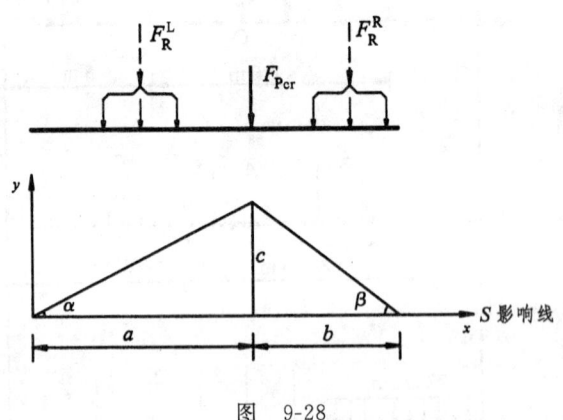

图 9-28

如图 9-28 所示,设 S 的影响线为一三角形。这时,利用式(9-5),$\alpha_1 = \alpha$,$\alpha_2 = -\beta$,为满足 $\Sigma F_{Ri} \cdot \tan \alpha_i$ 变号,必有一荷载 F_{Pcr} 作用于影响线顶点上。以 F_R^L 表示 F_{Pcr} 以左的各荷载的合力,F_R^R 表示 F_{Pcr} 以右的各荷载的合力。当荷载向右、左移动时,由式(9-5),有

$$F_R^L \tan \alpha - (F_{Pcr} + F_R^R) \tan \beta \leq 0$$
$$(F_R^L + F_{Pcr}) \tan \alpha - F_R^R \tan \beta \geq 0$$

在上式中,代入 $\tan \alpha = \dfrac{c}{a}$,$\tan \beta = \dfrac{c}{b}$,得三角形影响线临界位置的判别式为

$$\left. \begin{aligned} \dfrac{F_R^L}{a} &\leq \dfrac{F_{Pcr} + F_R^R}{b} \\ \dfrac{F_R^L + F_{Pcr}}{a} &\geq \dfrac{F_R^R}{b} \end{aligned} \right\} \tag{9-6}$$

式(9-6)表明：三角形影响线荷载临界位置的特点为有一个集中荷载 F_{Pcr} 在影响线的顶点，将 F_{Pcr} 计入哪一边（左边或右边），则哪一边的荷载平均集度要大。

对于均布荷载跨过三角形影响线顶点的情况（图 9-29），可由 $\Sigma F_{Ri} \cdot \tan \alpha_i$ 的条件来确定临界位置。此时有

$$\sum F_{Ri} \cdot \tan \alpha_i = F_R^L \frac{c}{a} - F_R^R \frac{c}{b} = 0$$

可得
$$\frac{F_R^L}{a} = \frac{F_R^R}{b} \tag{9-7}$$

式(9-7)表明：均布荷载跨过三角形影响线顶点时，左、右两边的平均荷载应相等。

最后必须指出，对于直角三角形影响线（以及凡是竖标有突变的影响线），判别式(9-5)、(9-6)、(9-7)均不再适用。此时的最不利荷载位置，当荷载较简单时，一般可由直观判定。例如对于中—活载，显然当第一轮位于影响线顶点时（图 9-30）所产生的 S 值最大，故为最不利荷载位置。当荷载较复杂时，可按前述估计最不利荷载位置的原则，布置几种荷载位置，直接算出相应的 S 值，而选取其中最大者。

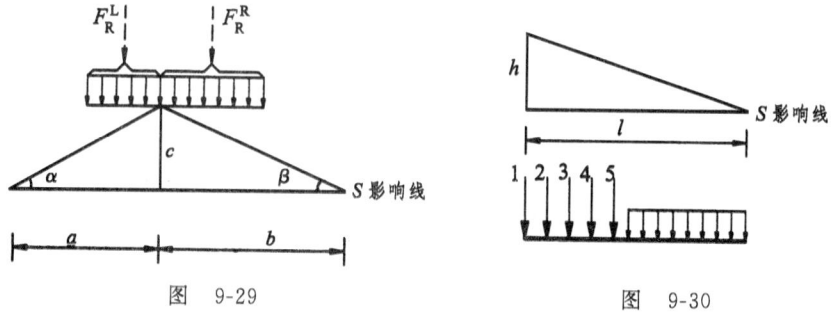

图 9-29　　　　　　　　　　　图 9-30

例 9-7　试求图 9-31(a)所示简支梁截面 C 的最大弯矩。① 在汽车—10 级荷载作用下；② 在中—活载作用下。

解　作出 M_C 影响线，如图 9-31(b)所示。

① 汽车—10 级作用下。

首先考虑车队向右开行。将重车后轮置于影响线顶点（图 9-31c），按式(9-6)计算，有

$$\frac{100+100}{15} > \frac{150}{25}$$

$$\frac{100}{15} < \frac{100+150}{25}$$

故知这是一临界位置。此时在梁上的荷载较多且最重的轮子位于影响线最大竖标处，故无需再考虑其他位置。其次再考虑车队调头向左开行。亦将重车后轮置于顶点处试算（图 9-31d），有

$$\frac{50+100}{15} > \frac{130}{25}$$

$$\frac{50}{15} < \frac{100+130}{25}$$

故知这又是一临界位置，且此情况下其他荷载位置亦无需再考虑。

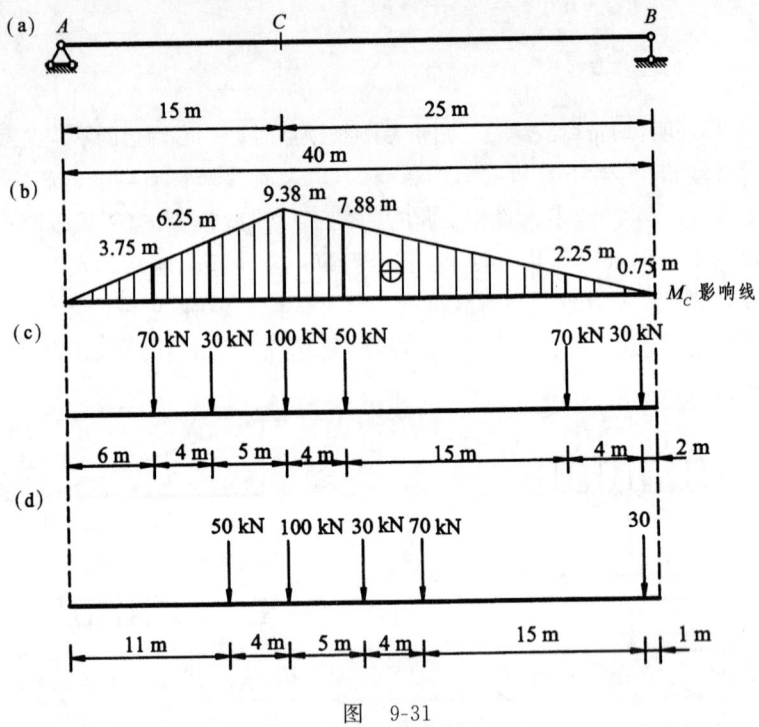

图 9-31

根据上述两临界位置，可分别算出相应的 M_C 值。经比较得知图 9-31(c)对应的 M_C 值更大，即该位置为最不利荷载位置。此时

$M_{C\max} = 70 \times 3.75 + 30 \times 6.25 + 100 \times 9.38 + 50 \times 7.88 + 70 \times 2.25 + 30 \times 0.75$
$\quad = 1\,962 \text{ kN} \cdot \text{m}$

② 中—活载作用下。

此影响线顶点偏左，而中—活载又是前面重后面轻，故最不利位置必然发生在列车向左开行的情况，因为这样才可使较重的荷载位于顶点附近时梁上的荷载较多。

将第 5 轮置于顶点（图 9-32）试算

$$\frac{4 \times 220}{15} < \frac{220 + 92 \times 23.5}{25}$$

$$\frac{5 \times 220}{15} < \frac{92 \times 23.5}{25}$$

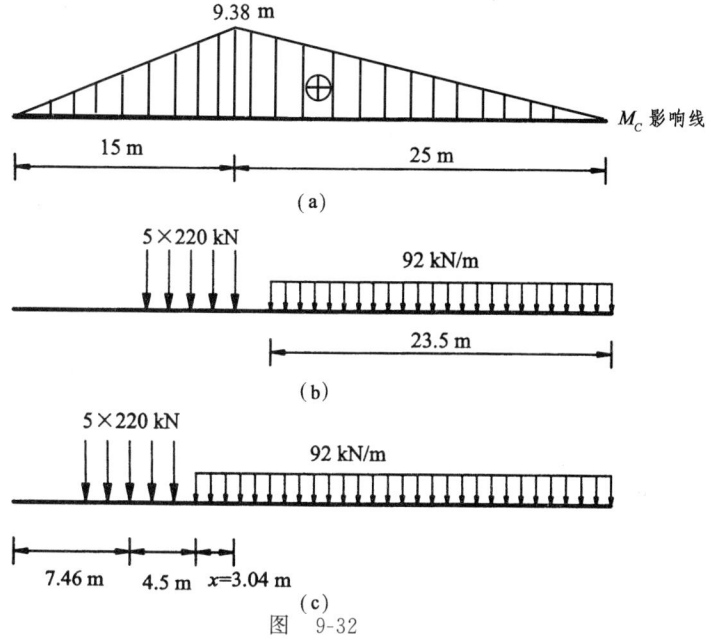

图 9-32

可见这不是临界位置,且将第 5 轮算入左边时,左边的平均荷载尚比右边的小,故荷载应继续左移。

设均布荷载左端跨过顶点 x 时为临界位置(图 9-32c),根据式(9-7),有

$$\frac{5\times 220+92x}{15}=92,\qquad x=3.04 \text{ m}$$

此时需注意,在解出 x 后,应查对按此 x 布置的荷载是否前面有轮子超出梁外或后面有第二段均布荷载(80 kN/m)进入梁内?若有,则应按变更后的荷载重新确定 x 值,再布置查对,直至相符。因目前尚无上述情形发生(见图 9-32c),故知所求得的 x 值是正确的,而且此位置即为最不利位置,相应的截面 C 弯矩为

$$M_{C\max}=5\times 220\times \frac{7.46}{15}\times 9.38+92\times$$

$$\left[\frac{3.04}{2}\times\left(9.38+\frac{11.96}{15}\times 9.38\right)+\frac{9.38\times 25}{2}\right]$$

$$=18\,280 \text{ kN}\cdot\text{m}$$

第九节 换 算 荷 载

由上节可知,在移动荷载作用下,求结构上某一量值的最大(最小)值,一般需先通过试算确定最不利荷载位置,然后才能求出相应的量值,这是比较麻烦的。在

实际工作中,对于铁路或公路的标准荷载,若影响线的形状是三角形的,就可以利用预先编制好的换算荷载表来简化计算。

换算荷载是指这样一种均布荷载(设集度为 K),当它满布影响线的正号(或负号)区域全长时,它所产生的影响量,与所给移动荷载组产生的同一影响量的最大值相等,即

$$K\omega = S_{\max} \tag{a}$$

式中,ω 是量值 S 影响线的面积。

由此定义,先用确定最不利荷载位置的方法求出该量值的最大值 $S_{\max}$,然后由(a)式可求出任何移动荷载的换算荷载,即

$$K = \frac{S_{\max}}{\omega} \tag{9-8}$$

例如例 9-7 中的弯矩 M_C,由已算得的数据可求得汽车—10 级的换算荷载为

$$K = \frac{M_{C\max}}{\omega} = \frac{1\,962}{\frac{1}{2} \times 40 \times 9.38} = 10.5 \text{ kN/m}$$

中—活载的换算荷载为

$$K = \frac{M_{C\max}}{\omega} = \frac{18\,280}{\frac{1}{2} \times 40 \times 9.38} = 97.4 \text{ kN/m}$$

换算荷载的数值不仅与移动荷载的类型、级别有关,而且还与影响线形状有关。但是对于竖标成固定比例的各影响线,在同一移动荷载作用下,其换算荷载相等。

证明如下:设有两影响线(图 9-33)的各竖标完全按同一比例变化,即 $y_2 = ny_1$,从而可知 $\omega_2 = n\omega_1$,于是有

$$K_2 = \frac{\sum F_P y_2}{\omega_2} = \frac{n \sum F_P y_1}{n\omega_1} = \frac{\sum F_P y_1}{\omega_1} = K_1$$

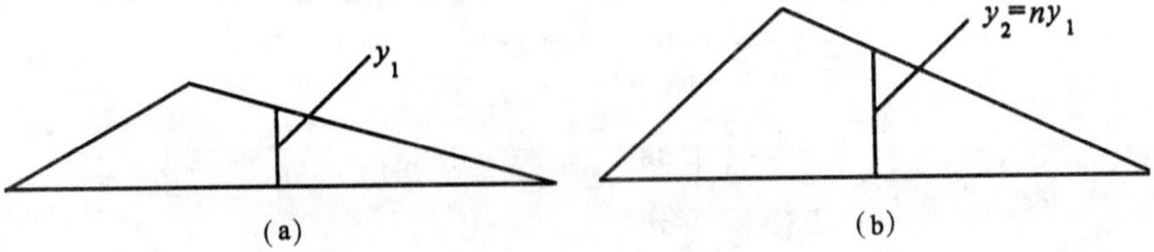

图 9-33

上式表明,长度相同、顶点位置也相同但最大竖标不同的各三角形影响线是成固定比例的,故可用同一的换算荷载。

下面的表 9-1 中列出了根据三角形影响线编制的我国现行铁路标准荷载的换算荷载。

表 9-1　中—活载的换算荷载　　　　　单位:kN/m（每线）

加载长度 l/m	影响线最大纵距位置 a				
	0(端部)	1/8	1/4	3/8	1/2
1	500.0	500.0	500.0	500.0	500.0
2	312.5	285.7	250.0	250.0	250.0
3	250.0	238.1	222.2	200.0	187.5
4	234.4	214.3	187.5	175.0	187.5
5	210.0	197.1	180.0	172.0	180.0
6	187.5	178.6	166.7	161.1	166.7
7	179.6	161.8	153.1	150.9	153.1
8	172.2	157.1	151.3	148.5	151.3
9	165.5	151.5	147.5	144.5	146.7
10	159.8	146.2	143.6	140.0	141.3
12	150.4	137.5	136.0	133.9	131.2
14	143.3	130.8	129.4	127.6	125.0
16	137.7	125.5	123.8	121.9	119.4
18	133.2	122.8	120.3	117.3	114.2
20	129.4	120.3	117.4	114.2	110.2
24	123.7	115.7	112.2	108.3	104.0
25	122.5	114.7	111.0	107.0	102.5
30	117.8	110.3	106.6	102.4	99.2
32	116.2	108.9	105.3	100.8	98.4
35	114.3	106.9	103.3	99.1	97.3
40	111.6	104.8	100.8	97.4	96.1
45	109.2	102.9	98.8	96.2	95.1
48	107.9	101.8	97.6	95.5	94.5
50	107.1	101.1	96.8	95.0	94.1
60	103.6	97.8	94.2	92.8	91.9
64	102.4	96.8	93.4	92.0	91.1
70	100.8	95.4	92.2	90.9	89.9
80	98.6	93.3	90.6	89.3	88.2
90	96.9	91.6	89.2	88.0	86.8
100	95.4	90.2	88.1	86.9	85.5
110	94.1	89.0	87.6	85.9	84.6
120	93.1	88.1	86.4	85.1	83.6
140	91.4	86.7	85.1	83.8	82.8
160	90.0	85.7	84.2	82.9	82.2
180	89.0	84.9	83.4	82.3	81.7
200	88.1	84.2	82.8	81.8	81.4

在使用表 9-1 时应注意以下几点：

① 表中的加载长度 l，指同符号影响长度（图 9-34）。

② 表 9-1 仅适用于三角形影响线，al 为影响线顶点至较近端的水平距离，a 在 $0\sim 0.5$ 之间变化（图 9-34）。

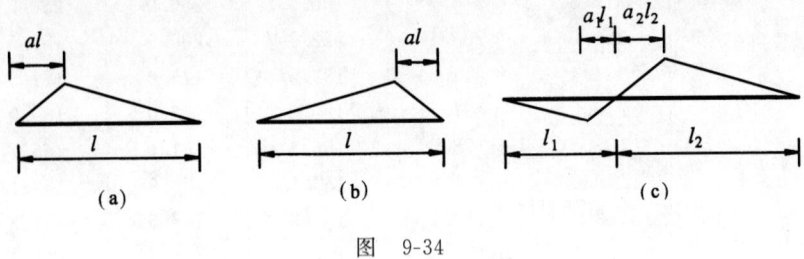

图 9-34

③ 当 l 或 a 值在表列数值之间时，K 值可按直线内插法确定。

例 9-8 试利用换算荷载表计算中—活载作用下图 9-35(a)所示简支梁截面 C 的最大(小)剪力和弯矩。

解 作出 F_{QC} 及 M_C 的影响线，如图 9-35(b)、(c)所示。

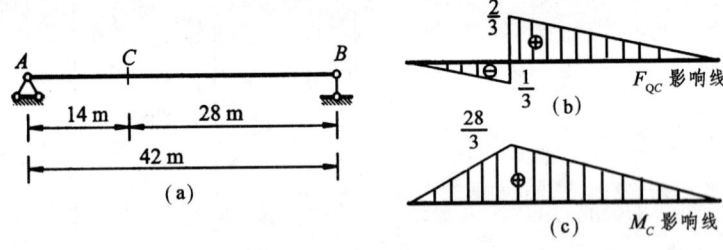

图 9-35

① 计算 F_{QCmin}。

由 F_{QC} 影响线的负号部分求 F_{QCmin}。此时，$l=14$ m，$a=0$，查表 9-1 得 $K=143.3$ kN/m，故

$$F_{QCmin}=K\omega=143.3\times\left(-\frac{14}{2}\times\frac{1}{3}\right)=-334 \text{ kN}$$

② 计算 F_{QCmax}。

由 F_{QC} 影响线的正号部分求 F_{QCmax}。此时 $l=28$ m，$a=0$，表 9-1 中 a 无此 l 值，故需按直线内插法求 K 值。当 $a=0$，$l=25$ m 时，$K=122.5$ kN/m；当 $a=0$，$l=30$ m 时，$K=117.8$ kN/m。

故当 $a=0$，$l=28$ m 时，K 值应为

$$K=117.8+\frac{30-28}{30-25}\times(122.5-117.8)=119.7 \text{ kN/m}$$

从而可求得

$$F_{Q\text{Cmax}} = K\omega = 119.7 \times \left(\frac{28}{2} \times \frac{2}{3}\right) = 1\,117 \text{ kN}$$

③ 计算 $M_{C\text{max}}$。

由 M_C 影响线求 $M_{C\text{max}}$。此时 $l = 42 \text{ m}, a = \frac{14}{42} = \frac{1}{3} = 0.333$，均为表中未列数值，故需进行三次内插以求得 K 值。

当 $l = 42 \text{ m}, a = 0.25$ 时

$$K = 100.8 - \frac{42-40}{45-40} \times (100.8 - 98.8) = 100.0 \text{ kN/m}$$

当 $l = 42 \text{ m}, a = 0.375$ 时

$$K = 97.4 - \frac{42-40}{45-40} \times (97.4 - 96.2) = 96.9 \text{ kN/m}$$

由以上两值内插求得，当 $l = 42 \text{ m}, a = 0.333$ 时

$$K = 100.0 - \frac{0.333-0.25}{0.375-0.25} \times (100.0 - 96.9) = 97.9 \text{ kN/m}$$

于是求得

$$M_{C\text{max}} = K\omega = 97.9 \times \left(\frac{42}{2} \times \frac{28}{3}\right) = 19\,190 \text{ kN} \cdot \text{m}$$

第十节 简支梁的绝对最大弯矩和内力包络图

在设计承受移动荷载的结构时，必须求出每一截面内力的最大值(最大正值和最大负值)。连接各截面内力的最大值的曲线为内力包络图。包络图表示各截面内力的变化极值，在设计中十分重要。弯矩包络图中最大的竖距称为绝对最大弯矩。下面分别对简支梁的绝对最大弯矩和内力包络图进行讨论。

一、简支梁的绝对最大弯矩

在移动荷载作用下，利用前述方法，不难求出简支梁上任意一指定截面的最大弯矩。但是在梁的所有各截面的最大弯矩中，还存在最大者，即为绝对最大弯矩。它代表着在一定的移动荷载作用下梁内可能出现的弯矩最大值。下面介绍简支梁在移动荷载作用下绝对最大弯矩的求法。

要确定简支梁的绝对最大弯矩，需解决两个问题：① 绝对最大弯矩发生在哪一个截面？② 此截面发生最大弯矩值时的荷载位置。也就是说，此时截面位置与荷载位置都是未知的。

为了解决上述问题，我们可以把各个截面的最大弯矩都求出来，然后加以比较。但是实际上梁上的截面有无穷多个，不可能——计算，因而只能选取有限多个截面来进行比较，以求得问题的近似解答。当然这也是比较麻烦的。

当梁上作用的移动荷载都是集中荷载时，问题可以简化。我们知道，梁在集中荷载组作用下（图 9-36），无论荷载在任何位置，弯矩图的顶点总是在集中荷载作用点处。因此可以断定，绝对最大弯矩必定是发生在某一集中荷载作用点处的截面上。剩下的问题只是确定它究竟发生在哪一个荷载的作用点处及该点位置。为此，可采取如下办法来解决。

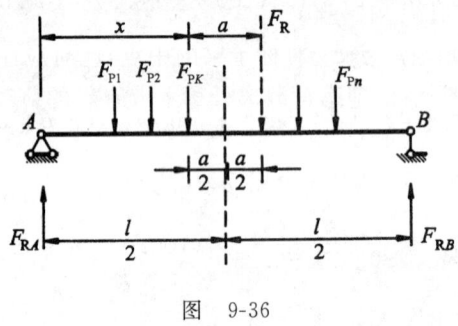

图 9-36

如图 9-36，试取某一集中荷载 F_{PK}，研究它的作用点的弯矩何时成为最大，以 x 表示 F_{PK} 与左支座 A 的距离，梁上荷载的合力 F_R 至 F_{PK} 的距离为 a，由 $\Sigma M_B=0$，则左支座反力为

$$F_{RA}=\frac{F_R}{l}(l-x-a)$$

F_{PK} 作用点截面的弯矩 M_x 为

$$M_x=F_{RA}x-M_K=\frac{F_R}{l}(l-x-a)x-M_K$$

式中，M_K 表示 F_{PK} 以左梁上荷载对 F_{PK} 作用点的力矩总和，它是一个与 x 无关的常数。当 M_x 为极大时，根据极值条件

$$\frac{dM_x}{dx}=\frac{F_R}{l}(l-2x-a)=0$$

得
$$x=\frac{l}{2}-\frac{a}{2} \qquad(9\text{-}9)$$

这表明，当 F_{PK} 与合力 F_R 对称于梁的中点时，F_{PK} 之下的截面，即 $\frac{l}{2}-\frac{a}{2}$ 截面的弯矩达到最大值，此时的 F_{PK} 为该截面的临界荷载 F_{Pcr}，弯矩为

$$M_{\max}=\frac{F_R}{l}\left(\frac{l}{2}-\frac{a}{2}\right)^2-M_K \qquad(9\text{-}10)$$

利用上述结论,我们可将各个荷载作用点截面的最大弯矩找出,将它们加以比较而得出绝对最大弯矩。不过,当荷载数目较多时,这仍是较麻烦的。实际计算时,宜事先估计发生绝对最大弯矩的临界荷载。因为简支梁的绝对最大弯矩总是发生在梁的中点附近,故可设想,使梁中点截面产生最大弯矩的临界荷载,也就是发生绝对最大弯矩的临界荷载。经验表明,这种设想在通常情况下都是正确的。据此,计算绝对最大弯矩可按下述步骤进行:

① 首先确定使梁中点截面 C 发生最大弯矩的临界荷载 F_{PK}(此时可顺便求出梁中点截面 C 的最大弯矩 M_{Cmax})。

② 假设梁上荷载的个数并求其合力 F_R(大小及位置)。

③ 移动荷载组使 F_{PK} 与 F_R 对称于梁的中点,此时应注意查对梁上荷载是否与所求的合力相符,如不符(即有荷载离开梁上或有新的荷载作用到梁上),则应重新计算合力,再行安排直至相符。

④ 计算 F_{PK} 作用点截面的弯矩,通常即为绝对最大弯矩 M_{max}。

最后需要注意,当假设不同的梁上荷载个数均能实现上述荷载布置时,则应将不同情况 F_{PK} 下截面的弯矩分别求出,然后选大者为绝对最大弯矩。

例 9-9 试求图 9-37(a)所示简支梁在汽车—10 级作用下的绝对最大弯矩,并与跨中截面最大弯矩比较。

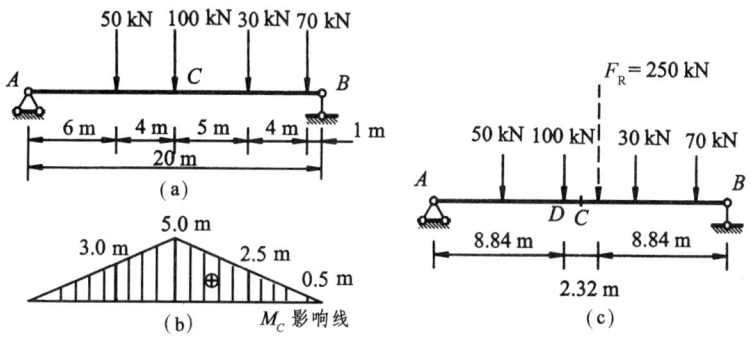

图 9-37

解

① 求跨中截面 C 的最大弯矩。

绘出 M_C 影响线(图 9-37b),显然重车后轮位于 C 点时为最不利荷载位置(图 9-37a),即临界荷载为 100 kN,M_C 最大值为

$$M_{Cmax} = 50 \times 3.0 + 100 \times 5.0 + 30 \times 2.5 + 70 \times 0.5$$
$$= 760 \text{ kN} \cdot \text{m}$$

② 设发生绝对最大弯矩时有 4 个荷载在梁上,其合力为

$$F_R = 50+100+30+70 = 250 \text{ kN}$$

F_R 至临界荷载（100 kN）的距离 a 由合力矩定理（以 100 kN 作用点为矩心），求得

$$a = \frac{30\times 5 + 70\times 9 - 50\times 4}{250} = 2.32 \text{ m}$$

③ 移动荷载组使 100 kN 与 F_R 对称于梁的中点，荷载安排如图 9-37(c)所示，此时梁上荷载与求合力时相符。由式(9-10)算得绝对最大弯矩（即截面 D 的弯矩）为

$$M_{\max} = \frac{250}{20} \times \left(\frac{20}{2} - \frac{2.32}{2}\right)^2 - 50\times 4 = 777 \text{ kN·m}$$

比跨中最大弯矩大 2.2%。在实际工作中，有时也用跨中最大弯矩来近似代替绝对最大弯矩。

二、简支梁的内力包络图

在结构计算中，通常需要求出在恒载和活载共同作用下，各截面的最大、最小内力，以作为设计或检算的依据。连接各截面的最大、最小内力的图形，称为内力包络图。本节将以一实例来说明简支梁的弯矩和剪力包络图的绘制方法。

在实际工作中，对于活载还需考虑其冲击力的影响（即动力影响），这通常是将静活载所产生的内力值乘以冲击系数 $1+\mu$ 来考虑的。冲击系数的确定详见有关规范。

设梁所承受的恒载为均布荷载 q，某一内力 S 的影响线的正、负面积及总面积分别为 ω_+、ω_- 及 $\Sigma\omega$，活载的换算均布荷载为 K，则在恒载和活载共同作用下该内力的最大、最小值的计算式可写为

$$\left.\begin{aligned} S_{\max} &= S_q + S_{K\max} = q\sum\omega + (1+\mu)K\omega_+ \\ S_{\min} &= S_q + S_{K\min} = q\sum\omega + (1+\mu)K\omega_- \end{aligned}\right\} \quad (9\text{-}11)$$

例 9-10 一跨度为 18 m 的单线铁路钢筋混凝土简支梁桥，有两片梁，恒载为 $q = 2\times 54.1$ kN/m，承受中—活载，根据铁路桥涵设计规范，其冲击系数为 $1+\mu = 1.261$。试绘制一片梁的弯矩和剪力包络图。

解 将梁分成 8 等分，计算各等分点截面的最大、最小弯矩和剪力值。为此，先绘出各截面的弯矩、剪力影响线分别如图 9-38(a)、(c)所示。由于对称，可只计算半跨的截面。为清楚起见，可根据式(9-11)，将全部计算列表进行，详见表 9-2 和表 9-3。

根据表 9-2 计算结果，将各截面的最大、最小弯矩值分别用曲线相连，即得到弯矩包络图（图 9-38b）。这里，梁的绝对最大弯矩即近似地以跨中最大弯矩代替。

第九章 影响线及其应用

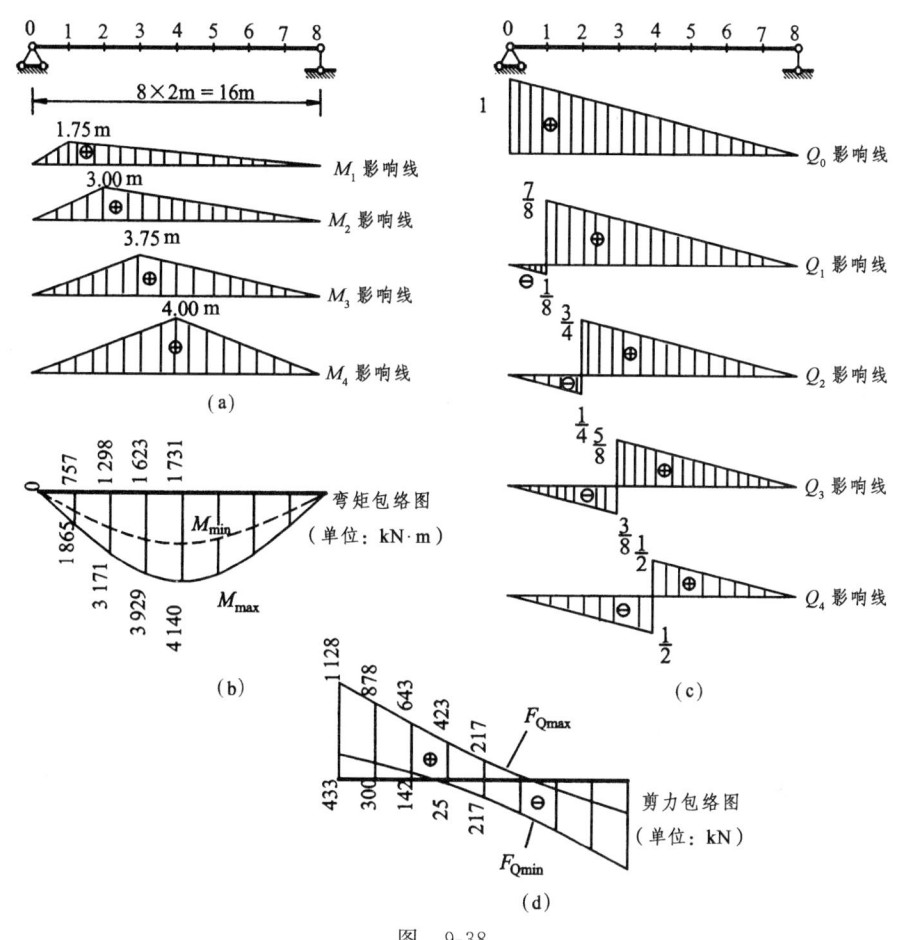

图 9-38

表 9-2 弯 矩 计 算 表

截面 (单位)	影 响 线			恒载弯矩 M_q $\frac{q}{2}\omega=54.1\omega$ (kN·m)	换算荷载 K (kN/m)	冲击系数 $1+\mu$ 	活载弯矩 M_K $(1+\mu)\frac{K}{2}\omega$ (kN·m)	最大、最小弯矩 M_{max}、M_{min} $M_{max}=M_q+M_K$ $M_{min}=M_q$ (kN·m)
	l (m)	a	ω (m²)					
1	16	0.125	14	757	125.5	1.261	1 108	1 865 757
2	16	0.25	24	1 298	123.8	1.261	1 873	3 171 1 298
3	16	0.375	30	1 623	121.9	1.261	2 306	3 929 1 623
4	16	0.5	32	1 731	119.4	1.261	2 409	4 140 1 731

表 9-3 剪 力 计 算 表

截面 (单位)	影响线 l (m)	a	ω (m)	$\Sigma\omega$ (m)	恒载剪力 F_{Qq} $\frac{q}{2}\omega=54.1\Sigma\omega$ (kN)	换算荷载 K (kN/m)	冲击系数 $1+\mu$	活载剪力 F_{QK} $(1+\mu)\frac{K}{2}\omega$ (kN)	最大、最小剪力 F_{Qmax}、F_{Qmin} $F_{Qq}+F_{QK}$ (kN)
0	16	0	+8	+8	+433	137.7	1.261	+695 0	+1 128 +433
1	14 2	0 0	+6.125 −0.125	+6	+325	143.3 312.5	1.261	+553 −25	+878 +300
2	12 4	0 0	+4.5 −0.5	+4	+216	150.4 234.4	1.261	+427 −74	+643 +142
3	10 6	0 0	+3.125 −1.125	+2	+108	159.8 187.5	1.261	+315 −133	+423 −25
4	8 8	0 0	+2 −2	0	0	172.2 172.2	1.261	+217 −217	+217 −217

根据表 9-3 计算结果，将各截面的最大、最小剪力值分别用曲线相连，即得到剪力包络图，如图 9-38(d)所示。可以看出，它很接近于直线，故实用上只需求出两端和跨中的最大、最小剪力值而连以直线即可作为近似的剪力包络图。

第十一节 超静定结构影响线的概念

作超静定结构的某一反力或内力的影响线，可以有两种方法。一种是按前面所述的力法和位移法直接求出影响线方程；另一种是利用超静定结构的虚位移图来作影响线。为了与静定结构影响线的两种作法相对应，这里也可以将以上两种方法分别称作静力法和机动法。本章分别用静力法和机动法讨论超静定结构的某一反力或内力影响线的绘制。超静定结构的影响线呈曲线形式，因此需要计算承载杆上较多位置的影响纵距。无论用静力法或机动法确定影响纵距，均需运用超静定问题的各种分析方法——力法、位移法及渐近法等。此外，绘制超静定结构中的位移影响线，需运用第四章所述位移互等定理。

一、静力法作影响线

静力法是通过静力计算求出基本未知量与荷载位置 x 的函数关系，并据此而绘出其图形即为影响线。

如图 9-39(a)所示超静定梁，欲求右端竖向支座反力 F_{RB} 影响线时，以该支座为多余联系而将其去掉并代以多余未知力 X_1（设向上为正），此 X_1 即为 F_{RB}，如图 9-39(b)所示。设单位移动荷载 $F_P=1$ 位于距左端为 $x=al$ 处。力法方程为

$$\delta_{11}x_1+\delta_{1P}=0$$

绘出 $\overline{M}_1$、M_P 图（图 9-39c、d）后由图乘法可求得

$$\delta_{11}=\int\frac{\overline{M}_1^2\mathrm{d}s}{EI}=\frac{l^3}{3EI}$$

$$\delta_{1P}=\int\overline{M}_1M_P(x)\frac{\mathrm{d}s}{EI}=-\frac{l^3}{6EI}(3a-a^3)$$

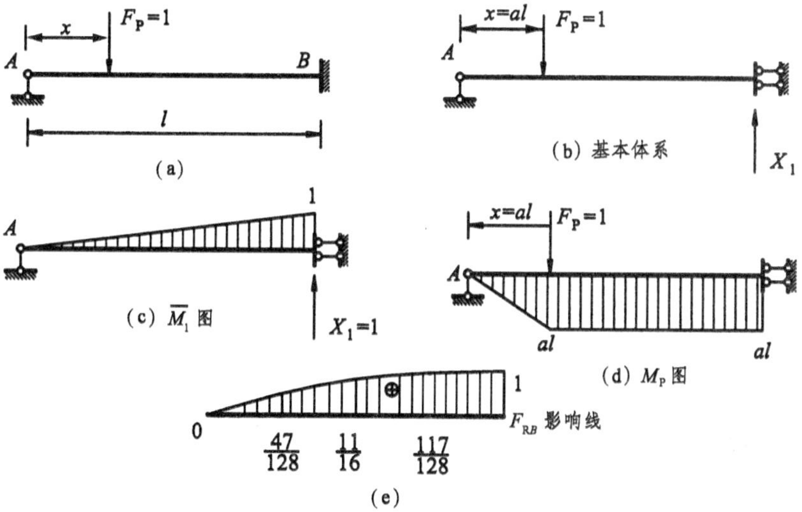

图 9-39

这里，系数 δ_{11} 是常数；自由项 δ_{1P} 是在基本结构中荷载 $F_P=1$ 引起的 X_1 方向的位移，由于 $F_P=1$ 是移动的，故 δ_{1P} 是荷载位置 x 的函数，于是可写出 $X_1=F_{RB}$ 影响线方程为

$$X_1=F_{RB}=-\frac{\delta_{1P}}{\delta_{11}}=\frac{1}{2}(3a-a^3)$$

据此，给出沿跨度若干等分处的 a 值即可求得各纵标值，如图 9-39(e)所示即为由四分点纵标而绘成的 F_{RB} 影响线，正号表示 F_{RB} 始终向上。

求得了反力影响线后，梁上任意截面的内力影响线都可由静力平衡方程求出。

二、机动法作影响线

在静定结构中用机动法作影响线，是将解除某项约束后承载杆可能发生的刚

体位移图形作为该项约束力的影响线,所依据的是虚位移原理。对于超静定结构,除虚位移原理外,还需运用功的互等定理的推理——位移互等定理,使在所求约束力方向给出一个强迫位移时,承载杆所发生的挠曲线成为该约束力的影响线。即通过位移互等定理,把求超静定结构某反力或内力的影响线问题,转化为寻求基本结构在固定荷载作用下的位移图的问题。

下面以图 9-40(a)单跨超静定梁右端支座反力 F_{RB} 影响线为例,说明用机动法作超静定结构影响线的方法。

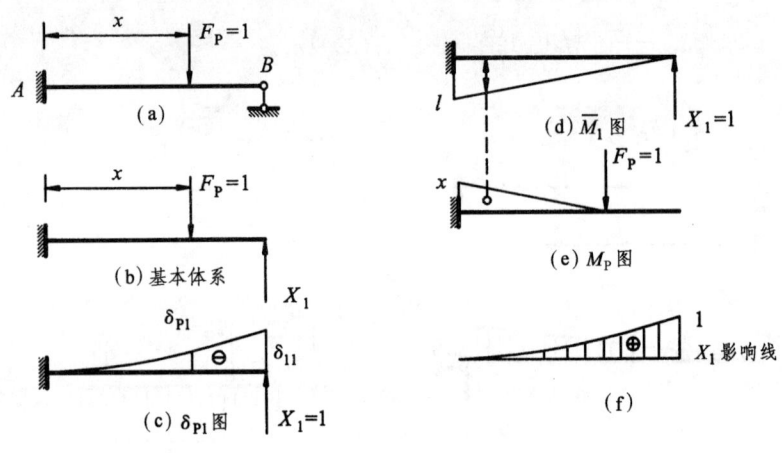

图 9-40

与上述静力法一致,解除与所求约束力 F_{RB} 相应的支座约束,即以该支座为多余联系而将其去掉并代以多余未知力 X_1(设向上为正),此 X_1 即为 F_{RB},如图 9-40(b)所示。设单位移动荷载 $F_P=1$ 位于距左端为 x 处。力法方程为

$$\delta_{11}X_1+\delta_{1P}=0$$

在上式中,利用位移互等定理

$$\delta_{1P}=\delta_{P1}$$

则力法方程可写为

$$X_1=-\frac{\delta_{1P}}{\delta_{11}}=-\frac{\delta_{P1}}{\delta_{11}} \tag{a}$$

式中,δ_{1P} 是基本结构在移动荷载 $F_P=1$ 作用下沿 X_1 方向的位移影响线;δ_{P1} 是基本结构在固定荷载 $X_1=1$ 作用下沿 $F_P=1$ 方向的竖向位移,由于 $F_P=1$ 是移动的,故 δ_{P1} 就是基本结构在 $X_1=1$ 作用下的竖向位移图(图 9-40c)。此位移图 δ_{P1} 除以常数 δ_{11} 并反号,便是 X_1 的影响线。这就把求超静定结构某反力或内力的影响线问题,转化为寻求基本结构在固定荷载作用下的位移图的问题。

求位移图 δ_{P1} 时,仍用图乘法,注意此时 $\overline{M}_1$ 图应是实际状态,而 M_P 图则是虚

拟状态,即是图 9-40(d)、(e)两图相乘,故有

$$\delta_{\mathrm{P1}}(x)=\sum\int\frac{M_{\mathrm{P}}\overline{M}_1\mathrm{d}s}{EI}=-\frac{x^2(3l-x)}{6EI}$$

在式(a)中,若假设 $\delta_{11}=1$,则有

$$X_1=-\delta_{\mathrm{P1}}$$

这表明此时的竖向位移图就代表 X_1 的影响线,只是正、负号相反。由于 δ_{P1} 向下为正,故当 δ_{P1} 向上时 X_1 为正。支座反力 $F_{\mathrm{RB}}=X_1$ 影响线如图 9-40(f)所示。由上述分析可见这一方法与求静定结构影响线的机动法是类似的,即同样都是以去掉与所求未知力相应的联系后,体系沿未知力正向发生单位位移时所得的竖向位移图来表示该力影响线的。但二者也有不同之处,这就是:对于静定结构,去掉一个联系后就成为一个自由度的几何可变体系,故其位移图是由刚体位移的直线段组成;而超静定结构去掉一个多余联系后仍为几何不变体系,其位移图则是在所求多余未知力作用下的弹性曲线。由于此曲线的轮廓一般可凭直观勾绘出来,故在具体计算之前即可迅速确定其大致形状,这就给实际工作带来很大方便,这是机动法的一大优点。

对于多次超静定结构同样可采用上述机动法来作某一反力或内力的影响线。例如图 9-41(a)所示连续梁为 n 次超静定结构,欲求反力 X_K 的影响线时,去掉相应的联系并代以一个未知力 X_K 的作用(假设向上为正),这样得到了一个基本体系,相应的基本结构是一个$(n-1)$次超静定结构,如图 9-41(b)所示。虽然此基本结构是超静定的,但按照力法一般原理,求解多余未知力的条件仍是基本结构在多余未知力与荷载共同作用下沿多余未知力方向的位移等于原结构的位移。据此可建立典型方程

$$\delta_{KK}X_K+\delta_{KP}=0$$

根据位移互等定理 $\delta_{KP}=\delta_{PK}$,于是有

$$X_K=-\frac{\delta_{KP}}{\delta_{KK}}=\delta_{PK}\left(-\frac{1}{\delta_{KK}}\right)$$

式中,δ_{KK} 为基本结构上由于 $X_K=1$ 作用引起的沿 X_K 方向的位移,它恒为正且是常数;δ_{PK} 则为基本结构在 $X_K=1$ 作用下的竖向位移图(图 9-41c)。将位移图 δ_{PK} 的竖标乘以常数 $1/\delta_{KK}$,并反号,便是所求的 X_K 影响线(图 9-41d)。但需注意,此时的 δ_{KK} 和 δ_{PK} 都是$(n-1)$次超静定基本结构的位移,故需按求超静定结构位移的方法求出它们,具体计算较为麻烦,此处从略。然而,若只需了解影响线的大致形状,则凭直观可勾绘出位移图 δ_{PK} 的轮廓,如图 9-41(c)所示,这就是 X_K 影响线的形状。由前面讨论已知,当 δ_{PK} 向上时,X_K 影响线竖标为正。同样,若假设 $\delta_{KK}=1$,则有

$$X_K=-\delta_{PK}$$

即体系在 X_K 作用下沿 X_K 方向的位移若为单位值时,所得的竖向位移图即为 X_K 的影响线(图 9-41d)。

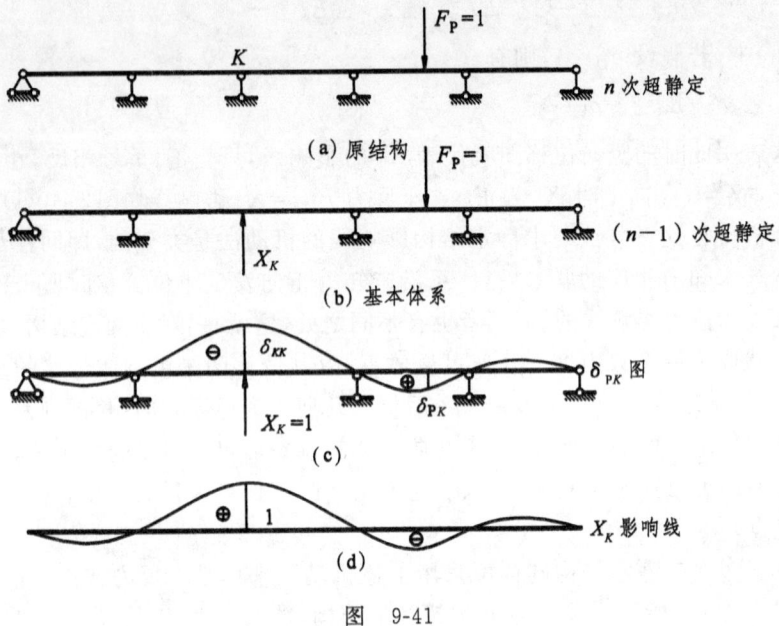

图 9-41

用上述方法,可绘出连续梁任意量值的影响线形状。例如作图 9-42(a)所示连续梁 M_A、F_{RA}、F_{RC}、M_G、F_{QG}、M_C、F_{QC}^L、F_{QC}^R 影响线形状(设截面 G 位于 CD 跨中点)。

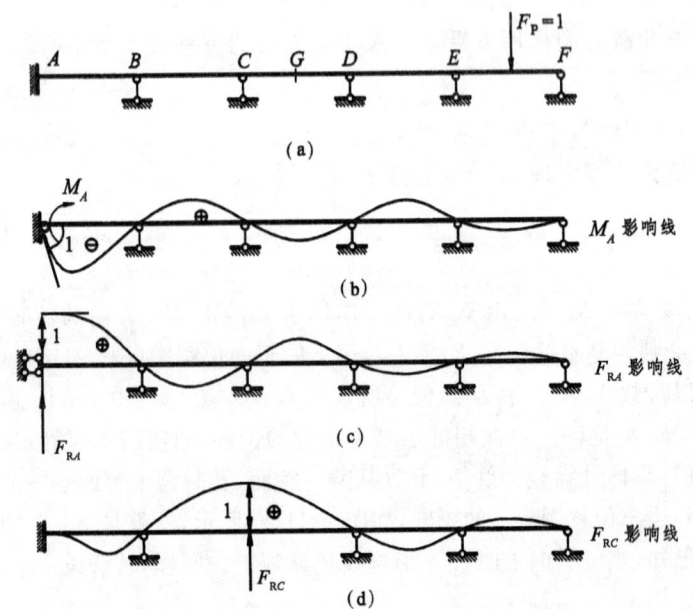

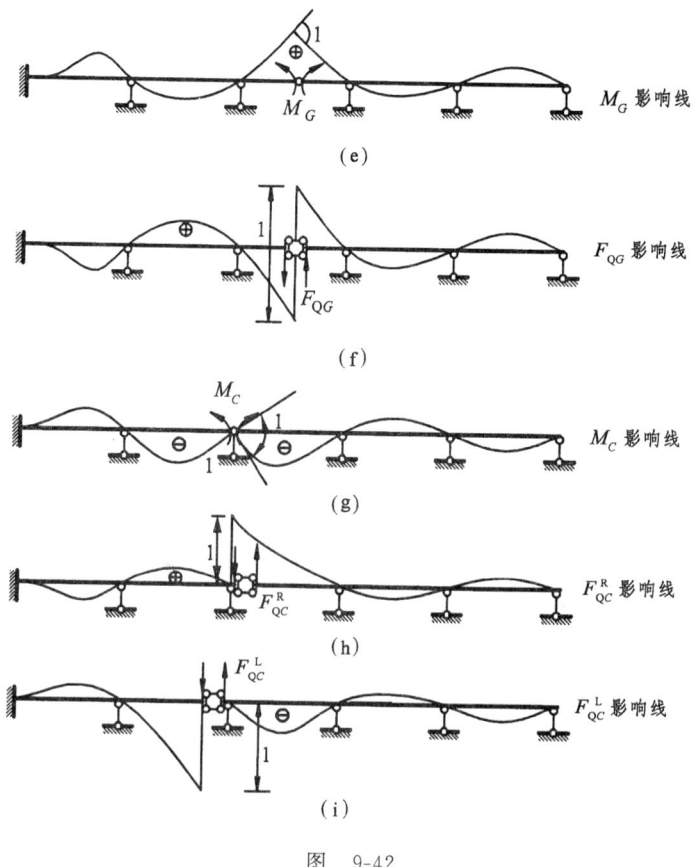

图 9-42

首先分别解除与所求量值对应的约束,然后沿所求量值的正方向发生一个虚位移,再根据变形连续及外部支承条件勾画出各部分弹性曲线形状。此时将荷载 $F_P=1$ 作用点的挠度图 δ_{PK} 横坐标以上的图形为正号,横坐标以下的图形为负号,即得该量值影响线的形状。如果将挠度图 δ_{PK} 除以常数 δ_{KK}(或在挠度图 δ_{PK} 中令 $\delta_{KK}=1$),便可确定该内力影响线的数值。此连续梁的 M_A、F_{RA}、F_{RC}、M_G、F_{QG}、M_C、F_{QC}^R、F_{QC}^L 影响线形状分别如图 9-42(b)至图 9-42(i)所示。具体画图过程从略。

例 9-11 确定图 9-43(a)所示连续梁在可动均布荷载作用下 M_C、F_{QC}、M_K、F_{QK}^R 的最不利荷载位置。

在可动均布荷载作用下某内力的最不利荷载位置,只需绘出其影响线的形状即可确定。因为由公式 $S=q\omega$ 可知,当可动均布荷载布满影响线正号面积部分时,该内力产生最大值;反之,当均布荷载布满影响线的负号面积部分时,该内力产生最小值。因此,先用机动法作出各内力影响线的形状,再按上述原则布置荷载,即得各量值的最不利荷载位置。图 9-43(b)、(c)、(d)、(e)所示为该连续梁的各种量值影响线形状及其相应的最不利荷载位置。

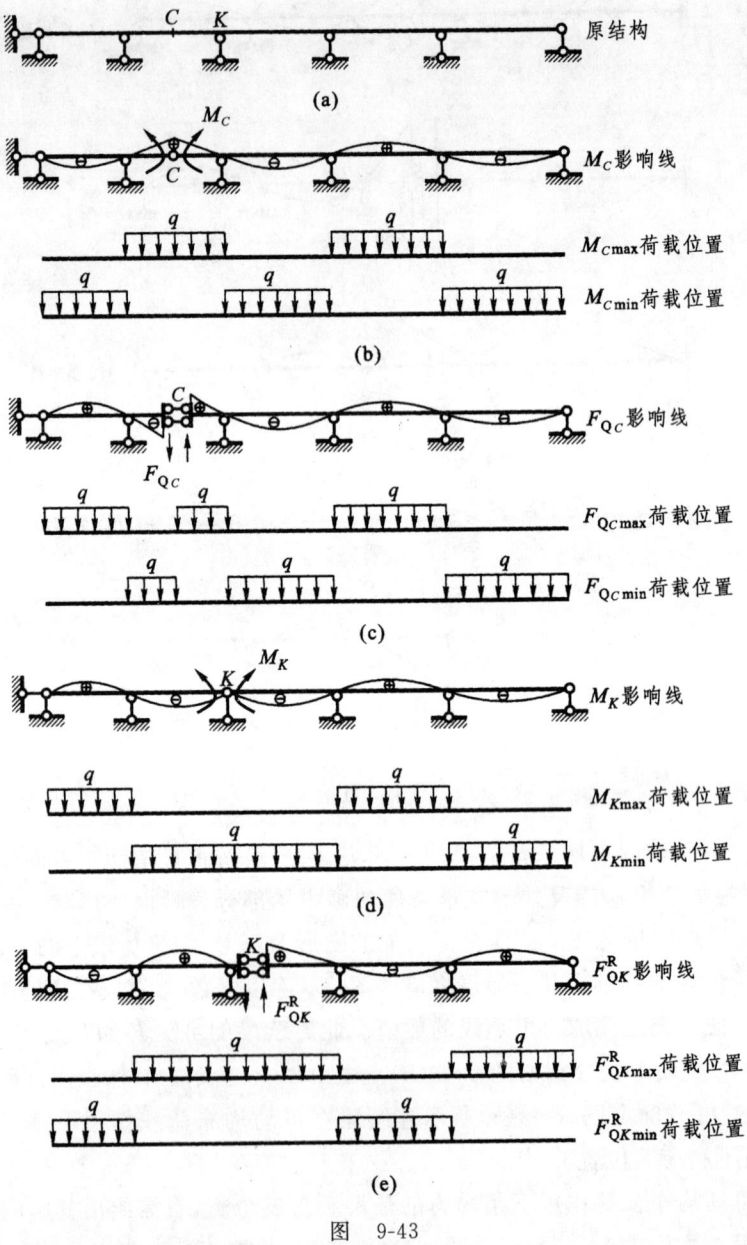

图 9-43

当某量的最不利荷载位置确定后，若求该量的最大值就成了在固定荷载作用下的计算问题。如要求上例中 M_C 的最大值，只需用力法、位移法、力矩分配法计算连续梁在图 9-43(b)所示的 $M_{C\max}$ 荷载位置作用下的 M_C 值即可。

第九章 影响线及其应用

习 题

9-1 试用静力法作影响线：
① 求 F_{yA}、M_A、M_C 及 F_{QC} 的影响线；② 求斜梁 F_{yA}、M_C、F_{QC}、F_{NC} 的影响线。

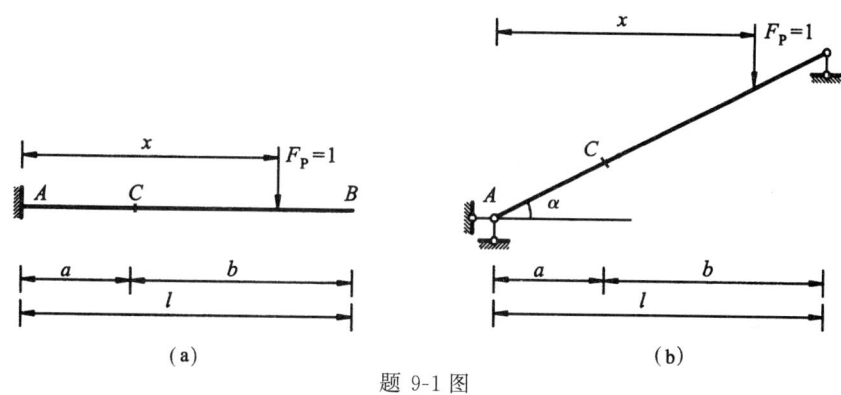

题 9-1 图

9-2 试用静力法作影响线：
① 求 F_{RA}、M_B、F_{QC}、M_C、F_{QB}^L、F_{QB}^R 的影响线；② 求 F_{RB}、M_A、M_C、F_{QC} 的影响线。

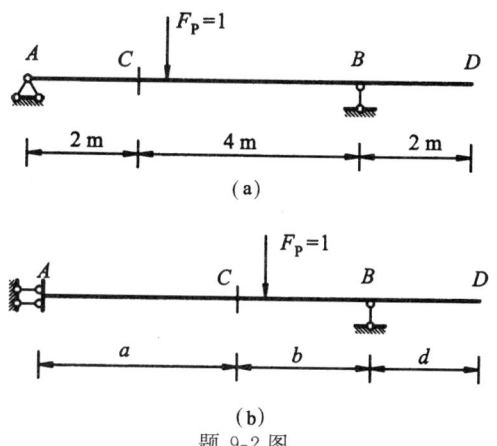

题 9-2 图

9-3 作图示结构的 F_{RB}、M_D、F_{QD}、F_{QC}^L 及 F_{QC}^R 的影响线。

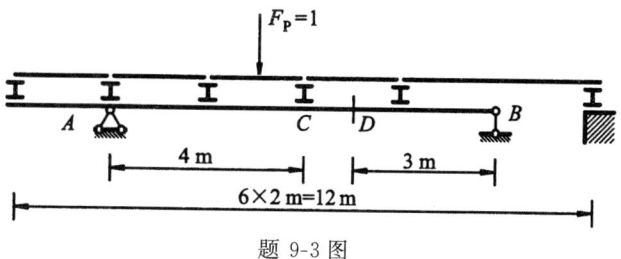

题 9-3 图

9-4 试作下列多跨静定梁 F_{RA}、$F_{QB}^左$、M_E、F_{QE}、F_{RC}、F_{RD}、M_F、F_{QF} 的影响线。

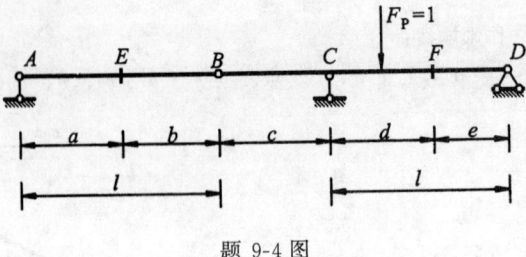

题 9-4 图

9-5 试用静力法作图示静定多跨梁 F_{RA}、F_{RB}、M_A 的影响线。

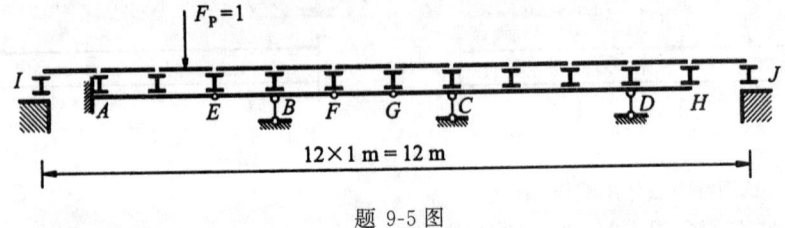

题 9-5 图

9-6 试用静力法求刚架中 M_A、F_{yA}、M_K、F_{QK} 的影响线。

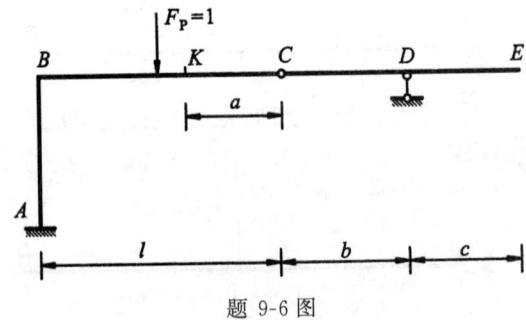

题 9-6 图

9-7 试用静力法求刚架中 M_K、F_{QK} 及 F_{NK} 的影响线。

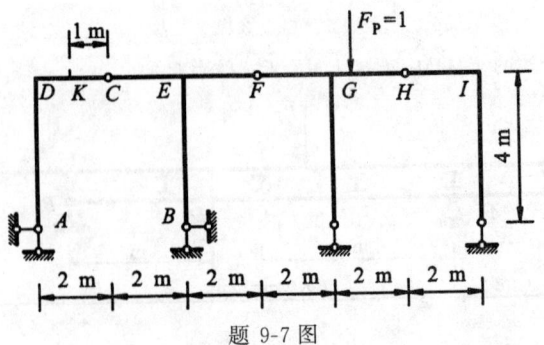

题 9-7 图

9-8 试用机动法求 M_E、F_{QB}^L、F_{QB}^R 的影响线。

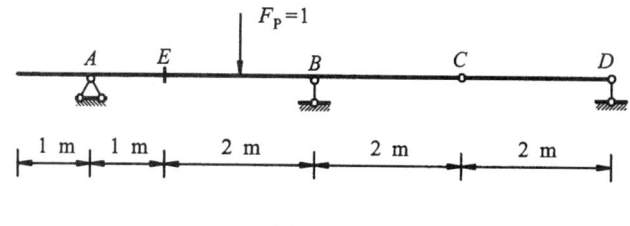

题 9-8 图

9-9 试用机动法作图示静定多跨梁 F_{RA}、F_{RC}、F_{QB}^L、F_{QB}^R 和 M_F、F_{QF}、M_G、F_{QG} 的影响线。

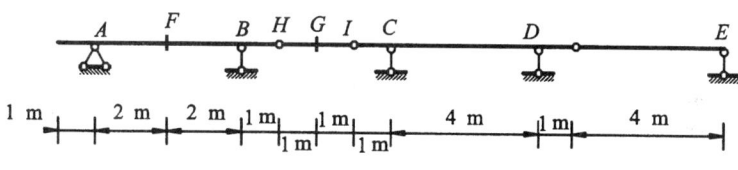

题 9-9 图

9-10 试作图示桁架轴力 F_{N1}、F_{N2} 和 F_{N3} 的影响线（荷载分别为上承、下承两种情况）。

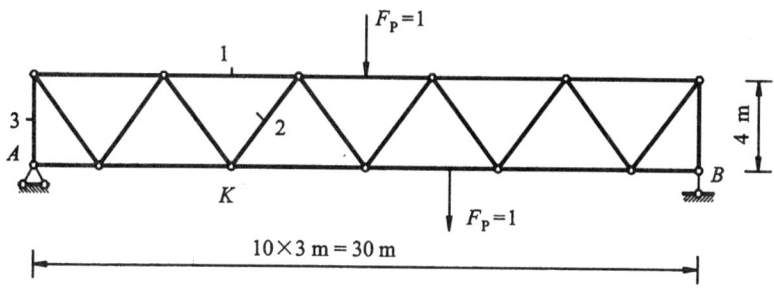

题 9-10 图

9-11 试作图示桁架轴力 F_{N1}、F_{N2}、F_{N3}、F_{N4} 的影响线。

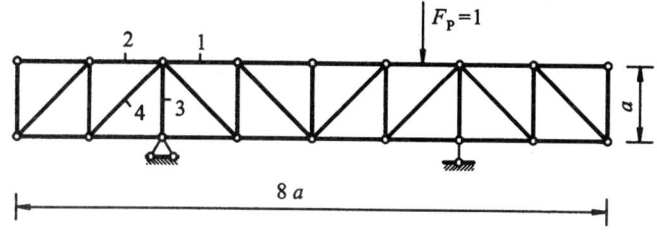

题 9-11 图

9-12 试作图示桁架轴力 F_{N1}、F_{N2}、F_{N3} 的影响线。

9-13 试作图示桁架轴力 F_{Na} 的影响线（荷载分别为上承、下承两种情况）。

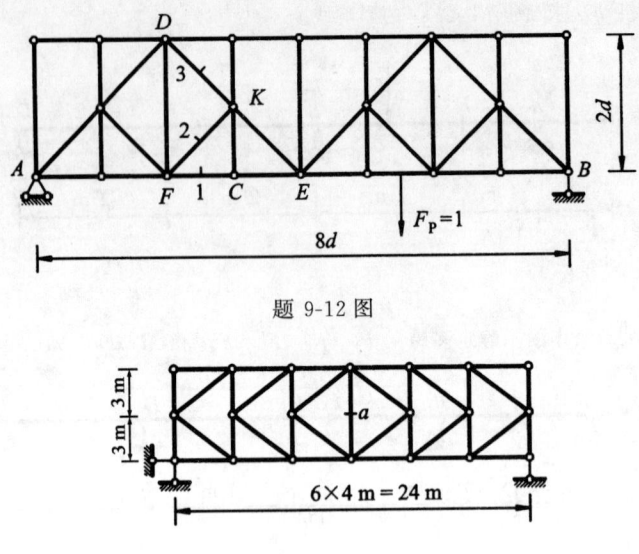

题 9-12 图

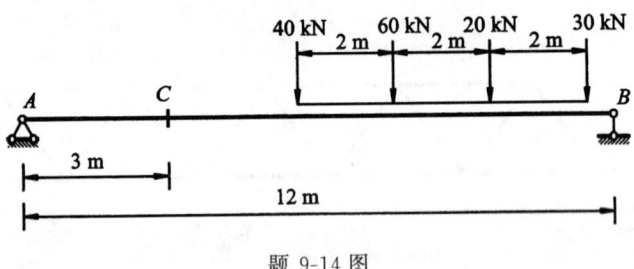

题 9-13 图

9-14 求图示简支梁在所给移动荷载作用下截面 C 的最大弯矩。

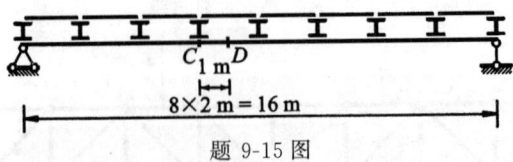

题 9-14 图

9-15 求图示简支梁在中—活载作用下 M_C 的最大值及 F_{QD} 的最大值,要求按判别式确定最不利荷载位置。

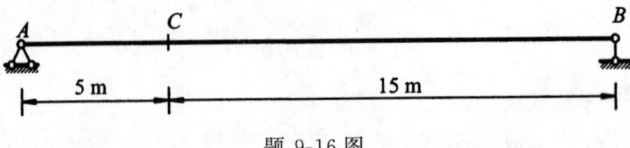

题 9-15 图

9-16 判断图示简支梁的最不利荷载位置,并求 F_{RA} 的最大值及 F_{QC} 的最大、最小值:
① 在中—活载作用下;② 在汽车—15 级荷载作用下。

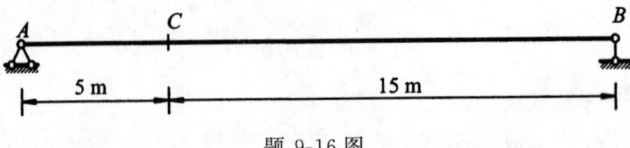

题 9-16 图

9-17 求图示简支梁的绝对最大弯矩,并与跨中截面的最大弯矩相比较。

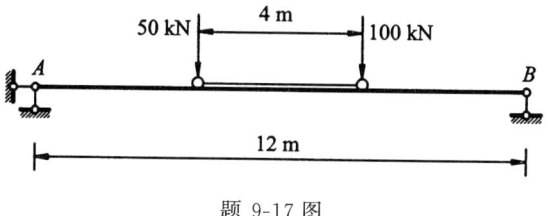

题 9-17 图

9-18 求图示简支梁的绝对最大弯矩。

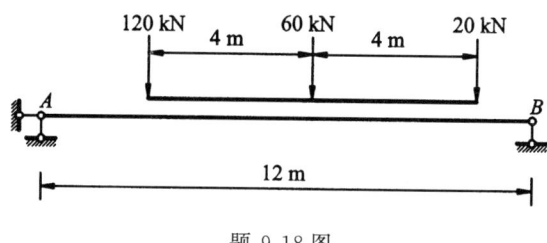

题 9-18 图

9-19 试作两跨等截面连续梁 F_{RB}、M_D、F_{QD} 的影响线。

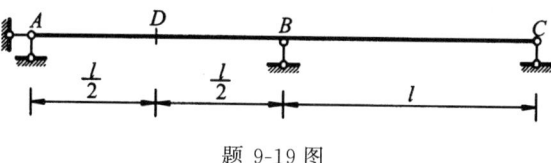

题 9-19 图

9-20 绘出图示连续梁 F_{RB}、M_A、M_C、M_K、F_{QK}、F_{QB}^L、F_{QB}^R 的影响线形状。

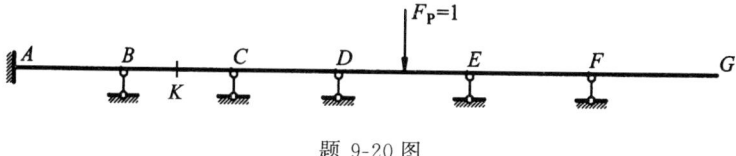

题 9-20 图

第十章 结构动力学

第一节 概 述

结构动力学的任务是,在动力荷载作用下,对结构进行动态分析。

动力荷载,其特征是荷载的大小、方向和作用点随时间而迅速变化,从而使结构物产生明显而激烈的振动,其位移与内力均将是时间的函数。在这种荷载作用下的结构分析问题,称为结构的动态分析。

在工程实际中常见的动荷载有:

(1) 周期荷载

这类荷载随时间作周期性变化。其中最简单也是最重要的一种称为简谐荷载(图 10-1a),荷载 $F_P(t)$ 随时间 t 的变化规律可用正弦或余弦函数表示

$$F_P(t) = F_P \sin \theta t$$

在机器转动过程中,转动着的部件对支承结构所产生的惯性力,是随时间并按简谐规律变化的荷载。其他的周期荷载可称为非简谐性的周期荷载(图 10-1b)。

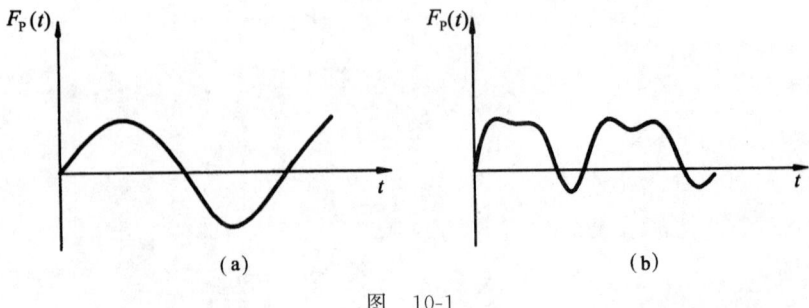

图 10-1

(2) 冲击荷载

其特点是荷载值在短时间内急剧增大(图 10-2a),如列车制动力;或者是荷载值急剧减小(图 10-2b),如各种爆炸荷载。

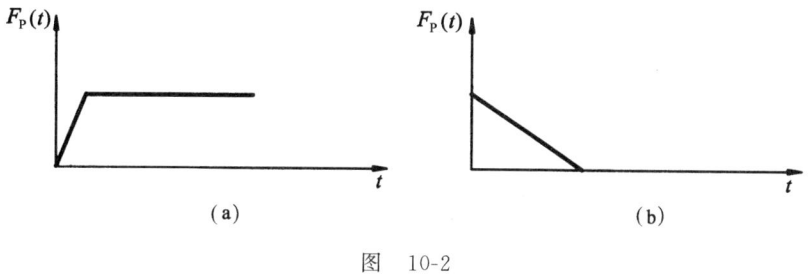

图 10-2

(3) 随机荷载

前面两类荷载都属于确定性荷载,任一时刻的荷载值都是事先确定的。如果荷载值在以后的任一时刻无法事先确定,则称为随机荷载。地震荷载和风荷载是随机荷载的典型例子。

• 地震作用

它是一种随机荷载。地震时,由于地面激烈运动对结构产生干扰力即为地震作用。这类荷载随时间变化的规律很复杂,例如,图 10-3 中表示地面运动的加速度(纵坐标)随时间 t(横坐标)的变化情况。

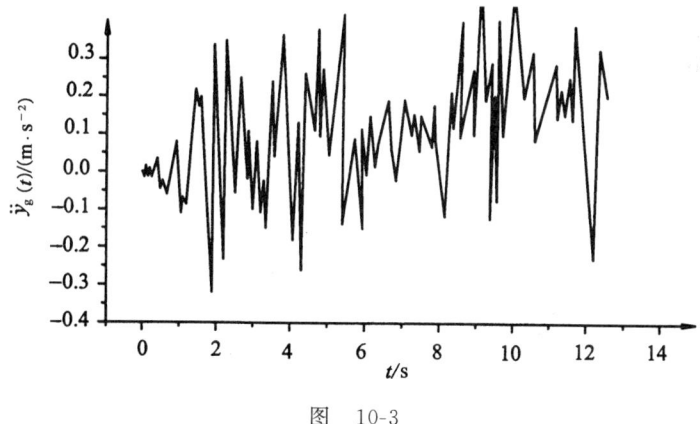

图 10-3

• 脉动风压

当风力很强时,结构某处的风压可以分解为稳定风压和脉动风压。稳定风压对一般结构的作用可视为静荷载,而脉动风压对高耸柔性结构(例如烟囱、水塔及电视塔)产生相当大的振动,应视为一种动力荷载。脉动风压随时间变化的规律很复杂,也是一种随机荷载(图 10-4)。

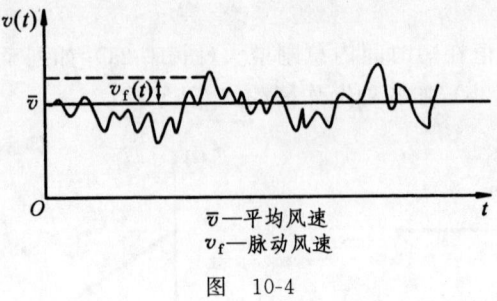

$\bar{v}$—平均风速
v_f—脉动风速

图 10-4

任意一给定结构承受非确定性荷载作用时的动力响应分析,称为随机振动分析。关于随机振动分析的内容,可参阅有关专著。

对于结构的动力计算,本书主要使用两个基本原理,即:达朗贝尔原理和能量守恒原理。

设想把体系的惯性力全部加在该体系上。惯性力和全部外力将组成形式上的平衡力系,于是便可用建立静力平衡方程的方法列出结构的运动方程。但需注意,这种平衡是动力平衡,所以这个方法也叫做动静法的基本原理。

当然,动静法实际上只是简化了列出运动方程式的方法,实质上它并未也不可能把动力学问题真正转化为静力学问题,因为这里的惯性力 $-m\ddot{y}(t)$ 是与待求的未知函数 $y(t)$ 相关联的,它不是已知的荷载。

第二节 动力计算中体系的自由度

在结构动力学的分析中,常按照体系自由度的数目去分类。一个体系的自由度是指:在振动过程中,确定该体系任一瞬时变形状态所需的独立的几何参数的数目。在集中质体中,就是确定质体几何位置的独立坐标数。

例如图 10-5(a)所示体系,假设梁是无重的,在振幅很小时,梁的轴向变形非常微小,可忽略不计,那么只要用竖向坐标 y_1 即可确定质点 m_1 的位移,故该体系是一个自由度的。

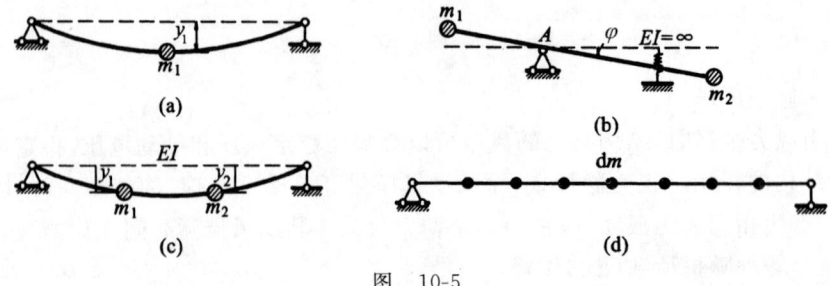

图 10-5

又如图 10-5(b)所示的体系,设质点 m_1 和 m_2 固定在刚性杆上。由于杆件不能变形,它只能绕铰支座 A 而转动,只要知道杆件的转角 φ,即可确定质点的位置。因此,这个体系也是一个自由度的。

如图 10-5(c)所示具有两个质点的无重梁,在振动过程中,需要两个独立坐标 y_1 和 y_2 才能确定梁上质点的位置,故该体系有两个自由度。

如果需要考虑梁的自重,可将梁的质量分割为无限多个微小的质点 $\mathrm{d}m$(图 10-5d);于是在振动中,无限多个质点要用无限多个坐标确定其位置。因此,有重梁本身是无限多个自由度的体系。

由上可见,自由度的数目,并非取决于集中质体的数目,它和结构的静定或超静定无关。计算时假定质体为一质点,亦即略去其转动惯量的影响。否则,为决定质体的位置,除线位移外还要考虑其转动,自由度的数目将要增多。

我们假定结构在力和变形之间存在着线性关系,实际上,这就是假定体系是线弹性的,而且应变及位移是很小的。因为我们所讨论的问题是限于体系在弹性范围以内的微幅振动,所以叠加原理可以应用。又因为变形很小,所以由变形所产生的质点之间距离的改变可略去不计。

在讨论刚架的自由度时,除上述假定外,我们还略去了杆件轴向变形的影响,只考虑其弯曲变形。这与在前面几章的静力计算中所作的假定相同。

由于略去了转动惯量的影响,并由于上述一系列假定,在判断刚架体系的自由度时,可将刚结点、固定端及集中质点处均视为铰结点;在这种铰接图形上,为消除质点位移所必需的最少链杆数,就是原体系的自由度数目。图 10-6(b)及图 10-6(d)分别表示对图 10-6(a)及图 10-6(c)为固定其质点位移所需的最少链杆数目,因此其自由度分别为 2 与 3。

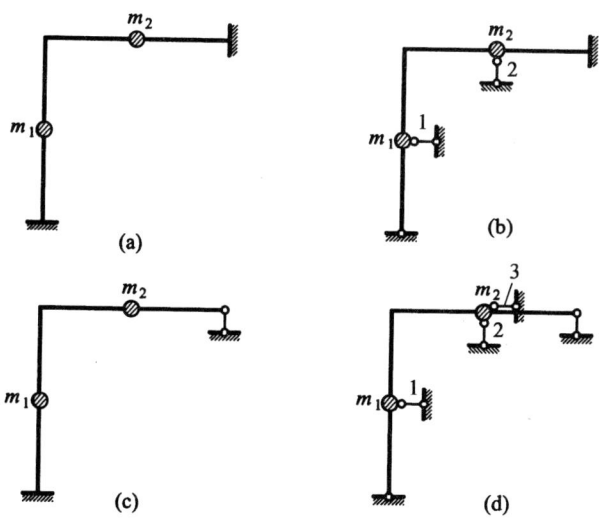

图 10-6

又如，图 10-7 所示只有 1 个集中质量的刚架，但具有两个自由度（质点的位置需用两个参数 y_1、y_2 才能确定）；图 10-8 所示具有 4 个集中质量的刚架，按上述方法判定为 3 个自由度。

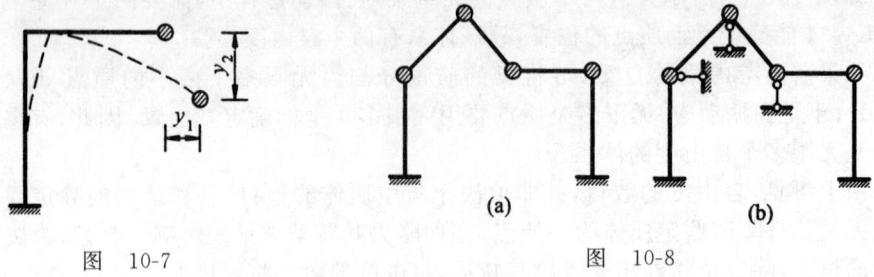

图 10-7　　　　　　　　图 10-8

有时为了简化计算，也常常近似地将沿杆件长度分布的质量，当做集中于某些点的集中质量来看待。例如通常在考虑刚架的水平振动中（图 10-9a），由于楼板的质量远大于柱的质量，一般将柱的质量的 1/3 或 1/2 集中于柱顶。又如图 10-9(b) 所示屋架，在计算其竖向振动时，可将屋盖质量以及屋架本身质量都集中于上弦结点处考虑。图 10-10(a)所示的多层框架房屋，当其作水平振动时，可将柱及填充物的质量集中于楼面处。这样，便可将有分布质量的体系变成有限自由度的体系，如图 10-10(b)所示。为了研究结构的某些基本动力特征，这个概念是很有用的。

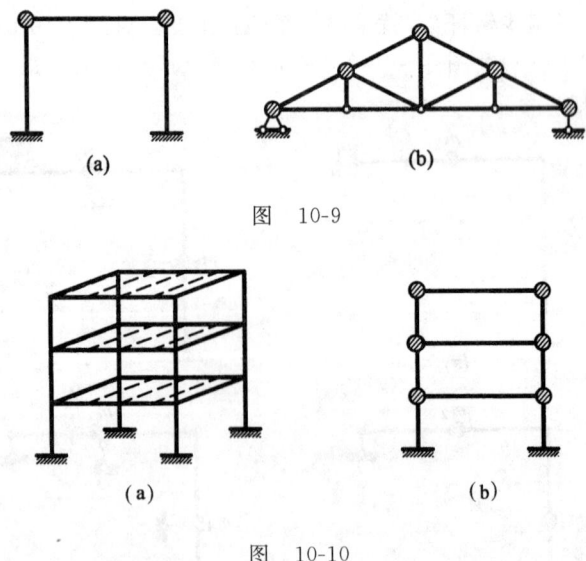

图 10-9

图 10-10

对于图 10-11(a)所示块形基础，计算时可简化为一刚性质块。当考虑基础在平面内的振动时，体系共有 3 个自由度，包括水平位移 x、竖向位移 y 和角位移 φ（图 10-11b）。当仅考虑基础在竖直方向的振动时，则只有 1 个自由度（图 10-11c）。

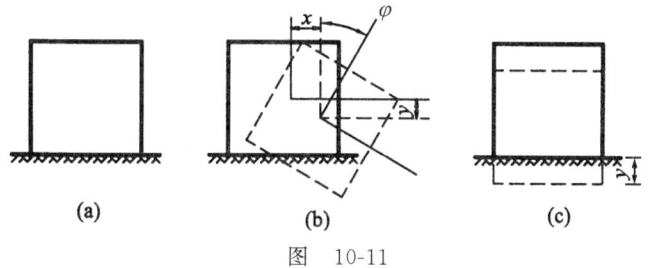

图 10-11

第三节 单自由度体系无阻尼自由振动

单自由度体系的动力分析虽然比较简单,但非常重要。这是因为:第一,很多实际的动力问题常可按单自由度体系进行计算,或进行初步的估算。第二,单自由度体系的动力分析是多自由度体系动力分析的基础,只有打好这个基础,才能顺利学习后面的内容。

现首先从单自由度体系自由振动微分方程的建立开始本节的讨论。

如图 10-12(a)所示简支梁,其上有一重物,质量为 m,设梁本身的质量比 m 小得多,可略去不计,因此该体系只有一个自由度。

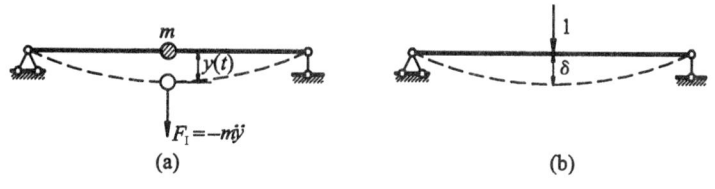

图 10-12

假设由于外界的干扰,质量 m 离开了静力平衡位置。干扰消失后,由于梁的弹性恢复力的影响,质量 m 沿竖直方向产生往复运动,形成了体系的振动。在任一时刻 t,质点的竖直位移为 $y(t)$。根据达朗贝尔原理,把动力位移 y 想像为由惯性力 F_I 产生的,结合牛顿第二定律,质点 m 的惯性力

$$F_I(t) = -m\ddot{y}(t) \tag{10-1}$$

由图 10-12(b)可知,设单位力作用在质点处产生于该点的位移为 δ(也称柔度系数),因此有

$$F_I(t)\delta = y \tag{10-2}$$

将式(10-1)代入式(10-2),得

$$(-m\ddot{y})\delta = y \tag{10-3}$$

式中之 $y=y(t)$。整理后,上式可写为

$$\ddot{y}+\frac{1}{m\delta}y=0 \tag{10-4}$$

这就是单自由度体系的自由振动运动微分方程式。这种推导方法也叫做柔度法。

令 $\quad \dfrac{1}{m\delta}=\omega^2$

则式(10-4)可写成

$$\ddot{y}+\omega^2 y=0 \tag{10-5}$$

式(10-5)是一个二阶常系数线性齐次微分方程式,其通解为

$$y(t)=A_1\cos \omega t+A_2\sin \omega t \tag{10-6}$$

式中,A_1 和 A_2 是两个积分常数,由初始条件确定,为了更清楚地看出自由振动的特性,将式(10-6)改写成单项式的形式,令

$$\left.\begin{aligned}A_1&=a\sin \varphi\\A_2&=a\cos \varphi\end{aligned}\right\} \tag{10-7a}$$

这里是把 A_1、A_2 两个常数用另外两个常数 a 和 φ 表示。将式(10-7a)代入式(10-6),得

$$y(t)=a\sin \varphi\cos \omega t+a\cos \varphi\sin \omega t \tag{10-7b}$$

由三角公式知,式(10-7b)可写成

$$y(t)=a\sin(\omega t+\varphi) \tag{10-8}$$

这与式(10-6)完全相同。故知自由振动是简谐运动。式中,a 为振幅;φ 为初相角;ω 为自振圆频率(2π 秒的振动次数)。

设在初始时刻 $t=0$ 时质量有初位移 y_0 和初速度 v_0,即

$$y(0)=y_0,\quad \dot{y}(0)=v_0$$

由式(10-6)得

$$\dot{y}(t)=-\omega A_1\sin \omega t+\omega A_2\cos \omega t$$

解得

$$A_1=y_0,\quad A_2=\frac{v_0}{\omega}$$

代入式(10-6)得

$$y(t)=y_0\cos \omega t+\frac{v_0}{\omega}\sin \omega t \tag{10-9}$$

由此看出,振动由两部分组成。

一部分是单独由初位移 y_0 引起的,质点按 $y_0\cos \omega t$ 的规律振动,如图 10-13(a) 所示。一部分是单独由初速度引起的,质点按 $\dfrac{v_0}{\omega}\sin \omega t$ 的规律振动,如图 10-13(b) 所示。而式(10-8)所表达的图形如图 10-13(c)所示。

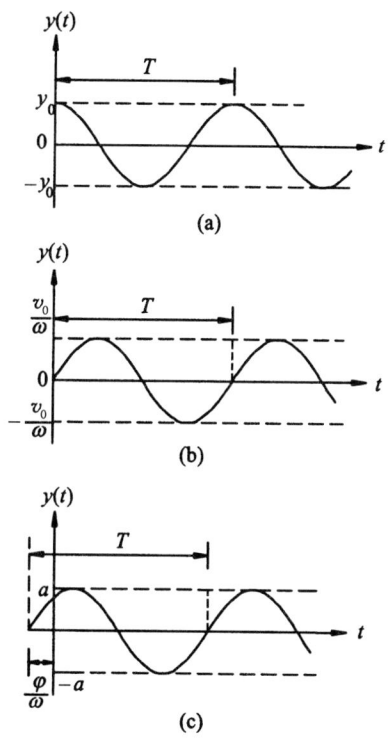

图 10-13

把 $A_1=y_0$ 及 $A_2=\dfrac{v_0}{\omega}$ 代入式(10-7a),可得振幅 a 和初相角 φ 为

$$a=\sqrt{A_1^2+A_2^2}=\sqrt{y_0^2+\dfrac{v_0^2}{\omega^2}} \tag{10-10}$$

$$\varphi=\arctan\dfrac{y_0\omega}{v_0} \tag{10-11}$$

这样,单自由度体系质点 m 的运动方程可写成如下两种形式

$$y(t)=a\sin(\omega t+\varphi)$$

$$y(t)=y_0\cos \omega t+\dfrac{v_0}{\omega}\sin \omega t$$

动位移 $y(t)$ 是从质点 m 作用下的静力平衡位置起算的。

上式中的自振圆频率 ω 为

$$\omega = \sqrt{\frac{1}{m\delta}}$$

式中，m 是质点的质量，而 δ 是单位力产生的位移，单位力要加在自由度方向上。不难看出，圆频率 ω 与初始条件无关，只与结构刚度（E、I、L）及支承有关，所以又称 ω 为结构的固有频率。又因是自由振动，也称自振频率，它是反映结构动力特性的重要参数之一。

自振频率求出后，便很容易地由 $T = \dfrac{2\pi}{\omega}$ 得出自振周期值。

下面给出自振频率、自振周期计算公式的几种形式：

①
$$\omega = \sqrt{\frac{1}{m\delta}} \mathrm{s}^{-1}; \quad T = 2\pi\sqrt{m\delta} \tag{10-12}$$

② 将刚度系数 $k = 1/\delta$ 代入上式，得

$$\omega = \sqrt{\frac{k}{m}}; \quad T = 2\pi\sqrt{\frac{m}{k}} \tag{10-13}$$

③ 将 $m = W/g$ 代入上式，得

$$\omega = \sqrt{\frac{g}{W\delta}}; \quad T = 2\pi\sqrt{\frac{W\delta}{g}} \tag{10-14}$$

④ 令 $W\delta = \Delta_{\mathrm{st}}$（质点处荷载为 W 所产生的静力位移），得

$$\omega = \sqrt{\frac{g}{\Delta_{\mathrm{st}}}}; \quad T = 2\pi\sqrt{\frac{\Delta_{\mathrm{st}}}{g}} \tag{10-15}$$

由上面分析可以看出结构自振频率的一些重要性质：

① 自振频率与结构的质量和刚度有关，而且只与这两者有关，与外界的干扰因素无关。

② 结构刚度越大，自振频率也越大，但周期越小；而结构质量越大，自振频率越小，周期越大。要改变结构的自振频率或周期，只有从改变结构的质量或刚度着手。

③ 两个外表相似的结构，如果自振频率相差很大，则动力性质相差很大；反之两个外表看来并不相同的结构，如果自振频率相近，则在动荷载作用下其动力性能基本一致，地震中常发现这种现象。所以自振频率的计算十分重要。

④ 质点的振幅 a，必须给定初始条件才能确定。

例 10-1 图 10-14(a)、(b)所示两种支承情况不同的梁，其跨度均为 l，且 EI 都为常数，在中点有一集中质量 m。当不计梁的自重时，试比较两者的自振频率。

解 先分别求出单位力作用下，质点 m 处的位移 δ。可知

第十章 结构动力学

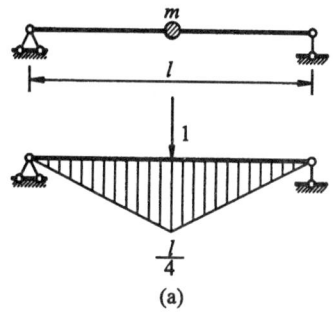
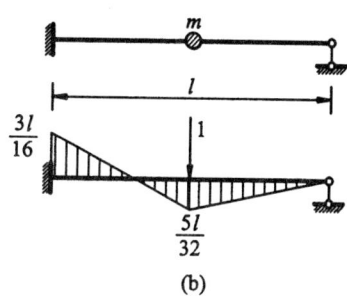

图 10-14

$$\delta_1 = \frac{l^3}{48EI}$$

$$\delta_2 = \frac{7l^3}{768EI}$$

代入式(10-12)

$$\omega_1 = \sqrt{\frac{48EI}{ml^3}}$$

$$\omega_2 = \sqrt{\frac{768EI}{7ml^3}}$$

据此得 $\omega_1 : \omega_2 = 1 : 1.51$

这说明随着结构刚度的加大,其自振频率也相应增大。

例 10-2 求图 10-15(a)所示无重刚架的自振频率。EI=常数。

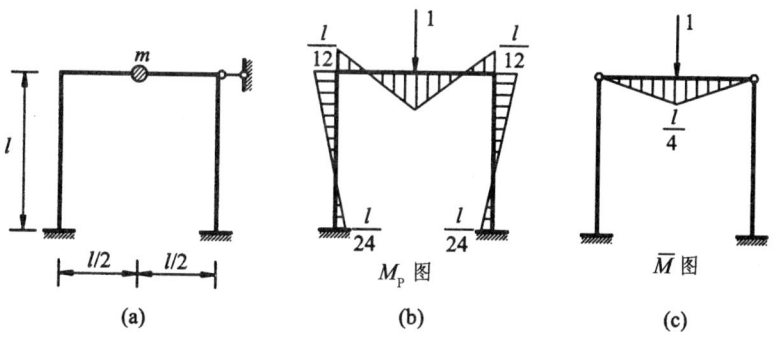

图 10-15

解 由图 10-15(a)可知,质点 m 只能产生竖向振动,故为一个自由度结构。为了求得 δ 需绘制 M_P 图及 $\overline{M}$ 图,两图的值相乘得

$$\delta = \frac{l^3}{96EI}$$

故得 $\quad \omega = \frac{4}{l}\sqrt{\frac{6EI}{ml}}$

例 10-3 如图 10-16a 所示桁架,在结点 B 处作用一集中质量,其重量 $W = 10$ kN,略去自重并略去水平位移的影响,给重量 W 一个位移,$y_0 = 1$ cm(向下)。讨论:① 重物 W 的振动过程;② 求 $t = 0.05$ s 时,B 点的 y 值。$E = 2.1 \times 10^4$ kN/cm²。

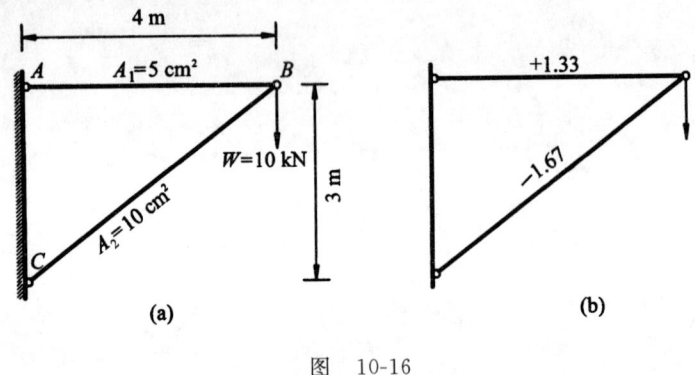

图 10-16

解

① 先求重物 W 竖向振动时的频率和周期。当竖向单位力沿 B 点作用时,各杆内力如图 10-16(b)所示。因此

$$\delta = \sum \frac{\overline{N}^2 l}{EA} = \left(1.33^2 \times \frac{400}{5} + 1.67^2 \times \frac{500}{10}\right) \times \frac{1}{2.1 \times 10^4}$$

$$= 0.0135 \text{ cm/kN}$$

$$\omega = \sqrt{\frac{g}{W\delta}} = \sqrt{\frac{981}{10 \times 0.0135}} = 85.51 \text{ s}^{-1}$$

$$T = \frac{2\pi}{\omega} = 0.073 \text{ s}$$

每分钟振动次数

$$n = \frac{\omega}{2\pi} \times 60 = 816 \text{ 次/分}$$

② B 点向下 1 cm 的初位移时的振动情况。

因此时只有初位移而没有初速度,故动力位移表达式为

$$y(t) = y_0 \cos \omega t + \frac{v_0}{\omega} \sin \omega t$$

$$= y_0 \cos \omega t = 1 \times \cos(85.5)t$$

当 $t = 0.05$ s 时

$$y=\cos(85.51\times 0.05)=-0.423\,6\text{ cm}$$

即此时 B 点是在平衡位置以上 0.423 6 cm 处。位移 y 随时间变化(即位移时程曲线)如图 10-17 所示。

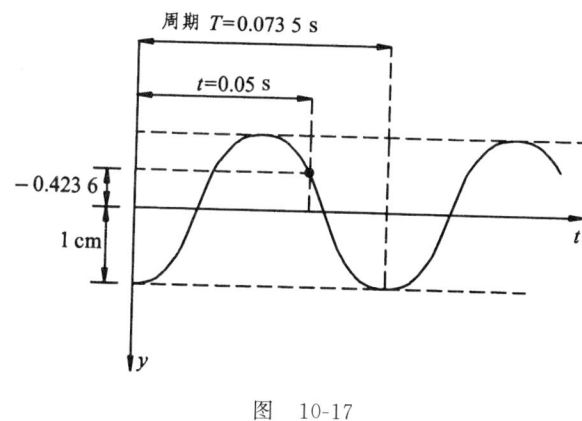

图 10-17

第四节 单自由度体系有阻尼自由振动

研究体系的振动问题,前面是忽略了阻尼影响所得到的结果大体上反映实际结构的振动规律。例如,结构的自振频率是结构本身一个固有值的结论,等等。但也有一些结果与实际振动情况不尽相符,如自由振动时振幅永不衰减的结论等。因此,为进一步了解阻尼对结构振动规律的影响,有必要对阻尼力这个因素加以考虑。

振动中的阻尼力有多种来源,例如振动过程中结构与支承之间的摩擦,材料的内摩擦,周围介质的阻力等等。

阻尼力对质点运动起阻碍作用。从方向上看,它总是与质点的速度方向相反。从数值上看,它与质点速度有如下的关系:

① 阻尼力与质点速度成正比,这种阻尼力较常见,称作粘滞阻尼力。

② 阻尼力与质点速度的平方成正比。固体在流体中运动时受到的阻力属于这一类。

③ 阻尼力的大小与质点速度无关,摩擦力属于这一类。

在上述几种阻尼力中,粘滞阻尼力的分析比较常用,其他类型的阻尼力可化为等效阻尼力来分析。因此,下面对粘滞阻尼力的情形加以讨论。

根据达朗贝尔原理,想像位移 y 是惯性力 F_I 和阻尼力 F_D 共同产生的,如图 10-18 所示。列出位移方程为

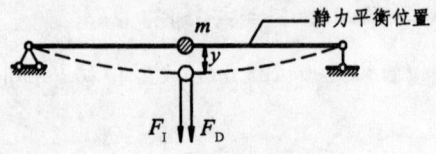

图 10-18

$$y(t)=(F_I+F_D)\delta$$

由于 $\quad F_I=-m\ddot{y}(t),\quad F_D=-c\dot{y}(t)$

式中，c 为阻尼系数，由实验测定。

质点的运动微分方程式可写成

$$m\ddot{y}(t)+c\dot{y}(t)+\frac{1}{\delta}y(t)=0$$

即 $\quad m\ddot{y}(t)+c\dot{y}(t)+ky(t)=0$

可改写成

$$\ddot{y}(t)+2\xi\omega\dot{y}(t)+\omega^2 y(t)=0 \tag{10-16}$$

其中 $\quad \omega^2=k/m \tag{10-16a}$

$$\xi=\frac{c}{2m\omega} \tag{10-16b}$$

式中，ω 为体系的自振频率；ξ 为体系的阻尼比。

式(10-16)是二阶常系数线性齐次微分方程。令 $D=\xi\omega$，则上式可写成

$$\ddot{y}(t)+2D\dot{y}(t)+\omega^2 y(t)=0 \tag{10-17}$$

如以 $y=u(t)\mathrm{e}^{-Dt}$ 作为式(10-17)的解，则可消去式中的一阶导数项，由此得

$$\mathrm{e}^{-Dt}\left[\frac{\mathrm{d}^2 u}{\mathrm{d}t^2}+(\omega^2-D^2)u\right]=0$$

因为 e^{-Dt} 不能等于零，故有

$$\frac{\mathrm{d}^2 u}{\mathrm{d}t^2}+(\omega^2-D^2)u=0 \tag{10-18}$$

$D=\xi\omega$ 是反映阻尼特性的系数，它对于体系的振动有决定性的影响。

现在先讨论 $\xi<1$ 即小阻尼的情况。此时 $D<\omega$，式(10-18)中的 (ω^2-D^2) 为正值。令其等于 ω_D^2，则可写成

$$\frac{\mathrm{d}^2 u}{\mathrm{d}t^2}+\omega_D^2 u=0 \tag{10-19}$$

式(10-19)的解为

$$u(t)=A_1\cos\omega_D t+A_2\sin\omega_D t$$

其中 $\omega_D = \sqrt{\omega^2 - D^2} = \omega\sqrt{1-\xi^2}$

此时,式(10-17)的解为

$$y(t) = e^{-Dt}(A_1 \cos \omega_D t + A_2 \sin \omega_D t)$$

式中,A_1、A_2 为两个待定常数。

或写成单项的形式

$$y(t) = A e^{-Dt} \sin(\omega_D t + \varphi) \tag{10-20}$$

式中,A 和 φ 也是两个待定常数。

设 $t=0$ 时,$y=y_0$、$\dot{y}=v_0$,则可得

$$A = \sqrt{y_0^2 + \frac{(v_0 + Dy_0)^2}{\omega_D^2}} = a$$

$$\tan \varphi = \frac{y_0 \omega_D}{v_0 + Dy_0}$$

由式(10-20)可以看出,ω_D 即为有阻尼时的自由振动圆频率。

由于 $\xi<1$,所以 $\omega_D<\omega$,因为实际结构的阻尼比 ξ 多数在 0.2 以下,故在计算结构的自振频率或自振周期时,可以不考虑阻尼的影响,即 $\omega_D \doteq \omega$。在实际结构振动计算中大都是这样做的。

现在讨论阻尼对振幅的影响。虽然阻尼比 ξ 很小,但在自由振动时它对振幅的影响还是十分显著的。由于振幅 Ae^{-Dt} 是负指数函数,随着时间的增加 Ae^{-Dt} 迅速减小。可见实际上在很短的时间内,振动很快衰减以致消失。根据式(10-20)画出的 $y(t)$-t 曲线如图 10-19 所示。

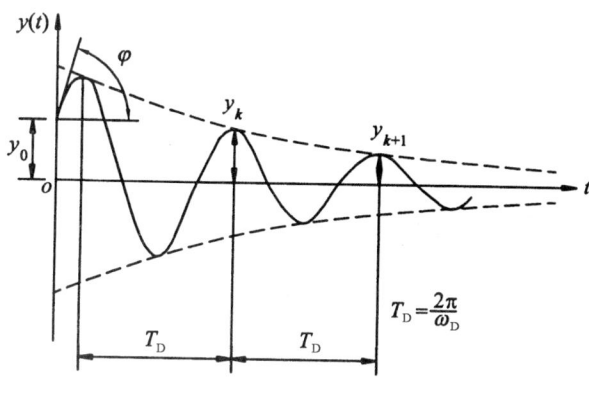

图 10-19

值得指出的是,衰减振动中振动周期 T_D 在振动过程中是不变的;同时任意两

相邻振幅的比是一个常数。设某一时刻 t 的振幅为 y_k，与它相邻的下一个振幅为 y_{k+1}，因为

$$y_k = Ae^{-Dt}$$
$$y_{k+1} = Ae^{-D(t+T_D)}$$

所以

$$\frac{y_k}{y_{k+1}} = \frac{Ae^{-Dt}}{Ae^{-D(t+T_D)}} = e^{DT_D} = e^{\xi\omega T_D}$$

可见，ξ 越大，则衰减速度越快。

为了便于应用，上式两边取对数，并用符号 λ 表示，则

$$\lambda = \ln\frac{y_k}{y_{k+1}} = \xi\omega T_D = \xi\omega\frac{2\pi}{\omega_D} \tag{10-21}$$

近似地取 $\omega_D \doteq \omega$，则

$$\lambda = \xi 2\pi \tag{10-22}$$

式中，λ 称为对数递减率。对于给定的结构及其阻尼特性，λ 是一个常数，注意到 $\xi = D/\omega$，因此对数递减率 λ 与固有频率有关，这反映了粘滞阻尼的特性。

在工程实际中，可以通过实验，测得两相邻振幅值 y_k 和 y_{k+1}，从而由式（10-21）求出阻尼比 ξ。为了提高精度，通常用量测相隔 n 个周期的振幅 y_k 和 y_{k+n}，于是式（10-21）改写为

$$\lambda_n = \ln\frac{y_k}{y_{k+n}} = \xi\omega n T_D = \xi\omega n\frac{2\pi}{\omega_D} \tag{10-23}$$

取 $\omega \doteq \omega_D$ 时，则

$$\lambda_n = \xi n 2\pi \tag{10-24}$$

例如，从实际量测得到某结构的自振周期 $T_D = 0.3$ s，阻尼比 $\xi = 0.1$，初始条件为：$y_0 = 1$ mm，$\dot{y}_0 = 0$。求振幅衰减到初始位移的 5%（即 $y = 0.05$ mm）以下时所需要的时间（以整周计）。

由式（10-24）得

$$n = \frac{\lambda_n}{2\pi\xi} = \frac{1}{2\pi\xi}\ln\frac{y_0}{y_n} = \frac{1}{2\pi \times 0.1}\ln\frac{1}{0.05} = 4.77$$

取 $n = 5$。即经过 5 周后，振幅可降到初位移的 5% 以下。所需的时间为

$$t = 5 \times 0.3 = 1.5 \text{ s}$$

下面讨论 $D \geqslant \omega$ 亦即 $\xi \geqslant 1$ 的情况，这也就是所谓大阻尼的情况。此时式（10-18）中的 $(\omega^2 - D^2)$ 得负值或零。当 $D > \omega$ 时，令 $\omega^2 - D^2 = -B^2$，则式（10-18）改写为

$$\frac{d^2 u}{dt^2} - B^2 u = 0 \tag{10-25}$$

上式的解为

$$U = C_1 \text{ch } Bt + C_2 \text{sh } Bt$$

$$B = \sqrt{D^2 - \omega^2}$$

式(10-17)的解则为

$$y(t) = e^{-Dt} \text{sh}(\sqrt{D^2 - \omega^2} \, t + \beta) \tag{10-26}$$

式(10-26)所表示的运动是非周期性的。因此,在大阻尼的情况下,随着时间的增大,质点逐渐回到平衡位置而不作往复运动。图 10-20(a)表示大阻尼情况下的 y-t 曲线。

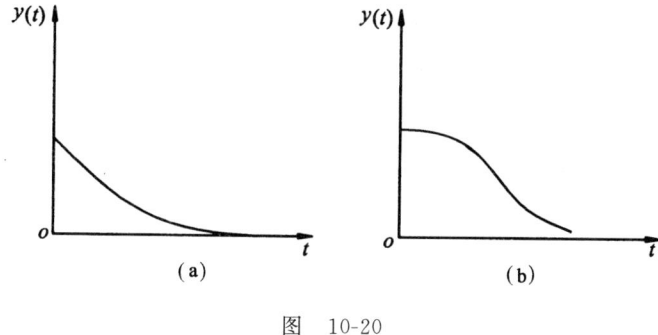

图 10-20

当 $D = \omega$ 即 $\xi = 1$ 时,$\omega^2 - D^2 = 0$。此时式(10-18)改写为

$$\frac{d^2 u}{dt^2} = 0 \tag{10-27}$$

其解为

$$u = D_1 + D_2 t$$

式(10-17)的解为

$$y(t) = (D_1 + D_2 t) e^{-Dt} \tag{10-28}$$

上式也表现出非往复运动的性质,其 y-t 曲线如图 10-20(b)所示。

综上所述,当 $\xi < 1$ 时,考虑阻尼的体系在自由振动时表现出衰减的振动形式;而当阻尼增大到 $\xi = 1$ 时,体系就不再表现出振动的形式,这时的阻尼系数称为临界阻尼系数,并用 c_{cr} 表示。在式(10-16b)中令 $\xi = 1$,即得临界阻尼系数为

$$c_{cr} = 2m\omega = 2\sqrt{mk} \tag{10-29}$$

第五节　单自由度体系在简谐荷载作用下的强迫振动

当质量上受动力荷载 $F(t)$ 作用时，体系所产生的振动称为强迫振动。本节研究 $F(t)=F_\mathrm{P}\sin\theta t$ 即简谐荷载的情况，当 $F(t)$ 为一般荷载的情况将在下节讨论。

图 10-21 所示单自由度体系，干扰力 $F(t)=F_0\sin\theta t$，其中 F_0 是荷载的幅值，θ 是简谐荷载的圆频率。

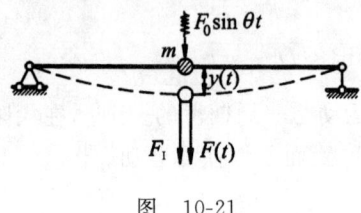

图　10-21

由达朗贝尔原理列出位移方程

$$y(t)=[F_\mathrm{I}+F(t)]\delta=[-m\ddot{y}+F(t)]\delta$$

即

$$m\ddot{y}+\frac{1}{\delta}y=F_0\sin\theta t \tag{10-30}$$

$$\ddot{y}+\frac{1}{m\delta}y=\frac{F_0}{m}\sin\theta t \tag{10-31}$$

或

$$\ddot{y}+\omega^2 y=\frac{F_0}{m}\sin\theta t \tag{10-32}$$

上式即为质点的运动微分方程。它是一个二阶线性常系数非齐次的微分方程。其解由齐次方程的通解 $y_\mathrm{C}(t)$ 和非齐次方程的特解 $y_\mathrm{P}(t)$ 之和组成，即

$$y(t)=y_\mathrm{C}(t)+y_\mathrm{P}(t)$$

其中齐次解已在式(10-6)中解出，为

$$y_\mathrm{C}(t)=A_1\cos\omega t+A_2\sin\omega t$$

设特解为

$$y_\mathrm{P}(t)=a\sin\theta t \tag{a}$$

将式(a)代入式(10-32)，定出常数项 a，得

$$-a(\theta^2-\omega^2)=\frac{F_0}{m}$$

即

$$a=\frac{F_0}{m(\omega^2-\theta^2)} \tag{b}$$

因此，特解为

$$y_\mathrm{P}(t)=\frac{F_0}{m\omega^2\left(1-\dfrac{\theta^2}{\omega^2}\right)}\sin\theta t \tag{c}$$

如令
$$y_{st}=\frac{F_0}{m\omega^2}=F_0\delta \qquad (d)$$

式中,$\delta=\frac{1}{m\omega^2}$,而 δ 的物理意义为单位力所产生的位移,故 $y_{st}=F_0\delta$ 可称为最大静力位移,即将荷载幅值 F_0 当作静荷载时结构所产生的位移,故特解可写成

$$y_P(t)=y_{st}\frac{1}{\left(1-\frac{\theta^2}{\omega^2}\right)}\sin\theta t \qquad (e)$$

于是,微分方程(10-32)的解为

$$y(t)=A_1\cos\omega t+A_2\sin\omega t+y_{st}\frac{1}{\left(1-\frac{\theta^2}{\omega^2}\right)}\sin\theta t \qquad (f)$$

积分常数 A_1、A_2 应按初始条件求出。设在 $t=0$ 时,初位移为 y_0,初速度为 v_0,则得

$$A_1=y_0$$

$$A_2=\frac{v_0}{\omega}-y_{st}\frac{\frac{\theta}{\omega}}{1-\frac{\theta^2}{\omega^2}}$$

代入式(f)得

$$y(t)=y_0\cos\omega t+\frac{v_0}{\omega}\sin\omega t-y_{st}\frac{\frac{\theta}{\omega}}{1-\frac{\theta^2}{\omega^2}}\sin\omega t+y_{st}\frac{1}{1-\frac{\theta^2}{\omega^2}}\sin\theta t$$

$$(10-33)$$

这就是单自由度体系在简谐荷载作用下,质点的动力位移表达式。式中共有四项,其中前三项与体系的自振频率一致,它们代表了自由振动部分,但前两项取决于体系振动和初始条件,当初始位移与初速度等于零时,这两项就不再存在。第三项自由振动是伴随着强迫振动而同时发生,故称为伴生自由振动。最后一项是按干扰力频率 θ 发生的振动,常被称为纯强迫振动。

因为前三项的自由振动部分,只在开始阶段对位移产生影响,经过某些周期后,将不可避免地因有阻尼的存在而衰减掉,最后只剩下干扰力频率 θ 振动的一部分。我们通常把振动刚开始同时存在的振动阶段称为"暂态(过渡)阶段",而把后面只按干扰力频率振动的阶段称为"稳态阶段",如图 10-22 所示。由于过渡阶段延续的时间较短,因此在实际问题中稳态振动比较重要。

下面着重讨论稳态振动(即纯强迫振动)。任意时刻的位移为

$$y(t)=y_{st}\frac{1}{1-\frac{\theta^2}{\omega^2}}\sin\theta t$$

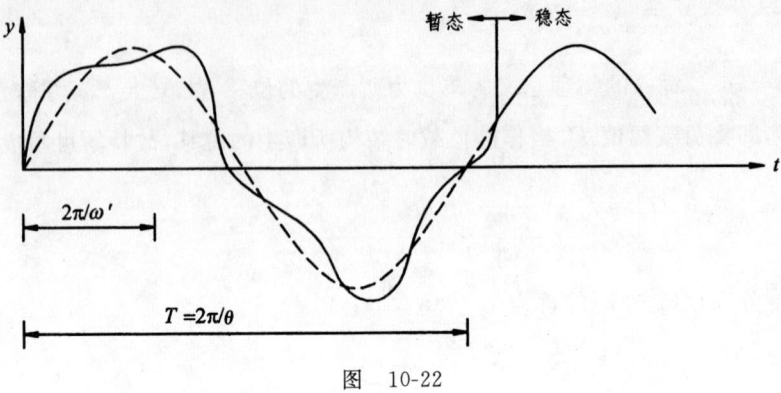

图 10-22

最大动位移(即幅值)为

$$y(t)|_{\max}=y_{st}\frac{1}{1-\frac{\theta^2}{\omega^2}} \tag{10-34}$$

最大动力位移与最大静位移 y_{st} 的比值称为动力系数并用 μ 表示,即

$$\mu=\frac{[y(t)]_{\max}}{y_{st}}=\frac{1}{1-\frac{\theta^2}{\omega^2}} \tag{10-35}$$

由此两式可知,根据 θ 与 ω 的比值求得动力系数 μ 后,只需将动力荷载幅值当作静力荷载求出结构的位移 y_{st},然后乘以 μ,便可求得动力荷载作用下的最大动位移。

例 10-4 图 10-23(a)所示简支梁由两根工字梁组成,跨度为 3 m。$I=2\times89.50\times10^{-6}$ m^4,$E=19.6\times10^7$ kN/m^2。跨中有一发动机,重量 $W=11.76$ kN,转速 $n=1450$ r/min,电动机离心力的竖直分力为 $F_0\sin\theta t$,幅值 $F_0=3.92$ kN,略去梁的自重,不计阻尼的影响,求稳态时梁的最大内力。

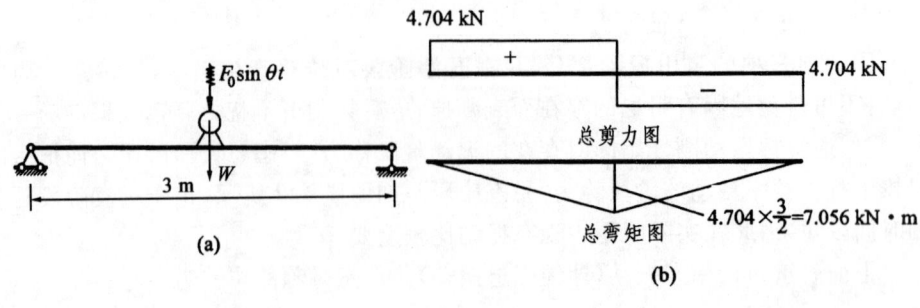

图 10-23

解 本题不计梁自重,电动机只有竖向振动,故属单自由度体系的强迫振动。

每根梁受力为

$$\frac{1}{2}W = \frac{1}{2} \times 11.76 = 5.88 \text{ kN}$$

$$\frac{1}{2}F_0 = \frac{1}{2} \times 3.92 = 1.96 \text{ kN}$$

干扰力频率

$$\theta^2 = \left(\frac{2\pi \times 1\,450}{60}\right)^2 = 23\,048 \text{ s}^{-2}$$

自振频率

$$\omega^2 = \frac{1}{m\delta} = \frac{g}{W} \cdot \frac{48EI}{l^3}$$

$$= \frac{9.80 \times 48 \times 19.6 \times 10^7 \times 89.5 \times 10^{-6}}{5.880 \times 3^3}$$

$$= 51\,976 \text{ s}^{-2}$$

动力系数

$$\mu = \frac{1}{1 - \dfrac{\theta^2}{\omega^2}} = \frac{1}{1 - 0.443\,4} = 1.8$$

每根梁最大受力

$$5.880 + 1.8 \times 1.960 = 9.408 \text{ kN}$$

总弯矩图和总剪力图如图 10-23(b)所示。

下面我们对稳态振动时,位移动力系数 μ 作进一步的讨论。

由式(10-35)可知

$$\mu = \frac{[y(t)]_{\max}}{y_{\text{st}}} = \frac{1}{1 - \dfrac{\theta^2}{\omega^2}}$$

可以看出,动力系数 μ 是频率比值 θ/ω 的函数。函数图形如图 10-24 所示,其中横坐标为 θ/ω,纵坐标为 μ,由图可看出:

① 当 $\theta < \omega$ 时,$\mu > 1$,且 μ 随 θ/ω 的增大而增加,表明动力位移恒大于干扰力幅值所产生的静力位移,且位移方向与干扰力 $F(t)$ 的方向相同。

当 $\theta \ll \omega$ 时,$\mu \doteq 1$,表明振动荷载的动力作用不明显,接近于静力作用。通常 $\theta/\omega < 1/5$ 时,即可认为动力荷载可简化为静力荷载,因为此

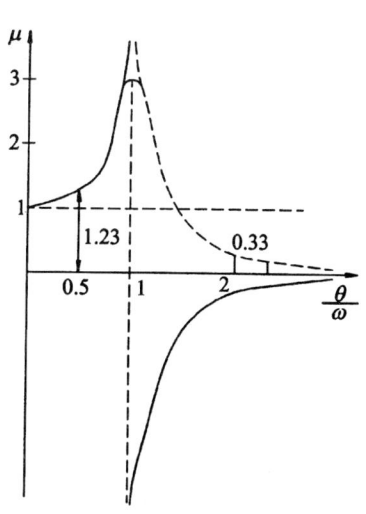

图 10-24

时的动力系数为

$$\mu=\frac{1}{1-\frac{1}{25}}=\frac{25}{24}=1.042$$

② 当 $\theta>\omega$ 时，$\mu<0$，其绝对值随 θ/ω 的增大而减小，表明动力位移 $y(t)$ 与干扰力 $F(t)$ 的方向相反。

当 $\theta\gg\omega$ 时即机器的转速很大时，将有 $\mu\to0$，说明质体 m 只在静力平衡位置作微小的振动。

③ 当 $\theta=\omega$ 时，理论上动力系数 $|\mu|=\infty$，即当动力荷载频率 θ 接近于结构自振频率 ω 时，振幅会无限增大，这种现象称为"共振"。实际上由于阻尼力的影响，振幅不会趋于无穷大，但此时振幅将远大于静力位移。所以在工程上应尽量避免出现"共振"现象。避免的方法是改变结构的尺寸或构造，从而改变自振频率，使 ω 离 θ 远一点，便可减小 μ 值。所以在研究结构的振动问题时，结构自振频率 ω 的计算是十分重要的。

还需要指出，共振现象的形成有一个过程，振幅是由小逐渐变大的，并不是一开始就很大，在简谐振动实验中可以看到这个发展过程。

第六节 单自由度体系在一般荷载作用下的强迫振动

本节讨论在一般动荷载 $F(t)$ 作用下所引起的动力反应，我们分三步来讨论。先讨论瞬时冲量引起的反应，再在此基础上讨论一般荷载的动力反应，然后介绍一种用一连串的突加不变荷载来代替 $F\text{-}\tau$ 曲线，从而求出一般动荷载下的动力位移的数值解法。

先讨论瞬时冲量引起的动力反应。设一单自由度体系，质点 m 在 $t=0$ 时处于静止状态，然后有瞬时冲量 S 作用，如图 10-25 所示。在 Δt 时间内作用荷载 F_P，其冲量为 $F_P\cdot\Delta t$，根据冲量定律：$mv_0=F\Delta t$，质点 m 将产生初速度 $v_0=\dfrac{F\Delta t}{m}$，而冲量作用结束后，无其他荷载作用下，因 Δt 很小，可认为初位移为零。

由式(10-9)，其位移表达式为

$$y(t)=y_0\cos\omega t+\frac{v_0}{\omega}\sin\omega t=\frac{F\Delta t}{m\omega}\sin\omega t \tag{10-36}$$

这就是 $t=0$ 时，质点上作用一瞬时冲量所引起的动力反应。

如果瞬时冲量不是在 $t=0$ 时作用，而是在 $t=\tau$ 时作用，如图 10-26 所示，则在瞬时冲量完了以后的任意时刻 $t(t>\tau)$ 的位移应为

$$y(t) = \frac{F\Delta t}{m\omega} \sin \omega(t-\tau) \tag{10-37}$$

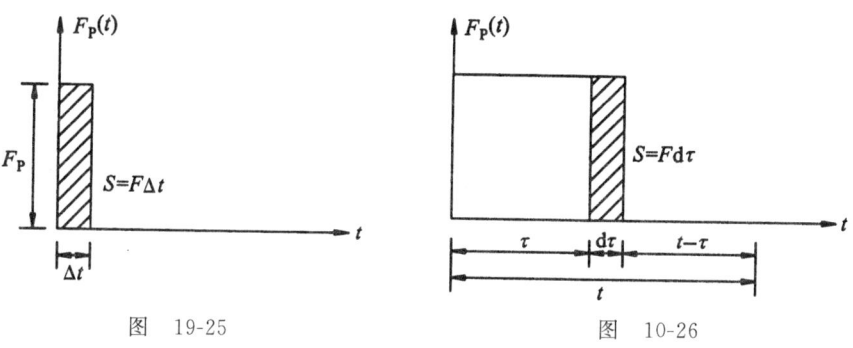

图 19-25　　　　　图 10-26

下面讨论图 10-27 所示任意动荷载 $F(t)$ 的动力反应,整个加载过程可看作由一系列瞬时冲量所组成。例如在时刻 $t=\tau$ 时作用的荷载为 $F(\tau)$,此荷载在微分时段 $d\tau$ 内产生的冲量 $dS = F(\tau)d\tau$(也称元冲量),此微分冲量引起的动力微分反应为

$$dy(t) = \frac{F(\tau)}{m\omega} \sin \omega(t-\tau)d\tau$$

对加载过程中产生的所有微分反应进行积分,可得出总反应为

$$y(t) = \frac{1}{m\omega} \int_0^t F(\tau) \sin \omega(t-\tau) d\tau \tag{10-38}$$

式(10-38)称为杜哈梅积分,这就是单自由度体系初始处于静止状态时在任意动荷载 $F_P(\tau)$ 作用下的动力位移公式。如果初位移 y_0 和初速度 v_0 不为零,则总的动力位移应为

$$y(t) = y_0 \cos \omega t + \frac{v_0}{\omega} \sin \omega t + \frac{1}{m\omega} \int_0^t F(\tau) \sin(t-\tau) d\tau \tag{10-39}$$

下面用式(10-39)讨论几种动荷载的动力反应。假定 $t=0$ 时体系处于静止状态。

(1) 突加荷载

设该体系原来处于静止状态,在 $t=0$ 时,突然加上荷载 F_P,并一直作用在结构上,这种荷载称为突加荷载,如图 10-28 所示。将 $F(\tau)=F_P$ 代入式(10-38)并积分得到动力位移为

$$y(t) = \frac{F_P}{m\omega} \int_0^t \sin \omega(t-\tau) d\tau = \frac{F_P}{m\omega^2} [\cos \omega(t-\tau)]_0^t$$

$$= \frac{F_P}{m\omega^2} [1 - \cos \omega t] \tag{10-40}$$

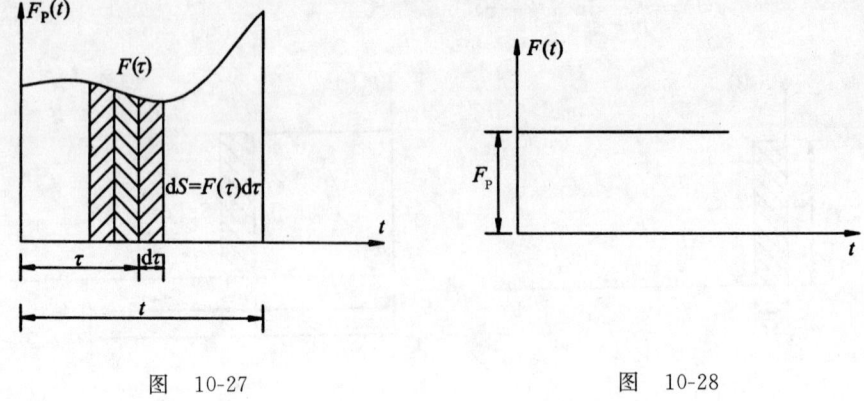

图 10-27　　　　　　　　　　　　图 10-28

因为 $\dfrac{1}{m\omega^2}=\delta$，所以 $\dfrac{F_P}{m\omega^2}=F_P\delta=y_{st}$（表示 F_P 作用下的静力位移），则

$$y(t)=y_{st}[1-\cos\omega t] \tag{10-41}$$

当 $\cos\omega t=-1$ 时，相应的动力位移 $y(t)$ 为最大值，此时

$$y(t)\big|_{max}=2y_{st}$$

可见，在突加荷载下，动力系数 $\mu=2$。图 10-29 为突加荷载作用下的动力位移图。

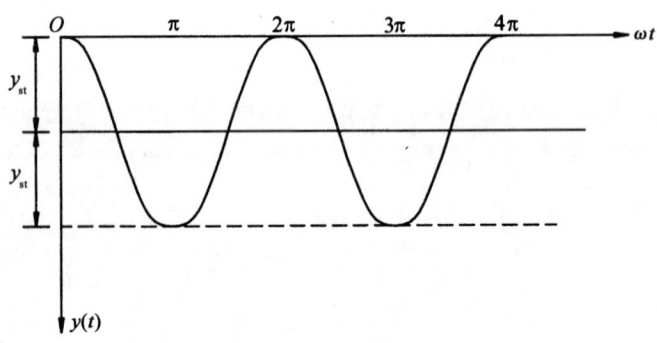

图 10-29

(2) 短时荷载

这种荷载的 F-t 曲线如图 10-30 所示。其特点是 $t=0$ 时，突然加上荷载 F_P，在 $0<t<t_1$ 时，荷载数值保持不变。在 $t=t_1$ 时，荷载又突然消失。求体系在这种荷载下的动力反应。该情形需按两个阶段分别计算。

第一阶段 ($0<t<t_1$) 时，动力位移 $y(t)$ 由式(10-41)表示。

第二阶段 ($t>t_1$) 时，动力位移 $y(t)$ 相当于第一阶段的荷载继续延长所得的 $y_1(t)$。加上由于在 $t=t_1$ 时，突然加上荷载 $(-F_P)$ 时所引起的 $y_2(t)$ 之和，即

$$y(t)=y_1(t)+y_2(t)$$
$$=y_{st}(1-\cos\omega t)-y_{st}[1-\cos\omega(t-t_1)]$$
$$=y_{st}[\cos\omega(t-t_1)-\cos\omega t]$$

由和差化积公式可写成

$$y(t)=2y_{st}\sin\frac{\omega t_1}{2}\sin\omega\left(t-\frac{t_1}{2}\right) \qquad (10\text{-}42)$$

最大动力位移为

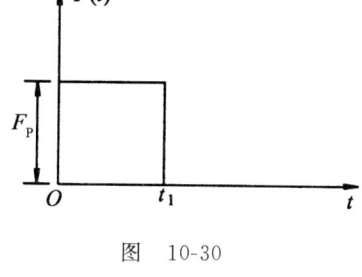

图 10-30

$$y(t)|_{\max}=2y_{st}\sin\frac{\omega t_1}{2}$$

因此第二阶段的位移动力系数为

$$\mu=\frac{y(t)|_{\max}}{y_{st}}=2\sin\frac{\omega t_1}{2}=2\sin\frac{\pi t_1}{T}$$

其中，T 为自振周期。可见 μ 是 t_1 的函数。其最大值为 2，发生于 $t_1/T \geqslant 0.5$ 处。

对于第二阶段（$t>t_1$）的动力位移，也可用下面的方法求得。因为 $t>t_1$ 时结构不再承受荷载作用，而处于自由振动。其初始条件为体系在 $t=t_1$ 时的位移和速度，它们可由式(10-41)求得，即

$$y_0=y_{st}(1-\cos\omega t_1)$$
$$\dot{y}_0=y_{st}\omega\sin\omega t_1$$

将它们代入式(10-36)，便可得到 $t>t_1$ 时的动力位移为

$$y(t)=y_0\cos\omega t+\frac{v_0}{\omega}\sin\omega t$$
$$=y_{st}[(1-\cos\omega t_1)\cos\omega(t-t_1)]+\left[\frac{y_{st}\omega\sin\omega t_1}{\omega}\sin\omega(t-t_1)\right]$$

化简后得

$$y(t)=y_{st}[\cos\omega(t-t_1)-\cos\omega t]$$

所得结果与前一种方法的结果一致。

此外，也可直接由杜哈梅积分来求，即

$$y(t)=\frac{1}{m\omega}\int_0^{t_1}F\sin\omega(t-\tau)d\tau=\frac{F}{m\omega^2}[\cos\omega(t-t_1)-\cos\omega t]$$
$$=y_{st}\cdot 2\sin\frac{\omega t_1}{2}\sin\omega\left(t-\frac{t_1}{2}\right)$$

这与式(10-42)完全相同。这里给出三种方法，目的是让读者更好地理解杜哈梅积分，这是很有益处的。

当考虑粘滞阻尼时，杜哈梅积分将有如下形式

$$y(t) = \frac{1}{m\omega'} \int_0^t F(t) e^{-\mu\omega'(t-\tau)} \sin \omega'(t-\tau) d\tau \tag{10-43}$$

式中，$\omega' \doteq \omega$；μ 为阻尼比。

当作用于体系上的荷载 $F(t)$ 是已知且便于积分时，体系的动力反应可由杜哈梅积分直接求出它的闭合解。但当 $F(t)$ 比较复杂而难以积分，或者 $F(t)$ 实验测定为一些离散的数据时，这需要借助数值方法求解。下面介绍数值方法中的其中一个，即用一连串的突加不变荷载代替 F-t 曲线，从而求出体系的动力反应。

图 10-31 是一单自由度体系在起始条件为零时由实验测得的 F-t 曲线，现用一连串的突加不变荷载来代替 F-t 曲线，只要时间步长取得足够小时，例如 $\Delta \tau <$ 1/10 周期，本方法便可得到令人满意的结果。

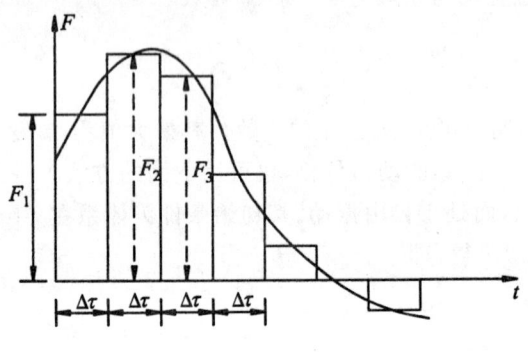

图 10-31

因起始条件为零，即当 $t=0$ 时，$y_0=0$，$v_0=0$。由式(10-40)可知，质体在第一段内任意时刻的位移为

$$y_1 = \frac{F_1}{m\omega^2}(1-\cos \omega t) = F_1 \delta (1-\cos \omega t) \qquad 0 \leqslant t \leqslant \Delta \tau$$

如果当 $t=0$ 时有初位移 y_0 和初速度 $\dot{y}_0$，则上式可写成

$$y_1 = F_1 \delta (1-\cos \omega t) + y_0 \cos \omega t + \frac{\dot{y}_0}{\omega} \sin \omega t$$

改写成

$$y_1 = F_1 \delta + (y_0 - F_1 \delta) \cos \omega t + \frac{\dot{y}_0}{\omega} \sin \omega t$$

上式对时间 t 求导一次，即得第一段内任意时刻的速度

$$\frac{\dot{y}_1}{\omega} = -(y_0 - F_1 \delta) \sin \omega t + \frac{\dot{y}_0}{\omega} \cos \omega t$$

用 $t=\Delta \tau$ 代入上两式，便可得出第一段末的位移 $y_1|_{t=\Delta \tau}$ 和速度 $\dot{y}_1|_{t=\Delta \tau}$。用 $y_1|_{t=\Delta \tau}$，$\dot{y}_1|_{t=\Delta \tau}$（简记为 y_1 和 $\dot{y}_1$）作为第二段的起始条件，同样得第二段内任意时刻的位移及速度表达式

$$y_2 = F_2\delta + (y_1 - F_2\delta)\cos \omega t + \frac{\dot{y}_1}{\omega}\sin \omega t$$

$$\frac{\dot{y}_2}{\omega} = -(y_1 - F_2\delta)\sin \omega t + \frac{\dot{y}_1}{\omega}\cos \omega t$$

同样用 $t=\Delta\tau$ 代入上式,即得第二段末的位移和速度。依此类推,可得出第 i 段的位移和速度为

$$\left. \begin{array}{l} y_i = F_i\delta + (F_{i-1} - F_i\delta)\cos \omega t + \dfrac{\dot{y}_{i-1}}{\omega}\sin \omega t \\[2mm] \dfrac{\dot{y}_i}{\omega} = -(y_{i-1} - F_i\delta)\sin \omega t + \dfrac{\dot{y}_{i-1}}{\omega}\cos \omega t \end{array} \right\} \qquad (10\text{-}44)$$

这样,以时间步长为 $\Delta\tau$,一点一点地往下递推,便可把各分段点的位移及速度全部求出。把各分段点的位移(速度)连成曲线,即为该单自由度体系在本动力荷载下的位移(速度)反应。下面通过某一具体实例来说明计算步骤。

例 10-5 已知某一单自由度体系的质点上作用的动力荷载 F-t 曲线实测情况如图 10-32 所示。该体系的柔度系数 $\delta=0.1$ mm/N,自振频率 $\omega=62.8$ 1/s,$F(t)$ 作用前质点处于静止状态,求 $F(t)$ 作用 0.2 s 时的位移值。

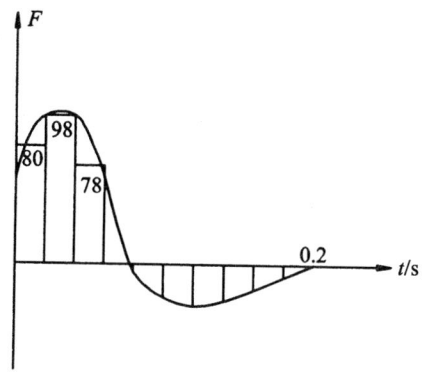

图 10-32

解 把 0.2 s 均分为 10 段,即 $\Delta\tau=0.02$ s(这不符合 $\Delta\tau<1/10T$ 的要求,因周期 $T=\dfrac{2\pi}{\omega}=\dfrac{2\pi}{62.8}=0.1$ s,这里主要是说明方法),由图上量得各时间段的荷载平均值为

$F_1 = 80$ N　　$F_2 = 98$ N　　$F_3 = 78$ N　　$F_4 = 0$

$F_5 = -35$ N　　$F_6 = -36$ N　　$F_7 = -25$ N

$F_8 = -15$ N　　$F_9 = -6$ N　　$F_{10} = 0$

又因　　$\sin \omega\Delta\tau = \sin(62.8 \times 0.02) = 0.9509$

　　　　$\cos \omega\Delta\tau = 0.3096$

所以,第一段末

$$y_1 = F_1\delta + (y_0 - F_1\delta)\cos\omega\Delta\tau + \frac{\dot{y}_0}{\omega}\sin\omega\Delta\tau$$
$$= 80 \times 0.1 + (0-8) \times 0.309\ 6 = 5.52 \text{ mm}$$

$$\frac{\dot{y}_1}{\omega} = -(y_0 - F_1\delta)\sin\omega\Delta\tau + \frac{\dot{y}_0}{\omega}\cos\omega\Delta\tau$$
$$= -(0-8.0) \times 0.950\ 9 = 7.61 \text{ mm}$$

第二段末

$$y_2 = 9.8 + (5.52 - 9.8) \times 0.309\ 6 + 7.61 \times 0.950\ 9 = 15.71 \text{ mm}$$

$$\frac{\dot{y}_2}{\omega} = -(5.52 - 9.8) \times 0.950\ 9 + 7.61 \times 0.309\ 6 = 6.43 \text{ mm}$$

这样依此向下递推,算得各点的位移

$y_3 = 16.36$ mm　　　　$y_4 = -0.19$ mm　　　　$y_5 = -18.90$ mm

$y_6 = -16.41$ mm　　　$y_7 = 4.52$ mm　　　　$y_8 = 16.45$ mm

$y_9 = 4.22$ mm　　　　$y_{10} = -14.25$ mm

建议读者:

① 把 $\Delta\tau$ 改为 0.01 s,重新量出各时间段的荷载平均值,计算出各点的位移。

② 把 F-t 曲线和 y-t 曲线(称位移时程曲线)画在一个图上,以便清楚地看出 $y|_{max}$ 和 $F|_{max}$ 不是同时到达(只有简谐荷载才是同时到达)。

③ 决定出 $y|_{max}$ 的值。

④ 改换一个 ω 值,重复上述 ②、③ 步,又可得出与该 ω 相应的 $y|_{max}$,多算几个 ω 值,即可画出本荷载作用下的最大位移与自振频率的关系曲线,再将横坐标改为周期($T = 2\pi/\omega$),即得 $y|_{max}$-T 的关系曲线,这个曲线称为最大位移反应谱。

由此看出,最大位移反应谱的定义是:某单自由度体系,在一个指定荷载作用下,最大位移与结构自振周期的关系曲线。

当然也还有最大速度反应谱、最大加速度反应谱。

有了反应谱,设计人员只要算出所设计结构的周期,就能在反应谱上查得在该动力荷载作用下,结构体系的最大动力反应。

第七节　幅值方程

我们先研究物体振动过程中加速度和惯性力的变化规律。已知单质点自由振动的运动微分方程式(10-8)为

$$y(t) = a\sin(\omega t + \varphi) \tag{a}$$

式中，a 为位移幅值。

速度 $v(t)$ 的表达式为

$$v(t)=\dot{y}(t)=a\omega\cos(\omega t+\varphi) \tag{b}$$

当 $\cos(\omega t+\varphi)=1$ 时速度达到最大值

$$v_{\max}=a\cdot\omega \tag{c}$$

即最大速度等于振幅 a 与自振频率 ω 的乘积。

当 $v=v_{\max}$ 时，$\cos(\omega t+\varphi)=1$，因而 $\sin(\omega t+\varphi)=0$，由式(a)得 $y=0$，即位移等于零时速度达到最大值。

当 $y=y_{\max}$ 时，$\sin(\omega t+\varphi)=1$，而 $\cos(\omega t+\varphi)=0$，由式(b)得 $v=0$，即位移达到最大值时速度等于零。这种关系见图 10-33 所示。

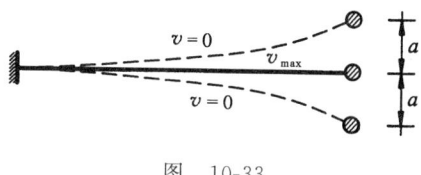

图 10-33

由式(b)可得加速度为

$$\ddot{y}(t)=-a\omega^2\sin(\omega t+\varphi) \tag{d}$$

最大加速度

$$\ddot{y}|_{\max}=-a\omega^2 \tag{e}$$

对照式(a)和式(d)得

$$\ddot{y}(t)=-\omega^2 y(t) \tag{f}$$

说明加速度与位移成比例，其比例系数为 ω^2，但方向相反。就是说质点在平衡位置以上时，加速度朝下；质点在平衡位置以下时，加速度朝上，即加速度永远指向平衡位置。这与质点所受到的弹性恢复力永远指向平衡位置是相一致的，如图 10-34 所示。

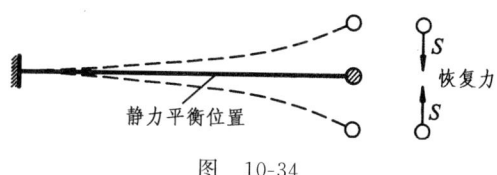

图 10-34

惯性力 F_I 的变化规律为

$$F_I(t)=-m\ddot{y}(t)=m\omega^2 y(t)=ma\omega^2\sin(\omega t+\varphi) \tag{g}$$

上式说明惯性力总是与位移方向一致,其值等于位移与 $m\omega^2$ 的乘积。惯性力的幅值为

$$F_{\mathrm{I}}|_{\max}=ma\omega^2 \tag{h}$$

注意到位移 $y(t)$ 与惯性力 $F_{\mathrm{I}}(t)$ 是同一时间函数 $\sin(\omega t+\varphi)$,说明位移幅值与惯性力幅值将同时达到最大值。这个结论,对于简谐运动都是成立的。

下面我们对图 10-35 所示体系,采用惯性力幅值和位移幅值的关系,来建立幅值方程。

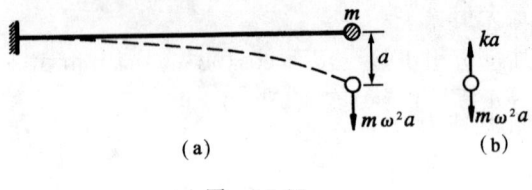

图 10-35

我们想像振幅 a 就是惯性力幅值产生的,画出幅值图 10-35(a),列出幅值方程

$$m\omega^2 a\delta = a$$

即

$$a(m\delta\omega^2-1)=0$$

因振动时 $a\neq 0$,所以

$$m\delta\omega^2-1=0$$

得到

$$\omega^2=\frac{1}{m\delta}$$

这与前面用微分方程的解是一致的。

若将图 10-35(a)中的质点取出作为隔离体,如图 10-35(b),这时质点上除惯性力幅值外,还有体系对质点产生的弹性恢复力幅值 ka,其中 k 是刚度系数,列出平衡方程为

$$ka=ma\omega^2$$

因 $a\neq 0$,故 $m\omega^2=k$

即

$$\omega^2=\frac{k}{m}$$

仍与前面的解相同。

需要指出的是:

① 幅值方程是代数方程,而运动方程是微分方程,因此列幅值方程计算要简单一些。

② 列幅值方程时,惯性力的幅值 $ma\omega^2$ 应沿位移方向作用。

下面讨论在简谐荷载作用下的稳态时,质点的速度和惯性力的变化规律。

已知简谐荷载的变化规律为

$$F(t)=F_0\sin\theta t \tag{10-45}$$

在稳态时位移只剩下一项,见式(10-33)及式(10-35)

$$y(t)=y_{st}\mu\sin\theta t$$

由于 $y_{st}\cdot\mu=a$,故

$$y(t)=a\sin\theta t \tag{10-46}$$

速度的变化规律为

$$\dot{y}(t)=a\theta\cos\theta t$$

$$\dot{y}(t)|_{max}=a\theta$$

加速度的变化规律为

$$\ddot{y}(t)=-a\theta^2\sin\theta t$$

$$\ddot{y}(t)|_{max}=-a\theta^2$$

惯性力的变化规律为

$$F_I(t)=-m\ddot{y}(t)=ma\theta^2\sin\theta t \tag{10-47}$$

根据式(10-45)、(10-46)、(10-47)可知,干扰力、惯性力、位移都是按 $\sin\theta t$ 规律变化,它们将同时达到最大值。利用这一性质,可以写出幅值方程,即把干扰力幅值和惯性力幅值加在体系的质点上,它们所产生的质点处位移应是位移幅值 a,这样的方程是代数方程。

如图 10-36(a)所示,单自由度体系承受简谐荷载作用,求稳态时质点的位移幅值。

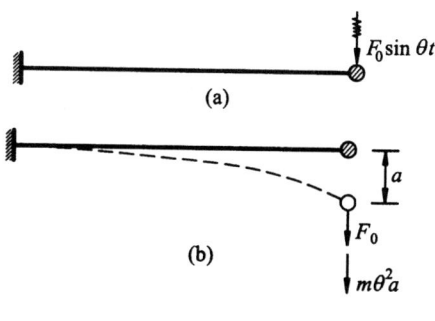

图 10-36

可先画出图 10-36(b)所示的幅值图,即在位移幅值的方向上加干扰力幅值和惯性力幅值。它们产生的位移应该是位移幅值 a。其位移方程为

$$a=(ma\theta^2+F_0)\delta=ma\theta^2\delta+F_0\delta$$

$$a = \frac{F_0 \delta}{1 - m\delta\theta^2} = y_{st} \frac{1}{1 - \dfrac{\theta^2}{\omega^2}}$$

其中 $y_{st} = F_0 \delta$, $m\delta = \dfrac{1}{\omega^2}$

可见，由幅值方程求得的位移幅值 a 与解微分方程所得的结果完全一致。求出位移幅值 a 后，可算出惯性力幅值 $ma\theta^2$，将干扰力幅值 F_0 加在其作用点上，便可求出任意截面的动力内力和动力位移的最大值。

这种方法对干扰力不作用在质点上的情况（见图 10-37）是很方便的，因为它不需要解算微分方程。

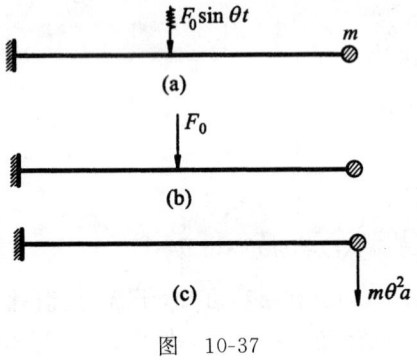

图 10-37

比较图 10-36 及图 10-37 可以看出，只有当干扰力作用在质点上时，荷载、位移及任意截面的内力才有同一扩大系数。

第八节 多自由度体系的自由振动

许多工程实际的振动问题是可以简化为单自由度体系进行计算的，但对于如烟囱、塔架等高耸柔性结构，如果也按单自由度体系计算，所得结果其误差往往过大。因此对如高层房屋的水平振动以及不等高排架的振动等都应当按多自由度体系计算。

本节主要讨论多自由度体系自由振动的特性，包括自振频率及主振型的计算。其求解方法有两种：柔度法和刚度法。柔度法通过建立位移协调方程求解，刚度法通过力的平衡方程求解，两种方法各有其适用范围。

一、按柔度法求解

先讨论两个自由度体系然后写成矩阵形式，很容易推广到 n 个自由度体系。因已知自由振动是简谐运动，故可用幅值方程求解。

（一）自振频率的计算

图 10-38(a)所示两个质量的体系，有两个自振频率。先画出该体系的幅值，如图 10-38(b)所示，通过图 10-38(c)、(d)所定义的柔度系数，建立幅值方程。

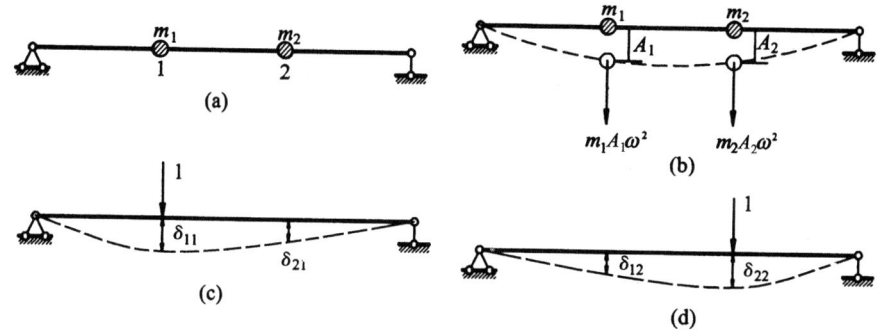

图 10-38

$$m_1 A_1 \omega^2 \delta_{11} + m_2 A_2 \omega^2 \delta_{12} = A_1$$
$$m_1 A_1 \omega^2 \delta_{21} + m_2 A_2 \omega^2 \delta_{22} = A_2$$

即

$$\left.\begin{array}{l}(m_1 \delta_{11} \omega^2 - 1) A_1 + m_2 \omega^2 \delta_{12} A_2 = 0 \\ m_1 A_1 \omega^2 \delta_{21} + (m_2 \delta_{22} \omega^2 - 1) A_2 = 0\end{array}\right\} \quad (10\text{-}48)$$

这是一个关于 A_1、A_2 的齐次线性代数方程组，显然 A_1、A_2 不全为零的解应使系数行列式为零，即

$$\begin{vmatrix} m_1 \delta_{11} \omega^2 - 1 & m_2 \delta_{12} \omega^2 \\ m_1 \delta_{21} \omega^2 & m_2 \delta_{22} \omega^2 - 1 \end{vmatrix} = 0 \quad (10\text{-}49)$$

这个公式称为频率方程或特征方程，由此便可求出频率 ω，若将 ω^2 除以式(10-49)的每一项，并令 $\lambda = 1/\omega^2$，得

$$\begin{vmatrix} m_1 \delta_{11} - \lambda & m_2 \delta_{12} \\ m_1 \delta_{21} & m_2 \delta_{22} - \lambda \end{vmatrix} = 0 \quad (10\text{-}50)$$

展开上式得

$$\lambda^2 - (m_1 \delta_{11} + m_2 \delta_{22}) \lambda + m_1 m_2 (\delta_{11} \delta_{22} - \delta_{12}^2) = 0$$

由此可以解出 λ 的两个根。即可求得两个自振频率的值为

$$\left.\begin{array}{l}\omega_1 = 1/\sqrt{\lambda_1} \\ \omega_2 = 1/\sqrt{\lambda_2}\end{array}\right\} \quad (10\text{-}51)$$

由此可见,具有两个自由度的体系共有两个自振频率。用 ω_1 表示其中最小的一个称为第一圆频率或基本圆频率。另一个频率 ω_2 称为第二圆频率。当自由度多了以后,需将圆频率从小到大依次排列起来

$$\omega_1 < \omega_2 < \omega_3 \cdots < \omega_n$$

称为频率谱。而此时

$$\lambda_1 > \lambda_2 > \lambda_3 \cdots > \lambda_n$$

下面将式(10-49)写成矩阵形式

$$|\delta M - \lambda I| = 0$$

式中,δ 称为柔度矩阵,是一对称矩阵;M 称为质量矩阵,是一对角矩阵;I 称单位矩阵。故 n 个自由度体系的频率方程是

$$\left| \begin{bmatrix} \delta_{11} & \delta_{12} & \cdots & \delta_{1n} \\ \delta_{21} & \delta_{22} & \cdots & \delta_{2n} \\ \vdots & \vdots & & \vdots \\ \delta_{n1} & \delta_{n2} & \cdots & \delta_{nn} \end{bmatrix} \begin{bmatrix} m_1 & 0 & \cdots & 0 \\ 0 & m_2 & \cdots & 0 \\ \vdots & \vdots & & \vdots \\ 0 & 0 & \cdots & m_n \end{bmatrix} - \lambda \begin{bmatrix} 1 & 0 & \cdots & 0 \\ 0 & 1 & \cdots & 0 \\ \vdots & \vdots & & \vdots \\ 0 & 0 & \cdots & 1 \end{bmatrix} \right| = 0$$

例 10-6 图 10-39(a)所示某截面简支梁,为两个自由度体系。求其自振频率。$m_1 = m_2 = m$。

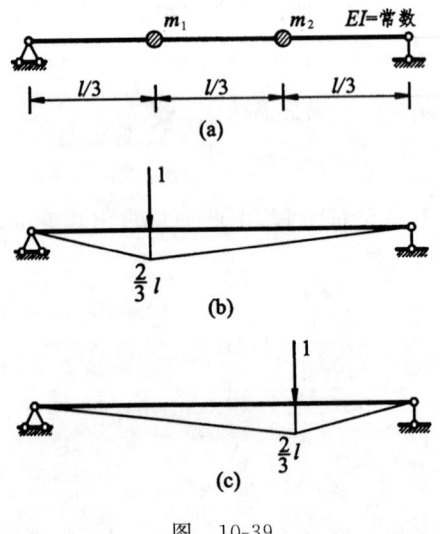

图 10-39

解 由前可知

$$\delta_{11} = \delta_{22} = \frac{8l^3}{486EI}$$

$$\delta_{12}=\delta_{21}=\frac{7l^3}{486EI}$$

代入式(10-50),得

$$\lambda_1=\frac{15ml^3}{486EI} \quad \lambda_2=\frac{ml^3}{486EI}$$

由此解得

$$\omega_1=\frac{1}{\sqrt{\lambda_1}}=5.69\sqrt{\frac{EI}{ml^3}}$$

$$\omega_2=\frac{1}{\sqrt{\lambda_2}}=22.05\sqrt{\frac{EI}{ml^3}}$$

(二) 振型的计算

下面仍以两个自由度体系为例来说明。先将第一圆频率 ω_1 代入式(10-48),由于行列式等于零,故这个方程组中两个方程是线性相关的,实际上只有一个独立的方程。由式(10-48)中的任意方程可求出 A_1/A_2 的比值,这个与 ω_1 相对应的比值所确定的振型,称为第一主振型或基本振型,例如由式(10-48)第一式可得

$$\frac{A_1^{(1)}}{A_2^{(1)}}=\frac{m_2\delta_{12}\omega_1^2}{1-m_1\delta_{11}\omega_1^2}$$

同理,把 ω_2 代入式(10-48),求出 A_1/A_2 的比值所确定的振型称为第二主振型。

下面仍以例 10-6 的数据为例。我们把 ω_1 代入式(10-48)中的第一式,得

$$\frac{A_1^{(1)}}{A_2^{(1)}}=\frac{\frac{7l^3}{486EI}\cdot m}{\frac{15ml^3}{486EI}-\frac{8ml^3}{486EI}}=1$$

故对应于 ω_1 的振动形式为对称振动。其图形如图 10-40(a)所示。值得注意的是 $A_1^{(1)}$、$A_2^{(1)}$ 的值随时间变化,但其比值不变。

对应于 ω_2 的振型为

$$\frac{A_1^{(2)}}{A_2^{(2)}}=\frac{\frac{7l^3}{486EI}\cdot m}{\frac{ml^3}{486EI}-\frac{8ml^3}{486EI}}=-1$$

故对应于 ω_2 的振动形式为反对称振动,如图 10-40(b)所示。

一般情况下,两个主振型同时存在,故梁的振动形式为两个主振型的叠加,如图 10-40(c)所示。

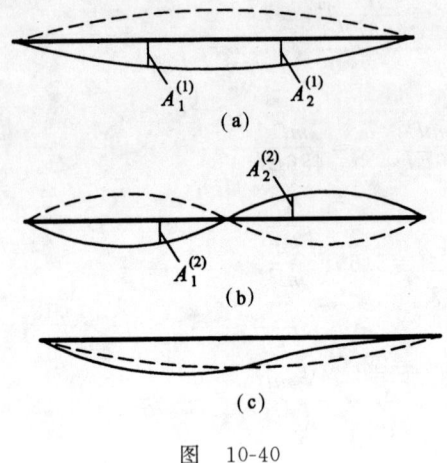

图 10-40

从上面的讨论中可归纳出几点：

① 在讨论多自由度体系自由振动问题时，主要是确定体系的全部自振频率及其相应的主振型。

② 多自由度体系的自振频率及主振型与自由度个数相等。

③ 每个自振频率有其相应的主振型。

④ 多自由度体系的自振频率和主振型也是体系本身的固有性质，它们只与体系的刚度及其质量的分布情形有关，而与起始条件和外部荷载无关。

二、按刚度法求解

以上我们讨论了按柔度法计算频率和振型的方法。但在某些情况下，如多层刚架等则用刚度法解算更为便利。

如以图 10-41(a)所示两个自由度体系为例来进行讨论。画出幅值图，如图 10-41(b) 所示。根据动静法，振幅 A_1 和 A_2 就是惯性力幅值 $m_1A_1\omega^2$ 和 $m_2A_2\omega^2$ 产生的。

列出平衡方程（下式的每一项均由力组成）

$$k_{11}A_1+k_{12}A_2=m_1A_1\omega^2$$
$$k_{21}A_1+k_{22}A_2=m_2A_2\omega^2$$

移项后得

$$(k_{11}-m_1\omega^2)A_1+k_{12}A_2=0$$
$$k_{21}A_1+(k_{22}-m_2\omega^2)A_2=0$$

振动时，A_1、A_2 不能恒等于零，故其系数行列式必为零，得

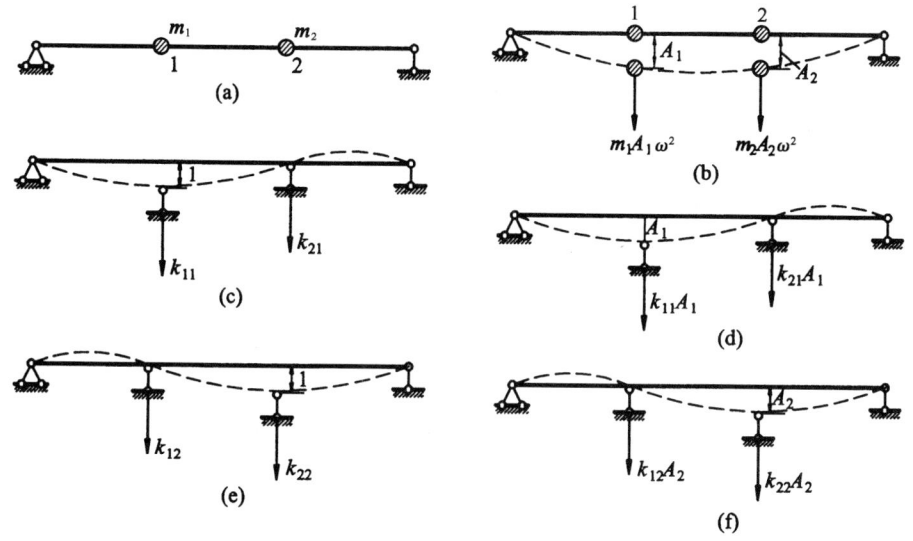

图 10-41

$$\begin{vmatrix} k_{11}-m_1\omega^2 & k_{12} \\ k_{21} & k_{22}-m_2\omega^2 \end{vmatrix}=0 \qquad (10\text{-}52\text{a})$$

推广到 n 个自由度并写成矩阵形式

$$|\boldsymbol{K}-\omega^2\boldsymbol{M}|=0 \qquad (10\text{-}52\text{b})$$

式中，$\boldsymbol{K}$ 称为刚度矩阵，是一对称矩阵；$\boldsymbol{M}$ 称为质量矩阵，是一对角矩阵。

式(10-52a)、(10-52b)称为用刚度系数表示的频率方程或特征方程。

与其相对应的振幅方程为

$$(\boldsymbol{K}-\omega^2\boldsymbol{M})\boldsymbol{A}=0 \qquad (10\text{-}53)$$

令 $\boldsymbol{A}^{(i)}$ 表示与频率 ω_i 相对应的主振型向量

$$\boldsymbol{A}^{(i)\mathrm{T}}=\begin{bmatrix} A_1^{(i)} & A_2^{(i)} & \cdots & A_n^{(i)} \end{bmatrix}$$

将 ω_i 与 $\boldsymbol{A}^{(i)}$ 代入式(10-53)，得

$$(\boldsymbol{K}-\omega_i^2\boldsymbol{M})\boldsymbol{A}^{(i)}=0 \qquad (10\text{-}54)$$

令 $i=1,2,\cdots,n$，可得与 n 个 ω_i 相对应的 n 个主振型向量 $\{A^{(1)}\}$，$\{A^{(2)}\}$，$\cdots$，$\{A^{(n)}\}$。

例 10-7 图 10-42(a)所示三层刚架，其横梁刚度为无穷大，设质量集中在楼层上，各层质量分别为 $m_1=1, m_2=2, m_3=3$，层间侧移刚度分别为 $K_1=1, K_2=2, K_3=3$，试求刚架水平振动时自振频率和振型。

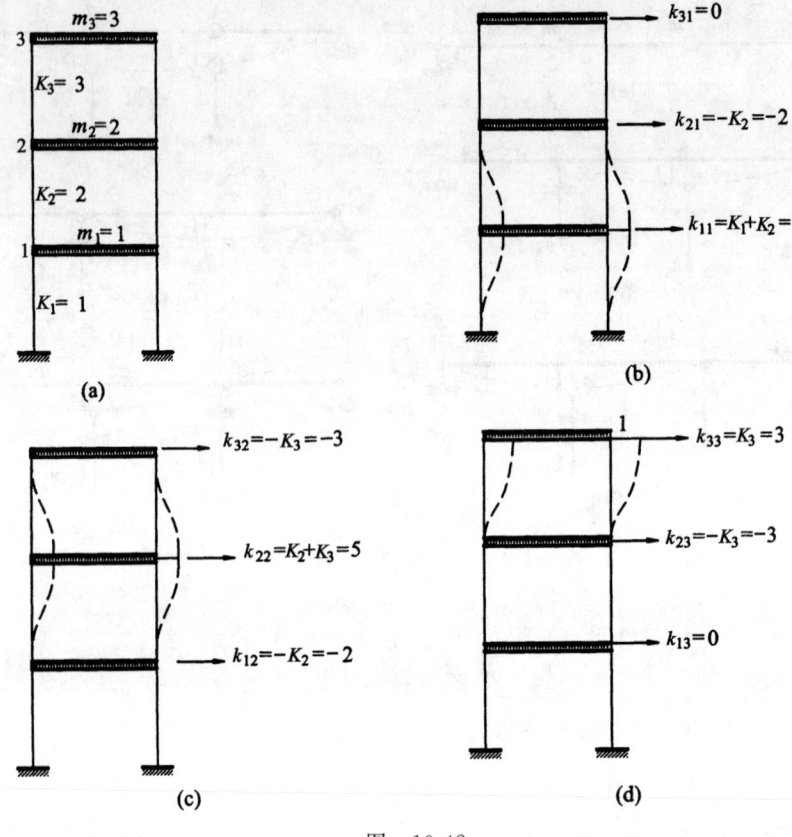

图 10-42

解 由图 10-42(b)、(c)、(d)可求出结构的所有刚度系数。由此得频率方程

$$|K - \omega^2 M| = 0$$

即

$$\left| \begin{pmatrix} k_{11} & k_{12} & k_{13} \\ k_{21} & k_{22} & k_{23} \\ k_{31} & k_{32} & k_{33} \end{pmatrix} - \omega^2 \begin{pmatrix} m_1 & 0 & 0 \\ 0 & m_2 & 0 \\ 0 & 0 & m_3 \end{pmatrix} \right| = 0$$

$$\left| \begin{pmatrix} 3 & -2 & 0 \\ -2 & 5 & -2 \\ 0 & -3 & 3 \end{pmatrix} - \omega^2 \begin{pmatrix} 1 & 0 & 0 \\ 0 & 2 & 0 \\ 0 & 0 & 3 \end{pmatrix} \right| = \left| \begin{matrix} 3-\omega^2 & -2 & 0 \\ -2 & 5-2\omega^2 & -3 \\ 0 & -3 & 3-3\omega^2 \end{matrix} \right| = 0$$

展开上式,得

$$\omega^6 - 6.5\omega^4 + 9.5\omega^2 - 1 = 0$$

解得

$$\omega_1^2 = 0.114\ 0 \qquad \omega_2^2 = 2.00 \qquad \omega_3^2 = 4.386$$

$$\omega_1 = 0.337\ 6\ 1/s \qquad \omega_2 = 1.414\ 1/s \qquad \omega_3 = 2.092\ 1/s$$

下面求各相应的主振型,把频率方程作为一矩阵与位移列阵相乘,得

$$\begin{bmatrix} 3-\omega^2 & -2 & 0 \\ -2 & 5-2\omega^2 & -3 \\ 0 & -3 & 3-3\omega^2 \end{bmatrix} \begin{Bmatrix} A_1 \\ A_2 \\ A_3 \end{Bmatrix} = 0$$

展开后,得

$$(3-\omega^2)A_1 + (-2)A_2 + 0 \cdot A_3 = 0$$
$$(-2)A_1 + (5-2\omega^2)A_2 + (-3)A_3 = 0$$
$$0 \cdot A_1 + (-3)A_2 + (3-3\omega^2)A_3 = 0$$

将 $\omega_1^2 = 0.1140$ 代入上式,求出相应于 ω_1 的主振型,并规格化,令 $A_1^{(1)} = 1$,利用第一、二式

$$2.88 A_1^{(1)} - 2 A_2^{(1)} = 0$$
$$-2 A_1^{(1)} + 4.772 A_2^{(1)} - 3 A_3^{(1)} = 0$$

解得:当 $A_1^{(1)} = 1$ 时

$$A_2^{(1)} = 1.443, \quad A_3^{(1)} = 1.629$$

因此 $\quad A_1^{(1)} : A_2^{(1)} : A_3^{(1)} = 1 : 1.443 : 1.629$

同理可得

$$A_1^{(2)} : A_2^{(2)} : A_3^{(2)} = 1 : 0.5 : -0.5$$
$$A_1^{(3)} : A_2^{(3)} : A_3^{(3)} = 1 : -0.693 : 0.2047$$

其矩阵表达式为

$$(A^{(1)}) = \begin{Bmatrix} 1 \\ 1.443 \\ 1.629 \end{Bmatrix}$$

$$(A^{(2)}) = \begin{Bmatrix} 1 \\ 0.5 \\ -0.5 \end{Bmatrix}$$

$$(A^{(3)}) = \begin{Bmatrix} 1 \\ -0.693 \\ 0.2047 \end{Bmatrix}$$

这里值得注意如下规律:在简支结构和悬臂结构中,第一主振型无不动点或者说振型是偏在一边的;第二主振型有一个不动点;第三主振型有两个不动点;第 n 个主振型上有 $n-1$ 个不动点。从本例见图 10-43 及例 10-6 均可说明此规律。

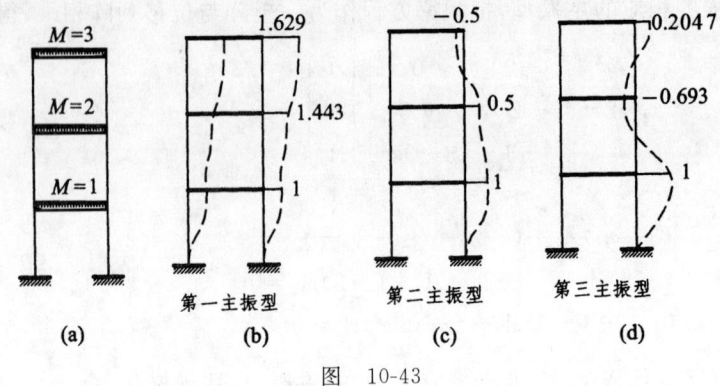

图 10-43

三、由运动微分方程建立频率方程

前面所述的柔度法及刚度法,都是以幅值方程的方法来建立频率方程的。下面用运动微分方程的方法来建立频率方程。请读者注意它们之间的异同点。

下面仍以两个自由度体系如图 10-44(a)为例来说明。

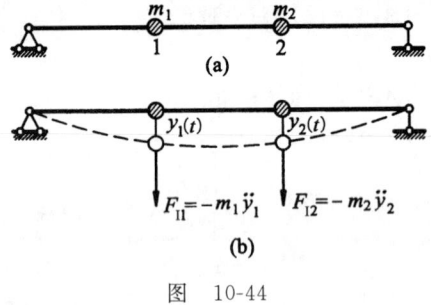

图 10-44

(一) 柔度法列位移方程

图 10-44(b)表示任一瞬时的自由振动情况(注意不是幅值)。按柔度法建立自由振动微分方程的思路是:在自由振动过程中任一时刻 t,质量 m_1、m_2 的位移 $y_1(t)$、$y_2(t)$ 应等于体系在该瞬时惯性力 $F_{I1}(t)$、$F_{I2}(t)$ 作用下的静力位移。根据叠加原理可列出下列方程

$$F_{I1}\delta_{11}+F_{I2}\delta_{12}=y_1(t)$$
$$F_{I1}\delta_{21}+F_{I2}\delta_{22}=y_2(t)$$

即
$$\left.\begin{array}{l}m_1\ddot{y}_1\delta_{11}+m_2\ddot{y}_2\delta_{12}+y_1(t)=0\\ m_1\ddot{y}_1\delta_{21}+m_2\ddot{y}_2\delta_{22}+y_2(t)=0\end{array}\right\} \qquad (10\text{-}55)$$

这是一个二阶齐次的线性微分方程组。δ_{ij} 是体系的柔度系数。设解为

得
$$y_1(t) = A_1\sin(\omega t + \varphi) \atop y_2(t) = A_2\sin(\omega t + \varphi)} \quad \text{(a)}$$

$$\ddot{y}_1 = -A_1\omega^2\sin(\omega t + \varphi) \atop \ddot{y}_2 = -A_2\omega^2\sin(\omega t + \varphi)} \quad \text{(b)}$$

将式(a)、(b)代入式(10-55),并消去 $\sin(\omega t + \varphi)$,得

$$-m_1A_1\omega^2\delta_{11} - m_2A_2\omega^2\delta_{12} + A_1 = 0$$
$$-m_1A_1\omega^2\delta_{21} - m_2A_2\omega^2\delta_{22} + A_2 = 0$$

整理后得

$$(m_1\delta_{11}\omega^2 - 1)A_1 + m_2\delta_{12}\omega^2 A_2 = 0 \atop m_1\delta_{21}\omega^2 A_1 + (m_2\delta_{22}\omega^2 - 1)A_2 = 0} \quad (10\text{-}56)$$

因 A_1、A_2 不能为零,所以其系数行列式应等于零,即

$$\begin{vmatrix} (m_1\delta_{11}\omega^2 - 1) & m_2\delta_{12}\omega^2 \\ m_1\delta_{21}\omega^2 & (m_2\delta_{22}\omega^2 - 1) \end{vmatrix} = 0 \quad (10\text{-}57)$$

这就是由柔度系数表示的频率方程(特征方程),由它可求出频率 ω_1、ω_2。接着便可求出主振型 $A_1^{(1)}/A_2^{(1)}$ 及 $A_1^{(2)}/A_2^{(2)}$。

很容易写出 n 个自由度的频率方程,用矩阵表示为

$$|\delta M - \lambda I| = 0$$

(二) 刚度法列平衡方程

图 10-45(a)所示两个自由度体系在任一瞬时为平衡,根据达朗贝尔原理,可以想像为 $y_1(t)$、$y_2(t)$ 是由惯性力 F_{I1}、F_{I2} 产生的。通过图 10-45(b)所示的刚度系数定义,由叠加原理建立平衡方程。

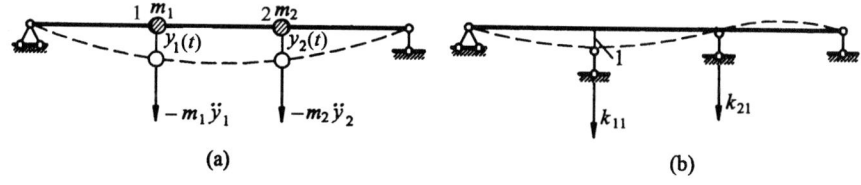

图 10-45

$$k_{11}y_1 + k_{12}y_2 = -m_1\ddot{y}_1$$
$$k_{21}y_1 + k_{22}y_2 = -m_2\ddot{y}_2$$

即
$$m_1\ddot{y}_1 + k_{11}y_1 + k_{12}y_2 = 0 \atop m_2\ddot{y}_2 + k_{21}y_1 + k_{22}y_2 = 0} \quad (10\text{-}58)$$

这就是由刚度法建立的运动微分方程。设其解为

$$y_1(t)=A_1\sin(\omega t+\varphi)$$
$$y_2(t)=A_2\sin(\omega t+\varphi)$$

代入式(10-58)并消去 $\sin(\omega t+\varphi)$，得

$$-m_1A_1\omega^2+k_{11}A_1+k_{12}A_2=0$$
$$-m_2A_2\omega^2+k_{21}A_1+k_{22}A_2=0$$

即

$$(k_{11}-m_1\omega^2)A_1+k_{12}A_2=0$$
$$k_{21}A_1+(k_{22}-m_2\omega^2)A_2=0$$

A_1、A_2 不能恒等于零的条件是

$$\begin{vmatrix}(k_{11}-m_1\omega^2) & k_{12} \\ k_{21} & (k_{22}-m_2\omega^2)\end{vmatrix}=0$$

推广到 n 个自由度并写成矩阵形式为

$$|\boldsymbol{K}-\omega^2\boldsymbol{M}|=0$$

其他讨论与柔度法相同，兹不赘述。

例 10-8 求图 10-46 所示体系的自振频率及振型。$EI=$ 常数。

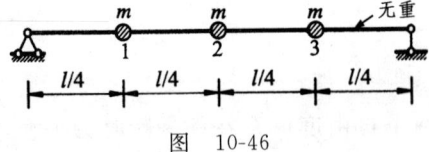

图 10-46

解

① 求频率方程。由

$$|\delta\boldsymbol{M}-\lambda\boldsymbol{I}|=0$$

本题为三个自由度，故为

$$\left|\begin{pmatrix}\delta_{11} & \delta_{12} & \delta_{13} \\ \delta_{21} & \delta_{22} & \delta_{23} \\ \delta_{31} & \delta_{32} & \delta_{33}\end{pmatrix}\begin{pmatrix}m_1 & 0 & 0 \\ 0 & m_2 & 0 \\ 0 & 0 & m_3\end{pmatrix}-\frac{1}{\omega^2}\begin{pmatrix}1 & 0 & 0 \\ 0 & 1 & 0 \\ 0 & 0 & 1\end{pmatrix}\right|=0$$

展开后得

$$\begin{vmatrix}m_1\delta_{11}\omega^2-1 & m_2\delta_{12}\omega^2 & m_3\delta_{13}\omega^2 \\ m_1\delta_{21}\omega^2 & m_2\delta_{22}\omega^2-1 & m_3\delta_{23}\omega^2 \\ m_1\delta_{31}\omega^2 & m_2\delta_{32}\omega^2 & m_3\delta_{33}\omega^2-1\end{vmatrix}=0$$

② 求柔度系数 δ,可根据图 10-47(a)、(b)所示而求得。令 $B=\dfrac{ml^3\omega^2}{768EI}$,则

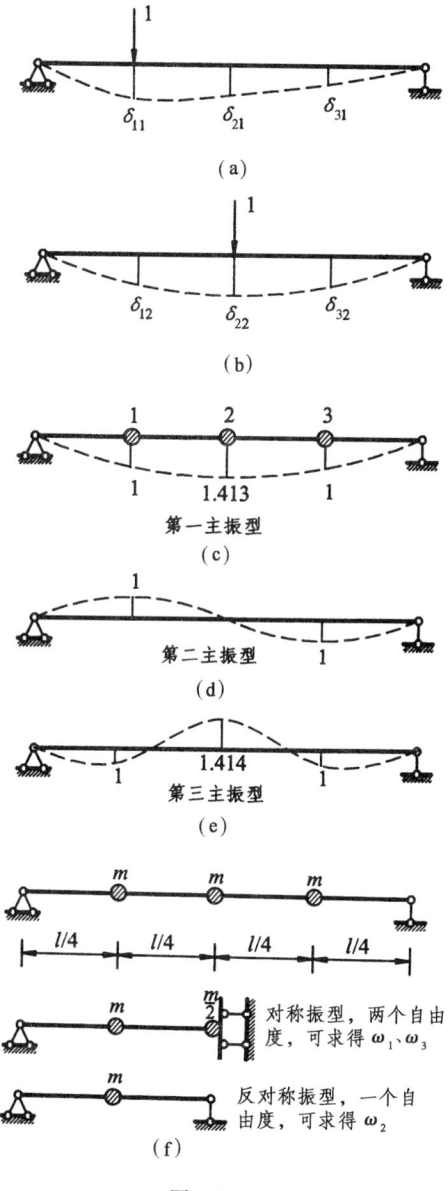

图 10-47

$\delta_{11}=9B$　　$\delta_{21}=11B$　　$\delta_{31}=7B$

$\delta_{22}=16B$　　$\delta_{23}=11B$　　$\delta_{33}=9B$

因 $m_1=m_2=m_3=m$,故得频率方程为

$$\begin{vmatrix} 9B-1 & 11B & 7B \\ 11B & 16B-1 & 11B \\ 7B & 11B & 9B-1 \end{vmatrix}=0$$

③ 展开频率方程，求出 ω。

$$28B^3-78B^2+34B-1=0$$

即 $(2B-1)(14B^2-32B+1)=0$

解得 $B_1=0.031\,7$，$B_2=0.5$，$B_3=2.254$

由 $\omega=\sqrt{\dfrac{768EIB}{ml^3}}$，得

$$\omega_1=4.92\sqrt{\dfrac{EI}{ml^3}},\quad \omega_2=19.6\sqrt{\dfrac{EI}{ml^3}},\quad \omega_3=41.61\sqrt{\dfrac{EI}{ml^3}}$$

④ 求各主振型。把频率方程作为一矩阵并与位移列阵相乘，得

$$(9B-1)A_1+11BA_2+7BA_3=0$$
$$11BA_1+(16B-1)A_2+11BA_3=0$$
$$7BA_1+11BA_2+(9B-1)A_3=0$$

把 B_1、B_2、B_3 分别代入上式，可求出 A_1、A_2、A_3 相应的比值。再将其格式化，即令 $A_3=1$，利用 1、2 两式求出 A_1、A_2 的比值。

对应 $B_1=0.031\,7$ 的主振型（第一主振型）为

$$A_1^{(1)}=1,\quad A_2^{(1)}=1.413,\quad A_3^{(1)}=1$$

$$(A^{(1)})=\begin{Bmatrix} A_1^{(1)} \\ A_2^{(1)} \\ A_3^{(1)} \end{Bmatrix}=\begin{Bmatrix} 1 \\ 1.413 \\ 1 \end{Bmatrix}$$

如图 10-47(c) 所示。对应 $B_2=0.5$ 的第二主振型及 $B_3=2.254$ 的第三主振型，如图 10-47(d)、(e) 所示。

$$(A^{(2)})=\begin{Bmatrix} A_1^{(2)} \\ A_2^{(2)} \\ A_3^{(2)} \end{Bmatrix}=\begin{Bmatrix} -1 \\ 0 \\ +1 \end{Bmatrix}$$

$$(A^{(3)})=\begin{Bmatrix} A_1^{(3)} \\ A_2^{(3)} \\ A_3^{(3)} \end{Bmatrix}=\begin{Bmatrix} 1 \\ -1.414 \\ 1 \end{Bmatrix}$$

⑤ 讨论。本题因结构与质量均对称，所以振型是对称或反对称的（见图 10-47c、d、e），可利用对称性取半边结构如图 10-47(f) 所示，表面看起来是两个加一个仍然是三个自振频率，但解起来要方便得多。特别是当只需求体系的最小自振

频率时,可直接在对称型的半边结构上计算 δ 而求出 $\omega=\sqrt{\dfrac{1}{m\delta}}$。这是因为对称型半边结构的刚度比反对称半边结构的刚度小,故其自振频率一定是小的。

第九节 多自由度体系在简谐荷载下的强迫振动

与单自由度体系一样,在动力荷载作用下多自由度体系的强迫振动开始也存在一个过渡阶段。由于实际阻尼的存在,不久便进入平稳阶段。我们将只讨论平稳阶段的纯强迫振动。

下面仍以两个自由度体系为例,如图 10-48(a)所示体系,这时的干扰力是同频率、同相位。在稳态阶段,位移、惯性力、干扰力按同一时间函数 $\sin\theta t$ 变化,它们将同时达到各自的幅值。下面用柔度法建立幅值方程

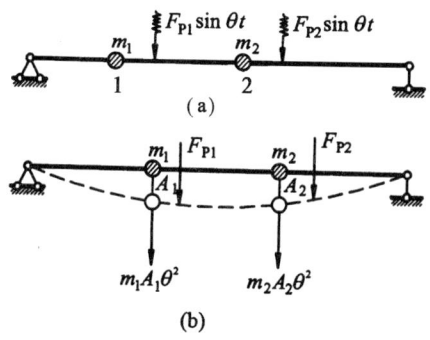

图 10-48

$$\left.\begin{array}{l} m_1 A_1\theta^2\delta_{11}+m_2 A_2\theta^2\delta_{12}+\Delta_{1P}=A_1 \\ m_1 A_1\theta^2\delta_{21}+m_2 A_2\theta^2\delta_{22}+\Delta_{2P}=A_2 \end{array}\right\} \quad (10\text{-}59)$$

式中,Δ_{1P}、Δ_{2P} 分别是由干扰力幅值 F_{P1}、F_{P2} 产生的质体 1、质体 2 处的位移,它们很容易由结构力学的方法求出。式(10-59)可写成

$$\left.\begin{array}{l} (m_1\delta_{11}\theta^2-1)A_1+m_2\delta_{12}\theta^2 A_2+\Delta_{1P}=0 \\ m_1\delta_{21}\theta^2 A_1+(m_2\delta_{22}\theta^2-1)A_2+\Delta_{2P}=0 \end{array}\right\} \quad (10\text{-}60)$$

由式(10-60)可解得位移幅值为

$$A_1=-\dfrac{D_1}{D_0},\quad A_2=-\dfrac{D_2}{D_0} \quad (10\text{-}61)$$

其中

$$D_0 = \begin{vmatrix} m_1\delta_{11}\theta^2-1 & m_2\delta_{12}\theta^2 \\ m_1\delta_{21}\theta^2 & m_2\delta_{22}\theta^2-1 \end{vmatrix}$$

$$D_1 = \begin{vmatrix} \Delta_{1P} & m_2\delta_{12}\theta^2 \\ \Delta_{2P} & (m_2\delta_{22}\theta^2-1) \end{vmatrix}$$

$$D_2 = \begin{vmatrix} m_1\delta_{11}\theta^2-1 & \Delta_{1P} \\ m_1\delta_{21}\theta^2 & \Delta_{2P} \end{vmatrix}$$

上式中的 D_0 与两个自由度体系的频率方程(式 10-57)的左端具有相同的形式,只是 ω 换成了 θ。因此,如果荷载频率 θ 与任何一个自振频率 ω 重合,则 $D_0=0$。当 D_1、D_2 不全为零时,则位移幅值 A_1、A_2 将无限大,这时将出现共振现象,且两个自由度体系将有两个共振区。

求出位移幅值 A_1、A_2 后,便可求得惯性力幅值,再将惯性力幅值和干扰力幅值同时加在体系上,求出任意截面的位移和内力,它们就是该截面的最大动力反应。

以上论述完全适用于 n 个自由度体系。将惯性力 $m_iA_i\theta^2$ 改用 F_{Ii}^0 表示后,式(10-60)可写成适用于 n 个自由度体系的方程

$$\left.\begin{aligned} F_{I1}^0\left(\delta_{11}-\frac{1}{m_1\theta^2}\right)+F_{I2}^0\delta_{12}+\cdots+F_{In}^0\delta_{1n}+\Delta_{1P}=0 \\ F_{I1}^0\delta_{21}+F_{I2}^0\left(\delta_{22}-\frac{1}{m_2\theta^2}\right)+\cdots+F_{In}^0\delta_{2n}+\Delta_{2P}=0 \\ \cdots\cdots\cdots\cdots \\ F_{I1}^0\delta_{n1}+F_{I2}^0\delta_{n2}+\cdots+F_{In}^0\left(\delta_{nn}-\frac{1}{m_n\theta^2}\right)+\Delta_{nP}=0 \end{aligned}\right\} \quad (10\text{-}62)$$

写成矩阵形式

$$\left(\boldsymbol{\delta}-\frac{1}{\theta^2}\boldsymbol{M}^{-1}\right)\boldsymbol{F}_I^0+\boldsymbol{\Delta}_P=\boldsymbol{0} \tag{10-63}$$

例 10-9 如图 10-49(a)所示具有两个集中质体 m 的无重梁,承受均布简谐荷载 $F_P(t)=F_0\sin\theta t$。试讨论随着 θ 的改变,其动力弯矩图的变化情况。

解 为求出惯性力幅值,首先画出 $\overline{M}$ 图及 M_P 图,如图 10-49(b)、(c)、(d)所示。利用图乘法计算柔度系数

$$\delta_{11}=\delta_{22}=\frac{4l^3}{243EI}$$

$$\delta_{12}=\delta_{21}=\frac{7l^3}{486EI}$$

$$\Delta_{1P}=\Delta_{2P}=\frac{11F_0l^4}{972EI}$$

令

$$\theta=k\sqrt{\frac{EI}{ml^3}}$$

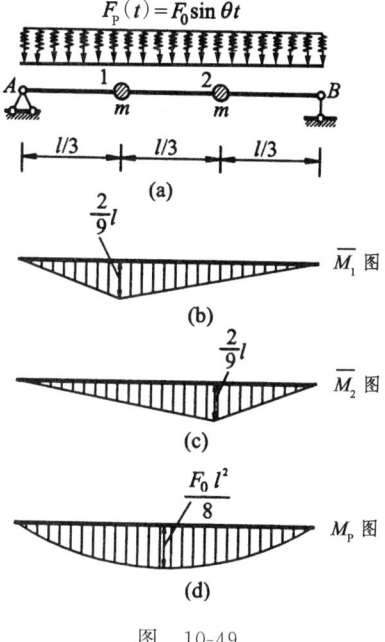

图 10-49

由式(10-62)得

$$\left(8-\frac{486}{k^2}\right)F_{I1}^0+7F_{I2}^0+\frac{11l}{2}F_0=0$$

$$7F_{I1}^0+\left(8-\frac{486}{k^2}\right)F_{I2}^0+\frac{11l}{2}F_0=0$$

联立求解,得

$$F_{I1}^0=F_{I2}^0=\frac{11F_0l}{2\left(\dfrac{486}{k^2}-15\right)}$$

按下式叠加

$$M=F_{I1}^0\overline{M}_1+F_{I2}^0\overline{M}_2+M_P$$

即得梁的最大动力弯矩图。

因为惯性力 F_{Ii}^0 与 $k=\theta\Big/\sqrt{\dfrac{EI}{ml^3}}$ 有关,为便于比较,现用频率比 $\beta=\dfrac{\theta}{\omega}$ 来表示 k 值。由计算得知,此体系的最小自振频率为

$$\omega_1=5.69\sqrt{\dfrac{EI}{ml^3}}$$

故

$$\beta=\dfrac{\theta}{\omega_1}=\dfrac{k}{5.69}$$

由此得 $\quad k^2=(5.69)^2\beta^2=32.4\beta^2$

代入惯性力 F_1^0 的式中,得

$$F_{I1}^0=F_{I2}^0=\frac{11\beta^2 F_0 l}{30(1-\beta^2)}$$

给 $\beta=\theta/\omega_1$ 以不同的数值,可得各相应的 F_I^0 值。例如 $\beta=0.5$ 时,得

$$\frac{F_I^0}{F_0 l}=\frac{11\times 0.5^2}{30\times(1-0.5^2)}=0.122$$

其计算结果列于表 10-1 中。

表 10-1

$\beta=\dfrac{\theta}{\omega_1}$	0	0.5	0.9	1	1.1	2	4	∞
$\dfrac{F_I^0}{F_0 l}$	0	0.122	1.55	∞	-21.2	-0.49	-0.392	-0.369

将惯性力和干扰力的幅值作为静力,画出梁的动力弯矩图,如图 10-50 所示。

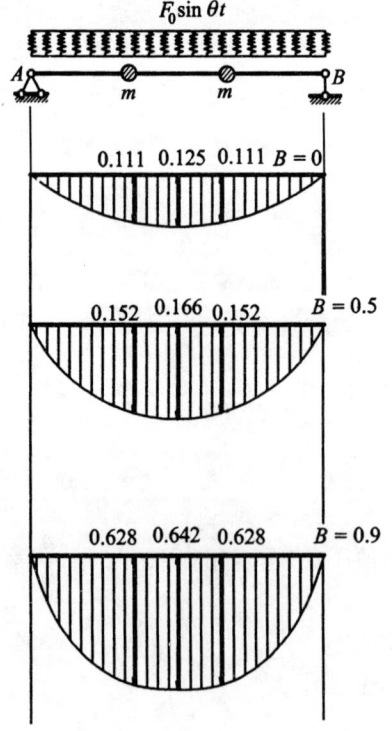
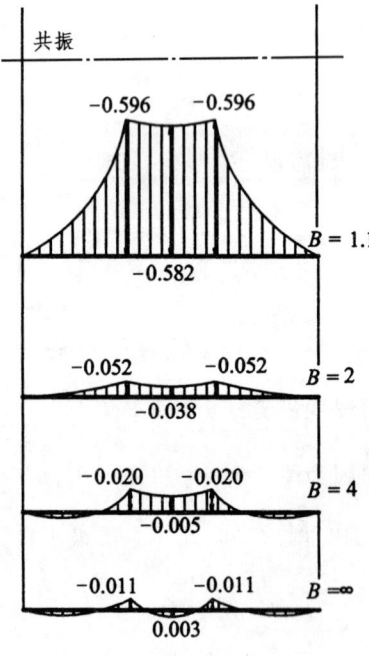

图 10-50

从图 10-50 反映的情况看,有以下几点值得注意:
① 当 $\theta<\omega_1$ 时,动力弯矩图的大小随 β 的增长而迅速增大;
② 当 $\theta>\omega_1$ 时,动力弯矩图改变符号,同时随 β 的增长而迅速减小;
③ 本例没有发生第二次共振。因为结构、质体和干扰力都是对称的,而与第二自振频率 ω_2 相应的振型是反对称的。由此可知,对称体系在对称(反对称)荷载作用下与反对称(对称)主振型不会发生共振。

上面是按柔度法求解,下面用一例子说明按刚度法求解的方法。

例 10-10 图 10-51(a)所示两层刚架,在第一层楼面上作用一干扰力 $F(t)=F_0\sin\theta t$,求楼面振幅 A_1 及 A_2 的值。刚架旁所注的 K_1、K_2 为已知的层间剪切刚度。横梁刚度为无穷大。

解 本题用刚度法解比较方便。又因为干扰力是简谐荷载,可用幅值方程,画出幅值图,如图 10-51(b)所示。刚度系数 k_{ij} 的值见图 10-51(c)、(d)。

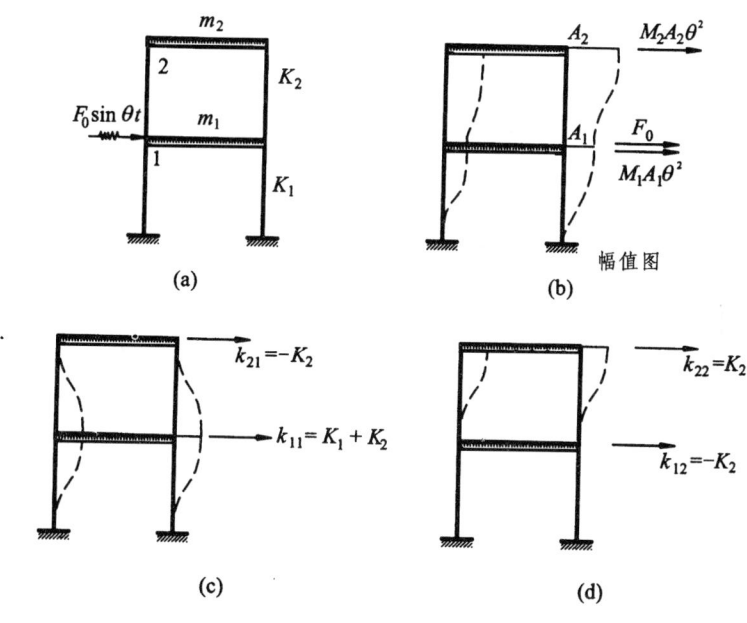

图 10-51

列出动力平衡方程式

$$k_{11}A_1+k_{12}A_2=m_1A_1\theta^2+F_0$$
$$k_{21}A_1+k_{22}A_2=m_2A_2\theta^2$$

即

$$(k_{11}-m_1\theta^2)A_1+k_{12}=F_0$$
$$k_{21}A_1+(k_{22}-m_2\theta^2)=0$$

式中的 m、θ、F_0 为已知,刚度系数 k_{ij} 也已知,故可解出各楼层的位移幅值 A_1、A_2。

$$A_1 = \frac{\begin{vmatrix} F_0 & k_{12} \\ 0 & k_{22}-m_2\theta^2 \end{vmatrix}}{\begin{vmatrix} k_{11}-m_1\theta^2 & k_{12} \\ k_{21} & k_{22}-m_2\theta^2 \end{vmatrix}} = \frac{D_1}{D_0}$$

$$A_2 = \frac{\begin{vmatrix} k_{11}-m_1\theta^2 & F_0 \\ k_{21} & 0 \end{vmatrix}}{D_0} = \frac{D_2}{D_0}$$

由此可以看出,当干扰力频率与自振频率 ω_1 或 ω_2 相等时,上式的分母为零,振幅 A_1、A_2 趋于无穷大。

另外还有一个很重要也很有价值的结论:即在求 A_1 式的分子中,如果 $k_{22}-m_2\theta^2=0$,即 $\theta^2 = k_{22}/m_2$ 时,1 点的动力位移则为零,就是说该点不振动。

所以如果上层作为单独体系时,如图 10-52(a)、(b)所示,当它的自振频率 $\omega^2 = \dfrac{k_2}{m_2} = \theta^2$ 时,则 $A_1 = 0$,所有动力设备构架的减震器就是按这一原理设计的。

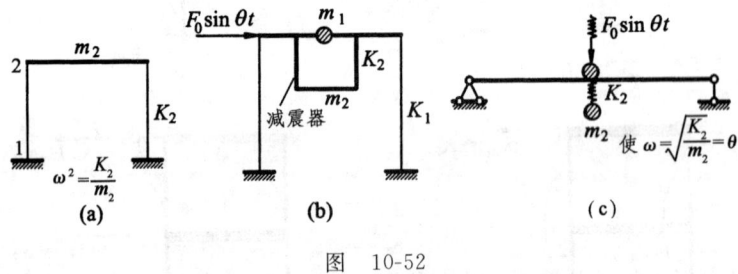

图 10-52

如果是梁式结构,为了减小该体系质点处的竖向振动位移值,宜加减震器,如图 10-52(c)所示。

综合以上可知,对于横梁刚度无穷大的单自由度体系构架,承受水平简谐荷载作用时,应按下述步骤来设计该构架。

首先在选择柱的刚度 K_1 时,应使其自振频率 $\omega_1 = \sqrt{\dfrac{k_1}{m_1}}$ 远离干扰力频率 θ,以使动力系数 $\beta = \dfrac{1}{1-\dfrac{\theta^2}{\omega^2}}$ 较小。安装使用后,如果发现侧向位移仍然较大时,则宜加减震器,使体系变为两个自由度体系。这时的减震器作为独立体系时,应使其自振频率与干扰力频率相等。

*第十节 多自由度体系在一般荷载下的强迫振动

图 10-53(a)表示一多自由度体系受任意动力荷载 $F_i(t)$ 作用,图 10-53(b)表示该体系加上惯性力以后的某一瞬时的动力平衡状态。$y_i(t)$ 表示质点 i 自静力平衡位置起任意一时刻的动位移。

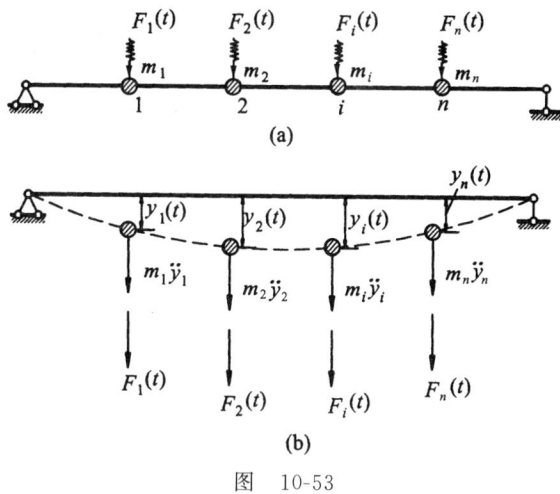

图 10-53

根据达朗贝尔原理,列出不考虑阻尼的动力平衡方程(因是一般荷载作用,不能用幅值方程)

$$k_{11}y_1 + k_{12}y_2 + \cdots + k_{1n}y_n = -m_1\ddot{y}_1 + F_1(t)$$
$$k_{21}y_1 + k_{22}y_2 + \cdots + k_{2n}y_n = -m_2\ddot{y}_2 + F_2(t)$$
$$\cdots\cdots\cdots\cdots$$
$$k_{n1}y_1 + k_{n2}y_2 + \cdots + k_{nn}y_n = -m_n\ddot{y}_n + F_n(t)$$

移项后写成矩阵的形式为

$$\boldsymbol{M\ddot{Y}} + \boldsymbol{KY} = \boldsymbol{F}_\mathrm{P}(t) \tag{10-64}$$

对于只具有集中质量的结构,质量矩阵 $\boldsymbol{M}$ 是对角矩阵,但刚度矩阵 $\boldsymbol{K}$ 一般不是对角矩阵,因此方程组是联立或者说是耦联的。下面将介绍一种比较简便的振型分解法。它是利用振型的正交性将多自由度体系的联立微分方程组,通过坐标变换,分解成为一组相互独立的振动方程,即把结构的复杂振动,分解为按各个振型的独立振动然后叠加。

一、主振型的正交性

下面以图 10-54 所示体系的两个主振型为例来说明主振型的正交性。

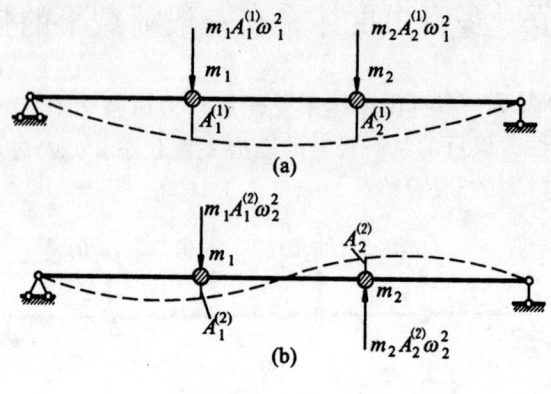

图 10-54

图 10-54(a)为第一主振型,频率为 ω_1,振幅为 $A_1^{(1)}$、$A_2^{(1)}$,其值等于相应惯性力 $m_1 A_1^{(1)} \omega_1^2$ 和 $m_2 A_2^{(1)} \omega_1^2$ 所产生的静位移。图 10-54(b)为第二主振型,频率为 ω_2,振幅为 $A_1^{(2)}$、$A_2^{(2)}$,其值等于惯性力 $m_1 A_1^{(2)} \omega_2^2$ 和 $m_2 A_2^{(2)} \omega_2^2$ 所产生的静位移。

对于上述两种动力平衡状态,应用功的互等定理,即:第一主振型的惯性力在第二主振型的相应位移上所做的虚功等于第二主振型的惯性力在第一主振型的相应位移上所做的虚功。由此得

$$(m_1 A_1^{(1)} \omega_1^2) A_1^{(2)} + (m_2 A_2^{(1)} \omega_1^2) A_2^{(2)} = (m_1 A_1^{(2)} \omega_2^2) A_1^{(1)} + (m_2 A_2^{(2)} \omega_2^2) A_2^{(1)}$$

移项后,可得

$$(\omega_1^2 - \omega_2^2)(m_1 A_1^{(1)} A_1^{(2)} + m_2 A_2^{(1)} A_2^{(2)}) = 0$$

因为 $\omega_1 \neq \omega_2$,所以

$$m_1 A_1^{(1)} A_1^{(2)} + m_2 A_2^{(1)} A_2^{(2)} = 0$$

或写成

$$\sum_{i=1}^{2} m_i A_i^{(i)} A_i^{(j)} = 0 \qquad (i \neq j) \tag{10-65}$$

上式就是两个主振型之间存在的正交关系。式(10-65)写成矩阵的形式是

$$\begin{pmatrix} A_1^{(i)} & A_2^{(i)} \end{pmatrix} \begin{bmatrix} m_1 & 0 \\ 0 & m_2 \end{bmatrix} \begin{Bmatrix} A_1^{(j)} \\ A_2^{(j)} \end{Bmatrix} = 0$$

或缩写为

$$\boldsymbol{A}^{(i)\mathrm{T}} \boldsymbol{M} \boldsymbol{A}^{(j)} = 0 \qquad (i \neq j) \tag{10-66}$$

上式是从两个自由度体系推导出来的,但也适用于 n 个自由度体系,在此情形下,式(10-66)中的三个矩阵各为

$$\left.\begin{array}{l} \boldsymbol{A}^{(i)\mathrm{T}} = \begin{pmatrix} A_1^{(i)} & A_2^{(i)} & \cdots & A_n^{(i)} \end{pmatrix} \\ \boldsymbol{A}^{(j)\mathrm{T}} = \begin{pmatrix} A_1^{(j)} & A_2^{(j)} & \cdots & A_n^{(j)} \end{pmatrix} \\ \boldsymbol{M} = \begin{pmatrix} m_1 & & & \\ & m_2 & & \boldsymbol{0} \\ & \boldsymbol{0} & \ddots & \\ & & & m_n \end{pmatrix} \end{array}\right\} \quad (10\text{-}67)$$

式(10-66)说明主振型对质量矩阵的正交关系。由此也可导出主振型对刚度矩阵的正交关系。由式(10-54)可得

$$\boldsymbol{K}\boldsymbol{A}^{(i)} = \omega_i^2 \boldsymbol{M}\boldsymbol{A}^{(i)} \tag{a}$$

两边前乘 $\boldsymbol{A}^{(j)\mathrm{T}}$,得

$$\boldsymbol{A}^{(j)\mathrm{T}}\boldsymbol{K}\boldsymbol{A}^{(i)} = \omega_i^2 \boldsymbol{A}^{(j)\mathrm{T}}\boldsymbol{M}\boldsymbol{A}^{(i)} \tag{b}$$

得

$$\boldsymbol{A}^{(j)\mathrm{T}}\boldsymbol{K}\boldsymbol{A}^{(i)} = 0 \quad (j \neq i) \tag{10-68}$$

这就是主振型关于刚度矩阵的正交性条件。

从主振型关于质量矩阵的正交性即式(10-66)还可看出,当体系以第 i 振型作自由振动时,作用在质体上的惯性力将是 $\omega_i^2 \boldsymbol{M}\boldsymbol{A}^{(i)}$,它在另一个振型 $\boldsymbol{A}^{(j)}$ 的位移上所做的功为 $\omega_i^2 \boldsymbol{A}^{(j)\mathrm{T}}\boldsymbol{M}\boldsymbol{A}^{(i)}$。

由式(10-66)可知,上式等于零。这就是说,某一振型在振动过程中,其惯性力在其他振型的位移上不做功,所以它的动能就不会转移到别的振型上去,或者说它不会影响按其他振型的振动。所以说,当体系作自由振动时,它的振动始终是与其初始条件相符合的那一振型。因此,各振型能够单独出现而互不干扰。

各振型之间的正交性,是结构本身所固有的动力特性。在振动理论中,它是一个很重要的概念。用主振型的正交条件还可以校核主振型是否正确。对于集中质体来说,$\boldsymbol{M}$ 是对角矩阵,而 $\boldsymbol{K}$ 是对称方阵,故用式(10-66)要简便一些。

例 10-11 验算图 10-55 所示体系主振型的正交性。

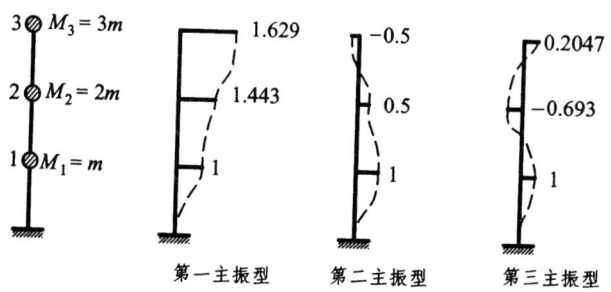

图 10-55

解 根据 $\boldsymbol{A}^{(i)\mathrm{T}}\boldsymbol{M}\boldsymbol{A}^{(j)} = 0$,验算第一、二两主振型的正交性为

$$A^{(1)\mathrm{T}}MA^{(2)} = (1 \quad 1.443 \quad 1.629)m\begin{bmatrix}1 & 0 & 0\\ 0 & 2 & 0\\ 0 & 0 & 3\end{bmatrix}\begin{Bmatrix}1\\ 0.5\\ -0.5\end{Bmatrix}$$

$$= [1\times 1\times 1 + 1.443\times 2\times 0.5 + 1.629\times 3\times (-0.5)]m$$

$$= (1 + 1.443 - 2.443)m = 0$$

再验算第一、三两主振型的正交性

$$A^{(1)\mathrm{T}}MA^{(3)} = (1 \quad 1.443 \quad 1.629)m\begin{bmatrix}1 & 0 & 0\\ 0 & 2 & 0\\ 0 & 0 & 3\end{bmatrix}\begin{Bmatrix}1\\ -0.693\\ 0.2047\end{Bmatrix}$$

$$= [1\times 1\times 1 + 1.443\times 2\times (-0.693) + 1.629\times 3\times 0.2047]m$$

$$= (1 - 2 + 1.00037)m \approx 0$$

二、广义质量矩阵与广义刚度矩阵

式(10-66)和式(10-68)两个正交关系是针对 $i \neq j$ 的情况下得到的。对于 $i = j$ 的情况。我们定义两个量 $\overline{M}_i$ 和 $\overline{K}_i$

$$\overline{M}_i = A^{(i)\mathrm{T}}MA^{(i)} \tag{10-69}$$

$$\overline{K}_i = A^{(i)\mathrm{T}}KA^{(i)} \tag{10-70}$$

式中,$\overline{M}_i$ 称为与 i 振型相应的广义质量;$\overline{K}_i$ 称为与 i 振型相应的广义刚度。对式(a)两边前乘 $A^{(i)\mathrm{T}}$,则有

$$A^{(i)\mathrm{T}}KA^{(i)} = \omega_i^2 A^{(i)\mathrm{T}}MA^{(i)}$$

即

$$\overline{K}_i = \omega_i^2 \overline{M}_i$$

由此得

$$\omega_i = \sqrt{\frac{\overline{K}_i}{\overline{M}_i}} \tag{10-71}$$

这就是根据广义刚度 $\overline{K}_i$ 和广义质量 $\overline{M}_i$ 来求频率 ω_i 的方式。该公式是单自由度体系频率公式的推广。

例 10-12 图 10-56 所示体系,其频率及各主振型均已求出。验算主振型是否满足正交关系,求出各广义质量及广义刚度,并用式(10-71)求频率。

已求得

$$K = \frac{k}{15}\begin{bmatrix}20 & -5 & 0\\ -5 & 8 & -3\\ 0 & -3 & 3\end{bmatrix}$$

$$M = m \begin{pmatrix} 2 & 0 & 0 \\ 0 & 1 & 0 \\ 0 & 0 & 1 \end{pmatrix}$$

$$\omega_1 = 0.2936 \sqrt{\frac{k}{m}}$$

$$\omega_2 = 0.6673 \sqrt{\frac{k}{m}}$$

$$\omega_3 = 0.9319 \sqrt{\frac{k}{m}}$$

振型矩阵

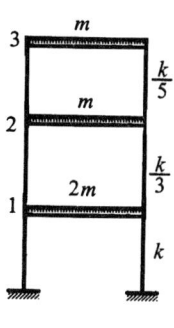

图 10-56

$$A = (A^{(1)} \quad A^{(2)} \quad A^{(3)})$$
$$= \begin{pmatrix} 0.163 & -0.924 & 2.760 \\ 0.569 & -1.227 & -3.342 \\ 1 & 1 & 1 \end{pmatrix}$$

解

① 验算第一、二主振型关于质量矩阵的正交关系。

$$A^{(1)\mathrm{T}} M A^{(2)} = (0.163 \quad 0.569 \quad 1) \begin{pmatrix} 2 & 0 & 0 \\ 0 & 1 & 0 \\ 0 & 0 & 1 \end{pmatrix} \begin{pmatrix} -0.924 \\ -1.227 \\ 1 \end{pmatrix} m$$

$$= m[0.163 \times 2 \times (-0.924) + 0.569 \times 1 \times (-1.227) + 1 \times 1 \times 1]$$

$$= 0.0006m \approx 0$$

② 验算第一、二主振型关于刚度矩阵的正交关系。

$$A^{(1)\mathrm{T}} K A^{(2)} = (0.163 \quad 0.569 \quad 1) \frac{k}{15} \begin{pmatrix} 20 & -5 & 0 \\ -5 & 8 & -3 \\ 0 & -3 & 3 \end{pmatrix} \begin{pmatrix} -0.924 \\ -1.227 \\ 1 \end{pmatrix}$$

$$= \frac{k}{15} (0.163 \quad 0.569 \quad 1) \begin{pmatrix} 12.345 \\ -8.196 \\ 6.681 \end{pmatrix}$$

$$= \frac{k}{15} \times 0.005 \approx 0$$

③ 求广义质量 $\overline{M}_i$。

$$\overline{M}_1 = A^{(1)\mathrm{T}} M A^{(1)}$$

$$= (0.163 \quad 0.569 \quad 1) \begin{pmatrix} 2 & 0 & 0 \\ 0 & 1 & 0 \\ 0 & 0 & 1 \end{pmatrix} \begin{pmatrix} 0.163 \\ 0.569 \\ 1 \end{pmatrix} m$$

$$= 1.377m$$

$$\overline{M}_2 = \boldsymbol{A}^{(2)\mathrm{T}}\boldsymbol{M}\boldsymbol{A}^{(2)} = 4.213m$$
$$\overline{M}_3 = \boldsymbol{A}^{(3)\mathrm{T}}\boldsymbol{M}\boldsymbol{A}^{(3)} = 27.404m$$

④ 求广义刚度。

$$\overline{K}_1 = \boldsymbol{A}^{(1)\mathrm{T}}\boldsymbol{K}\boldsymbol{A}^{(1)}$$
$$= \begin{pmatrix} 0.163 & 0.569 & 1 \end{pmatrix} \begin{bmatrix} 20 & -5 & 0 \\ -5 & 8 & -3 \\ 0 & -3 & 3 \end{bmatrix} \frac{k}{15} \begin{pmatrix} 0.163 \\ 0.569 \\ 1 \end{pmatrix}$$
$$= \frac{k}{15} \times 1.780$$
$$\overline{K}_2 = \boldsymbol{A}^{(2)\mathrm{T}}\boldsymbol{K}\boldsymbol{A}^{(2)} = \frac{k}{15} \times 28.144$$
$$\overline{K}_3 = \boldsymbol{A}^{(3)\mathrm{T}}\boldsymbol{K}\boldsymbol{A}^{(3)} = \frac{k}{15} \times 356.995$$

⑤ 求频率。

$$\omega_1 = \sqrt{\frac{\overline{K}_1}{\overline{M}_1}} = \sqrt{\frac{\frac{k}{15} \times 1.78}{1.377m}} = 0.2936 \sqrt{\frac{k}{m}}$$

$$\omega_2 = \sqrt{\frac{\overline{K}_2}{\overline{M}_2}} = \sqrt{\frac{\frac{k}{15} \times 28.144}{4.213m}} = 0.6673 \sqrt{\frac{k}{m}}$$

$$\omega_3 = \sqrt{\frac{\overline{K}_3}{\overline{M}_3}} = \sqrt{\frac{\frac{k}{15} \times 356.995}{27.404m}} = 0.9319 \sqrt{\frac{k}{m}}$$

⑥ 通过本例可以看出，一个具有 n 个自由度体系的结构，可以分解成 n 个单自由度振子进行分析，如本例的每一个振子的质量与刚度如图 10-57 所示。

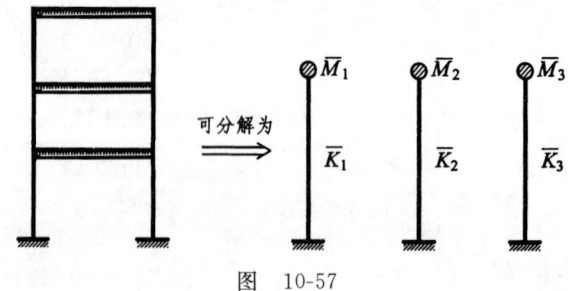

图 10-57

三、振型分解法

式(10-64)是根据达朗贝尔原理用刚度法列出的不考虑阻尼时的动力平衡方程式，即

$$M\ddot{Y}+KY=F_P(t)$$

式中,$\ddot{Y}$ 为加速度矩阵;Y 为位移列阵;K 为刚度矩阵。

因为 K 不是对角矩阵,使上式成为一个联立微分方程组,为方便求解,我们按线性变换的概念,进行坐标变换。

设
$$Y=A\eta \tag{10-72}$$

这里,Y 为质点的位移列阵,是时间的函数。时间确定后,Y 有确定的值,故称为质点的原几何坐标。A 是振型矩阵,可按多自由度体系自由振动原理求出。η 是体系的新坐标或广义坐标,也称为正则坐标,是随时间变化的待求函数。

如果已知原几何坐标 Y,可由式(10-72)求得新坐标 η。反之,如果已知新坐标,也可求出原坐标。换句话说,它们之间互为线性变换。而振型矩阵就是原坐标与新坐标之间的变换矩阵。为了更好地理解式(10-72)的物理概念,我们展开该式得

$$Y=A^{(1)}\eta_1+A^{(2)}\eta_2+\cdots+A^{(n)}\eta_n \tag{a}$$

由此可见,新坐标实质上就是按振型分解时各主振型的一个函数,故式(10-72)所示的坐标变换相当于将实际位移按主振型进行分解。下面讨论广义坐标的确定方法。

对式(10-72)求导,得

$$\dot{Y}=A\dot{\eta} \tag{b}$$

$$\ddot{Y}=A\ddot{\eta} \tag{c}$$

将其代入式(10-64),并前乘 A^T,得

$$A^T MA\ddot{\eta}+A^T KA\eta=A^T F_P(t) \tag{d}$$

应用主振型的两个正交关系,很容易证明式(d)中的 $A^T MA$ 和 $A^T KA$ 都是对角矩阵,即

$$A^T MA=\begin{pmatrix} \overline{M}_1 & 0 & 0 & 0 \\ 0 & \overline{M}_2 & 0 & 0 \\ 0 & 0 & \ddots & 0 \\ 0 & 0 & 0 & \overline{M}_n \end{pmatrix}=\overline{M} \tag{e}$$

$\overline{M}$ 称为广义质量矩阵,它是一个对角矩阵。其中 $\overline{M}_i=A^{(i)T}MA^{(i)}$。

$$A^T KA=\begin{pmatrix} \overline{K}_1 & 0 & 0 & 0 \\ 0 & \overline{K}_2 & 0 & 0 \\ 0 & 0 & \ddots & 0 \\ 0 & 0 & 0 & \overline{K}_n \end{pmatrix}=\overline{K} \tag{f}$$

式中，$\overline{K}$ 称为广义刚度矩阵，它也是一个对角矩阵。其中 $\overline{K}_i = A^{(i)\mathrm{T}} K A^{(i)}$。

我们再把式(d)等号右边的荷载项定义为 $\overline{F}_\mathrm{P}(t)$，其元素

$$\overline{F}_{\mathrm{P}i}(t) = A^{(i)\mathrm{T}} F_\mathrm{P}(t) \tag{g}$$

称为相应于第 i 个主振型的广义荷载，而 $\overline{F}_\mathrm{P}(t)$ 则称为广义荷载向量。

将式(e)、(f)、(g)代入式(d)，则有

$$\overline{M}\ddot{\eta} + \overline{K}\eta = \overline{F}_\mathrm{P}(t) \tag{h}$$

由于 $\overline{M}$ 和 $\overline{K}$ 都是对角矩阵，故此时方程组已解除耦联，成为 n 个独立方程

$$\overline{M}_i \ddot{\eta}_i + \overline{K}_i \eta_i = \overline{F}_{\mathrm{P}i}(t) \tag{i}$$

再将式两边除以 $\overline{M}_i$，考虑到 $\omega_i^2 = \overline{K}_i / \overline{M}_i$，则有

$$\ddot{\eta}_i + \omega_i^2 \eta_i = \frac{\overline{F}_{\mathrm{P}i}(t)}{\overline{M}_i} \quad (i=1,2,\cdots,n) \tag{10-73}$$

这就是关于广义坐标 $\eta_i(t)$ 的运动方程。它的特点就是通过坐标变换得到的式(10-73)是彼此独立的 n 个一元方程，由耦合变为不耦合。这个解法的核心步骤是采用了坐标变换，或者说把位移 y 按主振型进行了分解，因此称为振型分解法或振型叠加法。

综上所述，任意一个具有 n 个自由度的体系，在一般荷载 $F_\mathrm{P}(t)$ 的作用下，其动力反应 Y 可通过坐标变换先在 n 个单自由度体系的振子上求其动力反应 η，再代回坐标变换后，即得原几何坐标的位移。

各单自由度体系上的振子的动力反应 η_i 可由杜哈梅积分求得。在初位移和初速度为零的条件下，其解为

$$\eta_i(t) = \frac{1}{\overline{M}_i \omega_i} \int_0^t \overline{F}_{\mathrm{P}i}(\tau) \sin \omega_i(t-\tau) \mathrm{d}\tau \quad (i=1,2,\cdots,n) \tag{10-74}$$

如果初始位移和初速度给定为

$$y(0) = y_0, \quad \dot{y}(0) = v_0$$

则式(10-73)的全解为

$$\eta_i(t) = \eta_i(0) \cos \omega_i t + \frac{\dot{\eta}_i(0)}{\omega_i} \sin \omega_i t + \frac{1}{\overline{M}_i \omega_i} \int_0^t \overline{F}_{\mathrm{P}i}(\tau) \sin \omega_i(t-\tau) \mathrm{d}\tau \quad (i=1,2,\cdots,n) \tag{10-75}$$

从式(a)可以看出，这是将各个主振型分量乘以 η 后叠加，从而得出质点的总位移。后面将看到，前面 n 个主振型对总位移的影响是主要的。

例 10-13 试求图 10-58 所示结构在突加荷载 $F_{\mathrm{P}1}(t) = P$ 作用下的位移。质点的初位移、初速度均为零。

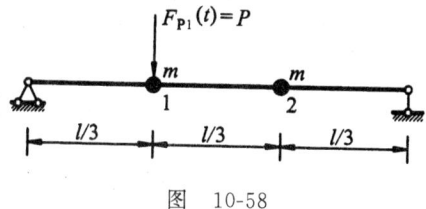

图 10-58

解

① 确定自振频率和主振型。

由例 10-6 知,体系的两个自振频率为

$$\omega_1 = 5.69\sqrt{\frac{EI}{ml^3}}, \quad \omega_2 = 22.04\sqrt{\frac{EI}{ml^3}}$$

两个主振型

$$A^{(1)} = \begin{pmatrix} 1 \\ 1 \end{pmatrix}, \quad A^{(2)} = \begin{pmatrix} 1 \\ -1 \end{pmatrix}$$

② 坐标变换矩阵(即振型矩阵)为

$$A = \begin{pmatrix} 1 & 1 \\ 1 & -1 \end{pmatrix}$$

③ 求广义质量。

由 $\overline{M}_i = A^{(i)\mathrm{T}} M A^{(i)}$

故

$$\overline{M}_1 = (1 \quad 1) \begin{pmatrix} m & 0 \\ 0 & m \end{pmatrix} \begin{pmatrix} 1 \\ 1 \end{pmatrix} = 2m$$

$$\overline{M}_2 = (1 \quad -1) \begin{pmatrix} m & 0 \\ 0 & m \end{pmatrix} \begin{pmatrix} 1 \\ -1 \end{pmatrix} = 2m$$

④ 求广义荷载。

由 $\overline{F}_{\mathrm{P}i}(t) = A^{(i)\mathrm{T}} F_{\mathrm{P}}(t)$,得

$$\overline{F}_{\mathrm{P}1}(t) = (1 \quad 1) \begin{pmatrix} F_{\mathrm{P}1}(t) \\ 0 \end{pmatrix} = P \quad (\text{突加荷载})$$

$$\overline{F}_{\mathrm{P}2}(t) = (1 \quad -1) \begin{pmatrix} F_{\mathrm{P}1}(t) \\ 0 \end{pmatrix} = P \quad (\text{突加荷载})$$

⑤ 求正则坐标 η(参考本章第六节中杜哈梅积分中当荷载为突加荷载时的情况)。

$$\eta_1(t) = \frac{1}{\overline{M}_1 \omega_1} \int_0^t \overline{F}_{\mathrm{P}1}(\tau) \sin \omega_1(t-\tau) \mathrm{d}\tau = \frac{1}{2m\omega_1} \int_0^t P \sin \omega_1(t-\tau) \mathrm{d}\tau$$

$$= \frac{P}{2m\omega_1^2}(1 - \cos \omega_1 t)$$

$$\eta_2(t) = \frac{1}{\overline{M}_2 \omega_2} \int_0^t \overline{F}_{P2}(\tau) \sin \omega_2(t-\tau) d\tau$$

$$= \frac{P}{2m\omega_2^2}(1-\cos \omega_2 t)$$

⑥ 求质点位移。

根据 $Y = A^{(1)}\eta_1 + A^{(2)}\eta_2 + \cdots + A^{(n)}\eta_n$,得

$$y_1 = A_1^{(1)}\eta_1 + A_1^{(2)}\eta_2 = 1 \cdot \eta_1 + 1 \cdot \eta_2$$

$$= \frac{P}{2m\omega_1^2}\left[(1-\cos \omega_1 t) + \frac{\omega_1^2}{\omega_2^2}(1-\cos \omega_2 t)\right]$$

$$= \frac{P}{2m\omega_1^2}\left[(1-\cos \omega_1 t) + 0.067(1-\cos \omega_2 t)\right]$$

$$y_2 = A_2^{(1)}\eta_1 + A_2^{(2)}\eta_2 = \eta_1 - \eta_2$$

质点 1 的位移 $y(t)$ 随时间的变化曲线如图 10-59 所示。其中虚线表示第一主振型分量,实线表示总的叠加结果。

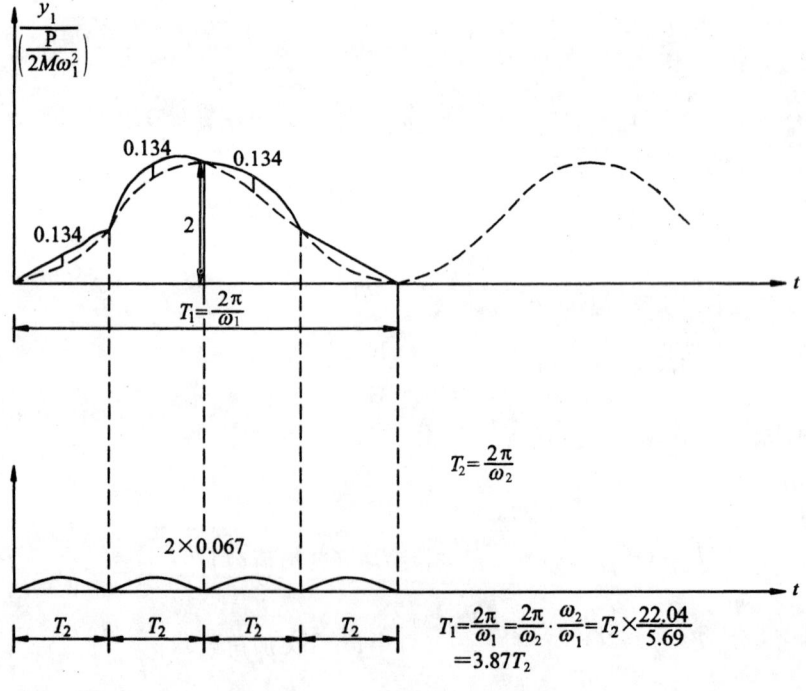

图 10-59

⑦ 讨论。从图 10-59 可以看出,第二主振型的影响比第一主振型的影响要小得多。对 $y_1(t)$ 来讲,第一主振型分量的乘数最大为 2,而第二主振型分量的乘数最大值仅为 $2 \times 0.067 = 0.134$。另外,由于第一和第二主振型分量并不是同时

达到最大值（因周期 $T_1 \neq T_2$），因此求总位移的最大值时,不能简单地直接相加。

例 10-14 在图 10-60(a)所示等截面梁的中间质量上,作用有振动荷载 $F_P(t) = 10(\text{kN})\sin\theta t$,已知 $\theta = \sqrt{\dfrac{EI}{ml^3}}$,求各质点处稳态受迫振动时的动力位移。

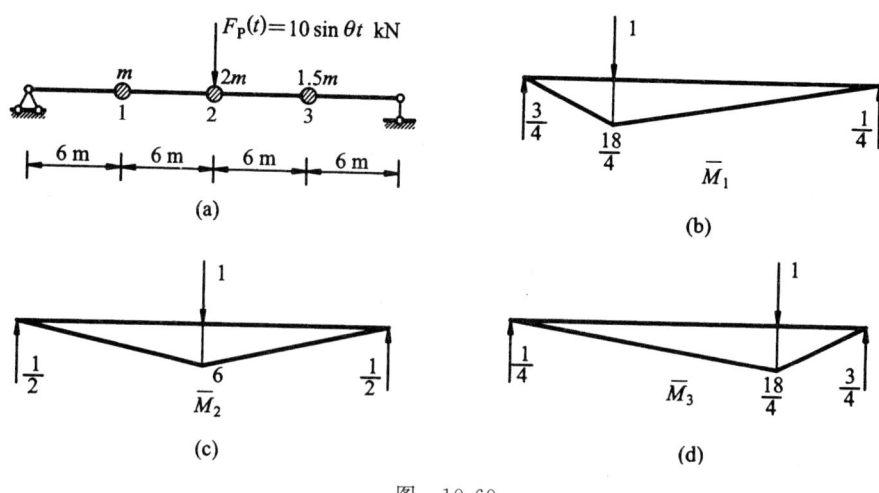

图 10-60

解

① 求自振频率和各主振型。按图 10-60(b)、(c)、(d)各单位弯矩图可得

$$\delta_{11} = 25B \qquad \delta_{12} = \delta_{21} = 30.55B \qquad \delta_{31} = \delta_{13} = 19.44B$$
$$\delta_{22} = 44.44B \qquad \delta_{33} = 25B \qquad \delta_{23} = \delta_{32} = 30.55B$$

其中 $\quad B = \dfrac{l^3}{2\,133EI}$

$$|\delta M - \omega^2 I| = \left| \begin{pmatrix} \delta_{11} & \delta_{12} & \delta_{13} \\ \delta_{21} & \delta_{22} & \delta_{23} \\ \delta_{31} & \delta_{32} & \delta_{33} \end{pmatrix} \begin{pmatrix} m & 0 & 0 \\ 0 & 2m & 0 \\ 0 & 0 & 1.5m \end{pmatrix} - \omega^2 \begin{pmatrix} 1 & 0 & 0 \\ 0 & 1 & 0 \\ 0 & 0 & 1 \end{pmatrix} \right| = 0$$

得到 $\quad \omega_1^2 = \dfrac{2\,133EI}{142.6ml^3}, \quad \omega_2^2 = \dfrac{2\,133EI}{6.9ml^3}, \quad \omega_3^2 = \dfrac{2\,133EI}{1.8ml^3}$

将每一频率代入,求得各主振型为

$$A^{(1)} = \begin{pmatrix} 0.982 \\ 1.407 \\ 1.000 \end{pmatrix}, \quad A^{(2)} = \begin{pmatrix} -1.069 \\ -0.161 \\ 1.000 \end{pmatrix}, \quad A^{(3)} = \begin{pmatrix} 1.695 \\ -1.121 \\ 1.000 \end{pmatrix}$$

读者可在此利用正交条件验算各主振型的正确性。

② 求与各主振型相应的广义质量。

$$\overline{M}_1 = \boldsymbol{A}^{(1)\mathrm{T}} \boldsymbol{M} \boldsymbol{A}^{(1)}$$
$$= (0.982 \quad 1.407 \quad 1.000) \begin{bmatrix} m & 0 & 0 \\ 0 & 2m & 0 \\ 0 & 0 & 1.5m \end{bmatrix} \begin{bmatrix} 0.982 \\ 1.407 \\ 1.000 \end{bmatrix} = 6.423m$$

$$\overline{M}_2 = \boldsymbol{A}^{(2)\mathrm{T}} \boldsymbol{M} \boldsymbol{A}^{(2)} = 2.695m$$

$$\overline{M}_3 = \boldsymbol{A}^{(3)\mathrm{T}} \boldsymbol{M} \boldsymbol{A}^{(3)} = 6.886m$$

③ 求广义荷载。

$$\overline{F}_{\mathrm{P}1}(t) = \boldsymbol{A}^{(1)\mathrm{T}} \boldsymbol{F}_{\mathrm{P}}(t)$$
$$= (0.982 \quad 1.407 \quad 1.000) \begin{bmatrix} 0 \\ 10\sin\theta t \\ 0 \end{bmatrix} = 14.07\sin\theta t$$

$$\overline{F}_{\mathrm{P}2}(t) = -1.61\sin\theta t$$
$$\overline{F}_{\mathrm{P}3}(t) = -11.21\sin\theta t$$

④ 求广义坐标 η，由杜哈梅积分（稳态）。

$$\eta_1(t) = \frac{1}{\overline{M}_1 \omega_1} \int_0^t \overline{F}_{\mathrm{P}1}(\tau) \sin\omega_1(t-\tau) \mathrm{d}\tau$$
$$= \frac{14.07}{6.432 m \omega_1} \times \frac{1}{\omega_1} \times \frac{1}{1 - \dfrac{\theta^2}{\omega_1^2}} \sin\theta t = \frac{0.1998 l^3}{EI} \sin\theta t$$

$$\eta_2(t) = \frac{1}{\overline{M}_2 \omega_2} \int_0^t \overline{F}_{\mathrm{P}2}(\tau) \sin\omega_2(t-\tau) \mathrm{d}\tau = \frac{-0.002 l^3}{EI} \sin\theta t$$

$$\eta_3(t) = \frac{1}{\overline{M}_3 \omega_3} \int_0^t \overline{F}_{\mathrm{P}3}(\tau) \sin\omega_3(t-\tau) \mathrm{d}\tau = \frac{-0.0014 l^3}{EI} \sin\theta t$$

⑤ 求稳态时各质点处的位移。

由 $\boldsymbol{Y} = \boldsymbol{A}^{(1)} \eta_1 + \boldsymbol{A}^{(2)} \eta_2 + \cdots + \boldsymbol{A}^{(n)} \eta_n$，得

$$y_1(t) = 0.982 \eta_1 + (-1.069) \eta_2 + 1.695 \eta_3$$
$$= [0.982 \times 0.1998 + (-1.069) \times (-0.002) - 1.695 \times 0.0014] \times \frac{l^3 \sin\theta t}{EI}$$
$$= \frac{0.1959 l^3}{EI} \sin\theta t$$

$$y_2(t) = 1.407 \eta_1 + (-0.161) \eta_2 + (-1.121) \eta_3$$
$$= \frac{0.283 l^3}{EI} \sin\theta t$$

$$y_3(t) = 1 \times \eta_1 + 1 \times \eta_2 + 1 \times \eta_3 = \frac{0.1964 l^3}{EI} \sin\theta t$$

上述计算表明,该体系在简谐荷载作用下,各质点处的动力位移,通过振型分解,均由三部分组成。其中第一主振型所占的分量比其他两个振型的影响要大得多。各振型部分的稳态动力反应其时间因素是因为 $\sin\theta t$,各振型动力反应均同时达到最大值。又因荷载也随 $\sin\theta t$ 变化,故振动荷载与体系的动力反应也同时达到最大值,所以本例完全可由幅值方程求出各质点的位移幅值,那样就方便多了。这里主要是为了说明振型分解法的概念。

*第十一节　多自由度体系运动方程的矩阵形式

设图 10-61(a)所示简支梁离散为 n 个集中质量 $m_1,m_2,\cdots,m_n$,略去梁的轴向变形和质体的转动,为 n 个自由度的体系。其相应的位移为 $y_1(t),y_2(t),\cdots,y_n(t)$。

取质点为隔离体,如图 10-61(b)所示。对体系每一自由度列出动力平衡方程,就能写出图 10-61(a)所示体系的运动方程。一般情况下,在任意一质体 m_i 上,包含有 4 种力:外荷载 $F_{Pi}(t)$、由于运动而产生的惯性力 F_{Ii}、阻尼力 F_{ci} 和弹性力 F_{ei}。这样,对于多自由度体系,动力平衡条件可写成

$$\left.\begin{aligned}F_{I1}+F_{c1}+F_{e1}+F_{P1}(t)&=0\\F_{I2}+F_{c2}+F_{e2}+F_{P2}(t)&=0\\\cdots\cdots\cdots\cdots\\F_{In}+F_{cn}+F_{en}+F_{Pn}(t)&=0\end{aligned}\right\} \quad (10\text{-}76)$$

其矩阵形式为

$$\boldsymbol{F}_I+\boldsymbol{F}_c+\boldsymbol{F}_e+\boldsymbol{F}_P(t)=0 \quad (10\text{-}77)$$

式(10-77)就是多自由度体系运动方程的矩阵形式,相当于单自由度体系的运动方程。

式(10-77)中各力分量的计算表达式如下:

1. 弹性力列阵 $\boldsymbol{F}_e$

由刚度系数 k_{ij} 的定义及叠加原理(图 10-61c、d),质体 m_i 上产生的弹性力分量为

$$F_{ei}=-(k_{i1}y_1+k_{i2}y_2+\cdots+k_{ii}y_i+\cdots+k_{ij}y_j+\cdots+k_{in}y_n)$$

式中,k_{ii}、k_{ij} 等是结构的刚度系数,它们的物理意义见图 10-61(c)、(d)。例如,k_{ij} 是质体 j 处发生单位位移时(其余各质点处位移均为零)i 点处附加链杆内的反力。全部弹性力的矩阵表达式为

$$\begin{Bmatrix}F_{e1}\\F_{e2}\\\vdots\\F_{en}\end{Bmatrix}=-\begin{bmatrix}k_{11}&k_{12}&\cdots&k_{1n}\\k_{21}&k_{22}&\cdots&k_{2n}\\\vdots&\vdots& &\vdots\\k_{n1}&k_{n2}&\cdots&k_{nn}\end{bmatrix}\begin{Bmatrix}y_1\\y_2\\\vdots\\y_n\end{Bmatrix}$$

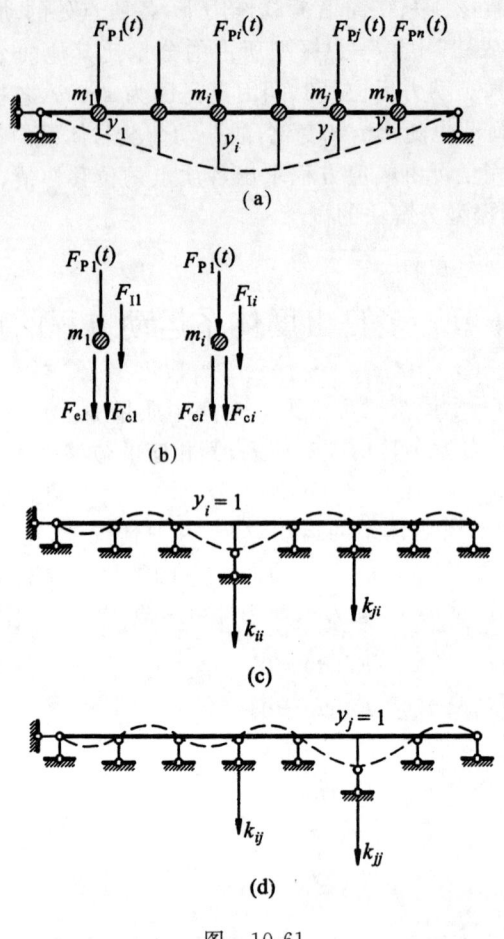

图 10-61

或写成简式

$$F_e = -KY \tag{a}$$

式中，K 为结构刚度矩阵；Y 为位移矩阵，$Y = (y_1 \quad y_2 \quad \cdots \quad y_n)^T$。

2. 阻尼力列阵 F_c

由粘滞阻尼理论和类似于式(a)，全部阻尼力为

$$\begin{Bmatrix} F_{c1} \\ F_{c2} \\ \vdots \\ F_{cn} \end{Bmatrix} = - \begin{pmatrix} C_{11} & C_{12} & \cdots & C_{1n} \\ C_{21} & C_{22} & \cdots & C_{2n} \\ \vdots & \vdots & & \vdots \\ C_{n1} & C_{n2} & \cdots & C_{nn} \end{pmatrix} \begin{Bmatrix} \dot{y}_1 \\ \dot{y}_2 \\ \vdots \\ \dot{y}_n \end{Bmatrix}$$

或写成简式

$$F_c = -C\dot{Y} \tag{b}$$

式中，C 称为结构的阻尼矩阵；$\dot{Y}$ 为速度列阵；系数 C_{ij} 称为阻尼影响系数。C_{ij} 定义为由 j 坐标单位速度所引起的对应于 i 坐标的力。

3. 惯性力列阵 F_I

表示为加速度与其产生的惯性力之间的关系。对于集中质量，矩阵表达式为对角阵，即

$$\begin{Bmatrix} F_{I1} \\ F_{I2} \\ \vdots \\ F_{In} \end{Bmatrix} = -\begin{bmatrix} m_1 & 0 & \cdots & 0 \\ 0 & m_2 & \cdots & 0 \\ \vdots & \vdots & & \vdots \\ 0 & 0 & \cdots & m_n \end{bmatrix} \begin{Bmatrix} \ddot{y}_1 \\ \ddot{y}_2 \\ \vdots \\ \ddot{y}_n \end{Bmatrix}$$

或写成简式

$$F_I = -M\ddot{Y} \tag{c}$$

式中，M 为质量矩阵；$\ddot{Y}$ 为加速度列阵；m_i 为质点 i 的集中质量。

将式(a)、(b)和式(c)代入式(10-77)，体系的动力平衡方程为

$$M\ddot{Y} + C\dot{Y} + KY = F_P(t) \tag{10-78}$$

上式即是用刚度法表示的多自由度体系的运动方程的矩阵表达式，其中每个矩阵的阶数等于描述结构位移的自由度数目。

下面用柔度法建立运动方程。

以结构整体为研究对象。将各质点的动荷载、惯性力及阻尼力看作是静力荷载（图 10-62a），在这些荷载作用下，体系上任意一质量 m_i 处的位移应为

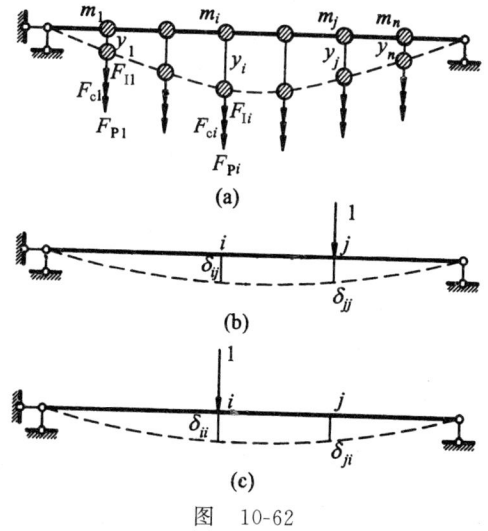

图 10-62

$$y_i = \sum_{j=1}^{n} \delta_{ij}(F_{Ij}+F_{cj}+F_{Pj}) \tag{d}$$

式中,δ_{ij} 是结构的柔度系数(单位力作用下所产生的位移),它们的物理意义如图 10-62(b)、(c)所示。据此,我们可以建立 n 个位移方程

$$\left.\begin{array}{l} y_1 = \sum_{j=1}^{n} \delta_{1j}(F_{Ij}+F_{cj}+F_{Pj}) \\ \cdots\cdots\cdots\cdots \\ y_n = \sum_{j=1}^{n} \delta_{nj}(F_{Ij}+F_{cj}+F_{Pj}) \end{array}\right\} \tag{e}$$

其矩阵形式为

$$\begin{Bmatrix} y_1 \\ y_2 \\ \vdots \\ y_n \end{Bmatrix} = \begin{bmatrix} \delta_{11} & \delta_{12} & \cdots & \delta_{1n} \\ \delta_{21} & \delta_{22} & \cdots & \delta_{2n} \\ \vdots & \vdots & & \vdots \\ \delta_{n1} & \delta_{n2} & \cdots & \delta_{nn} \end{bmatrix} \left(\begin{Bmatrix} F_{I1} \\ F_{I2} \\ \vdots \\ F_{In} \end{Bmatrix} + \begin{Bmatrix} F_{c1} \\ F_{c2} \\ \vdots \\ F_{cn} \end{Bmatrix} + \begin{Bmatrix} F_{P1} \\ F_{P2} \\ \vdots \\ F_{Pn} \end{Bmatrix} \right)$$

或写成简式

$$\mathbf{Y} = \delta(\mathbf{F}_I + \mathbf{F}_c + \mathbf{F}_P) \tag{f}$$

其中

$$\mathbf{F}_I = -\mathbf{M}\ddot{\mathbf{Y}}, \quad \mathbf{F}_c = -\mathbf{C}\dot{\mathbf{Y}}$$

代入上式得

$$\mathbf{Y} = \delta(\mathbf{F}_P - \mathbf{M}\ddot{\mathbf{Y}} - \mathbf{C}\dot{\mathbf{Y}}) \tag{g}$$

或

$$\delta \mathbf{M}\ddot{\mathbf{Y}} + \delta\dot{\mathbf{Y}}\mathbf{C} + \mathbf{Y} = \delta\mathbf{F}_P = \Delta_P \tag{10-79}$$

式中,Δ_P 为动荷载在质量 $m_1, m_2, \cdots, m_n$ 处产生的静位移。

刚度系数矩阵 $\mathbf{K}$ 和柔度系数矩阵 δ 的关系为

$$\delta^{-1} = \mathbf{K} \tag{h}$$

将式(h)代入式(g),并应用式(b)、(c)的表达形式,可得到与式(10-78)相同的结果。

*第十二节 无限自由度体系的自由振动

严格来说,所有弹性体系都属于无限自由度体系。为解决实际问题的需要,一般总是将其简化为单自由度或多自由度体系进行计算,以得出实用的近似结果。较精确的计算是按无限自由度体系进行分析,即体系具有分布质量 $\overline{m}$(单位长度的质量 $\overline{m}=q/g$),由此可以了解近似法的精确程度。

如图 10-63所示等截面简支梁,其均布自重为 q,其单位长度的质量 $\overline{m}=q/g$。作

自由振动时,梁上任意一点的位移将是横坐标 x 和时间 t 两个独立变量的函数,可写成

$$y = y(x, t)$$

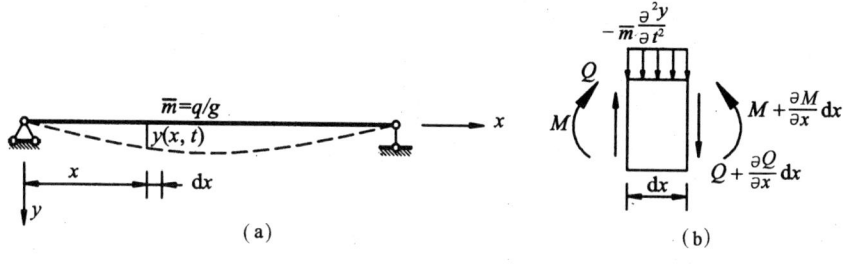

图 10-63

在建立动力平衡方程时,假想地将惯性力 $-\overline{m}\dfrac{\partial^2 y}{\partial t^2}$ 加上去(见图 10-63b),根据达朗贝尔原理,建立动力平衡方程。由图 10-63(b)所示隔离体,如对位移 y 和荷载集度都取向下为正时,由 $\Sigma M = 0$ 和 $\Sigma Y = 0$ 并略去高阶微量整理后得

$$\dfrac{\partial^2 M}{\partial x^2} = \overline{m}\dfrac{\partial^2 y}{\partial t^2} \tag{a}$$

由材料力学中梁的弯曲理论可知

$$M = -EI\dfrac{\partial^2 y}{\partial x^2} \tag{b}$$

故得

$$EI\dfrac{\partial^4 y}{\partial x^4} + \overline{m}\dfrac{\partial^2 y}{\partial t^2} = 0 \tag{10-80}$$

这里,挠度 y 是横坐标 x 和时间 t 的函数,故上式是一个偏微分方程,可用分离变量法来求解。为此,设挠度 y 的解是两个函数的乘积,其中一个只与横坐标 x 有关,另一个只与时间 t 有关,即设

$$y(x, t) = Y(x) \cdot T(t) \tag{c}$$

将式(c)代入式(10-80),得

$$EIY^{\text{IV}}(x)T(t) + \overline{m}Y(x)\ddot{T}(t) = 0$$

或

$$\dfrac{EIY^{\text{IV}}}{\overline{m}Y(x)} = -\dfrac{\ddot{T}(t)}{T(t)} \tag{d}$$

上式右边与 x 无关,左边与 t 无关,且 t 与 x 彼此独立,因此要上式成立,只有左右两边等于同一常数才行。设此常数用 ω^2 表示,则式(d)分解为两个独立的常微分方程

$$\ddot{T}(t) + \omega^2 T(t) = 0 \tag{e}$$

$$EIY^{\mathbb{N}}(x)=\omega^2\overline{m}Y(x) \tag{f}$$

式(e)与单自由度体系无阻尼自由振动微分方程相同，故它的解为

$$T(t)=C_1\sin \omega t+C_2\cos \omega t=a\sin(\omega t+\varphi) \tag{10-81}$$

于是，方程(10-80)的解可表示为

$$y(x,t)=Y(x)\sin(\omega t+\varphi) \tag{10-82}$$

式中，常数 a 已吸收到待定函数 $Y(x)$ 中。由式(10-82)可以看出，振动为以 ω 为频率的简谐运动，$Y(x)$ 是其振幅曲线。由 $EIY^{\mathbb{N}}(x)=\omega^2\overline{m}Y(x)$ 来确定。因此，振幅曲线是在荷载 $\omega^2\overline{m}Y(x)$ 作用下的静力曲线。这种弹性曲线的特点是它与荷载分布曲线呈比例。如图 10-64 所示。

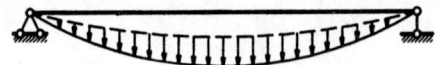

图 10-64

这种相似性，在一般荷载下是不存在的。满足式(f)的函数称为固有函数或主函数，在动力分析中称为主振型。

式(f)的解为

$$Y(x)=C_1\text{ch }\lambda x+C_2\text{sh }\lambda x+C_3\cos \lambda x+C_4\sin \lambda x \tag{10-83}$$

其中
$$\lambda^4=\frac{\overline{m}\omega^2}{EI} \quad \text{或} \quad \omega=\lambda^2\sqrt{\frac{EI}{\overline{m}}} \tag{10-84}$$

根据边界条件，可写出 C_1、C_2、C_3、C_4 的 4 个齐次方程。为了求得非零解，要求方程式的系数行列式为零，这就得到用以确定 λ 的特征方程。λ 确立后，由式(10-84)可求得自振频率 ω。对于无限自由度体系，特征方程有无限多个根，因而有无限多个频率 ω_n。对于每一个频率，可求出 C_1、C_2、C_3、C_4 的一组比值，得出相应的主振型 $Y(x)$。

方程(10-80)的全解为各特解的线性组合，可表示为

$$y(x,t)=\sum_{n=1}^{\infty}a_nY_n(x)\sin(\omega_nt+\varphi_n) \tag{10-85}$$

式中的待定常数 a_n 和 φ_n 应由初始条件确定。

例 10-15 试求图 10-65(a)所示某截面简支梁的自振频率和主振型。

解 由左边的边界条件，代入式(10-83)，得

$$Y(0)=0, \quad C_1+C_3=0$$
$$Y''(0)=0, \quad C_1-C_3=0$$

可解得 $C_1=C_3=0$，则振动曲线为

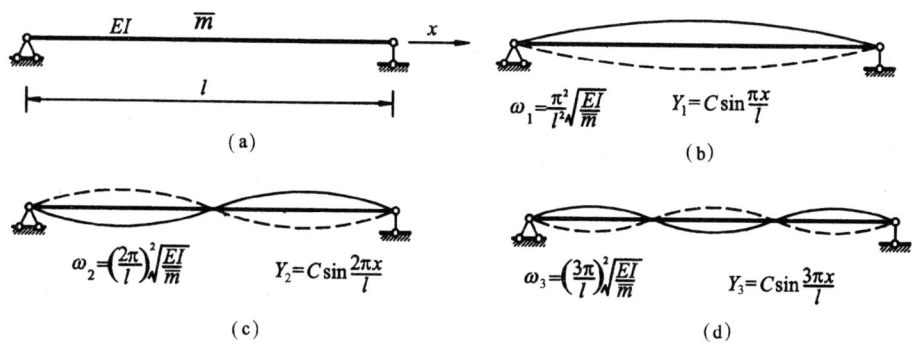

图 10-65

$$Y(x) = C_2 \operatorname{sh} \lambda x + C_4 \sin \lambda x \tag{a}$$

由右端的边界条件

$$\left. \begin{array}{l} Y(l)=0, \ C_2 \operatorname{sh} \lambda l + C_4 \sin \lambda l = 0 \\ Y''(l)=0, \ C_2 \operatorname{sh} \lambda l - C_4 \sin \lambda l = 0 \end{array} \right\} \tag{b}$$

令此齐次方程组的系数行列式为零,得

$$\begin{vmatrix} \operatorname{sh} \lambda l & \sin \lambda l \\ \operatorname{sh} \lambda l & -\sin \lambda l \end{vmatrix} = 0$$

$$\operatorname{sh} \lambda l \cdot \sin \lambda l = 0$$

其中 $\operatorname{sh} \lambda l = 0$ 的解,仍是零解,因为由此导致 $\lambda = 0$ 和 $Y(x)=0$ 的结果。于是只有 $\sin \lambda l = 0$,它有无限多个根

$$\lambda_n = \frac{n\pi}{l} \quad (n=1,2,\cdots) \tag{c}$$

每一个 ω_n 均有自己相应的主振型,将式(c)代入式(b)的任一式,得 $C_2=0$,再代回式(a),得

$$Y_n(x) = C_4 \sin \frac{n\pi x}{l} \quad (n=1,2,\cdots)$$

前三个主振型如图 10-65(b)、(c)、(d)。

对于无限自由度体系,主振型的正交关系也同样存在,当 $\omega_i \neq \omega_j$ 时,有:

· 主振型关于质量的正交性

$$\int_0^l \overline{m}(x) Y_i(x) Y_j(x) \mathrm{d}x = 0$$

· 主振型关于刚度的正交性

$$\int_0^l Y_j(x)[EI(x)Y_i''(x)]'' dx = 0$$

或

$$\int_0^l EI(x)Y_i''(x)Y_j''(x) dx = 0$$

在这里仅讨论了等截面梁弯曲且无阻尼的自由振动的情况,其他情况可参阅有关参考书。

第十三节 计算频率的近似解

频率和振型是结构的重要动力特性。因此,掌握频率和振型的计算方法显得十分必要。对于多自由度体系,利用频率方程和振型方程即可求得结构的频率和振型。但在实际工程问题中,结构前几个较低的自振频率通常较为重要,因为频率越高,则振动速度越大,介质的阻尼影响也就越大,故相应高频率的振动形式不易出现。因此,用近似法计算结构的较低频率以简化计算就成为必要,特别是最小自振频率。

一、能量法求最小自振频率

能量法主要用于求多自由度体系或无限自由度体系最小自振频率的近似值。其出发点是能量守恒原理,即体系作自由振动,在不考虑阻尼的情况下,体系能量保持不变。因而在任意时刻,体系的动能与变形能之和应保持为一常数。而在振动过程中,当体系在振动中达到位移幅值时,变形能 E_P 最大,动能 E_K 为零。当体系在通过静力平衡位置时,其变形能 E_P 为零而动能 E_K 为最大。利用这两个特定的瞬时,由能量守恒定律得

$$0 + E_{Kmax} = E_{Pmax} + 0$$

即

$$E_{Kmax} = E_{Pmax}$$

由此可推出求频率的一般公式。

以梁的自由振动为例。这是一无限自由度体系,设梁单位长度质量为 $\bar{m}(x)$,该梁振动时任一点的位移为

$$y(x,t) = Y(x)\sin(\omega t + \varphi)$$

任一时刻的速度为

$$v = \dot{y}(x,t) = \omega Y(x)\cos(\omega t + \varphi)$$

体系在通过平衡位置时,其位移为零而速度达到最大值。故此时体系的变形能(即位能)为零,动能最大,其最大值为

$$E_{K\max}=\frac{1}{2}\omega^2\int_0^l \overline{m}(x)[Y(x)]^2 dx \qquad (a)$$

当位移达到最大值时,速度为零。这时体系的动能为零,变形能最大,其最大值为

$$E_{P\max}=\frac{1}{2}\int_0^l EI[Y''(x)]^2 dx \qquad (b)$$

根据能量守恒原理:$E_{K\max}=E_{P\max}$,得计算频率的公式

$$\omega^2=\frac{\int_0^l [Y''(x)]^2 EI dx}{\int_0^l \overline{m}(x)[Y(x)]^2 dx} \qquad (10\text{-}86)$$

上式中如果所设的振型函数 $Y(x)$ 正好与第一主振型相似,则代入后可得第一频率的精确值。如果与第二主振型相似,则得第二频率的精确解。通常我们可根据体系的边界条件假定一个与第一主振型近似的振型函数代入式(10-86),即可得最低自振频率的近似解。这个方法也称瑞利法。

一般常取该结构在某一静力荷载 $q(x)$(例如自重)作用下的挠曲线作为振型函数的近似值。值得指出的是:当某一静力荷载 $q(x)=\overline{m}(x)g$ 作用下的挠曲线为 $Y(x)$ 时,式(b)可用外力实功来计算,即

$$E_{P\max}=\frac{1}{2}\int_0^l \overline{m}(x)gY(x)dx$$

则求频率的公式(10-86)可改写为

$$\omega^2=\frac{\int_0^l \overline{m}(x)gY(x)dx}{\int_0^l \overline{m}(x)[Y(x)]^2 dx} \qquad (10\text{-}87)$$

如果梁上还有 n 个集中质点 $m_i(i=1,2,\cdots)$,则上式应改为

$$\omega^2=\frac{\int_0^l \overline{m}(x)gY(x)dx+\sum m_i g Y_i}{\int_0^l \overline{m}(x)[Y(x)]^2 dx+\sum m_i Y_i^2} \qquad (a)$$

若梁上还有 n 个集中力,则

$$\omega^2=\frac{\int_0^l \overline{m}(x)gY(x)dx+\sum m_i g Y_i+\sum P_i Y_i}{\int_0^l \overline{m}(x)[Y(x)]^2 dx+\sum m_i Y_i^2} \qquad (b)$$

例 10-16 试求等截面悬臂梁的最低自振频率。

解 设均布荷载 $q=\overline{m}g$ 所产生的挠曲线为假设的振型函数 $Y(x)$。以固定端为原点,则

$$Y(x) = \frac{q}{2EI}\left(\frac{l^2 x^2}{2} - \frac{l x^3}{3} + \frac{x^4}{12}\right)$$

再求出

$$Y''(x) = \frac{q}{2EI}(l^2 - 2lx + x^2)$$

代入到式(10-86)得

$$\omega^2 = \frac{EI \int_0^l (l^2 - 2lx + x^2)^2 dx}{\frac{q}{g}\int_0^l \left(\frac{l^2 x^2}{2} - \frac{l x^2}{3} + \frac{x^4}{12}\right)^2 dx} = \frac{EIg \frac{l^5}{5}}{0.01605 q l^9} = \frac{12.46 EIg}{q l^4}$$

故

$$\omega = \frac{3.53}{l^2}\sqrt{\frac{EI}{\overline{m}}}$$

其精确解为

$$\omega = \frac{3.516}{l^2}\sqrt{\frac{EI}{\overline{m}}}$$

如设振型函数为 $Y(x) = f\left(1 - \cos\frac{\pi x}{2l}\right)$,它也能满足梁端的边界条件。求出

$$Y''(x) = f \frac{\pi^2}{4l^2}\cos\frac{\pi x}{2l}$$

代入到式(10-86),得

$$\omega^2 = \frac{EI \frac{\pi^4}{16 l^4} \int_0^l \cos^2\frac{\pi x}{2l} dx}{\overline{m}\int_0^l \left(1 - \cos\frac{\pi x}{2l}\right)^2 dx} = 13.22\frac{EI}{\overline{m} l^4}$$

$$\omega = \frac{3.64}{l^2}\sqrt{\frac{EI}{\overline{m}}}$$

例 10-17 试求等截面两端固定梁的最小自振频率。

解 设以梁的自重 $q = mg$ 所产生的弹性曲线作为第一主振型,则

$$Y(x) = \frac{q l^4}{24 EI}\left(\frac{x^2}{l^2} - 2\frac{x^3}{l^3} + \frac{x^4}{l^4}\right)$$

$$Y''(x) = \frac{q}{24 EI}(2l^2 - 12 lx + 12 x^2)$$

由式(10-86)得

$$\omega^2 = \frac{\int_0^l EI(2l^2 - 12lx + 12x^2)^2 dx}{\overline{m}\int_0^l (x^2 l^2 - 2x^3 l + x^4)^2 dx} = 504\frac{EI}{\overline{m} l^4}$$

故得

$$\omega = \frac{22.45}{l^2}\sqrt{\frac{EI}{\overline{m}}}$$

其精确解为 $\omega = \dfrac{22.37}{l^2}\sqrt{\dfrac{EI}{\overline{m}}}$

如欲求得 n 个频率的近似解，可用下面的方法。

二、瑞利—里兹法

下面以无限自由度的梁为例进行讨论。此时，体系的运动方程为

$$y(x,t) = Y(x)\sin(\omega t + \varphi)$$

式中，$Y(x)$ 可用具有 n 个自由度的振型函数去近似计算

$$Y(x) = C_1 Y_1(x) + C_2 Y_2(x) + \cdots = \sum_{i=1}^{n} C_i Y_i(x) \tag{a}$$

上式中的每一项应当满足体系的全部几何边界条件，而 C_i 则为待定参数，将式(a)代入式(10-86)，得

$$\omega^2 = \dfrac{\int_0^l EI[C_1 Y_1''(x) + C_2 Y_2''(x) + \cdots]^2 \mathrm{d}x}{\int_0^l \overline{m}(x)[C_1 Y_1(x) + C_2 Y_2(x) + \cdots]^2 \mathrm{d}x} \tag{b}$$

频率的最小值必定满足

$$\dfrac{\partial \omega^2}{\partial C_i} = 0$$

的条件。在式(b)中令 I_1 代表分子的积分，I_2 代表分母的积分，则有

$$\dfrac{\partial \omega^2}{\partial C_i} = \dfrac{I_2 \dfrac{\partial I_1}{\partial C_i} - I_1 \dfrac{\partial I_2}{\partial C_i}}{I_2^2} = \dfrac{1}{I_2}\left(\dfrac{\partial I_1}{\partial C_i} - \omega^2 \dfrac{\partial I_2}{\partial C_i}\right) = 0$$

设

$$\left. \begin{array}{l} \Pi = \int_0^l EI[Y''(x)]^2 \mathrm{d}x - \omega^2 \int_0^l \overline{m}(x) Y^2(x) \mathrm{d}x \\ \dfrac{\partial \Pi}{\partial C_i} = 0 \qquad (i = 1, 2, \cdots n) \end{array} \right\} \tag{10-88}$$

由式(b)可知，式(10-88)中的 Π 为 C_i 的二次齐次式，因此 $\dfrac{\partial \Pi}{\partial C_i}$ 为 C_i 的一次齐次方程组，其形式为

$$\sum_{j=1}^{n} a_{ij} C_j = 0 \tag{c}$$

根据方程组(c)的系数行列式为零的条件(因参数 C_i 不能全为零)

$$D(a_{ij}) = 0 \tag{10-89}$$

展开式(10-89),它是关于 ω^2 的 n 次代数方程,由此可求出体系最初的 n 个频率的近似解。

例 10-18 试按瑞利—里兹法求图 10-66 所示某截面简支梁的自振频率。

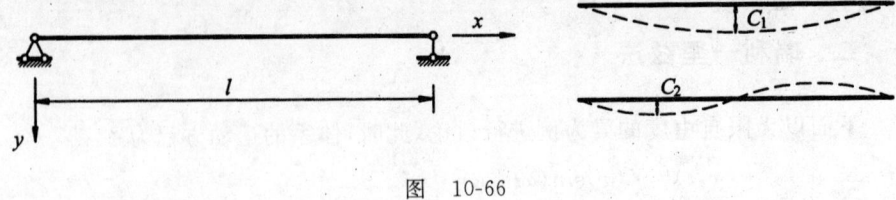

图 10-66

解 设振型函数为

$$Y(x) = C_1 \sin \frac{\pi x}{l} + C_2 \sin \frac{2\pi x}{l} + \cdots \tag{1}$$

求 $Y(x)$ 的二阶导数

$$Y''(x) = -C_1 \frac{\pi^2}{l^2} \sin \frac{\pi x}{l} - C_2 \frac{2^2 \pi^2}{l^2} \sin \frac{2\pi x}{l} - \cdots \tag{2}$$

式(2)的平方,包括两种类型的项:$C_n^2 \frac{n^4 \pi^4}{l^4} \sin^2 \frac{n\pi x}{l}$ 和 $2C_n C_m \frac{n^2 m^2 \pi^4}{l^4} \sin \frac{n\pi x}{l} \cdot \sin \frac{m\pi x}{l}$。

积分的结果是

$$\left. \begin{array}{l} \int_0^l \sin^2 \frac{n\pi x}{l} dx = \frac{l}{2} \\ \int_0^l \sin \frac{n\pi x}{l} \sin \frac{m\pi x}{l} = 0 \end{array} \right\} \quad (n \neq m)$$

将式(1)和式(2)代入公式(10-88)后,凡属 $C_n C_m$ 项的系数均为零,剩下者将全是属于 C_i^2 项的类型。于是有

$$D(a_{ij}) = 0$$

即可得出 $\omega_1 = \frac{\pi^2}{l^2} \sqrt{\frac{EI}{\overline{m}}}$ $\omega_2 = \frac{2^2 \pi^2}{l^2} \sqrt{\frac{EI}{\overline{m}}}$ $\cdots$ $\omega_n = \frac{n^2 \pi^2}{l^2} \sqrt{\frac{EI}{\overline{m}}}$

这里我们得出了各频率的准确值,这是因为我们所假设的振型函数是准确的振型曲线。

三、集中质体法

此方法是把结构的分布质体在一些适当的位置集中起来,化为若干个集中质

体。这一方法的优点是简便、灵活,可用于求梁、拱、刚架、桁架等各类结构。它可用于求最低频率或较高频率。显然,集中质体的数目越多,所得结果就越精确,但相应的计算工作量就越大。一般在求最低自振频率时,集中质体的数目适当便可。如图10-67所示简支梁,如求最小自振频率,可将梁分为两段,并将每段的分布质体按静力等效的原则集中该段的两端,如图10-67(a)所示,使原梁简化为单自由度体系。由此得

$$\omega = \sqrt{\frac{1}{m\delta}} = \sqrt{\frac{1}{\frac{1}{2}\overline{m}l \cdot \frac{l^3}{48EI}}} = \frac{9.8}{l^2}\sqrt{\frac{EI}{\overline{m}}}$$

精确解为 $\omega_1 = \frac{9.87}{l^3}\sqrt{\frac{EI}{\overline{m}}}$,两者相差 0.7%。

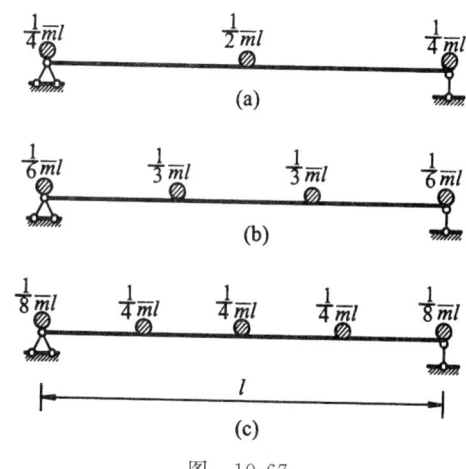

图 10-67

如欲求第一、第二频率,则应简化为图10-67(b)所示的两个自由度体系,此时的频率方程为

$$\begin{vmatrix} m_1\delta_{11} - \frac{1}{\omega^2} & m_2\delta_{12} \\ m_1\delta_{21} & m_2\delta_{22} - \frac{1}{\omega^2} \end{vmatrix} = 0$$

式中,$m_1 = m_2 = \frac{1}{3}\overline{m}l$,而柔度系数为

$$\delta_{11} = \delta_{22} = \frac{4l^3}{243EI}, \quad \delta_{12} = \delta_{21} = \frac{7l^3}{486EI}$$

代入频率方程,并解得

$$\omega_1 = \frac{9.86}{l^2}\sqrt{\frac{EI}{\overline{m}}}, \quad \omega_2 = \frac{38.2}{l^2}\sqrt{\frac{EI}{\overline{m}}}$$

ω_2 的精确解为 $\frac{39.48}{l^2}\sqrt{\frac{EI}{m}}$。故此时 ω_1 的误差为 0.1%,ω_2 的误差为 3.24%。

如简化成图 10-67(c)所示的三个自由度体系,则可得

$$\omega_1=\frac{9.865}{l^2}\sqrt{\frac{EI}{m}}, \quad \omega_2=\frac{39.2}{l^2}\sqrt{\frac{EI}{m}}, \quad \omega_3=\frac{84.6}{l^2}\sqrt{\frac{EI}{m}}$$

其误差分别为 0.05%、0.7%、4.7%。

由此可见,集中质体法能给出良好的近似结果,故在工程上常被采用。但在选择集中质体的个数与位置时,要注意结构的振动形式。通常应将质体集中在振幅较大的点,才能使所得的频率值较为准确。例如在求简支梁的最小频率时,由于相应的振型是对称的,且跨中的振幅最大,故应将质体集中在跨中。在计算二铰拱的最低频率时,由于其相应的振型是反对称的,拱顶的竖向位移为零,如图 10-68(a)所示。故不应将质体集中在拱顶,而应集中于拱跨的两个 1/4 处。又如图 10-48(b)所示刚架,在作对称振动时,各结点无线位移,此时应将质体集中于杆件中点。而作反对称振动时,应将质体集中于结点处,如图 10-68(c)所示,并可取图 10-68(d)所示的半刚架进行计算。

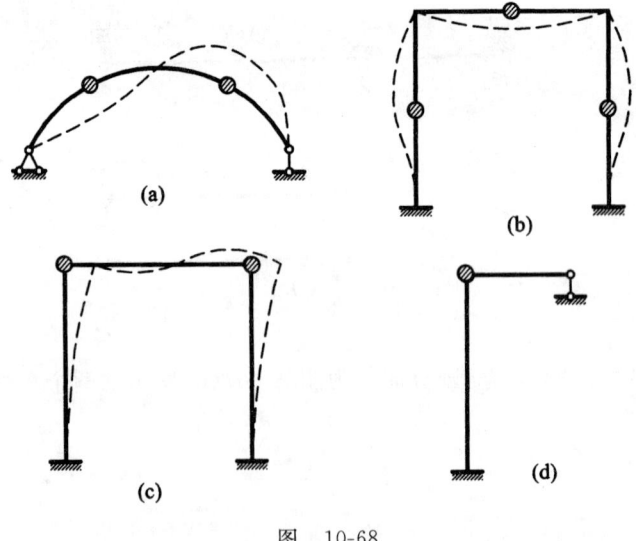

图 10-68

在求桁架的频率近似值时,宜将所有各杆的质量平均分配于桁架载重弦的结点上,按多自由度体系去计算是比较合适的。

习 题

10-1 试确定图示各体系的动力自由度数目。(各集中质量略去转动惯量;刚架轴向变形忽略不计)

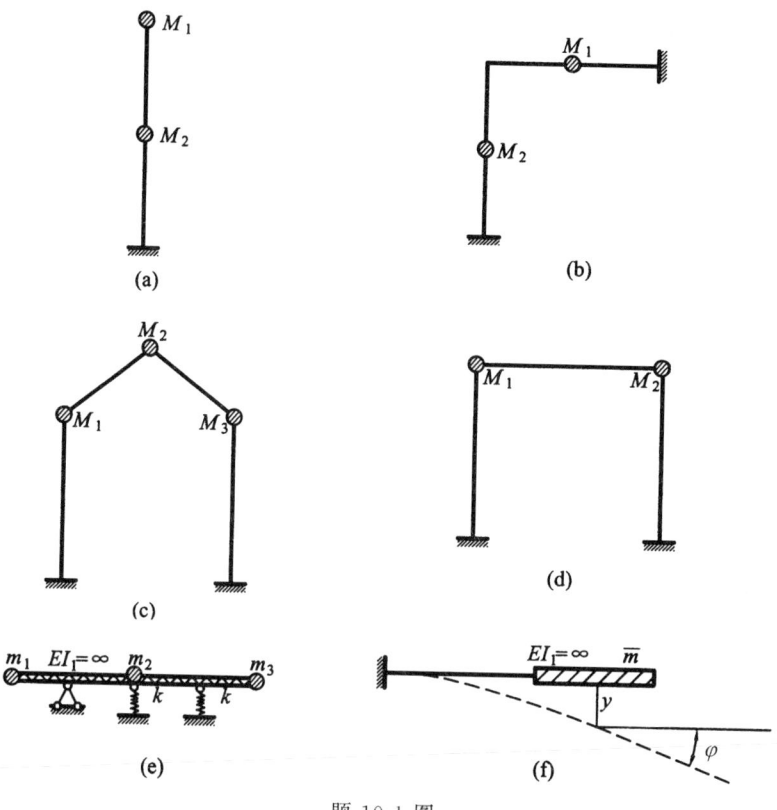

题 10-1 图

10-2 试求图示体系的自振频率。

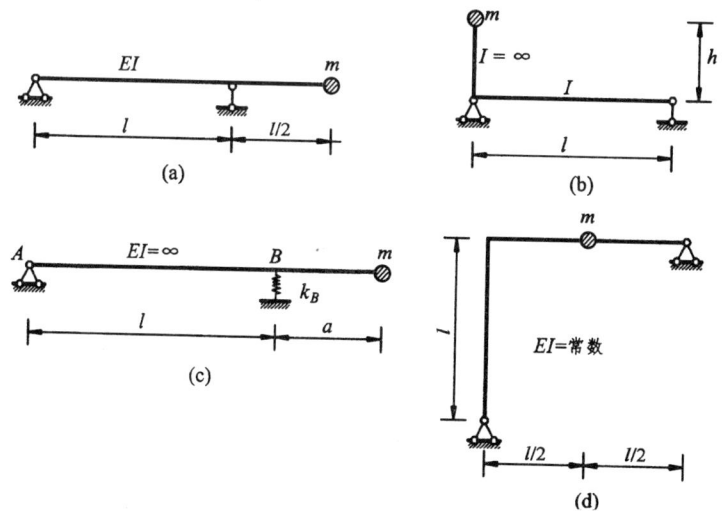

题 10-2 图

10-3 试求图示桁架的自振频率。已知质量 m 重为 $mg=40$ kN, $g=9.81$ m/s², 桁架各杆截面相同, $A=20$ cm², $E=210$ GPa, 并设桁架各杆自重及质量 m 的水平运动均可略去不计。

10-4 试求图示刚架侧移振动时的自振频率及周期。横梁的刚度可视为无穷大, 重量 $W=mg=200$ kN(柱子自重不计), $g=9.81$ m/s², 柱的 $EI=5\times10^4$ kN·m²。

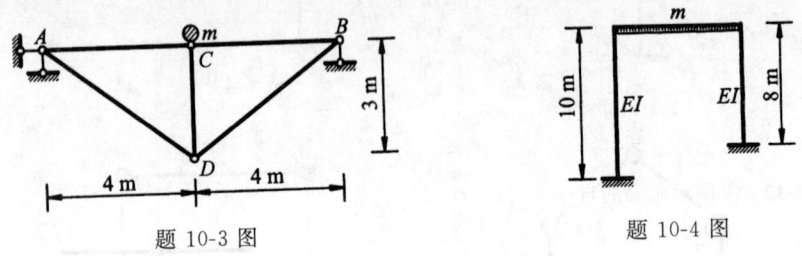

题 10-3 图　　　　　　　　题 10-4 图

10-5 在题 10-4 中若初始位移为 1 cm, 初始速度为 10 cm/s, 试求振幅值和 $t=1$ s 时的位移值。

10-6 在题 10-5 中若阻尼比 $\eta=0.05$, 试求自振频率及周期。又若 $y_0=1$ cm, $\dot{y}_0=10$ cm/s, 求 $t=1$ s 时位移是多少?

10-7 图(a)所示块式基础用一橡胶垫支承在弹性地基上, 图(b)为其动力分析计算简图。橡胶垫的刚度 $k_r=300$ N/m, 阻尼系数 $c_r=100$ N·s/m; 弹性地基刚度 $k_f=12\,000$ N/m, 阻尼系数 $c_f=330$ N·s/m。若仅考虑竖向振动, 试求体系的等效刚度 k_e、等效阻尼系数 c_e 及阻尼比 ξ。

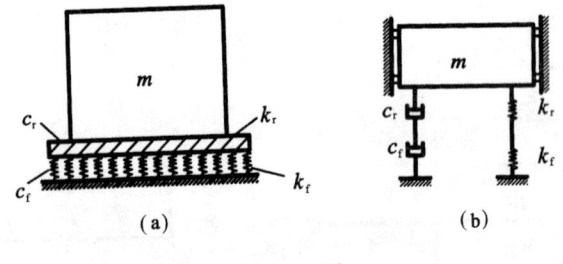

题 10-7 图

10-8 测得某结构自由振动经过 10 个周期后振幅降为原来的 5%, 试求阻尼比和在简谐干扰力作用下共振时的动力系数。

10-9 图示悬臂梁具有一重量 $G=12$ kN 的集中质量, 其上受有振动荷载 $F_0\sin\theta t$, 其中 $F_0=5$ kN。若不考虑阻尼, 试分别计算该梁在振动荷载为每分钟 ① 300 次; ② 600 次两种情况下的最大竖向位移和最大负弯矩。已知 $l=2$ m, $E=210$ GPa, $I=3.4\times10^{-5}$ m⁴。梁的自重可略去不计。

10-10 爆炸荷载可近似用图示规律表示, 即

$$F_P(t)=\begin{cases}F_P\left(1-\dfrac{t}{t_1}\right) & (t\leqslant t_1)\\ 0 & (t\geqslant t_1)\end{cases}$$

若不计阻尼，试求单自由度体系在此种荷载作用下的动力位移公式。设结构原处于静止状态。

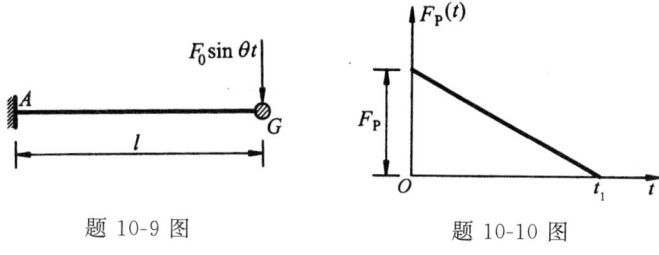

题 10-9 图　　　　　　题 10-10 图

10-11 试求图示体系的动力弯矩图。设 $\theta = \sqrt{\dfrac{24EI}{ml^3}}$，不计阻尼。

10-12 求图示刚架的自振频率。不计刚架自重。

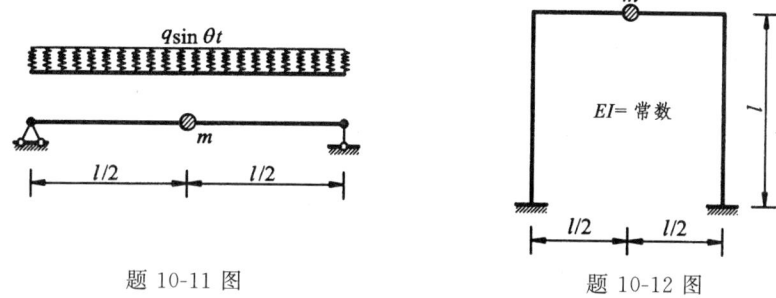

题 10-11 图　　　　　　题 10-12 图

10-13 试求图示体系的自振频率和主振型。梁的自重可略去不计。

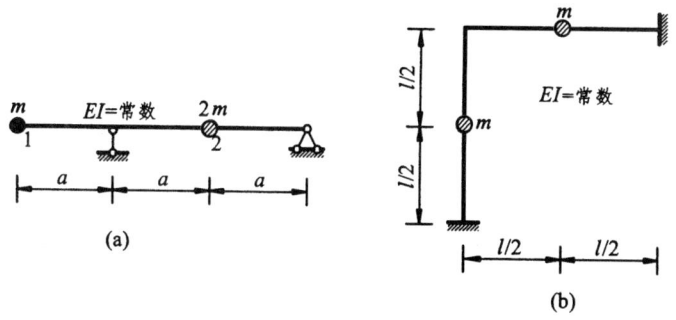

题 10-13 图

10-14 试求图示结构的自振频率和主振型。（分别采用刚度法和柔度法求解）

10-15 图示悬臂梁上装有两个发电机，重各为 $G = 30$ kN，振动力最大值为 $F_0 = 5$ kN。试求当发电机 D 不开动而发电机 C 在每分钟转动次数为 ① 300 r/min，② 500 r/min 时梁的动力弯矩图。已知梁的 $E = 210$ GPa，$I = 2.4 \times 10^{-4}$ m^4。梁重可略去。

10-16 试求图示刚架的最大动力弯矩图。设 $\theta = \sqrt{\dfrac{48EI}{ml^3}}$，刚架自重已集中于两质点处。

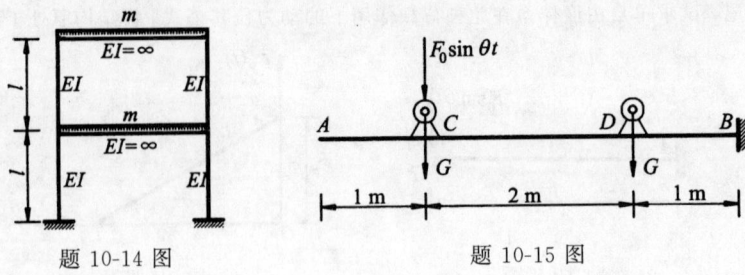

题 10-14 图　　　　　　题 10-15 图

10-17 图示刚架，楼面质量分别为 $m_1=120$ t 和 $m_2=100$ t，柱的质量已集中于楼面；柱的线刚度分别为 $i_1=20$ kN·m 和 $i_2=14$ kN·m；横梁刚度无限大。设在二层楼面处沿水平方向作用一简谐干扰力 $F_0\sin\theta t$，其幅值 $F_0=5$ kN，机器转速 $n=150$ r/min。试求第一、二楼面处的振幅值和柱端弯矩的幅值。

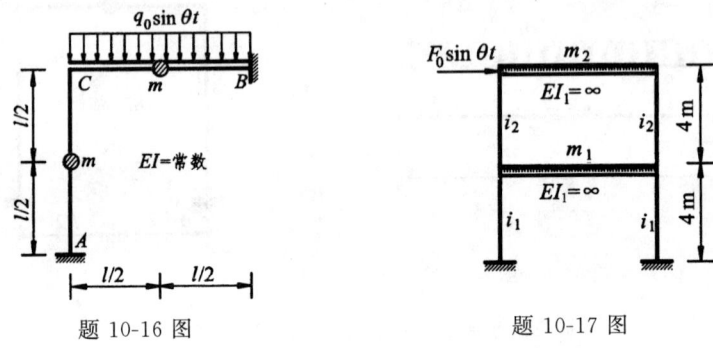

题 10-16 图　　　　　　题 10-17 图

10-18 题图 10-20(a) 所示等截面简支外伸梁的两个集中质量为 $m_1=m_2=m$，在质量 1 和 2 处分别作用突加常量荷载 $F_{P1}(t)=2$ kN, $F_{P2}(t)=4$ kN。不考虑阻尼的影响，试用振型叠加法计算两个集中质量处的动力位移。已知该体系的第一主振型及第二主振型如题图(b)、(c)所示。

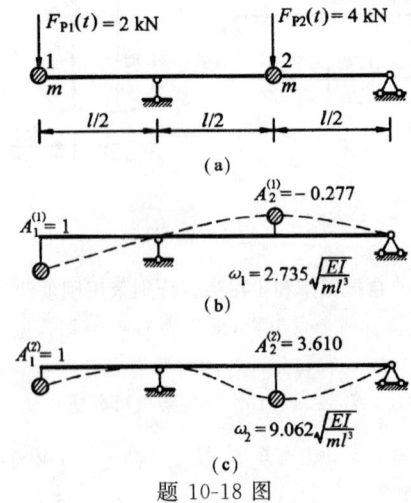

题 10-18 图

10-19 试用能量法求图所示梁的最低自振频率。设以梁在自重下的弹性曲线为其振动形式。

10-20 试用能量法求图示梁的最低自振频率。设以梁在自重下的弹性曲线为其振动形式。

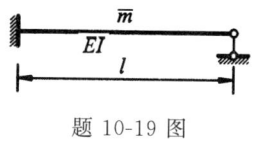

题 10-19 图

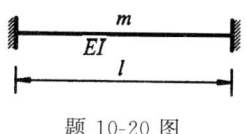

题 10-20 图

10-21 用振型分解法重做题 10-15。

10-22 用振型分解法重做题 10-17。

第十一章 结构稳定计算

第一节 概述

在结构设计中,为了保证结构的安全性,在许多情形下,仅作结构的强度计算是不够的。事实证明,在很多结构中,例如杆件结构、板、壳等,当荷载达到某一临界值时,其临界应力虽然还没有超过其准许值,然而结构已不能继续维持其原有的平衡形式,而突然丧失稳定,因此与强度问题同时存在着的还有结构稳定的问题。

在材料力学中,曾初步研究过关于压杆的纵向屈曲问题,那是直杆丧失稳定的最简单例子。如图 11-1(a)所示为一中心受压的细长直杆,下端固定,上端自由;当轴向压力的数值不大时,中心受压的直线形式是杆件的稳定平衡形式。当压力 F_P 达到某一临界值 F_{Pcr} 时,中心受压的直线形式虽然仍可暂时维持静力平衡,然而是不稳定的;此时,任何微小的侧向干扰力就能使压杆弯曲而产生一挠度 δ(图 11-1b),此挠度在侧向力移去后仍不消失。因此,在临界力 F_{Pcr} 作用下,这种曲线形式是杆件的稳定平衡形式,但其受力方式不再是中心受压,而是受压受弯的,即出现了所谓的平衡分支。

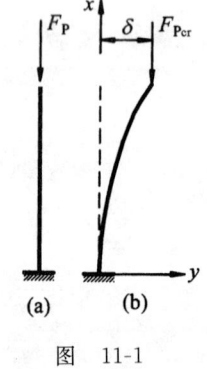

图 11-1

上述这种丧失稳定的形式,不仅在直杆中发生,在其他结构中也同样可以发生。图 11-2(a)示一刚架,承受着一个结点荷载 F_P。在 F_P 达到临界值 F_{Pcr} 以前,刚架中一部分杆件是中心受压的,而另一些杆件则不受力。在 F_P 达到临界值之后,在微小干扰力作用下刚架突然弯曲,在新的微小变形状态下维持稳定平衡,如图中的实线所示。

图 11-2(b)为一管壁很薄的闭合圆环,承受均匀分布的径向压力 q(静水压力)。在压力 q 达到其临界值 q_{cr} 以前,管壁是一个中心受压的曲杆;在 q 达到 q_{cr} 之后,原有的圆形曲线形式不再是一种稳定的平衡,而圆环突然变形,成为椭圆形。

抛物线形拱(图 11-2c)在沿跨度均匀分布的荷载 q 作用下,也是中心受压的。当 q 达到临界值 q_{cr} 时,抛物线形的静力平衡丧失了它的稳定性,而使拱突然变形,并在新的变形状态下维持稳定的平衡。

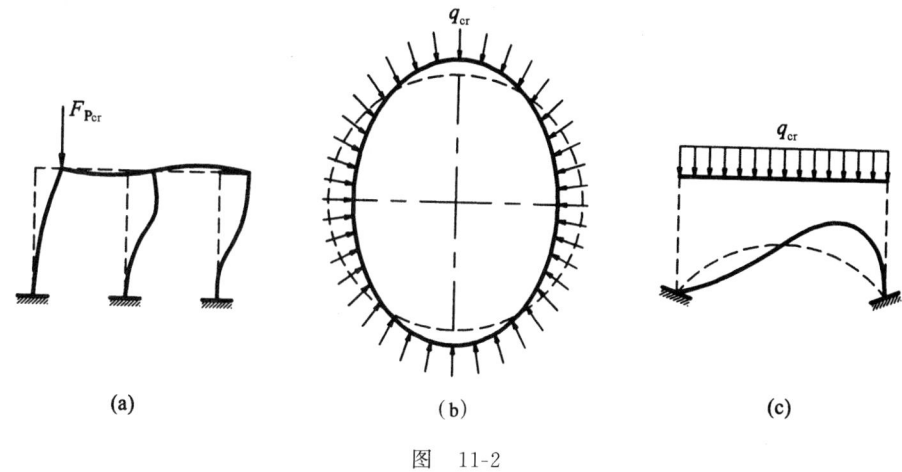

图 11-2

所有以上例子,统称为丧失中心受压形式的稳定性,而在新的变形状态下维持稳定的平衡。此时结构的各杆不仅受压并且还受到挠曲。

除了上述丧失稳定的形式以外,还有丧失平面弯曲形式的稳定性,图 11-3 表示一悬臂式薄壁工字梁,承受一横向的集中荷载 F_P,当 F_P 的数值还不大时,工字梁仅在其腹板所在的竖直平面内弯曲,因此它只是一个受挠的杆件。当 F_P 逐渐增大,达到临界值 F_{Pcr} 时,平面弯曲形式的平衡不再是稳定的,而会突然向外弯曲;此时,工字梁不仅在其水平面内呈现侧向弯曲,而且还发生了梁截面的扭转。

所有以上所阐述的丧失稳定的形式,我们称之为第一类丧失稳定的情形。因为这种情形的研究,首先是由欧拉对于直杆纵向弯曲的研究开始的,因此也叫做欧拉式的丧失稳定的情形。

这里还存在着第二类丧失稳定的情形。首先来研究一个例子:图 11-4 表示一非常平坦的二铰拱,承受均布荷载 q。因为这个平拱的拱轴不是抛物线形的,所以在荷载 q 的作用下,拱内不仅受压,而且还受弯。如果我们考虑拱轴长度的伸缩,则在荷载 q 还不很大时,产生很小的位移 δ,而拱轴逐渐下移,如图中的位置Ⅱ。当逐渐增大 q 的数值,拱轴各点的位移 δ 也逐渐增大,然而它们始终维持稳定的平衡。当 q 达到某一临界值 q_{cr} 时,虽然不增加荷载的数值,而拱轴的位移仍不断地增大,直到图中所示的第Ⅲ个位置为止,从Ⅱ到Ⅲ,位移出现跳跃,此时才重新达到稳定的平衡。因此,当 q 的数值达到 q_{cr} 时,拱已失去了它以原有形式支持荷载的能力,这就是第二类丧失稳定情形的一个例子。

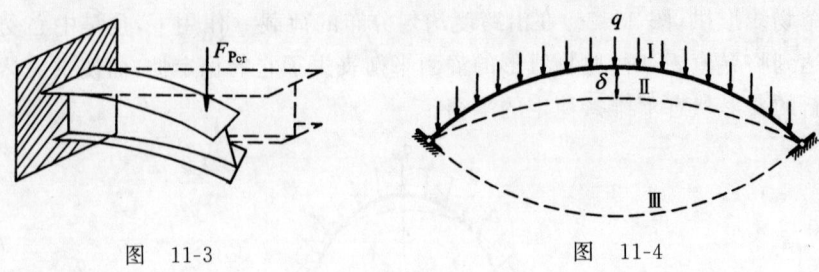

图 11-3　　　　　　　　　图 11-4

这两类丧失稳定的情形,其主要的区别在于:第一类情形,在前后两个稳定平衡的位置内的受力形式是不同的,从受压变为压弯,或从受弯变为弯扭,出现平衡分支;而第二类情形,在前后两个位置上,其受力形式始终不变,但位移则发生突变。

所有两类丧失稳定的情形,都可以发生在材料的弹性范围以内或塑性范围以内,视结构在丧失稳定时的应力数值是否超过弹性极限而定。

在本章中,我们仅限于讨论杆件结构在弹性范围以内的第一种丧失稳定的情形。

到目前为止,我们只提及了在一个集中荷载或一种均布荷载作用下的结构稳定问题。在这种情形下,问题的性质常常是需求临界力或临界荷载的数值,或求实际荷载与临界荷载之间的安全系数。但在实际问题中,一个结构可能有几个力同时作用的情形,如图 11-5 所示。在此情形下,问题的性质在于计算当结构在临界状态时的临界力系与实际力系之间的安全系数。这个安全系数称为临界参数 λ_{cr},就是说,在将力系中的每个力 $F_{P1}, F_{P2}, \cdots$ 乘以同一个临界参数 λ_{cr} 之后,此结构即处于临界状态下。

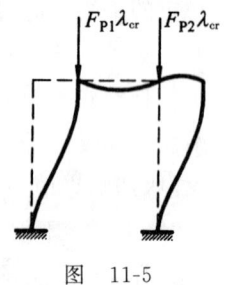

图 11-5

求临界力或临界参数的基本方法有两种,即静力法与能量法。

第二节　求临界力的基本方法

一、静 力 法

在材料力学课程中,曾阐明了关于临界力的意义。临界力就是指,使杆件的原有平衡状态失去稳定的最小力数值,也就是使杆件在新的微小的变形状态下,维持稳定平衡的最小力数值。从这个临界力的定义出发,我们可以得出求临界力的静力法。

首先假设，在临界力的作用下，弹性杆件的轴具有极微小的变形，并且假设在这种新的变形状态下的杆轴弹性曲线维持稳定的静力平衡。按静力平衡条件，可以求出杆件的内力。一般地说，剪力的影响是很小的，因此在计算中可以略去[①]，而仅计算弯矩。

我们在找出这个新的静力平衡状态下的杆轴弹性曲线方程式时，因为假设位移是很微小的，故可以采用近似的微分方程式作为挠曲轴的平衡微分方程式[②]，这个微分方程式的解，包括一些未知的积分常数，根据边界条件，可以写出一组包括所有未知常数的一次齐次方程式，方程式的数目等于未知常数的数目。

齐次方程式的特征是它们具有不止一个解答。其中一个解答是全部常数均等于零，这相当于没有变形的原状态；这个答案显然不是我们所需要的。要使体系得到新的变形状态，方程式组内的未知常数不应全部恒等于零。为了满足这个条件，由未知数前的系数 a 所组成的行列式就应等于零，即

$$D(a)=0 \tag{11-1}$$

这个方程式称为特征方程式，或者以后我们常称它为稳定方程式。由此可以求出临界力 F_{Pcr} 的数值。

现举例说明这个方法的具体运用。

图 11-6 为一两端铰接的等截面压杆。假定在临界力 F_{Pcr} 的作用下，此杆略呈弯曲。如果在新的变形状态下维持静力平衡，则可以利用静力平衡条件求出反力，从而算出任意一截面的弯矩为

$$M=F_P y \tag{a}$$

杆轴的近似微分方程式为[③]

$$EIy''=\pm M \tag{b}$$

将式(a)代入式(b)，得

$$y''+k^2y=0 \tag{c}$$

其中

$$k=\sqrt{\frac{F_P}{EI}} \tag{11-2}$$

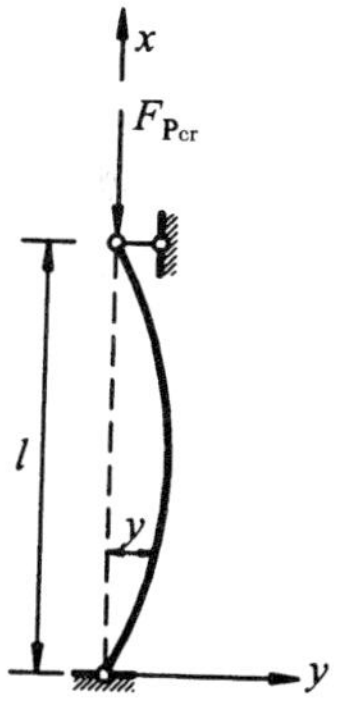

微分方程式(c)的通解为

$$y=A\cos kx - B\sin kx \tag{d}$$

式中，A、B 为两个积分常数。

图 11-6

[①] 关于剪力对临界力数值的影响可参阅本章第七节。
[②] 如果当荷载大于其临界值时，杆轴的变形甚大，此时必须采用准确的曲率方程式作为挠曲轴的平衡微分方程式。
[③] 式(b)中 M 之前的正、负号按以下规定来决定：弯矩 M 所造成的曲率半径与 y 的正方向相同时，用正号。

边界条件为：① $x=0, y=0$ ② $x=l, y=0$。分别代入式(c)，得

$$\left. \begin{array}{l} A=0 \\ A\cos kl + B\sin kl = 0 \end{array} \right\} \qquad (e)$$

方程式组(e)为未知常数 $A、B$ 的一次齐次方程组。它的一个解答是 $A=B=0$，这个解虽然适合于式(e)，也是稳定平衡的一种，但是由式(d)可知，不论 x 的数值如何，其挠度 y 永远等于零。这就是说，杆件维持原来的直线形式的平衡，显然这不是我们所要的解答。为了使杆件在新的变形状态下维持稳定的平衡，则所有未知常数不能全部等于零，故式(e)中的系数所构成的行列式应等于零，即

$$D = \begin{vmatrix} 1 & 0 \\ \cos kl & \sin kl \end{vmatrix} = 0$$

由此得稳定方程式为

$$\sin kl = 0 \qquad (f)$$

临界力的数值相当于这个方程式中除零以外的最小根，即 $kl=\pi$。以此代入式(11-2)，得

$$F_{Pcr} = \frac{\pi^2 EI}{l^2} = \frac{9.8696 EI}{l^2} \qquad (11\text{-}3)$$

有时，挠曲微分方程式(b)不易积分，则可将通解写成收敛的无穷级数形式来解它，至于稳定方程式形成的方法仍同前。

二、能量法

在前节中，我们曾经研究过直杆稳定和不稳定的情形。当轴向压力 F_P 小于临界值 F_{Pcr} 时，原有的直线形式是杆件稳定的平衡形式。如果人为地给它以微小的侧向位移，则在人为控制撤销后，杆轴在经过一段短促的振动后立刻稳定在原来的直线形位置内。现在我们把轴向压力 F_P 增加至临界值 F_{Pcr} 稍大一些的数值，此时，就理论上说，杆轴仍可维持直线形的平衡。然而，这种平衡状态是不稳定的，在此情形下，如果人为地给它以微小的侧向位移，则当人为控制撤销之后，杆轴就不再恢复到原来的直线形位置，而是稳定在新的弯曲位置内。

关于物体平衡的稳定或不稳定性质，它直接与整个体系能量的变化相联系。让我们首先来观察刚体的平衡与能量之间的关系。

图 11-7 所示刚性圆球的三种平衡方式，我们可以很容易地判断其稳定性。在凹面内的圆球是处于稳定的平衡状态(图 11-7a)，而在凸面上的圆球则为不稳定的平衡(图 11-7c)。在水平面上的圆球称为在随遇平衡状态之下(图 11-7b)。上述的这些结论我们可以用能量的原理去解释它。在图 11-7(a)所示的情形下，若圆球

自其平衡的位置有任何的位移,则必须抬高其重心的位置。必须要有一定数量的功才能产生这样一个位移,故自其平衡位置有任何位移时,此体系的位能必增加。图 11-7(c)所示的情形,若圆球自其平衡位置有任何位移时,必降低其重心,亦即减少此体系的位能。因此,若为稳定平衡,则体系的能量与相邻位置相比必为最小,若为不稳定的平衡时,则该体系的能量与相邻位置相比为最大。至于随遇平衡,该体系的能量与相邻位置相比其数值不变。我们如果用 E_P 代表总势能,用 z 代表独立的位移参数,对于刚性圆球来说与平衡位置相邻近位置来比,它只有位能的变化,于是得到平衡稳定性的能量判别式为:

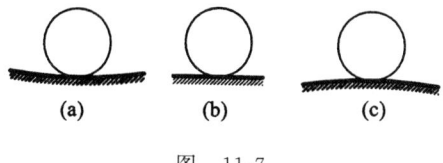

图 11-7

当物体处于稳定平衡时,则

$$\begin{cases} \dfrac{dE_P}{dz}=0 & \text{(表示物体平衡)} \\ \dfrac{d^2E_P}{dz^2}>0 & \text{(势能极小,表示物体稳定平衡)} \end{cases}$$

当物体处于不稳定平衡时,则

$$\begin{cases} \dfrac{dE_P}{dz}=0 & \text{(表示物体平衡)} \\ \dfrac{d^2E_P}{dz^2}<0 & \text{(势能极大,表示物体不稳定平衡)} \end{cases}$$

当物体处于随遇平衡时,则

$$\begin{cases} \dfrac{dE_P}{dz}=0 & \text{(表示物体平衡)} \\ \dfrac{d^2E_P}{dz^2}=0 & \text{(势能为常量,表示物体随遇平衡,也称中性平衡)} \end{cases}$$

下面我们通过一个自由度的直杆稳定问题来进一步理解上述判别式,并研究如何求临界力。

如图 11-8 所示一中心受压的刚性直杆 AB,下端弹性铰支,只要 θ 一定,则整个结构的变形位置就定。因此,是一个自由度的体系。

假定给直杆 AB 以微小的角位移 θ,我们研究杆件由原来的平衡位置(即 $\theta=0$ 的位置)偏离 θ 时,体系总势能的变化。

令 β 表示弹簧刚度系数,即转动一单位转角时需要的弯矩,于是转动 θ 时弹簧中的弯矩 $M=\beta\theta$,由此弹簧的应变能

$$U=\frac{1}{2}M\theta=\frac{1}{2}\beta\theta^2$$

在变形过程中假设 F_P 的大小和方向均不变,只下移了 λ,所以与 $\theta=0$ 处相比,位能 U_P 减小了 $F_P\lambda$,故取负号。

$$U_P=-F_P\lambda=-F_Pl(1-\cos\theta)$$
$$=-F_Pl\left(1-1+\frac{\theta^2}{2!}-\frac{\theta^4}{4!}+\cdots\right)$$

因为 θ 很小(即小变形状态),如略去上式中 θ 四阶以上的各项,得体系的总势能为(令 $\theta=0$ 时的总势能为零)

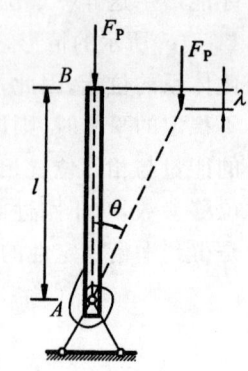

图 11-8

$$E_P=U+U_P\cong\frac{1}{2}\beta\theta^2-\frac{F_Pl}{2}\theta^2 \qquad (a)$$

由此可见,总势能是 θ 的二次式,它们是抛物线关系。

由
$$\frac{dE_P}{d\theta}=\beta\theta-F_Pl\theta=0 \qquad (b)$$

即为平衡方程式。由图 11-8,按 $\Sigma M_A=0$ 也可以得此式。

由
$$\frac{d^2E_P}{d\theta^2}=\beta-F_Pl$$

可得

当 $F_P<\dfrac{\beta}{l}$ 时,则 $\dfrac{d^2E_P}{d\theta^2}>0$,$E_P$ 与 θ 的关系图如图 11-9(a)所示。这表明 $\theta=0$ 时 E_P 最小;故 $\theta=0$ 时为稳定平衡状态。

当 $F_P>\dfrac{\beta}{l}$ 时,则 $\dfrac{d^2E_P}{d\theta^2}<0$,$E_P$ 与 θ 的关系图如图 11-9(b)所示。这表明 $\theta=0$ 时 E_P 最大;故 $\theta=0$ 时为不稳定平衡状态。

当 $F_P=\dfrac{\beta}{l}$ 时,则 $\dfrac{d^2E_P}{d\theta^2}=0$,这表明 $\theta=0$ 时在其邻近位置,总势能 E_P 不变,故 $\theta=0$ 是中性状态(即随遇平衡)如图 11-9(c)。这时的 $F_P=\dfrac{\beta}{l}=F_{Pcr}$ 就是体系丧失竖直稳定平衡状态的临界力。

通过上例还可看到,总势能的近似表达式(a)(假定位移参数 θ 很小,略去 θ 四阶以上各项所得),它大大简化了稳定问题的计算,由此而得出的平衡方程 $\dfrac{dE_P}{d\theta}=0$ 是线性的,如式(b)所示。直接利用式(b)可以求得当 θ 在不定条件下的临界状态。由式(b)得

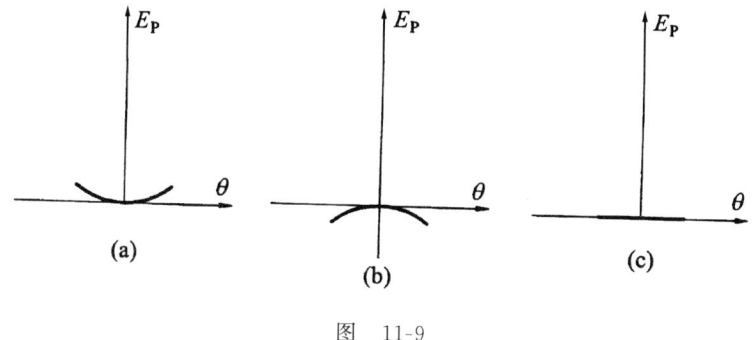

图 11-9

$$\theta(\beta - F_P l) = 0 \qquad \text{(c)}$$

上式中 θ 不恒等于 0 的条件是 $(\beta - F_P l) = 0$，由此得临界力为

$$F_{Pcr} = \frac{\beta}{l}$$

它与 $\dfrac{d^2 E_P}{d\theta^2} = 0$ 求出的临界力是相同的。

于是小变形体系的临界荷载可以按随遇平衡状态来求出。此时平衡条件仍被满足，但体系的位移是任意的(即不定的)。

下面我们利用上述结论来求两个自由度体系的临界力，如图 11-10(a)所示三根刚性杆用铰相连。B、C 处为弹性支座，其弹簧刚度为 β(产生单位位移需要的力)。体系在 D 端有压力 F_P。决定体系变形状态的独立参变数是支座沉降 y_1 和 y_2，所以是两个自由度体系。

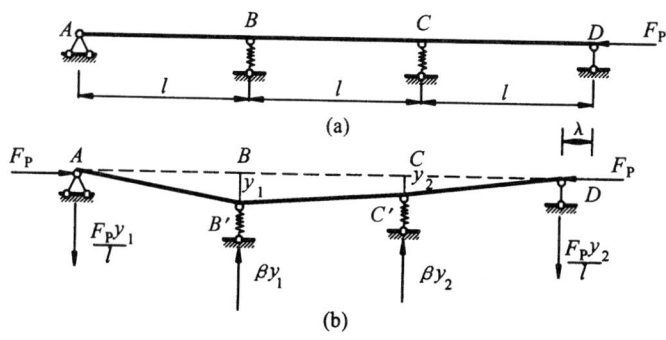

图 11-10

解决这一稳定问题时，我们仍假定位移 y_1、y_2 与杆长相比是很小的，于是在平衡方程式中，可以只包括 y_1 和 y_2 的一阶，而在位能表达式中不包括 y_1 和 y_2 二阶以上的项。

现用两种方法求其临界力 F_{Pcr}。

（一）静力法

设体系由原始平衡状态（水平位置），转到任意变形状态（11-10b），B 点和 C 点的竖向位移分别为 y_1 和 y_2，相应的支座反力为

$$F_{RB}=\beta y_1, \quad F_{RC}=\beta y_2$$

同时，A 点和 D 点的支座反力为

$$F_{RAx}=F_P(\rightarrow), \quad F_{RAy}=\frac{F_P y_1}{l}, \quad F_{RD}=\frac{F_P y_2}{l}$$

变形状态下的平衡条件为

$$\left.\begin{aligned}\sum M_{B'}=0, & \quad \beta y_2 l-\left(\frac{F_P y_2}{l}\right)2l+F_P y_1=0 \\ \sum M_{C'}=0, & \quad \beta y_1 l-\left(\frac{F_P y_1}{l}\right)2l+F_P y_2=0\end{aligned}\right\}$$

整理后得

$$\left.\begin{aligned}F_P y_1+(\beta l-2F_P)y_2=0 \\ (\beta l-2F_P)y_1+F_P y_2=0\end{aligned}\right\} \tag{d}$$

这是关于 y_1 和 y_2 的齐次方程式，y_1 和 y_2 不恒等于零的条件是其系数行列式等于零，即

$$\begin{vmatrix} F_P & (\beta l-2F_P) \\ (\beta l-2F_P) & F_P \end{vmatrix}=0 \tag{e}$$

也就是说，除原始平衡形式外，体系还有新的平衡形式。这样，平衡形式具有二重性，这就是体系处于临界状态的静力特征。方程（e）就是稳定问题的特征方程，展开式（e）得

$$F_P^2-(\beta l-2F_P)^2=0$$

由此解得两个特征值

$$F_P=\left.\begin{aligned}(\beta l)/3 \\ \beta l\end{aligned}\right\}$$

其中最小的特征值称为临界荷载 F_{Pcr}，即

$$F_{Pcr}=\beta l/3$$

（二）能量法

令每根杆件在转动后端点的轴向位移为

$$\Delta l = l - l\cos\varphi \cong \frac{1}{2}l\varphi^2$$

则在图 11-10(b)中，D 点的水平位移 λ 为

$$\begin{aligned}\lambda &= l\left[\frac{1}{2}\left(\frac{y_1}{l}\right)^2 + \frac{1}{2}\left(\frac{y_2-y_1}{l}\right)^2 + \frac{1}{2}\left(\frac{y_2}{l}\right)^2\right] \\ &= \frac{1}{2l}[y_1^2 + (y_2-y_1)^2 + y_2^2] \\ &= \frac{1}{l}(y_1^2 - y_1 y_2 + y_2^2)\end{aligned}$$

荷载势能为

$$U_P = -F_P \lambda = -\frac{F_P}{l}(y_1^2 - y_1 y_2 + y_2^2)$$

弹性支座的应变能为

$$U = \frac{\beta}{2}(y_1^2 + y_2^2)$$

体系的总势能

$$E_P = U + U_P = \frac{\beta}{2}(y_1^2 + y_2^2) - \frac{F_P}{l}(y_1^2 - y_1 y_2 + y_2^2)$$

即

$$E_P = \frac{1}{2}\left(\beta - \frac{2F_P}{l}\right)y_1^2 + \frac{F_P}{l}y_1 y_2 + \frac{1}{2}\left(\beta - \frac{2F_P}{l}\right)y_2^2$$

利用 $\dfrac{\partial E_P}{\partial y_1} = 0$，得式(d)中的第二式（平衡方程）

$$(\beta l - 2F_P)y_1 + F_P y_2 = 0$$

由 $\dfrac{\partial E_P}{\partial y_2} = 0$，得式(d)中的第一式

$$F_P y_1 + (\beta l - 2F_P) = 0$$

接着的计算与静力法相同。不再重复。

最后来研究具有无限多自由度的弹性直杆的稳定。图 11-11 表示一弹性直杆，两端的支承情况可以是任意的（不包括弹性支座），当轴向压力 F_P 的数值很小时，其挺直的位置 AB 是稳定平衡形式。当 F_P 的数值达到 F_{Pcr} 时，体系将出现临界状态即随遇平衡状态。这时体系与邻近位置相比其总势能不变。即体系在直线状态与其邻近的微弯状态相比其位能增量 $\Delta E_P = 0$，这就是临界状态的判别式，用以求出临界力。

所以，我们给直杆以微小的位移 $y(x)$，于是弹性杆轴就占有微小弯曲的变形状态，如图 11-11 中的实线所示。从原有的挺直位置转变到

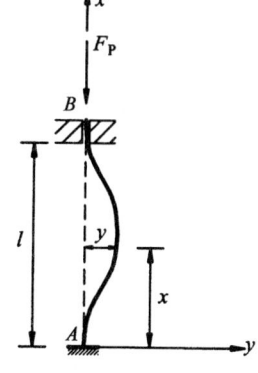

图 11-11

微弯位置时,使整个体系的位能有改变。位能的改变包括两部分,其一为由于杆件的弯曲,使杆件本身储藏了一部分变形位能;其二为由于力 F_P 作用点的下移,减少了外力 F_P 的位能。

变形位能的增量,在数值上等于内力实功[①],或

$$U=\int_0^l \frac{M^2}{2EI}\mathrm{d}x$$

又因

$$y''=\frac{M}{EI}$$

故变形位能的增量也可以用以下的公式表示

$$U=\frac{EI}{2}\int_0^l(y'')^2\mathrm{d}x$$

外力 F_P 的位能,由于作用点位置的下移而减少,其值适等于外力 F_P 所做的功 W。设 F_P 的作用点位置下移 δ,则

$$U_P=W=F_P\delta$$

位移 δ 是等于挠曲线的长度与其弦长之差。因为曲线上的微量单元 $\mathrm{d}s$ 与其弦上的微量单元 $\mathrm{d}x$ 之差为

$$\mathrm{d}s-\mathrm{d}x=\mathrm{d}x\sqrt{1+\left(\frac{\mathrm{d}y}{\mathrm{d}x}\right)^2}-\mathrm{d}x\approx\frac{1}{2}(y')^2\mathrm{d}x$$

故

$$\delta=\frac{1}{2}\int_0^l(y')^2\mathrm{d}x$$

$$U_P=\frac{F_P}{2}\int_0^l(y')^2\mathrm{d}x$$

从原有的挺直位置转变到弯曲位置时,整个体系位能的改变为 $\Delta E_P=U-U_P$。处于临界状态下的临界力 F_{Pcr} 的数值,得自 $\Delta E_P=0$,或 $U=U_P$,故

$$F_{Pcr}\int_0^l(y')^2\mathrm{d}x=\int_0^l\frac{M^2}{EI}\mathrm{d}x \tag{11-4}$$

或

$$F_{Pcr}=\frac{EI\int_0^l(y'')^2\mathrm{d}x}{\int_0^l(y')^2\mathrm{d}x} \tag{11-5}$$

利用式(11-4)或式(11-5)可以求得临界力 F_{Pcr} 的数值。显然,要计算这些公式中的积分数值,必须首先假设弯曲位置内的弹性曲线方程式;并且所假设的弹性曲线必须满足实际情形下的边界条件。因为杆件的实际变形尚为未知,故只能假定一

[①] 详见第四章第二节。

第十一章　结构稳定计算

近似的变形,所假定的变形与实际的变形越接近,所得的结果就越准确,因此这个方法的本质是近似的。虽然如此,但在很多复杂问题中,能量法常较静力法简易得多,因此读者应多加注意。

如果我们用精确的弹性曲线方程式来进行计算,则式(11-4)与式(11-5)给出同样的结果,如果弹性曲线的方程式是假设的,那么式(11-4)所给出的结果,常较式(11-5)所给出的准确。因为 M 是 y 的函数,故由式(11-4)所得的结果,其准确性决定于 y 的准确程度,然而式(11-5)的准确性却决定于 y'' 的准确程度。在选择弹性曲线时,y 的准确性常较 y'' 的准确性为大。

在导出式(11-4)与式(11-5)时,并没有涉及杆件的支承情形,故这些公式适用于各种不同支承的直杆(不包括弹性支承)。

现举例说明能量法的实际运用。

图 11-12 为一两端铰支的直杆,承受轴向压力 F_P。欲以能量法求临界值 F_{Pcr},必先假设弹性曲线方程式。设取

$$y = f\sin\frac{\pi x}{l}$$

为弹性曲线方程式,显然,它符合于杆件两端的边界条件。

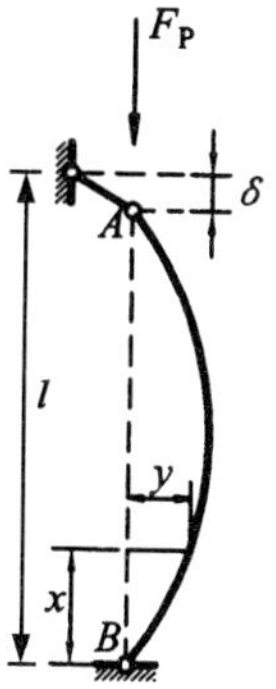

$$M = F_P y = F_P f\sin\frac{\pi x}{l}$$

故

$$\int_0^l \frac{M^2}{EI}dx = \frac{F_P^2 f^2}{EI}\int_0^l \left(\sin\frac{\pi x}{l}\right)^2 dx = \frac{F_P^2 f^2 l}{2EI}$$

同时

$$F_P \int_0^l (y')^2 dx = \frac{F_P f^2 \pi^2}{l^2}\int_0^l \left(\cos\frac{\pi x}{l}\right)^2 dx = \frac{F_P f^2 \pi^2}{2l}$$

代入式(11-4),得

$$F_{Pcr} = \frac{\pi^2 EI}{l^2}$$

图 11-12

由此我们得到了临界力的准确数值,因为我们所假设的弹性曲线是一条正弦曲线,而这正是此杆件失稳时弹性曲线的实际状态。

为了说明能量法的准确程度,我们取抛物线

$$y = \frac{4f}{l^2}x(l-x)$$

为弹性曲线方程式,它适合于边界条件,$y(0)=y(l)=0$。

设用式(11-4),则

$$M = F_P y = \frac{4fF_P}{l^2}x(l-x)$$

$$\int_0^l \frac{M^2}{EI}dx = \frac{8f^2 l F_P^2}{15EI}$$

$$F_P \int_0^l (y')^2 dx = \frac{16f^2 F_P}{3l}$$

所以 $$F_{\text{Pcr}} = \frac{10EI}{l^2}$$

这个数值与它的正确值[式(11-3)]比较，其误差仅为 1.3%。

如果用式(11-5)，则
$$y' = \frac{4f}{l^2}(l-2x), \quad y'' = -\frac{8f}{l^2}$$

故 $$F_{\text{Pcr}} = \frac{12EI}{l^2}$$

其误差为 21.6%，这样大的误差是不允许的。

比较以上两个结果，可见由式(11-4)所得的结果要准确得多。在本例中，按式(11-5)所得的误差之所以如此之大，其原因是由于我们所选择的弹性曲线的 y'' 数值与实际情形相差太远；例如在支点处，这个弹性曲线方程式不满足另外两个条件：$y''(0) = y''(l) = 0$。可见，在选择弹性曲线时，y 的准确性常较 y'' 的准确性为大。

从以上例题的结果可知，能量法常常给我们以较高的临界力数值。这是因为所选择的弹性曲线照例是与真实的弹性曲线有出入的，而这就是相当于把附加联系引入到结构中去，以阻止假设的弹性曲线恢复到真实的弹性曲线位置。引入附加联系，只可能增加整个体系的刚度，从而增大其临界力的数值。

第三节　在刚性支承上等截面直杆的稳定

图 11-13 为在刚性支承上的等截面直杆的五种支承情形。其中第一种至第四种情形的直杆稳定性的计算，已经在材料力学课程中学习过。至于第五种情形的临界力可得自第二种情形。比较这两种情形的弹性曲线，可知第二种直杆长度等于第五种直杆长度的一半。若在第二种情形的临界力公式中，以 $l/2$ 来代替 l，即得第五种直杆的临界力。

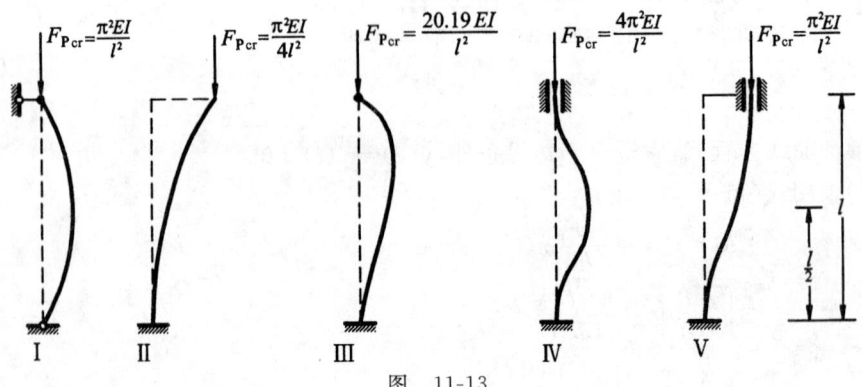

图 11-13

这里我们仅就第三种情形的临界力计算作如下简述。

图 11-14(a)为直杆在临界状态下,与其支承情形相符合的弹性曲线形式。取坐标轴如图所示。其弹性曲线的微分方程为

$$EIy''=M=-F_\text{P}y+F_\text{R}(l-x)$$

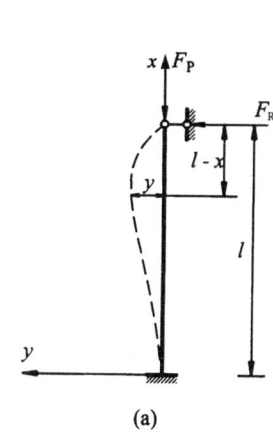
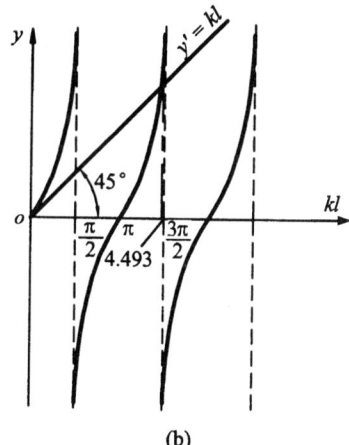

图　11-14

或改写为

$$y''+k^2y=\frac{F_\text{R}(l-x)}{E}$$

其中

$$k^2=\frac{F_\text{P}}{EI}$$

上式的解为

$$y=A\cos kx+B\sin kx+\frac{F_\text{R}}{F_\text{P}}(l-x)$$

常数 A、B 和未知力 F_R 可由以下的三个边界条件来确定：

① $x=0, y=0$；

② $x=l, y=0$；

③ $x=0, y'=0$。

根据 A、B 和 F_R 不能同时为零的条件,得稳定方程式

$$D(a)=\begin{vmatrix} 1 & 0 & l \\ \cos kl & \sin kl & 0 \\ 0 & k & -1 \end{vmatrix}=0$$

由此得

$$kl\cos kl-\sin kl=0;$$

或

$$kl=\tan kl$$

上式可用试算法或图解法求解。采用图解法时,作 $y=kl$ 和 $y=\tan kl$ 两组图线,其交点即为方程的解答,如图 11-14(b)所示。由该图得 kl 的最小根为 $kl=4.493$。与其对应的 F_{Pcr} 为

$$F_{\mathrm{Pcr}}=(4.493)^2\frac{EI}{l^2}=\frac{20.19EI}{l^2}\cong\frac{\pi^2 EI}{(0.7l)^2}$$

现在讨论另一种在刚性支承上的等截面直杆,其沿杆轴的一部分刚度 EI 为无穷大。

图 11-15(a)为一两端铰接的压杆,其上部长度 l_2 以内的刚度为无穷大。在新的变形状态下,l_2 部分的倾角为 φ。设取坐标轴如图所示,则任意一截面的弯矩为

$$M=F_{\mathrm{P}}y$$

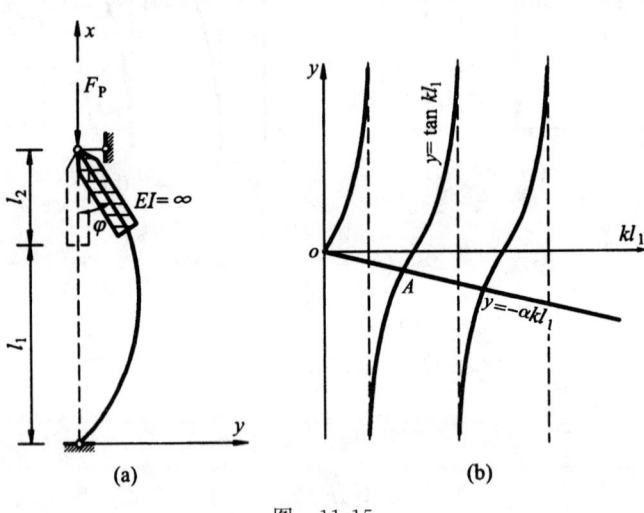

图 11-15

在 l_1 部分内的弹性曲线方程式为[①]

$$y''+k^2y=0$$

这个方程式的通解为

$$y=A\cos kx+B\sin kx$$

边界条件为

① $x=0$, $y=0$
② $x=l_1$, $y=\varphi l_2$

由此得

$$A=0, \quad B=\frac{\varphi l_2}{\sin kl_1}$$

---

① 公式中 k 的意义见式(11-2)。

此弹性曲线的方程为

$$y = \frac{\varphi l_2}{\sin kl_1} \sin kx$$

此式中仍有一个未知常数,故需要第三个边界条件

③ $x = l_1$, $y' = \varphi$

以此代入 y' 方程式,得稳定方程式

$$\tan kl_1 = -kl_2 \tag{11-6}$$

由此式可解得 k 的数值。这里,用图解法来解是比较简便的。令

$$y = \tan kl_1 = -\alpha(kl_1)$$

此处 $\alpha = l_2/l_1$。然后画出这两条曲线(图 11-15b),它们的交点给出了 kl_1 的解。图中的 A 点是相当于最小临界力的解。以此代入式(11-2),即可求得所需的临界力数值。

设 $l_2 = 0, l_1 = l$,则稳定方程(11-6)变为 $\tan kl = 0$。由此得 $kl = \pi$。故临界力为

$$F_{Pcr} = \frac{\pi^2 EI}{l^2}$$

第四节　在弹性支承上等截面直杆的稳定

在工程结构中,我们常可遇到压杆的一端或两端并不支承在刚性支座上,而是支承在弹性支承上。例如参见图 11-18中的刚架,其压杆下端的支承即属弹性支座。在本节中,我们先研究支承在弹性支座上的直杆的稳定。

图 11-16中的 $12'$ 表示一轴向受压的等截面直杆在丧失稳定以前的位置;12为丧失中心受压稳定后的位置。杆件的两端支承在弹性支座上。杆件的下端不能自由移动,其移动则受到弹簧①的约束,其弹簧刚度为 $\beta_1$①。杆件的上端则既可转动,亦可移动;其转动受到弹簧②(弹簧刚度为 $\beta_2$②)的约束,其移动则受到弹簧③(弹簧刚度为 $\beta_3$③)的约束。

设杆件的上端转角为 φ_2,则上端的力矩为 $m_2 = \beta_2 \varphi_2$。设上端的水平移动为 δ,则上端的反力为 $F_R = \beta_3 \delta$。设下端的转角为 φ_1,则下端的力矩为 $m_1 = \beta_1 \varphi_1$。

以杆件下端1为力矩中心,按静力平衡条件,可得

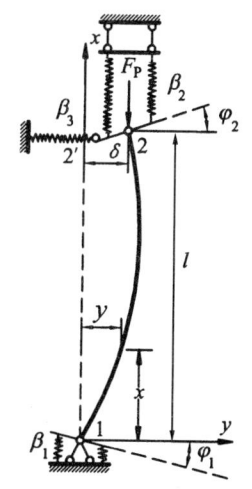

图　11-16

---
① 、②　β_1 和 β_2 为使弹簧转动一个单位角度时所需的弯矩。
③　β_3 为使弹簧伸长一个单位长度时所需的力。

$$m_1 = F_P\delta + \beta_2\varphi_2 - \beta_3\delta l$$

或

$$\varphi_1 = \frac{F_P - \beta_3 l}{\beta_1}\delta + \frac{\beta_2}{\beta_1}\varphi_2 \tag{a}$$

挠曲轴上任意一截面的弯矩为

$$M = F_P(\delta - y) + \beta_2\varphi_2 - \beta_3\delta(l - x)$$

故弹性曲线的微分方程式为

$$y'' + k^2 y = \frac{1}{EI}(F_P\delta + \beta_2\varphi_2 - \beta_3\delta l + \beta_3\delta x)$$

它的通解是

$$y = A\cos kx + B\sin kx + \frac{1}{F_P}[(F_P - \beta_3 l + \beta_3 x)\delta + \beta_2\varphi_2] \tag{b}$$

式(b)内有四个未知常数 A、B、δ、φ_2，需要四个边界条件。它们是

当 $x = 0$ 时

$$y = 0, \quad y' = \varphi_1 = \frac{F_P - \beta_3 l}{\beta_1}\delta + \frac{\beta_2}{\beta_1}\varphi_2$$

当 $x = l$ 时

$$y = \delta, \quad y' = -\varphi_2$$

根据这些边界条件，可以得出以下四个一次齐次方程式

$$\begin{cases} A + \left(1 - \dfrac{\beta_3 l}{F_P}\right)\delta + \dfrac{\beta_2}{F_P}\varphi_2 = 0 \\[2mm] A\cos kl + B\sin kl + \dfrac{\beta_2}{F_P}\varphi_2 = 0 \\[2mm] Bk + \left(\dfrac{\beta_3}{F_P} + \dfrac{\beta_3}{\beta_1}l - \dfrac{F_P}{\beta_1}\right)\delta - \dfrac{\beta_2}{\beta_1}\varphi_2 = 0 \\[2mm] -Ak\sin kl + Bk\cos kl + \dfrac{\beta_3}{F_P}\delta + \varphi_2 = 0 \end{cases}$$

为了使杆件在新的变形状态下维持稳定的平衡，则所有未知常数不能全部为零，故上式的系数行列式应等于零。即

$$\begin{vmatrix} 1 & 0 & \left(1 - \dfrac{\beta_3 l}{F_P}\right) & \dfrac{\beta_2}{F_P} \\[2mm] \cos kl & \sin kl & 0 & \dfrac{\beta_2}{F_P} \\[2mm] 0 & k & \left(\dfrac{\beta_3}{F_P} + \dfrac{\beta_3}{\beta_1}l - \dfrac{F_P}{\beta_1}\right) & -\dfrac{\beta_2}{\beta_1} \\[2mm] -k\sin kl & k\cos kl & \dfrac{\beta_3}{F_P} & 1 \end{vmatrix} = 0 \tag{11-7}$$

这就是在一般情形下的稳定方程式。这个行列式的解是很复杂的,然而在一些特殊情形下,它的解是比较简单的。

图 11-17表示三种具有弹性约束的压杆。图 11-17(a)所示的情形,$\beta_2=\beta_3=0$,故式(11-7)化简为

$$\begin{vmatrix} 1 & 0 & 1 & 0 \\ \cos kl & \sin kl & 0 & 0 \\ 0 & k & -\dfrac{F_P}{\beta_1} & 0 \\ -k\sin kl & k\cos kl & 0 & 1 \end{vmatrix}=0$$

由此得稳定方程式

$$kl\tan kl=\frac{\beta_1 l}{EI} \tag{11-8}$$

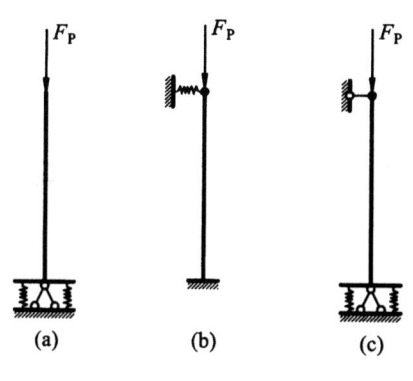

图 11-17

图 11-17(b)所示的情形,$\beta_2=0$,$\beta_1=\infty$。因此,式(11-7)可化简,并得出稳定方程式

$$\tan kl=kl-\frac{(kl)^3 EI}{l^3 \beta_3} \tag{11-9}$$

图 11-17(c)所示的情形,$\beta_2=0$,$\beta_3=\infty$,由此得稳定方程式

$$\tan kl=\frac{kl}{1+\dfrac{(kl)^2 EI}{l\beta_1}} \tag{11-10}$$

现以图 11-18所示的刚架为例,来说明以上所得结果的应用。此刚架与竖直中线相对称,失稳时将有对称和反对称变形两种情况。其竖直压杆的下端具有弹性约束。图 11-18(a)所示为对称变形的失稳情形。利用共轭梁法(见图 11-18c、d)或其他方法可求出弹簧刚度

$$\beta_1 = \frac{2EI_2}{l}$$

以此代入式(11-8),得稳定方程式

$$kh\tan kh = \frac{2h}{l} \times \frac{I_2}{I_1} \qquad (c)$$

由此可得出 k 的数值,然后由式(11-2)算出临界力 F_{Pcr}。

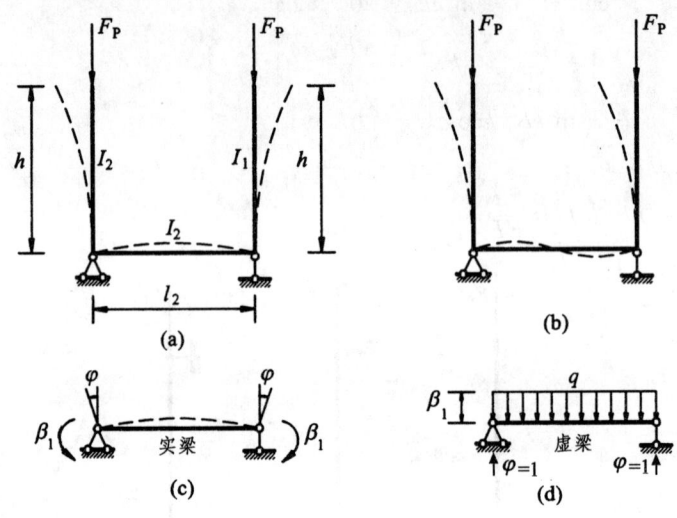

图 11-18

本例失稳时也可能是一种反对称变形的形式(图 11-18b),相应的 β_1 值将为 $\frac{6EI_2}{l}$。与其相对应的 F_{Pcr} 显然大于对称情况,故临界力应按式(c)求得。

第五节 等截面直杆在自重作用下的稳定

图 11-19 为一下端固定上端自由的直杆,承受杆件本身的重量 q kN/m。欲求临界荷载 q_{cr}。这个问题,如果用静力法计算,将得到一变系数的微分方程,它可以用贝塞尔函数来解,所得结果为

$$(ql)_{cr} = \frac{7.83EI}{l^2} \qquad (11\text{-}11)$$

现在我们来研究用能量法解这一个问题。假设弹性曲线方程式为

$$y = \frac{fx^2}{2l^2}\left(3 - \frac{x}{l}\right) \qquad (a)$$

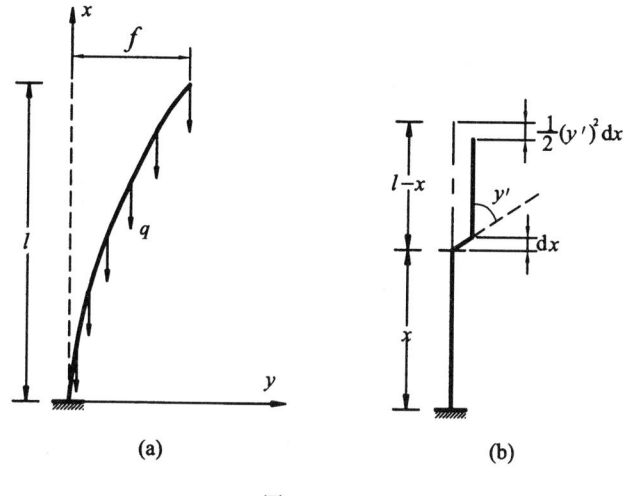

图 11-19

这个方程式就是当悬臂梁端承受一横向的集中力时的弹性曲线方程式,所以它适合于所有边界条件。将式(a)先后微分二次,得

$$y' = \frac{3fx}{l^2} - \frac{3fx^2}{2l^3}, \quad y'' = \frac{3f}{l^2} - \frac{3fx}{l^3}$$

变形位能的增量为

$$U = \frac{EI}{2} \int_0^l (y'')^2 \mathrm{d}x = \frac{3f^2 EI}{2l^3}$$

由于外力 q 作用点位置的改变所减少的位能为 U_P。由图 11-19(b)可知,当微分单元 $\mathrm{d}x$ 的倾斜度为 y' 时,所有在这单元以上的荷载 $(l-x)q$ 在位移 $\frac{1}{2}(y')^2$ 上做了功;因此

$$\mathrm{d}U_P = \frac{1}{2}q(l-x)(y')^2 \mathrm{d}x$$

故

$$U_P = \frac{q}{2} \int_0^l (l-x)(y')^2 \mathrm{d}x = \frac{3qf^2}{16}$$

按式(11-5)可得临界荷载的数值

$$(ql)_{cr} = \frac{8EI}{l^2} \tag{b}$$

这个近似值,若与准确值[式(11-11)]比较,其误差为 2%。

关于下端固定上端自由的压杆,当承受一个以上的轴向压力时,其临界力的数值可按以下所述的近似法进行计算,较为简捷。

我们来研究图 11-20 所示的两种情形。第一种情形(图 a),其临界力为

$$F_{\text{Pcr}}=\frac{\pi^2 EI}{4l^2}$$

而第二种情形(图 b)的临界力则为

$$F_{\text{P1cr}}=\frac{\pi^2 EI}{4l_1^2}$$

很显然

$$F_{\text{Pcr}}=\frac{\pi^2 EI}{4l_1^2}\left(\frac{l_1}{l}\right)^2=F_{\text{P1cr}}\left(\frac{l_1}{l}\right)^2$$
$$=\left[F_{\text{P1}}\left(\frac{l_1}{l}\right)^2\right]\lambda_{\text{cr}}$$

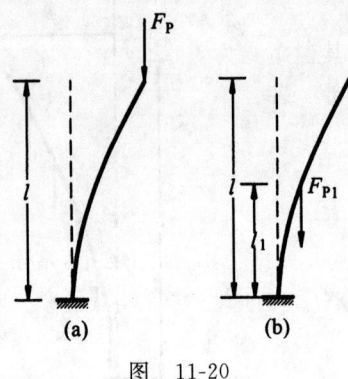

图 11-20

这里,临界参数 λ_{cr} 为

$$\lambda_{\text{cr}}=\frac{\pi^2 EI}{4l^2\left[F_{\text{P1}}\left(\dfrac{l_1}{l}\right)^2\right]}$$

如果,把这两种情形看成为同等稳定的话,那么作用在上端的临界力是作用在距离 l_1 处的临界力的 $(l_1/l)^2$ 倍。因此,我们在计算 F_{P1} 的临界值时,可以先将 F_{P1cr} 乘以 $(l_1/l)^2$ 之后,再迁移到顶点去,然后进行计算。

如果有一组外力 $F_{\text{P1}},F_{\text{P2}},\cdots,F_{\text{P}n}$ 作用在不同高度 $l_1,l_2,\cdots,l_n$ 处,我们可以用一个作用在顶点的外力 F_{P} 来代替。显然,F_{P} 的数值为

$$F_{\text{P}}=F_{\text{P1}}\left(\frac{l_1}{l}\right)^2+F_{\text{P2}}\left(\frac{l_2}{l}\right)^2+\cdots+F_{\text{P}n}\left(\frac{l_n}{l}\right)^2=\sum_{i=1}^{i=n}F_{\text{P}i}\left(\frac{l_i}{l}\right)^2$$

这个 F_{P} 的临界值,可用临界参数表示,$F_{\text{Pcr}}=F_{\text{P}}\lambda_{\text{cr}}$。因此,

$$F_{\text{Pcr}}=F_{\text{P}}\lambda_{\text{cr}}=\lambda_{\text{cr}}\sum_{i=1}^{i=n}F_{\text{P}i}\left(\frac{l_1}{l}\right)^2=\frac{\pi^2 EI}{4l^2}$$

故临界参数为

$$\lambda_{\text{cr}}=\frac{\pi^2 EI}{4l^2\sum\limits_{i=1}^{i=n}F_{\text{P}i}\left(\dfrac{l_1}{l}\right)^2} \tag{11-12}$$

这个方法,对于在自重作用下的情形,也是适用的。在此情形下,我们可以将每个微分外力 $q\text{d}x$ 在乘以 $(x/l)^2$ 之后迁移到顶点处

$$\text{d}F_{\text{P}}=q\text{d}x\left(\frac{x}{l}\right)^2$$

将全部荷载迁移到顶点之后,得

$$F_{\text{P}}=\frac{q}{l^2}\int_0^l x^2 \text{d}x=\frac{ql}{3}$$

故

$$\frac{(ql)_{\text{cr}}}{3}=\frac{\pi^2 EI}{4l^2}$$

或 $$(ql)_{cr} = \frac{7.40EI}{l^2}$$

其误差约为 5%。

第六节 变截面压杆的稳定

在实际工程问题中,常常会遇到一些变截面的压杆。这种杆件,其沿杆轴截面的变化,可能有两种情形。一种情形是按阶段的变化;另一种情形是按某种规律而变化。

现在,我们首先来讨论第一种情形。图 11-21 示一压杆,上端自由,下端固定,其在 l_1 一段内的刚度为 EI_1,在 l_2 一段内的刚度为 EI_2。

各段的挠曲微分方程式为

$$EI_1 y'' = F_P(\delta - y_1)$$
$$EI_2 y'' = F_P(\delta - y_2)$$
(a)

它们的通解是

$$\left. \begin{array}{l} y_1 = A_1 \cos k_1 x + B_1 \sin k_1 x + \delta \\ y_2 = A_2 \cos k_2 x + B_2 \sin k_2 x + \delta \end{array} \right\}$$
(b)

其中 $k_1 = \sqrt{\dfrac{F_P}{EI_1}}, \quad k_2 = \sqrt{\dfrac{F_P}{EI_2}}$

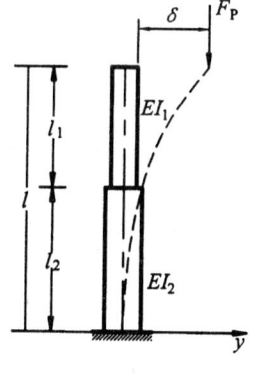

图 11-21

式(a)内包含五个未知常数,需要五个边界条件:

① 当 $x=0$ 时,$y_2 = 0$。
② 当 $x=0$ 时,$y_2' = 0$。
③ 当 $x=l$ 时,$y_1 = \delta$。
④ 当 $x=l_2$ 时,$y_1 = y_2$。
⑤ 当 $x=l_2$ 时,$y_1' = y_2'$。

按 ①、② 两个边界条件,由方程组(a)的第二式,得

$$y_2 = \delta(1 - \cos k_2 x)$$

按其余三个条件,并由方程组(a)的第一式以及式(b),可得稳定方程式

$$\begin{vmatrix} \cos k_1 l & \sin k_1 l & 0 \\ \cos k_1 l_2 & \sin k_1 l_2 & \cos k_2 l_2 \\ -k_1 \sin k_1 l_2 & k_1 \cos k_1 l_2 & -k_2 \sin k_2 l_2 \end{vmatrix} = 0$$
(c)

展开行列式,得

$$\tan k_1 l_1 \tan k_2 l_2 = \frac{k_1}{k_2} \tag{11-13a}$$

如果 $l_1、l_2、I_1、I_2$ 为已知,则上式可化简为如下的形式

$$\tan(\alpha\beta k_2 l_2) = \alpha \cot k_2 l_2 \tag{11-13b}$$

其中 $\alpha = \sqrt{\dfrac{I_2}{I_1}}$, $\beta = \dfrac{l_1}{l_2}$

式(11-13b)可用图解法或试算法来求解。在求得 k_2 后,临界力数值可得自下式

$$F_{Pcr} = k_2^2 E I_2$$

以上所得的结果,同样也适用图 11-22 所示的情形。

现在讨论截面按某种规律变化的压杆。设有一压杆,下端固定,上端自由,其截面惯性矩的变化(图 11-23a)规律为

$$I_x = I_1 \left(\frac{x}{a}\right)^n \tag{11-14}$$

式中,a 与 x 为某一定点 O 量出的竖直距离;I_1 为杆件顶端截面的惯性矩。

在式(11-14)中,如果采用不同的 n 数值,就可以得到不同外形的杆件。图 11-23(b)为一组合压杆,包括 4 个角钢,其四周则用截面很小的斜杆与横条相联系。这样的组合压杆,其截面惯性矩的变化,相当于 $n=2$。

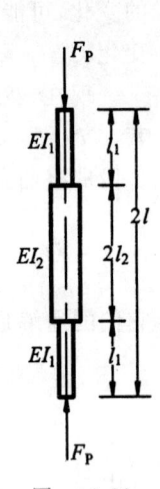

图 11-22

如果取图 11-23(b)所示的坐标轴,则此类杆件的挠曲微分方程为

$$E I_1 \left(\frac{x}{a}\right)^n y'' + F_P y = 0 \tag{11-15}$$

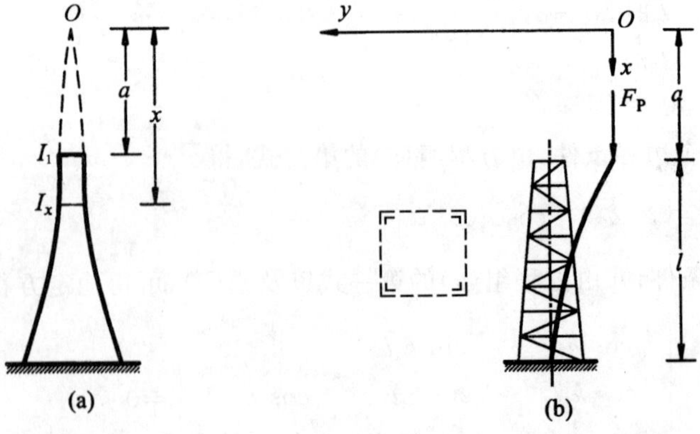

图 11-23

这个方程式一般可用贝塞尔函数求解。然而在 $n=2$ 的特殊情况(图 11-23b),则可

用初等函数来解。

当 $n=2$ 时,方程(11-15)改为

$$\frac{EI_1}{a^2}x^2\frac{d^2y}{dx^2}+F_P y=0 \tag{a}$$

在方程(a)中,如果用

$$\frac{x}{a}=e^z \tag{b}$$

代替,可将方程(a)改为常系数微分方程

$$\frac{dz}{dx}=\frac{1}{x}$$

$$\frac{dy}{dx}=\frac{dy}{dz}\cdot\frac{dz}{dx}=\frac{1}{x}\cdot\frac{dy}{dz}$$

$$\frac{d^2y}{dx^2}=\frac{d}{dx}\left(\frac{1}{x}\cdot\frac{dy}{dz}\right)=\frac{1}{x^2}\cdot\frac{d^2y}{dz^2}-\frac{1}{x^2}\frac{dy}{dz} \tag{c}$$

将式(c)代入式(a),得

$$\frac{d^2y}{dz^2}-\frac{dy}{dz}+\frac{F_P a^2}{EI_1}y=0 \tag{d}$$

方程(d)的解是

$$y=\sqrt{e^z}(A\sin\beta z+B\cos\beta z) \tag{e}$$

其中 A、B 为积分常数,而

$$\beta=\sqrt{\frac{F_P a^2}{EI_1}-\frac{1}{4}} \tag{f}$$

则设为正的实数。以式(b)代入式(c),则相应微分方程的解改为

$$y=\sqrt{\frac{x}{a}}\left[A\sin\left(\beta\ln\frac{x}{a}\right)+B\cos\left(\beta\ln\frac{x}{a}\right)\right] \tag{g}$$

边界条件为

① 当 $x=a$ 时,$y=0$。
② 当 $x=a+l$ 时,$y'=0$。

从第一个条件得 $B=0$。再从第二个条件得稳定方程式

$$\tan\left[\beta\ln\left(\frac{a+l}{a}\right)\right]+2\beta=0 \tag{11-16}$$

式(11-16)可按试算法求出 β 的最小根。将其代入式(f),即可求得临界力 F_{Pcr} 的数值。

第七节 剪力对临界力数值的影响

在以前各节中,关于求临界力的方法,没有包括剪力的影响在内。在本节中,我们将研究这个影响究竟有多大,在临界力的计算中是否可以略去。为了计算剪力对临界力的影响,在组成挠曲微分方程式时,我们不仅要计及弯矩的作用,而且也要计及剪力的作用。

剪切角决定于下式

$$\gamma = \frac{kF_Q}{GA} \tag{a}$$

此处 k 为剪应力不均匀系数[①],其数值随截面形状的不同而改变,矩形截面 $k=1.2$,圆形截面 $k=1.11$,G 为剪切弹性模量。

因剪力的作用所引起的弯曲轴切线的附加坡度(图 11-24)等于剪切角

$$\frac{dy_2}{dx} = \gamma = \frac{kF_Q}{GA} = \frac{k}{GA} \cdot \frac{dM}{dx}$$

由此得

$$\frac{d^2y_2}{dx^2} = \frac{k}{GA} \cdot \frac{d^2M}{dx^2}$$

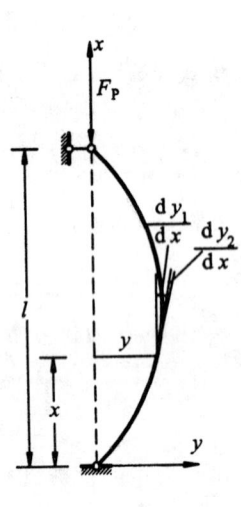

图 11-24

这就是因剪力引起的附加曲率。因此,当计及弯矩与剪力时,弯曲轴的微分方程式可写为

$$\frac{d^2y}{dx^2} = \frac{d^2y_1}{dx^2} + \frac{d^2y_2}{dx^2} = -\frac{M}{EI} + \frac{k}{GA}M'' \tag{b}$$

任意一截面内的弯矩为 $M=F_P y$,因此,$M''=F_P y''$。于是方程式(b)改为如下的形式

$$EI\left(1 - \frac{kF_P}{GA}\right)y'' + F_P y = 0$$

此方程式的通解为

$$y = A\cos mx + B\sin mx$$

此处

$$m = \sqrt{\frac{F_P}{EI\left(1 - \frac{kF_P}{GA}\right)}}$$

边界条件为

[①] 见第四章第二节。

① 当 $x=0$ 时，$y=0$。
② 当 $x=l$ 时，$y=0$。

由此得特征方程式

$$\sin ml = 0$$

其最小根为 $ml=\pi$。最小临界力得自等式

$$l\sqrt{\dfrac{F_{\mathrm{Pcr}}}{EI\left(1-\dfrac{kF_{\mathrm{Pcr}}}{GA}\right)}}=\pi$$

从而

$$F_{\mathrm{Pcr}}=\dfrac{\pi^2 EI}{l^2}\times\dfrac{1}{1+\dfrac{k}{GA}\times\dfrac{\pi^2 EI}{l^2}}$$

$$=F_{\mathrm{Ecr}}\dfrac{1}{1+\dfrac{kF_{\mathrm{Ecr}}}{GA}}=F_{\mathrm{Ecr}}\dfrac{1}{1+\overline{\gamma}F_{\mathrm{Ecr}}}=\beta F_{\mathrm{Ecr}} \tag{11-17}$$

式中，$\overline{\gamma}$ 为由于单位剪力 $\overline{F}_Q=1$ 所引起的剪切角，其在实体截面的杆件中为 $\dfrac{k}{GA}$，见式(a)。

由此式可知，计入剪力影响后的临界力，将小于欧拉临界力 F_{Ecr}，因为校正系数 $\beta<1$。

我们注意到

$$\dfrac{\pi^2 EI}{AGl^2}=\dfrac{\sigma_{\mathrm{cr}}}{G}$$

此处，σ_{cr} 为未计入剪力影响的临界应力。

如取钢的剪切弹性模量为 $G=8\,000\ \mathrm{kN/cm^2}$，设临界应力等于屈服极限值 $\sigma_{\mathrm{cr}}=20\ \mathrm{kN/cm^2}$，则

$$\dfrac{\pi^2 EI}{AGl^2}=\dfrac{1}{400}$$

这说明，对于实体截面的杆件，剪力的影响是很小的，一般可以略去不计。

第八节　组合压杆的稳定

钢结构中的组合压杆，其敞开面左右翼缘常用缀条或缀板来连接。所有这些缀条或缀板几乎全部受到因杆件失稳时所产生的剪切影响。因此，此种杆件的临界力不但取决于杆件基本部分的横截面，而且也与用以连接它们的扣件（缀条或缀板）

截面有关。在组合压杆中,剪力对于临界力的影响较在实体的压杆中为大,因此不允许略去剪力的影响。

图 11-25表示在金属结构内各种组合压杆的形式;扣件之间的距离 d 影响到扣件内部的应力与整个杆件的稳定性。如间距 d 与整个组合压杆的长度 l 相比较很小时,则可以用下述的近似法来计算临界力。

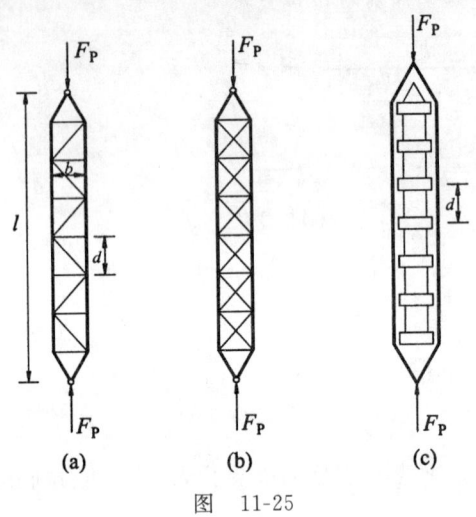

图 11-25

一、缀条压杆

组合压杆的临界力数值,也可以由式(11-17)算出,但其中的剪切角 $\overline{\gamma}$ 的数值应另行计算。

在剪力影响下,使扣件所形成的节间产生变形(图 11-26)。由于变形很小,故由此形成的剪切角可按下式计算

$$\overline{\gamma} \approx \tan \overline{\gamma} = \frac{\delta_{11}}{d}$$

式中,δ_{11} 为在剪力 $\overline{F}_Q$ 方向内由于 $\overline{F}_Q = 1$ 的单位力所产生的位移。

假定节间各杆为铰接,则 δ_{11} 可按下式计算

$$\delta_{11} = \sum \frac{\overline{F}_N^2 l}{EA}$$

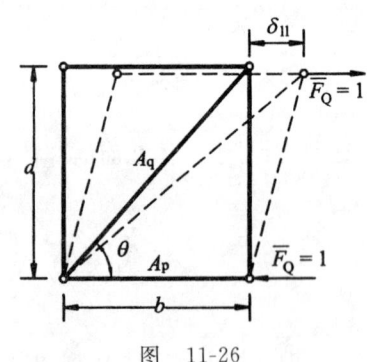

图 11-26

设仅计入扣件的变形,则上式中的总和符号仅包括两根杆件。在横条内,内力 $\overline{F}_N = 1$,长度 $b = \dfrac{d}{\tan \theta}$,横截面积 $= A_p$;在斜撑内,内力 $\overline{F}_N =$

$\dfrac{1}{\cos\theta}$，长度 $=\dfrac{d}{\sin\theta}$，横截面积 $=A_{\mathrm{q}}$。将这些数值代入位移公式中，得

$$\delta_{11}=\dfrac{d}{E}\left(\dfrac{1}{A_{\mathrm{q}}\cos^{2}\theta\sin\theta}+\dfrac{1}{A_{\mathrm{p}}\tan\theta}\right)$$

由此得因单位力 $\overline{F}_{\mathrm{Q}}=1$ 所产生的角位移为

$$\overline{\gamma}=\left[\dfrac{1}{A_{\mathrm{q}}\cos^{2}\theta\sin\theta}+\dfrac{1}{A_{\mathrm{p}}\tan\theta}\right]\dfrac{1}{E}$$

将上式中的 $\overline{\gamma}$ 数值代入式(11-17)，得临界力数值

$$F_{\mathrm{Pcr}}=F_{\mathrm{Ecr}}\dfrac{1}{1+\dfrac{F_{\mathrm{Ecr}}}{E}\left[\dfrac{1}{A_{\mathrm{q}}\sin\theta\cos^{2}\theta}+\dfrac{1}{A_{\mathrm{p}}\tan\theta}\right]}=\beta_{1}F_{\mathrm{Ecr}} \tag{11-18}$$

由式(11-18)可知，斜撑的作用对临界力的影响较横条为大。例如当斜撑与横条的刚性 EA 相同而 $\theta=45°$ 时，则

$$\beta_{1}=\dfrac{1}{1+F_{\mathrm{Ecr}}\dfrac{1}{EA}(2.83+1)}$$

括号内的第一项代表斜撑的影响。

当组合压杆在两个水平的敞开面上有缀条时，例如在管形截面内，则截面积 A_{p} 与 A_{q} 应当加倍计算。

知道了组合压杆的临界力后，即可求出其换算细长比。以 A_{1} 代表一节间内所有斜杆的总截面积，且不计及横杆的影响，则临界力式(11-18)可写成如下形式

$$F_{\mathrm{Pcr}}=\dfrac{\pi^{2}EI_{z}}{l^{2}}\times\dfrac{1}{1+\dfrac{\pi^{2}I_{z}}{l^{2}}\times\dfrac{1}{A_{1}\cos^{2}\theta\sin\theta}} \tag{11-19}$$

在工程设计中，习惯以应力的形式来计算，所以将式(11-19)两边除以组合杆件横截面面积 A（即两肢型钢的截面积），并注意到 $\lambda_{z}=\dfrac{l}{i_{z}}$，$i_{z}=\sqrt{\dfrac{I_{z}}{A}}$，则得

$$\sigma_{\mathrm{cr}}=\dfrac{F_{\mathrm{Pcr}}}{A}=\dfrac{\pi^{2}E}{\lambda_{z}^{2}}\left[\dfrac{1}{1+\dfrac{\pi^{2}A}{\lambda_{z}^{2}}\times\dfrac{1}{A_{1}\cos^{2}\theta\sin\theta}}\right]$$

考虑到 $\theta=30°\sim 60°$，可近似地取

$$\dfrac{\pi^{2}}{\cos^{2}\theta\sin\theta}\approx 27$$

以此代入上式得

$$\sigma_{cr} = \frac{\pi^2 E}{\lambda_z^2 + 27\dfrac{A}{A_1}} = \frac{\pi^2 E}{\lambda_0^2} \tag{11-20}$$

其中
$$\lambda_0 = \sqrt{\lambda_z^2 + 27\frac{A}{A_1}} \tag{11-21}$$

称为"换算细长比",它显然稍大于实体细长比 λ_z。它的意义是:对于缀条式组合压杆对虚轴 z 的稳定性计算,只需把虚轴的换算细长比 λ_0 求出,其他计算则与实体压杆一样,即可以根据 λ_0,按式(11-20)来计算临界应力;或按材料力学方法先查纵向弯曲系数 φ,再验算压杆的稳定性,即

$$\sigma = \frac{F_N}{A} \leqslant \varphi[\sigma] \tag{11-22}$$

二、缀板压杆

现在来研究缀板压杆的临界力。在此情形下,计算位移 δ_{11} 时,可把它看成为一个刚架,其反弯点在节间中央。而剪力 $\overline{F}_Q = 1$ 平均分配在左右两肢上,如图 11-27(a)所示。按图 11-27(b)得

$$\delta_{11} = \int \frac{\overline{M}_1^2 dx}{EI} = \frac{4\left(\dfrac{1}{2} \times \dfrac{d}{2} \times \dfrac{d}{4}\right) \times \dfrac{2}{3} \times \dfrac{d}{4}}{EI_d} + \frac{2\left(\dfrac{1}{2} \times \dfrac{b}{2} \times \dfrac{d}{2}\right) \times \dfrac{2}{3} \times \dfrac{d}{2}}{EI_b}$$
$$= \frac{d^3}{24EI_d} + \frac{d^2 b}{12EI_b}$$

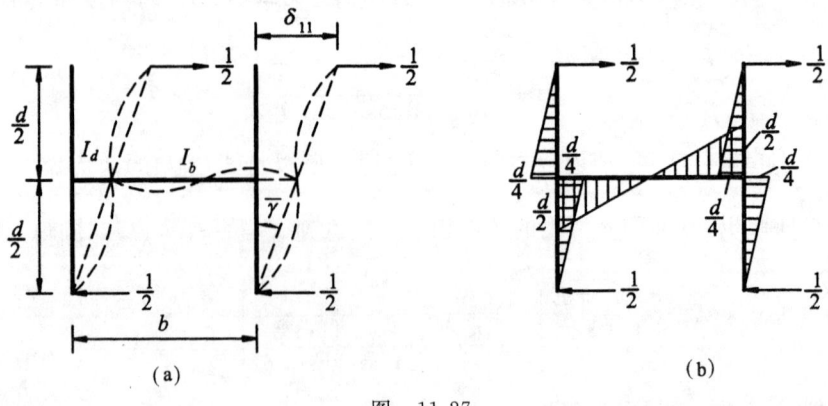

图 11-27

因此剪切角等于

$$\overline{\gamma} = \frac{\delta_{11}}{d} = \frac{d^2}{24EI_d} + \frac{bd}{12EI_b}$$

于是由式(11-17)得

$$F_{Pcr} = F_{Ecr} \frac{1}{1 + \left(\frac{bd}{12EI_b} + \frac{d^2}{24EI_d}\right)F_{Ecr}} = \beta_2 F_{Ecr} \quad (11\text{-}23)$$

上式中，系数 β_2 随距离 d 的增大而减小。

现在来研究一种特殊情形，即部件的刚度较小，而缀板的刚度较大的情形。在此情形下，$EI_b \approx \infty$，则上式括号内第一项可以略去，而式(11-23)变为

$$F_{Pcr} = F_{Ecr} \frac{1}{1 + F_{Ecr}\dfrac{d^2}{24EI_d}} = F_{Ecr} \frac{1}{1 + \dfrac{\pi^2 d^2 I}{24 l^2 I_d}}$$

式中，I 为整个组合截面的惯性矩。

惯性矩 I 与 I_d 可用回转半径与截面积来表示，故得

$$F_{Pcr} = F_{Ecr} \frac{1}{1 + \dfrac{(3.14)^2}{24} \times \dfrac{d^2 i^2 2A}{l^2 i_d^2 A}} = F_{Ecr} \frac{1}{1 + 0.83\dfrac{\lambda_d^2}{\lambda_l^2}}$$

式中，λ_l 为组合压杆的细长比，而 λ_d 为部件的细长比。设以 1 代替 0.83，得

$$F_{Pcr} = F_{Ecr} \times \frac{\lambda_l^2}{\lambda_l^2 + \lambda_d^2}$$

在钢结构设计规范中，关于缀板组合压杆中准许应力的折减系数按细长比等于 $\sqrt{\lambda_l^2 + \lambda_d^2}$ 的条件来决定的规定，就是基于上面的公式。

以上所得的组合压杆的临界力应由扣件的强度来保证，因为只有在这样的条件下，才能按整个截面的全部惯性矩来计算。

*第九节 圆弧形曲杆的平衡微分方程式

图 11-28(a) 中的 AB_0 为任意的圆弧形曲杆。它在荷载(图中未表示)的作用下发生弯曲变形，图中的 AB 为弯曲后的轴线位置，而曲杆截面的主惯性轴之一是在弯曲平面 ABB_0 内。设 R_0 表示杆轴的初曲率半径，R 表示变形后杆轴任一点的曲率半径，于是对于一薄环曲率半径的改变与弯矩 M 的关系，由材料力学知

$$\frac{1}{R} - \frac{1}{R_0} = -\frac{M}{EI} \quad \text{(a)}$$

上式中，等式右边的负号是随弯矩的正、负号规定而得的。这里，使曲杆的曲率减小的弯矩为正。

在图 11-28 中，设 m 为变形前圆弧形曲杆轴线上的任意一点，其坐标为 (R_0, θ)。在该处取一微段，得 n 点。$\widehat{mn} = \mathrm{d}s = R_0 \mathrm{d}\theta$。因此，曲杆的原曲率为 $\dfrac{1}{R_0} = \dfrac{\mathrm{d}\theta}{\mathrm{d}s}$。由于变形，使 mn 移到 $m_1 n_1$ 的位置。此种变形使曲杆各点产生了径向位移 w 与切向位移。由于切向位移远较径向位移为小，因此可以略去前者的影响。如果再略去 $\dfrac{\mathrm{d}w}{\mathrm{d}s}$ 的影响，则 $R = R_0 - w$。这里我们假设 w 的方向是向着曲率中心时为正。

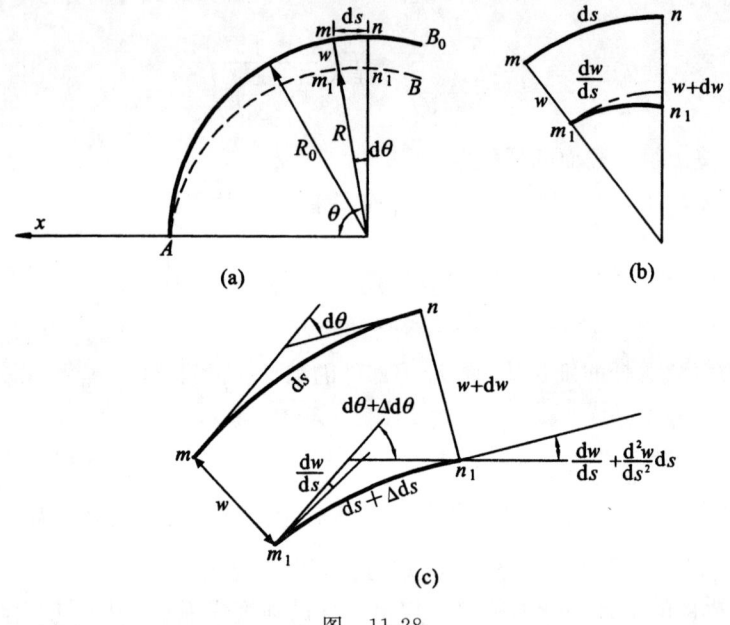

图 11-28

以极坐标表示的曲率公式为

$$\frac{1}{R} = \frac{R^2 + 2R'^2 - RR''}{(R^2 + R'^2)^{3/2}} \tag{b}$$

以 $R = R_0 - w$ 代入上式，并略去二级微量，可得

$$\frac{1}{R} = \frac{1 - \dfrac{w}{R_0} + \dfrac{1}{R_0} \cdot \dfrac{\mathrm{d}^2 w}{\mathrm{d}\theta^2}}{R_0 \left(1 - 2 \times \dfrac{w}{R_0}\right)^{3/2}}$$

$$= \frac{1}{R_0} \left(1 - 2\frac{w}{R_0} + \frac{1}{R_0} \cdot \frac{\mathrm{d}^2 w}{\mathrm{d}\theta^2}\right)\left(1 + 3\frac{w}{R_0} + \cdots\right)$$

再略去二级微量后得

$$\frac{1}{R} - \frac{1}{R_0} = \frac{w}{R_0^2} + \frac{1}{R_0^2} \cdot \frac{\mathrm{d}^2 w}{\mathrm{d}\theta^2}$$

将此式代入式(a),得

$$\frac{d^2w}{d\theta^2}+w=-\frac{MR_0^2}{EI} \tag{11-24}$$

这就是以 θ 为自变量的圆弧形曲杆的平衡微分方程式。式(11-24)也可以改为以 s 为自变量的形式,以 R_0^2 除全式并注意到 $ds=R_0 d\theta$,式(11-24)就改写成

$$\frac{d^2w}{ds^2}+\frac{w}{R_0^2}=-\frac{M}{EI} \tag{11-24a}$$

当 R_0 为无限大时,此式与直杆的微分方程式相符合。

*第十节 在均匀径向压力作用下圆拱的稳定

在均匀分布的径向压力 q 作用下,圆弧形拱的各截面上仅承受中心压力。然而当压力 q 达到临界值 q_{cr} 时,中心受压的平衡状态不再是稳定的;此时拱轴突然弯曲,而在新的变形状态下重新建立起稳定的平衡。在此情形下,圆拱的临界力计算方法是与中心受压的直杆相同;其唯一不同之点是,在圆拱中新的变形状态下的平衡微分方程式必须用式(11-24)代替稳定问题中的 $EIy''=\pm M$。现以具有弹性固定端的圆拱为例,说明在中心受压的圆拱中求临界力的方法。

图 11-29(a)中的实线,表示在丧失稳定以前的圆拱,其圆心角为 2α,半径为 R_0,两端支承在弹性支座上。拱端的转动受到弹簧的约束,弹簧的刚度可以用其约束系数 $\overline{\varphi}_0$ 表示,即一单位弯矩所产生的转角。圆拱承受均匀分布的径向压力 q。当压力 q 达到临界值时,拱轴突然弯曲而到达虚线所示的新位置,从而引起了挠曲,并且两端拱趾截面转过了 φ_0 角。因此产生了弹簧抗力 M_0。

在变形状态下,拱内任意一截面的弯矩包括二部分,其一为二铰拱的弯矩,其二为拱端 M_0 所引起的弯矩。在均匀分布的径

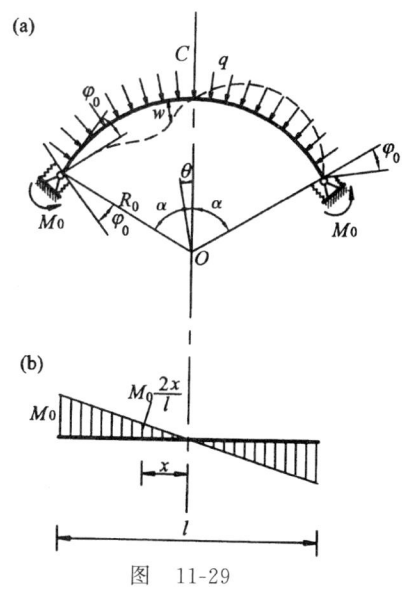

图 11-29

向压力 q 作用下,圆拱任意截面上的轴向压力为 $F_N=qR_0$,这也就是在该截面一边

的外力之合力,所以任意截面$(w、\theta)$处,其第一部分的弯矩为 $M_{\theta 1}=qR_0w$。由于 M_0 所引起的各截面的弯矩分布示于图 11-29(b),在距中心 x 处的任意截面上,第二部分弯矩等于

$$M_{\theta 2}=-M_0\frac{2x}{l}$$

因为 $x=R_0\sin\theta$ 及 $l=2R_0\sin\alpha$,故

$$M_{\theta 2}=-M_0\frac{\sin\theta}{\sin\alpha}$$

因此任意截面上总的力矩为

$$M_\theta=qR_0w-M_0\frac{\sin\theta}{\sin\alpha}$$

将上式代入式(11-24),可得拱轴的平衡微分方程式

$$\frac{\mathrm{d}^2w}{\mathrm{d}\theta^2}+w\left(1+\frac{qR_0^3}{EI}\right)=\frac{M_0R_0^2\sin\theta}{EI\sin\alpha}=C\sin\theta \tag{a}$$

式中
$$C=\frac{M_0R_0^2}{EI\sin\alpha}$$

式(a)的通解为

$$w=A\cos n\theta+B\sin n\theta+\frac{C}{n^2+1}\sin\theta \tag{b}$$

其中
$$n=\sqrt{1+\frac{qR_0^3}{EI}} \tag{11-25}$$

式(b)中包含有 3 个未知常数 $A、B、C$,故需 3 个边界条件:
① 当 $\theta=0$ 时,$w=0$。
② 当 $\theta=\alpha$ 时,$w=0$。
③ 当 $\theta=\alpha$ 时,$\dfrac{\mathrm{d}w}{\mathrm{d}\theta}=R_0\dfrac{\mathrm{d}w}{\mathrm{d}s}=-R_0\varphi_0=-\bar\varphi_0M_0R_0$。

由第一个条件得 $A=0$,再根据其他两个条件,并代入 $C=\dfrac{M_0R_0^2}{EI\sin\alpha}$ 后,可得未知常数 $B、M_0$ 前的系数行列式

$$\begin{vmatrix} \sin n\alpha & \dfrac{R_0^2}{EI(n^2-1)} \\ n\cos n\alpha & \left[\dfrac{R_0^2}{EI(n^2-1)}\times\dfrac{1}{\tan\alpha}+\bar\varphi_0R_0\right] \end{vmatrix}=0 \tag{c}$$

展开行列式,得稳定方程式

第十一章 结构稳定计算

$$\tan\alpha\left[n\cot n\alpha+(1-n^2)\frac{EI\overline{\varphi}_0}{R_0}\right]=1 \tag{11-26}$$

由式(11-26)求得 n 的最小值后,代入式(11-25)可得临界力 q_{cr} 的数值。

若为无铰拱,则 $\overline{\varphi}_0=0$,故稳定方程式化简为

$$n\tan\alpha\cot n\alpha=1 \tag{11-27}$$

从这里可以求出 n 值,再根据式(11-25)得

$$q_{cr}=\frac{EI}{R^3}(n^2-1) \tag{11-28}$$

式(11-28)是计算无铰圆拱的临界荷载的公式。表 11-1 列出了不同 α 值所对应的 n 值。

表 11-1 式(11-28)中的 n 值

α	30°	60°	90°	120°	150°	180°
n	8.62	4.38	3	2.36	2.07	2

若为二铰拱,则 $\overline{\varphi}_0=\infty$,此时稳定方程式可化简为

$$\sin n\alpha=0 \tag{11-29}$$

由此得 $n\alpha=k\pi$ ($k=0,1,2,\cdots$),再由式(11-25)求出 q,再取 q 的最小正值,即得

$$q_{cr}=\left(\frac{\pi^2}{\alpha^2}-1\right)\frac{EI}{R^3} \tag{11-30}$$

*第十一节 圆环在均匀径向压力作用下的稳定

图 11-30(a)所示等截面圆环,半径为 R_0,承受均布径向外压力。当荷载集度达到临界值 q_{cr} 时,圆环偏离原来的形状而至虚线所示新的平衡位置。假定圆环变形后,荷载作用方向也随着改变,它们不再指向原来的圆心 O 而是位于变形曲线上各点法线方向内,犹如静水压力的性质。

今取图 11-30(b)所示的半圆环为隔离体,实线表示原来的图形,虚线表示在均布径向压力 q 作用下丧失稳定后的变形状态。设 AB 与 OD 为失稳后图形的对称轴,下半部的圆环对上半部圆环的作用可由作用在 A 及 B 截面处的轴向力 F_{N0} 及力矩 M_0 来表示。在 A 与 B 处的压力为

$$F_{N0}=q(R_0-w_0)=q\times\overline{AO}$$

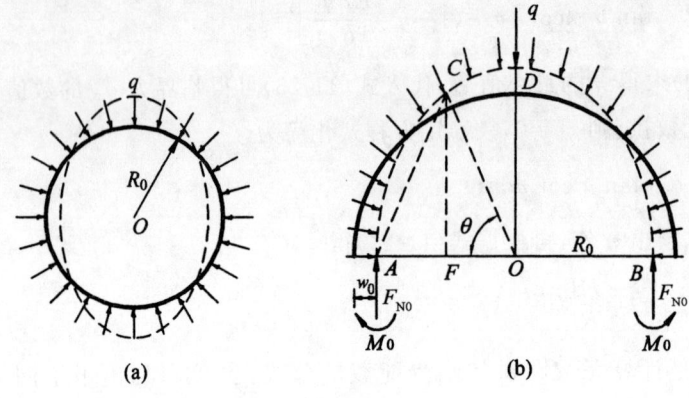

图 11-30

其在任意截面 C 处的弯矩为

$$M = M_0 + q\,\overline{AO} \times \overline{AF} - q\,\frac{\overline{AC}^2}{2} \tag{a}$$

由三角形 ACO 可知

$$\overline{OC}^2 = \overline{AC}^2 + \overline{AO}^2 - 2\overline{AO} \times \overline{AF}$$

或

$$\frac{1}{2}\overline{AC}^2 - \overline{AO} \times \overline{AF} = \frac{1}{2}(\overline{OC}^2 - \overline{AO}^2)$$

代入式(a),得

$$M = M_0 - \frac{1}{2}q(\overline{OC}^2 - \overline{AO}^2)$$

注意到 $\overline{AO} = R_0 - w_0$,$\overline{OC} = R_0 - w$,在略去微量 w 与 w_0 的平方项后,上式改写为

$$M = M_0 - qR(w_0 - w)$$

以此代入式(11-24)得

$$\frac{d^2 w}{d\theta^2} + w = -\frac{R_0^2}{EI}[M_0 - qR_0(w_0 - w)]$$

合并后得

$$\frac{d^2 w}{d\theta^2} + w\left(1 + \frac{qR_0^3}{EI}\right) = \frac{-M_0 R_0^2 + qR_0^3 w_0}{EI} \tag{b}$$

方程(b)的通解,在引入式(11-25)的记号 n 后,为

$$w = A\sin n\theta + B\cos n\theta + \frac{-M_0 R_0^2 + qR_0^3 w_0}{EI + qR_0^3} \tag{c}$$

在截面 A 及 D 处,由于对称,得

① $\left(\dfrac{\mathrm{d}w}{\mathrm{d}\theta}\right)_{\theta=0}=0$

② $\left(\dfrac{\mathrm{d}w}{\mathrm{d}\theta}\right)_{\theta=\pi/2}=0$

由第一个条件得 $A=0$；而由第二个条件得稳定方程式

$$\sin\dfrac{n\pi}{2}=0$$

其最小根为 $\dfrac{n\pi}{2}=\pi$，因此 $n=2$，以此代入式(11-25)得临界荷载为

$$q_{\mathrm{cr}}=\dfrac{3EI}{R_0^3} \tag{11-31}$$

*第十二节　在弹性介质上的杆件的稳定

图 11-31(a)表示一直杆，其中间系支承于许多弹性支座上，支座间距是相等的。在 F_P 的作用下，当丧失稳定时，杆轴弯曲，而弹簧伸长或缩短。弹簧的反力是与其轴向的伸长或缩短成正比的。这种情形可以用连续的弹性介质来代替弹簧(图11-31b)。在杆件的任意一点，介质对于杆件的反力，也是与该点处杆件的挠度成正比的。

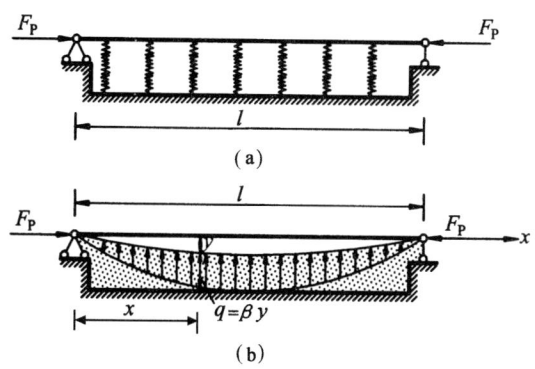

图　11-31

介质的弹性，用基床系数 β 表示。β 的意义是杆件每单位长度以内使挠度等于一个单位时的介质的反力，它的单位是 $\mathrm{kN/m^2}$。

我们用能量法求临界力的数值。

假定挠曲轴的方程式为正弦曲线

$$y=a\sin\dfrac{m\pi x}{l} \tag{a}$$

杆件的变形位能是

$$U_1 = \frac{EI}{2}\int_0^l (y'')^2 dx = \frac{\pi^4 EI}{4l^3}a^2 m^4$$

介质的变形位能是

$$U_2 = \int_0^l \frac{1}{2}(\beta y dx)y = \frac{\beta}{2}\int_0^l y^2 dx = \frac{\beta l}{4}a^2$$

整个体系的位能是

$$E_P = U_1 + U_2$$

压力 F_P 所做的功是

$$W = \frac{F_P}{2}\int_0^l (y')^2 dx = \frac{\pi^2 F_P}{4l}a^2 m^2$$

按能量法有　　$E_P = U_1 + U_2 = W$

或

$$a^2\left[\frac{\pi^4 EI}{4l^3}m^4 + \frac{\beta l}{4} - \frac{\pi^2 F_P}{4l}m^2\right] = 0$$

当然 a 不可能为零（$a \neq 0$），故

$$F_{Pcr} = \frac{\pi^2 EI}{l^2}\left[m^2 + \frac{\beta l^4}{m^4 \pi^4 EI}\right] \tag{11-32}$$

弹性曲线的半波形数目 m，必须使式(11-32)中所给出的临界力数值为最小。但是 m 的数值又必须是正整数，也不能为零。

假设没有弹性介质（即与普通的压杆一样），则 $\beta = 0$，此刻 m 必须等于 1。这是与以前所得的结果完全相符的。

对于一种给定的弹性介质，β 值是已知的，并且是一个常数。这样我们可以将式(11-32)画成为曲线，如图 11-32 所示。与这条曲线相切的水平线，给出了理论上

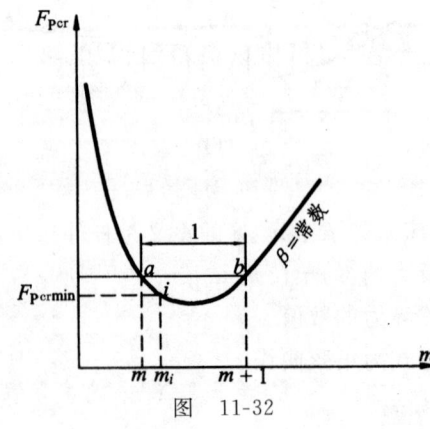

图 11-32

的临界力最小值；然而这个数值常常是不能实现的，因为与此相当的 m 值常常不是一个整数。

在这条曲线上，画一条水平线 ab，使这条直线在曲线之间的截距等于1。于是曲线上的 a 点与 b 点，一方面给出了同样的临界力，而另一方面它们的弹性曲线半波形的数目 m 与 $m+1$ 之间相差1。令半波形数目 m 与 $m+1$ 时的临界力相等，得

$$m^2+\frac{\beta l^4}{m^2\pi^4 EI}=(m+1)^2+\frac{\beta l^4}{(m+1)^2\pi^4 EI}$$

由此得

$$m^2(m+1)^2=\frac{\beta l^4}{\pi^4 EI} \tag{11-33}$$

由式(11-33)所得的 m 值，就是图 11-32 中 a 点的横坐标，它常常不是一个整数。然而从 m 到 $m+1$ 之间必定有一个整数，而且仅仅只有一个整数。这就是图 11-32 中的 i 点，它给出了实际上的最小临界力；与其相应的 m_i 值与式(11-33)中算得的 m 最靠近的那个较大整数。

以上求临界力的公式，虽然是按支承于连续介质上的杆件导出的，但是对于支承在个别的弹性支座上的杆件，也可以适用，只要每一个半波形支承在不少于3个弹性支座上。

第十三节　刚架的稳定计算

刚架的稳定计算比较经典的是采用位移法，比较近代的是采用矩阵位移法。本节介绍按矩阵位移法计算刚架的临界荷载。

按照本书第八章介绍的用矩阵位移法计算刚架内力的原理和步骤，用矩阵位移法计算刚架临界荷载。先将结构离散为若干单元，进行单元分析，建立单元刚度方程，然后将各单元按一定条件集合成整体，进行整体分析，最终形成结构刚度方程，进而求出临界荷载。用矩阵位移法计算刚架的临界荷载与计算刚架的内力，有两点重要的区别：

① 在单元分析中必须考虑轴向力 F_P 对弯曲变形的影响，推导适用于压杆单元使用的新的单元刚度矩阵。

② 根据小挠度理论，计算刚架第一类失稳问题时，其计算目标并不是（也不可能）解出各结点位移的具体值。由于引入支承约束条件后的结构刚度方程中的荷载列阵的全部元素都为零，为了使结点位移具有非零解（任意微小的结点位移），必须满足结构刚度矩阵相应的行列式值等于零。即据此建立稳定方程，从而解出临界荷载。

一、压杆单元刚度方程的推导

现用能量法推导压杆单元的刚度方程。图 11-33 示一等截面压杆单元 (e)，两端压力为 F_P，在图示坐标系中，杆端力和杆端位移列阵（略去轴向变形）分别为

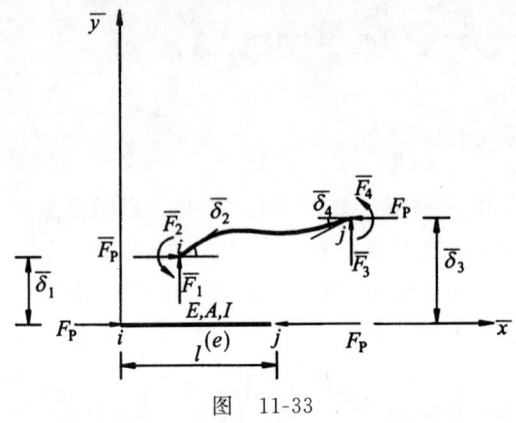

图 11-33

$$\overline{\delta}^{(e)} = [\overline{\delta}_1 \quad \overline{\delta}_2 \quad \overline{\delta}_3 \quad \overline{\delta}_4]^{(e)T}$$

$$\overline{F}^{(e)} = [\overline{F}_1 \quad \overline{F}_2 \quad \overline{F}_3 \quad \overline{F}_4]^{(e)T}$$

其正方向如图 11-33 所示。

在能量法中，需要知道压杆失稳时的位移曲线 $y(x)$，先近似地假设该挠曲线为三次曲线，即

$$y(x) = \sum_{i=1}^{4} \overline{\delta}_i \varphi_i(x) = \left(1 - \frac{3x^2}{l^2} + \frac{2x^3}{l^3}\right)\overline{\delta}_1 + \left(x - \frac{2x^2}{l} + \frac{x^3}{l^2}\right)\overline{\delta}_2 +$$
$$\left(\frac{3x^2}{l^2} - \frac{2x^3}{l^3}\right)\overline{\delta}_3 + \left(-\frac{x^2}{l} + \frac{x^3}{l^2}\right)\overline{\delta}_4 \tag{11-34}$$

其中

$$\left.\begin{aligned}\varphi_1(x) &= 1 - \frac{3x^2}{l^2} + \frac{2x^3}{l^3} \\ \varphi_2(x) &= x - \frac{2x^2}{l} + \frac{x^3}{l^2} \\ \varphi_3(x) &= \frac{3x^2}{l^2} - \frac{2x^3}{l^3} \\ \varphi_4(x) &= -\frac{x^2}{l} + \frac{x^3}{l^2}\end{aligned}\right\} \tag{11-35}$$

它们分别表示 $\overline{\delta}_i = 1$ 时所引起的挠曲线。由此可见，上述失稳时的位移曲线为仅考

虑 4 个杆端位移引起的挠曲线,没有包括压力 F_P 对位移的附加影响,所以是近似的。

单元的总势能增量 E_P 包括三部分:变形位能增量 U,轴向压力 F_P 和杆端力位能增量为 U_P 和 $U_{\bar{F}}$。

$$U = \frac{1}{2}\int_0^l EI[y''(x)]^2 dx$$

$$U_P = -F_P \int_0^l \frac{1}{2}[y'(x)]^2 dx$$

$$U_{\bar{F}} = -\frac{1}{2}\bar{\delta}^{(e)T}\bar{F}^{(e)}$$

于是有

$$E_P = U + U_P + U_{\bar{F}}$$
$$= \frac{1}{2}\int_0^l EI(y'')^2 dx - \frac{F_P}{2}\int_0^l (y')^2 dx - \frac{1}{2}\bar{\delta}^{(e)T}\bar{F}^{(e)}$$

由总势能增量 $E_P = 0$,得 $U + U_P + U_{\bar{F}} = 0$,即

$$\frac{1}{2}\bar{\delta}^{(e)T}\bar{F}^{(e)} + \frac{F_P}{2}\int_0^l (y')^2 dx = \frac{EI}{2}\int_0^l (y'')^2 dx \tag{a}$$

将单元刚度方程

$$\bar{F}^{(e)} = \bar{k}^{(e)}\bar{\delta}^{(e)}$$

代入式(a),得

$$\bar{\delta}^{(e)T}\bar{k}^{(e)}\bar{\delta}^{(e)} = EI\int_0^l (y'')^2 dx - F_P\int_0^l (y')^2 dx \tag{b}$$

现设 $\varphi = [\varphi_1(x)\quad \varphi_2(x)\quad \varphi_3(x)\quad \varphi_4(x)]$,由式(11-34)与(11-35),将 $y(x)$ 写成矩阵形式

$$y(x) = [\varphi_1(x)\quad \varphi_2(x)\quad \varphi_3(x)\quad \varphi_4(x)]\bar{\delta}^{(e)} = \varphi\bar{\delta}^{(e)}$$

则

$$y'(x) = \varphi'\bar{\delta}^{(e)}, \quad y''(x) = \varphi''\bar{\delta}^{(e)}$$
$$[y'(x)]^2 = \bar{\delta}^{(e)T}\varphi'^T\varphi'\bar{\delta}^{(e)}, \quad [y''(x)]^2 = \bar{\delta}^{(e)T}\varphi''^T\varphi''\bar{\delta}^{(e)}$$

代入式(b),得

$$\bar{\delta}^{(e)T}\bar{k}^{(e)}\bar{\delta}^{(e)} = \bar{\delta}^{(e)T}\left\{EI\int_0^l \varphi''^T\varphi'' dx - F_P\int_0^l \varphi'^T\varphi' dx\right\}\bar{\delta}^{(e)}$$

$$\bar{k}^{(e)} = EI\int_0^l \varphi''^T\varphi'' dx - F_P\int_0^l \varphi'^T\varphi' dx \tag{c}$$

将 φ 按式(11-35)对 x 微分后代入式(c),经矩阵相乘和积分,即可求出压杆单元刚度矩阵

$$\bar{k}^{(e)} = \begin{bmatrix} \dfrac{12EI}{l^3} & \dfrac{6EI}{l^2} & -\dfrac{12EI}{l^3} & \dfrac{6EI}{l^2} \\ \dfrac{6EI}{l^2} & \dfrac{4EI}{l} & -\dfrac{6EI}{l^2} & \dfrac{2EI}{l} \\ -\dfrac{12EI}{l^3} & -\dfrac{6EI}{l^2} & \dfrac{12EI}{l^3} & -\dfrac{6EI}{l^2} \\ \dfrac{6EI}{l^2} & \dfrac{2EI}{l} & -\dfrac{6EI}{l^2} & \dfrac{4EI}{l} \end{bmatrix}^{(e)} -$$

$$F_P \begin{bmatrix} \dfrac{6}{5l} & \dfrac{1}{10} & -\dfrac{6}{5l} & \dfrac{1}{10} \\ \dfrac{1}{10} & \dfrac{2l}{15} & -\dfrac{1}{10} & -\dfrac{l}{30} \\ -\dfrac{6}{5l} & -\dfrac{1}{10} & \dfrac{6}{5l} & -\dfrac{1}{10} \\ \dfrac{1}{10} & -\dfrac{l}{30} & -\dfrac{1}{10} & \dfrac{2l}{15} \end{bmatrix}^{(e)} \qquad (11\text{-}36)$$

式(11-36)右首第一个矩阵为不计轴向压力影响的普通单元刚度矩阵；第二个矩阵为考虑轴向压力影响的附加刚度矩阵，又称单元几何刚度矩阵。式(11-36)右首两个矩阵在必要时可以扩展成(6×6)阶的形式，其中普通单元刚度矩阵的(6×6)阶形式见式(8-20)；单元几何刚度矩阵的(6×6)阶形式，只需在式(11-36)中的第二个矩阵中，沿第 3、6 行和第 3、6 列增加零元素后形成。

至于如何将单元局部坐标系中的刚度矩阵 $\bar{k}^{(e)}$ 经过坐标变换，形成整体坐标系中的单元刚度矩阵 $k^{(e)}$，进一步又怎样将全体 $k^{(e)}$ 组集成结构刚度矩阵 K 并引入支座约束条件，则与本书第八章所述方法完全相同，兹不赘述。

二、计算刚架临界荷载的稳定方程

在形成结构刚度矩阵 K 的基础上，可写出结构刚度方程

$$K\Delta = F_P \qquad (11\text{-}37)$$

式中，Δ 为结点位移列阵；K 为引入支座约束条件后的结构刚度矩阵；F_P 为相应的结点力列阵，其全部元素都是零[注意：各压杆所受结点力 F_P 包括在考虑该 F_P 影响的受压杆的单元刚度矩阵中，见式(11-36)]。故

$$F_P = 0$$

于是结构刚度方程成为

$$K\Delta = 0 \qquad (11\text{-}38)$$

这是关于 Δ 的齐次方程，$\Delta = 0$ 时满足上式，这是对应于刚架失稳前的平衡状态。那

时,各杆只承受轴向力,在略去轴向变形假设下,结构不产生任何结点位移。刚架失稳时临界状态的特点是各结点位移不能恒等于零,因此,建立计算刚架临界荷载的稳定方程的特征方程为

$$|\pmb{K}|=0 \tag{11-39}$$

三、算 例

试用矩阵位移法计算图 11-34(a)所示刚架的临界荷载。

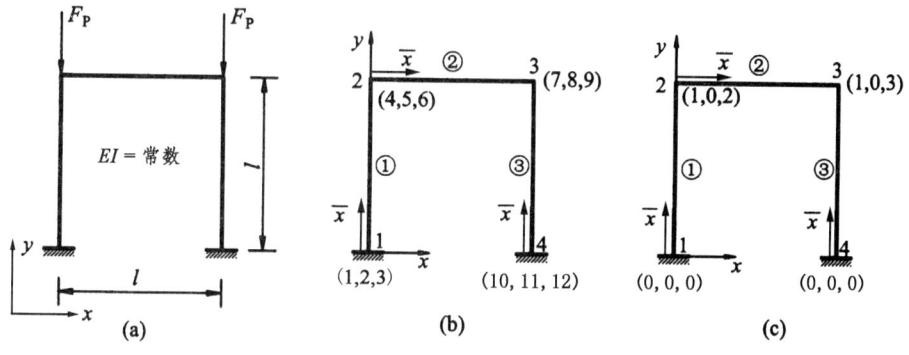

图 11-34

① 将各单元、结点和结点位移分量编号,如图 11-34(b)、(c) 所示(图 11-34c 为支座约束条件前处理后的结点位移分量编号,见圆括号中所示)。结构整体坐标系和各单元局部坐标系,如图 11-34 所示。

② 计算各单元刚度矩阵。单元 ① 和 ③ 为压杆单元,局部坐标系中的单元刚度矩阵为

$$\overline{\pmb{k}}^{(1)}=\overline{\pmb{k}}^{(3)}=\begin{pmatrix} \dfrac{EA}{l} & 0 & 0 & -\dfrac{EA}{l} & 0 & 0 \\ 0 & \dfrac{12EI}{l^3} & \dfrac{6EI}{l^2} & 0 & -\dfrac{12EI}{l^3} & \dfrac{6EI}{l^2} \\ 0 & \dfrac{6EI}{l^2} & \dfrac{4EI}{l} & 0 & -\dfrac{6EI}{l^2} & \dfrac{2EI}{l} \\ -\dfrac{EA}{l} & 0 & 0 & \dfrac{EA}{l} & 0 & 0 \\ 0 & -\dfrac{12EI}{l^3} & -\dfrac{6EI}{l^2} & 0 & \dfrac{12EI}{l^3} & -\dfrac{6EI}{l^2} \\ 0 & \dfrac{6EI}{l^2} & \dfrac{2EI}{l} & 0 & -\dfrac{6EI}{l^2} & \dfrac{4EI}{l} \end{pmatrix} -$$

$$F_{\mathrm{P}}\begin{pmatrix} 0 & 0 & 0 & 0 & 0 & 0 \\ 0 & \dfrac{6}{5l} & \dfrac{1}{10} & 0 & -\dfrac{6}{5l} & \dfrac{1}{10} \\ 0 & \dfrac{1}{10} & \dfrac{2l}{15} & 0 & -\dfrac{1}{10} & -\dfrac{l}{30} \\ \hdashline 0 & 0 & 0 & 0 & 0 & 0 \\ 0 & -\dfrac{6}{5l} & -\dfrac{1}{10} & 0 & \dfrac{6}{5l} & -\dfrac{1}{10} \\ 0 & \dfrac{1}{10} & -\dfrac{l}{30} & 0 & -\dfrac{1}{10} & \dfrac{2l}{15} \end{pmatrix}$$

这两个单元局部坐标系与整体坐标系的夹角 $\theta=90°$，经坐标变换后，得到整体坐标系中的单元刚度矩阵为

$$\boldsymbol{k}^{(1)}=\boldsymbol{k}^{(3)}=\begin{pmatrix} \dfrac{12EI}{l^3} & 0 & -\dfrac{6EI}{l^3} & -\dfrac{12EI}{l^3} & 0 & -\dfrac{6EI}{l^2} \\ 0 & \dfrac{EA}{l} & 0 & 0 & -\dfrac{EA}{l} & 0 \\ -\dfrac{6EI}{l^2} & 0 & \dfrac{4EI}{l} & \dfrac{6EI}{l^2} & 0 & \dfrac{2EI}{l} \\ \hdashline -\dfrac{12EI}{l^3} & 0 & \dfrac{6EI}{l^2} & \dfrac{12EI}{l^3} & 0 & \dfrac{6EI}{l^2} \\ 0 & -\dfrac{EA}{l} & 0 & 0 & \dfrac{EA}{l} & 0 \\ -\dfrac{6EI}{l^2} & 0 & \dfrac{2EI}{l} & \dfrac{6EI}{l^2} & 0 & \dfrac{4EI}{l} \end{pmatrix}-$$

$$F_{\mathrm{P}}\begin{pmatrix} \dfrac{6}{5l} & 0 & -\dfrac{1}{10} & -\dfrac{6}{5l} & 0 & -\dfrac{1}{10} \\ 0 & 0 & 0 & 0 & 0 & 0 \\ -\dfrac{1}{10} & 0 & \dfrac{2l}{15} & \dfrac{1}{10} & 0 & -\dfrac{l}{30} \\ \hdashline -\dfrac{6}{5l} & 0 & \dfrac{1}{10} & \dfrac{6}{5l} & 0 & \dfrac{1}{10} \\ 0 & 0 & 0 & 0 & 0 & 0 \\ -\dfrac{1}{10} & 0 & -\dfrac{l}{30} & \dfrac{1}{10} & 0 & \dfrac{2l}{15} \end{pmatrix}$$

单元②为普通单元，且 $\theta=0°$，故

$$\bar{\pmb{k}}^{(2)} = \overline{\pmb{k}}^{(2)} = \begin{Bmatrix} \dfrac{EA}{l} & 0 & 0 & -\dfrac{EA}{l} & 0 & 0 \\ 0 & \dfrac{12EI}{l^3} & \dfrac{6EI}{l^2} & 0 & -\dfrac{12EI}{l^3} & \dfrac{6EI}{l^2} \\ 0 & \dfrac{6EI}{l^2} & \dfrac{4EI}{l} & 0 & -\dfrac{6EI}{l^2} & \dfrac{2EI}{l} \\ -\dfrac{EA}{l} & 0 & 0 & \dfrac{EA}{l} & 0 & 0 \\ 0 & -\dfrac{12EI}{l^3} & -\dfrac{6EI}{l^2} & 0 & \dfrac{12EI}{l^3} & -\dfrac{6EI}{l^2} \\ 0 & \dfrac{6EI}{l^2} & \dfrac{2EI}{l} & 0 & -\dfrac{6EI}{l^2} & \dfrac{4EI}{l} \end{Bmatrix}$$

③ 形成引入支座约束条件后的结构刚度矩阵。按图 11-34(b)所示结点位移分量编号系统，可以先得到(12×12)阶的结构原始刚度矩阵。引入支座约束条件

$$\Delta_1 = \Delta_2 = \Delta_3 = 0, \quad \Delta_{10} = \Delta_{11} = \Delta_{12} = 0$$

又忽略杆件轴向变形后，有

$$\Delta_5 = \Delta_8 = 0, \quad \Delta_4 = \Delta_7$$

所以，经过修改后的结构刚度矩阵仅剩(3×3)阶，结构刚度方程为

$$\pmb{K}\pmb{\Delta} = \pmb{F}_\mathrm{P}$$

即

$$\frac{EI}{l^2} \begin{Bmatrix} 24-72\beta & (6-3\beta)l & (6-3\beta)l \\ (6-3\beta)l & (8-4\beta)l^2 & 2l^2 \\ (6-3\beta)l & 2l^2 & (8-4\beta)l^2 \end{Bmatrix} \begin{Bmatrix} \Delta_4 \\ \Delta_6 \\ \Delta_9 \end{Bmatrix} = \begin{Bmatrix} 0 \\ 0 \\ 0 \end{Bmatrix}$$

式中

$$\beta = \frac{F_\mathrm{P} l^2}{30 EI}$$

④ 计算临界荷载 F_{Pcr}。由稳定方程 $|\pmb{K}|=0$，经将上述结构刚度矩阵对应的行列式展开并令其值等于零，有

$$1\,080\beta^3 - 4\,596\beta^2 + 5\,136\beta - 1\,008 = 0$$

解得该三次方程的最小根为

$$\beta_{\min} = 0.248$$

故临界荷载为

$$F_{\mathrm{Pcr}} = \frac{0.248 \times 30 EI}{l^2} = \frac{7.44 EI}{l^2}$$

此值比精确解 $\dfrac{7.379 EI}{l^2}$ 仅大 0.8%。

习 题

11-1 求图示杆件的临界力。杆件的刚度为无限大；弹簧刚度为 β。

11-2 图示的刚架，在压力 F_P 的作用下，可能有两种丧失稳定的情形，如图中的虚线所示。试求在这两种情形下所给出的临界力相等时支柱刚度之比。

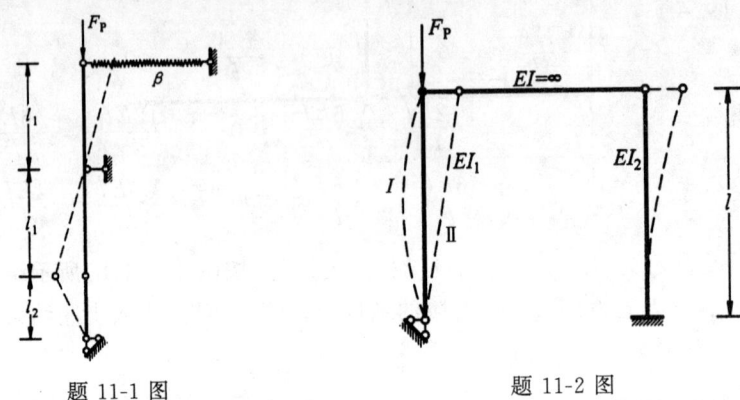

题 11-1 图　　　　　题 11-2 图

11-3～11-4 写出图示杆件的稳定方程式，并求临界力。

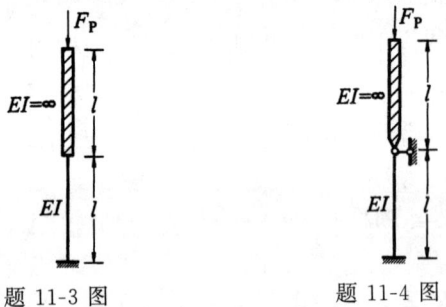

题 11-3 图　　　　　题 11-4 图

11-5～11-7 求图示各刚架的稳定方程式与临界力。题图 11-6 与 11-7 的各杆 $EI=$ 常数。

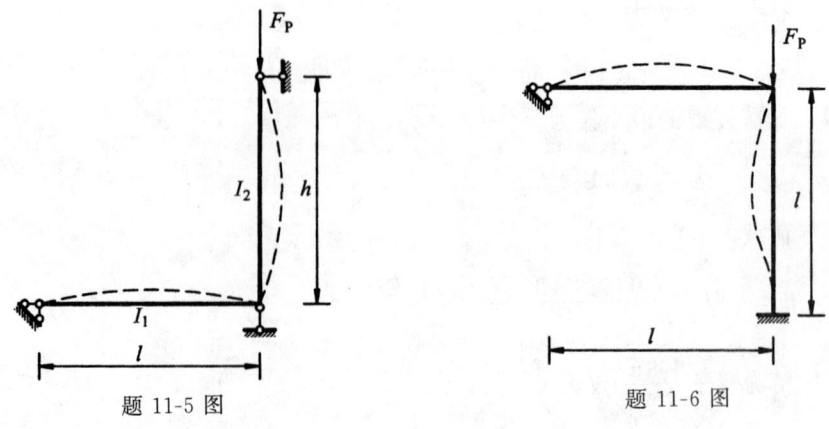

题 11-5 图　　　　　题 11-6 图

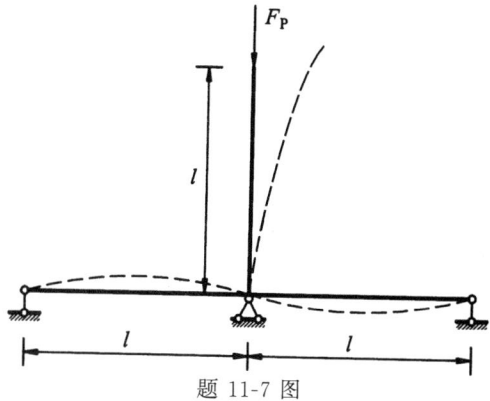

题 11-7 图

11-8～11-10 参见图 11-17(a)、(b)、(c)所示三种特殊情形,试分别按各自的特殊支承情形,直接导出稳定方程式,并校核式(11-8)、式(11-9)、式(11-10)的正确性。

11-11 对图示的结构,试讨论其丧失稳定的几种可能情形,写出稳定方程式,并求最小临界力 F_{Pcr}。

11-12 试按近似法计算图示杆件的临界参数与临界力数值。$EI=$ 常数。

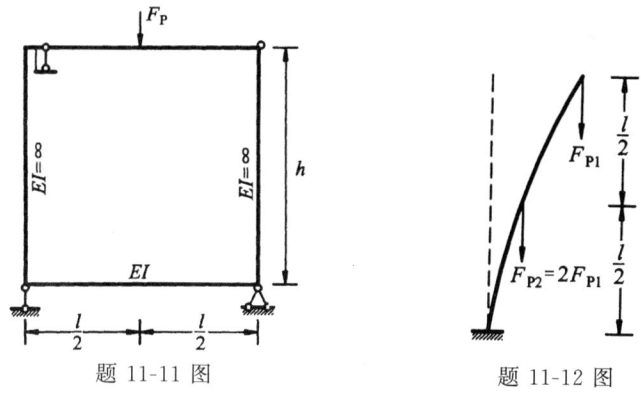

题 11-11 图   题 11-12 图

11-13 半径为 R_0 的圆环,在其直径方向内具有两种不同的十字横直支撑,如图(a)、(b)所示。试写出在静水压力 q 作用下的稳定方程式。

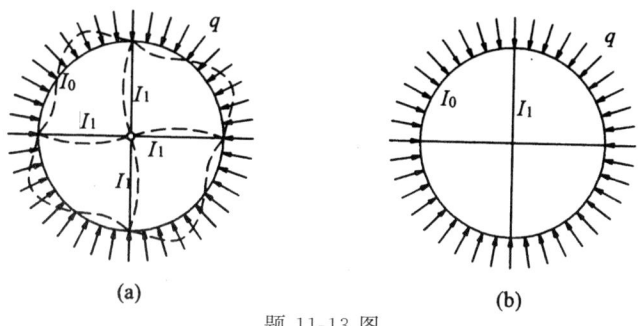

题 11-13 图

第十二章 梁与刚架的极限荷载

第一节 概 述

极限荷载是指当结构破坏时所能承受的最大荷载,因此也称为破坏荷载。按极限荷载的结构计算方法称为结构的塑性分析,它是一种较新概念的结构计算方法,具有重要的理论和实用意义。这一方法的部分研究成果已经引入有关结构设计规程。本章介绍关于这种计算方法的基本知识。

本书曾详细介绍了关于静定和超静定结构的计算原理。根据这些原理可以算出结构各部分的最大与最小弯矩、剪力或轴力,从而算出各截面上的最大应力σ_{max}。按照传统的容许应力的设计方法,结构各部分尺寸应保证使其任意一截面或任何一点的最大计算应力 σ_{max} 不大于材料的容许应力$[\sigma]$,即

$$\sigma_{max} \leqslant [\sigma] = \frac{\sigma_u}{k'}$$

式中,σ_u 为材料的强度极限。对于具有明显屈服点的材料,常取其屈服极限 σ_s 为其强度极限;k' 为应力安全系数。然而在实际中,当结构中的某一部分或某些点的应力已经抵达材料的强度极限,而结构却往往仍能安全使用,这一现象特别在超静定结构中表现得更为突出。因此,从理论上讲,按照极限荷载设计比按照极限应力设计更为合理。按照极限荷载的计算方法,其安全系数并不按照个别纤维或个别杆件的最大应力来计算,而是按照整个结构所能承受的实际最大荷载来计算。荷载安全系数 k 为

$$k = \frac{F_{Pu}}{F_P}$$

式中,F_{Pu} 为极限荷载;F_P 为实际荷载。对于某一给定的结构,安全系数 k 常常大于应力安全系数 k'。因此,按极限荷载的计算方法更合理、更经济地利用了材料强度。

图 12-1 示出了典型的钢结构应力—应变曲线(示意图),从 O 到 A,应力—应变呈线性关系。A 点处的应力称为比例极限。B 点处的应力称为屈服应力。至 C 点后,材料的硬化阶段开始。在 BC 范围以内,认为材料是塑性的。

按容许应力的计算方法,我们只使用了弹性范围以内的材料强度。如果按极限荷载的计算方法,我们就可以合理地利用弹性范围以外的材料强度,特别是其中的塑性范围部分。

为了简化按极限荷载的计算方法,有必要将实际的 σ-ε 曲线加以合理的修改。从图 12-1 可以看到,实际的 σ-ε 曲线于屈服点处有一微小的突起;如果略去它,当然在计算上不会有显著的影响。在图中,相当于材料硬化阶段的曲线部分,如果使用它,将使计算非常复杂。为了简化计算,可以略去材料的硬化作用,同时扩大塑性范围。这种假定,一般认为是容许的,因为略去材料的硬化作用,在计算上是偏于安全一边的,由于实际荷载较极限荷载为小,故由此引起的误差不会很大。经过上述简化后,得到理想的 σ-ε 图线,如图 12-2 所示。

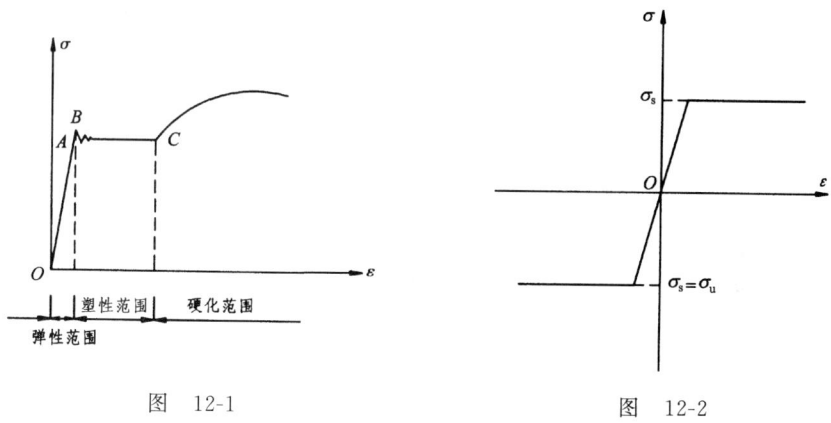

图 12-1   图 12-2

为了阐明按极限荷载的结构计算原理,现以图 12-3(a)所示一次超静定结构为例。一根刚性梁支承在 3 根平行竖向链杆和一根水平链杆上。这些链杆既能受拉也能受压,其应力与应变之间的关系服从理想的 σ-ε 图线(图 12-2)的规律。每根竖向链杆的截面积为 24 cm^2,屈服极限 $\sigma_s = 25$ kN/cm$^2 = \sigma_u$。因此,每根链杆的极限内力 $F_{Nu} = 25 \times 24 = 600$ kN。

在集中荷载 F_P 作用下,按力法可求得各链杆内力为

$$F_{N1} = F_P, \quad F_{N2} = 0, \quad F_{N3} = 2F_P$$

因此当荷载 F_P 的数值不断增大时,链杆 3 内的应力首先抵达屈服极限(亦即极限应力),此时 $F_{N3} = F_{Nu} = 600$ kN。按容许应力计算法,则荷载的最大值为 $F_{Pe} = 300$ kN(图 12-3b)。

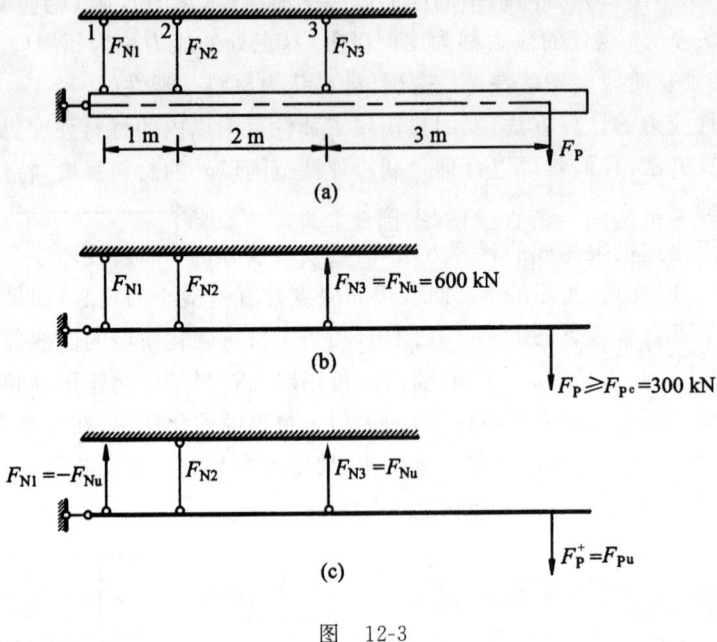

图 12-3

设应力安全系数 $k'=1.5$，按照弹性范围内应力与荷载成线性关系，故荷载的容许值应为

$$[F_{Pe}] = \frac{300}{1.5} = 200 \text{ kN}$$

此时，链杆 3 虽然丧失了它的弹性作用，然而整个结构仍然是安全的，并且可以承受更大的荷载。

当荷载 F_P 自 300 kN 继续增大时，链杆 3 进入完全塑性状态，它的拉伸变形不断增加而内力维持不变，保持在 $F_{N3}=F_{Nu}=600$ kN。此时，结构已经由原来的一次超静定结构转变为静定结构。按静力平衡条件，由图 12-3(b)可求得

$$F_{N1} = -5F_P + 1\ 200 \text{ kN}$$
$$F_{N2} = 6F_P - 1\ 800 \text{ kN}$$
$$F_{N3} = F_{Nu} = 600 \text{ kN}$$

如果荷载 F_P 继续增大，则链杆 1 内的应力将相继抵达屈服极限，此时 $F_{N1}=-F_{Nu}=-600$ kN，而荷载 F_P 抵达其可破坏值 $F_P^+=360$ kN(图 12-3c)。于是整个结构由静定形式转变为具有一个自由度的机构。注意到此时各链杆内力无一根是大于 F_{Nu} 的，所以这一荷载也是可接受的(记为 F_P^-)。我们把这一既是可破坏荷载又是可接受的荷载称为极限荷载 F_{Pu}。

从本例，得到以下结论：如果按极限荷载设计的安全系数仍取 1.5，则荷载的

容许值 $[F_P]=\dfrac{360}{1.5}=240$ kN，此值比前述 $[F_{Pe}]$ 大 20%。由此见到，结构按极限荷载的计算方法可以承受更大的荷载。

图 12-4 表示链杆 1、3 的内力与荷载 F_P 之间的增长关系。由该图可知，在弹性范围以内，内力与荷载之间存在着线性关系，叠加原理可以应用。在弹性范围以外，内力与荷载之间不再按同一条直线增长，因此是非线性的，叠加原理不能应用。

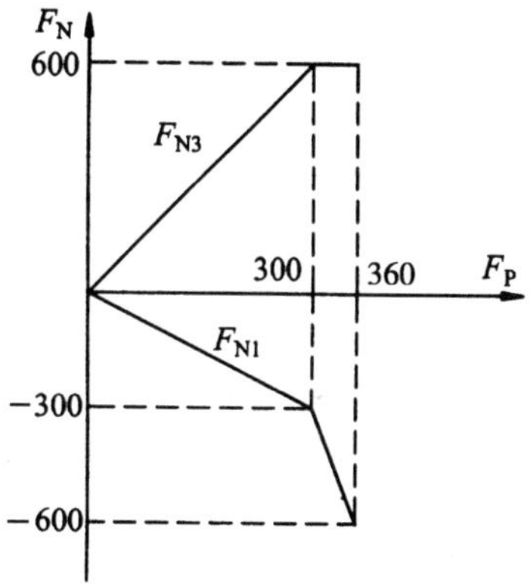

上例中，当任意两根链杆的内力转入塑性状态后，此结构即濒临破坏。因此该结构的可能破坏情形有三种：图 12-3(c)为其中的一种可能破坏情况，其余两种可能破坏的情况如图 12-5 中所示。就第二种可能破坏的情况（图 12-5a），按静力平衡条件，得可破坏荷载的数值为

$$3F_{Nu}+2F_{Nu}=3F_P$$

故 $\quad F_P=\dfrac{5}{3}\times F_{Nu}=\dfrac{5}{3}\times 600=1\,000$ kN

图 12-4

同理，按第三种可能破坏情况（图 12-5b），可得

$$F_{Nu}+3F_{Nu}=6F_P$$

故 $\quad F_P=400$ kN

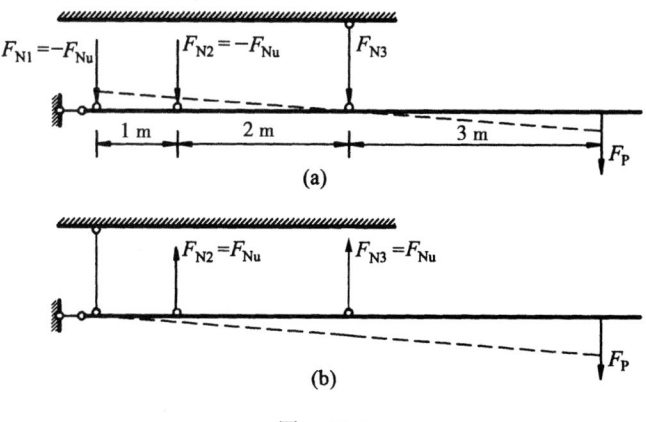

图 12-5

比较以上三种可能破坏的情况，可得出：极限荷载数值（在上例为 360 kN）是所有各种可破坏荷载的最小值。由此可见，超静定结构极限荷载的计算无需考虑结

构弹塑性变形的发展过程,只需考虑最后的破坏机构。

必须注意,在以上计算中,转入塑性状态的链杆内力 F_{Nu} 的箭头方向必须画在它们的正确方向内。那些链杆内力是受拉还是受压,可以从机构虚位图(如图 12-5 中的虚线)判定。

由上例可知,求极限荷载的方法是一种静定结构的计算方法。因此,求极限荷载时可用静力法或机动法。

按极限荷载的计算方法,其适用范围仅限于使用具有明显的弹塑性材料所建造的结构,并且当材料发生塑性变形时应保证其不能断裂。例如,建筑钢即具有此种性质。钢筋混凝土在破坏之前,混凝土的受拉部分出现裂缝,然而钢筋则开始塑流。因此,如果略去混凝土的抗拉强度,也可以按此法计算钢筋混凝土结构。

在以后的几节里,我们将对梁与刚架的塑性计算作进一步的阐述。

第二节 塑 性 铰

图 12-6(a)示任意梁的截面,它有两根对称轴,材料特性如图 12-2 理想 $\sigma\text{-}\varepsilon$ 曲线所示。当梁上荷载逐渐增加时,各截面的法向应力也随之增加。此时,设梁的所有纤维应力均小于屈服点应力,则各截面的应力分布如图 12-6(b)所示。当荷载继续增加,而发生最大弯矩截面内的最外纤维应力首先达到极限应力时,则该截面的应力分布如图 12-6(c)所示。设荷载继续增加,而梁的截面在变形之后仍为一平面,则使弹性阶段的三角形应力分布图变为弹塑性阶段的梯形分布,如图 12-6(d)所示。此时一部分纤维将塑流,它们的应力等于极限应力,但截面的其余部分仍将是弹性作用。当荷载再增加时,塑性变形将逐渐向截面的深度发展,弹性核越缩小;最后,在极限情况下,弹性核完全被消灭,而应力分布图成为两个矩形,如图 12-6(e)所示。此时内力矩达到了这个截面的最大可能数值。当荷载再增加时,它的数值将保持不变,而该截面已经没有能力抵抗变形的无限增加。在这种极限情况下的截面称为形成"塑性铰"。

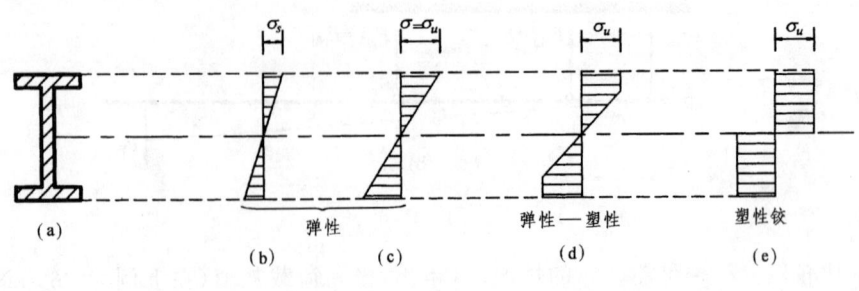

图 12-6

在上述形成塑性铰的过程中,截面上应力为零的中性轴位置始终不变,并且它与截面的重心轴相重合。这是因为梁的截面有一根水平对称轴的缘故。如果梁的截面仅有一根对称轴,位于梁的挠曲平面内(图 12-7),则由静力平衡条件可知,在形成塑性铰的过程中,各个阶段的中性轴位置将逐渐从重心轴的位置向等面积轴移动,最后当形成塑性铰时,其中性轴的位置与等面积轴相重合。所谓"等面积轴",就是将整个面积等分为二的轴①。

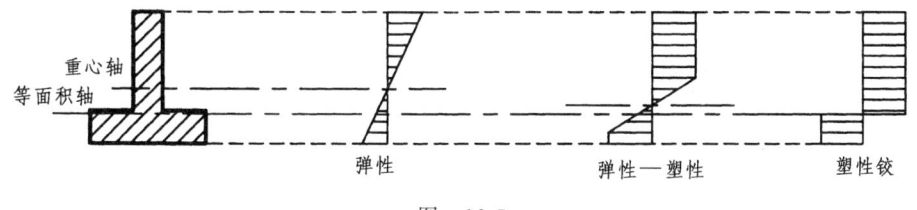

图 12-7

塑性铰的作用与通常的铰相同,它不能继续抵抗挠曲,从而使出现塑性铰处的梁的曲率无限增加。然而,塑性铰与通常铰之间毕竟有其不同之处。首先,在塑性铰处,作用着一对反向的弯矩,称这个弯矩为极限弯矩 M_u。其次,在塑性铰处,杆件只能在一个方向内绕其旋转,因为如果出现相反方向的变形,则塑性铰的作用立刻消失而在该处恢复弹性作用②。

极限弯矩的数值为

$$M_u = \sigma_u W_u \tag{12-1}$$

此处,W_u 称为梁的塑性弯曲截面系数,也就是在出现塑性铰的截面上受压面积与受拉面积对中性轴的静面矩之和。设 S_0 为受压面积(或受拉面积)对整个截面重心的静力矩,则

$$W_u = 2S_0 \tag{12-2}$$

按容许应力的计算方法,当最大弯矩截面内的最外纤维开始抵达极限应力时(图 12-6c),其截面上的最大抗弯弯矩 M_S 为

$$M_S = \sigma_S W = \sigma_u W_e \tag{12-3}$$

式中,W 为梁的弹性弯曲截面系数。两种截面系数之比

$$\alpha = \frac{W_u}{W_e} = \frac{2S_0}{W_e} \tag{12-4}$$

称为截面形状系数。表 12-1 给出了几种常用截面的 α 值。

---

① 对匀质材料而言。
② 此种情形将在本章第六节内加以阐述。

表 12-1　几种常用截面的形状系数

截面形状	I形	圆环	矩形	圆形
α	$1.15 \sim 1.17$	$1.27 \sim 1.4$	1.50	$1.70 = \dfrac{16}{3\pi}$

上述关于塑性铰的理论与实际情形是不同的。这不仅是因为我们采用了理想 $\sigma\text{-}\varepsilon$ 图线来表示弯矩与曲率之间的关系，而且还因为我们假设了塑性铰的出现集中在一个截面上(图 12-8b)。实际上，在极限状态下，在一个比较长的距离 a 内开始塑流，如图 12-8(a)中的阴影部分所示。此外，在梁与刚架的截面上，除弯矩外，常常还存在着剪力与轴向力。这些内力的存在影响到极限弯矩的数值，当然这种影响一般是很小的。以上关于影响塑性铰理论的一些因素，在决定安全系数 k 的数值时，应该加以考虑。

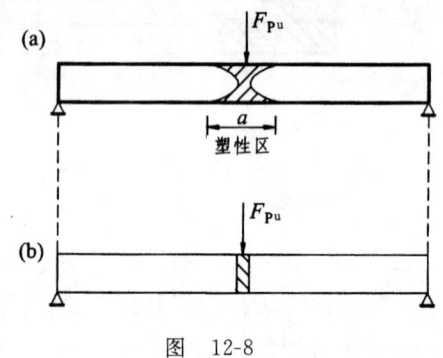

图　12-8

第三节　塑性分析的最简单情形

在超静定梁中，塑性铰的出现，降低了超静定次数。如果由于塑性铰的相继出现，使整个结构的某一部分演变成几何可变的图形，则此梁即失去承载的能力。此时的最大荷载即为极限荷载。梁的极限荷载数值与其破损时塑性铰的位置有关。如果当梁遭受破损时，塑性铰出现的位置只有一种可能情形，则此类问题是塑性计算中的最简单问题。

图 12-9(a)表示一截面均匀的两端固定梁，承受均布荷载 q。从弯矩图的形状可知，当荷载不断增大时，塑性铰可能出现在梁的两端 A、B 及其跨中 C 处。实际上，当此梁遭受破损时，塑性铰出现的位置只有一种可能情形，即在 A、B、C 三个截面内出现三个塑性铰。

由图 12-9(b)，得

$$2M_u = \frac{ql^2}{8}$$

故极限弯矩为

$$M_u = \frac{ql^2}{16}$$

以上关于按静力平衡条件计算极限弯矩(或极限荷载)的方法称为静力法。

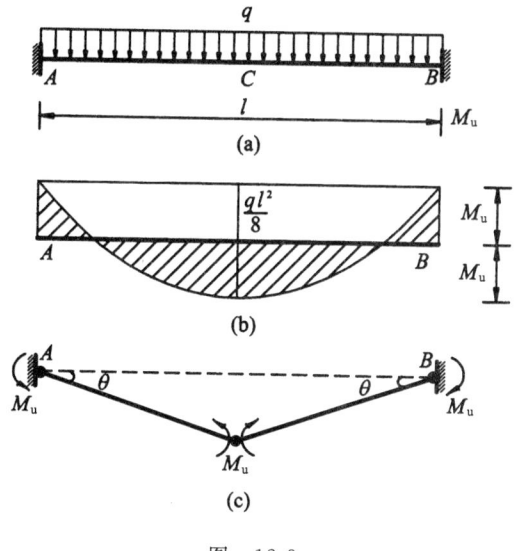

图 12-9

求极限弯矩的另一种方法是机动法。如上例中当 A、B、C 三个截面形成塑性铰时,由于此 3 个铰位于一直线上,体系成为几何瞬变状态。如果在极限弯矩反方向给予微小虚角位移 θ,如图 12-9(c)所示。按虚位移原理得

$$ql \times \frac{1}{2}\left(\theta \times \frac{l}{2}\right) - 2M_u\theta - M_u \times 2\theta = 0$$

或

$$M_u = \frac{ql^2}{16}$$

此与用静力法所得的结果相同。

如果设计时,安全系数为 k,则梁截面的尺寸可按下式选择

$$S_0 = \frac{M_u}{2\sigma_u} = \frac{kql^2}{32\sigma_u}$$

如果校核时,则梁的截面尺寸为已知,其极限力矩 M_u 的数值可由式(12-1)算出。因此极限荷载的数值为

$$q_u = \frac{16\sigma_u W_u}{l^2}$$

图 12-10(a)表示一端固定另一端铰接梁,于 C 点处承受一集中荷载 F_P。此梁在破损时,其塑性铰的出现位置只有一种可能情形,即在 B、C 二截面内形成塑性

铰。按静力方法,使出现塑性铰处 B 与 C 的弯矩纵距均等于 M_u,如图 12-10(b)所示。因此

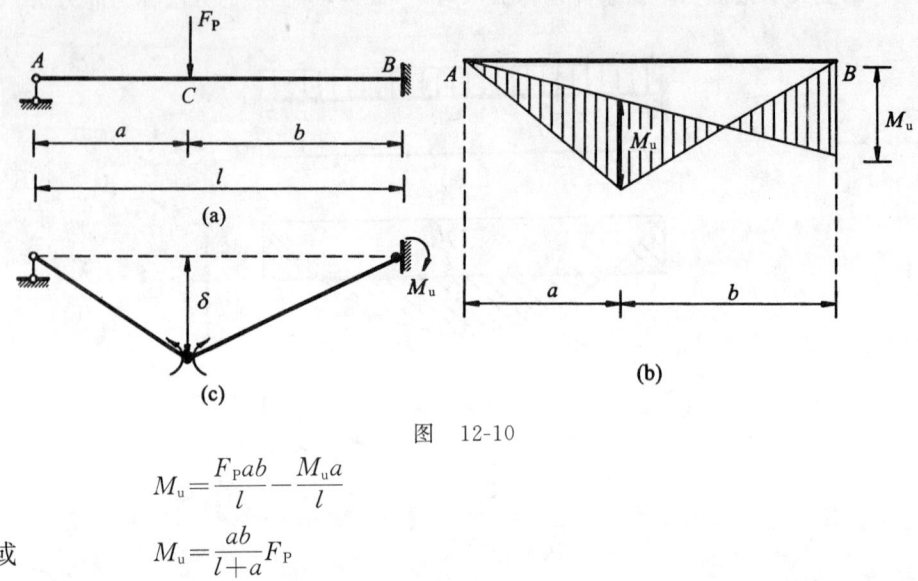

图　12-10

$$M_u = \frac{F_P ab}{l} - \frac{M_u a}{l}$$

或

$$M_u = \frac{ab}{l+a} F_P$$

或

$$F_{Pu} = \frac{l+a}{ab} M_u = \frac{l+a}{ab} \sigma_u W_u$$

如按机动法计算,可设在 C 点处并在 F_P 的作用方向内有一微小的位移 δ(图 12-10c),按虚位移原理可得

$$F_P \delta - M_u \frac{\delta}{a} - 2M_u \frac{\delta}{b} = 0$$

或

$$M_u = \frac{ab}{l+a} F_P$$

第四节　连续梁的极限荷载

图 12-11(a)为一两跨连续梁,梁的截面均匀,在其中一个跨度上承受均布荷载。根据此梁的弯矩图特点,可以断定,当其到达极限破损时,塑性铰出现的位置只有一种可能情形,即在中间支点 B 处以及在荷载跨度内最大正弯矩所在的截面 D 处出现两个塑性铰。后一塑性铰的位置尚为未知,以 x 表示。

图 12-11(b)为此梁抵达极限破损后的机动链。设塑性铰 d 处的位移为 δ,则按虚位移原理可得

$$ql \times \frac{\delta}{2} - M_u \times \frac{\delta}{x} - 2M_u \times \frac{\delta}{l-x} = 0$$

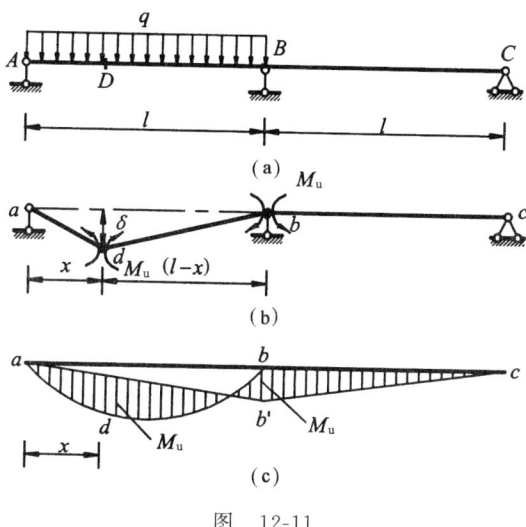

图 12-11

由此得极限荷载公式

$$q_u = \frac{2M_u(l+x)}{lx(l-x)} \tag{a}$$

因为正确的极限荷载数值为所有各值中的最小值,故求 q_u 对 x 的微分,并令其等于零,可得塑性铰的位置为

$$x = (\sqrt{2} - 1)l$$

将此代入公式(a),得

$$q_u = \frac{2M_u}{l^2} \times \frac{\sqrt{2}}{(\sqrt{2}-1)(2-\sqrt{2})} = 11.66 \frac{M_u}{l^2} \tag{b}$$

如按静力法计算时,可先画出简支梁弯矩图 adb(图 12-11c)。然后,在此图上叠加支点弯矩图 $ab'c$,使 d、b 两点的正、负弯矩数值各等于极限弯矩 M_u。按静力平衡条件,可得

$$\frac{ql}{2}x - \frac{M_u}{l}x - \frac{qx^2}{2} = M_u$$

由此可得式(a)。以后的计算与机动法同。

如为多跨连续梁,当梁内陆续出现塑性铰致使梁的某一部分或其全部转变成为机构时,则此梁即遭破损。在各跨荷载指向相同时,连续梁的遭破损常常是局部性质的,即在某一中间跨度内出现 3 个塑性铰或在端跨度内出现 2 个塑性铰(图 12-12),从而使该跨度遭到塑性破损,亦即整个梁的破坏。由于连续梁的塑性破坏

系局限于一个跨度内,而且该跨度内的极限荷载并不受到其他跨度内荷载的影响,故在计算上与单跨梁的极限荷载相同。因此,连续梁的塑性计算远较其弹性计算为简单。

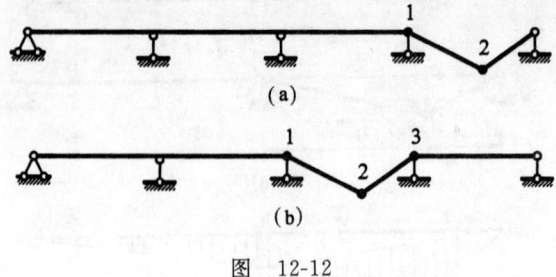

图 12-12

图 12-13(a)为一四跨连续梁,梁的截面均匀,在每一跨度的中央承受一集中荷载。显然,此梁有两种可能破坏情形,即在中间跨度 l_2 内每一跨度出现 3 个塑性铰,或在端跨度 l_1 内每一跨度出现 2 个塑性铰。按机动法,在第一种情形(见图 12-13b)可得

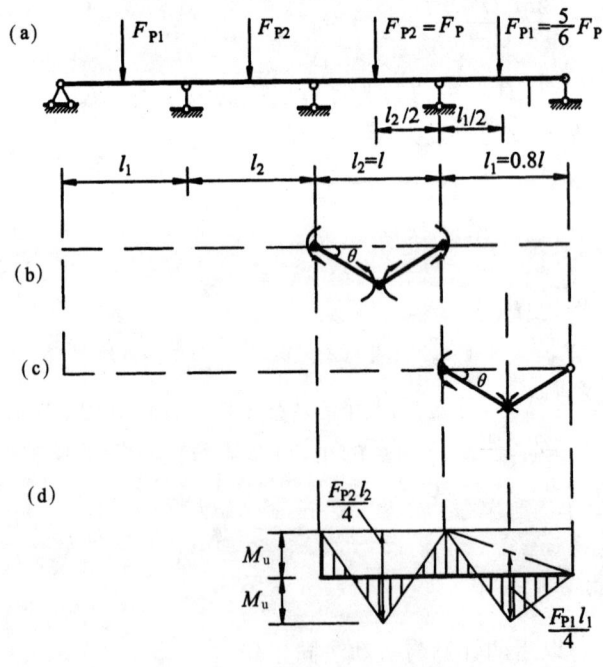

图 12-13

$$F_{P2}\frac{\theta l_2}{2}-4M_u\theta=0 \quad 或 \quad F_{P2}=\frac{8M_u}{l_2}$$

而在第二种情形(图 12-13c),则为

$$F_{P1}\frac{\theta l_1}{2} - 3M_u\theta = 0, \quad F_{P1} = \frac{6M_u}{l_1}$$

如用静力法,则可先将极限弯矩的界限图画出(图 12-13d),然后按塑性铰出现的位置在界限图范围以内画出各跨度的简支梁弯矩图。由该图

在 l_2 跨内

$$\frac{1}{2} \times \frac{F_{P2}l_2}{4} = M_u, \quad F_{P2} = \frac{8M_u}{l_2}$$

在 l_1 跨内

$$\frac{F_{P1}l_1}{4} - \frac{M_u}{2} = M_u, \quad F_{P1} = \frac{6M_u}{l_1}$$

按图 12-13(a)中所给数据,破坏发生在 l_2 跨,对应的极限荷载 $F_{Pu} = \frac{8M_u}{l}$;发生在 l_1 跨,对应的极限荷载 $F_{Pu} = \frac{9M_u}{l}$(因为 $l_1 = 0.8l$, $F_{P1} = \frac{5}{6}F_P$)。因而此连续梁首先破坏在中间两跨度内,其极限荷载为 $\frac{8M_u}{l}$。

*第五节　比例加载时判定极限荷载的一般定理

当结构可能有多种破坏形式时,就需要判定哪一种破坏形式是实际的破坏机构,以便确定极限荷载。为此,下面介绍比例加载时判定极限荷载的几个定理。所谓比例加载有两层意思:第一,结构上所有的荷载均按相同的比例增加,整个荷载可用一个参数 F_P 来表示。第二,荷载参数只是单调增大,不出现卸载现象。

我们结合梁和刚架这类主要是抗弯的结构进行讨论,假设材料是理想弹塑性的,截面的正、负极限弯矩的绝对值相等,而且略去轴力和剪力对极限弯矩的影响。

在进行塑性分析时,仍假定结构的变形很小,从而可以按照未变形的状态建立平衡方程。此外,在极限状态时,由于弹性变形常远小于塑性变形,因此可以略去弹性变形部分,只考虑塑性变形,即所谓的理想刚塑性体。

在介绍极限荷载的几个定理以前,我们先指出结构的极限受力状态应当满足的一些条件。

① 平衡条件:在结构的极限受力状态中,结构的整体或任意一局部都能维持平衡。

② 屈服条件:在极限受力状态中,任意一截面的弯矩都不超过其极限值,即 $-M_u \leqslant M \leqslant M_u$。

③ 单向机构条件:当荷载达到极限值,结构中已形成了足够数量的塑性铰而使结构成为机构,能够沿荷载方向作单向运动。

其次，引入两个定义：

① 对于任意一单向破坏机构，用平衡条件求得的荷载值，称为可破坏荷载，用 F_P^+ 表示。

② 如果在某一荷载情况下，能找到某一内力状态与之平衡，且各截面的内力都不超过极限值，则此荷载称为可接受荷载，用 F_P^- 表示。

由上述定义可知，可破坏荷载 F_P^+ 只满足上述条件的 ① 和 ③；可接受荷载 F_P^- 只满足上述条件的 ① 和 ②；而极限荷载应同时满足上述三个条件。由此可见，极限荷载既是可破坏荷载，又是可接受荷载。

下面给出确定极限荷载的三个定理。

① 上限定理：对于一比例加载作用下的给定结构，与任意一单向破坏机构对应的可破坏荷载 F_P^+，它将大于或等于极限荷载。或者说，极限荷载是各可破坏荷载中的极小者。

② 下限定理：对于一比例加载作用下的给定结构，其可接受荷载 F_P^-，它小于或等于极限荷载。或者说，极限荷载是各可接受荷载中的极大者。

③ 唯一性定理：对于一比例加载作用下的给定结构，如荷载既是可破坏荷载，同时又是可接受荷载，它将同时满足上述三个条件，则此荷载即为极限荷载。它的值是唯一确定的。

在证明唯一性定理以前，我们先证明可破坏荷载 F_P^+ 恒不小于可接受荷载 F_P^-，即

$$F_P^+ \geqslant F_P^-$$

证明如下：设结构在荷载作用下，出现了适当数量的塑性铰，而成为某一单向机构，其对应的可破坏荷载为 F_P^+。现给该机构以机动可能的虚位移 θ^+，列虚功方程，得

$$F_P^+ \Delta = \sum_r M_r^+ \theta^+ = \sum_{i=1}^n |M_{ui}| \cdot |\theta_i| \tag{a}$$

这里 n 是塑性铰的数目，M_{ui} 和 θ_i 分别是塑性铰处的极限弯矩和相对转角。根据单向机构条件，式(a)右边应恒为正值，故用其绝对值来表示。

再取任意可接受荷载 F_P^-，其相应的弯矩图为 M^- 图。给这一平衡力系以上述同样的机动可能的虚位移 θ^+，可列出虚功方程

$$F_P^- \Delta = \sum_{i=1}^n M_i^- \theta_i \tag{b}$$

这里 M_i^- 是 M^- 图中在第 i 个塑性铰处的弯矩值。

根据屈服条件

可得
$$M_i^- \leqslant |M_{ui}|$$
$$\sum_{i=1}^{n} M_i^- \theta_i \leqslant \sum_{i=1}^{n} |M_{ui}| \cdot |\theta_i|$$

将式(a)和式(b)代入上式，即得
$$F_P^+ \geqslant F_P^-$$

下面我们利用上述结果来证明唯一性定理。

设存在两种极限内力状态，相应的极限荷载分别为 F_{Pu1} 和 F_{Pu2}。由于每个极限荷载既是可破坏荷载 F_P^+，又是可接受荷载 F_P^-，如果把 F_{Pu1} 看作 F_P^+，把 F_{Pu2} 看作 F_P^-，则有
$$F_{Pu1} \geqslant F_{Pu2}$$

反之，如果把 F_{Pu2} 看作 F_P^+，把 F_{Pu1} 看作 F_P^-，则有
$$F_{Pu2} \geqslant F_{Pu1}$$

欲使以上两式同时得到满足，则有
$$F_{Pu1} = F_{Pu2}$$

这就证明了极限荷载值是唯一的。

应当指出，一个结构在同一广义力作用下，其极限内力状态可能不止一种，但其相应的极限荷载彼此相等。换句话说，极限荷载值是唯一的，而极限内力状态则不一定是唯一的。

唯一性定理可配合试算法来求极限荷载。我们每次选择一种破坏机构，计算出相应的可破坏荷载并画出其弯矩图，当它没有一个截面超出极限弯矩时，说明它也就是可接受荷载，则根据唯一性定理，这个荷载就是极限荷载。此时就没有必要再去验算其他破坏机构了。

*第六节　刚架的极限荷载

图 12-14(a)表示一常截面，承受一结点荷载 F_P。显然，当此刚架遭受塑性破坏时，塑性铰出现的位置只有一种可能情形，即在 4 个结点处的截面出现 4 个塑性铰。设刚架的支柱有一微小的角位移 θ，则按机动法可得(图 12-14b)

$$4M_u\theta = F_P\theta l \quad \text{或} \quad F_{Pu} = 4\frac{M_u}{l} \quad \text{或} \quad M_u = \frac{F_P l}{4}$$

如按静力法计算，可在二支柱的上、下两端切断，各截面内的剪力为 F_P，如

图 12-14(c)所示。根据 $\Sigma M=0$ 的条件，可得①

$$F_P l = 4M_u, \quad 或 \quad F_{Pu} = 4\frac{M_u}{l}$$

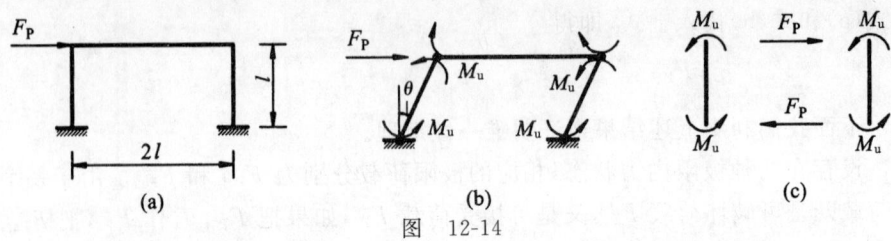

图 12-14

上述例题是刚架塑性计算中的最简单问题。实际上，一般的刚架塑性计算远比此例复杂，因为当遭受塑性破坏时，其塑性铰出现的位置常有几种可能情形，而极限荷载数值应该是所有这些可破坏荷载中的最小者。

现以图 12-15 所示的刚架为例，说明一般刚架塑性计算的方法。设此刚架各杆的截面为均匀的，则按此刚架弯矩图的一般形状，可知塑性铰可能出现在 5 个截面内，即在 4 个结点处的截面以及支柱 12 内的某一截面处。

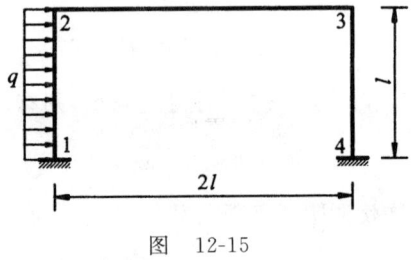

图 12-15

图 12-16 表示此刚架发生塑性破损时的三种可能情形。第一种情形（图 12-16a）表示刚架的局部破损。当结点 1、2 出现了两个塑性铰之后，虽然此刚架仍然是超静定的，然而由于第 3 个塑性铰出现在同一杆件的最大正弯矩截面 5 内②，从而使刚架遭受局部塑性破坏。这种情形与梁的塑性破损相似。第二种情形（图 12-16b）发生在当 4 个结点处的截面形成塑性铰时，此时刚架将无限制地发生侧向位移。第三种情形（图 12-16c）是一种比较复杂的情形，当在结点 1、3、4 处形成了 3

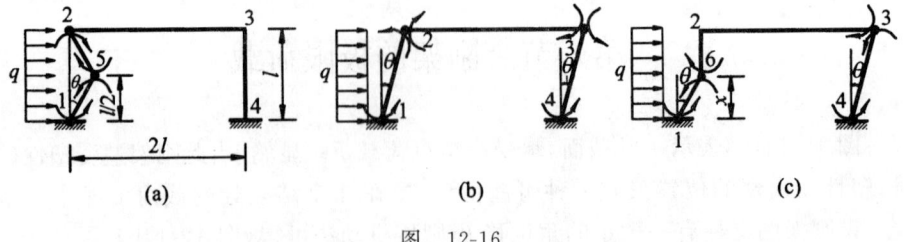

图 12-16

---

① 支柱内的轴向力对力矩并无影响。

② 显然，此截面应位于支柱 12 的半高度处。

个塑性铰之后,第 4 个塑性铰发生在支柱 12 的最大弯矩截面 6 内,而该截面的位置尚为未知。

第一种情形(图 12-16a)

$$ql \times \frac{1}{2}\left(\theta \times \frac{l}{2}\right) - 4M_u\theta = 0, \quad q = 16\frac{M_u}{l^2}$$

第二种情形(图 12-16b)

$$ql \times \frac{1}{2}(\theta l) - 4M_u\theta = 0, \quad q = 8\frac{M_u}{l^2}$$

至于第三种情形(图 12-16c),假设支柱 34 的角位移为 θ,则支柱 16 的角位移应等于 $\theta' = \frac{l}{x}\theta$。按虚位移原理,可得虚功公式

$$qx \times \frac{1}{2}\left(\frac{l}{x}\theta \times x\right) + q(l-x)\left(\frac{l}{x}\theta \times x\right) - M_u\left(2 - \frac{l}{x}\theta + 2\theta\right) = 0$$

或

$$q = \frac{4M_u}{l} \times \frac{l+x}{x(2l-x)} \tag{a}$$

塑性铰 6 的位置应该使极限荷载的数值为最小,因此令 $\dfrac{dq}{dx}=0$,可得

$$x = (\sqrt{3} - 1)l \tag{b}$$

将此值代入式(a),得极限荷载的数值为

$$q_u = \frac{4\sqrt{3}}{(\sqrt{3}-1)(3-\sqrt{3})} \times \frac{M_u}{l^2} = 7.464\frac{M_u}{l^2} \tag{c}$$

式(c)所给出的数值是所有可能情形中的最小者,故为此刚架的极限荷载数值。

如用静力法计算时,为了得出刚架各截面内的弯矩以及荷载之间的静力平衡关系式,可任意取一静定稳定的图形为原结构的基本结构,例如图 12-17 所示。设使刚架外侧受拉的弯矩为正,则从图 12-17 可得

$$\left. \begin{array}{l} M_1 - Hl + \dfrac{ql^2}{2} = M_2 \\ M_1 - \dfrac{Hl}{2} + \dfrac{ql^2}{8} = M_5 \end{array} \right\}$$

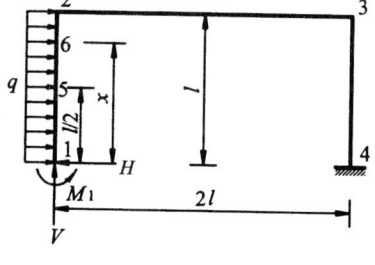

图 12-17

从以上二式中消去 H,可得

$$\frac{ql^2}{4} = M_1 + M_2 - 2M_5 \tag{d}$$

式(d)表示 M_1、M_2、M_5 以及荷载 q 之间的静力平衡关系式。如刚架按第一种情形

(见图 12-16a)破损时,则 $M_1=M_u, M_2=M_u, M_5=-M_u$,故由式(d)可得

$$M_u = 16\frac{M_u}{l^2}$$

在图 12-17 中,写出结点 2、3、4 各截面的弯矩公式

$$M_2 = M_1 - Hl + \frac{ql^2}{2}$$

$$M_3 = M_1 - Hl - 2Vl + \frac{ql^2}{2}$$

$$M_4 = M_1 - 2Vl - \frac{ql^2}{2}$$

从以上三式中消去了 H 与 V 之后,可得 M_1、M_2、M_3、M_4 与荷载 q 之间的关系式

$$\frac{ql^2}{2} = M_1 - M_2 + M_3 - M_4 \tag{e}$$

按第二种破损情形(图 12-16b), $M_1=M_3=M_u$, $M_2=M_4=M_u$,故由式(e)得 $q_u=8\frac{M_u}{l^2}$。在图 12-17 中,对截面 3、4、6 取弯矩,可得

$$M_3 = M_4 - Hl - 2Vl + \frac{ql^2}{2}$$

$$M_4 = M_1 - 2Vl - \frac{ql^2}{2}$$

$$M_6 = M_1 - Hx + \frac{qx^2}{2}$$

从以上三式中消去 H 与 V 之后,得

$$ql^2 x - \frac{ql}{2}x^2 = M_1 l - M_6 l + M_3 x - M_4 x \tag{f}$$

按第三种破损情形(见图 12-16c), $M_1=M_3=M_u$; $M_4=M_6=-M_u$,将此代入式(f),可得式(a)。以后的计算与机动法同。

图 12-17 所示的刚架,其在弹性计算中的最后弯矩图如图 12-18 所示。显然,由此图可准确地知道此刚架遭受塑性破损时的塑性铰出现的位置。

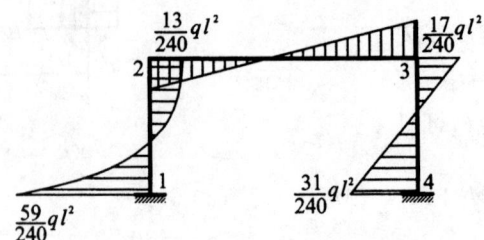

图 12-18

习 题

12-1～12-3 对于图示的结构：

① 试研究当发生塑性毁损时的各种可能情形。

② 设各链杆的截面相同，均为 $40\ \text{cm}^2$，其屈服点应力为 $\sigma_s=25\ \text{kN/cm}^2=\sigma_u$。试求极限荷载 F_{Pu}。

③ 设极限荷载 F_{Pu} 为 $600\ \text{kN}$，试求极限内力 F_{Nu}。

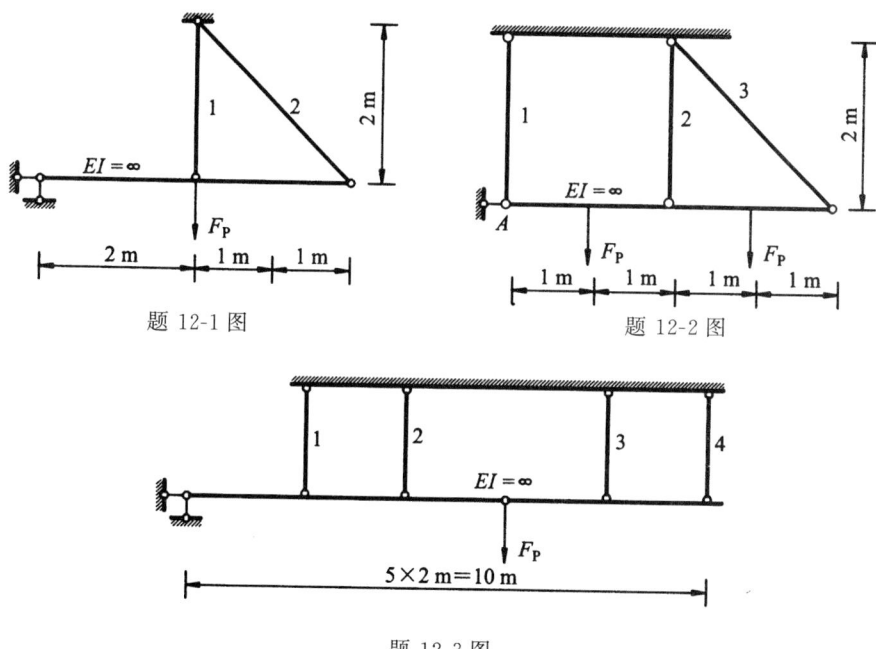

题 12-1 图   题 12-2 图

题 12-3 图

12-4～12-5 试求图示结构的极限荷载 F_{Pu}。设 $\sigma_s=24\ \text{kN/cm}^2=\sigma_u$，截面 $b\times h=0.05\times 0.20\ \text{cm}^2$，$l=4\ \text{m}$。

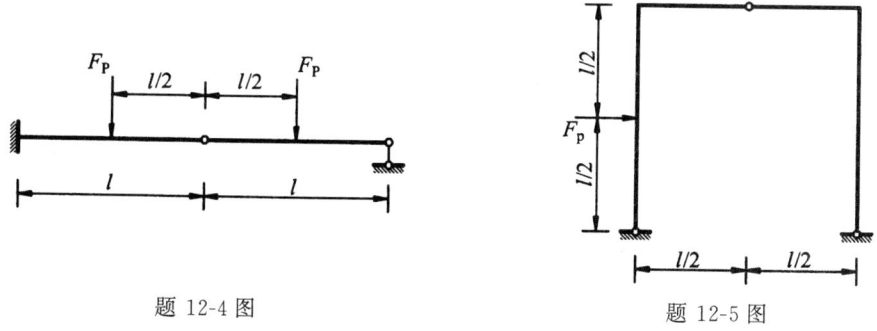

题 12-4 图   题 12-5 图

12-6～12-10 试按两种方法求图示结构的极限荷载 F_{Pu} 或 q_u。设 $\sigma_s=25\ \text{kN/cm}^2=\sigma_u$。工字钢 I 20a，$A=35.5\ \text{cm}^2$；$W_e=237\ \text{cm}^3$；$\alpha=1.150$。工字钢 I 25a，$A=48.5\ \text{cm}^2$；$\alpha=1.147$。

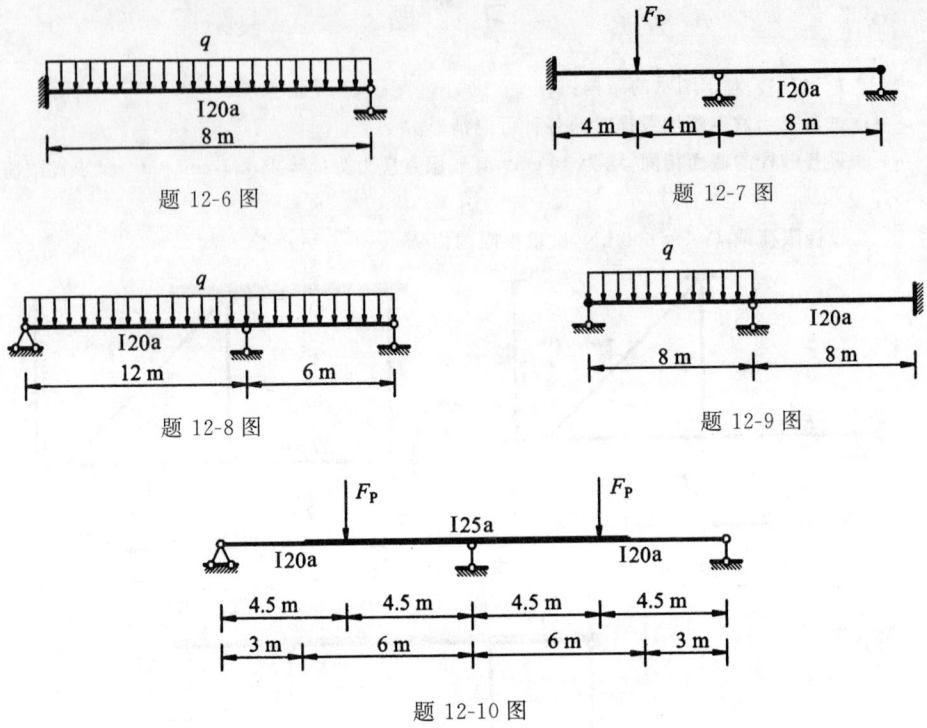

题 12-6 图

题 12-7 图

题 12-8 图

题 12-9 图

题 12-10 图

12-11～12-12 对于图示的连续梁,试确定其发生塑性破损时的塑性铰位置,并求极限荷载 F_{Pu} 或 q_u。$\sigma_s = 25 \text{ kN/cm}^2 = \sigma_u$。工字钢的特性见上题。

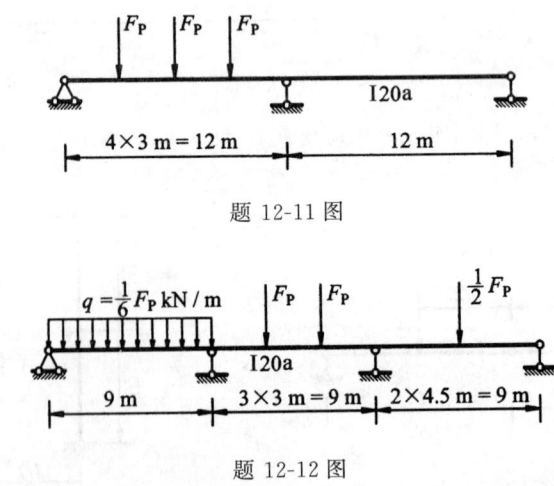

题 12-11 图

题 12-12 图

12-13～12-16 对于图示的刚架:

(1) 试研究当塑性破损时,出现塑性铰的各种可能情形;

(2) 试按机动法推求极限荷载的公式;设 $\sigma_s = 25 \text{ kN/cm}^2 = \sigma_u$,各杆截面为 I 20a(其各特性

系数值见习题 12-6～12-10),$l=6$ m,试计算极限荷载 F_{Pu} 或 q_u 的数值;

(3)试按静力法推求极限荷载的公式。

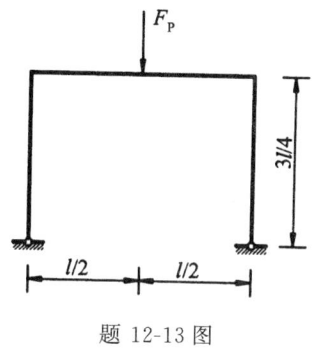

题 12-13 图

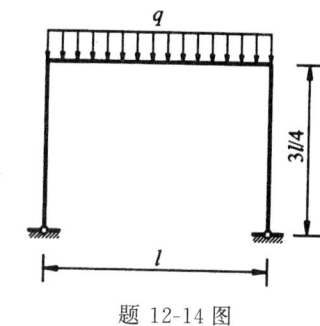

题 12-14 图

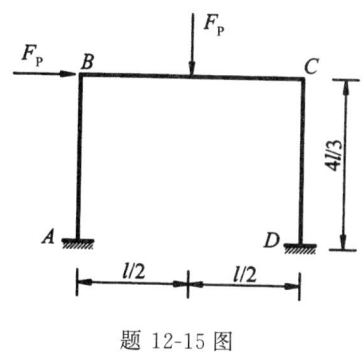

题 12-15 图

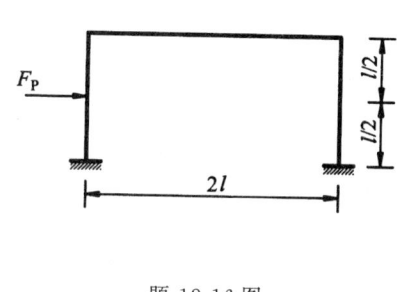

题 12-16 图

习题答案

第二章

2-1　-1

2-2　1

2-3　-2

2-4　-1

2-5　几何不变,无多余约束

2-6　瞬变

2-7　瞬变

2-8　几何不变,无多余约束

2-9　几何不变,无多余约束

2-13　题 2-5、2-8、2-9、2-11 和 2-12 为静定结构。题 2-1、2-3、2-4 为超静定结构。

第三章

3-1　右支座反力 $\left(\frac{3}{2}F_P\sin\alpha - \frac{b}{l}F_P\cos\alpha\right)$ (↑)

3-2　左支座反力 52.5 kN(↑)

3-3　左支座反力 70 kN(↑)

3-4　梁左端弯矩 20 kN·m(下侧受拉)

3-5　$M_B = -120$ kN·m(上侧受拉)

3-6　$M_A = -120$ kN·m(上侧受拉)

3-7　$M_A = M$(下侧受拉)

3-8　(a) 跨中弯矩 $ql^2/8$(下侧受拉);(b) 跨中弯矩 $q_1 l^2/(8\sin\alpha)$(下侧受拉)

3-9　$M_{AB} = ql^2/2$(左侧受拉)

3-10　$M_{AB} = F_P l/2$(上侧受拉)

3-11　$M_{AB} = 40$ kN·m(上侧受拉)

3-12　$M_{BA} = 20$ kN·m(下侧受拉)

3-13　$M_{AB} = ql^2/2$(右侧受拉)

3-14　$M_C = 3F_P a/4$(下侧受拉)

3-15　$M_{AD} = 80$ kN·m(上侧受拉)

3-16　$M_{CD} = 180$ kN·m(下侧受拉),$M_{CA} = 160$ kN·m(右侧受拉)

3-17　$M_{BA} = M$(上侧受拉)

3-18　$M_{BC} = 3F_P a$(左侧受拉)

习 题 答 案

3-19 $F_{Ax}=\dfrac{3ql}{4}(\leftarrow)$, $F_{Bx}=\dfrac{ql}{4}(\leftarrow)$

3-20 水平反力$=-\dfrac{F_P}{2}$(方向向外)

3-21 $F_{Ax}=4.85$ kN($\leftarrow$) $F_{Bx}=3.60$ kN($\leftarrow$)

3-22 $M_A=\dfrac{20}{3}$ kN·m(右侧受拉) $M_B=\dfrac{20}{3}$ kN·m(左侧受拉)

3-23 $F_{Ax}=2.857$ kN($\rightarrow$), $F_{Ay}=9.52$ kN($\uparrow$)

3-24 $F_{AH}=93.33$ kN($\rightarrow$), $F_{AY}=106.67$ kN($\uparrow$)

3-25 $F_{AH}=114.29$ kN($\rightarrow$), $F_{AY}=107.34$ kN($\uparrow$)

3-26 $F_{AY}=82.5$ kN($\uparrow$), $F_{NDE}=262.5$ kN(受拉)

3-27 拉杆轴力 $F_N=5$ kN, $M_K=44$ kN·m, $F_{QK}=-0.6$ kN, $F_{NK}=-5.8$ kN(受拉)

3-28 2 根

3-29 4 根

3-30 跨中竖杆 $F_N=2F_P$

3-31 $F_{Na}=60$ kN, $F_{Nb}=-60$ kN, $F_{Nc}=120$ kN

3-32 $F_{N1}=-4F_P$, $F_{N2}=\sqrt{2}F_P$, $F_{N3}=-\dfrac{\sqrt{2}}{2}F_P$, $F_{N4}=-F_P$

3-33 $F_{Na}=-1.80F_P$, $F_{Nb}=2F_P$

3-34 $F_{Na}=-60$ kN, $F_{Nb}=-66.67$ kN, $F_{Nc}=36.06$ kN

3-35 $F_{Na}=300$ kN, $F_{Nb}=0$, $F_{Nc}=-300$ kN

3-36 $F_{Na}=-2\sqrt{2}F_P$, $F_{Nb}=-\sqrt{2}F_P$

3-37 $F_{Na}=33.33$ kN, $F_{Nb}=-33.33$ kN

3-38 $F_{Na}=-6$ kN, $F_{Nb}=2$ kN, $F_{Nc}=4$ kN, $F_{Nd}=-4$ kN, $F_{Ne}=8.94$ kN, $F_{Nf}=-8.9$ kN

3-39 $F_{NDE}=22.5$ kN

3-40 水平反力 $F_H=27.3$ kN

3-41 $F_{NDE}=150$ kN, $M_F=-7.5$ kN·m(上侧受拉)

3-42 水平反力 $F_H=60$ kN

第 四 章

4-1 (a) $F_P R^3/(2EI)(\leftarrow)$, (b) $F_P R^2(\pi-2)/(4EI)$(逆时针)

4-2 都不正确

4-3 $23F_P l^3/(648EI)(\downarrow)$

4-4 $19qa^3/(24EI)$(逆时针)

4-5 $320.56/(EI)(\leftarrow\rightarrow)$

4-6 (a) 0.003 52 m($\downarrow$), (b) 5.156×10^{-4} rad(增大)

4-7 $0.7278F_P h^3/(EI)(\downarrow)$

4-8 $6al/h$(顺时针)

4-9 $19.25al^2/h+16.25al(\leftarrow)$

4-10　$(5/4)\alpha t d(\uparrow)$

4-11　$\Delta_{EV}=(3/4)\Delta(\uparrow)$，$\varphi_E=(3\Delta/l)\text{rad}$(逆时针)

4-12　Hb/l

4-13　$0.0233\text{ m}(\uparrow)$

第 五 章

5-1　1

5-2　1

5-3　3

5-4　2

5-5　4

5-6　6

5-7　3

5-8　(1) 15；(2) 7

5-9　1

5-10　一种是切断上横梁 BC，另一种可切断下横梁 AD。

第 六 章

6-1　(a) 2次，(b) 4次，(c) 3次，(d) 8次，(e) 3次，(f) 1次，(g) 4次，(h) 6次

6-2　(a) $M_A=\dfrac{3F_\text{P}l}{16}$(上侧受拉)，　(b) $M_B=\dfrac{3F_\text{P}l}{32}$(上侧受拉)

6-3　取左侧竖杆的轴力作为多余未知力，$\delta_{11}=38.62/EA$，$\Delta_{1P}=-19.31F_\text{P}/EA$

6-4　(a) $M_{AB}=\dfrac{13F_\text{P}}{3}$(上侧受拉)，　　$M_{BA}=\dfrac{2F_\text{P}}{3}$(下侧受拉)，

　　　　$M_{BD}=\dfrac{11F_\text{P}}{3}$(右侧受拉)，　　$M_{GF}=\dfrac{13F_\text{P}}{3}$(上侧受拉)

　　(b) $M_{CA}=\dfrac{F_\text{P}l}{3}$(左侧受拉)，　　$M_{ED}=\dfrac{F_\text{P}l}{3}$(右侧受拉)

6-5　$M_{AC}=97.5\text{ kN}\cdot\text{m}$(左侧受拉)，　$M_{BE}=34.5\text{ kN}\cdot\text{m}$(左侧受拉)

6-6　$M_{AB}=2ql^2$(左侧受拉)，$M_{BA}=0.385ql^2$(左侧受拉)

　　　$M_{CB}=0.088ql^2$(右侧受拉)，$M_{ED}=0.115ql^2$(左侧受拉)，　$F_{NFG}=-0.131ql$

6-7　$M_A=225\text{ kN}\cdot\text{m}$(左侧受拉)

6-8　$M_{CA}=11.1\text{ kN}\cdot\text{m}$(左侧受拉)

6-9　$M_{DA}=8\text{ kN}\cdot\text{m}$(左侧受拉)，$M_{DE}=24\text{ kN}\cdot\text{m}$(上侧受拉)，

　　　$M_{DC}=32\text{ kN}\cdot\text{m}$(上侧受拉)

6-10　$M_{GC}=M/2$(上侧受拉)，　$M_{CA}=M/28$(右侧受拉)

6-11　左上角 $M=26.67\text{ kN}\cdot\text{m}$(内侧受拉)

6-12　$M=\dfrac{qR^2}{4}(1-2\sin\varphi)$

6-13　$M_{AC}=\dfrac{3F_\text{P}l}{14}$(上侧受拉)，　$M_{CA}=\dfrac{4F_\text{P}l}{14}$(下侧受拉)，　$M_{DA}=\dfrac{3F_\text{P}l}{14}$(左侧受拉)

6-14 $M_B=175.2$ kN·m, $M_C=58.9$ kN·m, $\Delta_{Ky}=\dfrac{747}{EI}(\downarrow)$, $\varphi_C=\dfrac{157}{EI}$(逆时针)

6-15 将支座 B、C 处截面的弯矩作为多余未知力 X_1, X_2, $\delta_{11}=5.06\times10^{-6}$, $\delta_{22}=5.706\times10^{-6}$, $\delta_{12}=0.035\ 7\times10^{-6}$, $\Delta_{1P}=11.19\times10^{-6}$, $\Delta_{2P}=111.43\times10^{-6}$, $X_1=-2.07$ kN·m, $X_2=-19.25$ kN·m

6-17 $M_{DB}=80\alpha EI/l$(内侧受拉), $M_{AC}=80\alpha EI/l$(外侧受拉)

6-18 $\sigma_{\max}=\dfrac{M_{\max}}{W}=\dfrac{\dfrac{30\alpha EI}{h}}{\dfrac{I}{h/2}}=15\alpha E$, 与 h 无关, 加大工字钢号码最大应力仍然不变。

6-19 $M_{AC}=\dfrac{3EI\Delta}{2a^2}$(内侧受拉)

6-20 (a) $M_{AB}=\dfrac{3EI}{l^2}\cdot\Delta$(上侧受拉), (b) $M_{AB}=\dfrac{3EI}{l}\cdot\varphi$(下侧受拉)

6-21 $\Delta=2.32$ cm($\downarrow$)

6-22 取支座 E 的反力作为多余未知力, $\delta_{11}=\dfrac{22l^3}{3EI}$, $\Delta_{1P}=\dfrac{30l^2}{EI}$, $X_1=\dfrac{5}{33}$ kN, $M_A=45.45$ kN·m(上侧受拉)

6-23 交叉点的 $X_1=21F_P/64$

6-24 $F_H=\dfrac{ql^2}{8}\times\dfrac{1}{1+\dfrac{15}{8}\times\dfrac{EI}{E_1A_1f^2}}$

6-25 $F_H=0.46F_P$, $M_A=M_B=0.11F_PR$

6-26 拱顶 $M=76.65$ kN·m, 拱脚 $M=-206.79$ kN·m

6-27 水平推力 $F_H=13.05$m·q

第 七 章

7-1 2,2,2,1,4,0,2,2,4,3

7-2 (a) $M_{AB}=-2ql^2/336$
(b) $M_{AD}=8$ kN·m, $M_{CB}=20$ kN·m, $M_{AB}=-14$ kN·m

7-3 (a) $M_{AB}=-0.25F_Pl$, $M_{DB}=0.045F_Pl$, $M_{GF}=-0.06F_Pl$
(b) $M_{AC}=27.37$ kN·m, $M_{CD}=-50.52$ kN·m, $M_{ED}=-42.18$ kN·m

7-4 $3ql^3/(92EI)$(顺时针)

7-5 $M_{AD}=-16$ kN·m, $M_{BE}=-48$ kN·m, $M_{CF}=-16$ kN·m

7-6 (a) $M_{AB}=-4F_Ph/9=M_{BA}$, $M_{CD}=-F_Ph/9=M_{DC}$
(b) $M_{AB}=-298$ kN·m, $M_{CD}=-447$ kN·m, $M_{FG}=-149$ kN·m

7-8 $M_{AB}=-3F_P/2=M_{CB}$

7-9 $M_{BC}=-20ql^2/33$, $M_{AE}=70ql^2/33$

7-10 $M_{AB}=-5F_Pl/18$, $M_{BA}=-2F_Pl/9$

7-11 $M_{AB}=16.74$ kN·m, $M_{BC}=-17.28$ kN·m

7-12 $M_{CA}=-F_Pl/14$, $M_{EC}=F_Pl/4$

7-13 弹性支座截面处的弯矩 $M=0.094F_Pl$

7-14 $\varphi_B = 3\Delta/11l$

7-15 $M_B = 1\,866.67$ kN·m, $M_C = -466.67$ kN·m

7-16 $M_{DA} = -0.08i$, $M_{DB} = -0.02i$, $M_{DC} = 0.06i$

7-17 略

7-18 $M_{BA} = 2$ kN·m, $M_{CB} = -2$ kN·m

7-19 $M_{BA} = 38.2$ kN·m, $M_{CB} = -48.4$ kN·m

7-20 $M_{AB} = 45.5$ kN·m, $M_{CD} = -308.3$ kN·m

7-21 (a) $M_{AB} = -61.3$ kN·m, (b) $M_{BA} = 9.15$ kN·m

7-22 $M_{AB} = 136.53$ kN·m, $M_{BA} = 33.05$ kN·m, $M_{CD} = 4.36$ kN·m

7-23 $M_{BA} = 9.23$ kN·m

7-24 否，否，可，可，可，可

7-25 (a) $M_{BA} = -25.7$ kN·m, (b) $M_{BC} = -4$ kN·m

7-26 $M_{CB} = -21.2$ kN·m, $M_{AB} = 58.9$ kN·m

7-27 $M_{AC} = -56.7$ kN·m, $M_{CD} = -45.3$ kN·m

第 八 章

8-1 6

8-2 $\dfrac{12EI}{l^3}$

8-3 $\boldsymbol{K}_{22} = \dfrac{EI}{l}\begin{pmatrix} 24/l^2 & 0 \\ 0 & 8 \end{pmatrix}$

8-4 $\dfrac{2EI}{l}$

8-5 $\boldsymbol{K} = \begin{pmatrix} 16 & 12 & -16 & -12 & 0 & 0 \\ & 9 & -12 & -9 & 0 & 0 \\ & & 34 & -12 & -18 & 24 \\ & \text{对} & & 41 & 24 & -32 \\ & & & & 18 & 24 \\ & & & \text{称} & & 32 \end{pmatrix}$

8-7 $\boldsymbol{K}_{22} = \begin{pmatrix} 36 & 0 \\ 0 & 152 \end{pmatrix}$, $\boldsymbol{K}_{44} = \begin{pmatrix} 54 & -32 \\ -32 & 228 \end{pmatrix}$

8-8 $\boldsymbol{K} = \begin{pmatrix} 0.72 & 0 & -1.67 & 0 \\ & 0.72 & -1.67 & -1.67 \\ & \text{对} & 13.33 & 3.33 \\ & & \text{称} & 6.67 \end{pmatrix}$

8-9 $\boldsymbol{K} = \begin{pmatrix} 612 & 0 & 30 \\ 0 & 324 & 0 \\ 30 & 0 & 300 \end{pmatrix} \times 10^4$

习 题 答 案

8-10 $F = \begin{Bmatrix} -2 \text{ kN} \\ -5 \text{ kN} \cdot \text{m} \\ -16 \text{ kN} \cdot \text{m} \end{Bmatrix}$

8-11 $F_2 = \begin{Bmatrix} ql \\ -ql/2 \\ 0 \end{Bmatrix}$

8-12 $F = (12 \text{ kN} \quad 25 \text{ kN} \quad 8.83 \text{ kN} \cdot \text{m} \quad 0 \quad 25 \text{ kN} \quad -20.83 \text{ kN} \cdot \text{m})^{\text{T}}$

8-13 $\overline{F}^{(1)} = \begin{pmatrix} -85.581 \text{ kN} \\ 85.581 \text{ kN} \end{pmatrix}$

8-14 $\overline{F}^{(1)} = \begin{pmatrix} 0.018\ 84 \text{ kN} \cdot \text{m} \\ 0.013\ 68 \text{ kN} \cdot \text{m} \end{pmatrix}$

8-15 $\overline{F}^{(1)} = \begin{pmatrix} -4 \\ -8 \end{pmatrix} \text{ kN} \cdot \text{m}, \quad \overline{F}^{(2)} = \begin{pmatrix} 54 \\ 0 \end{pmatrix} \text{ kN} \cdot \text{m}$

8-16 $\Delta = \begin{Bmatrix} 4.621 \times 10^{-6} \\ -3.444 \times 10^{-5} \\ 9.858 \times 10^{-5} \end{Bmatrix}$

第 九 章

9-1 ① $\overline{F}_{yA} = 1, \overline{M}_A = -x, \overline{M}_C = \begin{cases} 0 & (0 \leqslant x \leqslant a) \\ -(x-a) & (a \leqslant x \leqslant l) \end{cases}, \overline{F}_{QC} = \begin{cases} 0 & (0 \leqslant x \leqslant a) \\ 1 & (a \leqslant x \leqslant l) \end{cases}$

② $\overline{F}_{yA} = \overline{F}_{yA}^0, \quad \overline{M}_C = \overline{M}_C^0, \overline{F}_{QC} = \overline{F}_{QC}^0 \cos\alpha, \overline{F}_{NC} = -\overline{F}_{QC}^0 \sin\alpha$

其中上标加"0"者为相应简支梁(水平放置)有关的影响线。

9-2 ① $\overline{F}_{RA} = 1(A$ 点的值$), \overline{F}_{RA} = 0(B$ 点的值$)$

$\overline{M}_B = -2\text{m}(D$ 点的值$), \overline{F}_{QB}^L = -\dfrac{1}{3}(D$ 点的值$), \overline{F}_{QB}^R = 1(B$ 点以右的值$)$

② $\overline{F}_{RB} = 1(ABD$ 段的值$)$

$\overline{M}_A = a+b(A$ 点的值$), \overline{M}_A = -d(D$ 点的值$)$

$\overline{M}_C = b(AC$ 段的值$), \overline{M}_C = -d(D$ 点的值$)$

$\overline{F}_{QC} = -1(AC$ 段的值$), \overline{F}_{QC} = 0(CBD$ 段的值$)$

9-3 $\overline{F}_{RB} = \dfrac{3}{4}(B$ 左侧结点的值$), \overline{F}_{RB} = \dfrac{3}{8}(B$ 点的值$)$

$\overline{M}_D = \dfrac{3}{2}\text{m}(C$ 点的值$), \overline{F}_{QD} = -\dfrac{1}{2}(C$ 点的值$)$

$\overline{F}_{QC}^L = \dfrac{1}{2}(C$ 点的值$), \overline{F}_{QC}^R = -\dfrac{1}{2}(C$ 点的值$)$

9-4 $\overline{F}_{RA} = 1(A$ 点的值$), \overline{F}_{QB} = -1(B$ 点以左的值$), \overline{F}_{QB} = 0(B$ 点以右的值$)$

$\overline{M}_E = \dfrac{ab}{l}(E$ 点的值$), \overline{F}_{QE} = -\dfrac{a}{l}(E_{左}$ 点的值$), \overline{F}_{RC} = \dfrac{l+c}{l}(B$ 点的值$)$,

$\overline{F}_{RD} = -\dfrac{c}{l}(B$ 点的值$), \overline{M}_F = -\dfrac{ce}{l}(B$ 点的值$), \overline{F}_{QF} = \dfrac{c}{l}(B$ 点的值$)$

9-5 $\overline{F}_{RA} = -1, \overline{F}_{RB} = 2, \overline{M}_A = 2\text{ m}($均为 F 点的值$)$。

9-6 $\overline{M}_A = -l(C$ 点的值$), \overline{F}_{yA} = 1(BC$ 段$), \overline{M}_K = -a(C$ 点的值$)$

$\overline{F}_{QK}=1(C\text{ 点的值})$

9-7 $\overline{M}_K=\frac{1}{4}(K\text{ 点的值}),\overline{M}_K=\frac{1}{2}(C\text{ 点的值}),\overline{M}_K=-\frac{1}{2}(H\text{ 点的值})$

$\overline{F}_{QK}=\overline{F}_{QK}^0,\overline{F}_{NK}=-H=-\frac{M_C^0}{4}$。其中上标加"0"者为多跨静定梁有关的影响线。

9-8 $\overline{M}_E=-0.667\text{ m}(C\text{ 点的值}),\overline{F}_{QB}^L=-0.667(C\text{ 点的值}),\overline{F}_{QB}^R=1(C\text{ 点的值})$

9-9 $\overline{F}_{RA}=-\frac{1}{4}(H\text{ 点的值}),\overline{F}_{RC}=\frac{5}{4}(I\text{ 点的值})$,

$\overline{F}_{QB}^L=-\frac{1}{4}(H\text{ 点的值}),\overline{F}_{QB}^R=1(H\text{ 点的值})$,

$\overline{M}_F=-\frac{1}{2}\text{m}(H\text{ 点的值}),\overline{F}_{QF}=-\frac{1}{4}(H\text{ 点的值})$,

$\overline{M}_G=\frac{1}{2}\text{m}(G\text{ 点的值}),\overline{F}_{QG}=\frac{1}{2}(G\text{ 点以右的值})$

9-11 $\overline{F}_{N1}=\frac{3}{2},\overline{F}_{N2}=1,\overline{F}_{N3}=\frac{\sqrt{2}}{2},\overline{F}_{N4}=\sqrt{2}$(均为 C 点的值)

9-12 $\overline{F}_{N1}=\frac{3}{4}(F\text{ 点的值}),\overline{F}_{N1}=\frac{9}{8}(C\text{ 点的值}),\overline{F}_{N1}=\frac{1}{2}(E\text{ 点的值})$;

$\overline{F}_{N2}=0(F\text{ 点的值}),\overline{F}_{N2}=-\frac{\sqrt{2}}{2}(C\text{ 点的值}),\overline{F}_{N2}=0(E\text{ 点的值})$;

$\overline{F}_{N3}=-\frac{\sqrt{2}}{4}(F\text{ 点的值}),\overline{F}_{N3}=\frac{\sqrt{2}}{8}(C\text{ 点的值}),\overline{F}_{N3}=\frac{\sqrt{2}}{2}(E\text{ 点的值})$;

9-14 $M_{C(\max)}=242.5\text{ kN}\cdot\text{m}$

9-15 $M_{C(\max)}=3\,657\text{ kN}\cdot\text{m},F_{QD(\max)}=345\text{ kN},F_{QD(\min)}=-211\text{ kN}$

9-16 ① $F_{RA(\max)}=1\,294\text{ kN},F_{QC(\max)}=789\text{ kN},F_{QC(\min)}=-131\text{ kN}$,
② $F_{RA(\max)}=237\text{ kN},F_{QC(\max)}=149\text{ kN},F_{QC(\min)}=-36\text{ kN}$

9-17 绝对最大弯矩 $355.6\text{ kN}\cdot\text{m}$,跨中截面最大弯矩 $350\text{ kN}\cdot\text{m}$

9-18 绝对最大弯矩 $426.7\text{ kN}\cdot\text{m}$

9-19 $\overline{F}_{RB}=\frac{1}{2l^3}x(3l^2-x^2)(AB\text{ 段}),\overline{F}_{RB}=\frac{1}{2l^3}[(2l-x)3l^2-(2l-x)^3](BC\text{ 段})$

$\overline{F}_{RB}=0.687\,5(D\text{ 点的值}),\overline{M}_D=\frac{1}{8l^2}x(3l^2+x^2)(AD\text{ 段})$

$\overline{M}_D=\frac{1}{8l^2}(l-x)(4l^2-lx-x^2)(DB\text{ 段}),\overline{F}_{QD}=-\frac{1}{4l^3}x(5l^2-x^2)(AD\text{ 段})$,

$\overline{F}_{QD}=\frac{1}{4l^3}(l-x)(4l^2-lx-x^2)(DB\text{ 段}),\overline{F}_{QD}=-\frac{1}{4l^3}(x-l)(2l-x)(3l-x)(BC\text{ 段})$,

$\overline{F}_{QD}=0.406\,3(D_{\text{右}}\text{ 点的值})$

第 十 章

10-1 (a) 2, (b) 2, (c) 2, (d) 1, (e) 1, (f) 2

10-2 (a) $\omega=\sqrt{\frac{8EI}{ml^3}}$, (b) $\omega=\sqrt{\frac{3EI}{mh^2l}}$,

(c) $\omega=\frac{l}{a+l}\sqrt{\frac{k_B}{m}}$, (d) $\omega=8.172\sqrt{\frac{EI}{ml^3}}$

习 题 答 案   537

10-3　$87.3\ 1/s$

10-4　$\omega = 9.32\ 1/s,\ T = 0.674\ s$

10-5　$a = 1.467\ cm,\ y_{t=1} = -0.882\ cm$

10-6　$\omega' = 9.30\ 1/s,\ T = 0.676\ s,\ y_{t=1} = -0.534\ cm$

10-7　$k_e = 2\ 400\ N/m,\ c_e = 76.7\ N \cdot s/m,\ \xi = 0.248$

10-8　$\eta \approx 0.047\ 7,\ \mu \approx 10.5$

10-9　(1) $\Delta_{max} = 0.788\ cm(\downarrow),\ M_A = -42.2\ kN \cdot m$

(2) $\Delta_{max} = 0.681\ cm(\downarrow),\ M_A = -36.4\ kN \cdot m$

10-10　当 $t \leqslant t_1$，$y = y_{st}\left(1 - \cos \omega t + \dfrac{\sin \omega t}{\omega t_1} - \dfrac{t}{t_1}\right)$

当 $t \geqslant t_1$，$y = y_{st}\left[1 - \cos \omega t + \dfrac{\sin \omega t - \sin \omega(t - t_1)}{\omega t_1}\right]$

10-11　中点 $M = \dfrac{9ql^2}{32}$

10-12　竖直振动 $\omega = \dfrac{4}{l}\sqrt{\dfrac{6EI}{ml}}$，水平振动 $\omega = \dfrac{1}{l}\sqrt{\dfrac{84EI}{ml}}$

10-13　(a) $\omega_1 = 0.931\sqrt{\dfrac{EI}{ma^3}},\quad \omega_2 = 2.35\sqrt{\dfrac{EI}{ma^3}},\quad \dfrac{A_1^{(1)}}{A_2^{(1)}} = -3.276,\quad \dfrac{A_1^{(2)}}{A_2^{(2)}} = 0.61$

(b) $\omega_1 = 10.47\sqrt{\dfrac{EI}{ml^3}},\quad \omega_2 = 13.86\sqrt{\dfrac{EI}{ml^3}},\quad A^{(1)} = \begin{Bmatrix} 1 \\ -1 \end{Bmatrix},\quad A^{(2)} = \begin{Bmatrix} 1 \\ 1 \end{Bmatrix}$

10-14　$\omega_1 = 3.028\sqrt{\dfrac{EI}{ml^3}},\quad \omega_2 = 7.927\sqrt{\dfrac{EI}{ml^3}},\quad A^{(1)} = \begin{Bmatrix} 1 \\ 0.618 \end{Bmatrix},\quad A^{(2)} = \begin{Bmatrix} 1 \\ -1.618 \end{Bmatrix}$

10-15　① $M_B = 33.90\ kN \cdot m$，② $M_B = 29.45\ kN \cdot m$

10-16　$M_B = \dfrac{15}{96}q_0 l^2$

10-17　$A^{(1)} = \begin{Bmatrix} 1 \\ 1.963 \end{Bmatrix},\quad A^{(2)} = \begin{Bmatrix} 1 \\ -0.3 \end{Bmatrix},\quad A_1 = 0.032\ 4 \times 10^{-3}\ m,\quad A_2 = 0.124 \times 10^{-3}\ m$

10-18　$\overline{M}_1 = 1.077\ m,\ \overline{M}_2 = 14.032\ m$

$\overline{F}_{P1}(t) = 0.892(突加荷载),\ \overline{F}_{tP2}(t) = 16.44(突加荷载)$

$y_1(t) = \dfrac{0.111l^3}{EI}(1 - \cos \omega_1 t) + \dfrac{0.014l^3}{EI}(1 - \cos \omega_2 t)$

$y_2(t) = \dfrac{-0.031l^3}{EI}(1 - \cos \omega_1 t) + \dfrac{0.051l^3}{EI}(1 - \cos \omega_2 t)$

10-19　$Y(x) = \dfrac{q}{48EI}(3l^2 x^2 - 5l x^3 + 2x^4),\quad \omega = \dfrac{15.45}{l^2}\sqrt{\dfrac{EI}{\overline{m}}}$

10-20　$Y(x) = \dfrac{ql^4}{24EI}\left(\dfrac{x^2}{l^2} - 2\dfrac{x^3}{l^3} + \dfrac{x^4}{l^4}\right),\quad \omega = \dfrac{22.45}{l^2}\sqrt{\dfrac{EI}{\overline{m}}}$

10-21 略

10-22 略

第十一章

11-1　$F_{Pcr} = \dfrac{\beta l_1 l_2}{2l_2 + l_1}$

11-2　因 $F_{Pcr}^{(1)} = \dfrac{\pi^2 EI_1}{l^2}$, $F_{Pcr}^{(2)} = \dfrac{3EI_2}{l^2}$, 令二者相等, 可求出 I_1 与 I_2 之比。

11-3　$\tan kl = \dfrac{1}{kl}$, $F_{Pcr} = \dfrac{0.74EI}{l^2}$

11-4　$\cos kl = 0$, $F_{Pcr} = \dfrac{\pi^2 EI}{4l^2}$

11-5　$\tan kl = \dfrac{kl}{1 + \dfrac{(kl)^2 EI_2}{l\beta}}$, 当 $I_2 = I_1 = I$, $h = l$ 时, $F_{Pcr} = \dfrac{13.9EI}{l^2}$

11-6　$\xi_1(u) = -\dfrac{3}{4}$, $F_{Pcr} = \dfrac{26.9EI}{l^2}$

11-7　$kl\tan(kl) = 6$

11-12　$\lambda_{cr} = \dfrac{\pi^2 EI}{6l^2 F_{P1}}$, $F_{P1cr} = F_{P1}\lambda_{cr} = \dfrac{\pi^2 EI}{6l^2}$, $\quad F_{P2cr} = F_{P2}\lambda_{cr} = \dfrac{\pi^2 EI}{3l^2}$

11-13　$\cot \dfrac{n\pi}{2} = \dfrac{1}{n} + \dfrac{2(n^2-1)}{3n} \times \dfrac{I_0}{I_1}$

第十二章

12-2　因本题为超静定结构, 先按力法求出各杆内力。如取杆 1 内力为多余未知力 X_1, 解得 $X_1 = 0.51F_P$, 此即为杆 1 内力。其余各杆内力由平衡条件求得。

$$F_{N2} = 0.98F_P, \quad F_{N3} = 0.72F_P$$

由此可知, 当 F_P 增加时, 杆 2 首先屈服, 直到第二根杆件屈服时, 结构演变成机构而破坏。现设此第二根杆件可能是杆 3。下面进行验算, 对 A 点取 $\Sigma M_A = 0$, 得

$$-F_{N2} \times (2 \text{ m}) - F_{N3} \times 0.707 \times (4 \text{ m}) + 4F_P \cdot (1 \text{ m}) = 0$$

将 $F_{N1} = F_{N3} = \sigma_s A$ 代入上式, 求得

$$F_{Pu} = 1.21\sigma_s A = 1.21 \times 25 \times 40 = 1\ 210 \text{ kN}$$

此时必须验杆 1 的内力是否确实未达到屈服。由 $\Sigma Y = 0$, 求 F_{N1}

$$F_{N1} + \sigma_s A + 0.707\sigma_s A - 2 \times 1.21\sigma_s A = 0$$

$$F_{N1} = 0.707\sigma_s A < \sigma_s A$$

故前面的假设正确, 即 F_{N2} 与 F_{N3} 均抵达屈服时, F_{N1} 杆尚未屈服。

12-3　$F_{Pu} = \dfrac{2\sigma_s Al + \sigma_s Al}{2l} = 1.5\sigma_s A$, 此时经验算 $F_{N4} = -0.5\sigma_s A < \sigma_s A$(正确)

12-4　$F_{Pu} = 30 \text{ kN}$

12-9　$q_u = 11.66 \times \dfrac{M_u}{l^2} = 123.2 \text{ kN/m}$

12-10 有两种破坏情况需进行计算。第一种情况是塑性铰发生在左跨变截面处和两跨的中央截面;第二种情况是塑性铰发生在两跨的中央截面和右跨的集中荷载 F_P 作用处。经比较,第一种情况的 F_{Pu} 值较小,故 $F_{Pu}=70.6$ kN。

12-12 先计算 I 20a 的 $M_u=67.5$ kN·m,$F_{Pu}=45$ kN

12-15 先按弹性状态算出刚架的弯矩图。当 $M_A=M_C=-M_u$ 和 $M_B=M_D=M_u$ 时,得

$$F_{Pu}=\frac{4\times 4M_u}{3l}=\frac{16\times 67.5}{3\times 6}=60 \text{ kN}$$

参 考 文 献

1. 杨耀乾,唐昌荣. 结构力学. 第 3 版. 北京:高等教育出版社,1987
2. 龙驭球,包世华主编. 结构力学(上册). 第 2 版. 北京:高等教育出版社,1994
3. 龙驭球,包世华主编. 结构力学(下册). 第 2 版. 北京:高等教育出版社,1996
4. 王荫长,刘铮,等. 结构分析. 北京:冶金工业出版社,1998
5. 李廉锟主编. 结构力学. 第 3 版. 北京:高等教育出版社,1995
6. 克拉夫 R W,等著. 结构动力学. 王光远,等译. 北京:科学出版社,1981
7. 杜正国主编. 结构矩阵分析及程序设计. 成都:西南交通大学出版社,1989

主 编 简 介

杜正国 西南交通大学土木工程学院教授、河北省石家庄铁道学院兼职教授、唐山学院院聘专家。

1961年毕业于上海同济大学工程力学专业。是年执教于西南交通大学（当时为唐山铁道学院）。历任西南交通大学结构力学教研室主任，建筑工程系副主任，教育部第三届工科力学课程教学指导委员会委员和四川省第七、第八届政协委员。主要从事结构力学和结构分析方面的教学和科研工作。1979年以来，先后主编教材8种。1992年曾被中国力学学会评选为优秀力学教师。

目前，杜正国教授兼任西南交通大学本科教学督导组副组长、校师资培训中心专聘教授。